重大活动食品安全与卫生监督保障

主　编　戴金增　林立军

浙江工商大学出版社
ZHEJIANG GONGSHANG UNIVERSITY PRESS

图书在版编目(CIP)数据

重大活动食品安全与卫生监督保障 / 戴金增，林立军主编. — 杭州：浙江工商大学出版社，2016.12

(卫生法学系列丛书 / 吴崇其主编)

ISBN 978-7-5178-1824-3

Ⅰ. ①重… Ⅱ. ①戴… ②林… Ⅲ. ①食品安全－安全管理－研究－中国②食品卫生－卫生管理－研究－中国 Ⅳ. ①TS201.6②R155.5

中国版本图书馆 CIP 数据核字(2016)第 211912 号

重大活动食品安全与卫生监督保障

戴金增　林立军 主编

策划编辑　钟仲南　王艳艳　郑　建

责任编辑　沈　丹　胡亚娟

责任校对　蓝安妮　饶晨鸣

封面设计　林朦朦

责任印制　包建辉

出版发行　浙江工商大学出版社

(杭州市教工路 198 号　邮政编码 310012)

(E-mail:zjgsupress@163.com)

(网址:http://www.zjgsupress.com)

电话:0571－88904980,88831806(传真)

排　　版　杭州朝曦图文设计有限公司

印　　刷　杭州五象印务有限公司

开　　本　710mm×1000mm　1/16

印　　张　38

字　　数　703 千

版 印 次　2016 年 12 月第 1 版　2016 年 12 月第 1 次印刷

书　　号　ISBN 978-7-5178-1824-3

定　　价　98.00 元

浙江工商大学出版社营销部邮购电话　0571－88904970

“卫生法学系列丛书”总主编

吴崇其

“卫生法学系列丛书”副总主编

徐勤耕	张以善	刘　群	王　毅	蒲　川
张　静	张际文	田　侃	石俊华	罗　刚
王　萍	赵　敏	李冀宁	邓　虹	郑雪倩
陈志华	王梅红	仇永贵	石　悦	杨淑娟
丁朝刚	冯正骏	戴金增	解　放	胡晓翔
崔高明	古津贤	王国平		

“卫生法学系列丛书”工作指导委员会

“卫生法学系列丛书”编纂委员会

本书作者

主　编　戴金增　林立军
副主编　刘志胜　崔春明　张　宏　张　兵　张坤海
编　委　（按姓氏笔画排序）

王　宁（天津市卫生监督所）
王　冶（天津市市场和质量监督稽查总队）
文　静（天津市卫生监督所）　任朝莹（天津市卫生监督所）
刘　弘（天津市市场和质量监督稽查总队）
刘志胜（天津市市场和质量监督稽查总队）
刘金国（天津市卫生监督所）
齐　勇（天津市市场和质量监督稽查总队）
李许良（天津市卫生监督所）　杨高峰（天津市卫生监督所）
余文华（天津市卫生监督所）　邸金茹（天津市卫生监督所）
张　尧（天津市卫生监督所）　张　兵（天津市卫生监督所）
张　宏（天津市卫生计生委）　张　涛（天津市卫生监督所）
张坤海（天津市卫生监督所）　张惠明（天津市卫生监督所）
陆　凯（天津市卫生监督所）　陈　威（天津市卫生监督所）
陈建军（天津市市场和质量监督稽查总队）
范丽欣（天津市卫生监督所）　林立军（天津市市场监管委）
贾　珉（天津市卫生监督所）
徐　楠（天津市市场和质量监督稽查总队）
徐卫峰（天津市卫生监督所）　高　莹（天津市卫生监督所）
高　健（天津市卫生监督所）　常　征（天津市卫生监督所）
崔春明（天津市市场监管委）
颜　岩（天津市市场和质量监督稽查总队）
戴金增（天津市卫生计生委、天津市卫生监督所）

前　　言

伴随着改革开放和社会经济持续发展，这些年国家和地方举办、承办的各类重大活动越来越多，重大活动中的食品安全和公共卫生问题也备受关注，做好重大活动食品安全和卫生监督保障，成为卫生监督和食药监管的一项重要任务。

多年来，天津市卫生和食品药品监管部门，在天津市委、市政府的领导下，组织卫生监督机构、疾病预防控制机构，以卫生法律法规为依据，采取"全市联动、全员参与、预防性风险评估、重点环节与高风险点位重点监控，全程现场监督与现场快速检测结合"的重大活动食品安全与卫生监督保障机制，成功完成数百项重大活动食品安全和公共卫生监督保障任务。为使工作经验、体会得以传承，时任天津市卫生监督所重大活动保障处处长的刘志胜同志倡导编写一本用于培训学习的小书，指导今后监督保障工作，即组织部分同志编写了十余万字实用指南性的初稿。通稿过程中大家觉得如果要做成一本书或者培训教材，初稿在系统性、科学性和法律性等方面还有很大欠缺，需做调整和完善。

2013年在主编的组织下调整编写思路、重新设计编写大纲，进行二次编写。其间"卫生法学系列丛书"编委会和总主编吴崇其教授同意该书完成后作为实践用书纳入系列丛书，并对编写工作给予了具体指导，同志们受到很大鼓舞。自此又用了约3年时间几易其稿，形成了5篇26章，约50万字的书稿。但是，由于编写人员缺少编写经验，又无更多的参考书籍，书稿的语言文字、编排逻辑、整体水平等尚存不少问题。幸得系列丛书总主编吴崇其教授接到书稿后用了50个日夜，对全部书稿进行了字斟句酌的修正，才使书稿得以完善提升。这是吴老对卫生法学事业的一片真诚，对弟子们的一份关爱，参加编写的同志无不敬佩和感谢。

此书作为一本卫生法学的实践用书，编写中力求以卫生法学理论为指导，立足于卫生法实施的具体实践，围绕重大活动公共卫生和食品安全问题及其防范，重点研究重大活动中卫生法律规范的具体适用、公共卫生与食品安全风险控制等问题；以卫生法学为基础、将理论与实践相结合，讨论重大活动食品安全与卫生监督保障的概念特点、法律关系、原则、分类、组织实施；以风险理念和HACCP为指导，讨论风险管理和HACCP在重大活动食品安全与卫生监督保障中的具体应用，以及相关食品、卫生问题的风险评估和控制方法；以卫生行政执法规则为基础，分别讨论重大活动城市运行中食品安全和公共卫生监督、场馆运行中现场食品安全与卫生监督、现场快速检测技术的应用、突发事件卫生监督应急等工作的规律和模式等。这些内容对于从事食品安全或者公共卫生监督的同志，对相关单位的食品安全和卫生管理人员以及对重大活动承办单位等都会有一些指导和借鉴意义。

借此机会，感谢中国卫生法学会、“卫生法学系列丛书”编委会、浙江工商大学出版社、天津市卫生计生委、天津市市场监管委、天津市卫生监督所等单位的领导、专家和同志们对本书编写工作给予的支持和帮助！也感谢各位编写人员辛勤的劳动和努力！

本书的初衷是总结经验、规范工作、指导今后，兼与各地同道商榷、交流、共勉。由于主编及编写人员水平有限，书中肯定存在这样或者那样的问题，敬请读者见谅、指正。

编　者

2016 年 5 月

目 录

第一编 概 论

第二编　风险评估与控制

第一编

概　　论

第一章　概　述

第一节　重大活动的概念和特点

一、重大活动的含义

重大活动食品安全与卫生监督保障是保障重大活动顺利进行的一项措施和服务内容。我们在讨论重大活动食品安全与卫生监督保障时，首先要对重大活动有一个比较清楚的认识和理解。就重大活动而言，似乎是大家都很清楚又经常引用的一个词语，却很难找到一个针对重大活动既学术又通俗易懂，并能够被各方面公认的，确切、精准的相关概念，简单地用一句话把"重大活动"解释清楚。好在我们编写的是一本实务性的小册子，无须在这方面过度纠结，暂且站在时间的角度，参考各方面的观点、解释和论述，结合我们从事重大活动食品安全与卫生监督保障工作的实践，以我们的粗浅知识和认知能力来理解和认识重大活动，进而帮助我们正确理解并开展重大活动的卫生监督保障工作。

所谓活动者，简单讲就是有目的、有动机，并在进行中的系统动作过程。活动有个体活动和群体活动之分，我们主要研究群体或者集体性活动。从社会学和管理学角度理解，群体或者集体性活动，是指为了一个共同的目标，完成某一个特定的社会职能，人们有组织、有计划地聚合在一起，围绕一个中心课题或者内容，而完成有计划、有分工、有节奏且完整、系统化的群体动作和行为的过程。

所谓重大者，是指某一特定事物（或者法律上的事实、事件、行为），其发生、存在、发展、变化或者终止等，所产生的作用、影响和意义很大，而且很重要。明朝唐顺之的《条陈海防经略事疏》中提道："然其事重大，坏之已甚，复之则难。"清朝严有禧《漱华随笔》中称："夫国计民生，何等重大，而昧心妄言，以博一己之官，此天地所不容。"用"重大"一词来修饰活动，说明这种活动是一项具有特定作用、较大意义、很大影响且非同一般的活动，否则就不能称之为重大。

在现实社会生活中，活动又被分为一般活动和特殊活动、传统活动和新兴活动、常规性活动和一次性活动等等。而我们要讲的重大活动，绝不是一般、传统和常规性的活动，应当是那些特殊、新兴和非常规的活动。根据这个意思，我们针对本书讨论的内容，暂且给重大活动设定一个不太成熟的定义：重大活动是主办者在其常规化的日常职能活动外，为实现特定目标，经过精心策划、非经常性地定期或者不定期举办，具有一定规模，在一定区域范围乃至全国、世界具有较大影响的一次性群体活动。如重要的庆典、集会、会展、论坛、体育比赛、政治的或者政府的活动等。这些都是人们生活、劳动、社会活动的表达形式，也是社会经济发展、社会和谐稳定的展示途径。除此之外，从保障角度看，重大活动还包括了对重要高层领导和其他社会公众人物的接待活动，规模虽并不大，但是保障需求和社会影响巨大，我们称之为“重大接待活动”，可以说是重大活动的一种特殊类型。

二、重大活动的特点

所谓特点是某一事物区别于其他事物，具有标志性、独到性的内在或者外在表现。重大活动的特点是指重大活动区别于其他活动的某些不同之处。虽然描述的重大活动特点不一定非常科学、精准和全面，但是反映了重大活动一些内在或外在的特别之处，对我们理解和做好重大活动保障工作，具有一定的帮助。在理解重大活动时，应当注意以下特点：

(1)鲜明目的性。重大活动目标明确、主题鲜明。任何一项重大活动都有其鲜明的目的性，有其追求的内在目标，活动需要紧紧围绕目标，进行精心策划和组织落实。当然很多大型活动的最终目标是中期和远期的，要经过一定的时间才能逐步显现出来。

(2)例外和独立性。重大活动不是主办者日常的职能活动，也不是经常性举办的活动，多数是在常规工作之外举办的活动。虽然有些大型活动是定期举办的，但是其举办的频次有一定的时限性，间隔时间短的一般也要一年一次，所以重大活动属于非经常性的活动，是需要一定的时限才能再现。因此，重大活动独立于经常性职能之外，在特定期限内一次性完成。

(3)鲜明时代性。重大活动具有鲜明的时代特征，具有反映时代核心价值理念的鲜明特色，能够适应现代社会和新时期的价值要求，代表和展示一个区域发展的主体和需求。在活动的形式和内容上，具有代表举办方、组织方或者一个区域特色、经济文化、精神面貌和核心竞争力的独特性。

(4)社会影响性。社会化是重大活动的一个鲜明特征，达不到一定的社会化程度，就不能称之为重大活动，因此，重大活动具有较大的社会影响力。重大活动可以引起媒体的高度关注，一个区域出现超常规的媒体曝光宣传现象，有助于举办者和一个区域良好、积极形象的培育和塑造。能够很好地扩大区域的正面影响，增加外界对主办方或者主办区域的认知和理解，增加吸引力，提升区域性的竞争力。

(5)经济促进性。重大活动具有对商业服务的促进作用。大型活动可以刺激和带动区域性的旅游业、公共服务业、餐饮服务业的输出和发展，在活动期间带来服务业的高峰效应，提高经济效益，促进地区经济发展。同时，还可以通过宣传，扩大地区影响力，创造良好的招商引资环境和机遇，促进地区经济发展。

(6)规模和风险性。重大活动规模大，参与人数多，参与成分复杂，人员来源范围广，需求多样化，个体差异较大，对气候、环境、饮水、饮食习惯的适应性差，具有一定的公共卫生和食品安全风险和隐患，提高了卫生监督保障的复杂性。

三、重大活动的分类

重大活动的分类，是按照重大活动性质特点、作用、影响等各种内在和外在的属性、规律或者表现形式等进行的归类，以便我们更好地认识、理解和把握重大活动的客观规律。对重大活动的分类方法很多，可以按照活动的性质、规模、影响分类，还可以按照活动的作用和目的分类，等等，不同的方法会分出不同的类别。但是，我们研究重大活动的目的，不在于重大活动本身的社会属性和客观规律，也不是要对重大活动进行策划和管理，而是要做好重大活动的卫生监督保障工作。

因此，我们不能按照研究一般事物类别区分规律的方法，来研究重大活动食品安全与卫生监督保障中的重大活动分类。而是要从实务角度，从重大活动与食品安全、卫生监督的关联性，重大活动对食品安全与卫生监督的需求或者必要的依赖性，食品与卫生安全监督需要对重大活动实施干预措施的必要程度、需要进行参与或者干预的程度等方面，来对重大活动进行必要的分类。由于这种分类完全是从实用出发的，从某种意义上讲，很可能存在科学性和严谨性的不足，甚至还存在许多矛盾和瑕疵，但是对研究和落实重大活动食品安全与卫生监督保障，还是有一定意义的。站在这样一个实务主义的角度，我们不能简单地用活动的性质、作用、意义和影响等其中任何一个因素来衡量一个活动的重大与否，也不能简单地用活动的规模和参与的人数，来判定一个活动的重大程度。我们从重大活动与卫生监督保障的关联性角度，暂且对重大活动做如下分类：

(一)重要或重大的活动

从食品安全与卫生监督保障服务角度讲，重要或重大的活动也可以称为“重大接待活动”。用“重大接待活动”来定义，也可能是一种更好的分类和称谓，更有利于与其他重大活动相区别。这种活动规模不一定很大、人数不一定很多，但是具有很大的社会或者国际影响，活动的作用和意义很大，备受各方面的关注。如国与国之间的外交活动，党和国家领导人的活动，外国政府首脑来访的接待，少数国家首脑之间参与的高峰会议，等等。这些活动规模都不一定很大，甚至仅仅涉及几十人乃至几个人。但是内容非常重要，社会影响非常之大，一旦涉及衣食住行问题，与食品安全、卫生监督的关联性很大，需求很大、要求很严，相关监督工作参与的必要性很大，甚至还会涉及很复杂的公共卫生和食品安全问题，涉及我国法律框架内一些客人的某些特殊要求，因此需要非常严谨科学的保障措施。中央保健机构对高级领导人的相关卫生保障，有明确的规范要求，实施这类活动保障，应当按照规范执行。这类保障也是重大活动食品安全与卫生监督保障的重点工作和经常性保障任务。

（二）一般的大型活动

主要是以活动规模为标准的分类，泛指虽然活动规模达到一定程度，参与人数较多、活动内容和范围也较广，但是区域影响力和社会关注度不是很大的活动。这种活动也可以说是在一定区域内的“大型活动”，有些不是实质的或者社会管理学意义上的“大型活动”，多数不是由政府出面组织承办的，参与活动群体范围较局限、罕见或者少有社会公众人物出席，活动本身及活动参与者的自由度较大，没有特别的住宿、餐饮和接待要求。如社会团体、企事业单位等举办的庆典、论坛、学术交流、营销推广、文娱演出、体育比赛、商业性展销等。参与的人数多，活动的范围大，人群聚集，当然就会带来一定的卫生和安全问题，需要一定的食品安全和卫生监督干预措施。但是否需要给予特别的食品安全与卫生监督保障，一方面视主办者申请决定，如果主办者申请，相关机构应当提供必要服务，举办者应当承担食品安全与卫生监督保障工作的费用支出。另一方面要看活动是否正处于某一个食品安全和公共卫生问题的敏感期、风险期，正处在相关敏感期、风险期的活动，应当采取必要的监督保障和干预措施，举办方亦应承担部分费用。

（三）重要的大型活动

主要是指那些为实现特定目标，主要由政府主办，或者纳入政府计划由相关部门或社会团体在常规职能外非经常性举办的，具有一定规模，在一定区域范围内乃至全国和世界具有较大影响的一次性群体活动。也有学者称之为标志性活动、特殊活动、一次性活动等。这类活动规格高、规模大、活动人数多、参与者身份复杂，往往有国家、地区领导、国外贵宾和较多的社会公众人物出席。参与活动的代表除本地区外，还会有来自全国各地，甚至世界各地的代表。这种大型活动，除了举办者对食品安全、卫生监督保障的需求大、要求高外，关键是活动参与者具有人数多、来源和身份复杂、身体条件和健康状况复杂、个体生活需求多样化、环境适应性较差等因素。这些因素聚合在一起，导致众多公共卫生和食品安全的风险隐患问题。因此，对这类大型活动，无论举办方是否有需求，从政府层面都必须采取食品安全和卫生监督干预措施，这也是重大活动食品安全与卫生监督保障的重点，食品安全、卫生监督部门应当制定详细的保障工作计划，严格按照相关规范和程序的要求，做好食品安全和卫生监督保障工作。

（四）卫生风险性群体活动

这种活动分类，既没有考虑活动的规模，也没有考虑活动的社会影响程度，主要是考虑活动内容和形式与公共卫生和群体健康的关联性，参与人群对活动可能存在的健康风险因素的适应性、耐受性等进行的分类。

第一，活动内容特殊。活动本身具有内在的食品安全或者公共卫生风险性，容易出现安全和卫生隐患问题，需要给予高度食品安全和公共卫生关注。例如：美食节、啤酒节等，以餐饮现场加工、销售、品尝为主要内容的活动。这种活动往往脱离了正常的餐饮加工和服务场所，打乱了正常的操作常规和程序，其加工和就餐环境、加工过程、销售服务方式等因素，都会增加公共卫生和食品安全的风险性，使其成为卫生风险性群体活动。需要跟进强力的食品安全与卫生监督干预措施，减轻、控制和消除活动过程中的卫生安全隐患，最大限度地降低活动的卫生风险性。

第二，活动主体特殊。参与活动的人群为健康脆弱群体，也属于卫生风险性群体活动。因为活动的主体，类似于流行病学中的“易感人群”，即在相同的条件和环境下，这类群体与其他人群比较，受到健康损害的风险性更大，需要予以特别的保护措施。例如：少儿艺术节、少儿文化节等以中小学生、学龄前儿童为主体的活动。孩子们对食品安全、公共卫生和健康风险因素的适应性差，缺少对卫生隐患的辨别能力和自我保护能力，很容易受到环境和条件的影响，很容易被那些不符合卫生要求的活动环境、不符合卫生要求的饮用水和食品等损害健康，需要较高的卫生和安全条件，需要比成人更加周到的健康保护。对这类活动必须给予强化的食品安全和卫生监督干预措施，提供严格的食品安全与卫生监督保障。

第二节 食品安全与卫生监督保障的概念

本节重点讨论重大活动食品安全与卫生监督保障的概念和特点问题。概念和特点是所有事物的基础性问题，也是研究一个事物的途径和前提。正确地理解和认识重大活动食品安全与卫生监督保障的概念，对于学习和研究重大活动食品安全与卫生监督保障的客观规律，落实好重大活动食品安全和卫生监督保障工作非常重要。

一、食品安全与卫生监督的含义

我们要研究重大活动食品安全和卫生监督保障问题，不仅需要了解和掌握重大活动含义，还需要进一步地了解和掌握食品安全和卫生监督的含义，才能够深入研究和讨论下去。读者可能认为在这里讲食品安全与卫生监督的概念是一种赘述，但即使这样我们也有必要复习一下。

（一）监督的含义

监督从字义上理解就是进行察看并加以管理，或者说是为了保证某项政策、措施、行为或者活动的结果能够达到预定的目标，而对现场或者某一特定环节和过程，进行监视、督促和管理的过程。从法律意义上讲，监督是根据一定的行为标准和规范，来衡量和判断某种行为是否出现偏差，并通过一定的手段和措施对偏差行为进行纠正，使出现偏差的行为恢复到规范、标准或者正常的状态的活动。因此，监督是特定的授权主体，对社会成员某种行为实施监视、检查、察看和督促的过程；也是对某种行为、活动或者权力进行约束、控制和纠正的过程。监督也可以理解为，由特定（法定）主体，在法定职权范围内，依据一定的法律法规和规范标准，进行的有组织、有规则、有程序、有目标的社会管理活动。

（二）卫生监督的含义

综合前述，卫生监督可以理解为：以卫生行政管理法律法规和规范作为标准，来衡量和判断人们行为是否正确，并纠正偏差行为的活动。一般讲卫生包括三大领域：一是使人在出生前后便有一个比较强健的体质；二是使人体在生活和劳动中增强体质能够避免和抵御外部环境对人体的不良影响，并保持良好精神状态和良好的社会适应能力；三是对已患病的人体进行治疗使之恢复健康。卫生监督是依据法律法规和标准，对这三个领域活动进行的监视、检查、察看和督促，并纠正偏差的管理活动。用现代的和法治的观念，审视和评判卫生监督，卫生监督实质上就是一项行政执法，是政府管理社会的一项职能，是由卫生行政主体依据法定职权，将卫生法律规范适用于现实的社会关系的活动，是卫生行政主体依法处理具体卫生事务的活动，也就是一项卫生行政执法活动。

（三）食品安全监督的含义

食品安全就是食品应当无毒、无害，符合营养要求，对人体健康不会造成任何急性、亚急性或者慢性危害。食品安全监督是各级政府食品安全监管部门，依据食品安全法律法规和标准，对食品、食品原料、食品相关产品和食品的生产加工、流通销售、餐饮消费等环节进行监督管理的行政执法活动。也包括对食品种养殖、畜禽屠宰、食品进口、新资源食品的研发等的监督执法活动。还包括食品安全的风险监测、预警、评估和食品安全标准管理活动。

食品安全监督源于食品卫生监督，是公共卫生监督管理的重要组成部分，在原来食品卫生含义中食品营养与卫生、食品生产经营过程的卫生的基础上增加了食品质量问题，并以《食品安全法》的实施为标识，逐步发展成为一个专门的行政执法系统。按照世界卫生组织的定义，食品安全仍然着眼于国际公认的公共卫生问题，关系人体健康的问题。因此，食品安全监督与公共卫生监督有着千丝万缕的联系，在具体操作和要求上，在其本质属性和特点上，也有着很多相近的内容，这里就无须一一赘述了。

（四）卫生监督的特点

卫生监督作为行政执法，与其他行政执法比较，至少有七个专业特点：一是以保护人的健康为基本目的；二是卫生监督的科学性内涵很丰富，包含了诸多卫生学和医学上的科学问题；三是操作上有很强的技术性，需要运用很多医学和卫生学的技术；四是卫生监督有较强的整体性，不是孤立的单项活动，各方面的监督都是相互联系的；五是卫生监督与其他卫生工作相互影响、相互促进；六是卫生监督的社会性很强，出现问题影响会很大；七是卫生监督有国际上的共同性，卫生规范、标准、要求等在世界各国之间是相同的。

（五）卫生监督范围

卫生监督的范围很广，包括对健康相关产品的监督，如食品安全监督、消毒产品卫生监督、化妆品卫生监督、涉及生活饮用水安全产品的卫生监督；对社会公共卫生的监督管理，如各类公共场所的卫生监管、生活饮用水的卫生监管、放射和职业卫生监管、学校的卫生监督；还有对医疗保健服务的监督；等等。原则上有卫生及相关活动，就需要有监督和管理。卫生监督的手段也很多，包括卫生审批许可、现场监督检查、卫生监测评价、人员的健康管理、产品和环境卫生抽检、现场和产品的行政控制、现场快速检验检测等。

（六）卫生监督与公共卫生服务

从卫生学和卫生事业的意义上讲，卫生监督还是一项基本的公共卫生服务。卫生监督通过执法活动，规范社会成员的卫生相关行为，实现预防疾病传播、创建健康生存的良好环境、保护公民健康的目标。卫生监督既是国家的一项行政管理措施和制度，也是国家以卫生监督的形式，向全体社会成员提供的一项公共卫生服务。如学校卫生监督是为孩子们创建有利于健康成长的学习环境；职业卫生监督是为了创建有助于保护劳动者健康的职业环境；公共场所卫生监督是为了创建有利于公众健康的生活娱乐环境；生活饮用水卫生监督是为了保障饮用水卫生安全，预防疾病传播；食品安全监督是为了人民群众的饮食卫生、安全和营养保障，防止食品带来的健康危害；等等。卫生监督的手段和方式，也要运用最普遍的公共卫生手段和方法，如：卫生监督检查，卫生检验检测，健康风险监测和评价，卫生法律规范培训宣传，卫生违法行为预防、发现和制裁，等等。

二、重大活动保障的含义

在这里讨论的保障要研究的主题，是动态的专门保障活动和措施。这种动态的重大活动保障，是指政府及其工作部门或者相关单位，围绕重大活动目标，针对重大活动过程、特点和与之相关的服务活动，以重大活动过程中可能存在的各种风险或者出现意外的可能性为对象，在其法定职责范围内，采取主动的强化管控措施，预防和控制风险发生，支持保障重大活动顺利进行，最终实现重大活动目标的一项专门的管理活动。需要从以下几个方面理解。

（一）支撑和支持

这里讲的保障有两种含义，一种是指事物或者活动自身构架的一部分或者与自身构架紧密相连的支撑体系，缺少了这种支撑，事物或者活动就动摇了，甚至就无法存在。另一种是指来自于事物外部的特定意义的保护措施，对事物或者活动给予的支持，是实施保障的主体通过各种措施，努力地对某一个需要保障的对象进行护卫，尽最大可能使其免受来自外部侵害的一个行动过程。两者之间有联系也有区别，重大活动保障这两种情况都有，内部支撑保障是活动组织者自身的职能，外部支持保障是与重大活动相关的服务提供者和有关管理组织的职能。本书讨论的是来自于重大活动外部的支持性保障活动。

（二）直接和间接

可以将重大活动保障分为直接保障和间接保障两种类型。直接保障是活动自身的保障，是重大活动主办方通过内部管理分工，将重大活动分解为若干环节。如一个重大体育赛事，需要分为开幕式、闭幕式、各项目比赛，分为测试赛、热身赛、场地适应练习，开幕闭幕仪式还会分为演员、领导、观众、场内灯光、背景、服装、音乐等。对这些环节采取的保障措施，应当属于直接保障。所谓间接保障，是来自于活动外部或者主办方外部的一种支持性保障。也可以说是外部保障，这种间接保障是政府性的、社会性的、基础性的保障。间接保障是主办或者承办、协办重大活动的所在地政府，为了维护本地区形象、声誉，为了使重大活动对本地区发展达到最佳的影响和促进效果，而组织采取的外在保障措施。有些间接保障措施主办方不一定接受，或者不买你的账、不领你的情，特别是一些西方发达国家，在参与我国主办的有关活动时往往对我们提供的保障措施表示不理解。如：电力保障问题。举办方会讲“为什么会出现停电，我和你有协议，发生问题我们会起诉你”；食品安全保障也是这样，他们会问“为什么会有食品安全问题，难道你们这不安全吗？我们与接待方有签约，酒店一定会保障食品安全，否则我们就要进行索赔”；等等。这种间接保障是政府从政治的角度要做的事，当然提供服务的一方——主体更要做好。我们要讨论的重大活动保障，是社会管理组织通过采取监管措施，防范影响重大活动的各类风险发生，使重大活动得以顺利进行，并实现目标的间接保障。

（三）保障不等于保证

保证是一种承诺、担保或担当，具有确定性；而保障只是来自于外力的一种保护、控制和支持，是实现保证的一种措施和支持行为。保障既不是实现目标的自我保证和承诺，也不是最后的结果；对需要予以保障的主体而言，保障是来自于外部的支持和保护行动；对实施保障的主体而言，保障是针对被保障对象，按照一定规范和规程实施的具有保护性、支持性或者支撑性、控制性的系统工程。就其时态和形态而言，保障是按照规则保护正在进行中的特定活动，是一个行动或者项目的实施过程，是对被保障对象的一种支持和支撑的规范性的活动。保障活动是实施保障的主体与被保障的对象，为实现保障目标进行的有规律互动的过程，保障目标的实现必须依靠被保障对象与实施保障主体的共同努力和相互之间的默契。

（四）保障是对风险的控制

从一定意义上讲，我们研究的保障机制，是社会风险管理和控制的产物。实施保障和接受配合保障，都需要有风险意识，树立风险控制的理念。如果一项活动根本就不存在风险和发生风险的可能性，也就不需要所谓的保障。因此，保障主要是对来自被保障对象外部的相关风险和隐患进行防范及控制的活动，当然也不完全排除对一些来自保障对象内部的风险控制。但是，内部风险的预防控制，应当是重大活动主体的责任。当被保障对象其内部风险因素，存在引发外部风险可能性时，保障主体必须采取干预和控制措施。保障工作的目标，就是通过采取有效控制措施，最大限度地防止风险和隐患对保障对象的侵害，支持重大活动实现总体目标。

三、食品安全与卫生监督保障的含义

食品安全与卫生监督保障是监督主体在法定职责范围内，依据卫生法律法规和规范标准，采取食品安全与卫生监督的手段和措施，对特定事项中的食品安全和卫生风险进行预防控制，实施专门保护和支持的专项监督管理活动。简而言之，重大活动食品安全与卫生监督保障，是针对重大活动采取的食品安全和卫生监督措施，是对重大活动给予的食品安全与卫生监督支持和保护。

（一）现有规定

为了给重大活动卫生监督保障规范一个比较科学的概念，2006 年，原国家卫生部颁布了一个部门规章性文件《重大活动食品卫生监督规范》，这是最早的一部关于重大活动食品安全与卫生监督保障的法律规范。由于重大活动中的食品安全问题比较突出，卫生部才首先颁布了食品卫生的监督规范，这对各地落实重大活动保障起到了重要的指导作用。原卫生部这个规章文件的标题，就已经给了我们一个重要的提示，那就是所谓重大活动卫生监督保障就是“针对重大活动实施的规范性卫生监督活动”。《重大活动食品卫生监督规范》的立法目的是：“为规范重大活动食品卫生监督工作，防止食品污染和有害因素对人体健康的危害，保障食品卫生安全。”其适用范围是：“省级以上人民政府要求卫生行政部门对具有特定规模的政治、经济、文化、体育及其他重大社会活动（以下简称重大活动）实施的专项食品卫生监督工作。”

《食品安全法》颁布实施后，2011 年国家食品药品监管局又颁布了《重大活动餐饮服务食品安全监督管理规范》，其立法目的：“为规范重大活动餐饮服务食品安全管理，确保重大活动餐饮服务食品安全。”其适用范围是：“各级政府确定的具有特定规模和影响的政治、经济、文化、体育以及其他重大活动的餐饮服务食品安全监督管理。”同样，在原卫生部文件规定的基础上，国家食品药品监管局对重大活动及餐饮食品安全保障工作进一步进行了规范。

（二）基本概念

参照上述文件规定，重大活动食品安全与卫生监督保障是食品安全与卫生监督主体依法实施的，以保障重大活动公共卫生和相关食品安全为目标，针对重大活动特点、内容和需要进行的强化性专项监督执法活动。理解这个概念，应当把握这样几层意思：

第一，重大活动食品安全与卫生监督保障，是依法负有食品安全和公共卫生监督职能的行政主体在职责范围内履行职责的活动。食品安全和卫生监督行政主体和服务主体包括各级卫生行政部门、食品药品监管部门、卫生监督机构、其他负有监管职责的行政主体，还包括为卫生监督提供技术支撑的疾病预防控制机构和相关机构等。

第二，重大活动食品安全与卫生监督保障，是以保障重大活动的公共卫生和食品安全为目标的执法活动，重大活动中涉及的公共卫生包括住宿、美容美发、休闲娱乐、体育活动、健身活动、洗浴等公共场所的卫生，包括市政供水、二次供水、自备水源、餐饮用水、活动使用末梢水、相关涉水产品等生活饮用水的卫生安全，包括传染病防控措施落实情况、有关的消毒管理、消毒产品使用、相关人员的健康管理、有关的医疗配套服务等，还包括生产加工的食品、流通销售食品、餐饮食品、外送食品、活动场所有关流通食品的安全，等等。重大活动食品安全与卫生监督保障的目的，就是要保障这些与重大活动有密切关系的公共卫生和食品安全，使重大活动能够顺利进行。

第三，重大活动食品安全与卫生监督保障，是伴随重大活动的起止而起止，针对重大活动可能存在的食品安全和公共卫生风险特点开展的专项食品安全和卫生监督执法活动。是一项与重大活动的特点、内容、规模和需要相适应的监督执法活动，是各种监督措施针对性非常强的专门监督执法活动。不同的重大活动会有不同的食品安全和卫生风险存在，也会有不同的食品安全和卫生监督保障要求。因此，针对不同风险、不同要求，会采取与之相适应的不同形式和不同程度的食品安全与卫生监督保障措施。

第四，重大活动食品安全与卫生监督保障，是一种强化性食品安全与卫生监督活动。无论是采取的监督措施，运用的监督手段，还是选派的监督人员，投入的人、财、物和精力，监督检查的范围，严格、严谨、严厉的程度，等等，都远远超过经常性的监督执法活动，都要与日常监督执法活动有所区别，绝不能用日常的和一般的监督方法、监督形式和监督措施落实重大活动的食品安全和卫生监督保障。

第五，重大活动食品安全与卫生监督保障作为以重大活动食品安全和卫生风险为对象、以预防和控制风险为手段的专项监督管理活动，已经逐渐从日常食品安全监督、生活饮用水卫生监督、公共场所卫生监督中分离出来，成为整体食品安全和卫生监督的一个重要的专门业务工作或者业务类别，并逐步形成了具有独特内涵的运行规律。

第三节 重大活动食品安全与卫生监督保障的性质

本节重点讨论重大活动食品安全和卫生监督保障的性质和特点，希望通过本节内容的介绍能够更系统、更深入讨论重大活动食品安全和卫生监督保障的性质和特点，这对于我们把握和做好重大活动食品安全和卫生监督保障工作是很有意义的。

一方面，如前所述，重大活动食品安全与卫生监督保障是一项系统的、复杂的活动，涉及方方面面。另一方面，重大活动食品安全与卫生监督保障是一项食品安全和卫生监督工作，是整体监督管理工作的一个专业或者业务类别，其性质不可能完全脱离食品安全和卫生监督的基本属性。因此，我们可以说，重大活动食品安全与卫生监督保障的性质是食品安全监督与卫生监督性质在重大活动监督保障中的具体体现。即使这样，我们还是很难用一句话把重大活动食品安全与卫生监督保障的性质完全概括起来。我们只能讲重大活动食品安全和卫生监督保障，具有哪些性质，或者包含哪些属于性质的问题。

一、行政属性

行政属性，是指食品安全和卫生监督保障在社会学和管理学上的意义，体现了社会职能、分工和责任，体现了保障主体的身份和行使的权属，体现了食品安全和卫生监督保障行为的效力性和功能作用。食品安全和卫生监督保障是政府职能的一部分，是社会管理行政权的一部分，因此具有行政属性。

第一，重大活动食品安全和卫生监督保障，是政府对重大活动中涉及的有关健康与卫生事项、产品实施的一项具体管理活动，是卫生行政部门、食品安全监管部门及卫生监督机构，依据法律法规的规定，在其承担的社会管理职能范围内，实施的一项具体行政管理活动。这种管理活动与日常管理的不同之处就是这项活动是具体的、专门的、一次性的，以保障重大活动顺利进行为目的，并伴随着重大活动的开始而启动，又紧跟着重大活动的结束而结束的一次性专门的管理活动。

第二，实施重大活动食品安全和卫生监督保障的前提是具有食品安全监管和卫生行政管理职能。所谓卫生行政管理职能，就是政府在卫生方面的行政管理权能。实施重大活动食品安全和卫生监督保障的过程，就是政府管理食品安全和卫生事务的公共权力运行的一个具体活动过程。

第三，重大活动食品安全与卫生监督保障，是一种行政活动形式。既不是重大活动主办者提供服务者的自我卫生管理和自我约束，也不是一种司法性质的裁判活动，更不是其他社会团体、组织或公民对重大活动中相关卫生事项的社会监督，而是政府对社会公共卫生事务实施的管理，是行政主体依法对重大活动各方实施的一种监督，是一种公共行政的运作，体现的是一项国家行政职能。食品安全与卫生监督保障在这个意义上，本质就是食品安全监管和卫生行政具体工作，必须自始至终遵循行政的基本原则和规律，按照行政程序的基本规则运行。

二、执法属性

执法是从动态、具体、某一项法的实施和适用角度讲的，执法是一项更为具体的行政活动，是具体法律规范适用的行政活动。

第一，重大活动食品安全与卫生监督保障，是卫生行政部门、食品安全监管部门、卫生监督机构、卫生和食品安全监督人员，围绕重大活动这个主题，与相应的管理相对人产生行政执法的关系，针对食品安全和卫生监督法律关系客体，处理和调整关系的过程。重大活动是导致这个具体法律关系发生、变更与终止的具体法律事件。

第二，重大活动食品安全和卫生监督保障是监督主体的具体执法活动，是以食品安全和卫生行政执法的形式、手段和程序运作的活动，离开执法的形式、手段和程序，重大活动食品安全与卫生监督保障的具体行为就是无效的行为，也就不能落实保障任务和实现保障的目的。

第三，重大活动食品安全与卫生监督保障是具有国家意志性和强制性的专门卫生管理活动。食品安全与卫生监督主体在重大活动中依法采取的食品安全与卫生监督措施，无论是重大活动的举办方、提供服务方、参与方，原则上都必须接受，否则将会承担相应的后果，对提供服务方的违法行为，监督主体还会给予相应的行政处罚；对保障活动中发现的重大隐患问题，监督主体还可以依法采取强制控制措施。

三、技术属性

技术属性指食品安全与卫生监督保障不是一般化、单纯的行政管理活动，而是一种技术性很强的专业性活动，具有丰富的医学科学、公共卫生科学和食品科学的内涵。

第一，重大活动食品安全与卫生监督保障的技术性质，来源于食品安全监督、卫生监督特定的食品和医学科学技术性，医学科学技术性是卫生监督区别于其他行政管理的显著标志之一。卫生监督作为行政执法活动，决定了它的公共权力性质和国家意志性、强制性。卫生监督的对象、内容、客体和任务，又决定了它内在的医学科学性和操作上的技术性，卫生监督目的无法用简单的行政活动实现，必须依赖于大量的医学卫生技术手段，离开了其特有技术就失去了实施的作用。

第二，重大活动食品安全与卫生监督保障的具体目标，是保障重大活动的公共卫生和相关的食品安全，其中涉及服务单位和人员提供服务的过程，还涉及重大活动参与者食用、饮用和使用的健康相关产品，还涉及相关人员的健康状况，等等，这些事项单纯以行政的方式，无法达到监督和控制风险隐患的目的，必须以技术手段才能实现监督和控制，最终实现重大活动食品安全与卫生监督保障的目标。

第三，重大活动食品安全与卫生监督保障，技术属性与行政属性并不冲突，而是一个紧密联系的统一体，单纯的行政观念和单纯的技术观念，都会给食品安全与卫生监督保障带来弊端，影响食品安全与卫生监督保障目标的实现。重大活动食品安全与卫生监督保障是一项以医学技术为依托的专门行政管理活动，是具有特定技术内容和要求的行政活动。重大活动食品安全与卫生监督保障，在运行上需要遵守行政的原则和程序，在操作上需要适用医学技术和食品技术手段，遵循医学卫生和食品科学规律，才符合食品安全与卫生监督的基本规律，

才能保证食品安全与卫生监督保障目标的实现

四、公共卫生属性

重大活动食品安全与卫生监督保障的公共卫生属性也同样来源于卫生监督的基本性质。

第一，食品安全和卫生监督是公共卫生的重要部分。公共卫生的重要任务之一，是通过国家、社会和民众的共同努力，改善与健康相关的环境条件，预防控制传染病和其他疾病流行，培养良好卫生习惯和文明生活方式，促进和保护公众健康。

第二，重大活动食品安全与卫生监督保障，正是通过卫生监督执法，维护重大活动的卫生秩序，创造良好的健康环境条件，保障重大活动参与者的健康。

第三，重大活动食品安全与卫生监督保障，是以食品安全和卫生监督的形式，向重大活动所有参与者提供的一项公共卫生服务。对公共场所的卫生监督措施，是为了创建有利于重大活动参与者健康的住宿、活动和休闲环境；对生活饮用水卫生监督措施，是为了保障重大活动参与者的饮用水卫生安全，预防经水传播疾病；对食品安全采取的监督措施，是为了保障重大活动参与者的饮食卫生安全和营养，防止食品带来的健康危害；等等。

第四，重大活动食品安全与卫生监督保障的手段和方式，需要运用公共卫生的基本方法，如卫生监督检查、卫生检验检测、卫生风险评价、卫生风险评估预警等。

五、服务属性

重大活动食品安全与卫生监督保障是以食品安全与卫生监督的形式和方法，为重大活动提供的一项卫生服务。重大活动食品安全与卫生监督保障不是监督主体在日常监督执法中主动和单方进行的一项执法活动。它在实际运作过程中具有一定的从属性，主要是根据上级机关的安排和要求或者相关部门、单位的特别申请，才开展的一项专门执法活动，其主要任务是为重大活动提供食品安全与卫生监督服务。所谓服务，就是指通过自己的劳动为社会、为他人做事情，满足接受服务者某种特殊需要，使接受服务者受益的一种活动。服务具有从属性、不可分离性的特点。正因为是一种服务，所以监督主体在进行重大活动保障工作时，必须以参与重大活动的主体健康保护为中心，以满足和适应重大活动活动特点和需求为基础，以保障重大活动卫生安全为目标，开展监督保障工作。以重大活动的需求为核心任务，在控制和消除公共卫生、食品安全风险隐患，确保公共卫生、餐饮食品安全的基础上，最大限度地满足重大活动的需求，适应重大活动的特点和内容。

第四节 重大活动食品安全与卫生监督保障的特点

重大活动食品安全与卫生监督保障的特点，是重大活动食品安全与卫生监督保障在具体实施过程中与其他活动的区别之处，只有相互比较才能够发现特点。关于重大活动食品安全与卫生监督保障，在概念上我们已经有所理解，即：重大活动食品安全与卫生监督保障是一项针对重大活动的专门执法活动，执法有许多与一般行政活动不同的特殊之处，这是由行政执法的客观规律决定的；但它又不是一般的行政执法活动，而是食品安全和卫生监督执法活动，卫生监督执法在理论和实践上、内涵和外延上有许多无可替代的，区别于一般行政执法活动的特殊性，这是食品安全与卫生监督执法活动必须遵循的自身存在的特殊规律；重大活动保障虽然是食品安全与卫生监督执法活动，但又不是一般的食品安全与卫生监督执法活动，它与其他食品安全和卫生监督执法活动相比有着众多不同，这就是重大活动食品安全与卫生监督保障的特点和要求。因此，重大活动食品安全与卫生监督保障具有一般行政执法的基本特点，又有食品安全与卫生监督的基本特点，还有自身存在的与其他食品安全与卫生监督活动不尽相同的特殊之处，这就是重大活动食品安全与卫生监督保障的特点。

一、保障主体及职责法定

实施食品安全与卫生监督保障活动的主体是法律法规专门规定的，不是任何单位和个人都可以随意进行食品安全与卫生监督保障活动。

第一，实施重大活动食品安全与卫生监督保障的主体，必须具有与之相匹配的行政执法权能，也就是卫生监督执法的职能，按照我国现行的卫生法律法规，具有相关法定职能的行政机关包括卫生行政部门、食品药品监管部门等，各级卫生行政机关和食品药品监管机构，是法律意义上的行政主体。卫生监督机构是承担或者执行行政机关具体职能任务的执行机构，以行政机关的名义具体实施卫生监督保障。除此之外，任何不具备食品安全或者卫生监督执法职能的单位和个人，都没有实施重大活动卫生监督保障的资格。

第二，实施重大活动食品安全与卫生监督保障的主体，不仅要有相应的监督执法职能，同时还要具备相应的管辖权。实施食品安全与卫生监督保障的主体，只能在执法管辖权涵盖的范围内，开展食品安全与卫生监督保障活动。除非由共同上级机关的统一安排和部署，或者由有管辖权的机关委托，监督主体不能越权到非管辖权区域实施食品安全与卫生监督保障。

第三，卫生监督主体实施重大活动食品安全与卫生监督保障的范围和内容，也是法律法规明确规定的，相关监督主体必须在法律法规或者编制部门依法规定的职责范围内，实施重大活动的食品安全与卫生监督保障，不能超越法律法规授权范围从事保障活动。

第四，由于重大活动食品安全与卫生监督保障的行政执法性质，决定了食品安全与卫生监督保障主体必须按照法律规定的相关执法程序实施保障，违反了相关的执法程序，在保障中的有关行为就不具有法律效力。符合相关的法律规定，遵守了相关法定程序，食品安全与卫生监督保障主体在保障中的行为，就依法产生执行力和约束力，有关单位和组织就必须执行。

二、以保护参与者健康为目的

重大活动食品安全与卫生监督保障有鲜明的目的，就是要保障重大活动参与者、服务者的身体健康，最大限度地防范损害参与者健康的群体食品安全和公共卫生事件。

第一，任何一个重大活动都会需要多项不同内容的专门保障工作为其服务和保驾。如治安保障、消防保障、交通保障、通信保障、会议组织保障、电力保障、服务接待保障等。每项保障都有特定的任务，但多数是以重大活动本身为中心，紧紧围绕重大活动按照预先设定的目标和效果进行。而食品安全与卫生监督保障就有所不同了，虽然重大活动食品安全与卫生监督保障，是围绕重大活动进行的食品安全与卫生监督执法活动，是保障重大活动顺利进行的一项重要的保障措施，但是其着力点不在重大活动本身程序的顺利进行与否。食品安全与卫生监督保障的核心内容和目标，往往是在活动本身程序之外的，是以保护参与人的健康为中心的保障活动，通过保障参与者的健康，实现保障重大活动顺利进行的目标。

第二，健康是一项基本人权，是公民以其身体的生理机能的完整性和保持完满的心理状态、良好的环境适应能力为内容的权利。重大活动食品安全与卫生监督保障，正是围绕保护活动参与者的健康而开展的专门执法活动。保护公民健康权益应当是一项基本的公共卫生，要随时随地通过各种措施实现。但是，重大活动是一项众多人员参与的群体性聚集活动，人群聚集就会带来卫生风险，交互的感染、情绪心理的影响、食品和环境的污染，各种因素掺杂在一起，在大自然面前活动群体显得非常的脆弱，稍有不慎就会出现群体性健康事件，所以要通过专门的食品安全与卫生监督执法活动，最大限度地防范群体性健康事件。

第三，由于食品安全与卫生监督保障这种保护参与者健康权的特殊目的，在具体实施保障的过程中，就要以人为核心，遵循生命和医学卫生的科学规律，围绕重大活动参与者的特点、重大活动运行特点以及环境条件等因素可能导致的风险性和健康需求，按照医学科学规律运用其他保障活动无法具备的方式和手段开展工作。重大活动食品安全与卫生监督保障，必须以人为中心、以生命和健康为轴心、以防范群体性健康损害为着力点，来辐射保障活动的内容，规范相应的行为模式。食品安全与卫生监督保障需要从健康出发，规范重大活动相关运行规则和服务方式，从重大活动参与人的健康需要出发，来反映并约束重大活动。重大活动食品安全与卫生监督保障的作用点和兴奋域值，必须牢牢放在“人体生理机能、心理状态和环境适应性”这一特定的健康内涵上，必须牢牢放在对群体性健康事件的防范上。这是其他保障活动和措施所不具备的一个特点。

也正是食品安全与卫生监督保障的这个特点，在许多重大活动的保障中，食品安全与卫生监督保障主体经常性地会与重大活动的承办者产生矛盾和冲突。因为重大活动承办者的注意力，往往放在活动本身的需求和目标上。如体育赛事贵宾间的自助餐承办者希望尽早摆台上菜，监督部门则要严格控制餐饮食品的食用时间；承办方需要在活动中有诸多灵活性，而监督部门却强调卫生规范和标准；等等。食品安全与卫生监督保障的目标是最大限度地控制和消除健康风险，承办方需要活动运行的准时性和自我安排的自由度，看重的是对活动的社会评价和最佳活动效果，而食品安全与卫生监督保障的注意力是绝对不能出现危害健康的事件。因此，重大活动保障的实施和目标实现，需要主办、承办和服务提供者的理解和支持。

三、具有丰富的医学科学内涵

重大活动食品安全与卫生监督保障，具有鲜明突出的医学科学性，是相关医学卫生科学理论与实践，在重大活动保障服务中的应用和展现。前文提到过，重大活动食品安全与卫生监督保障是一项行政管理和执法活动。但是卫生监督执法与其他行政执法的显著区别之一是食品安全与卫生监督保障还是对重大活动提供的一项公共卫生服务。食品安全与卫生监督的基础是公共卫生科学，因此，卫生监督保障需要以自然科学为基础，综合采取社会科学与自然科学两种方式，开展保障活动。

第一，卫生法律规范的医学科学性，决定了依据卫生法律规范实施的食品安全与卫生监督保障的医学科学性。法律规范本应属于社会科学范畴，但卫生法律规范是社会科学与自然科学相互结合、相互渗透、相互交融的产物，是以社会科学方式展现出来的自然科学原理，卫生法律规范在制定过程中，吸纳了诸多基础医学、临床医学、预防医学、社会医学、卫生学、流行病学、药学、营养学的基本原理和研究成果，这是卫生法律规范的自然科学基础，离开了这些科学基础，卫生法律规范就失去了本质性特征。因此，从一定意义上讲，卫生法律规范是这些医学科学原理和研究成果的法律化、制度化、规范化。

第二，食品安全与卫生监督在运行中的特定的思维方式，决定了食品安全与卫生监督保障在实施中的医学科学、食品科学特性。作为一项执法活动，需要研究和遵守社会科学的法则；而医学又是一门自然科学，需要研究和遵循自然科学的法则。社会科学注重“合法性”“相当性”，而自然科学则注重“客观性”和“必然性”，两者往往存在矛盾。食品安全与卫生监督执法不仅要研究社会科学法则，还要研究自然科学法则。简单地运用一般社会法则或者自然法则，都不能解决卫生监督中的所有问题。必须将两者有机地结合起来，运用到食品安全与卫生监督保障实践中，才能正确地处理问题，实现监督保障目的。食品安全与卫生监督保障人员必须具备医学和法学两方面的知识与技能，才能胜任工作。

四、医学专业技术性较强

重大活动食品安全与卫生监督保障与其他保障活动的区别，很重要的一方面在于食品安全与卫生监督保障需要运用医学专业知识和食品检测技术，是一项卫生专业技术性较强的保障工作。

第一，食品安全与卫生监督保障依据的卫生法律规范，是专业技术内涵非常丰富的法律规范体系，充分体现了医学科学技术、自然科学规律的最新发展，大量的卫生和医学科学技术规范，成为卫生法律规范的重要内容。执行中需要一定的专业技术知识，需要采取一定的专业技术手段。

第二，国家为了管理和规范社会公共卫生事务，保护公民的身体健康，以卫生和医学科学为基础，总结前人在多年生活过程中积累的经验，参考国际惯例后，制定了大量以技术内容为主的卫生标准和规范。这些标准和规范既是卫生执法的技术依据，也是卫生科学体系的重要组成部分，执行这些标准规范需要系统化的技术支持体系和专业性活动。

第三，食品安全与卫生监督保障实践，需要流行病学、检验检测、卫生评价，甚至临床医学等方面的医学和公共卫生技术方法、手段，需要监督保障人员具有相应的专业技术能力。在监督保障活动中，监督主体要执行卫生法律规范、技术标准，需要卫生和医学科学知识，需要采取必要的技术性手段，同时还需要卫生专业技术部门雄厚的技术支持。如卫生监督保障需要对重大活动接待场所，进行全面的预防性卫生学评价；需要对相关服务人员进行预防性健康检查；需要对重大活动使用的健康相关产品进行卫生学分析和卫生检验。食品安全与卫生监督保障需要对餐饮食品加工过程和原料、成品等进行监测，对健康危害的因素和隐患要进行卫生学处理，等等。这些都需要相当的专业技术能力。也就是说食品安全与卫生监督保障必须运用成形的医学科学手段，只有通过这些专业的、技术的方法和手段，才能有效地验证和预测重大活动环境条件和活动过程中，可能存在的对健康现存或者潜在的风险和隐患，特别是发生群体性健康事件的可能性，准确地采取针对性措施有效地控制风险和危害的发生，并制裁卫生违法行为。

第四，现场快速检验检测是食品安全与卫生监督保障的一门全新的现场技术。伴随现代科学技术的发展，涉及食品安全与公共卫生的现场快速检测技术逐步发展和完善起来，在重大活动食品安全与卫生监督保障中发挥了非常重要的作用，已经成为食品安全与卫生监督机构落实重大活动的重要的现场技术手段之一，充分体现了食品安全与卫生监督保障的专业技术内涵，大大提高了食品安全与卫生监督保障的科学性和权威性，同时对监督保障队伍的专业技术能力要求越来越高，条件更加严格。

五、以控制卫生风险因素为路径

重大活动食品安全与卫生监督保障与其他保障措施相比较，还有一个重要的特点，就是食品安全与卫生监督保障的基本方法和路径是对各种卫生安全风险因素的控制。重大活动保障就是采取一切措施，保证重大活动按照预定的策划目标运行，最终达到预期效果。如重大活动时的交通保障，就要把最好的车辆提供给重大活动使用，让出最好的路面保证重大活动的车辆通行，对活动以外的车辆行驶进行控制，保证重大活动不因路途因素受到影响；医疗保障就要提供方便的就医，派驻最好的医务人员、安排专门救护车值守、打开医院绿色通道，保证重大活动中的患者就诊；接待保障就要做好最佳的接待安排，提供最好接待服务；等等。诸如此类很多内容的保障即将成为或者已经成为重大活动自身的构架体系的一部分，直接地对重大活动提供某项专门支撑，直接地为重大活动服务，具有直接“给予”的成分，通过“给予”达到保障的作用。

而食品安全与卫生监督保障则有所不同，食品安全与卫生监督保障不是重大活动自身构架的支撑体系之一，因此也不是重大活动的直接支撑性保障，没有直接给予的内容，甚至还会对重大活动产生某种制约。食品安全与卫生监督保障对重大活动而言，是一种外在的保护性措施，通过保护行为的实施，间接地对重大活动起到保障作用。这种保护性措施的基本方法和路径，就是公共卫生和食品安全风险因素控制，最大限度地降低卫生和食品安全风险性，提高卫生安全性就是食品安全与卫生监督保障的过程。所谓卫生风险因素，是指一切可能导致或者增加人体健康损害、群体性公共卫生事件发生可能性的主观和客观、物质和心理的因素（原因、条件、隐患）。在一定意义上讲，重大活动食品安全与卫生监督保障，是对各种与重大活动相关的食品安全与卫生风险因素进行控制的过程。

第一，在实施重大活动食品安全与卫生监督保障的准备期，卫生监督主体，要针对重大活动的特点和运作过程，对相关接待单位、重大活动现场、集体就餐和娱乐活动场所等，进行全面的监督检查，进行全方位的食品安全与卫生风险评价，确定不同点位的风险度或者系数。监督指导相关单位，在重大活动开始前整改提升，最大限度地减少高度风险因素。

第二，食品安全与卫生监督机构在重大活动开始前，对相关单位的管理人员、从业人员进行培训教育，就是最大限度地降低来自于人的心理风险因素；对直接为活动参与者提供服务的人员，进行强化健康检查，就是最大限度地降低来自服务人员的可能导致健康损害、传播疾病的客观条件。

第三，在实施食品安全与卫生监督保障的关键阶段，食品安全与卫生监督主体，针对最后风险评价中的高、中、低度风险点位，采取不同的保障措施，对高风险关键环节实行重点监控措施，也是在最大限度地降低风险程度，控制一切导致健康损害、群体性健康事件发生的可能性。

第四，在实施食品安全与卫生监督保障的过程中，采取现场快速检测的方式，对生活饮用水、公共场所环境、食品原料、餐饮食品成品等进行相关项目的应急性检验，对餐饮食品、快餐食品加工后与进食前的时间控制等，就是最大限度地控制来自于物质和环境的卫生安全风险。

第五，在重大活动保障过程中，监督人员实施驻点监督保障，对相关的服务过程、餐饮食品加工过程等，进行全程的监督检查，就是控制在服务、加工过程中来自于外界或者自身的卫生安全风险因素，最大限度地提高公共卫生安全、餐饮食品安全性和公众信誉。

六、卫生监督保障各专业不可分割

按照重大活动卫生监督保障理论和实践经验，可以把食品安全与卫生监督保障分为若干专业类别、范围类别和对象类别等。无论如何分类，食品安全与卫生监督保障的共同目标、共同的理论基础、共同的公共卫生方法和共同的保障人体健康的宗旨，使他们相互交融、接纳，相互影响、促进，并进行互动，从而紧密地、有机地联系在一起，形成一个完整系统，不能相互分割。

有同志认为，按照目前管理体制和监管职责分工，应当将食品安全保障从整体卫生监督保障中分离出去。其实，这是一种误解，监管体制和职责分工，只是社会管理职能的一种分配，是对某项事物的社会分担，而不能因为这种分担改变事物的本质属性，也不能由此割裂各类事物间的相互联系，使一个完整的活的系统分割成为支离破碎的死物。食品卫生安全是新中国最早铺垫下的一块公共卫生基石,食品安全保障与其他各项卫生监督保障之间,有着共同的公共卫生基础、共同的保障目标、共同的国际准则惯例、共同的方法措施、共同的相互交融和互动作用,有着相互间紧密的不可分割的内在联系。因此,从大卫生理念出发,我们应当将食品安全保障,作为整体卫生监督保障或者公共卫生保障的一部分进行研究和实践。

重大活动食品安全与卫生监督保障,除了自身各专业的内部联系和不可分割性外,还与医疗保健救治保障、疾病控制和卫生应急保障等有着密切的关系,具有相互的影响和促进作用。其中,疾病控制和卫生应急保障在实践中也多纳入整体卫生监督保障中一并进行,在多数情况下并不单列。在食品安全与卫生监督保障中一旦发现高风险问题,出现健康事件,会立即采取相应的医疗保障措施,启动相应的应急处置预案;在医疗保障中,发现与食品安全、卫生监督保障范围有关的患者,也会由监督主体采取进一步强化的食品安全与卫生监督保障措施。

第五节 重大活动食品安全与卫生监督保障的原则

一、概述

(一)基本含义

重大活动食品安全与卫生监督保障的原则是指导食品安全与卫生监督主体,实施食品安全与卫生监督保障的基本精神、原理和准则。这个准则是食品安全与卫生监督主体进行重大活动监督保障时必须遵循的共同准则,贯穿于食品安全与卫生监督保障工作的各个环节。重大活动食品安全与卫生监督保障,要按照这些精神、原理和准则开展工作,具体工作措施可能得力,也可能不足,但只要符合基本准则,就不会出现本质性的错误,结果也仅是程度上的不同。如果违背基本原则就会出现本质性的偏差。

(二)原则与特征

重大活动食品安全与卫生监督保障的原则,在一定意义上反映了食品安全与卫生监督保障的性质和特点。因此,食品安全与卫生监督保障原则的内容和特征,需要与食品安全与卫生监督保障的性质和特点相匹配、相适应,这就是符合事物的客观规律。

第一,食品安全与卫生监督保障有行政和执法属性,因此,卫生监督保障必须遵守法律规定的行政活动准则。

第二，食品安全与卫生监督保障有公共卫生属性、卫生技术属性、服务属性和以保障健康为目标的一些特点。因此，卫生监督保障必须遵循能够体现卫生监督保障特点和特定运行规律的一些特殊准则，只有这样才能保证卫生监督保障活动合法、准确、及时、高效。

第三，食品安全与卫生监督保障的基本依据是卫生法律规范。因此，食品安全与卫生监督保障活动，还必须遵循卫生法律规范所体现的共同的基本原理、精神和准则。我们把这些综合起来，就是食品安全与卫生监督保障的基本原则精神，把握了这些原则，食品安全与卫生监督保障的方向和针对性才能够准确，监督保障的任务和目标才能够实现。反之，违背这些基本原理、精神和准则，食品安全与卫生监督保障活动就会偏离方向，甚至发生问题。

（三）作用和意义

正确地把握和遵循重大活动食品安全与卫生监督保障原则，对于正确、有效地实施对重大活动的食品安全与卫生监督保障，具有非常重要的意义：

第一，正确地把握食品安全与卫生监督保障原则，可以指导食品安全与卫生监督保障主体，依法科学地规范食品安全与卫生监督保障活动，加强对食品安全与卫生监督保障的立法和建章立制，建立合法、科学、有效、畅通的卫生监督保障制度、机制和行为规范、标准。

第二，正确地把握食品安全与卫生监督保障原则，有助于监督机构和人员，对食品安全与卫生监督保障相关卫生法律、规范和标准的学习、研究和理解，并在实践中准确地适用，规范重大活动中的各种相关行为，指导相关单位落实公共卫生和餐饮食品安全制度措施，有效地防范、控制卫生安全风险隐患。

第三，正确地把握食品安全与卫生监督保障原则，有助于监督主体，加强对卫生监督保障行为的规范和约束，防止和纠正食品安全与卫生监督保障中的不当行为，提高食品安全与卫生监督保障的科学性、规范性，提高工作质量和水平。

第四，正确地把握食品安全与卫生监督保障原则，有助于监督主体在复杂多样的重大活动中，机动灵活又不失原则地处理好复杂的公共卫生和食品安全问题，弥补相关法律规范、标准中的某些不足，为重大活动顺利运行保驾护航。

第五，正确地把握食品安全与卫生监督保障原则，有助于监督保障主体在整体上提高监督保障队伍的素质和能力，正确、有效、及时地处置重大活动中的突发问题，最大限度地提高食品安全与卫生监督保障工作的效能，有效地发挥食品安全与卫生监督在保障重大活动中的积极作用。

（四）范围与类别

概括起来重大活动食品安全与卫生监督保障的原则，主要包括三个方面：一是重大活动食品安全与卫生监督保障的行政性原则，即依法行政原则，包括行政合法、行政合理、权责统一、监督制约等；二是重大活动卫生监督保障规定（法定）性原则，包括预防为主、科学管理、属地负责、分级监督等；三是重大活动食品安全与卫生监督保障的专业性原则，包括保障健康、风险控制、应急性、尊重医学科学规律、行政与技术融合等。

二、行政性原则（依法行政原则）

重大活动食品安全与卫生监督保障，具有行政和执法的属性，是一项专门的监督执法活动，首先必须坚持行政活动的基本原则，依法规范食品安全与卫生监督保障行为，依法开展食品安全与卫生监督保障工作。这是食品安全与卫生监督保障的行政属性所决定的，也是所有食品安全与卫生监督活动必须遵循的第一准则，是最普遍、最基本的准则。依法行政的基本要求是行政管理的合法性、合理性、权责统一、监督制约等。

（一）行政合法

重大活动食品安全与卫生监督保障作为一项卫生行政管理活动，必须具备合法要素。第一，职权合法。实施食品安全与卫生监督保障必须具有法定的食品安全与卫生监督职能（职权），保障行为的内容必须与法定职权相匹配，不得超越。第二，依法履职。法律赋予食品安全与卫生监督主体的职责必须依法履行，不能懈怠、放弃、拒绝和拖延，也不能疏于管理和监督。第三，措施合法。在食品安全与卫生监督保障中，无论是先期设定还是当场采取的措施都必须符合法律规定。第四，程序合法。程序合法是实体合法的保证，食品安全与卫生监督保障必须按照法定的程序进行，食品安全与卫生监督保障的方式、步骤、时间、顺序等都要符合法律规定。第五，授权委托合法。如果将食品安全与卫生监督保障委托其他单位实施，必须具有明确的法律依据，符合法律规定的条件。

（二）行政合理

作为一项行政管理活动，其行为还必须符合合理性要求。合理性是依法行政原则的重要组成部分，即行政行为在合法的前提下，必须符合法律的基本精神，并客观适度、合乎理性、公正平等、恰到好处。第一，适用法律要符合立法宗旨和精神；第二，自由裁量要合乎情理、恰当适度，符合管理惯例和具体情况；第三，行为动机要充分考虑各种相关因素，不受无关因素影响；第四，遵循卫生工作原则，符合卫生与健康的自然规律；第五，遵守相应社会理念、社会公德、职业道德等。

合理性原则与合法性原则是相统一的整体，合理性应当以合法性为基础，强调合理的目的，是进一步坚持和保证合法性。

（三）权责统一

重大活动食品安全与卫生监督保障，既是食品安全与卫生监督主体的职权，也是食品安全与卫生监督主体的责任和义务。主要包括两个方面:第一,监督主体在实施卫生监督保障时行使的卫生监督职权,相对于具体保障活动和管理相对人,具有权威性、强制性;而相对于国家则是一种义务和责任,必须全面认真地履行,不得放弃,也不得滥用。第二,监督主体获得监督职权,同时也承担了行使职权的风险,职权多大责任就多大,风险也就有多大。监督主体疏于履行职权、违反履职规则等行为,要承担相应的法律后果。

(四)监督制约

实施行政管理、开展执法活动,必须依法接受相应的监督和制约,这是一项基本原则,也是依法行政的基本内容,食品安全与卫生监督保障是一种专门的执法活动,必须遵守这个原则。自觉接受各方面的监督,同时还要强化内部的监督稽查,进行内部监督制约,保证履职的全面性和正确性。

三、规定(法定)性原则

重大活动食品安全与卫生监督保障的规定(法定)性原则,是卫生行政机关、食品药品监管机关等,依据相关法律行政法规,结合食品安全与卫生监督的基本要求、工作程序,以规章或规范性文件的形式明确规定的,在实施重大活动食品安全与卫生监督保障中应当遵守的原则,是从宏观管理角度提出的实施监督保障需要遵循的与食品安全、公共卫生监管相关的准则,也是对食品安全与卫生监督主体实施重大活动卫生监督保障的基本要求,因此,我们暂且称之为规定(法定)性原则。原卫生部2005年颁布实施的《重大活动食品卫生监督规范》规定:"重大活动食品卫生监督,坚持预防为主、属地管理、分级监督的原则。"国家食品药品监管局2011年颁布实施的《重大活动餐饮服务食品安全监督管理规范》规定:"重大活动餐饮服务食品安全监督管理坚持预防为主、科学管理、属地负责、分级监督的原则。"

(一)预防为主原则

"预防为主"是我国卫生工作的基本方针之一,也是食品安全与卫生监督执法、重大活动食品安全与卫生监督保障活动应当遵循的一项基本原则。食品安全与卫生监督保障的目的,就是要预防在重大活动中发生公共卫生和食品安全事故,防止发生各类群体性健康事件。预防为主应当作为重大活动食品安全与卫生监督保障的基本方略和思维模式,作为落实食品安全与卫生监督保障工作的主线,偏离了这条主线,就偏离了卫生工作、食品安全监管、卫生监督工作的基本宗旨,就会发生问题。监督主体在实施重大活动食品安全与卫生监督保障中,必须坚持预防为主的原则,将工作的侧重点放在对各类卫生安全事件的预防、对卫生违法违规行为的预防上,不能将工作重心放在事发后的处理和惩罚上。

（二）科学管理原则

重大活动食品安全与卫生监督保障，是一项系统工程，需要各个环节有机配合、无缝衔接，这就需要有一套系统的科学的管理方法和措施以降低工作中的随意性和盲目性。例如，承接重大活动保障任务，要预先制定工作方案，按照方案组织实施；应对突发事件要预先制定各种应急预案，发生突发事件按照预案进行处置；具体保障措施要明确重点，操作方式要制定和遵守规范、标准，做出决定要有法律依据；对特别重大的食品安全与卫生监督保障，要建立强有力的领导和协调机构，建立畅通高效的协调指挥机制等，都属于科学管理的范围。

（三）属地负责原则

属地负责也称属地管辖、属地管理、地域管辖等，属地管理是一项重要的法治原则，也是重大活动食品安全与卫生监督保障的一项原则。属地管理就是讲重大活动在哪一个行政区举办，就由哪一个行政区的卫生监督部门负责实施重大活动的食品安全与卫生监督保障。重大活动举办地的人民政府，对重大活动的卫生安全保障具有领导、组织、协调和管理的职能。卫生行政部门、食品药品监管部门、卫生监督机构等，按照法律规定和职责分工，对重大活动具有进行食品安全与卫生监督保障的职责。

重大活动需要食品安全与卫生监督保障时，由所在行政区的食品安全与卫生监督主体根据职责分工组织实施并承担责任。原则上重大活动的食品安全与卫生监督保障，由县级卫生或者食品药品监管部门负责；重大活动的规模、影响程度等超出本行政区范围的或者活动的卫生风险程度较高，负责食品安全与卫生监督保障任务的基层卫生行政部门、食品药品监管部门和相应的监督机构，应当及时向上一级机关汇报请示，争取上级部门的指导和支持，必要时上级卫生行政部门、食品药品监管部门及其监督机构，可以直接组织食品安全与卫生监督保障行动。活动规模特别大和社会影响特别重大的活动，食品安全与卫生监督保障应当由省级卫生行政部门、食品药品监管部门及其监督机构，统一组织开展，必要时中央一级给予支持和指导。

（四）分级监督原则

分级监督原则，一般包括三个方面的含义：第一，根据重大活动的具体情况，不同的重大活动由不同层级的监督主体负责履行食品安全与卫生监督职责，也可以理解为重大活动在哪一级地方政府举办，就由哪一级政府的卫生行政和食品药品监管部门等具体负责监督保障。例如，重大活动在一个设区的市举办，一般由区级食品安全与卫生监督主体落实食品安全与卫生监督保障，活动规模大了或者活动的级别高了，就要由市一级卫生监督主体负责或者组织食品安全与卫生监督保障；活动的规模、级别和影响达到一定程度，就要省级监督主体负责或者组织实施，中央一级一般不具体负责或者组织，主要是监督指导和协调解决跨省的有关问题。第二，根据重大活动的规模、影响程度、举办或者参加者的层级、卫生风险程度等，按照一定的规律分为若干个重大活动等级，或者针对重大活动的不同情况和需求，将食品安全与卫生监督保障分为若干个监督保障等级。对不同等级重大活动或者不同等级的监督保障，由不同层级的卫生监督主体负责具体保障工作；针对不同等级保障要求，按照相对应的食品安全与卫生监督保障规范，落实卫生监督措施。第三，对重大活动食品安全与卫生监督保障，实施层级监督，上级政府卫生行政部门、食品药品监管部门，应当对下级政府卫生部门、食品药品监管部门及其监督机构落实卫生监督保障的情况进行监督和指导。

四、重大活动食品安全与卫生监督保障的专业性原则

重大活动食品安全与卫生监督保障的专业性原则，是针对重大活动食品安全与卫生监督保障客观规律和专业特点，结合监督保障工作实践的经验总结，既有鲜明的专业性、科学性、实践性，也有非常具体的实用性和可操作性，在一定意义上讲，也是公共卫生准则、相关标准规范和专业要求在重大活动食品安全与卫生监督保障中的具体化。

（一）风险控制原则

以风险因素控制为路径是重大活动食品安全与卫生监督保障的一个突出专业性特点，也是重大活动食品安全与卫生监督保障的基本操作方法。坚持风险控制原则，体现了重大活动食品安全与卫生监督保障基本规律，具有鲜明的专业和科学特征，是重大活动食品安全与卫生监督保障工作中必须始终坚持的工作准则，也是预防为主方针在重大活动食品安全与卫生监督保障中的具体表现。

所谓风险是指发生意外损害事件的概率或者可能性。风险控制就是通过采取各种措施，最大限度减小乃至消除这种概率。重大活动食品安全与公共卫生风险，是指发生群体性或者个体异常健康损害事件的概率或者可能性。例如：食物中毒事故的风险、饮用水污染风险、传染病流行风险、其他公共卫生和食品安全因素导致健康损害风险等。重大活动期间这种卫生风险程度明显上升，发生概率较高，因此也就需要专门的食品安全与卫生监督保障，通过监督保障措施的落实控制和消除风险。风险控制是监督保障工作的首要原则，实施监督保障就要致力于消除风险因素，降低健康损害风险的程度，使健康损害的发生概率降低到最小。消除了风险隐患，食品安全与卫生监督保障就达到了预期的目的，发挥了保障的作用。

风险控制原则应当作为监督主体的基本思路和指导原则，成为落实食品安全与卫生监督保障的一种基本思维方式和操作方法，并贯穿于重大活动监督保

障的全过程。在重大活动开始前,监督保障主体应当开展食品安全和卫生风险评估,进行风险识别、确定风险程度、查找风险源、确定风险因素。针对风险评估中确定的高风险环节,采取针对性卫生监督措施,控制和消除各种风险因素,最终达到避免甚至消除风险的结果;针对卫生风险评估确定的风险类别和程度,制定应急预案,一旦发生风险事件,能够及时采取应急措施,控制和减少风险带来的损失。重大活动食品安全与卫生监督保障的每项工作方案、每一个工作措施、每一个规范和要求,都要充分体现卫生风险控制这个原则。

(二)应急性原则

重大活动食品安全与卫生监督保障的应急原则,应当包括两个方面的含义:一是应对急需和紧急情况,立即采取某些超出正常工作程序的行动,以避免风险事件发生或降低风险损失的程度;二是随时随地做好应对卫生突发事件的准备,做好各种可能发生的卫生突发事件的预案,能够迅速、果断、有序地处置突发事件。应急性原则,是一项超常规的,具有一定灵活性、决断性和特定即时处置权限的非常原则。它是指在特殊的紧急情况下,出于国家安全、社会公共利益的考虑,行政机关可以采取没有明确法律依据的或与通常状态下的法律规定相抵触的措施的权力,应急原则是合法性原则的例外。行使行政应急权应符合四个条件:(1)存在明确无误的紧急危险;(2)行使机关具有法定职权或者事后得到追认;(3)做出应急行为应接受监督;(4)所采取的措施应该适当,损失要控制在最小范围。

重大活动食品安全与卫生监督保障,是一项专门的监督执法活动,同时也是一项相对独立的专业监督活动、非常规的监督活动,监督保障中出现的很多情况,需要当即做出果断处理,迅速解决问题,不可能按照常规的方式和程序进行处理。如果按照常规的、一般的食品安全与卫生监督工作要求,处理重大活动中发生的问题,就会影响重大活动的正常进行或者导致难以挽回的后果。因此,监督主体在实施重大活动食品安全与卫生监督保障时,应当坚持应急性原则或者行政即时性原则,处理重大活动中出现的食品安全与卫生问题。坚持这个原则就要以人为本、消除隐患、快速反应、科学应对。在重大活动中一旦出现问题,负责保障的监督员就要立即做出果断的处理,不需按照常规程序,甚至超越相关职权和现行规定,采取近似于即时行政强制的措施控制风险。例如现场快速检测目前还不是法定的实验证据,主要作为风险因子的筛选,但是在重大活动保障中,一旦经现场快速检测发现问题,无须经过实验室检验验证,监督执法员也不需经过上级批准,即可在现场做出应急处理,禁止食用或者使用。但是,在现场做出即时性处置,应当注意恰当和灵活的工作方式,不能随意滥用即时处置权,造成没有必要的损失和后果。第一,坚持保障健康、控制风险为主,既不放过任何隐患，也不无限扩大范围；第二，以违法违规行为或者风险因素客观存在为根据，不凭主观想象；第三，以临时控制措施为主，尽可能不做灭失性和终末性行政处理；第四，督促和指导相对人自愿处置为主，尽量避免强制性处置；第五，事后跟踪，重大活动结束后依照法定程序，进行处理。

在食品安全与卫生监督保障中，遇到特别紧急的情况，食品安全与卫生监督主体可以行使应急权，采取即时强制措施。即时强制措施是行政主体在事态紧急的情况下，为排除紧急妨碍、消除紧急危险，来不及先行做出具体行政行为而直接对相对人的人身、财产或行为采取的断然行动。采取即时强制措施必须符合相关法律规定，具有需要实施即时强制措施客观事实等。第一，食品安全或者卫生风险必须确实存在，具有一定的证据支持；第二，即时强制措施的内容和方式，属于食品安全与卫生监督保障主体职权；第三，在有效控制风险的前提下，尽可能控制强制措施的损失范围和程度；第四，即时强制措施越权时，应当及时汇报获得追认；第五，相关风险一旦消除，应当及时解除控制。

(三)保障健康的原则

保护公民健康是一切卫生法律规范的基本宗旨，也是食品安全和卫生监督执法的基本目标和出发点，保证重大活动参与者的健康安全，消除重大活动可能存在的健康风险，是食品安全与卫生监督保障工作的首要任务。保障健康的原则，要求食品安全与卫生监督主体在实施重大活动保障时，必须坚持以人为本，把保护重大活动参与人的健康、预防异常健康损害事件作为保障工作动机、准则、标准和核心任务，放在保障工作的首要位置。科学规范地实施食品安全与卫生监督保障行为，落实食品安全与卫生监督保障任务。保障健康原则，在重大活动食品安全与卫生监督保障中具有排他性和不可替代性，任何一项要求和措施，都不能替代对保护人体健康的目标和要求。重大活动食品安全与卫生监督保障工作的各项措施和要求，都要围绕保障健康和防止异常健康损害事件的发生运行，都要为保障健康和预防健康损害事件服务，凡是有悖于保障健康原则的行为都不能接受。

(四)尊重医学科学规律的原则

重大活动食品安全与卫生监督保障区别于其他行政部门和专业系统提供的保障的显著标志之一，是食品安全和卫生监督保障具有公共卫生属性和医学属性，反映了监督保障的特殊公共卫生服务特征。食品安全与卫生监督的科学基础源于医学科学、公共卫生学、预防医学的基本规律。食品安全与卫生监督保障活动，除需要遵循行政执法对监督保障的一般原则要求外，还必须尊重医学和公共卫生科学，符合医学和公共卫生科学的基本规律，不能违背医学和公共卫生科学的基本原理，也不能超越医学和公共卫生科学发展基本规律和现状。

（五）行政与技术融合的原则

食品安全和卫生监督保障的医学和公共卫生学基础，决定了卫生监督保障工作及其保障范围、保障对象的复杂性和医学技术性，也决定了对食品安全和卫生监督保障行为的客观性要求；但是食品安全和卫生监督的行政属性和执法属性，又决定了对保障活动的合法性和程序性要求。因此，在重大活动食品安全和卫生监督保障中，监督主体必须将行政性要求与技术性要求相互结合、相互统一，有机地融合到一起。以行政性规范要求约束和保证技术性行为的合法性和程序性，以技术性规范要求约束和保证行政行为的科学性和准确性。绝不能片面地强调其中某一个方面，如果片面强调保障活动的行政性，会在一定程度上失去食品安全和卫生监督保障的科学性、权威性，甚至失去食品安全和卫生监督保障的实际意义，如果片面强调保障活动的技术性，也会使监督保障行为失去合法性和强制性，两者必须融合到一起。

第二章　重大活动食品安全与卫生监督保障的分类

第一节　概　述

一、分类的概念

重大活动食品安全与卫生监督保障有必要按照一定的规律做一个适当分类，这对于我们研究和实践重大活动食品安全与卫生监督保障，是很有意义的。因为分类是按照一定的规律和特点进行的归类，所有事物也绝非只有一个规律、一个特点，因此，按照不同规律和特点会有不同的分类，这也是站在不同角度理解事物的方法。

二、食品安全与卫生监督保障的分类方法

对重大活动食品安全与卫生监督保障，用不同分类方法可以做不同的分类。本章采取最贴近监督保障工作实践的分类方法进行分类，以便对监督保障工作更具指导意义，经初步归纳，考虑了四种不同分类方法。

（一）按照监督执法的专业分类

按照监督执法专业分类，就是根据食品安全和卫生监督保障所涉及监督执法的工作分工、职责分工或者每项工作业务特征进行的分类。这种分类方法主要体现在食品安全与卫生监督中不同工作内容的内在特点和性质上，也可称业务分类法。按照食品安全与卫生监督业务类别的分类方法，原本应当遵循每项业务工作的科学规律和内涵进行分类，属于纯专业性分类。但是，从实际工作考虑，还要遵循现有管理体制下对各项专业执法工作的社会分工。

（二）按照法律关系要素分类

这种分类是以食品安全监督、卫生监督法律关系为基础，以研究监督保障活动的社会关系规律为基础的分类，也是按照监督保障对象进行的分类，就是以行政法律关系相对方特点和规律进行的分类。体现了重大活动的特点和规律，与重大活动需求和监督保障功能有关。

（三）按照监督保障关联性分类

这种分类是根据监督保障与重大活动之间的相互关系进行的分类，以研究监督保障对重大活动的作用规律为基础的分类。这种分类方法与法律关系要素分类比较，有很多近似的地方。但是，由于这种分类方法更贴近重大活动，也就更具实用性。

（四）按照监督保障方式分类

这种分类是根据食品安全与卫生监督主体，对重大活动实施卫生监督保障时，针对食品安全和公共卫生风险，采取的监控措施和方式进行的分类。这体现了食品安全与卫生监督保障的方法学和工作艺术性。

第二节　按照专业类别分类

一、概述

按照食品安全与卫生监督的专业类别分类，也称按照监督执法专业分类、公共卫生专业分类等。这种分类是以我国现行法律法规为基础，研究食品安全监督、卫生监督的法定专业分工，结合各专业运行规律和工作特点进行的分类。

（一）专业分类依据

传统意义上的卫生监督，主要指五大公共卫生监督，包括食品卫生监督、环境卫生监督、放射卫生监督、职业卫生监督和学校卫生监督；现代意义上的卫生监督，是指以依法治国方略为基础的综合卫生行政执法，包括对健康相关产品的监督、对社会公共卫生的监督、对卫生专业机构和专业人员的监督等。按照我国现行的管理体制，食品安全监督与公共卫生监督，已经逐步分立为两个相对独立的专业类别。

食品安全监督的专业化分工也越来越细，包括初级农产品种植、养殖的监督，食品生产加工的监督，食品流通的监督，餐饮服务的监督，食品进出口的监督等。但是，由于食品安全源于卫生监督，两者之间有着千丝万缕的内在、外在联系，所以我们将食品安全保障、卫生监督保障问题一并进行讨论。

（二）主要专业分类

按照专业类别进行分类，可以将重大活动食品安全与卫生监督保障分为：食品安全监督保障、公共场所卫生监督保障、生活饮用水卫生监督保障、其他公共卫生监督保障。在每个分类下还可以继续细化分类，一个大类还可以再分成若干子类。

（三）各专业的关联性

有同志认为食品安全监管体制已经独立，食品安全监督保障，应当与公共卫生完全分离，不能将两个专业的问题放在一起研究，也不能将各环节食品安全监督保障放到一起研究。笔者认为这种观念并不准确。第一，按照国际社会对食品安全的定义，食品安全仍然是公共卫生问题，解决食品安全的有关问题，还需要运用公共卫生的方法。在一些基层单位还没有完全将食品安全和卫生监督执法彻底分离。预防控制食品安全风险，防止食源性群体性健康事件，也是卫生监督保障的目标，两者之间互为支持，不能完全孤立地对待。第二，食品安全保障涉及食物链全程，每个环节之间都有密切联系，是一个完整的有机整体，不能人为地使之分离，一个环节的食品安全，往往涉及多个环节的问题，或者对多个环节产生影响，因此，也不能孤立地对各个环节进行监督保障，必须树立全局意识，做好工作。第三，卫生监督保障公共场所、生活饮用水、传染病防治等，相互之间联系更加紧密，实质上都属于传染病预防控制的范畴。在具体措施、操作方法、保障范围等方面，都相互交融、相互包含、互为补充，任何一个方面发生问题，都会导致其他保障工作受影响。因此，食品安全与卫生监督保障需要相互配合、相互支持，需要从大局和整体的角度处理问题，不能因为专业分类和分工，各搞一套、相互掣肘。

二、食品安全监督保障

食品安全监督，在我国多年作为卫生监督的一个分支和重要的组成部分，被列为五大卫生之首。2009 年的《食品安全法》颁布实施后，逐步成为独立的监督系统。重大活动食品安全监督保障，是第一个由部级单位颁规章明确规定的监督保障，相对于其他监督保障工作，更加规范。食品安全监督保障，是食品安全监督主体，针对重大活动特点、内容和需要，依法实施的以保障重大活动食品安全为目标的，专项的、强化的食品安全监督执法活动。无论从理论上，还是从实践上，对重大活动的食品安全卫生监督保障，均可以做广义和狭义的两种理解。

（一）广义的重大活动食品安全监督保障

包括食品从种植、养殖、生产加工、流通销售、餐饮服务等整个食品链的全程食品安全保障措施。由于我国刚刚从食品安全分段监管体制转向统一的监管体制，一些地方特别是基层还在逐步转型的过程中，因此，完成食品链条各环节的全程保障活动，需要所有食品安全监管部门的协同行动、分工合作、各负其责才能实现。

（二）狭义的重大活动食品安全卫生监督保障

主要是指对重大活动的餐饮服务食品安全保障，即监督主体针对重大活动，依法实施的规范性专项餐饮服务食品安全监管活动，是食品安全监督主体对重大活动的饮食和餐饮服务提供者实施的专项监督。包括活动前期的卫生评价、监督整改，活动期间对原料采购、加工过程、配餐用餐、餐饮具消毒等进行的全程监督和现场快速检测等活动。

（三）按照广义的食品安全监督保障，可以将食品安全监督保障具体分为四个环节的监督保障

（1）餐饮服务的食品安全保障。即食品安全监督保障主体依法对向重大活动提供餐饮服务、集体用餐配送的单位和个人实施的监督保障活动。这是重大活动监督保障中，最重要、最直接、频次最多的食品安全保障。

（2）食品流通和供应的安全保障。即食品安全监督保障主体，在职责范围内，对向重大活动及参与者供应食品、提供餐饮、提供食品及原料的食品流通企业，实施的食品安全监督保障措施。

（3）食品生产加工环节的安全保障。即监督保障主体，在职责范围内，对向重大活动供应食品，或者向重大活动提供餐饮的单位、供应食品及原料的流通企业、提供食品的食品生产企业，实施的食品安全监督保障措施。

（4）初级产品阶段的监督保障。在特别重大的活动时，对食品及原料的质量要求相当高，需要食品安全监督保障主体，从初级农产品的种植、养殖阶段开始监控，监督保障主体，按照职责分工，在初级农产品种植、养殖环节，实施的食品安全监督保障。

（四）食品安全监督保障的重点

理论上讲，重大活动的食品安全保障，应当包括整个食物链条全程的食品安全保障措施。但是，在实际操作中，由于餐饮食品是直接面对重大活动及其参与者的，因此重大活动餐饮食品安全保障最受关注，也是重大活动食品安全监督保障的重点和中心。其他环节的食品安全监督保障工作，在多数情况下属于餐饮食品安全监督保障的延伸。本书各论中，主要介绍有关餐饮食品安全的保障问题。是否采取食物链全过程各环节的监督保障措施，还要考虑重大活动的实际需要，例如，重大国际体育赛事活动对运动员食品有严格要求，需要防止食品链条中出现任何一个污染因素导致食品安全问题，特别是防止对反兴奋剂行动的干扰。如2008年北京奥运，就采取了最为严格的食物链全程保障措施，各项具体要求涉及每一个细节，初级农产品种植、养殖，食品生产加工，食品流通等环节都实行了监督执法人员驻点监督保障。

三、公共场所卫生监督保障

（一）公共场所的概念和范围

公共场所是指人群经常聚集、供公众使用或服务于大众的活动场所，是人们生活中不可缺少的组成部分，也是一个地区对外开放的窗口。我国根据公共场

所的不同功能，将公共场所分为7类28种；宾馆旅店、饭馆、浴池、理发、影剧院、舞厅、体育场馆、展览馆、商场、交通工具和室内等候场所等诸多场所。这些场所在卫生学上的特点是：各类人群相对集中，相互接触频繁，流动性大；设备物品供公众重复使用，容易污染；健康与非健康个体混杂，容易造成交互感染，疾病，特别是传染病的传播。对公共场所的卫生监督管理，是一个国家和地区预防和控制传染病传播流行的重要公共卫生措施，主要是通过对人们公共场所内环境卫生质量的监督监测，规范公共场所卫生管理，使之达到和保持良好的卫生状况，预防传染病和有关疾病传播流行，创建与公众健康相适应的生活环境，提高公众健康水平。

（二）公共场所卫生监督保障的重点

重大活动的公共场所卫生监督保障，是指卫生监督主体，根据重大活动特点、内容和需要，以保障重大活动参与者住宿、召开会议、展览展销、休闲、集体活动和重大活动涉及的其他场所的公共卫生安全为目标，依法实施的专项卫生监督执法活动。保障的重点主要是：依据法规和标准，对服务人员健康、场所的基本卫生条件、卫生管理制度的落实、场所内环境的空气、微小气候（湿度、温度、风速）、水质、采光、照明、噪音，以及场所的卫生设施、顾客用具等进行监督、监测和卫生风险控制，防止重大活动中的疾病传播，保护重大活动参与者的健康。

（三）公共场所卫生监督保障的重要性

重大活动公共场所的卫生监督保障，范围广、任务重，其潜在的健康风险因素很多，又很难被人们直观地感受到，往往使人们在潜移默化中受到健康损害，一旦发生群体性公共卫生事件，带来的后患和影响，绝不亚于食品安全事故。但是，由于公共场所卫生问题引发的突发公共卫生事件不像食物中毒事件来得那样迅猛，那样屡见不鲜，很多人对公共场所卫生监督保障还不够理解，认识上也有偏差，各方面对其重视的程度还不高。需要我们加强宣传教育，不断提高各方面的认知能力和水平。

四、生活饮用水卫生监督保障

（一）概念和范围

生活饮用水是指供人生活的饮水和生活用水；集中式供水是指由水源集中取水，通过输配水管网送到用户或者公共取水点的供水方式（也包括自建设施供水，为用户提供日常饮用水的供水站和为公共场所、居民社区提供的分质供水）；二次供水是指集中式供水在入户之前经再度储存、加压和消毒或深度处理，通过管道或容器输送给用户的供水方式。生活饮用水卫生安全，是全世界普遍关注、高度重视的公共卫生问题，生活饮用水一旦发生污染，将会导致相当区域范围内的疾病传播，导致严重损害人群健康的突发公共卫生事件。

（二）饮用水卫生监督保障重点

一是强化对为重大活动所在区域和场所供水的企业的卫生监督检测，保证各项卫生制度落实、从业人员健康，防止饮用水源头污染，保证出厂水符合国家生活饮用水卫生标准；二是强化二次供水的管理、监督和检测，保证二次供水设备和卫生保障设施正常运转，保证各项卫生管理制度落实，保证在临近活动前对供水设施的有效清洗消毒，有效防止二次供水的污染，保证二次供水符合卫生标准要求；三是加强对重大活动场所使用的，涉及生活饮用水安全产品的卫生监督、监测，保证使用的相关产品经过卫生许可，符合卫生标准和要求；四是在重大活动涉及的场所和区域，设置饮用水末梢卫生监测点，每日进行重点项目水质的卫生监测；等等。

（三）饮用水卫生监督保障的重要性

保障重大活动的生活饮用水卫生安全，是重大活动卫生监督保障的重要任务，也是一项专门的卫生监督保障活动。生活饮用水卫生监督保障，是各项卫生监督保障的基础，在一定意义上具有龙头保障的作用。因为生活饮用水一旦发生问题，餐饮食品安全的风险性就会提高，游泳、洗浴、美发、住宿用具、餐饮具等等诸多方面都会出现卫生问题，可见牵一发而动全身。生活饮用水卫生监督保障的主要任务，是通过卫生监督措施，保障重大活动期间的生活饮用水符合国家标准，保障重大活动场所的二次供水、分质供水和使用的涉及生活饮用水安全产品等符合相应的卫生标准和要求，达到保障重大活动饮用水安全，预防群体性疾病传播，防范饮用水污染导致的突发公共卫生事件的目标。

五、其他公共卫生监督保障

除了上述食品安全与卫生监督保障外，按照卫生监督的专业类别，还有诸如传染病防治卫生监督保障、消毒产品及管理的卫生监督保障、放射安全防护的卫生监督保障、医疗服务的监督保障、突发事件卫生应急的监督保障等。这些保障措施一般仅在特别重大的活动时才实施。通常情况下，这些卫生监督保障类别不会单独组织实施，分情况纳入对公共场所的卫生监督保障、生活饮用水的卫生监督保障等，或者与卫生部门负责的医疗保障、突发事件应急准备、传染病预防工作同步落实。

第三节 按照法律关系要素分类

一、概述

按照法律关系要素分类也可以称为按照监督保障对象分类，是以食品安全和卫生监督法律关系主体为基础，研究食品安全和卫生监督保障活动社会关系规律的分类；也可以说是按照监督保障行为与重大活动关联性的分类。这种分类方法，是以食品安全和卫生监督保障措施的相对方特点和规律、服务对象的特点进行的分类，也包括以食品安全和卫生监督保障行为的承受方和作用范围的分类。这种分类方法，与重大活动的内在活动特点和规律、提供服务的需求和监督保障在重大活动中的作用和功能有关。

按照重大活动食品安全和卫生监督保障的对象，我们可以把重大活动卫生监督保障分为：对重大活动参与者的监督保障，对重大活动使用场所的监督保障，对为重大活动提供的各类相关服务的监督保障，对重大活动区域内城市运行（包括社会公共卫生环境）的监督保障等。

二、对重大活动参与者的监督保障

（一）概念和范围

对重大活动参与者的食品安全和卫生监督保障，是监督主体围绕重大活动运行，以重大活动参与群体为保障对象，根据特定人的活动和需求，实施的监督保障活动。这里所讲的重大活动的参与者（人员），是指参与到重大活动中的所有人群，总体上包括活动主体和参与主体两个大的方面。

一是重大活动的主体。或者称为重大活动的核心主体、重大活动的参加人、重大活动的当事人、重大活动的活动人、重大活动的参加代表等等，这一部分应当是重大活动的核心群体，实质上的重大活动者。没有这一部分群体，重大活动就没有存在的意义。如重大的体育赛事，运动员和裁判员是活动的主体，没有运动员和裁判员，赛事活动就不存在了；出席有关仪式的具有重大影响和代表性的公众人物，是体育赛事的特殊主体，没有重大影响的公众人物的出席，活动的“重大性”就打了折扣。还有党代会、人大会、政协会的代表、委员等，都属于活动的主体。

二是重大活动的参与者。所谓重大活动的参与者，是指除了重大活动的核心群体外，那些由于各种原因和身份，参与到重大活动的各类人群。这些人群有身份、任务、角色等的原因，在重大活动中的地位和作用各不相同，其对卫生监督保障的需求也各有区别。重大活动的参与者主要包括以下几种：(1)出席重大活动的有影响性、有代表性，受到各方面高度关注的社会公众人物，例如国家领导人，国际组织负责人，国家或者地方的政要，非常重要的尊贵来宾，等等。(2)参加到重大活动中，进行新闻采访和报道的国内外新闻媒体的记者。(3)参与重大活动，进行观摩、考察、学习交流的人员。(4)重大活动的承办人员，为重大活动提供各类保障、各种服务的工作人员，志愿者，等等。(5)其他参与到重大活动中，进行参观、观摩、助阵、购物、旅游等活动的来宾和群众。

(二)监督保障的特点和要求

对重大活动参与者的食品安全和卫生监督保障，是以重大活动参与者的活动和健康需求为中心，开展的综合性监督保障活动。对重大活动参与者的食品安全和卫生监督保障，应当根据参与者的具体情况，如身体健康状况、对健康和卫生的需求、自身健康风险程度，以及特殊保健要求、接待礼遇等诸多因素，综合考虑，针对不同的参与者，采取不同情况的食品安全和卫生监督保障措施。这类食品安全和卫生监督保障的特点：第一，需要以对重大活动的核心主体、特殊主体的保障为核心，采取非同一般参与者的食品安全和卫生监督保障措施；第二，对核心主体、特殊主体的食品安全和卫生监督保障，需要围绕特殊保障对象的活动轴心，采取针对性综合食品安全和卫生监督保障措施；第三，需要一定的机动性和灵活性，保障对象到哪里，实施保障的人员和重点措施就要到哪里；第四，要围绕保障对象的需求、特定惯例和特定规则，综合实施食品安全、公共场所、饮用水卫生监督保障措施，有需求就要有相应的保障措施，例如需要游泳就要对游泳场馆进行监督保障，需要就餐就要对相应的食品安全进行监督保障，等等；第五，对核心保障对象的卫生监督保障，在必要时应当延伸保障的范围和内容，例如对餐饮的保障，必要时要延伸至原料的提供者、生产者，对饮用水的保障，可能会延伸到纯净水、桶装水的生产单位，等等。

(三)监督保障方法措施

对重大活动参与者的食品安全和卫生监督保障，需要统筹兼顾，在做好对核心主体卫生监督保障工作的同时，要根据重大活动主办方的需求，针对参与者的特点，分不同情况，对重大活动参与者采取有针对性的保障措施。在特别重大的活动中，还要注意将为活动提供保障和服务的人员及志愿者，作为重点的卫生监督保障对象之一，要采取较为严格的风险控制措施。因为这部分人员流动性大、工作疲劳，不仅自身健康风险较大，而且对活动整体的潜在风险也很大，对重大活动的影响举足轻重。

三、对重大活动使用场所的卫生监督保障

（一）概念

对重大活动使用场所的卫生监督保障是卫生监督主体依法对重大活动涉及的各类场所，实施的卫生监督保障措施。场所是重大活动的群体动作的地方，是各方面主体集中活动的地方，因此，是重大活动卫生监督保障的重点。我们讲的重大活动使用场所，不只是纯公共场所意义上的场所，而是一个综合性具有抽象含义的概念。重大活动使用的场所，根据场所与重大活动的关联性，可以分为核心场所、专用场所、备用场所。2000 年悉尼奥运会后，一般多将重大活动使用的场所称为重大活动的场馆，场馆内的活动和服务称为场馆运行。因此，重大活动使用场馆的监督保障，也称为重大活动场馆运行的监督保障。

（二）重大活动使用场所的范围

（1）重大活动核心场所。一般是指重大活动主要项目运行场所，主要参与者住宿、就餐或者相对专用的其他场所。第一，核心活动场所。是指重大活动的中心活动场所，即重大活动群体规定动作的实施场所，重大活动核心项目运行的场所等。例如重大活动使用的会议中心、体育中心、会展中心和其他重要活动现场等等。第二，中心住宿场所。指重大活动主要参加者住宿接待场所。即重大活动核心主体、特殊主体、特定主体等重大活动主要参加人集中住宿的场所，在重大活动中多称为接待宾馆、饭店、酒店。但是也有例外，例如大学生运动会，一般情况下运动员会住在设有比赛场的学校公寓，国际或国内重大体育赛事中，运动员会住在运动员村等。第三，集中就餐场所。是指重大活动参加者主要的集体就餐、主题宴会等场所，如中心住宿场所内的餐厅、宴会厅和其他专门为重大活动提供餐饮服务的场所。

（2）重大活动专用场所。第一，重大活动服务接待场所。重大活动参与者，自由采访的记者，参观旅游的观众，为重大活动提供服务以及进行保安、保障工作的人员的集中住宿场所和就餐场所等，例如各类宾馆、饭店等。第二，重大活动专用休闲场所。是指专门为重大活动参加者提供服务的各类休闲活动场所、文娱体育场所、科技文化场所，如歌舞厅、游泳馆、保龄球馆、洗浴中心、图书馆、科技馆、影剧院等。

（3）重大活动备用场所。第一，指备用接待场所。重大活动举办方指定的备用宾馆饭店。分团组活动、自由群体活动等使用的场所。第二，重大活动举办方推荐给重大活动参与者的，在中心活动场所以外的，进行购物、就餐、娱乐、休闲和交流等活动的场所，如特色商场、特色餐馆、茶馆、影剧院等。第三，重大活动的参与者进行旅游、参观活动的场所，例如艺术馆、展览馆、科技馆、博物馆等等。

（三）监督保障的特点和要求

重大活动使用的场所，是重大活动群体规定动作的实施场所，是重大活动的核心部位，也是卫生监督保障的重点部位。

(1)整体性。一个重大活动的场所，往往就像一个小社会，涉及方方面面的事情。就食品安全和卫生监督保障而言，需要把一个场所作为一个独立完整的保障单元，使各项保障措施能够在这个场所内，同步实施综合管理。

(2)载体性。重大活动卫生监督保障的目标，是保障重大活动参与者的健康，是降低控制群体性健康事件发生的风险，也就是说卫生监督保障的中心是“人”，但是实施监督保障的基础是场所，场所保障是对人的健康保障的重要载体和途径，对人员健康的监督保障措施，主要通过对场所的监督保障得到落实。

(3)针对性。重大活动使用场所的基础卫生风险状况，与实施保障的措施和效果关系密切。重大活动时涉及的各类场所很多，各类场所与重大活动的关联性不尽相同，基础情况也不同，为重大活动服务的内容也不同，这些情况综合起来就是基础卫生风险状况。实施卫生监督保障时，必须先进行卫生风险评价，针对各类场所与重大活动的关联性，场所本身存在的基础卫生风险状况，分别采取与之相适应的卫生监督保障措施。

(4)综合性。我们前面讲了重大活动的场所，整体上还是一个相对抽象的概念，它是重大活动群体动作的一个小社会。因此，实施对重大活动场所的保障时，有一个关键问题，就是不能把这个场所简单地看成一个普通的公共场所，单纯地按照公共场所卫生监督保障要求实施保障，也不能单纯以餐饮食品安全保障思路实施保障，对重大活动场所实施保障，应当根据具体情况，实施综合性的公共卫生监督保障措施。

四、对重大活动供餐单位的监督保障

(一)概念和范围

对重大活动供餐单位的食品安全监督保障，是重大活动食品安全监督保障的重要环节，也是非常重要的一类专门监督保障。重大活动的供餐单位，大体上分为四种情况：

(1)为重大活动参与者集体用餐，提供快餐盒饭的企业。一些重大活动工作人员和志愿者数量大，无法安排固定就餐，采取供应快餐盒饭的办法，一天需要几千份上万份，量很大，需要专门安排供餐单位。

(2)为重大活动贵宾活动现场，提供茶点食品的单位。有些国际化的重大活动，参加主体层级比较高，需要在活动的现场安排茶点饮料，有的活动对茶点的品种、花样、数量、质量甚至加工单位的要求很高，需要专门指定茶点食品加工单位。

(3)为重大活动现场，提供自助式中西餐的单位。有些重大活动是酒会式的

交流活动，需要在现场配备中西自助餐，如达沃斯论坛，在整个活动现场的不同区域，都要安排自助餐，而其每个区域的自助餐，根据在这个区域活动的人员情况，都有不同的要求，对加工单位要求也很高。再如国际足球比赛、马球比赛等都要在贵宾观众席安排自助餐，这就需要提前遴选供餐酒店。

(4)在重大活动现场加工、展卖便捷快餐饮食的单位。有些重大活动，从展示的角度出发，会安排一些特色餐饮在活动现场展卖，甚至还要现场加工。还有些重大活动参与活动的单位和人员多、群众参与活动的自由度也大，往往在活动的现场安排餐饮食品供应区或者供应点，主要以快餐盒饭、中西式便捷餐饮食品为主体，方便有关单位工作人员和群众自由选购就餐。

(二)食品安全风险特点

这类食品安全和卫生监督保障，是重大活动监督保障中的一项重要内容，也是保障中一个非常关键的环节，有些重大活动往往在这个环节发生食品安全和公共卫生等问题，但是又经常被主办方和实施保障的单位忽略。重大活动中的供餐形式和环节，与其他就餐方式和环节相比较，其食品安全的风险性更高，影响因素也多，监督和控制难度很大。

(1)数量风险。快餐盒饭往往数量很大，一次供餐数量上千甚至上万份，就餐者又多数是工作人员和志愿者，一旦发生问题，其影响非同一般，甚至还会导致活动运转的瘫痪。

(2)环节风险。快餐加工的过程、分餐的过程、运输的过程、分发的过程、用餐时间等环节多，风险因素也多。任何一个环节发生问题，都会导致食品安全问题。

(3)能力风险。有些自助餐送餐单位，没有外送供餐资质，只是因为活动本身对供餐者的某些特殊要求，不得不承担配送任务，加工者的能力风险因素也较突出。

(4)就餐形式风险。就餐随意、环境复杂、用餐时间较长，无论是自助餐，还是快餐盒饭或者茶点，这些方面都非常关键，是重要的风险因素。但食品安全监督保障人员又都很难直接控制，只能通过各种形式传达给就餐人员。

(5)相关品种风险。有些重大活动的茶点供应，为了达到艺术和展示效果，常常配送裱花类食品、切配好的水果，这些都属于在专间内、由专人加工的风险食品，看似事情不大，但是实际风险很大，而多数承办者不够重视，增加了风险概率。

(三)监督保障的基本要求

做好这类食品安全监督保障工作，需要下很大的功夫，抓好细节工作。特别是有些重大活动主办方，非常重视高层领导和公众人士参加的宴会，忽略这种集体供餐形式，需要负责食品安全监督保障的人员，细致询问和观察，准确把握这类供餐活动的细节、时间、节点，及时报告派出单位，安排好保障工作。行政部门及监督机构在承接保障任务时，要作为重要的内容之一，进行查询和对接，切实做好保障工作。

（1）严格风险评价。提前进行食品安全和卫生风险评价，严格审查供餐资格和能力，特别是快餐盒饭，不能没资格供餐，不能超出许可范围供餐，也不能超出加工能力供餐。

（2）严格制度落实。严格落实食品安全和卫生制度，严禁健康状况不确定的人员上岗，严格控制食品及原料来源，严格索证索票及台账记录和查验，严格审查食谱菜谱，并对欲加工原料进行现场快速检测筛选，禁止加工高风险食品菜品，等等。

（3）严控加工过程。严格控制餐饮食品加工流程、严格控制餐饮食品加工中和分发时的中心温度、严格控制加工场所的环境和卫生条件、严格控制操作人员卫生，降低一切可能存在的风险。

（4）严控分餐过程。严格控制快餐盒饭的分餐、分装过程的卫生，防止在分餐过程中导致的食品安全风险和食品的交叉污染。

（5）严控送餐过程。严格控制食品运输车辆、食品用具、包装的卫生要求，严格控制运输过程中的食品安全措施，杜绝运输过程中的食品污染，最大限度地控制运输在途时间。

（6）严控时间节点。严格控制和缩短各环节占用的时间，包括食品开始加工的时间不能过早，熟食在配送中的运输时间不能过慢，食用者用餐时间不能拖长，必须保证在食品安全风险最小的时段内用餐，超过安全时限的食品必须停止食用。

第四节　按照监督保障与重大活动的关联性分类

一、概述

（一）概念

食品安全与卫生监督保障与重大活动的关联性分类，即按照监督保障作用的部位与重大活动核心运行的相互关系进行的分类。这是以研究监督保障与重大活动之间关联规律、作用规律为基础的分类。这种分类方法与按照食品安全和卫生监督保障对象的分类比较，有很多近似的地方，所以也有人认为它是按照食品安全和卫生监督保障对象分类的一部分，可以在一个分类方法中叙述。笔者认为，这种分类方法的基础与按照保障对象分类的基础有所不同，主要针对重大活动的作用和影响，与重大活动核心动作要求的关联性等都有所不同。

（二）依据

这种分类方法，应当研究每一个具体食品安全和卫生监督保障活动，在重大活动中所处的位置，该位置在整体重大活动中的意义或者关联性、关键性、作用性，以及监督保障对重大活动所产生的作用和意义。对与重大活动有不同关联性、不同作用意义的监督保障活动，按照具体监督保障活动作用部位的重大活动动作的运行规律，或者按照监督保障作用部位，对与重大活动发生的联系、产生的影响的规律，进行科学的、有针对性的调整和部署具体的监督保障活动要求。

（三）类别

按照食品安全与卫生监督保障与重大活动的关联性，可以将重大活动食品安全与卫生监督保障分为：重大活动核心运行（不同的重大活动可以有不同的称谓，例如动作运行、赛事运行、活动运行、仪式运行等）监督保障；重大活动接待宾馆酒店运行的监督保障；重大活动城市运行（外围运行）的监督保障；等等。

二、重大活动核心运行监督保障

（一）基本含义

重大活动核心运行食品安全卫生监督保障，是监督主体针对重大活动运行特点，对重大活动运行过程实施的监督保障措施。重大活动是由一系列有秩序的规定动作组成的，各种有秩序、有规律的规定动作有机连接起来，才构成一个完整的重大活动。重大活动的运行过程，在一定意义上讲，就是一系列特定动作有规律、按秩序、相互交替运作的过程。实施重大活动核心运行食品安全与卫生监督保障，就是围绕重大活动中的一系列动作群组，采取的有针对性的食品安全与卫生监督措施。因此，重大活动核心运行监督保障，也称为重大活动动作运行监督保障。如果针对一次重大的赛事活动来讲，核心运行或者动作运行保障，就是赛事运行的保障，赛事运行就是重大赛事活动的核心内容，其他动作运行很好，但是赛事运行很糟糕，这个重大活动应当说是不成功的；对一个重大的庆典活动而言，核心的动作和内容，就是庆典仪式，对庆典仪式的保障过程，应当属于重大活动运行核心保障。

重大活动核心运行食品安全与卫生监督保障，有广义和狭义之分。广义上理解重大活动核心运行监督保障，既包括对重大活动本身各项特定动作运行实施的监督保障措施，也包括对活动参与人接待宾馆酒店运行实施的监督保障措施；狭义上理解重大活动核心运行监督保障，专指对重大活动各项规定动作运行过程，实施的针对性食品安全和卫生监督保障。一般情况下，重大活动的规模越大，活动的内容越复杂，重大活动的食品安全与卫生监督保障分类和分工就越细。根据实际应当从狭义角度，理解重大活动核心运行食品安全与卫生监督保障，并进行分类。

（二）监督保障的基本要求

重大活动核心运行的监督保障，是重大活动食品安全和卫生监督保障的关键，是重大活动食品安全和卫生监督保障活动中的重中之重，也是实现重大活动保障目标的核心内容。

（1）以核心运行保障为中心。实施重大活动核心运行食品安全和卫生监督保障，要紧紧围绕重大活动中的每一个子项目、每一个特定的规定动作的运行规律、特点和卫生风险性及食品安全和卫生监督保障需求，采取有针对性的监督保障措施，保障规定动作群组的公共卫生和食品安全。

（2）把握保障关键环节。实施重大活动核心运行食品安全和卫生监督保障，必须事先了解和掌握拟进行保障的重大活动的基本规律和内容，分析相关动作群组在运行中可能存在或发生的食品安全和卫生风险性，把握食品安全和卫生监督保障的关键环节和重点，做好与主办方的工作沟通和对接，制定详细工作方案和预案，有计划、有目标、有重点地安排和实施保障。

（3）全面履行职责。实施重大活动核心运行食品安全和卫生监督保障，要以重大活动核心运行或者关键动作的运行，作为保障工作的轴心，采取综合的监督保障措施，全面履行食品安全和卫生监督的职责，不能顾此失彼；要采取灵活性的保障工作方法，紧随重大活动动作群组的运行和变动，及时调整方向和重点，随重大活动运行动作的动而动、行而行、变而变。

（4）与其他部位保障衔接。实施重大活动核心运行食品安全和卫生监督保障，要特别关注其他部位的食品安全和卫生监督保障，注意与接待宾馆酒店运行、城市运行监督保障的衔接，及时通报相关信息，指导接待宾馆酒店运行、城市运行食品安全和卫生监督保障，随着核心运行保障的需求，及时调整保障工作的重点和内容。

三、接待宾馆酒店运行监督保障

（一）概述

（1）含义。重大活动接待宾馆酒店运行的食品安全和卫生监督保障，是卫生监督主体针对重大活动参与者在接待其住宿、休息、就餐的宾馆饭店的活动和运行特点，实施的监督保障措施。几乎所有的重大活动，对举办重大活动的城市而言，都有一个接待住宿、餐饮等的服务过程。接待服务做好了，不仅体现一个城市的整体接待能力和水平，而且通过接待这个窗口，可以使重大活动的参与者感受到这个城市的经济发展程度和文明程度，关系到一个城市对外的整体形象。更重要的是，接待住宿和餐饮服务，是重大活动的基础，是保证重大活动顺利进行的一个基本条件。

（2）重要性。实践证明，在众多重大活动的种类中，真正在活动的核心运行部分，对公共卫生和食品安全监督保障，有特殊需求的重大活动项目，比例不是很大。因此，在重大活动中对接待宾馆酒店运行的食品安全和卫生监督保障，备受各方面的关注。在重大活动的食品安全和卫生监督保障中，无论我们如何进行分类，在重大活动承办者、参与者和食品安全和卫生监督主体看来，重大活动接待宾馆酒店运行的监督保障都是至关重要的。一旦重大活动接待住宿、餐饮发生公共卫生和食品安全问题，会直接对重大活动的运行和效果产生影响。因此，重大活动接待宾馆酒店运行的食品安全和卫生监督保障，是重大活动卫生监督保障的又一个关键环节，也是重大活动食品安全和卫生监督保障的重要任务。特别是对一个在规定动作运行中，食品安全和卫生风险较低的重大活动而言，接待宾馆酒店运行的食品安全和卫生监督保障就会上升为首要的保障任务。

（二）监督保障的特点和要求

重大活动接待宾馆酒店运行的食品安全和卫生监督保障，是对重大活动采取的一项基础保障措施，有些重大活动的主办者，还会把食品安全和卫生监督保障，列为接待服务或者后勤保障的一部分，也有列为安全保卫保障的一部分。重大活动接待宾馆酒店运行的食品安全和卫生监督保障，也是食品安全和卫生监督主体对重大活动参与者实施监督保障的一个载体，很多监督保障工作，都是通过对宾馆酒店进行食品安全和卫生监督保障这个载体实现的。在重大活动食品安全和卫生监督保障中，对接待宾馆酒店运行的保障，是内容最全、项目最多、任务最重、工作最复杂的监督保障活动。

（1）驻点保障为主。实施重大活动接待宾馆酒店运行食品安全和卫生监督保障，应当坚持以监督员驻点保障为主的原则，选派优秀监督员进驻具有接待任务的宾馆酒店，实行24小时跟踪监督保障。

（2）进行风险分析。实施重大活动接待宾馆酒店运行食品安全和卫生监督保障，应当实行监督工作前期介入、卫生风险评价和卫生培训教育的工作机制，承担监督保障任务的机构，应当在重大活动开始前，掌握该宾馆酒店的经营运作规律、服务项目、监督范围内的基础设施、条件情况等。并预先对重大活动接待宾馆酒店，进行全面监督检查和风险评价，并指导接待单位进行食品安全和卫生条件、管理措施的提升改造，确定监督保障的关键环节和重点部位，有针对性地制定具体保障方案和预案。

(3)把握保障重点。实施重大活动接待宾馆酒店运行食品安全和卫生监督保障,需要与重大活动的承办方和负责接待的宾馆酒店,提前进行工作沟通和衔接,准确把握接待宾馆酒店运行中的主要内容和关键环节,特别是住宿、就餐、宴会、休闲活动等,以便根据运行规律、需求安排和调整保障措施。

(4)采取综合保障措施。实施重大活动接待宾馆酒店运行食品安全和卫生监督保障,需要坚持综合保障模式,对酒店公共场所卫生监督范围内的工作、餐饮服务食品安全监督范围内的工作、生活饮用水卫生监督范围内的工作、传染病防控措施的监督工作等,综合起来一并实施。并实行全程卫生监督和现场快速卫生检测的工作机制。

(5)与医疗保障联动。实施重大活动接待宾馆酒店运行食品安全和卫生监督保障,应当与医疗保障工作加强沟通配合,相互支持配合,有效防止在重大活动接待宾馆酒店运行中,出现食品安全和公共卫生问题。一旦出现风险和隐患,应当及时采取应急处置措施。

四、重大活动城市运行监督保障

(一)概述

(1)概念。重大活动城市运行的食品安全与卫生监督保障,是食品安全和卫生监督主体根据重大活动的规模、运行的规律和特点,重大活动对城市运行的专门要求,围绕重大活动核心运行、接待宾馆酒店运行,对城市中可能涉及的公共卫生和食品安全问题,实施的有针对性的监督保障措施。其主要目标是,保障在重大活动期间,城市保持良好的公共卫生和食品安全环境,不发生公共卫生和食品安全问题。为重大活动提供一个良好的城市公共卫生环境,展示举办城市的良好形象。

(2)重要性。重大活动城市运行的食品安全与卫生监督保障,虽然不是重大活动卫生监督保障的核心部分,但是一旦城市运行中发生较大的公共卫生或者食品安全事件,特别是涉及重大活动参与者时,也会间接地对重大活动造成负面影响,还会影响到重大活动的效果、作用,影响一个城市、一个国家对外的整体形象,因此也是一项非常重要的卫生监督保障任务。

(二)监督保障的基本要求

除非影响特别重大、社会活动较多、规模较大的重大活动,一般不会对城市运行的监督保障,提出特别的需求或者要求。在食品安全与卫生监督保障的实践中,重大国际性活动、大型体育赛事、影响很大的国内活动等,一般会对城市运行提出某些特别要求,当然有城市运行要求时,就一定会有食品安全与卫生监督保障的任务。

(1)坚持必要性。食品安全和卫生监督主体对重大活动的城市运行卫生监督保障措施,不能完全以重大活动运行规则对城市运行有无具体要求,重大活动主办单位对城市运行食品安全和卫生监督保障有无具体安排,来决定是否进行城市运行的食品安全和卫生监督保障。监督主体在没有城市食品安全和运行卫生监督保障要求的情况下,也要根据重大活动的规模、参与重大活动人员的情况、重大活动的运行规律和特点,对城市运行的食品安全和卫生监督保障做出与重大活动相适应的安排,采取必要的监督保障措施,保证重大活动期间的公共卫生安全。

(2)重点巡查教育。实施重大活动城市运行食品安全和卫生监督保障,主要采取加强食品安全和卫生监督巡查为主要措施,通过监督检查提高管理相对人的卫生和安全意识,提高其为重大活动服务的意识,自觉遵纪守法,保持良好的公共卫生。

(3)分类监督保障。接受重大活动城市运行的食品安全和卫生监督保障任务,应当严格地按照相关运行规则实施监督保障。必要时应当按照城市运行中,相关区域、行业和单位的卫生风险、与重大活动发生关系的可能性等,将相关区域和单位,划分成若干片区,分成若干等级,进行重点保障。如将重大活动主要中心场所、主要接待宾馆饭店的坐落区域、旅游景区、推荐的特色服务单位等作为重点的食品安全和卫生监督保障范围。

(4)整体联动。实施重大活动城市运行食品安全和卫生监督保障,应当坚持区县联动的保障机制,由上一级监督主体统一协调,按照责任区域,由承担具体监督保障任务的机构、没有中心性监督保障任务的区县,按照分工共同落实保障任务。

第五节 按照监督保障的方式分类

一、概述

按照监督保障的方式分类,是根据食品安全和卫生监督主体对重大活动实施卫生监督保障时,对餐饮食品安全、公共场所卫生、生活饮用水卫生等进行风险监控措施和方式进行的分类。是主要以重大活动的保障需求、风险程度、风险控制力度、卫生监督干预程度为规律,进行的保障方法学归纳和分类。这种分类也在一定程度上,体现了重大活动食品安全和卫生监督保障的分级。按照卫生监督保障的形式或者方式,可以将重大活动食品安全和卫生监督保障分为:全程监控卫生监督保障,重点监控卫生监督保障,巡回检查卫生监督保障,常规检查卫生监督保障等。在实践中，实行哪一类食品安全和卫生监督保障，关键取决于重大活动的需求、活动的规模、社会影响程度和重大活动潜在的食品安全和卫生风险程度。

二、全程监控式卫生监督保障

（一）基本概念

全程监控食品安全和卫生监督保障，也可以从广义和狭义两个方面理解。广义的全程监控食品安全和卫生监督保障，是指食品安全和卫生监督保障主体，对重大活动核心动作运行、接待宾馆酒店运行、城市（外围）运行等实行全方位的、全程的食品安全与卫生监督、风险控制，也可称为综合性全面监督保障；狭义的全程监控卫生监督保障，则专指对重大活动现场和接待宾馆的食品安全与卫生监督保障，是指监督保障主体选派卫生监督小组，进驻重大活动的现场、接待宾馆酒店、相关单位，对重大活动涉及的公共场所卫生、生活饮用水卫生、餐饮食品安全和其他需要食品安全和卫生监督保障的事项，实行 24 小时或者活动全程的卫生监督和监测，控制卫生和餐饮食品安全风险，落实食品安全和卫生监督保障措施。

（二）实施全程监控的依据

对一项重大活动是否实行全程监控的卫生监督保障，主要取决于五个方面。一是活动的规模大小、社会参与的程度。一般活动的规模越大，越需要进行全程的风险监控，巨型活动必须实行全程食品安全和卫生风险监控。二是参与重大活动的自然人的层级、公众关注程度。国家对相关人员的保障服务规范，一般情况是层级越高保障要求越严，越需要全程卫生风险监控，参加者属于国家规定的保障对象，应当按照相关的保健工作规范，实施食品安全和卫生监督保障。三是重大活动内容、特点和参加人员，潜在的卫生和健康风险因素。一般风险因素和程度越高，越需要全程食品安全和卫生风险监控。四是上级领导机关对保障方式的要求、重大活动对保障的需求、承办者的申请。五是国际化重大活动的保障规则。实施全程监控卫生监督保障的基本要求，主要是五个方面，我们会在后面的章节详细论述。

（三）基本要求

第一，全程监控 24 小时驻点。应当实行监督员在接待宾馆酒店 24 小时驻点监督保障，在活动现场实行监督员全程跟踪监督保障，集中住宿不离会。第二，风险识别、分析评价。应当坚持驻点前预防性监督、食品安全和卫生风险分析评价，对相关单位和人员进行食品安全、卫生知识培训教育。第三，高风险点位重点监控。应当坚持全程监控与关键环节、高风险点位重点监控相结合；全程监督检查监控与全程现场快速检测相结合;全程现场快速检测与高风险点位重点监测相结合。根据风险分析评价和全程监督过程、现场状况等,对相关食品、产品、饮用水和环境,定点、定时、定项目进行现场快速检测。第四,场馆与外围相结合。应当坚持重大活动核心运行与城市外围运行相结合,在实施驻点食品安全和卫生监督保障的同时,应当强化对城市运行的监督保障措施。第五,综合监督、全面履职。实施全程监控食品安全和卫生监督保障,驻点监督员应当坚持综合保障原则,同时对重大活动现场、接待酒店,进行食品安全和卫生监督职责范围内所有事项的监督保障。

三、重点环节监控式卫生监督保障

(一)基本含义

重点环节监控的卫生监督保障,是相对于全程监控食品安全和卫生监督保障而言的。顾名思义,重点环节监控就是有重点、有侧重、非全部的选择性监控措施。重点环节监控食品安全和卫生监督保障,也有两种理解,第一种狭义的理解为:在全程监控卫生监督保障的实施过程中,监督主体通过风险评价,确定重大活动或者服务接待中的高风险环节,作为保障中的重点监控范围,采取重点保障措施。这是一种食品安全和卫生监督保障的具体工作方法,这种重点监控是全程监控监督保障的一部分。第二种广义的理解为:重点环节监控食品安全和卫生监督保障,是一个独立类型的卫生监督保障形式,是食品安全和卫生监督保障的一种特定方式,不需监督员住下来实施 24 小时的全程监控,由监督主体通过前期预防性监督、风险评价,确定最需监控的重点环节、高风险时段。派监督员在高风险时段到现场,对重点环节实施监控措施,进行食品安全和卫生监督保障。这种重点监控式监督保障,是独立的保障方式,不是全程监控的一部分。我们要讨论的是第二种情况,即重点环节监控食品安全和卫生监督保障,是一种独立卫生监督保障形式。

(二)方式选择依据

实施食品安全和卫生监督保障,最科学、最规范,能够有效控制食品安全和卫生风险的监督方式是实施全程监控的监督保障,一般情况下监督机构不宜选择重点环节监控的方式实施食品安全和卫生监督保障,这种方式对实施保障主体和实现保障目标,具有一定的风险性。因为重点环节监控,只是适时地对重点环节实行监控措施,并没有对全程进行监管,而在重点环节之外的其他环节中,还会有很多可能影响保障效果的因素存在。应当讲以实施重点环节监控的方式实施食品安全和卫生监督保障,对大部分监督主体而言,还是一种无奈的选择。采取重点环节监控的保障措施,主要因素是:

(1)主办方的意识。有些重大活动的主办方,对食品安全和卫生监督保障不理解、不重视,不同意监督主体随会驻点,实施24小时全程监控的监督保障,不安排监督员驻会,甚至不安排监督员工作餐,监督机构出于责任心,采取了重点环节的监控措施。

(2)人力资源不足。在同一时间有若干重大活动,监督机构受到人、财、物的限制,只能对一些层级不太高、规模不太大、影响较小的活动采取重点监控的监督保障。针对重大活动的特点,选择若干关键环节和时间段,选派监督员到现场实施重点监控措施。

(3)经费不足。监督主体一般没有实施监督保障的专门经费,主办方迫于活动经费紧张难以安排监督机构驻会保障。监督主体没有专门经费,可以自行承担相应的支出。

(4)驻点保障无依据。主要是指有些重大活动本身是"走读"形式,监督主体也就无须驻点了。

(5)不需24小时驻点。主要是指保障对象仅是重大活动中一个环节,没有24小时驻点条件。例如对重大活动集体用餐的供餐单位的监督保障、对展会现场供餐的监督保障等,一般采取重点环节监控的卫生监督保障方式。但在保障的总体思路还是遵循全程监督监控原则。

(三)基本要求

不能按照一般环节监控处理。实施重点环节监控的监督保障,需要监督主体做更细致的工作,从某种意义上讲对监督保障工作的要求更加严格。

(1)做好前期工作。在实施监督保障前,必须对保障对象进行预防性监督和卫生风险评价,选准重点和关键环节。一旦遗漏或者出现错误,就会增加风险概率。

(2)要做好工作沟通和衔接。确定实施重点环节监控的起止时间,避免工作脱节,需要活动方、服务提供方的密切配合。在实践中,有些单位惧怕监督人员到场后,给各项加工或者服务的具体操作增加很多限制,故意报错时间节点,或者工作安排临时变化故意不通知,导致风险概率增大。

(3)严格遵守规范。在监督保障工作中,要严格按照相关规范要求,实施监督保障工作,注意发现潜在卫生风险因素,必要时及时调整为全程监控的卫生监督保障方式。

(4)相关单位必须积极配合。重大活动的举办方和有关服务单位,应当为监督主体实施重点关键环节监控提供必要的条件和保证,特别是要如实、准确提供有关情况,保证食品安全和卫生监督保障落到实处。

四、巡回检查式卫生监督保障

（一）基本含义

巡回检查式的食品安全与卫生监督保障，是指对一些大型活动，既不需要驻点全程监控的监督保障，也不需进行重点环节监控的监督保障，由食品安全与卫生监督主体安排监督小组，在活动运行期间对大型活动的场所、宾馆等单位进行强化性监督检查的监督保障方式。

（二）适用范围

此种卫生监督保障方式，主要针对一些活动社会影响不大、活动群体大众化、活动中的健康风险较小，对参与者没有健康保健特别规定或者要求，同时又需要给予一定的监督保障措施的大型活动。采取此类方式的食品安全和卫生监督保障，监督主体应当对活动运行场所、使用的宾馆饭店卫生风险情况较清楚，而且被监管对象基础条件较好，内部管理比较完善。

（三）重点要求

实施巡回检查式的监督保障，监督员应当在活动开始前进行预防性监督检查，对相关管理人员、从业人员进行必要的教育培训，强化相关卫生和食品安全意识。活动运行期间，有专门的监督小组，对相关场所每天进行一至两次的监督巡查，及时发现和纠正违法违规问题，提升被检查单位的自律意识，使服务单位高度重视卫生和食品安全，自觉遵守法规标准和规范，保证大型活动期间的公共卫生和餐饮食品安全。

五、常规监督式卫生监督保障

（一）基本含义

常规监督式的食品安全和卫生监督保障，是指对一些没有特别要求的一般性大型活动，根据大型活动的特点、主办方的需求和上级有关部门的要求，不需要采取特别的监督保障措施，仅由食品安全和卫生监督主体适当增加监督检查频次，给予必要的监督关注的保障方式。采取这种保障措施主要是根据活动的规模、影响、风险程度、主办方的需求和上级要求等。

（二）重点措施

实施常规监督式的食品安全和卫生监督保障，卫生监督主体应当在活动运行前，对相关场所进行必要的监督检查，及时发现和纠正违法违规问题和相关的风险隐患，对被检查单位的负责人等进行教育和提示，对其在为大型活动服务时的相关食品安全和卫生问题提出必要的指导意见，要求其严格遵守食品安全和卫生法规标准，做好服务，保证食品和卫生安全。在活动运行期间，由责任监督员对其进行必要的监督检查。

（三）注意事项

应当注意的是，无论是巡回检查式还是常规监督式的卫生监督保障，都难以对相关的卫生风险隐患进行主动性的控制。与全程监控和重点环节监控相比较，其风险性仍然较大。风险和隐患问题主要由服务单位自行控制，保证公共卫生和餐饮食品安全。这一点，监督主体在接受任务时，应当向上级机关或者有关主办部门进行说明。

第三章　重大活动食品安全与卫生监督保障的法律关系

第一节　食品安全和卫生监督保障法律关系的概念

一、法律关系的含义

法律关系是法律在调整人们行为的过程中形成的一种特殊的社会关系，也就是法律上的权利和义务关系。

法律关系由法律关系主体、法律关系客体和法律关系内容（主体的权利义务）构成；当法律规定的主体权利受到侵害、主体义务得不到履行、正常的法律关系受到破坏时，法律规定的负责执行法律的国家机关或者司法机关可以依法采取强制措施，保护法律关系主体的权益，强制法律关系主体履行义务，保护正常的法律关系得以实现。

法律关系的基本特点包括四点：第一，法律关系是社会关系的一种类型，是思想的社会关系；第二，法律关系是以法律规范为前提而产生的社会关系，是由法律规定并受法律调整的社会关系，没有法律规范的规定，也就不可能形成相应的法律关系；第三，法律关系是法律规范在调整人们行为的过程中形成的权利义务关系；第四，法律关系是以国家强制力保证实现的社会关系，正常的法律关系一旦受到破坏，国家将以强制力进行矫正或者使其得到恢复。法律关系可以从不同角度做多种分类，例如，可以分为调整性和保护性的法律关系、单向性和双向性法律关系、纵向性和横向性法律关系，具体还可分为民事法律关系、行政法律关系、经济法律关系、合同法律关系等等。

二、食品安全和卫生监督法律关系的含义

（一）卫生法律关系的含义

卫生法律关系是基于卫生法律规范规定，由卫生法律规范调整的社会关系。是卫生法律规范在调整国家、行政机关、社会团体、企事业单位和公民个人与公共卫生、生命健康、医疗预防保健等相关的各种行为过程中，形成的权利义务关

系。既有横向的又有纵向的法律关系,既有民事的法律关系,也有行政的法律关系、刑事的法律关系、经济的法律关系等。因此,卫生法律关系是纵横交错的法律关系。一般来讲在处理具体事务中,最普遍的是卫生民事法律关系和卫生行政法律关系。卫生民事法律关系是公民、法人和其他组织,基于卫生法律规范产生的卫生权利义务关系,这种关系是横向的、平等的关系;卫生行政法律关系,是政府及其工作部门,基于执行卫生法律规范和管理卫生社会事务与公民、法人和其他组织产生的卫生管理权利义务关系,这种关系是纵向的、管理与被管理、上级与下级的关系。

(二)食品安全与卫生监督法律关系的含义

食品安全和卫生监督法律关系是基于相关食品安全和卫生法律规范规定并受其调整的,在卫生法律规范执行中形成的,食品安全和卫生监督主体与食品安全和卫生监督管理相对人、监督主体之间、食品安全和卫生监督主体与其他行政主体之间的权利义务关系。食品安全和卫生监督法律关系,是在食品安全和卫生行政执法即食品安全和卫生监督活动中形成的以权利义务为内容的食品安全管理、卫生管理的社会关系。是一种行政纵向的卫生法律关系,是典型的卫生行政法律关系。

食品安全和卫生监督法律关系,是在相应监督主体行使监督职权的过程中,形成和建立起来的卫生行政管理关系。虽然在这种行政管理关系中,包括食品安全和卫生监督主体与其他行政主体的关系、食品安全和卫生监督主体上下级的关系、食品安全和卫生监督主体内部的管理关系等多方面,但是主要还是监督主体与监督管理相对人之间的权利义务关系。

食品安全和卫生监督法律关系,具有行政法律关系的所有特征。第一,在食品安全和卫生监督法律关系主体中,必有一方是食品安全或者卫生监督主体,这是食品安全和卫生监督法律关系作为一种行政法律关系的突出的特征,如果没有食品安全或者卫生监督主体的参与,就不能称之为食品安全和卫生监督法律关系;第二,食品安全或者卫生监督法律关系是在监督主体履行职责的过程中产生的,没有监督主体的管理活动,也不可能产生食品安全和卫生监督法律关系;第三,食品安全和卫生监督法律关系的主体之间的地位是不平等的,监督主体作为行政主体永远处于主导地位,管理相对人则永远处于从属或者被动的地位;第四,食品安全和卫生监督法律关系主体各方的权利义务,是食品安全和卫生管理法律法规预先规定好的,不允许法律关系当事各方自主约定、创设或者放弃。

三、重大活动食品安全与卫生监督保障法律关系的概念

重大活动食品安全和卫生监督法律关系是指食品安全和卫生监督主体在实

施重大活动卫生监督保障过程中，基于相关的法律法规规定，与参与到重大活动中的各类主体（包括主办方、承办方、服务方、参加单位和个人等），围绕重大活动食品卫生安全和健康权益等形成的权利义务关系。这类法律关系，既是重大活动法律关系中的一个子关系，也是食品安全和卫生监督法律关系的一个具体类型，或者是食品安全和卫生监督法律关系的一种具体表现形式。理解重大活动食品安全和卫生监督保障法律关系可以从以下几个方面把握：

第一，具体的食品安全和卫生监督法律关系。监督保障法律关系是依附于食品安全和卫生监督法律关系的，是一个具体的食品安全和卫生监督法律关系，是食品安全和卫生监督法律关系在重大活动监督保障中的具体表现形式。如果没有食品安全和卫生监督法律关系作为基础，也就不可能产生食品安全和卫生监督保障法律关系。因此，具体的食品安全和卫生监督法律关系也称为重大活动食品安全和卫生监督法律关系。

第二，保障活动中的权利义务关系。监督保障法律关系是食品安全和卫生监督主体在保障活动中与重大活动参与者形成的卫生权利义务关系。这种法律关系主体是一个复杂的主体群，是一个多元、多向的法律关系，不是简单的单项或者双向法律关系。

第三，围绕重大活动产生的关系。重大活动是产生重大活动食品安全和卫生监督法律关系的前提条件，重大活动卫生监督保障法律关系，是围绕重大活动形成的卫生权利义务关系。没有重大活动也就没有重大活动食品安全和卫生监督保障法律关系；重大活动一旦发生变化，这种法律关系也会发生变化。

第四，纵横交错的法律关系。重大活动食品安全和卫生监督保障法律关系，是一个以纵向关系为主的食品安全和卫生管理法律关系，属于卫生行政法律关系，但是由于与食品安全和卫生监督主体对应的相对方主体有多个，因此法律关系中也存在一些横向的平等的法律关系成分。

四、重大活动食品安全与卫生监督保障法律关系的特点

重大活动食品安全和卫生监督法律关系，作为食品安全和卫生监督法律关系的一个具体类型，从属于行政法律关系，必然要具备行政法律关系、食品安全和卫生监督法律关系的各种特征。但是，作为一个特殊法律关系，又有着很多能够反映重大活动规律、反映重大活动食品安全和卫生监督保障规律，而与其他法律关系有所不同的特点。

（一）行政法意义上的特点

重大活动食品安全和卫生监督保障法律关系，是食品安全和卫生监督法律关系的一种，是卫生行政法律关系的具体形式。因此，首先应当具备行政法意义

上的关系特点。

(1)必有一方是食品安全和卫生监督的行政主体。食品安全和卫生监督职权的行使,是产生食品安全和卫生监督法律关系的前提,也是产生重大活动食品安全和卫生监督保障法律关系的前提。没有食品安全和卫生监督职权的存在和行使,也就不会产生食品安全和卫生监督法律关系。食品安全和卫生监督行政主体,是国家卫生管理、食品安全和卫生监督行政权的行使者,没有食品安全和卫生监督主体参加就不会形成食品安全和卫生监督保障的法律关系。

(2)职责性法律关系。重大活动食品安全和卫生监督保障法律关系,必须在食品安全和卫生监督主体实施重大活动卫生监督保障,行使监督职权过程中产生,才能称之为食品安全和卫生监督法律关系。如果食品安全和卫生监督主体拥有法律关系,不是为了行使食品安全和卫生监督职权,不是实施重大活动监督保障,也不能称之为食品安全和卫生监督保障法律关系。

(3)单方意愿法律关系。食品安全和卫生监督主体作为卫生行政主体,可以不征求对方当事人的同意,甚至违背相对人意愿而发生法律关系。

(4)法律关系主体各方的权利义务是行政法预先规定的。在重大活动监督保障法律关系中,法律关系主体的权利与义务是由食品安全和卫生行政管理法律法规预先规定的,不是当事人各方协商约定的,当事人不能自由选择权利和义务,也不能对法定权利和义务做任意解释,也不能以协商或调解的方式处分公权力。

(5)食品安全和卫生监督主体的权利和义务是统一的。食品安全和卫生监督主体在监督保障法律关系中具有双重地位,面对管理相对人一方时体现了权利主体,相对于国家而言是义务主体。权利体现了行为的可能性;义务包含了行为的必要性。

(6)重大活动食品安全和卫生监督保障法律关系中,当事人地位不平等。食品安全和卫生监督主体行使的是公权力,是国家管理职权,处于主导地位,起决定性作用。相对人不履行应尽义务时,监督主体可依法采取必要强制措施,而食品安全和卫生监督主体不履行职责,相对方只能请求其履行。

(二)基于重大活动卫生监督保障规律的特点

重大活动食品安全和卫生监督保障,是一项专门的针对食品安全和卫生监督执法活动,重大活动食品安全和卫生监督保障法律关系,除了具有食品安全和卫生监督法律关系基于行政法基础的特点外,还有能够体现重大活动食品安全和卫生监督保障运行规律的独到特点。

(1)动态性。重大活动食品安全和卫生监督保障法律关系,与重大活动本身具有一定的依附性,重大活动的存在和运作,是产生这种法律关系的一个前提,这种法律关系也是重大活动法律关系中的一个子关系、一个子系统。因此，重大活动食品安全和卫生监督保障法律关系，是伴随重大活动运行和重大活动食品安全和卫生监督保障任务的落实，而产生的一项动作中的食品安全和卫生管理社会关系。由于重大活动是各种动作的集合和有序的运作，是运作和变化中的活动，所以以此为基础的法律关系也必然是动态和多变的。

重大活动食品安全和卫生监督保障法律关系，紧紧围绕重大活动的运行、卫生监督保障工作的开展而形成，并且伴随着重大活动的各种变化、卫生监督保障工作的各种变化而不断地变化；相对其他法律关系而言，重大活动食品安全和卫生监督保障法律关系具有一定的不稳定性，不是一个可以长时间静态的、不变的法律关系，而是一个动态的、变化较快的法律关系。随着重大活动各阶段的运行发展，以及重大活动自身的特点和卫生监督保障任务的不同，这种法律关系的各构成要素也会动态地发生变化。

(2)一次性。重大活动食品安全和卫生监督保障法律关系，是伴随重大活动的起始和重大活动食品安全和卫生监督保障工作的启动而产生的，又随着重大活动结束和重大活动食品安全和卫生监督保障任务的完成而终止；有了新的重大活动，有了新的食品安全和卫生监督保障任务，就会形成一个新的重大活动食品安全和卫生监督保障法律关系。每一次重大活动食品安全和卫生监督保障工作，就会产生一个新的重大活动食品安全和卫生监督保障法律关系，而不是上一次监督保障法律关系的延续。而其他的食品安全和卫生监督法律关系，多是一个长期的、较为稳定的法律关系，食品安全和卫生监督的具体法律关系，会伴随食品安全和卫生监督工作的开展，监督主体职责的履行，重复出现新的法律关系。重大活动食品安全和卫生监督保障法律关系，每产生一次关系就仅针对一次重大活动，每一次重大活动结束，这种法律关系也就结束了使命，即使因为重大活动的重复举办，会出现诸多方面非常相似的重大活动食品安全和卫生监督法律关系，但是这绝不是前次重大活动食品安全和卫生监督保障法律关系的延续，而是一个完全新的法律关系。

(3)多元性。这是从食品安全和卫生监督保障法律关系的主体成分分析中得出的结论。重大活动食品安全和卫生监督保障法律关系，不是一个简单的食品安全和卫生监督主体与某一个管理相对人的双边主体权利义务关系。而主要是一个由多元主体参与，多主体围绕一个核心事项产生的卫生权利义务关系。因此，在诸多卫生监督具体法律关系中，它是一个较为复杂的法律关系。主要是参与到这种法律关系中的行政主体可能是多元的，如卫生行政、食品药品监管、卫生监督机构，还会涉及疾病控制机构（监测、评价）和医疗服务机构（查体救治）等等；管理相对方也是多元的，如重大活动的举办者、承办者、参与者，为重大活动提供服务的单位和个人等等。

多元法律关系主体也会导致食品安全和卫生监督保障法律关系的多元性，各个不同的法律关系主体还会产生多种不同的法律关系、利益关系、物质关系，使得食品安全和卫生监督法律关系复杂化。由单一的食品安全和卫生行政法律关系，延伸到食品安全和卫生民事的、经济的，甚至刑事的法律关系，使这种法律关系调整和保护复杂化了。

(4)综合性。这是从重大活动食品安全和卫生监督保障法律关系客体角度分析得出的结论。重大活动食品安全和卫生监督保障法律关系，是一个复合型、综合性的食品安全和卫生监督法律关系。这种法律关系是比较抽象的概念，无论是动态，还是静态的状态下，都是有很多不同的具体类型的法律关系。不是每一具体的食品安全和卫生监督法律关系都是包罗万象的。如生活饮用水卫生监督法律关系、公共场所卫生监督法律关系、食品安全监督法律关系、传染病防治监督法律关系等都是具体的食品安全或者卫生监督法律关系。而重大活动食品安全和卫生监督保障法律关系，是一个特殊的食品安全和卫生监督法律关系，主要体现在这种法律关系的综合性。

无论我们以何种方式和标准，来划分食品安全和卫生监督法律关系的种类，食品安全和卫生监督保障法律关系都是一个综合性、复合型的食品安全和卫生监督法律关系，其中包含多种具体的食品安全和卫生监督法律关系，而且这些具体的食品安全和卫生监督法律关系，会在一次重大活动的食品安全和卫生监督保障中同时产生。食品安全和卫生监督保障法律关系的这种综合性，从侧面反映了食品安全和卫生监督保障工作的综合性和复杂性，反映了调整重大活动食品安全和卫生监督保障法律关系的复杂性。

第二节 卫生监督保障法律关系的主体

一、食品安全与卫生监督保障法律关系主体的概念

(一)法律关系主体的概念和特点

法律关系都由三个基本要素构成:法律关系的主体、法律关系的客体和法律关系的内容。这三个基本要素缺少其中任何一个，都不能形成法律关系。重大活动卫生监督保障的法律关系，同样也是由这三个基本要素构成的。

法律关系主体是指依法参加到法律关系当中，并在法律关系中享有一定权利和承担一定义务的公民、法人和其他组织，也可以讲法律关系主体就是法律关系的当事人。在各种具体的法律关系中，主体多少各有不同，但大体上都属于相

对应的双方：一方是权利的享有者，称为权利人；另一方是义务的承担者，称为义务人。法律关系的主体主要包括以下三类：

第一，公民（自然人）。这里的公民既指中国公民，也指居住在中国境内或在境内活动的外国公民和无国籍人。公民作为法律关系的主体，必须具有民事上权利能力和行为能力，能够独立承担法律责任。

第二，法人（机构和组织）。法人是相对于自然人而言的。自然人是以生命为存在特征的个人；法人是具有民事权利能力和行为能力，依法独立享有民事权利、独立承担义务和责任的机构或组织。法人是社会组织在法律上的人格化。按照我国现行法律的规定，法人主要包括四类：企业法人、机关法人、社会团体法人和事业单位法人。

企业法人又称法人企业，指以营利为目的，具有民事权利能力和民事行为能力，依法独立享有民事权利和独立承担民事义务的经济组织体。机关法人是指依法行使职权，从事国家管理活动的各种国家机关。这些机关主要是公法人身份，只有在以自己的名义进行民事活动时，才是民事的主体或者私法人。社会团体法人又称社会团体，包括：群众团体、公益团体、行业协会、学会、宗教团体等。事业单位法人又称事业单位，指国家为了社会公益目的，由政府或者其他组织利用国有资产举办的，从事教育、科技、文化、卫生等活动的具备法人条件的社会服务组织。

第三，国家。国家在特殊情况下，也可成为法律关系主体。如国际公法关系的主体，外贸关系中的债权人或债务人。在国内法上，国家的地位比较特殊，既不同于公民，也不同于法人。

（二）食品安全与卫生监督保障法律关系主体的概念

重大活动食品安全和卫生监督保障法律关系主体，就是食品安全和卫生监督保障法律关系中的各方当事人。是指参加到重大活动食品安全和卫生监督法律关系中来，在这个法律关系中依法享有一定权利或者承担一定义务的行政机关、企业法人、事业单位和公民个人。

重大活动食品安全和卫生监督保障法律关系，从属于食品安全和卫生监督法律关系，食品安全和卫生监督法律关系从属于行政法律关系和卫生法律关系。因此，重大活动食品安全与卫生监督保障法律关系，属于行政法律关系的范畴，法律关系构成要素必然要符合行政法律关系的特点。从食品安全和卫生监督行政法律关系的角度讲，重大活动食品安全和卫生监督保障法律关系的主体，主要由三类组成：实施食品安全和卫生监督保障的主体、举办和参加活动的主体、为活动提供相关服务的主体。按照行政法理论讲可以称为“两方三类”，两方是食品安全和卫生监督行政主体与食品安全和卫生监督管理相对人两个方面。行政主体一方是在重大活动食品安全与卫生监督保障中起主导作用，依法行使食品安全和卫生监督职权的行政机关及其相关机构，我们在这里称之为食品安全和卫生监督保障主体；监督管理的相对方，是处于法律关系从属地位的，承接食品安全和卫生监督行政行为的主体，包含了两类情况：一类是参加到食品安全和卫生监督保障法律关系中，属于监督相对人身份的，为重大活动提供相关服务的公民、法人和组织；另一类是参与到重大活动中的其他相关的主体，例如重大活动的主办或承办者、重大活动的参加者、为重大活动服务保障的单位和人员等等，我们在这里统称为食品安全和卫生监督保障相对人或者相对方。

二、监督保障的行政主体

（一）重大活动食品安全与卫生监督保障行政主体的概念

监督保障的行政主体是指在重大活动食品安全和卫生监督保障法律关系中，依法享有食品安全和卫生监督行政职权，履行食品安全和卫生监督保障职责的卫生行政机关、食品药品监管机关及相应监督机构。作为食品安全和卫生监督保障行政主体的机关、组织或者单位，必须具备法定资格才能成为重大活动食品安全和卫生监督保障的行政主体，同时必须具备以下三个条件：

(1)依法享有食品安全和卫生监督行政权，是卫生监督行政主体的前提条件。重大活动食品安全和卫生监督保障的行政主体必须是一级组织，绝不能是个人；成为食品安全和卫生监督保障的行政主体的组织，必须依法享有食品安全或者卫生监督行政权。国家设立行政机关并通过法律授予其相应行政职权，享有食品安全和卫生监督职权的行政机关就是食品安全和卫生监督的行政主体，简称为监督主体，监督主体在实施重大活动食品安全和卫生监督保障时，就是食品安全和卫生监督保障的行政主体。卫生行政机关、食品药品监管机关是最重要的食品安全和卫生监督行政主体，但不是唯一的行政主体，法律法规可以将食品安全和卫生监督行政职权授予其他行政机关，授予某些机构和社会组织，这些被法律授予食品安全和卫生监督行政职权的有关机关、有关机构和社会组织也是食品安全和卫生监督行政主体。

(2)能够以自己名义行使食品安全和卫生监督行政权，是判定行政主体的主要标准。能够以自己的名义行使食品安全和卫生监督行政权，就是能够在法定的范围内，按照自己判断以自己的名义做出决定，发布命令，实施行政行为。享有食品安全和卫生监督行政职权并能够以自己的名义做出行政行为，才是卫生监督行政主体，才可以作为食品安全和卫生监督法律关系中的行政一方当事人。而受委托组织则不能以自己的名义实施行政行为，因此也不是真正的行政主体，只能是协助行政主体行使职权的组织；卫生监督机构是卫生行政机关卫生监督职权的执行机构，相当于内设机构、分支机构等，不是完全的卫生监督行政主体，不能以卫生监督机构的名义行使职权。

(3)能够独立承担法律责任,是判断行政主体资格的一个关键性条件。要成为食品安全和卫生监督行政主体,不仅要享有食品安全和卫生监督行政职权,还要能够以自己的名义实施行政行为,能够独立地参加行政复议和行政诉讼,关键还要能够独立地承担因行使行政职权而产生的法律责任。内部职能机构、执行机构、受委托组织,虽然能行使行政权,但既不能以自己的名义,也不能独立承担行使行政权产生的法律责任,因此都不是食品安全和卫生监督行政主体。

在食品安全和卫生监督保障法律关系中,正确理解食品安全和卫生监督保障行政主体的概念,对于处理好重大活动与保障工作的关系,履行好重大活动食品安全和卫生监督保障职责非常重要。需要注意的是不能把"食品安全和卫生监督保障法律关系主体"和"食品安全和卫生监督保障主体"两个不同的概念相混淆。食品安全和卫生监督保障法律关系主体,是指参加到监督保障法律关系中的各方面的主体,包括监督保障主体或者称为卫生行政主体、食品安全监管主体、卫生监督主体;还包括卫生监督保障相对人或者称为卫生管理相对人、卫生监督相对人、食品安全监管相对人。而重大活动食品安全和卫生监督保障主体,则专指食品安全和卫生监督保障法律关系中的行政管理方。在行政法律关系中称为行政主体;在食品安全和卫生监督法律关系中称为食品安全和卫生监督主体;在重大活动食品安全和卫生监督保障法律关系中称为重大活动食品安全和卫生监督保障主体。

(二)重大活动食品安全和卫生监督保障的行政主体及相关机构

1.卫生行政机关

卫生行政机关是依法履行社会卫生事务管理职责的政府卫生主管部门。按照各级政府组织法、国际惯例和政府组织管理原则,政府是以各主管部门为成员组成的机关,部门首长是政府成员。根据我国《组织法》和政府组成原则,卫生行政机关是同级政府的组成成员。按照现行行政管理体制,卫生行政机关专指国家卫生部,各省(直辖市、自治区)卫生厅局,市县政府卫生局。2012年在新的一轮政府职能转变和机构改革中,国家卫生部和国家人口计划生育委整合组建了国家卫生计生委,2014年省级卫生和计生部门整合工作开展。现国家和地方卫生计生委,即是卫生行政机关。在我国管理体制下,只有县以上人民政府才设立卫生行政机关,一般情况下乡镇政府不设立主管部门。现行的卫生法律法规,将相应的卫生监督管理职责,授权给县以上卫生行政机关。卫生行政机关是最主要的卫生监督保障行政主体。

2.食品药品监管部门

食品药品监管部门是依法履行食品、药品、医疗器械等监督管理职责的政府机构。按照我国现行管理体制，食品药品监管部门是隶属于国务院和地方人民政府的办事机构，不属于组织法意义的政府成员。从组织学意义上讲，国务院“三定方案”定位的行政机构就是政府管理某一方面工作的专门机构，其身份、地位和行政立法权限等与政府成员略有区别。但是，在行政法意义上，就行政法律关系而言，行政主体主要看法律授权，一个主体只要具有可独立行使的行政执法职权，就具有行政主体的资格。按照新的《食品安全法》对食品安全监管职责的分工，食品药品监管部门负责食品生产、经营和餐饮服务的全程食品安全监管。因此，食品药品监管部门是主要的食品安全监督保障行政主体。

3. 卫生（食药）监督机构

卫生（食药）监督机构是指卫生行政或者食药监管部门所属的，承担卫生（食药）监督执法任务的各级卫生（食药）监督所（卫生监督局、卫生执法队、食品药品稽查队等），卫生监督机构的法律地位，根据《卫生监督体系建设的若干规定》（卫生部 39 号令），各级编制部门对监督机构的职能定位，属于卫生行政部门、食品药品监管部门相关卫生（食药）监督职能的执行机构，不是完整意义上的行政主体。但是卫生行政部门、食品药品监管部门履行重大活动保障职责，一般通过监督机构的具体工作来实现。

监督机构在执行重大活动卫生监督保障任务时，以卫生行政部门、食品药品监管部门的名义实施监督保障行为，具有相应机关的身份。但是，这种执行任务行为，不是法律意义上的委托。监督机构相当于卫生行政部门的一个内设执法机构或者执法队伍，目前尚未纳入行政机关，作为一个下属的执行机构，这只是国家对行政机关管理的一种方式和措施，从行政管理学、行政法学和长远角度讲，卫生（食药）监督机构的最终归宿，应当并入卫生行政、食品药品监管机关内，或者成为独立的执法机构。

4. 卫生（食药）监督员

卫生（食药）监督员是卫生行政执法或者食品药品行政执法人员的专门称谓，是从事具体卫生（食药）监督保障工作的人员。在食品安全与卫生监督保障中，其法律地位，相当于行政机关工作人员，承担国家机关工作人员应当履行的义务和责任，同时也享有相应的工作职权。所有监督保障行为和措施都要通过卫生（食药）监督员具体实施，在一个具体保障点位上，监督员按照派出单位要求履行职责，使监督保障主体具体化，保障行为具体化，监督规范要求由文字转变为现实。监督员的行为要对监督保障主体负责，监督保障主体也要对监督员的行为承担责任。

三、食品安全和卫生监督保障技术服务机构

监督保障技术服务机构一般是指为重大活动卫生监督主体提供技术支持的

单位和个人，主要是各级疾病预防控制机构、食品药品检验机构、有关检验检测机构。这些技术服务机构，参与到重大活动食品安全和卫生监督保障活动中来，在法律关系中的地位比较特殊，属于技术支撑机构。主要为实现食品安全和卫生监督保障目标提供食品安全和卫生检验检测，食品安全和卫生风险评价、评估等技术依据，从理论上讲，应当从属于食品安全和卫生监督主体。但按照依法行政的基本理念，技术服务出证单位，应当居于中介位置，不应当是行政主体本身。因此，有将其列为行政主体的一部分，还有将其列为中介服务机构。

食品安全和卫生监督的技术特点、食品药品检验机构及疾病预防控制机构与食品安全和卫生监督行政主体特定关系，决定其地位与食品安全和卫生监督保障行政主体十分密切。在实践中，食品安全检验和疾病预防控制机构是实现食品安全和卫生监督保障的主体之一，在众多重大活动食品安全和卫生监督保障中是不可或缺的主体，其主要任务是根据重大活动的需要和食品安全和卫生监督主体的要求，落实相关的食品检验、卫生检验、监测、评价工作，为食品安全和卫生监督保障工作提供科学依据，使监督保障工作更具科学性、权威性。

四、食品安全和卫生监督保障的管埋相对人

监督保障相对人是在食品安全和卫生监督保障法律关系中与食品安全和卫生行政主体相对的另一方当事人，也称相对人，是相关法律法规中权利的享有者和义务的承担者，是食品安全和卫生监督保障行政法律关系中的另一方主体，也是食品安全和卫生监督主体依法行使监督保障职能时的承受者和受益者。他们在食品安全和卫生监督保障行政法律关系中处于被管理地位。

（一）重大活动的承办者

承办者是指举办或者承办需要实施卫生监督保障的重要大型活动（食品安全风险性、卫生风险性活动和重要接待事项），并谋划、组织活动各项动作的机关、团体和单位。重大活动的承办者，在食品安全和卫生监督保障法律关系中，具有较特殊的身份和地位，不能简单地按照管理相对人对待。因为重大活动的承办方，在其相对于重大活动时，往往是某一方面的行政管理者，具有行政主体的身份和地位，同时也是食品安全和卫生监督保障的支持主体。当其相对于食品安全和卫生监督保障时，则属于食品安全和卫生监督保障的管理相对人之一，在举办重大活动的过程中，应当履行相关食品安全和卫生法律法规规定的义务，保证重大活动过程符合食品安全和卫生法律法规的规定，保障活动的食品安全和卫生安全，应当遵守卫生法律法规的规定，服从卫生行政和食品药品监管部门的管理和监督。

（二）重大活动的服务者

一般是指接受重大活动或者为重大活动提供活动场所、住所场所、娱乐场所

的公共场所经营者和提供餐饮食品等的餐饮经营者。这些为重大活动提供服务的单位和个人，按照相关卫生法律法规规定，都属于某一食品安全和卫生监督法律关系中的管理相对人。当重大活动食品安全和卫生监督保障法律关系产生后，则成为最为重要的法律关系主体之一，他们向重大活动提供的各项服务，必须严格遵守相关食品安全和卫生法律法规、规范和标准的规定，提供合法、规范、高水平、高水准的服务，并在服务中依法接受卫生监督主体的监督和指导。当然，这些单位和个人，在遵守法律、接受监督、约束行为的同时，其合法的权益也受到相关卫生法律法规的保护。

（三）重大活动的参与者

一般是指参与到重大活动中来的各类单位和个人。这一部分主体，在重大活动保障法律关系中，首先是依法享有卫生和健康权益保护的主体，重大活动食品安全和卫生监督保障的目标，就是要保护这些参与者不受违反食品安全和卫生法行为的侵害。他们首先应是食品安全和卫生权利的享有者。他们参与活动有权要求和监督接受的各种服务、购买的相关产品等必须符合食品安全和卫生法律法规的规定，不会受到健康损害；有权询问、质疑、投诉举报；等等。食品安全和卫生监督保障主体，应当使他们享受到相关的监督服务，受到相应的监督保障。当然，他们在享有食品安全和卫生监督保障的同时，也需要遵守相关的法律法规，支持食品安全和卫生监督保障主体的监督活动，共同维护正常的食品安全和卫生法律秩序。

第三节 食品安全与卫生监督保障法律关系的客体

一、食品安全与卫生监督保障法律关系客体的概念

法律关系客体是构成法律关系的三要素之一，客体一般是指法律关系主体之间的权利和义务所指向的对象。行政法律关系客体，是行政主体职权和管理相对人权利义务所指向的对象。重大活动食品安全和卫生监督保障法律关系的客体，是保障主体卫生管理职责和重大活动承办者、服务者、参与者相关卫生权利义务所指向的对象。法律关系的客体包括物（能为人们控制并具有价值的有形物）、行为（包括积极作为和消极不作为）和精神财富（人们智力活动的成果）。法律关系客体是一定利益的法律形式，外在的客体一旦承载某种利益价值，就可能成为法律关系客体。建立法律关系，就是要维护合法的利益关系和秩序。

二、与重大活动有直接或者间接关系的产品、物品

(一)各类食品

在重大活动中包括活动本身销售展卖的食品及原料,现场加工的食品,向重大活动参与者提供的各类流通食品及饮料,供重大活动参与者食用的餐饮食品(包括快餐盒饭、小吃、甜品等),向为重大活动提供餐饮服务的单位提供的各类食品及原料,等等。

(二)生活饮用水

重大活动中的生活饮用水包括供参与者直接饮用的水,需加热后饮用的水,客人在宾馆饭店中饮用或者洗漱等的用水,美容美发和沐浴等的用水,加工食品等的用水,供水企业供应的饮用水,二次供水,自备水源的饮用水,等等。

(三)各类消毒产品

重大活动中的消毒产品包括重大活动中、为重大活动服务的食品生产经营活动中、餐饮服务中使用的消毒剂和消毒器械,为重大活动提供服务的各类公共场所使用的消毒剂、消毒器械和卫生用品,为重大活动提供医疗服务中使用的消毒剂、消毒器械和卫生用品等。

(四)药品

是指重大活动中的药品。主要是某些重大活动本身展销的药品,为重大活动提供医疗服务使用的药品等。

(五)化妆品

重大活动中的化妆品,主要是为重大活动自身展销的,为重大活动参与者服务的美容美发、宾馆饭店等单位使用的包括染发精、洗发液、护发液、沐浴液等在内的各类化妆品。

(六)涉及饮用水卫生安全产品

是指在饮用水生产和供水过程中与饮用水接触的连接止水材料、塑料、有机合成管材、管件、防护涂料、水处理剂、除垢剂、水质处理器及其他新材料和化学物质。例如重大活动使用的饮水机、净水处理器等。

(七)其他与健康相关的产品、物品

重大活动参与者在餐厅、宾馆使用的餐具、杯具、床上用品等等。

三、重大活动保障有关的行为

(一)食品生产经营行为

主要是与重大活动有关的食品生产加工活动、食品销售活动、餐饮服务活动、快餐盒饭加工配送活动、小吃茶点加工配送及服务活动、相关食品及原料的运输活动等等。还包括相关初级农产品种植、养殖,畜禽屠宰,食品及原料的进口等活动及其食品安全管理。

（二）生活饮用水供水行为

包括集中供水企业对饮用水的处理、供水及卫生管理活动。包括一部分单位进行二次供水及其卫生管理活动，一部分单位使用自备水源及其管理活动，相关食品生产经营单位、宾馆等公共场所对末梢水的卫生管理等行为。

（三）公共场所经营服务行为

包括为重大活动主体提供服务的宾馆酒店、会议中心、体育场馆、游泳洗浴场馆、购物商场、美容美发、茶馆休闲、健身娱乐、交通工具等经营活动和卫生管理行为。

（四）医疗保健行为

医疗机构为重大活动提供的现场医疗保健服务、院前急救、院内门急诊服务、住院医疗服务等行为。也包括在医疗保健服务中的传染病预防控制措施、医疗废物处置，献血、采血和临床用血等行为和活动。

（五）其他与健康相关的行为与活动

重大活动运行中实施的与健康相关的活动，特别是一些具有健康风险因素的活动及其保护措施，药品、化妆品，其他与健康相关产品生产经营和使用行为。

（六）实施保障的有关行为

包括卫生监督保障行政主体，在实施食品安全和公共卫生保障中，依法履行执法职责，实施的有关行政行为；相关卫生技术机构，依据法律、标准和规范，对相关物品、产品、场所、设施设备、环境等，进行检验、监测和评价，并出具报告的行为等。

第四节 食品安全与卫生监督保障法律关系的内容

一、概述

（一）概念

法律关系的内容是构成法律关系的要素之一，就是指法律关系主体依法享有的法律权利和承担的法律义务。法律是以规定主体权利、义务为内容的社会准则，法律关系的内容就是法律规则中的权利、义务和行为模式在现实生活中的具体体现。

食品安全和卫生监督保障法律关系内容，是在重大活动中食品安全和卫生监督主体、重大活动承办者、重大活动服务者、重大活动参与者等，依照食品安全和卫生法律法规，所享有的法定职权、法律权利和应当履行的法律义务，是卫生法律规范在实现过程中的一种特定的状态。

（二）权利

食品安全和卫生监督保障法律关系中的法律权利，就是指食品安全和卫生法律法规规定的，食品安全和卫生监督保障法律关系主体享有的某种能力或利益。表现为相应主体可以直接获得某种利益，做出某种行为，不做出某种行为，或者要求他人做出某种行为或者不做出某种行为的可能性，卫生法律法规对主体实现这种利益和可能性给予保护。

（三）义务

食品安全和卫生监督保障法律关系中的法律义务，就是食品安全和卫生法律法规明确规定的，食品安全和卫生监督保障法律关系主体必须履行的义务和承担的责任，具体表现为依法付出某种利益，做出某些行为或者禁止某些行为。义务主体不履行这些必要性义务，不承担这些责任时，将依据食品安全和卫生法律法规予以强制执行和制裁。

（四）法律职权

食品安全和卫生监督保障法律关系中的法律职权，是法律赋予食品安全和卫生监督主体管理卫生事务的具体职能和权限。职权或者权力与权利，最关键的不同是：权利仅是一种可能性，权利人可为也可不为，可以主张也可以放弃。而权力和职权具有"可能"和"必要"双重性，可能性是被授权机关排斥其他机关，在某一方面社会事务中独享的管理资格和能力，必要性是被授权机关必须依法行使职权，履行管理责任，不得任意放弃；超出法律赋予的可能性，就是越权执法，在可能性范围内，不履行职责或者履行不到位，就是失职渎职、疏于执法，两者都要承担法律责任。

二、食品安全和卫生监督主体的职责权限

食品安全和卫生监督主体的职责权限，在行政法意义上包括：行政立法、行政决策、行政决定、行政许可权、行政处罚、监督检查、行政控制等职权。在重大活动保障中，食品安全和卫生监督主体应当依法履行下列职责权限：

（一）制定相应规范

在食品安全和卫生监督主体的法定职能范围内，依法拟定相应的法规、规章，制定颁布重大活动卫生和食品安全相关的规范、标准和行政措施。

（二）实施监督检查

包括在重大活动开始前，对拟开展重大活动的场所，依法开展公共场所、生活饮用水、食品安全的全面监督检查、卫生（安全）风险评估、检验检测；重大活动期间依法实施重点强化监督措施等。

（三）进行审查审批

对与重大活动相关的产品（例如消毒产品和涉及饮用水安全产品）、公共场

所、生活饮用水、餐饮服务等依法进行许可审查，依法办理相应许可证书。在重大活动开始前依法对相关许可事项进行审查复核，没有获得许可，或者改变了许可时的条件，或者没有达到相应等级的不准提供给重大活动使用或者进行重大活动。

（四）实施监督强制措施

对查明存在食品安全和卫生安全风险隐患的食品、物品、场所等，依法采取必要的强制控制措施，如查封、登记保存、监督销毁、禁止食用或者使用等等。对可能存在风险隐患的食品、物品、场所等，采取应急性控制措施。

（五）进行督促指导

根据重大活动的特点和食品安全、卫生监督保障的要求，在职责范围内对重大活动的承办者、服务提供者，落实公共卫生和食品安全管理制度，进行督促和指导。这也是食品安全和卫生监督主体的一种服务，通过灵活的、非强制性的手段，对相对人进行专业和法律的指导、帮助，督促其落实第一责任人的责任，依法自律、约束行为，实现食品安全和卫生监督保障目的。

（六）进行调查处理和应急处置

一旦发生健康损害事件，迅速进行食品安全和卫生监督应急处置，采取应急控制措施，进行卫生学处理，控制时间发展，组织进行流行病学调查、现场调查，查明事件原因，依法进行行政处理，等等。

（七）依法实施行政处罚

对在重大活动中违反食品安全和卫生法律法规的行为，依法给予行政处罚。食品安全和卫生监督主体在履行上述职责时，必须在法律授予的管理职能范围内，必须遵守法律规定的程序，依据法律法规实施行为。

三、卫生监督保障相对人的权利义务

相对人的权利义务，是指重大活动承办者、相关服务提供者、重大活动参与者等，依据食品安全和卫生法律法规，在重大活动中享有的权利和应当承担的义务。

由于重大活动的特点，在形成重大活动食品安全与卫生监督法律关系时，管理相对方主体不是单一的，而是由多主体共同组成的，如同前述是一个多元性的法律关系，是纵横交错的关系。管理相对人权利和义务的对应方，也不是单一性的，而是多元化的、较复杂的，有的是对应行政主体的，有的是对应活动承办者的，有的是对应服务提供者的，有的是对应活动参与者的，因为篇幅有限难以在此一一阐述，在后续的其他章节将会分别具体阐述。这里简单列举一些权利和义务：

（一）获得健康保护权利

保护公民健康权益，是所有卫生法律法规的基本宗旨。因此，要求获得健康保护，也是所有参与重大活动者，在食品安全和卫生监督法律关系中的最基本的实体权利。这种权利的对应方，可以是食品安全与卫生监督主体必须依法履行监督职责，也可以是服务提供方必须提供安全卫生的服务。其指向客体可以是食品、物品，也可以是相关主体履行的行为。这个权利，也可以具体为获得符合卫生条件的服务的权利，要求其在重大活动中接受的服务都要符合卫生要求等。

（二）获得相关信息权利

例如获得相关场所、相关食品、相关物品、饮用水和相关服务提供者等卫生安全信息。可以通过行政主体、经营主体、活动承办者等方面的主动公示得到，也可以通过咨询、质询、查问、要求其公开等形式得到。

（三）获得告知和听证权利

这种权利是管理相对人在行政法律关系中，依法享有的程序性权利，其对应方是行政主体。即食品安全与卫生监督主体在做出行政强制、行政处罚等可能影响相对人权利义务的行为前，应当告知相对人相应的事实、理由和依据，告知拟采取的措施、拟给予的处罚，并告知当事人依法具有陈述、申辩或者听证的权利等，当事人依法可以进行陈述、申辩或者听证。

（四）遵守法律法规、规范标准的义务

无论是重大活动的承办者、参与者，还是服务的提供者，在重大活动中都必须遵守食品安全和卫生法律法规的规定，履行法律规定的卫生义务，自律管理义务，才能保证重大活动中的食品安全和公共卫生。

（五）接受监督检查并提供真实信息的义务

在重大活动中，重大活动的承办方、参与者、服务提供方，必须接受食品安全和卫生监督主体依法实施的监督检查，真实提供相关活动或者服务信息，相关人员、食品物品、场所等的情况，协助食品安全和卫生监督主体实施卫生监督，按照监督主体要求，依法落实为保证卫生安全需要采取的整改调整措施。

（六）报告和应急义务

报告义务，一是拟承办重大活动或者接待重大活动的单位，应当及时在活动前的一定时间内，向食品安全和卫生监督主体报告重大活动的有关情况和安排，分析可能存在的卫生和食品安全风险，提出相关需求。二是在发生相关健康损害事件，可能导致健康损害事件的风险时，必须及时报告监督主体，依法采取控制措施。重大活动承办方、提供服务方，应当对重大活动制定突发卫生事件应急预案，一旦发生问题迅速采取内部应急措施。

第四章　重大活动食品安全卫生监督保障与风险管理和 HACCP

第一节　概　述

风险理念和风险管理理论近些年备受关注，应用范围远远超出其原本的金融经济领域，被广泛借鉴到各种社会管理活动。HACCP 作为国际社会推荐的企业食品安全管理方法，越来越受到重视，应用领域也在不断扩大。笔者认为风险管理和 HACCP 理念，与重大活动的食品安全、卫生监督保障关系密切，具有理论上和实践上的指导意义。本章拟先从风险管理、HACCP 理念与重大活动食品安全卫生监督保障的关联性，以及风险管理系统、HACCP 系统概要介绍等三个方面进行讨论。下一章就风险管理和 HACCP 理念，在重大活动食品安全与卫生监督保障中的应用问题，进行专门的讨论。

本节主要讨论风险管理和 HACCP 理念与重大活动食品安全卫生监督保障的关联性；风险管理和 HACCP 理念在重大活动食品安全、卫生监督保障中的作用和意义。

一、相关含义

（一）风险的含义

风险就是危险及遭受损失、伤害、不利甚至毁灭的可能性。在管理学中，风险是指未来结果的一种不确定性，如果不能确保行动目标与最终结果完全一致，就是存在风险。因此，有人说风险是在特定时间、特定环境、特定条件下，期望目标与实际结果之间的差异程度，也有人说风险是发生与目标反向结果、意外损失、不幸事件的可能性或者概率。任何一个行为或者事件，只要存在两种或者两种以上结果的可能性，这个行为或者事件就存在着风险。而这种差异程度越大、可能性越大、概率越高，风险就越大。风险由风险因素、风险事故和风险损失三个要素构成。风险因素是发生风险事故的潜在原因，是造成损失的内在原因，风险因素能够引起风险事故；风险事故是造成人身伤害或财产损失的意外事件，是造成损失的直接原因，发生风险事故就可能造成损失；风险损失是风险事故导致的财产损失和人身伤害后果。

(二)风险管理的含义

对风险管理可以从静态和动态两个方面理解。在静态下,风险管理是一种理论或者学科,它是研究风险发生规律和风险控制方法,研究如何通过风险识别、风险衡量、风险评价、风险控制和风险处理等风险管理技术,以最小成本获得最大安全保障的理论和学科;动态下,风险管理是一种管理活动,是管理者选择最大限度降低风险消极结果方法的决策过程,通过风险识别、风险估测、风险评价,并在此基础上选择最佳的风险管理技术组合,有效地控制风险、妥善处理风险损失后果,以最小成本获得最大的安全保障,最终保证总体工作目标实现的专门管理活动。

(三)HACCP 的含义

HACCP 是一种保障食品安全卫生的管理系统和方法,被广泛用于食品生产经营企业的管理。HACCP 英文全称是:"Hazard Analysis and Critical Control Point",中文翻译为"危害分析和关键控制点"或者"危害分析和关键点控制"。1997 年被国际食品法典委员会公布为:食品安全卫生管理规则。国际标准《食品卫生通则》将 HACCP 定义为:鉴别、评价和控制对食品安全至关重要的危害的一种体系。我国国家标准 GB/T15091—1994《食品工业基本术语》将 HACCP 定义为:生产加工安全食品的一种控制手段;对原料、关键生产工序及影响产品安全的人为因素进行分析,确定加工过程中的关键环节的安全性,建立、完善监控程序和监控标准,采取规范的纠正措施。

(四)食品安全与卫生监督保障

食品安全与卫生监督保障,包括食品安全监督保障和卫生监督保障两个概念。由于食品安全与卫生监督固有的内在联系,本书为了叙述和讨论的方便,故将两者整合到一起。食品安全与卫生监督保障是近几年逐步形成的一个新概念。是政府在对社会进行管理中,为预防控制某些专门事项中食品安全和公共卫生风险,由食品安全和卫生监督主体,针对相关风险隐患实施的一种预防控制措施,本书概述已对此做了表述。重大活动食品安全与卫生监督保障,是针对重大活动采取的食品安全和卫生监督措施,是对重大活动给予的食品安全与卫生监督支持和保护。从行政管理的角度将其理解为:食品安全与卫生监督主体依法实施的,以保障重大活动公共卫生和食品安全为目标,针对重大活动特点、内容和需要的强化性专项监督执法活动。

二、风险管理和 HACCP 应用的可行性

近年来,风险管理体系在企业经营管理中被越来越多地应用,作为一种管理

理念，越来越被人们重视，并应用到经济和社会的各种管理活动中。HACCP 在食品生产经营企业包括餐饮业的管理中，被广泛推广应用。一些同志认为，风险管理和 HACCP 虽然是非常先进、非常科学的管理理念和方法，是企业实现经营管理目标的有效管理体系。但是，这些管理方法主要应用于不同企业的项目管理。如果将这种管理方法，应用到重大活动食品安全与卫生监督保障这项政府行政执法中，是否有些故弄玄虚、装模作样？表示怀疑和不解。我们认为，风险管理和 HACCP 确实来自于企业经营管理实践，经过多年磨合形成了完整的管理体系，成为现代企业经营管理的两个科学有效的管理方法，被广泛地应用。因此，我们借鉴理念和原理，用于重大活动食品安全和卫生监督保障是完全可行和有益的。

首先，风险管理和 HACCP 作为一种管理理念，它不是企业经营管理固有的专属物，风险分析排查、风险因素控制、风险结果防范、风险有效处理、关键点排列控制等理念和方法，可以应用到任何领域的活动过程，可以是企业的管理、经济的管理，也可以是社会的管理。其次，风险管理和 HACCP 的这些理念、观点、方法，可以指导管理者思维活动，在具体借鉴应用时需要良好消化，使之与应用的领域和活动过程有机结合，有效相融，而不是将整个企业管理系统生搬硬套。天津卫生监督系统自 2008 年以来，结合重大活动卫生监督保障实际，运用风险管理和 HACCP 理念，创建了“预防性卫生风险评价，关键环节、高风险点位重点监控，全程卫生监督与现场快速检测相结合”的重大活动卫生监督保障机制模式，就是一个好的范例。

三、风险管理、HACCP 与监督保障工作的关联性

风险管理和 HACCP，作为科学的管理系统和方法，对食品安全与卫生监督主体，实施重大活动食品安全与卫生监督保障，具有非常重要的作用和意义，两者之间具有非常密切的关联性和适应性。我们可以从以下几个方面理解。

（一）重大活动保障是对重大活动的风险控制活动

从一定意义上讲，重大活动保障是对重大活动进行风险控制的产物，是针对一个项目的风险管理活动。我们可以认为，重大活动保障是预防和控制重大活动各类风险的管理活动，应当使用风险管理的理念和方法。

（二）食品安全与卫生监督保障是对重大活动食品和卫生风险的控制活动

按照我们前面讲的定义，食品安全与卫生监督保障，是食品安全和卫生监督主体在法定职责范围内，依据卫生法律法规和规范标准，采取食品安全与卫生监督的手段和措施，对特定事项中的食品安全风险、公共卫生风险进行预防控制，

实施专门保护和支持的专项监督管理活动；是伴随重大活动起止而起止，针对重大活动可能存在的食品安全和公共卫生风险特点，以重大活动食品安全和卫生风险为对象、以预防和控制食品安全和公共卫生风险为手段，开展的专项食品安全和卫生监督执法活动。这些表述集中到一点，其中非常重要的内容是："预防和控制风险"，换言之，重大活动保障，是预防和控制重大活动各类风险的管理活动。重大活动食品安全与卫生监督保障，是预防控制重大活动食品安全风险、公共卫生风险的监督管理活动。

（三）风险管理理念和方法，对重大活动具有适应性

按照前面讲过的思维，是否可以讲：重大活动保障的过程，就是一个专门的风险管理过程呢？按照笔者从事重大活动保障的实践和对风险管理理念的认识，认为重大活动的保障过程，可以理解为是一个针对重大活动可能存在的各类风险的管理过程。而重大活动的食品安全与卫生监督保障，则是针对重大活动过程中可能存在的食品安全风险、公共卫生风险，实施的风险管理活动。而"预防风险、控制风险"，是风险管理的核心内容之一，是实施风险管理的最为重要的手段。根据重大活动保障的原则和特点，重大活动保障的总体目标和工作要求等，风险管理理念、系统管理方法的核心内容，对重大活动保障工作具有适应性和针对性。

（四）风险管理理念和方法，对重大活动监督保障有指导意义

科学地阐述风险管理理论和系统方法，科学地阐述风险管理的要素和规范，并将其付诸实践。如果我们理性地将这些要素和科学管理方法，有针对性地引入实施重大活动食品安全和卫生监督保障的过程，对于我们进一步提升监督保障活动的科学性和规范性，提高监督保障的效率和效果，具有十分重要的意义和作用。理性地应用风险管理理念，指导重大活动的食品安全和卫生监督保障，对于丰富重大活动监督保障的科学内涵，提升重大活动监督保障的科学水平，研究重大活动监督保障的工作规律和科学方式，有效地提高对重大活动的支持和保护效果，以较小的保障工作成本获取最佳的保障效果具有指导意义。

（五）HACCP 规则可用于食品安全和卫生监督保障工作

我们在前面讲过，下节还要具体介绍，HACCP 是"危害分析和关键点控制"，核心运作是通过对全程的危害分析，提出预防危害的具体措施，确定关键环节和关键控制点，对关键控制点实施监控，及时纠正违规和风险行为，保证食品安全。其最突出的优点是，将终末质量安全管控，转化为全过程中潜在危害的控制；以最少的资源，做最有效的事情。重大活动食品安全和卫生监督保障目标，是预防控制重大活动过程中可能出现的食品安全和卫生风险，保障重大活动目

标的实现。监督主体在实施监督保障中，必须针对重大活动及提供相关服务行为的特点，对重大活动及其提供服务的行为，采取全程监督保障措施，对全过程进行有效监管，预防和控制各种可能出现的食品安全和卫生风险。同时，还要保证其他日常的监管职责到位，不发生任何问题。但是，监督主体人、财、物资源有限，难以兼顾一切，必须集中优势并准确把握关键，确保获取最佳保障效果。而 HACCP 理念和方法，恰恰能有效解决这些问题。在重大活动保障中，运用 HACCP 理念和方法，实行卫生风险评价，确定关键环节和关键控制点，集中有限的资源优势，把控关键环节和关键控制点，可获取最大、最佳的监督保障效果。

四、风险管理和 HACCP 在监督保障中的意义

在讨论风险管理、HACCP 与重大活动保障的关联性时，我们谈到不少风险管理和 HACCP 在重大活动食品安全与卫生监督保障中的作用和意义问题。从实践的角度还可从以下几方面理解。

（一）促进监督保障体系建设

风险管理作为一种科学的、系统的管理理论、管理系统和管理方法，是深入研究了风险发生的客观规律，针对风险发生规律提出的有效控制方法。

HACCP 作为保证食品安全的有效手段和系统方法，是针对食品安全危害和可能发生危害的食品加工过程，可以有效控制危害发生的原理、原则和操作程序。食品安全和卫生监督保障主体，如果能够科学、理性、有针对性地将风险管理和 HACCP 系统中的风险识别、风险衡量、风险评价、风险控制和风险处理等风险管理技术，将危害分析、关键控制点、关键限值、系统监控等科学原理，以及这些风险管理技术的最佳组合，管理全程的有机贯通，系统有效控制等理念、原理和方法，与食品安全监督保障、卫生监督保障的理论和实践有机结合、融会贯通，不仅能够指导监督保障主体以最小的保障成本获得最大保障效果，而且这些理念、原理和方法，会使监督保障主体，对重大活动食品安全与卫生监督保障的认识更加理性和深刻，会使重大活动监督保障理论内涵更加丰富，方法手段更加精准有效，工作更具科学性、系统性和规范性，逐步形成科学、完整、规范的监督保障理论和工作体系。

（二）促进监督保障工作的科学性

运用风险管理和 HACCP 理念，可以指导监督保障主体在实施食品安全与卫生监督保障的过程中，坚持风险管理的理念、坚持预防为主的原则，理性和自觉地识别重大活动的食品安全和公共卫生风险，进行风险衡量和排序，开展风险分析评估，排查风险隐患，系统监控显著危害，研究实施各类风险控制措施，制定

预案，妥善处理可能发生的风险事件，并选择最佳的方法组合，将其在整体监督保障活动中有机地衔接起来，发挥最大的作用，取得最佳的监督保障效果。促进理性化地落实监督保障任务，提升监督保障工作的科学水平。

（三）有利于建立科学的保障工作机制

应用风险管理和 HACCP 原理、方法，可以促进食品安全与卫生监督保障主体，科学设计重大活动食品安全和卫生监督保障的方案，及时把握工作时间节点、准确掌控保障要点、有效调整监督保障措施、合理应用监督保障手段、合理调配人财物资源等，使监督保障主体的这些行为过程，更加科学和具有衔接性、连续性，并逐步成为长效制度机制。进而建立更加科学、精准和实用、有效的重大活动食品安全与卫生监督保障规范，建立更为顺畅和高效的监督保障体制机制，达到以最小的投入获得最佳的监督保障效果的目标。

（四）有助于树立全员风险意识，落实保障措施

无论是风险管理还是 HACCP 系统，在其理念中都有一个非常重要的观点，就是要实施风险管理、HACCP 系统，首先必须创建一个好的内部环境，对全体人员进行培训，建立风险意识、危害意识和控制意识，自觉地参与和落实风险控制、危害控制的活动。并建立健全相关的制度、规范和标准，保证各项管理和控制措施得到落实。因此，在食品安全和卫生监督保障中，有效地应用风险管理、HACCP 系统的理念和原理，有助于在监督保障主体全体成员中，提升风险意识，树立风险管理和危害控制理念，建立整体联动意识，有效地落实责任制，把好各环节的风险和危害控制，保证各项保障措施落实到位，取得最好的效果。

（五）有利于提高工作效率，防范工作盲点

按照风险管理和 HACCP 系统的理念原则，必须进行风险识别评价、危害分析评估，目的是通过这样的程序，找出发生概率和影响程度高的风险；找出显著的危害；进行风险和危害排序；确定防范风险和危害的关键环节；选择最佳的控制措施和组合。然后，集中优势资源和采取强有力的措施，在关键环节对显著危害和高风险发生因素，实施全程的系统的控制，达到最佳的安全保障目标。食品安全和卫生监督保障引进风险管理和 HACCP 系统理念、原则和方法，能够有效地准确掌控各个关键环节和重点，合理地调配人力、物力和财力资源，集中力量对关键环节和高风险点位进行监控，集中力量控制高风险和显著危害，防止在保障工作中胡子眉毛一把抓，没有重点抓不住关键，出现监督保障盲点。使有限的监督资源发挥最大的效率，获取最佳保障效果。

（六）有利于监督保障与相关单位自律管理，有效衔接

在现代的社会管理、经济管理、企业管理中，风险理念和风险管理备受关注，

在诸多领域的企业中，被管理层高度重视，并引为企业经营的管理方式，社会方方面面对“风险”的敏感度也不断提升。HACCP 系统已经成为食品企业包括：初级农产品种植、养殖、食品生产加工、食品流通和餐饮服务企业等，较普遍应用的食品安全管理方式。重大活动食品安全与卫生监督保障，借鉴风险理念和管理方式，应用 HACCP 原理和方法，有助于监督保障主体与重大活动参与各方的沟通互动，获得更多的支持与配合；有利于监督保障措施与服务提供单位内部管理的有效衔接，产生监督与自律管理的互动、互补效应。同时，监督保障主体还可以在实施保障过程中，指导相关服务提供单位，建立健全相关制度和规范，实施风险管理和 HACCP 等有效的内部管理机制。

第二节　风险管理概要

本节拟简要介绍和讨论风险管理有关内容，使大家对风险管理理念有所了解，在讨论后继问题时有所参考。

一、概念和特点

（一）基本概念

如果从实践来理解，所谓风险就是发生危害或不幸的可能性。所谓风险管理，就是人们在一个存在风险的环境中，努力把风险减至最低的管理过程；是管理者或者管理组织，围绕工作总体目标，通过组织内管理的各个环节，工作过程的业务流程，建立针对可能存在的风险的管理系统，有效预防控制和处理风险，将风险发生的可能或者损失降至最低，从而保障工作总体目标得以实现的管理过程。

（二）风险管理具有系统性

理想的风险管理是一个包括众多环节的完整体系，需要一个各环节相互衔接、互补，步骤、次序鲜明的程序过程。需要通过风险识别、风险估测、风险评价，判定风险种类、发生的概率、可能的危害程度，并在此基础上排列优先控制处理次序，选择最佳的风险管理技术组合，进行风险预防控制、妥善处理风险损失后果，以最小成本获得最大安全保障。

正确理解风险管理的概念或者含义，需要把握以下几点：

1. 风险管理的主体是总体任务目标的设定和实施者

可以是企业、社会组织，也可以是家庭和个人。谁设定并实施了某一项任务目标，为了保障目标得到实现，采取了风险管理办法，谁就是风险管理的主体。

2. 风险管理的客体是风险

风险是风险管理措施指向的对象或者靶体。这种风险或许只是一种可能，或许是可能发生的事件，或许是目标实施过程中可能发生的偏差，或许是外部环境可能给予的干扰，或许是已经发生的损失，等等。

3.风险管理是一个程序严谨的系统

风险管理的过程包括风险识别、风险估测、风险评价、选择风险管理技术和评估风险管理效果等，缺少了这些内容和步骤，就不是一个完整的风险管理，颠倒了程序或者优先次序，就不能取得好的效果。

4.风险管理的基本目标是以最小的成本收获最大的安全保障

风险管理的最终目的是通过风险预防、风险控制、风险回避、妥善处理损失等，以保障总体任务目标得到实现。

5.风险管理不仅是管理活动，也是一门管理学科

动态地看风险管理，它是企业的生产经营管理活动过程；静态地看风险管理，它是一种先进的管理理念、一个独立的管理系统、一门内容丰富的新兴管理学科。

（三）风险管理要素是识别和控制风险

按照风险管理的概念和定义，实施风险管理的关键，是认识风险、预防风险、控制风险和回避风险。实施风险管理需要把握以下要素：

1.要树立风险意识，培养风险管理理念

实施风险管理不能简单生搬硬套一些风险管理的方法和程序，关键要树立风险意识，培养科学的风险管理理念。理性地认识企业或组织的能力，理性地识别任务目标可能存在的风险，有效地规避各种风险，避免盲目性、麻痹性、冲动性造成的人为风险。要培育整个团队的风险管理意识，不仅使风险和风险管理成为决策者、管理者自觉的思维活动和管理思想，而且要教育员工树立风险意识，使风险管理深入人心，成为全体员工的自觉行动。全体成员自觉参与，风险管理才能收到最佳效果。

2.必须理性地对风险进行识别

对风险进行识别，是实施风险管理的基础和起始环节。通过风险识别，查找和确定实施总体目标过程中可能存在和出现的风险，会对顺利实现总体目标产生影响的风险，并科学地量化风险的程度和概率，对风险可能造成损失的程度进行估测。

3.必须着眼于风险的预防和控制

实施风险管理，要在科学地进行风险识别、风险评价后，准确把握两个关键：一是要着眼于预防风险，采取积极主动措施，降低风险发生概率，尽可能使预测的风险可能不出现，而不是等待风险出现再被动进行处理；二是要着眼于控制风

险,采取积极的措施降低出现风险的程度、缩小风险损失的程度来达到控制目的。制定和实施针对性强的风险应急方案,风险控制的有效方法。

4.必须学会规避风险

实施风险管理的要素之一,是规避风险。在既定目标不变的情况下,就要针对目标实现过程中可能出现的风险,调整实施方案、优化实施路径,制定对应措施制度,采取针对性保障措施,消除方案中的特定风险因素,以降低相关风险对总体目标的影响和程度。

二、风险管理功能与框架

(一)风险管理的功能

风险管理作为一项管理活动,要求风险管理主体,在实施风险管理时,建立或者确定专门风险管理组织,有针对性地做好计划、协调、指导和监控等几个方面的工作,这就是风险管理的功能。

1.计划功能

一般风险管理启动后,在进行风险识别、估测、评价,选择风险处理手段的基础上,需要根据风险识别、评价的结果,进行风险管理方案设计;根据选择适宜的风险处理方法和风险管理方案,制定风险处理的实施计划,进行风险处理的经费预算等。

2.协调功能

根据风险管理计划,协调安排各种风险控制和风险处理技术,建立风险管理岗位责任制;进行管理职责分配和权能下放,进行相关岗位职务调整,使风险管理组织内部的人、财、物状况与风险管理实际相适应,并达到最佳的组合状态,以满足实施风险管理、风险处理的需要。

3.指导功能

及时对风险管理和风险处理计划进行解释,根据执行情况对计划方案进行判断,必要时做出调整,加强风险管理相关信息交流,对各环节实施计划方案的情况进行指导和协调,组织全体成员努力实现风险管理计划和目标。

4.监督调控功能

随时对风险管理和风险处理计划的执行情况,进行检查、监督、分析和评价。包括:风险的识别是否准确全面、风险的估测是否有误、风险处理技术的选择是否奏效、风险处理技术的组合是否最佳、控制风险技术能否防止或减少风险的发生、相关单位和个人责任是否到位、风险监控和处理行为是否符合标准和计划等。对计划方案与实际不符的地方进行调整,对执行中偏离标准和计划的行为予以纠正。

（二）风险管理结构

国内外研究普遍认为，风险管理的基本框架结构，主要由八个相互联系、相互影响的基本要素构成：

1.打造内部环境

即风险管理主体的内部环境和组织基调，包括风险管理理念、风险容量和经营环境。风险管理主体必须树立风险理念，确定风险容量，所有成员都要具备应有的诚信观、道德价值观和技术能力，形成良好的风险管理氛围和内部环境，为主体成员正确认识风险、对待风险和共同控制风险奠定基础。

2.进行目标设定

目标是风险管理的前提，实施风险管理必须先有经营发展或者项目的总体目标，才能识别影响实现总体目标的潜在风险。实施风险管理，需要确保管理者采取恰当的程序去设定目标，确保所选定的风险处理目标符合风险管理主体的总体目标，并且与其风险容量相适应。

3.进行事项识别

实施风险管理，必须识别各种可能对自己有影响的内部和外部事项，区分出哪些可能是风险事项，哪些可能是机会事项，哪些是既有风险也有机会的事项。识别结果要反馈到决策层面，运用到管理战略或者目标的制定过程。

4.组织风险评估

实施风险管理，必须对识别的风险进行分析，评估风险的可能性、影响度，既要评估固有风险，也要评估剩余风险，并以此作为决定如何进行管理的依据。

5.进行风险应对

管理者通过风险识别和评价，选择适当的风险应对措施，包括风险回避、风险承担、降低风险和分担风险等，并采取一系列行动，把风险控制在自身的风险容量范围内。

6.开展控制活动

制定和实施相应的政策与程序，对管理过程进行控制，确保各项风险应对策略得到有效实施。

7.加强信息与沟通

风险管理主体内部，各个层级都需要借助信息识别、评估和应对风险。各种信息要在风险管理主体中向下、向上和平行地进行流动和传递，形成有效沟通交流。

8.进行有效监控

要使整个风险管理处于监控之下，必要时还要进行调整修正。这种方式能够动态地反映风险管理状况，并使之根据条件的要求而变化。监控可以通过持续的管理活动、单独评价或者两者的结合来完成。

三、风险管理目标

（一）概念

目标是个人或者组织所期望的成果，是人们前进的方向和动力。风险管理目标就是要以最小的成本获取最大的安全保障。风险管理目的性非常强，必须目标明确，才能有效地发挥作用。所有目标都必须是明确、务实和具有导向意义的，都要明确实施的路线图和时间表，可以评价、能够实现。否则，就会流于形式，没有实际意义，也无法评价其效果。

（二）目标的基本要求

风险管理目标，至少应当满足四个基本要求：第一，要与风险管理主体的总体目标一致；第二，要充分考虑实现的客观可能性，使之符合实际情况，能够实现；第三，目标要明确具体，能够被实践者理解，能够对实施效果进行衡量评价；第四，要具有层次性，从总体目标出发，根据目标的重要程度，区分风险管理目标的主次，以利于提高风险管理的综合效果。

（三）目标的分类

风险管理目标，一般要与风险事件的发生联系起来。因此，分为损前目标和损后目标两类。

1.损前目标

即尚未发生风险事件或者损失时的管理目标。主要内容是：降低和消除风险发生的可能性，提供安全的生产、生活环境。第一，减少风险事故的发生机会，将风险控制在可承受的范围。提高全体成员的风险意识，自觉防范风险，积极配合实施风险管理计划；第二，以最经济、最便捷的方法预防风险和潜在损失，使风险管理计划方案经济合理；第三，以相关法律法规为依据，审查各类行为、合同，保证生产经营活动的合法性，防范法律和责任风险；第四，履行相关法规政策规定的社会责任，预防诚信风险。

2.损后目标

主要内容是：及时采取措施使损失程度降到最低，使生产迅速恢复，家园迅速重建。第一，要维持生存，一旦发生不幸事件造成损失，风险管理的最基本目标就是维持生存，恢复生产生活秩序，消除恐慌和忧虑。第二，要保持生产经营连续性，迅速投入保持生产经营的连续性和提供不间断服务。第三，要维持收益稳定，使企业保持生产持续增长，使企业保持信誉、吸引力和正常发展。第四，要履行社会责任，尽可能减轻企业受损对他人和整个社会的不利影响。

四、风险管理程序和过程

风险管理程序，是风险管理的过程、步骤、形式等。主要包括风险识别、风险估测、风险评价、风险控制和风险管理效果评价等一系列相互衔接联系的环节。

（一）风险识别

是风险管理主体感知风险、分析风险、认识风险的过程。即风险管理主体，对面临的或者潜在的风险，进行判断、归类、整理，鉴定风险的性质，对风险进行陈述的过程。通过风险识别明确存在哪些风险，哪些风险应当重视，以及引起风险的主要原因，风险可能导致的结果和严重程度。

1. 风险识别的方法

风险识别的具体方法很多，可以通过客观信息、主观信息、以往经验等途径进行分析。如生产流程分析法，通过对企业生产经营过程的全面分析，发现各个环节可能遭遇的风险，找出潜在的风险因素；财务表格分析法，通过对企业的资产负债表、损益表、营业报告书及其他有关资料进行分析，发现企业现有的财产、责任等面临的风险；检查调查法，通过调查进行风险排查。还有风险因素预先分析法、事故树分析法、风险调查分析法、专家意见法、工作经验分析法等等。

2. 风险识别要求

风险管理主体应当在启动某项工作、行动或者项目的初始阶段，或者在工作进行的重要转折点、项目重要变更时进行风险评估；通过风险检查表、定期会议、日常输入等方法收集信息，系统地识别风险；通过编写风险陈述、详细说明风险背景等来记录已知风险；通过各种渠道和方式，交流已知风险信息。通过风险识别，解决风险是什么，风险因素是什么，导致风险事故的主要原因和条件是什么，风险事故后果是什么，及如何进行风险管理等问题。

（二）风险分析

风险分析是在风险识别的基础上，进一步分析引起风险的根本原因，预测风险影响程度，预测风险发生的概率和损失程度，分析风险的高低级别，分辨出主要风险和次要风险；并按照风险影响程度、风险级别和主次等进行优先排序，级别高、影响程度大的风险优先处理。

（三）风险计划

风险计划过程，是将按照风险分析确定的风险优先排序，制定风险应对策略的过程。包括接受、避免、保护、减少、研究、储备和转移多种方式，并制定风险行动步骤，详细说明所选择的风险应对途径和风险处理步骤。

(四)风险跟踪

风险跟踪过程,主要是监视风险状态以及发出通知启动风险应对行动的过程。包括:比较阈值和状态,发现不可接受的风险情况;对启动风险应对行动的情况进行及时通告,并安排负责人进行处理;定期通报风险的情况,通告目前的主要风险以及风险的状态。

(五)风险应对

风险应对过程,是风险管理主体执行风险行动计划,以求将风险降至可接受程度的过程。一旦发生风险事件,风险管理主体必须立即做出反应,及时更新行动时间表,分派风险行动计划,执行风险行动计划;按照计划进行风险应对,定期报告、通报风险状态,纠正不符合计划的情形。

(六)风险管理效果评价

风险管理效果评价是分析、比较已实施的风险管理方法的结果与预期目标的契合程度,以此来评判管理方案的科学性、适应性和收益性。并根据评价结果,及时对进行中的风险控制措施进行调整和强化。

五、风险控制与处理方法

风险控制是风险处理的手段和方式,风险控制和处理的过程,是采取各种措施消除或减少风险事件发生可能,或者减少风险事件造成的损失。具体方法包括:规避风险、预防风险、转移风险、控制损失、自留风险等。

(一)规避风险

也称回避风险、避免风险、风险回避。主要是主动避开损失发生的可能性。有意识地不让风险主体面临某种特定损失风险的行为;或者为了免除风险的威胁,采取企图使损失发生概率等于零的措施。第一,根本不从事可能产生某特定风险的任何活动;第二,中途放弃可能产生某特定风险的活动。采取风险回避措施的条件有两点:一是风险导致的损失和程度极高;二是采取其他风险管理措施代价甚高。但是,风险规避有消极的一面,例如有些缺陷是无法避免的;回避了一个风险可能会带来另一个风险;可能会影响实现总体目标。

(二)预防风险

预防风险即采取有效预防措施,降低损失发生概率和程度。例如,采取各项保障措施,防止发生意外事件影响重大活动,就是典型的风险预防。预防风险是最积极的风险控制措施,方法主要是控制风险因素和风险事故的发生几率。当然预防风险也涉及一个现时成本与潜在损失比较的问题,如果潜在损失远大于采取预防措施所支出的成本,就应当采用预防风险手段。否则,就应当重新考虑。

（三）自留风险

也称自保风险。自留风险是自己主动承担风险。自留风险一般有两种情况：第一，非理性的自留风险，即对损失发生存在侥幸心理，对潜在的损失程度估计不足，因此暴露于风险中，风险发生了只能自己担着。第二，理性的自留风险，是在正确分析的基础上，认定潜在损失在承受范围之内，自留风险比控制风险代价要小，因此主动选择自留。选择自留风险适用于发生概率小、损失程度低的风险。

（四）转移风险

也称风险转移。即通过某种安排，把自己面临的风险全部或部分转移给另一方。通过转移风险而得到保障，是应用范围最广、最有效的风险管理手段。如通过合同方式把风险转移给他人；通过保险形式转移一部分风险等。

（五）损失控制

风险管理主体实施损失控制，并不是放弃风险，而是制定计划和采取措施，降低风险损失的可能性或者减少风险的实际损失。损失控制可以分为事前损失控制、事中损失控制和事后损失控制三个阶段。事前损失控制的目的主要是降低发生损失的概率，事中和事后的损失控制主要是为了减少实际发生的损失，将损失控制到最小的程度。

第三节　HACCP管理体系概要

本节拟重点介绍和讨论 HACCP 管理理念的有关问题，使大家对 HACCP 管理理念有所了解，以便在讨论后继问题时有所参考。

一、概念

HACCP(Hazard Analysis and Critical Control Point)的汉语翻译，有几种表述，例如“危害分析的临界控制点”“危害分析和关键控制点”“危害分析和关键点控制”“危害分析和关键控制点控制”等，但内涵是一致的。就是通过危害分析，识别危害及可能发生危害的环节，确定为关键点，选择科学合理的措施进行控制，防范危害的发生。这里讨论几个概念问题。

（一）如何理解危害(Hazard)

HACCP 理念中的危害(Hazard)是指食品存在的对健康有潜在不利影响的因素或条件。食品安全面临的最大危害和问题，就是食品污染。食品污染因子主要是三类：化学因子、物理因子和致病微生物。食品只要被污染就可能存在对健康的潜在危险性，就可被认定为不安全食品，这就是食品危害。导致食品污染的途径或者因素主要包括三个方面:第一是非法的添加行为,应对措施是及时发现,严厉制裁;第二是环境影响因素,对应措施是加强环境保护,不断改善自然环境,使之逐步得到解决;第三是食物链全过程中的某些失控或者失误导致食品污染,对应措施就是强化全过程的管控和监督,防止因食品生产经营过程不规范或者失于监控导致食品污染的危害。HACCP 中的危害,主要是指第三情况发生的食品危害。

(二)怎样理解危害分析(Hazard Analysis)

危害分析就是识别或者查找危害,评估危害程度,找出预防措施的过程。在 HACCP 系统中,危害分析是针对特定产品或者加工过程,收集和评估有关危害以及导致这些危害存在或者发生条件的信息,识别有哪些危害存在,哪些危害对食品安全有重要影响,对这些危害有什么预防措施,在哪些环节上采取措施进行控制,并需要纳入 HACCP 计划的过程。这个过程是实施 HACCP 管理系统的基础。

(三)什么是关键控制点(Critical Control Point, CCP)

在 HACCP 原理和系统中,控制点(Control Point, CP)是指能够控制生物、化学或物理因素的任何点位、步骤或过程。因此,我们可以把这里讲的"点",理解为我们通常说的环节和点位。控制点就是能够控制生物、化学或物理因素的环节或者点位。关键控制点就不难理解了,关键控制点通俗讲,就是关键控制环节和点位,是能够控制显著或者严重危害的环节和点位,或者说是能够使食品安全危害得到控制的关键环节和点位。一个控制点就是一个环节或者点位。国际食品法典委员会公布的《HACCP 体系及其应用准则》将关键控制点(Critical Control Point,CCP)定义为:可运用控制,并有效防止或消除食品安全危害,或降低到可以接受水平的步骤。

(四)怎样理解 HACCP 体系

了解了上面这些内容后,对 HACCP 的理解就更进一步了。我们把前面几个概念的理解,与 HACCP 的应用联系起来,就不难看出 HACCP 不是两个概念的简单链接,而是一个既简明,又富有科学内涵的管理理念,是一个既操作简便,又程序严谨的完整的管理系统。国际食品法典委员会《危害分析和关键控制点(HACCP)体系及其应用准则》,将 HACCP 定义为:对食品安全有显著意义的危害加以识别、评估以及控制食品安全危害的体系。HACCP 作为一种食品安全管理方法,是确保食品在生产、加工、制造、准备和消费食用等过程中的安全,在危害识别、评价和控制方面的一种科学、合理和系统的管理方法。通过识别食品及生产经营过程中可能存在或者发生的危害,确定关键控制环节和点位,选择科学合理的防止危害发生的预防控制措施,通过对食品生产加工全过程每个环节和步骤进行监视和控制，消除或者降低危害发生的概率，保证食品安全。

HACCP 作为食品生产经营活动的质量控制方法，虽然只有 40 年的历史，但是由于简便、科学、有效，已经被国际公认为保障食品卫生安全的管理准则，在诸多国家和地区广泛推广。近年来，国家有关部门相继颁布了数十条推广 HACCP 或者以 HACCP 理念为基础的有关标准规范。我国诸多食品领域，包括养殖、生产、流通和消费环节的企业，也较广泛地应用 HACCP 体系。

二、HACCP 体系的特点和优势

HACCP 系统是以科学为基础，通过系统性地确定具体的危害及其控制措施，以保证食品的安全性。HACCP 是一个评估危害并建立控制系统的工具，其控制系统是着眼于预防而不是依靠终末产品的检验来保证食品的安全。任何一个 HACCP 系统均能适应设备设施的革新，加工工艺或技术的发展变化。HACCP 适用于食品从初生农产品种植、养殖到最终消费的整个食物链。除了提高食品的安全性以外，还可以取得其他方面的显著收益，有助于政府部门实施监督，提高公众对食品安全的信心。

（一）突出预防性

预防性主要体现为：一是危害分析在前；二是强调过程监控；三是严格管控和纠偏。HACCP 系统是防止食品被生物、化学和物理危害污染的管理方法。在理念上将传统的终末食品质量管控，转移到对食品生产加工过程的管控；而且预先进行危害分析，确定关键控制点和关键限值，强化纠正措施，强调食品生产经营各环节的监控，强调企业自身管控责任，把危害控制在生产经营过程中予以清除。

（二）突出针对性

一是针对食品安全；二是盯紧显著危害；三是抓住关键环节，解决突出矛盾。HACCP 系统的宗旨只有一个，就是保证食品的安全。使食品生产经营全过程中，各种可能出现的危害或有危害危险的地方得到控制。在对所有潜在的生物的、物理的、化学的危害进行分析的基础上，确定食品安全的显著危害，找出关键控制点，把重点放到显著危害上，把主要精力集中在对关键控制点的监控上，而不是面面俱到。

（三）良好衔接性

一是与良好操作规范衔接；二是与卫生标准操作程序衔接；三是与政府部门的监管衔接。HACCP 系统必须建立在良好操作规范和卫生标准操作程序的基础上，需要更高层次的管理；HACCP 系统强调生产加工过程的管控，利于政府部门对食品生产经营过程的监管和监测。

（四）强调自律性

一是强调企业自身管理和危害控制；二是强调全员食品安全意识和参与；三是强调企业食品安全主体责任落实。HACCP 使企业真正成为食品安全管理的第一责任人。

（五）恰当灵活性

一是可以随食品、生产条件、操作人员等因素的改变随时调整；二是有利于新工艺、新技术的推广应用，只要新的方式有利于控制危害发生，即被接受利用。

（六）较强实用性

一是通俗易懂、操作简便；二是应用范围广泛；三是能够很快被企业和员工接受。HACCP 在运用过程中容易被接受，操作也相对便捷。不仅用于食品的生产加工，还用于食品全链条中的其他环节；不仅用于食品安全，还可以在其他领域广泛应用。

（七）较高效率性

一是强调对食品安全显著危害的控制；二是强调对关键控制点的监控措施。有利于集中精力、人力把握关键环节，以较少资源取得最好效果；同时，确定关键控制点和监控措施，也降低了传统管理对食品的检测成本。

（八）完整性和追溯性

一是强调长期的不间断监控；二是强调监控的完整记录。不仅使食品安全管理有完整的科学依据，而且使食品安全具有良好的追溯性，使生产经营的食品在全食品链条中可以被有效追溯，有助政府部门开展相关调查工作。

三、HACCP 基本原理和原则

HACCP 系统主要包括七个大的原则，也是 HACCP 的原理。实施 HACCP 必须遵循七个大方面的原则和原理。

（一）进行危害分析

危害分析就是针对特定产品或者加工过程，收集和评估有关危害以及导致这些危害存在或发生条件的信息，识别危害种类，评估危害对健康影响程度、发生概率，分析选择控制措施，分析选择关键控制点。这个过程是实施 HACCP 管理系统的基础。实施 HACCP 首先必须进行危害分析，识别出运用 HACCP 方法管理的产品、过程，有哪些危害，有哪些显著危害，评估其健康影响度和发生概率，寻求选择出可行的措施，确定关键环节，并纳入 HACCP 计划。在实施过程中，这种危害分析还要根据情况、环境、产品等因素随时进行，保证危害、控制点和控制措施的针对性和准确性。

（二）确定关键控制点

一个关键控制点就是一个关键环节或者点位。国际食品法典委员会《HACCP体系及其应用准则》将关键控制点（Critical Control Point，CCP）定义为：可运用控制，并有效防止或消除食品安全危害，或降低到可接受水平的步骤。在整个食品生产加工过程中，有很多环节和点位，也有很多可以控制生物、化学或物理因素的点位，但这些点位只能说是控制点，HACCP强调关键控制点、强调显著危害，也就是说能够控制显著危害，能够发挥关键控制作用的点位，才能称为关键控制点。实施HACCP必须确定关键控制点，如果没有关键控制点，就会失去控制，也就失去了HACCP的意义。

（三）确定关键限值

所谓关键限值是指区分“可”与“否”的标准值。要确保在关键控制点对危害进行控制，达到控制效果，就必须在每个关键控制点确定一个标准，以便判断是否出现危害，对这个关键控制点的控制，是否达到了要求。也就是说每时每刻都使关键控制点在这个标准的范围内。这个标准就是关键限值，也有学者称为关键限量、临界限值、临界限制指标等等。关键限值非常重要，应该科学、合理、适宜、可操作，并符合实际和实用。过严和过松都不能达到控制效果。这个限值指标可以是物理、化学、生物指标，也可以是时间、温度、pH值等。在可能的情况下应尽量设置定量指标。

（四）确定对关键控制点的监控措施

监控是指按照预定计划和标准，对一个关键控制点进行观察或监测，判定这个关键控制点是否得到有效控制，并准确真实进行记录的过程。这种对关键控制点的监控应当是一个有计划的、连续的观察和监测过程，可以是定期的也可以是不定期的。因此也有学者认为这一环节，是对每个关键控制点控制情况进行监测的环节。对关键控制点控制情况进行监控是HACCP的重要手段，实施HACCP必须对控制措施的实施过程进行监控。监控过程非常重要，因为关键控制点上发生一个失误就是一个导致危害的关键缺陷，监控要将感官评价、检验结果与关键限值比较，评估关键控制点是否被有效控制，控制是否达到预期效果。

（五）确定纠正措施

纠正措施是指，通过监控发现某个关键控制点失去控制，或者原有控制措施没有达到控制标准时，所采取的针对性措施，或称之为矫正措施、校正措施等。

纠正措施一般在HACCP计划中提前设计预案，一旦发生相应的失控情况，立即采取纠正措施。也有学者将纠正措施称为矫正措施、校正措施等。实施纠正措施一般分为三步：第一步，消除产生偏离的原因，使关键控制点迅速恢复到控制状态，采取纠正措施越快，由失控导致的危害损失就越小；第二步，验证实施纠正措施后，是否达到控制效果；第三步，评估和处理在关键控制点失去控制期间生产加工的产品。采取纠正措施后，应当详细记录采取纠正措施的有关情况。

（六）建立确认 HACCP 系统有效运行的验证程序

验证是指除了监控方法以外，用来确定 HACCP 体系是否按照计划正确实施的方法和程序。通过客观证据，验证 HACCP 管理体系是否按照计划要求运行。包括：审查危害是否被有效控制；复核 HACCP 计划各环节是否符合科学要求；检查产品说明、生产流程是否准确；工艺过程是否按 HACCP 计划被监控、操作是否在关键限值内、记录是否准确且符合要求、对关键控制点是否进行了监控；监控活动是否符合频率要求；发生了关键限值的偏差时，是否采取了纠正措施；设备是否按 HACCP 计划进行了校准；等等。

验证一般每年一次，如果系统发生故障，产品、加工发生显著变化时随时验证。

（七）全面有效记录，建立档案完整保存记录

对每个环节每项活动，进行全面有效记录，并完整保存记录和文件，是 HACCP 系统一个重要特征和原则。记录包括关键控制点控制与监控记录；采取纠正措施记录；验证记录（监控设备检验记录、产品检验记录）；HACCP 计划以及支持性材料，内部责任分工记录，如有关科学研究、实验报告等等。各种记录的信息、数据和内容要全面、准确，能够反映客观实际，并定期进行审核。应当建立 HACCP 系统的专门档案妥善保管。

四、HACCP 系统的应用与实施

按照国际食品法典委员会公布的《危害分析和关键控制点（HACCP）体系及其应用准则》，应用 HACCP 系统，须要按照应用 HACCP 的逻辑顺序，经过一定的步骤，满足 HACCP 系统的原则、原理和内容要求。

（一）基础条件

基础条件是一个企业实施 HACCP 系统，必备的企业管理环境和先决条件。因为 HACCP 系统不是一个孤立存在的体系，必须以食品企业的食品安全程序为基础。食品安全程序包括食品企业良好操作规范（GMP）和卫生标准操作程序（SSOP）。良好操作规范是保证食品具有高度安全性的卫生标准操作程序，其基本内容是从原料到成品全过程中每个环节的卫生条件和操作规程。卫生标准操作程序是良好操作规范中关键的基本卫生条件。包括生产用水的安全，与食品接触的表面清洁度，防止发生交叉污染等一系列措施要求。

良好操作规范、卫生标准操作程序和HACCP，是落实食品安全法规要求的手段和方法。HACCP以良好操作规范和卫生标准操作程序为基础，针对食品加工中的显著危害确定关键控制点，并实施控制以保证食品安全。三者控制的广度与深度不同。良好操作规范要求对食品加工过程进行全面的控制，HACCP重点控制过程中的显著危害，卫生标准操作程序重点控制卫生条件，三者可以相互补充，可以产生互动。良好操作规范、卫生标准操作程序是制定和实施HACCP计划的前提条件。没有良好操作规范和卫生标准操作程序作为基础，就没有条件实施HACCP计划。

（二）实施HACCP的预备步骤

按照《危害分析关键控制点HACCP系统及其应用准则》，应用HACCP系统，需要经过五个预备步骤。

1.组建HACCP工作组

HACCP计划的制定和实施，必须得到企业最高领导的支持、重视和批准。HACCP的成功应用，需要管理层和员工的全面责任承诺和介入。因此，要实施HACCP，必须建立一个具备与该产品相关的专门知识和专业技能的，由多学科部门人员参加的工作小组，专门负责HACCP系统的实施。HACCP小组成员应该由多种学科及部门人员组成，包括生产管理、质量控制、卫生控制、设备维修和化验人员等专门负责HACCP系统的实施，负责编制相关规范标准，制定针对食品加工过程并有效的HACCP计划，督促HACCP计划的实施，根据情况调整HACCP计划，对相关人员进行培训。

2.对应用HACCP控制危害的产品进行描述

HACCP小组建立后，首先要描述产品，包括产品名称、成分、加工方式、包装、保质期、储存方法、销售方法、预期消费者（如青年人、婴儿、老年人）和如何消费（是否不再蒸煮直接食用，还是加热蒸煮后食用）等，都要进行全面的描述。

3.确定预期的用途

这里讲的用途，具有目标的含义。HACCP小组制定HACCP计划中，要明确实施HACCP的目标和用途。预期的目标和用途，应当以食品的最终使用者或消费者所期望的用途而定。特殊情况下，应考虑容易发生健康问题的人群，如集体用餐等。

4.制作流程图

HACCP小组应当深入企业各个工序，认真观察从原材料进厂直至成品出厂的整个生产加工过程，并与企业生产管理人员和技术人员交谈，详细了解生产工艺以及基础设施、设备工具和人员的管理情况。在此基础上，制作生产工艺流程简图，流程图要包括整个食品加工操作的所有步骤。当对某项具体操作应用

HACCP 时，还要考虑前后环节的衔接。

5. 现场确认流程图

HACCP 工作组制作流程图后，应当深入作业现场，对操作的所有阶段和全部加工时段，对照加工过程对流程图逐一进行确认，必要时对流程图做适当修改。

（三）HACCP 的实施步骤和程序

按照 HACCP 的原理和原则，应用 HACCP 系统管理，应当采取以下各项步骤。

1. 进行危害分析和评估

在完成上述预备步骤后，HACCP 工作组应当进行危害分析和评估。危害分析应当从食品生产加工最初阶段（包括原料采购、入库等）开始，对食品生产、加工、销售直至最终消费的每个环节步骤，进行危害识别，找出每个生产经营环节的潜在性危害；对找出的危害进行评估，预测危害发生的概率、对健康影响的严重程度，确定显著危害项目；研究和确定危害控制措施，并纳入 HACCP 计划。

危害分析和纳入计划的内容应当包括：危害发生的可能性及对健康影响的严重性；对危害出现性质和数量进行的评估；有关致病微生物的存活或繁殖情况；有关生物毒素、化学物质和物理因素在食品中的产生或残留；导致以上情况出现的条件；针对危害选择的控制措施；等等。

2. 选择确定关键控制点

HACCP 小组在危害分析的基础上，应当根据分析和评估结果、生产加工实际，选择确定关键控制点（CCP）。关键控制点是生产经营过程中，通过采取控制措施，能够有效预防危害或者将危害降至可接受水平的环节或者步骤。确定关键控制点可以使用“决定树”的方法进行逻辑推理。有时，可能在几个关键控制点采取的控制措施都针对同一个危害，也有可能一个关键控制点可以控制几个危害。但是，如果对一个确定的危害在各环节都没有相应控制措施，就应当对相关生产工艺进行修改，以便使确定的危害得到控制。国际食品法典委员会在 HACCP 准则附录中推荐使用的“决定树”如图 1 所示：

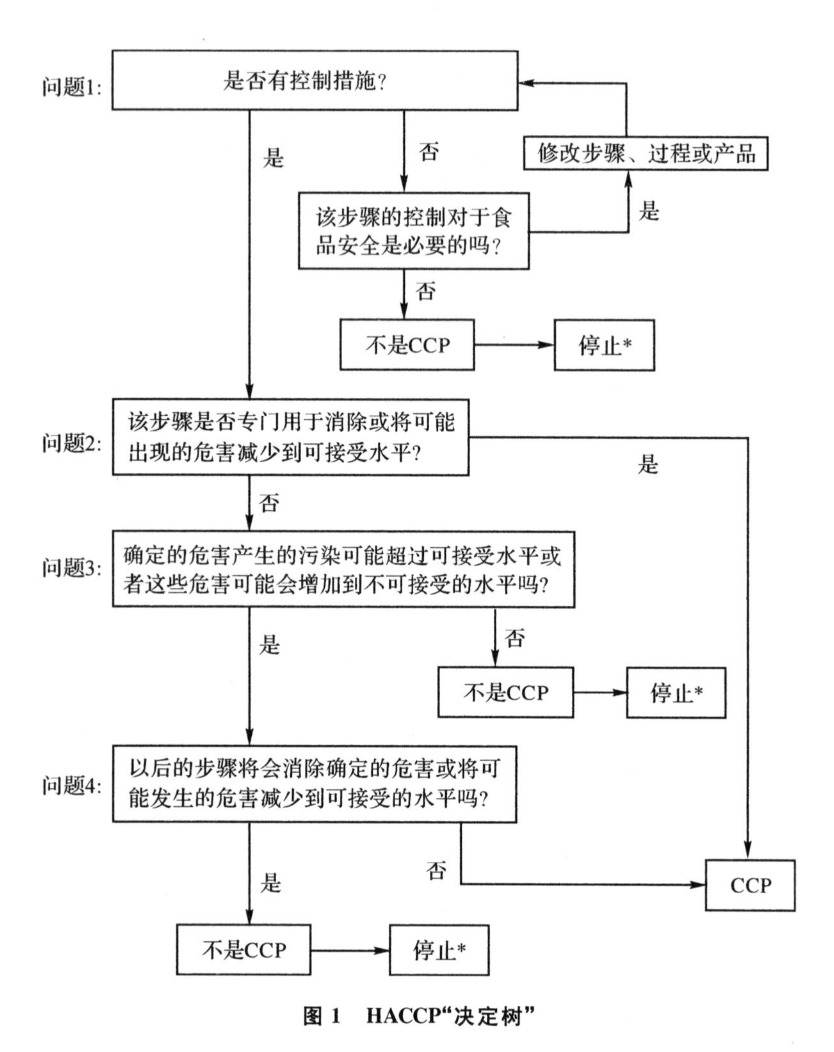

图 1　HACCP“决定树”

3. 制定关键限量值

HACCP 工作组在确定了关键控制点后，就要制定这个关键控制点上的关键限值。关键限值是一个关键控制点上的“可”与“否”临界限值，是关键控制点的控制标准线，用以证实控制得是否有效。在一些情况下一个关键控制点可能有多个关键限值，限值的指标包括温度、时间、湿度、pH、水分活性、有效氯以及感官指标等。

4. 制定和实施对关键控制点的具体监控措施

HACCP 工作组在完成了危害分析、关键控制点确定、关键限值制定等步骤后，就要制定对每个关键控制点的监控方式和手段，在 HACCP 原理和原则中称为“确定监控措施”。在 HACCP 运行过程中，有计划地对关键控制点及其限量值进行连续的观察、监测、评价，以这个关键控制点上的关键限量值为标准，衡量这个关键控制点是否处于被控制的状态，控制结果是否有效。这是实施 HACCP 管理的一个非常重要和关键的环节。在监控中一旦发现关键控制点有失控趋势，即必须采取纠正措施，对生产加工过程进行调整。实施监控可以使用在线监测、现场快速检测等手段；监测的人员可以是生产线上的操作工，设备操作者，监督人员，质量控制人员，维修人员等，关键是要明确责任制度，全体员工共同参与，同时还要有专门的监控组织。对关键控制点的监控，必须制作完整记录，并经执行人和审核人签字。

5.制定并落实纠正措施

HACCP 工作组在制定 HACCP 计划时，需要根据危害分析、关键控制点、关键限值、监控措施等的情况，预测关键控制点可能出现的失控问题，研究针对关键控制点出现失控时的具体纠正措施，也可以说是一种预案。通过对关键控制点的监控和检测，一旦发现关键控制点偏离关键限值，发生失控或者有失控趋势，就要立即以最快的方式，采取纠正措施，使失控的关键控制点重新得到有效控制。要想迅速地纠正偏差，实现有效控制，就必须建立快速的信息通道，每个员工都要有高度的危害和监控意识，一旦发现失控现象，立即采取相应措施，并报告上级，使纠正措施迅速落实到位。落实纠正措施时要对纠正措施的效果进行评判，还要对失控期间的产品进行处理。

6.建立和实施验证程序

HACCP 工作组在制定 HACCP 计划方案时，应当确定对 HACCP 系统运行效果进行验证的程序、方法、期限等。建立和实施 HACCP 验证程序，就是要通过验证或审查的有效方法、程序、试验和评价等，定期对 HACCP 的运行状况进行评判，确定 HACCP 是否正确运行。验证一般由 HACCP 工作组和专业人士进行，也可以委托专门机构验证，验证的频率视 HACCP 运行的具体情况而定，一般进行年度验证。但是如果发生意外事件或者关键变化时应当随时验证。

7.建立文件和记录档案

在 HACCP 运行过程中，应当规范各种文件的制定过程和文本，并建立文件和资料保存制度。建立工作记录和保存制度，规范工作记录书写要求，确保 HACCP 运行的每一个环节都进行有效和准确的记录，并建立完整的文件、资料和记录档案，完整保存 HACCP 运行过程的全部文件和记录。这是 HACCP 系统的重要原则和操作程序。

保存的文件资料应当包括：HACCP 计划，危害分析资料，关键控制点的确定资料，关键限量值的确定资料等和有关制度规范。保存的记录应当包括：关键控制点的监测活动记录、偏差及相应的纠正措施记录、HACCP 系统修改的内容等等。

第五章　风险管理和 HACCP 在食品安全与卫生监督保障中的应用

第一节　概　述

一、含义

就风险管理和 HACCP 在重大活动食品安全与卫生监督保障中的应用而言，笔者认为：并不是将企业经营管理中的风险管理和 HACCP 系统，原封不动地搬进重大活动的监督保障中，生硬地按照企业风险管理和 HACCP 模板，实施重大活动的监督保障，如果这样，我们就步入了歧途，就会丧失信心。我们讲的应用，主要还是一种借鉴，是将风险管理和 HACCP 系统中的理念、观点、方法，有针对性地借鉴到监督保障工作中。用以开阔我们的工作思路，用全新的理念审视，指导重大活动监督保障工作。更加理性和科学地摆布重大活动监督保障工作，设计监督保障工作的方案、时间节点、方法目标和力量布控。进而，以最科学、最简便、最节省资源、最有效的方法手段，实现最佳的监督保障工作目标。因此，我们在前两节，用了较大篇幅以概要的方式，介绍了风险管理和 HACCP 的基本理念、原理、原则及有关的方法和程序。目的就是作为引子，唤起对风险管理和 HACCP 理念的进一步研究探讨，共同探索风险管理和 HACCP 理念、观点、方法与重大活动的结合点，更好地借鉴、应用，指导重大活动监督保障工作。

二、风险管理和 HACCP 的应用范围

依前述讨论，风险管理和 HACCP 在重大活动监督保障的应用，内容很丰富，范围很广，如做些分类，会包括很多方面：

（一）风险管理和 HACCP 理念在整体监督保障中的借鉴

即在监督保障工作思路、方法、机制、模式等方面，对风险管理和 HACCP 理念的借鉴，在摆布重大活动监督保障工作，设计监督保障工作的方案、时间节点、方法目标和力量布控时的具体应用。

（二）食品安全风险评估与控制

即针对重大活动食品安全风险，进行的风险识别评估和控制措施，包括食品

危害分析、食品加工过程风险评估、食品安全事故风险评估，以及针对分析评估结果确定的关键控制点、具体控制措施，控制措施的具体落实等。

（三）公共场所卫生风险评估与控制

即针对住宿环境、活动环境（游泳场馆、体育场馆、娱乐场馆、会议场馆等）、生活或服务场馆（美容美发、餐厅服务、洗浴桑拿、重要商场）等公共场所卫生风险，进行的卫生风险识别评估，以及针对可能风险的控制措施选择和实施等。

（四）生活饮用水卫生风险评估与控制

即针对饮用水供水过程、供水环节、供水方式等，进行的卫生风险识别评估，关键控制环节和点位的确定，具体预防监控措施选择和实施等。

（五）传染病防治卫生风险评估

即针对重大活动特点、参与人群、季节等要素，对有关传染病传染性和流行性传播风险的分析评估，以及传染病预防控制的落实，等等。

如果再详细分解还可以从管理层面、专业技术层面、相关主体层面、工作环节等层面，做出更多的具体分类和表述。关于上述所列风险评估与控制的具体含义、操作程序、环节要求等，由于本节篇幅有限，不能一一叙述，主要内容将在后续的章节中，结合监督保障工作实践做详细介绍。

三、监督保障的风险管理和 HACCP 框架

我们谈到监督保障的风险管理和 HACCP 框架，是讲食品安全与卫生监督保障主体，要在重大活动监督保障中应用风险管理和 HACCP 方法。首先就应当是借鉴风险管理和 HACCP 理念和原理，打造一个良好的与应用风险管理和 HACCP 相适应的工作环境和平台，参照风险管理和 HACCP 理念和原理，构建一个与应用风险管理和 HACCP 方法相适应的一套完整的、可以反复应用和实践的基本工作框架，使之成为长效工作机制，为在监督保障中应用风险管理和 HACCP 打好基础。

（一）创建和谐的内部环境

监督保障主体就是要营造与应用风险管理和 HACCP 相适应的内部环境。从管理学的角度，无论开展一项什么工作、实施什么项目，都需要营造一个与之相适应的氛围，构建一个与之相适应的内部环境，打好开展工作的基础，做好前期准备，创造开展工作的必备条件。没有这一点，如果盲目地硬性推动一项工作，特别是开展一个全新的，可能多数人尚不理解的工作，很可能就会导致失败。在重大活动食品安全和卫生监督保障中，应用风险管理和 HACCP 理念和方法，这是监督保障主体应当做好的基础工作。

（二）提高全员风险意识

监督保障主体要应用风险管理和 HACCP 方法，首先必须通过培训教育等

有效方式，提高全体成员的风险意识、控制意识，进而形成风险管理和 HACCP 的基本理念。在所有管理要素中，人是最重要的要素，人的意识和理念又是其中的核心。因此，监督保障主体应当通过各种途径，开展培训教育，使全体成员树立风险意识和风险控制意识，能够自觉地在重大活动保障中，落实借鉴风险管理和 HACCP 理念确定的各项控制措施。同时，还要有意识地加强风险文化建设，使全体成员树立职业道德风险意识、责任风险意识、法治和规范意识，在重大活动监督保障中，自觉地依法履行工作职责，自觉地遵守规范要求，严把关键环节，严控各类风险。

（三）建立完整的制度和规范体系

建立完整的监督保障制度和规范体系，是落实监督保障任务，特别是应用风险管理和 HACCP 方法的重要基础。有制度才能落实责任，有规范才能有操作和考量的标准。因此，监督保障主体应当建立健全各项相关的规章制度、各专业和各环节的工作规范，并逐步使之成为完整的制度规范体系，作为落实各项监督保障措施，进行风险分析、风险控制的依据，同时也作为考核评判各环节监督保障工作是否规范、是否到位的尺度，作为验证各种风险是否得到有效控制的标准。同时，对经常向重大活动提供服务的相关单位，要加强日常监督和服务指导，指导相关单位建立科学的内部管理规范，实施先进的管理方法，便于监督保障时有效地衔接互动。

（四）构建良性运转的监督保障组织系统

为保证重大活动监督保障工作的落实，监督保障主体应当构建良好的组织指挥机制，建立与重大活动保障任务相适应的，层级分明、责任清晰的组织系统。包括决策指挥、组织协调、技术裁决、工作保障、信息管理以及现场监督、现场检测、督导稽查等职能的指挥、执行、督查体系，并健全岗位责任制度，明确各岗位职责，保证监督保障各环节工作有效运转，上下信息畅通传递，指挥有效、执行有力，关键控制环节风险危害能得到有效控制，发生突发事件或者迹象能够迅速有效处置，全面实现监督保障目标。

监督保障的组织体系，应当形成较固定的长效机制，无论其中人员有何变动，一旦承接重大活动保障任务，组织系统各部分的职能、作用和责任相对稳定，管理层对主要人员做出合理摆布即可。

（五）建立和实施风险分析评估机制

食品安全与卫生监督保障主体应当借鉴风险管理和 HACCP 理念和原理，制定重大活动食品安全和卫生监督保障风险评估制度。通过制度，明确需要进行保障项目需求分析、进行风险识别、风险分析评估的内容，确定进行相关风险识别评估的原则和规范，风险排序规则，关键控制环节和点位确定规则，重点预防控制措施选择原则等,并明确相关人员的责任。这些制度和规范应当作为重大活动监督保障工作的指导文件和规范,并在每次接受重大活动监督保障任务后,能够结合具体保障实际实施。

(六)建立和实施风险控制规范和处理预案

食品安全与卫生监督保障主体应当借鉴风险管理和 HACCP 理念和原理,制定针对重大活动保障的食品安全、公共场所、生活饮用水、传染病防治等的风险控制规范,制定相关风险事件的处置预案。通过规范和预案,明确相关风险的控制原则、控制要求和规则,关键环节的监控方式,现场快速检测应用规则,对有关风险的处理方法,风险事件的处置原则和程序,明确保障人员具体的预防、控制和处置责任等。这些规范和预案应作为重大活动监督保障工作的通则,形成长效机制。在每次接受重大活动保障任务后,根据具体任务的项目识别、风险评估情况,对通则有关内容进行必要调整,作为本次监督保障工作的(风险管理和 HACCP)计划,并保证在保障工作中得到落实。

(七)建立和实施信息管理制度

食品安全与卫生监督保障主体应当根据重大活动监督保障工作特点与实际,借鉴风险管理和 HACCP 理念和原理,建立相关信息管理制度,明确下传、上传和平行通报流通规则。对特别重大的监督保障任务,实行每日会议信息沟通机制,及时把握各点位监督保障工作情况,风险控制情况等。根据信息分析验证监督保证措施,风险监控措施落实情况,及时针对相关问题对有关计划和方案进行必要调整,及时对有关问题做出处理,纠正工作偏差。

(八)建立和实施监督稽查制度

食品安全与卫生监督保障主体应当借鉴风险管理和 HACCP 理念和原理,建立对重大活动监督保障工作进行现场监督稽查的工作制度,在布点较多的重大活动中,监督保障主体应当组织专门监督稽查组织,每天到监督保障现场进行监督稽查,对监督保障工作的落实情况、相关风向控制措施的落实情况进行监控。及时发现监督保障工作中的问题,及时采取措施纠正偏差,确保关键控制环节和点位按照预定措施和规范得到监控。

第二节　监督保障中的风险识别评估

一、概念

风险识别评估就是对风险感知、分析、认识的过程,也有人称之为对风险进行诊断的过程。风险管理和 HACCP 理念的核心要素之一,就是管理者和全体成员树立风险和危害意识，要识别并认识风险和危害。这是实施风险管理和HACCP方法的基础之基础，没有风险和危害意识，不能识别和认识风险和危害，管理和控制就无从谈起。要识别和认识风险和危害，就要学习和掌握对风险和危害进行识别和分析的方法，并通过识别和分析，找出风险、危害进行剖析，认识它们发生发展的规律，认识它们出现的概率和可能的损害后果或者程度，进而选择有效的措施，有效预防控制它们的出现，这就是对风险和危害的识别、评估。

二、风险识别方法

风险识别的方法很多，但是不一定都适合食品安全与卫生监督保障。也不是进行风险识别只能用一种方法，而是需要多种方法、多种途径的综合考虑。这里集中简单介绍较适合监督保障工作实际的风险识别方法。

（一）集体研究的方法

借鉴“头脑风暴法”原理。在接受重大活动保障任务后，监督保障主体组成卫生监督员小组，针对掌握的重大活动有关信息，进行集体会议讨论。在讨论中，小组成员发挥自己的创造性思维发表意见，通过信息交流、相互启发产生思维共振，形成集体智慧的组合效应，对与本次重大活动相关的食品安全和公共卫生风险进行识别。

（二）现场检查调查法

借鉴“专家调查法”“核对表法”等原理。接受重大活动监督保障任务后，监督保障主体组织监督员小组，对接受重大活动服务任务的食品生产经营企业、公共场所等相关单位，进行全面监督检查。检查前可以根据日常监督规范，结合重大活动特点，预先规定检查内容，制定专门检查表格或者使用量化分级检查表，对表中所列内容，逐一进行监督检查，全面把握被检查单位食品安全和卫生状况，分析被检查单位的现状，存在的与重大活动不适应的问题，识别其在为重大活动服务时，可能出现的风险隐患。

（三）监测检验法

主要是借鉴“试验验证法”原理，结合食品安全和卫生监督工作实践，运用卫生检验检测的方法，对相关单位是否存在食品安全和公共卫生风险进行判断。监督保障主体接受任务后，根据重大活动的特点、需求，监督保障主体的经验，初步考虑的有关风险可能等，以拟承接重大活动或拟提供相关服务的管理相对人为对象，确定若干食品安全、公共场所卫生、饮用水卫生等方面的环节，进行现场快速检测、采样送实验室检验等方式，对可能存在风险隐患的环节和点位，依据相关规范标准进行检验监测，判定是否存在食品安全和公共卫生风险。

（四）经验判断法

主要是食品安全与卫生监督保障主体，针对有关重大活动监督保障任务，根据以往承办类似重大活动食品安全和卫生监督保障的实践经验，掌握的国内外有关的食品安全和公共卫生的信息，以及对重大活动承办者、接待者和相关服务单位基本状况的了解，综合分析判断相关食品安全和公共卫生风险的可能性。

运用经验判断是监督主体的优势之一，需要较高的专业技术能力和丰富的工作经验，充分发挥监督人员的主观能动性，通过直觉和敏感度发现一些其他识别方法难以发现的问题，还能够节省识别风险的时间、精力和费用。但是，需要把握好度，不可片面依赖经验，犯经验主义错误。

（五）流程图分析法

流程图分析方法，主要适用于重大活动食品安全保障中，对提供食品供应、餐饮服务单位的食品安全风险识别和控制。监督保障主体通过对相关服务单位的食品生产加工或者相关服务流程进行分析，按照相关的操作规范和标准进行对比，发现相关单位在生产加工和服务流程中，可能出现风险的环节和点位。这种方式在风险管理和 HACCP 管理中是很常用的风险识别方法，既可以帮助监督保障主体分析风险环节，也便于在监督保障中对相关环节的风险实施控制措施。

（六）其他方法

除上述风险识别方法外，还有事故树分析法、风险树分析法、分解分析法、委托调查法等等。但是需要说明的是，风险识别是一个系统性的工作，是一个动态的过程，是一个需要结合具体情况反复进行的工作。任何一个识别的过程既不是用一个方法完成，也不是一种方法全过程的生搬硬套，需要监督保障主体全面、综合、系统地进行分析，需要全员参与发挥作用，综合利用相关信息和方法进行风险识别，才能得出准确的结果。

三、风险预测评估

风险预测和评估，就是监督保障主体在食品安全与卫生监督保障中，进行了初步风险识别，找出了相关食品安全和公共卫生风险可能性后，运用科学的方法并结合实践经验，对各种风险可能的信息、风险的性质等进行较系统地分析研究，进一步量化测评这些风险对重大活动及其参与者，可能造成的不良影响和健康损害的可能程度。为选择有效的措施，实施风险预防控制奠定基础。

（一）风险预测评估的内容

重大活动保障中，进行风险预测评估的目的，在实践中主要是确定风险的程度、危害性和范围等，找出显著风险或者危害，选择针对性较强的风险控制措施，进行重点监控。

1.预测评估风险概率

概率就是发生风险和不发生风险的几率,各占的比例有多大,当发生风险的几率大于不发生的几率时,风险概率就大,或者应当说风险度就大。监督保障主体根据风险识别情况,结合有关食品安全、公共卫生信息资料和监督工作的实践经验,进行综合分析,判断相关食品安全或者公共卫生风险可能发生的相对概率,分析相关风险发生和导致健康损害或者影响的规律。

2.预测评估风险强度

强度就是造成健康损害和负面影响的程度,包括三个内容:第一,风险一旦发生可能会导致什么问题,如果是一种危害,那么这种危害是什么性质和特征的危害,是否属于显著危害;第二,这种风险的范围有多大,风险一旦发生,分布区域可能有多大、影响的人群可能有多少;第三,风险一旦发生,在怎样的时间内会发生后果、可能持续多长时间等。理解了上述内容,风险的危害程度或强度问题就迎刃而解了。

3.进行风险排序

风险排序是食品安全与卫生监督保障主体,在认识了风险的概率和强度后,对风险按照由高到低的顺序进行排列,将风险相对高的环节优先作为重大活动监督保障重点监控环节;将风险相对高的食品优先作为重点监控食品;将风险相对高的事项优先作为重点监控事项;将风险健康影响相对大的人群优先作为重点保障对象。

(二)风险的级别排序

风险级别是对风险因素、风险概率、风险强度、控制能力等及其相互关系的一个综合表述。在食品安全与卫生监督保障实践中,根据食品安全和公共卫生风险具体情况、风险与重大活动的关联性、判断风险发生概率和强度,以及相关单位的自我控制能力等,将食品安全和公共卫生风险分为极高度风险、高度风险、中度风险、轻度风险和轻微风险5个等级。

1.确定风险级别的原则

监督保障主体按照相关食品安全和卫生标准规范,并结合工作经验,对需要进行风险预测评估的环节,列出若干个环节、点位、限量值要求,并将定性要求转化为百分标定的定量要求。在风险预测评估中,综合现场检查结果、检验检测结果、环境条件分析、社会关注焦点、相关单位自控能力等,按照经验进行集体研究,判断出相关风险的程度或者等级。

对风险级别判定排序,不是生硬的教条,监督保障主体应当综合各方面情况,实事求是地综合分析。在诸多要素中,相关服务单位对风险的自我控制能力非常重要,包括该单位食品安全、公共卫生的管理水平,人员的基本素质,重大事件的应对能力，相关服务硬件设施条件等，体现一个单位在控制食品安全和卫生风险的综合能力。通过现场检查、历史检查的记录等，进行分析。当一个过程或者产品存在显著危害，如果相关单位有很强的控制能力，可以控制危害和风险的发生，监督保障主体即可以降低风险等级。确定风险等级时，不能过于教条，应当灵活掌握分寸，对风险度宁可高估，绝不能低估。

2. 风险级别排序

(1)极高度风险。一般是指相关食品安全或者公共卫生风险，其发生的概率很高(70%以上)，一旦发生风险对健康影响程度很强(危害显著、波及面广、作用时间长等)，相关单位自身控制能力很弱(基础条件差、人员素质低、管理不到位)，量化检查指标评定得分在60%以下等。其中任何一项内容，符合极高度风险条件时，就可以考虑判定为极高度风险。

(2)高度风险。一般是指相关食品安全或者公共卫生风险，其发生的概率较高(50%左右)，一旦发生风险对人群健康影响程度较强(危害显著、波及面广、作用时间长等中符合1～2项)，相关单位控制能力较差，量化检查指标评定得分在60%～70%，应当考虑为高度风险。

(3)中度风险。一般是指相关食品安全或者公共卫生风险，其发生的概率一般(30%左右)，一旦发生风险对人群健康影响程度不太强(危害程度不大、波及面不广、作用时间不长等)，相关单位有一定的自身控制能力，量化指标评定得分在70%～80%，可以考虑为中度风险。

(4)轻度风险。一般是指相关食品安全或者公共卫生风险，虽然有发生的可能但是概率较低，一旦发生风险带来的健康影响程度也较低(危害性不高、波及面不大、作用时间不长等)，相关单位自身风险控制能力较强，量化指标评定得分在80%～90%，可以考虑为轻度风险。

(5)轻微风险。一般是指相关食品安全或者公共卫生风险，虽有发生的可能但是概率极低，一旦发生风险健康影响程度极小或者不会产生影响，相关单位自身控制能力很高，量化指标评定得分在90%以上，可以考虑为轻微风险。

四、风险识别评估的步骤

重大活动食品安全与卫生监督保障中，监督保障主体进行食品安全和公共卫生风险的识别与评估，一般应当采取以下步骤：

(一)建立风险识别和评估组织

食品安全与卫生监督保障主体，在接受重大活动监督保障任务后，应当根据监督保障任务的具体情况，建立临时性的风险识别和评估组织。评估组织应当有监督主体相关负责人、经验丰富的监督员、现场快速检测人员，必要时邀请有关公共卫生的专业人员参加。风险识别评估小组成员，还应当包括拟承担具体保障工作的人员。

(二)制定风险识别和评估方案

通过方案确定需要进行风险识别和评估的单位，风险识别评估的内容、基本方法，进行现场快速检测的项目、频次，有关环节的标准规范，必要的采样和实验室检查，有关的专业卫生评价(例如集中空调通风系统卫生评价)等，明确各项工作的时间节点，风险识别评估结果的表达方式和具体要求。落实工作责任制度，可以根据任务情况分成若干小组，将有关任务分成相关责任区，每组负责若干责任区的风险评估。小组成员应当包括负责相关单位经常性监管的监督员。

(三)开展现场监督检查和检测

相关卫生监督员小组应当按照风险识别评估方案的要求，进入相关单位进行全面监督检查和检测，现场检查和检测应当预先制定检查和检测表，逐项检测逐项记录，并进行量化评定打分，对发现的问题向被评估单位提出限期整改意见。对相关关键环节需要采样进行实验室检验的，应当采样送实验室检验，需要进行专业卫生评价的应当邀请专业机构进行评价。除此之外，还应当对一些关键环节，确定现场快速检验的项目，开展现场快速检测。

(四)进行风险评估和整改

食品安全与卫生监督保障中的风险评估，要从预防风险的原则出发，监督保障主体应当在评估的同时，监督指导被评估单位进行整改，减少消除风险因素，降低风险发生概率。通过反复评估和整改，将显著危害和高度风险在重大活动启动时降至最低点。因此，只要条件允许，食品安全与卫生监督保障主体，对重大的活动一般应当进行两轮以上的风险识别和评估。

1.进行首次分析论证

在监督保障主体对相关单位进行现场检查和检测结束后，监督保障主体的风险识别评估组，应当对现场监督检查和检测检验的情况进行分析，对各环节和具体点位提出评价意见，初步判定食品安全危害和公共卫生风险，初步确定各关键环节的相关风险级别，研究并提出对被评估单位的整改意见，上报首轮风险识别评估结果。

2.反馈评估结果，监督指导整改

首次风险识别评估后，一般情况下，相关风险因素特别是高风险因素较多的，食品安全与卫生监督保障主体，应当根据首次风险识别评估的结果，对每一个被评估单位反馈风险识别和评估结果，有针对性地提出整改提升要求，并下达食品安全和卫生监督整改意见书。负责该单位日常监管或者驻点监督保障的监督员，应当监督指导相关单位落实整改要求，以减少和控制风险因素，降低风险级别。

3.进行复核性风险识别评估

限期整改时间到达后，食品安全与卫生监督保障主体，再次启动对相关单位的现场监督检查、现场检测和评价分析过程，验证各单位整改落实情况。重新判定相关危害、风险和风险程度，报告风险识别评估结果。并再次向被评估单位反馈评估结果，提出更具针对性的整改要求，监督指导相关单位落实整改。

4.进行终结性风险识别评估

第二次限期整改结束后，食品安全与卫生监督保障主体，再次重复上述过程。但可以适当地缩小范围，将监督检查、现场检验检测的重点，放在具有较高风险或者可变性较大的环节上。监督保障主体综合三次监督检查、现场快速检测、实验室检验检测结果，前两次分析评价情况，经风险识别评估组集体分析研究后做出最终风险识别评估结论，作为进行具体监督保障时的依据。

第三节　监督保障中的风险识别和控制重点

食品安全与卫生监督保障主体，要保证重大活动食品安全和公共卫生风险识别评估的准确性和效率性，就要明确目标、确定范围，找准进行风险识别的对象。范围和对象的确定，应当贴近重大活动的需求，紧紧抓住为重大活动供应食品、提供服务的单位，抓住监督保障法律关系的客体。

一、与重大活动特点有关的卫生风险

食品安全与卫生监督保障主体，应当密切结合重大活动自身特点，根据可能存在的有关食品安全和公共卫生风险，根据评估结果，实施有针对性的风险预防控制措施。

（一）与重大活动规模有关的风险

一般规模越大，风险可能性就越大。公共卫生方面：活动现场人员密集传染病流行风险；公共场所条件和适应能力风险；饮用水来源、供水末梢、供水能力等风险。食品安全方面：就餐人数与供餐能力不足带来的风险；就餐形式上的风险；就餐场所的卫生风险；供餐时间与就餐时间矛盾风险；等等。

（二）与重大活动内容和形式有关的风险

活动内容和形式不同，食品安全和卫生风险也就不同。如体育赛事关注兴奋剂对食品污染的风险；赛事时间与供餐矛盾带来的风险；运动员用餐习惯与危害控制措施矛盾的风险；有些赛事需要在赛场供餐带来的食品安全风险；等。重大论坛活动中，茶歇供餐食品的风险；大型文艺演出活动中，演职人员演出前所

需快餐供应、演职人员就餐时间不一致等带来的食品安全风险;会展活动现场售卖的食品安全风险和随意就餐带来的风险;等。

(三)与重大活动人群特点有关的风险

因某些重大活动主体特殊,自身健康条件指数、对相关服务的需求度、对外在环境的适应度、对健康影响的耐受度、对危害风险的认识能力水平、自我保护能力等方面带来的风险。以少年儿童或者老年人健康弱势群体为主的活动的风险;国际性活动人员复杂,公共卫生特别是传染病风险突出;一些活动或者特殊人物对饮食、供水等有特殊要求带来的风险;等等

(四)与重大活动季节和时间有关的风险

不同的季节和时段会有不同风险特点。活动在夏秋季节的致病微生物、生物毒素等导致食物中毒的风险,游泳场馆污染风险,饮用水污染风险,肠道传染病传播风险;活动在冬春季节时呼吸道传染病传播风险,就餐不当对食品安全干扰的风险。特殊条件对食品安全和公共卫生风险的影响,气候环境变化对食品安全和公共卫生影响的带来的风险等等。

二、与重大活动有关的食品安全风险

(一)与重大活动餐饮服务有关的风险

餐饮食品安全风险识别和风险控制,是重大活动食品安全与卫生监督保障风险识别评估的核心内容之一,也是风险识别和风险控制的重点。监督保障主体要确定目标、重点、路径、方法等,通过对提供餐饮服务和相关食品供应单位的风险识别,找出食品安全风险因素、关键环节和控制风险的方法措施。

1. 以餐饮单位服务能力为路径识别的风险

监督保障主体根据日常监督检查掌握的餐饮单位的基本信息,结合重大活动启动前对该单位的监督检查情况,以该单位服务能力为路径,通过集体讨论、经验判断等方法,对该单位餐饮服务能力风险,食品安全自身管理风险,员工素质和健康风险,卫生管理制度风险,加工场所,设施和设备等条件风险,临时资源调度协调风险,突发事件应急能力风险等进行识别评估。查找风险环节,确定餐饮服务单位管理因素关键控制点,采取针对性的预防控制措施。

2. 以供餐品种和方式为路径识别的风险

监督保障主体根据重大活动主办者和餐饮服务单位提供的餐饮品种、供餐形式要点,通过对主副菜单审核,以菜单中的食品种类、供餐形式为中心,结合环境条件,对相关食品可能存在的食品安全危害、供餐品种的食品安全风险、相关食品及原料来源风险、生产加工过程风险、供餐单位能力条件风险、食物中毒风险、保存和供餐风险以及自助餐保温保洁条件、自助餐菜品更换和摆台时间等风

险进行识别分析。查找供餐品种中可能的风险因素，确定供餐品种关键控制环节和点位，选择与之相对应的预防控制措施。

3.以整体食品生产加工过程为路径识别的风险

食品安全与卫生监督保障主体依法依规，根据重大活动具体情况，通过现场监督检查、服务流程图分析、重点环节检验检测法相结合的综合方法，以《食品安全法》《餐饮服务食品安全操作规范》等为依据，对餐饮服务提供单位，进行全面食品安全风险识别和评估。查找加工场所布局、周边卫生环境、食品及原料采购、食品及原料储存、主副食加工、凉菜制作、水果切配、西点制备、冰块制作、备餐传送、餐饮具消毒、餐厅服务等环节可能存在的风险因素，确定关键控制环节和点位，选择与之相对应的预防控制措施。

4.以重大活动对供餐需求为路径识别的风险

除上述方法外，有些重大活动对供餐有特别需求。如国际足球比赛、国际马球比赛等，都需要在赛场为贵宾观众提供自助餐；大部分体育赛事需要在运动员、裁判员休息室，体育组织官员办公区，贵宾观礼区等摆放方便食品；一些重要的国际论坛或者活动，例如达沃斯等，需要在现场提供与活动同步的自助餐或者方便餐、茶点等；还有些活动需要在户外举行酒会、宴会等；多数重大活动需要为工作人员、志愿者和其他服务人员供应快餐盒饭等。这些都要采取综合性风险识别和评估方法，有针对性地进行相关环节的风险识别，确定针对食品加工、运输方式、保存条件、现场供应、服务保障、餐饮具卫生、就餐习惯等方面的关键控制环节和点位，选择有针对性的风险预防控制措施。

（二）重大活动特需食品保障的相关风险

对一些特别重要的重大活动，或者对食品有特定安全要求的重大活动，食品安全监督保障主体不仅要把住餐饮食品安全的关口，还需要对与重大活动有关的食物链进行全过程的风险识别和控制。如国际体育赛事特别是在全球国际体育影响大的赛事，会对食品卫生安全提出非常严格的要求，要求所有食品不能发生任何被污染的情况，防止食物链因素对反兴奋剂行动造成干扰等。在这种情况下，食品安全监督保障主体，就要联合有关部门及反兴奋剂组织，对食物链条的全程进行风险识别和评估。

1.畜禽及水产品养殖阶段的风险识别和控制

食品安全监督保障主体，通过养殖流程分析、现场检查调查、检验检测、专家意见等方法，进行各类产品的危害分析。对可能发生的污染因子，污染的途径和环节，确定相应的关键控制环节、点位、控制限量值等，选择针对性的预防控制措施，包括控制方法、控制时间等，以便提前采取干预控制措施。

2.蔬菜、粮食等在初级农产品种植阶段的风险识别和控制

食品安全监督保障主体，通过初级农产品种植过程分析、土壤环境分析、气候变化分析监测、农药化肥使用分析、前期产品检验检测、集体研究等综合方法，识别分析危害。查找可能的污染因子、污染环节，确定关键控制环节和点位，确定预防控制措施，提前采取干预控制措施等。

3.各类食品生产加工过程的风险识别和控制

食品安全监督保障主体，通过现场检查调查、生产加工流程图分析、检验检测、食品添加剂使用分析等综合方法，对生产企业的食品安全管理和包括肉与肉制品、水产品、乳制品、粮食制品、定型包装食品、各种调料、辅料和各类饮料等在生产加工过程中，可能存在或者发生的食品危害进行分析。对查找的食品的污染因素、污染环节，确定关键控制环节和点位，选择针对性的预防控制措施。

4.特需食品及原料流通环节的风险识别和控制

食品安全监督保障主体，应当对特需食品的流通供货环节进行风险识别。可以采取供货流程图分析，现场检查调查等方法，对食品经营者的食品安全管理、各类食品及原料的采购和供应渠道、入库储存条件、食品配送运输等过程中，可能存在或者发生的食品安全风险，进行风险识别和评估，查找食品安全风险因素，确定关键控制环节，选择针对性的预防控制措施。

三、与重大活动有关的公共卫生风险

（一）相关公共场所卫生风险

公共场所卫生风险识别评估，是重大活动监督保障风险识别的重要内容。卫生监督保障主体，接受重大活动保障任务后，应当对重大活动涉及的各类公共场所，如活动参与者住宿场所，活动使用的游泳场馆、体育场馆、娱乐场馆、会议场馆等，相关服务场所如美容美发、餐厅服务、洗浴桑拿、重要商场等，依据相关法律法规和标准规范进行公共卫生风险识别和评估。

1.重大活动参与者入住宾馆卫生风险识别和控制

卫生监督保障主体，通过现场的全面监督检查、检验检测，结合经验判断等方法，依据传染病防治、公共场所卫生法律法规和相关标准规范，对活动相关者所住宾馆酒店卫生管理、住宿环境、用品用具、集中空调通风系统、相关物品环境的消毒和内设游泳、美容美发、洗浴、歌舞、休闲等场所，进行卫生风险识别评估。查找服务人员健康、住宿房间卫生、用品用具卫生、集中空调通风系统卫生、美容美发卫生、游泳池卫生、桑拿洗浴室卫生、咖啡厅卫生、会议室卫生、各种清洁消毒措施、卫生配套设施等方面，可能存在或者发生的健康影响因素、疾病传播隐患和其他卫生风险，确定关键卫生控制环节、卫生监督控制措施和控制标准。

2. 重大活动使用的场所卫生风险识别和控制

卫生监督保障主体，主要通过全面现场监督检查、检验检测，结合经验判断等方法，依据传染病防治、公共场所卫生法律法规和相关标准规范，对重大活动使用的会场、展馆、体育场馆等室内公共场所进行卫生风险识别和评估。查找相关场所接待能力、内部卫生管理、集中空调通风系统、灯光照明、噪音控制、卫生设施设备、客人用品用具、人员流量、清洁消毒、服务人员健康等方面，可能存在或者发生的健康影响因素、疾病传播隐患和其他卫生风险，确定关键卫生控制环节、卫生监督控制措施和控制标准。

3. 重大活动使用的游泳场馆卫生风险识别和控制

游泳场馆的卫生管理至关重要，一旦发生卫生问题，非常容易导致传染病传播或者其他健康损害。因此，在公共场所的卫生风险识别和控制中，应当高度重视对游泳场馆卫生风险识别和控制。卫生监督保障主体，应当通过现场检查调查、检验检测、集体讨论等方法，并结合对该场馆的日常检查结果，依据传染病防治法、公共场所卫生管理法规规章和游泳场所卫生标准规范，对游泳场馆进行综合卫生风险识别。查找游泳场馆设计布局、卫生设施设备、服务人员健康、更衣设施环境、池水更换、清洁消毒、水质监测、水温控制、接待容量、卫生管理制度、服务人员卫生意识等方面，可能存在或者发生的健康影响因素、疾病传播隐患和其他卫生风险，确定关键卫生控制环节、卫生监督控制措施和控制标准。

4. 其他有关的公共场所卫生风险识别和控制

卫生监督保障主体，对其他相关公共场所进行健康影响因素和卫生风险的识别和评估，应当根据重大活动保障的实际需要进行选择。一般来讲，只要重大活动使用公共场所，或者有其他必要的因素，就应当进行卫生风险的识别与评估，并采取控制措施。除重大活动直接使用的公共场所外，监督保障主体还应当高度关注重大活动间接使用的公共场所卫生。间接使用的公共场所，主要是在重大活动的间隙，重大活动的参与者自由活动时可能去的公共场所。监督保障主体应当根据重大活动参与者的特点和要求，结合实际选择重点单位进行风险识别和控制。

（二）与重大活动有关的饮用水卫生风险

在重大活动卫生监督保障中，饮用水一旦发生污染事件，对人群健康的影响范围非常大、非常广，速度也非常快。必须高度重视，严密监控。对饮供水的卫生风险识别主要包括以下几个方面：

1. 集中供水企业卫生风险识别和控制

卫生监督保障主体主要采取现场监督检查、检验检测的方法，依据传染病防治法、生活饮用水卫生监督办法、生活饮用水卫生标准等，对供水企业卫生管理制度落实、水源水卫生管理、工作人员健康、水质处理、消毒、在线监测等分析评价，查找可能存在的卫生风险，确定关键控制环节和措施。

2.自备水源的重大活动承接单位卫生风险识别和控制

重大活动承接单位采用自备水源供水，卫生监督主体必须高度重视，采取强化的卫生风险识别和控制措施。要通过现场监督检查、流程图分析、检验检测等综合方法，从水源水水质卫生、水源水管理、水源周边环境等方面开始识别，查找水源、水源水处理、水质消毒处理、供水设备、饮用水末梢、人员监控、在线监测等全过程可能存在或者发生的卫生风险问题和隐患，确定关键控制环节和点位，确定严格的预防控制措施。

3.二次供水卫生风险识别和控制

在大多数重大活动的承接单位中，都有二次供水环节，这是保障饮水卫生安全的重要环节。卫生监督保障主体，应当根据相关单位日常监督检查情况的信息积累，结合现场监督检查和卫生检验检测等方法，重点查找二次供水设施、卫生和安全管理、清洗消毒、环境卫生、安全措施、供水管道、末梢供水质量、相关产品卫生等方面可能存在的卫生风险，选择有针对性的控制措施，并进行重点监控。

4.有关涉及饮用水安全产品的卫生风险识别和控制

涉及生活饮用水安全的产品，包括现制现售水设备，自备的水质处理器、过滤器、净化器，末梢水使用的有关产品等。卫生监督保障主体，要高度关注产品卫生许可情况、产品来源情况、产品使用情况、出水水质卫生检验检测情况、卫生管理情况、核心处理装置清洗或更换情况等，监督保障时要对相关信息资料进行分析，查找可能存在的风险隐患，确定关键控制环节、关键限量值和卫生控制措施，定期进行监测和卫生监控。

（三）传染病流行风险识别和控制

传染病风险识别和评估，专业性很强，应当以专业机构和人员进行风险识别和评估为主，卫生监督人员予以配合和参与，并按照确定的关键环节、关键预防控制措施，进行监督落实。一般来讲，传染病防治风险识别，应当要遵循流行病学原理，对历史的、现实的、国内的、国际的同时段传染病流行资料进行分析，对重大活动参与者的来源情况进行分析。针对重大活动的特点，对季节性传染病、外来传染病、食源性传染病等，以及传染病流行风险发生概率等，进行风险识别评估，对重大传染病流行应急等的管理情况等进行风险分析评估。根据风险识别评估情况，提出并确定关键控制环节和预防控制措施，制定分类的传染病分类防治预案，进行传染病的重点监测监控。

（四）突发公共卫生事件的风险识别和控制

对特别重大或者参加人数多、时间较长、代表来源复杂、集中活动较多的重大活动，还应当按照突发公共卫生事件应急条例的规定，综合上述食品安全、公共卫生、传染病流行等风险的识别和评估结果，综合相关信息，进行突发公共卫生事件的风险评估。查找任何可能发生突发事件的风险隐患，分别制定针对重大活动的重大传染病流行、食物中毒事故、饮用水污染事故、辐射安全事故、涉及职业病的事故等的应急预案。加强重点监控，防范突发事件的发生，做好前期应急演练和突发事件应急处置。

第四节　监督保障中的风险控制和处理

食品安全与卫生监督保障主体，在重大活动食品安全与卫生监督保障中，选择科学理性方法，处理通过风险识别评估确定的食品安全和公共卫生风险隐患，是重大活动食品安全与卫生监督保障工作的关键，是监督保障工作的核心任务。

一、风险控制和处理原则

（一）坚持关口前移、预防为主

预防为主是卫生工作的总方针，是风险管理和 HACCP 系统的原则，也是重大活动食品安全与卫生监督保障必须遵循的核心原则之一。在食品安全和公共卫生风险的控制和处理中，坚持关口前移、预防为主原则。一是坚持预防为主的风险处理思路，着眼于风险的预防；二是坚持监督保障的预防性卫生风险识别评价先行，把握重点和高风险因素；三是坚持风险预防的处理办法和措施，各项措施着力于事前风险把控；四是坚持关键控制点的管控范围前移，管控措施应当从上环节末和下环节开始的两环节衔接点起始。

（二）坚持消除风险因素、防范风险事件

做好重大活动食品安全与卫生监督保障中的风险控制处理工作，要把注意力和着力点落在控制和消除风险因素、风险隐患上。要坚持底线思维方法，把防范各类食品安全和公共卫生事故作为保障工作底线。要采取一切可能的有效措施，控制和消除有形和无形的、软件和硬件的、主体和客体的、产品和过程的风险因素，确保重大活动不发生食品安全和公共卫生风险事故。

（三）坚持保障监控与内部自控结合

风险管理和 HACCP 系统的核心是企业自我控制风险和隐患，要求全员参与各环节的有效衔接。食品安全与卫生监督主体，在重大活动监督保障中，应用风险管理和 HACCP 理念和原理，应当要与相关单位落实自律管理责任衔接，依法落实企业主体责任。

在对重大活动进行监督保障中，监督主体通过风险识别评估确定的关键控制环节、关键限量值标准、重要的控制措施等，要有针对性地转化为相关单位自我控制规范，指导企业按照相关要求，自觉地实施控制和纠偏措施。在企业自觉科学控制风险的前提下，监督保障主体重点对企业的风险控制活动实施监控和验证。因此，要求监督保障主体采取的风险监控措施，要能够对企业内部落实自我控制责任和控制风险效果起到监控和验证的作用；所采取的风险处理方法，能够站在更高的层面驾驭风险，控制和消除风险，并促进相关单位提升风险控制能力。

（四）坚持服务于重大活动目标

监督保障主体对待风险的处理方法和具体控制措施，要在保证食品安全和公共卫生安全的前提下，最大限度地与重大活动目标相适应，不能因过于强调保障措施的落实，为了消极规避有关风险，导致重大活动目标无法实现。因此，这就需要监督保障主体，科学地把握风险处理尺度，当某些食品安全或者公共卫生风险控制措施与实现重大活动目标产生矛盾时，卫生监督主体应当结合实际，慎重做出决策，在两者之间取其重。只要相关风险不是无法控制的致命性危害时，监督主体就应当选择服从总体目标大局，对原定风险控制计划进行调整，把必要的压力留给自己，投入更大的人力物力，采取一切可能的风险控制措施，强化控制力度，降低风险发生的可能，保障重大活动目标的实现。

（五）坚持适应保障工作实际

在重大活动食品安全与公共卫生监督保障中，选择风险控制措施和处理方法，应当与国情、社会、经济和文化条件相适应，符合具体的时空状况，并与监督保障的实际情况相适应。不能超越时空环境条件，超越重大活动承受能力和监督保障实践者的认识水平、技术能力等的容量范围。否则，会适得其反。因此，食品安全与卫生监督保障主体，在落实具体监督保障任务时，必须充分考虑重大活动的实际情况、保障对象的特殊需求，考虑当时条件下的相关社会、经济、技术等方面的因素。并在监督保障主体能力条件范围内，选择适宜的风险控制和处理手段，以较小的投入获得最大的监督保障效果。

二、风险的控制和处理方法

风险管理理论中的风险处理方法很多，但并不完全适用于重大活动食品安全与卫生监督保障活动，需要监督保障主体根据重大活动的特点，结合上述原则，选择最为合理的处理方法。

（一）积极预防各类风险可能

首要原则是关口前移、预防为主。所谓预防风险就是在食品安全或者公共卫生风险尚未发生时，采取积极有效的措施，将风险关口前移，消除或者降低风险发生的可能性、减轻风险导致的损失。预防风险是一种积极主动的风险处理方法，也是监督保障主体在重大活动食品安全与卫生监督保障中，主要采取的风险处理方法。

1.预防和控制来自管理相对方的无形风险因素

无形风险因素来自于相关人员的心理状态，也就是来自主观方面的风险因素，如道德风险、心理风险、法律风险、管理风险、责任风险等等。监督保障主体对此采取的预防控制措施，要针对管理相对人主观方面可能存在的风险因素。在重大活动正式启动前，对为重大活动提供服务的单位负责人、食品安全管理员、卫生管理员、关键控制环节上的工作人员等，进行专门的培训教育，强化他们的法律意识、责任意识、食品安全意识、卫生健康意识、守法循规意识和风险防控意识等，并指导相关单位管理层，完善相关制度规范，强化单位自律管理，预防人为因素导致的风险隐患。

2.预防和控制来自监督保障主体自身的无形风险因素

来自监督保障主体的无形风险因素，主要来自于领导者的理念，监督员的心理状态，对重大活动保障认识、重视程度，相应的工作能力水平，法律法规和标准规范意识等主观方面的风险因素。监督保障人员心理上、思想上的问题如果解决不好，也可能成为重大活动食品安全与卫生监督保障中的风险因素。监督保障主体应采取的措施，是在重大活动保障启动前，召开动员会、培训会等，对监督保障人员进行培训教育，提高其思想认识，强化其责任意识，明确其岗位责任，强化相关标准规范、技术要求等，防范和克服监督保障人员在思想观念、技术能力方面的无形风险因素。

3.强化事前对相关单位的风险诊断和改造提升，预防控制有形风险因素

所谓有形风险因素，是指事物本身所具有的足以引起风险发生或者加重损失程度的因素，也就是来自于客观方面的风险隐患。在对客观风险因素的预防上，食品安全和卫生监督保障主体，应当在重大活动监督保障工作正式启动前，按照风险识别评估的规范要求，对相关单位拟提供服务的全过程，进行全面的风险诊断，找出客观上存在的风险隐患和关键控制环节。针对诊断出的风险因素，监督保障主体应当提出要求，并督促指导相关单位进行全面改造提升。然后再进行新的风险诊断，再进行改造提升。如此反复多次，最大限度地消除或者降低客观上风险的可能和程度，这就是一个预防风险的过程。

4.严格把控关键控制环节和点位

重大活动的食品安全与卫生监督保障工作启动后，监督保障主体按照监督保障计划方案、预先确定的关键控制环节，对相关单位食品加工、各项服务的全

过程，进行监督监控和现场快速检测监控，严格防范各类食品安全、公共卫生风险发生。这也是风险预防的过程。

（二）有针对性的规避风险

在具体重大活动保障中，风险回避主要是监督保障主体通过风险识别评估，发现某些事项或者环节，存在高度的食品安全或者公共卫生风险可能。为了避免风险发生给重大活动带来的损失，明确要求重大活动主体或者为重大活动服务的单位，放弃高度风险事项或者活动，主动避开食品安全和公共卫生风险，使这种风险损失的发生概率等于零。

虽然在风险管理理论中，规避风险属于一种消极的风险处理方法。但是，在重大活动食品安全与卫生监督保障中，发现和采取风险回避方法，主动规避某些食品安全和公共卫生风险，防止该风险因素导致风险事故，发生难以弥补的损失，影响重大活动目标的实现，却是一种理性、积极主动的风险控制和处理方法。从食品安全和公共卫生理念的角度讲，规避风险也是一种有效的风险预防措施。

(1)对不具备法定资质单位提供的服务，应当采取风险回避的措施。在重大活动启动前，监督主体通过风险识别评估，发现拟为重大活动提供餐饮、住宿、游泳、竞赛、会场等服务的单位，尚未依法取得相关的食品和卫生许可证；拟为重大活动提供快餐盒饭的餐饮单位，不具备制作快餐盒饭的资质；拟提供凉菜、生食海鲜食品的餐饮单位，没有制作凉菜、生食海鲜的资质；等等。应当果断采取风险回避措施。

行为主体资质或资格要件，是行为的第一要素。法律规定取得资质才能实施的行为，在没有取得资质即实施此行为，属于非法行为。接受其服务就面临高度法律风险。另外从餐饮服务许可、公共场所卫生许可的性质和内容上看，这两类许可均属于条件许可，取得许可证书，是持有者基本条件和服务能力标识；尚未取得许可，其条件和能力处于一种不确定状态，接受其服务就要面临高度的食品安全和卫生风险。这两个方面都属于极高度风险范畴。食品安全与卫生监督保障主体，应当通知重大活动的主办方或者承办方，立即调整方案，停止接受无资质单位提供的服务。而且，还要依法对这些单位立案查处。

(2)对相关单位超出能力和条件提供的服务，应当采取风险回避的方法。监督保障主体经过风险识别评估，发现其设施设备、环境条件、管理水平、人员素质等各方面，均与拟提供的服务不相适应，也没有短时间内改造提升的可能，如某个供餐单位，仅有2000份快餐盒饭供应条件，但是接受了5000份的供餐任务，这就属于极高度风险。监督保障主体应当通知重大活动主办方或承办方，采取风险回避措施。

(3)对于存在显著危害,极易发生风险,又难以控制的食品品种,应当采取风险回避措施。重大活动食品安全与卫生监督保障工作启动后,监督保障主体通过供餐菜单审核,发现若干食品具有发生食物中毒的极高风险。如难以通过加工过程消除致病微生物,极易造成致病微生物繁殖,或者含有易引发食物中毒的生物毒素等,结合重大活动参与者可能接受的程度、易感程度、人员数量和气候环境等条件,监督保障主体应当通知重大活动主办方和服务提供单位,调整菜单品种,采取风险回避的措施,避免发生风险损失。

(4)对于其他极高度风险或者高度风险,监督保障主体,应当在采取积极预防控制措施的同时,结合相应重大活动的特点、时空状况和环境条件等,进行综合分析评估。一旦发现风险发生概率存在重大危险的,或者风险强度难以控制的,或者该风险正处于高度敏感时期的,凡是有采取回避措施可能的,在保障重大活动目标实现的前提下,对凡是能够采取风险规避方法处理的风险,尽量采取风险回避的方法处理。

(三)制定有效预案,减少风险损失

食品安全与卫生监督保障主体,在实施重大活动保障工作时,应当理性对待风险,高度重视风险,从难从重地考虑和设计风险预防控制方案。在确保重大活动保障目标实现的前提下,要有最大风险发生可能的心理上、组织上、技术上等方面的准备,预先制定各种突发事件的应急预案,预想并设计好应对各种风险可能的处理方法和措施,做好处理各类食品安全和公共卫生风险事故的准备,一旦发生了不愿意看到、难以接受的风险事件,就要能够迅速自如地科学应对,把事态控制在最小的时空内,把损失和影响控制在最小范围内。

第五节　关键环节重点监控措施

监督保障主体要确保实现对重大活动的监督保障目标,取得最佳监督保障工作效果,就必须抓住监督保障的重点和关键。在实施重大活动食品安全与卫生监督保障过程中,监督保障主体,在具体监督保障措施的落实上,可以借鉴HACCP的理念和原理,科学、理性地开展监督保障工作。风险管理和HACCP原理相结合,瞄准显著危害的产品和事项,抓住关键环节和高风险点位,实施科学、系统监控,发挥HACCP原理针对性强、衔接性好、重点突出、恰当灵活、高效等优势,保证监督保障措施到位、有效,以较少的监督资源,发挥最大的能量,获取最佳的监督保障效果。

一、科学确定关键控制点

食品安全与卫生监督保障主体,在重大活动监督保障中有效应用HACCP

的理念和方法，就要结合风险识别评估，分析食品、相关产品、有关事项和加工、服务等过程中的食品安全或者公共卫生危害，有效应用 HACCP 的理念和方法确定其中的显著危害，找出危害风险发生和能够控制发生的关键环节，确定其中的关键控制点。重大活动食品安全与卫生监督保障，按照前章讨论的分类方法，从相关监督专业角度，可以分为四个大的方面或者四类监督保障：一是食品安全监督保障；二是公共场所卫生监督保障；三是生活饮用水卫生监督保障；四是传染病防治监督保障。我们以餐饮食品安全监督保障为例，做如下一些简要的探讨。

（一）食品安全危害分析

监督保障主体应当结合风险识别评估进行食品危害分析，确定时空和环境条件下的显著食品安全危害。一般情况下，食品最突出的危害是污染。污染物一是致病微生物污染，二是化学因子，三是其他有毒有害物质（如物理的、生物的毒素等）。导致污染的因素主要是人为添加、食物链过程污染、自然环境影响等。在非自然因素中致病微生物首要来源是过程污染；化学污染首要来源是添加，其次是过程失控污染或者处理不当。具体情形我们在后章讨论。

（二）对餐饮食品危害的控制板块

对餐饮食品安全危害的控制，可以分为四个板块：第一是服务资质控制板块，主要包括许可情形、能力、条件、范围等，这个板块可以控制资质合法性风险，资质合法那么应当说基础条件就合法，可以控制宏观意义上的食品安全风险；第二是管理控制板块，主要针对企业内部相关管理，包括自身管理模式、食品安全卫生制度、自律管理能力等，重点可以控制无形风险因素，如来自道德、责任、心理因素、观念意识、管理理念和从业人员健康等的风险因素；第三是食品及原料进货源头的控制板块，主要可以控制食物链前一环节污染食品的进入，如农药残留、鱼药残留、瘦肉精和其他非法添加或污染的食品等；第四是餐饮食品加工和服务过程控制板块，这个板块是现场保障的核心动作板块，主要可以控制本环节食品加工过程对食品的污染，特别是致病微生物的污染。

（三）食品安全关键控制点和限值

在确定食品安全危害关键控制点时，可以按照流程将上述四个板块，具体划分为许可证审核检查、服务项目审核检查、服务能力监督评估、进货索证索票、入库查验、人员健康管理、卫生制度落实、食品粗加工、主副食加工、凉菜加工、餐饮具清洗消毒等近 20 个关键环节。按照每个环节的具体流程，可以具体为划分为数十个工作点位，根据每个点位在环节中的作用，从每个环节选择 1～2 个控制点作为关键控制点。关键控制点上的关键限量值，以相应的食品安全标准、规范为基础，结合具体情况和特殊需要，从严确定。

二、关键环节、高风险点位的重点监控

对关键环节、高风险点位进行重点监控，是监督保障措施的关键内容。对关键控制点实施控制和监控，是 HACCP 控制食品安全危害的关键手段，也是其能够以简便的方法、较少的投入，抓住重点取得较高效率的关键。

食品安全与卫生监督保障主体，在实施重大活动监督保障中，应当借鉴 HACCP 的原理和方法，在对监督保障的相对方进行全面监督检查的基础上，集中优势资源，抓住可能发生危害、能够控制危害的关键环节和高风险点位，进行重点监控。这就是一般和重点相结合，预防和控制相结合的思路模式。下面仍然以餐饮食品安全保障为例：

（1）食品安全监督保障主体，在监督保障工作启动前或者初始阶段，对相关单位进行全面监督检查、检验检测，指导其进行整改堵塞漏洞。该建立制度的即建立制度；该强化落实的即强化落实；人员该体检的即进行体检，或者按照重大活动要求进行二次体检（便检）；进货来源该清理的清理；对特别重大的活动按照要求建立食品点对点供应制度；等等。全面监督检查的目的，是把握、控制整体情况和全过程，关注每一个工作细节，防止出现任何漏洞，提前消除一般的危害和风险因素。监督保障开始后，根据情况进行重点抽查验证。

（2）监督保障工作具体实施阶段，即活动运行期的保障阶段，也可以说是核心保障时段，监督保障主体重点监控关键环节和高风险点位。对从业人员重点把控每人晨检，抽测体温；对食品源头重点把控索证索票、重点食品抽检；对食品粗加工重点把控流程，防止交叉；主副食加工，重点控制时间和中心温度；凉菜制作作为重中之重的控制点位，重点监控操作间、食品用具、工作人员卫生、细菌总数检测等；餐饮具消毒重点把控消毒剂浓度、温度、时间；自助餐摆台与撤换时间等作为关键控制点进行监控。落实各项控制措施，使风险和危害不发生。

（3）监督保障不能代替企业自律。需要强调的是，食品安全监督保障主体对重点环节和高风险点位的监控，不等于也不能代替餐饮服务单位实施的自律管理和风险控制。在实施对重点环节、高风险点位进行监控的措施前，应当要求并指导被监督的餐饮服务单位，落实各关键环节的操作规范和卫生规范，对各关键环节和高风险点位，按照规范要求，进行自我控制并记录。监督保障主体是站在一个更高层面或者维度的监控，也是对餐饮单位自律管理和控制的监控。

三、监督监控与快速检测监控结合

食品安全与卫生监督保障主体，在实施重大活动食品安全与卫生监督保障工作中，应当借鉴 HACCP 的理念和操作方法，在对关键环节、高风险点位的监

控中，实行现场监督检查的目测式、程序性、操作规范性监控，与现场快速检验检测的实验式、定量性、效果判定性监控方式相结合。监督保障的这两种监控方法可以相互补充、取长补短、相互验证、互为支撑，确保食品安全危害、公共卫生风险，得到切实有效控制。下面还是以餐饮食品安全监督保障为例，进行简单的讨论：

（一）现场监督监控

现场监督监控是食品安全监督主体多年经验积累，有效的传统监督保障方法。这种监督监控从整体上讲，是食品安全保障主体，对相关餐饮单位从资质能力到管理方式，从管理层面到具体执行人员，从食品原料进货到食品成品送到餐桌的全过程的查验、监督和控制。

现场监督监控方法在关键控制环节和点位的具体监控上，是监督保障人员在关键控制环节和点位的具体监控上，对该环节食品加工或者服务全过程规范性的监督和查验，是传统的人盯人式的目测监控。这种监控措施，主要是以餐饮服务食品安全操作规范和相应的卫生要求为依据，对操作人员具体操作细节和过程进行监控。从中能够发现和纠正操作人员在具体操作中的不规范行为，或者下意识的违规动作等造成食品污染，有助于提升和强化操作人员食品安全意识、规范标准意识，注重操作细节防止食品污染，能够保证食品安全操作规范得到落实，能够保证食品不在工作人员的操作中受到污染。但是，不能现场验证监控的效果。

（二）现场快速检测监控

现场快速检测监控是HACCP系统对关键控制点关键限量值进行控制的重要方法，也是食品安全与卫生监督保障主体，近几年发展并应用到监督保障工作中的技术手段和科学监控方法。现场快速检测在重大活动餐饮食品安全风险和危害控制中的作用，主要有三个方面：

1.监控设施设备运转状况

通过对冰箱温度、紫外线照度、凉菜间温度的检测，能够监控相关设施设备是否处于良好运行状态；对消毒剂浓度检测，能够监控相关消毒过程是否能够发挥作用，可以及时发现问题，防范食品风险和危害。

2.监控筛查源头食品危害

通过对相关食品及原料中甲醛含量、亚硝酸盐含量、农药残留含量、瘦肉精含量等的检测，可以及时发现源头食品及原料中，可能存在的食品危害。及时做出筛选和相应处理，防止源头危害食品进入餐饮操作过程。

3.验证关键环节控制效果

通过对中心温度的检测，监控验证主副食热加工是否控制到位；通过对凉菜间操作台、食品用具、工具，操作人员手等表面洁净度的检测，凉菜细菌总数的检测等，监控和验证对凉菜加工环节，风险控制是否到位和有效；通过对餐饮具表面洁净度的检测，监控验证餐饮具消毒控制措施是否到位和有效；等。

现场快速检测的这些作用，正是现场监督不能实现的作用。但是，现场快速检测不能发现操作过程不规范的问题，这正是现场监督监控之所长，两者正好相互补充。通过现场监督监控与现场快速检测监控，两种手段的有机结合，不仅体现了 HACCP 对关键控制点控制的特点，而且还进一步提高了监督保障的科学水平和能力，提高了保障工作的效率和质量。

四、落实综合保障措施

坚持监控、稽查、验证相结合，确保措施到位并有效，是风险管理和 HACCP 理念的关键环节之一。监控、稽查和验证，是实施风险管理和 HACCP 管理，保证食品风险和危害得到切实有效控制的重要考核保障手段。食品安全与卫生监督主体，实施重大活动监督保障，应当借鉴 HACCP 的理念和方法，通过监控、稽查和验证的方式，对重大活动监督保障各项措施的落实情况，对关键环节、高风险点位的控制情况和效果进行验证，及时采取纠正措施，解决监督保障出现的问题。

（一）建立记录和汇报制度

各关键控制环节和点位，必须按照重大活动监督保障计划方案的要求，详细记录对关键环节和高风险点位实施，监控和验证的情况。卫生监督主体，可以预先制定统一的监督监控记录表格，具体监控人员按照要求进行记录，随时将信息汇总上报，作为检验工作效果和风险跟踪的凭证、线索。一旦发现问题要立即汇报，迅速研究解决。

（二）建立巡查督导和稽查制度

在重大活动监督保障中，食品安全和卫生监督保障主体，应当组织专门小组，对各监督保障责任区，进行巡查督导和稽查，检查现场监督保障人员，是否按照计划方案落实监督保障措施，特别是要检查对重点环节、高风险点位进行重点监控的情况，风险隐患的处理情况，各岗位监督保障责任落实情况。以便及时纠正保障中的问题。

（三）建立专家组验证指导制度

在重大活动监督保障中，食品安全与卫生监督保障主体，应当根据重大活动的特点，监督保障任务的难度和复杂程度，具体监督保障环节的技术要求，由经验丰富的监督人员和有关专业人员组成技术专家组，或也可以称为 HACCP 小组。由技术专家组采取工作检查指导与现场快速检测相结合的方法，对各监督保障责任区和关键控制点位，进行巡查监控和验证，对各关键环节和高风险点位的危害控制情况和效果，进行检查验证，及时发现和纠正偏差，对控制工作进行专业技术指导，现场解决监督保障中的相关专业技术问题。

（四）建立每日例会和信息通报制度

在特别重大的活动监督保障中，食品安全与卫生监督保障主体，应当建立每日例会制度。由各监督保障责任区、各关键环节和高风险点位控制组、巡查督导稽查组、专家验证指导组，通报风险和危害控制情况、巡查督导稽查情况、专家验证和指导情况等信息。通过信息通报及时掌握整体监督保障情况、相关危害和风险控制状况，以及存在的问题和偏差，集体研究解决办法，提出纠正偏差的措施，做出应对相关计划、方案、标准规范等，落实进行调整的决策。保证重大活动监督保障计划方案规定的食品安全和公共卫生危害风险控制措施，得到落实并切实有效，确保重大活动的总体目标顺利实现。

第六章 重大活动食品安全与卫生监督保障的组织与实施

第一节 概 述

一、概念

所谓组织应当理解为管理或者管理过程，实施应当理解为实践或者施行过程。组织实施就是对一个项目、一项任务、一个计划或者制度，有组织、有计划、有目标，按照一定程序、步骤和方式施行的实践过程。重大活动食品安全与卫生监督保障的组织实施，我们可以做动态和静态两个方面的理解。在静态下可以将这种“重大活动食品安全与卫生监督组织实施”理解为：监督保障主体针对重大活动食品安全与卫生监督保障，建立的一整套能够保证食品安全与卫生监督保障活动科学运行的管理制度和机制，包括监督保障活动目标、程序、步骤、方式，围绕监督保障活动各项管理的行为规范。在动态下，可以将重大活动食品安全与卫生监督保障的组织实施理解为：监督保障主体针对一项或者一次具体的重大活动食品安全与卫生监督保障任务，进行的综合性管理活动，以及对本次监督保障活动各项业务工作的具体运行过程；也可以讲是一项重大活动食品安全与卫生监督保障任务，从启动到最终完成的整体工作过程，以及对这个过程的管理的活动。用通俗的方法讲，重大活动食品安全与卫生监督保障的组织实施，就是以怎样的方法和手段，策划、摆布和落实对重大活动的食品安全和卫生监督保障工作。因此，我们讲的“组织实施”，主要是指在食品安全与卫生监督保障主体管理层面，在重大活动监督保障中，对监督保障工作的组织、策划和管理。

作为一项重要的工作项目管理过程，主要包括以下几个方面：

第一，监督保障主体对需要保障的重大活动性质、特点，以及对重大活动对食品安全和公共卫生安全方面的需求等方面进行分析和认识过程。

第二，监督保障主体对重大活动食品安全和卫生监督保障任务具体实施的策划、准备，以及人、财、物资源的摆布，适宜方法、方式、措施选择的过程。

第三，监督保障主体对具体重大活动食品安全与卫生监督保障工作，指挥机构、协调机构、具体执行机构和人员等运行组织构架进行搭建的过程。

第四，监督保障主体对具体重大活动食品安全与卫生监督保障过程中，对相关事务、问题、事件，进行协调、调度、解释、处理以及决策的过程。

第五，监督保障主体在重大活动食品安全与卫生监督保障运行各环节中，按照预定的方案、措施、办法等，在统一的指挥调度下，有机衔接、科学有序、协调运转的过程。

这些环节、这些过程、这些方面等有机地联系在一起，形成一个完整的系统，保证食品安全与卫生监督保障活动协调有序地运转，最终实现监督保障活动目标。这就是重大活动食品安全与卫生监督保障的组织实施。

二、组织实施的工作内容

监督保障主体，每接受的一个重大活动食品安全与卫生监督保障任务，就是一项食品安全监督、卫生监督的专项工作任务，从监督保障工作的启动到结束，是一个典型的项目活动。按照前述对组织实施的理解，重大活动食品安全与卫生监督保障的组织实施，是重大活动食品安全与卫生监督保障工作策划、组织、指挥、协调、调度、执行、反馈等的统一体，也就是一个科学的管理系统，是一个完整的闭合管理环。监督保障的组织与实施，在实践中就是对监督保障这个项目任务的管理过程。对监督保障工作的组织实施，作为监督保障主体的一个专项管理活动，应当包括下列一些工作内容。

（一）组织前期调研

前期调研就是指监督保障主体在接到重大活动食品安全与卫生监督任务后，在重大活动监督保障工作启动前对需要予以保障的重大活动进行必要的调查和分析。主要是要准确了解重大活动的规模、参加的人员、主要的活动和相关时间节点，要了解重大活动的就餐方式、就餐的时间，文体活动、旅游活动等与食品安全和卫生监督保障有关的情况要进行认真分析。活动各环节可能存在的风险，对监督保障工作的需求，有关活动安排在食品安全和公共卫生方面的薄弱环节要求要好好研究采取适当的监督保障方式，如何进行工作衔接等。

（二）建立实施监督保障的组织体系

根据前期调查研究的结果，针对需要进行保障的重大活动的特点和监督保障工作需求，组建本次监督保障工作的组织系统，包括指挥协调、业务指导、保障实施小组等一系列任务执行单位，落实相关人员，明确各执行单位和人员的责任。

（三）组织研究制定方案

在组织好前期调查研究的基础上，组织相关人员起草制定本次监督保障工作的总体方案，明确保障工作的指导思想、目标、组织协调机构、各相关单位和人员的职责任务，保障工作的程序、主要的时间节点，行动路线图，等等。

（四）组织对接待单位的监督检查

针对重大活动的特点，接待工作的要求，参与重大活动者的相关特点，对各接待单位进行全面的食品安全和公共卫生的监督检查，开展必要的食品安全和公共卫生风险评估，综合重大活动需求和接待单位的实际情况，制定保障工作运行的业务方案。

（五）组织协调保障工作的运行

一项食品安全与卫生监督保障工作开始后，管理层的主要任务：一是指挥、协调，做好人员、物资、车辆等的调度，保证各环节监督保障工作的正常运行；二是协调好与重大活动组织者、整体保障工作指挥部等单位的联系与沟通，保证食品安全与卫生监督保障工作，与整体活动及保障相衔接、相适应；三是组织监督推动，及时把握信息，及时发现监督保障中出现的问题，并迅速做出处理；四是根据监督保障的实际情况和突发时间，及时调整工作方案、计划要求。

三、组织实施的原则要求

（一）依法依规

监督保障主体在组织实施重大活动食品安全与卫生监督保障的过程中，必须依据相关法律法规的规定，安排部署相关工作，执行相关监督任务。

（二）尊重科学

食品安全与卫生监督保障具有很突出的医学、卫生学、食品科学方面的专业性、技术性和科学要求，有着其自身运作、发展的客观规律，这是食品安全与卫生监督保障区别于其他工作的一个重要的特点。因此，监督保障主体，在组织重大活动食品安全与卫生监督保障过程，必须有严谨的科学态度，尊重医学、卫生学、食品科学等的客观规律。

（三）统一指挥

对于一个涉及范围非常广的重大活动，监督保障工作的岗位很多，需要监督监控的环节也很多，为了落实监督保障工作任务，需要动员各级监督机构共同参与工作，需要动员几百人同时行动。另外，我们也讲过食品安全与卫生监督保障，还需要与医疗救治、传染病防控、卫生应急相互协调配合，形成有效的联动。因此，必须有一个统一指挥的制度和机制，保证各环节工作在统一的指挥下，协调有机地运行，并执行到位。

（四）风险控制

重大活动食品安全与卫生监督保障，是对重大活动食品安全风险、公共卫生风险的管理过程。关键是要预防和控制各种风险的发生，防范各类群体性健康事件的发生。各项监督保障措施，各项工作的安排部署，各项技术的使用的摆布，监督人员的部署，工作制度和机制的建立，都要紧紧围绕风险控制、消除风险因素的目标，预防和控制各种风险，防范各类群体性健康事件的发生。

（五）及时迅速

重大活动食品安全与卫生监督保障，在现场落实监督保障工作的落实上，具有很强的时限性，发生问题可能就在一瞬之间，因此，必须要求迅速果断处理。除此之外，重大活动本身对一些问题的处理，也需要快捷，没有等候的时间。一些食品安全和公共卫生问题，时间一久，可能就会对重大活动会产生负面影响。因此，这就要求监督保障主体，在组织实施重大活动监督保障中，在明确岗位责任制的同时，要给予相应岗位充分的权利，使其在服从统一指挥的前提下，能够及时迅速地处理紧急情况。

（六）服务重大活动

重大活动食品安全与卫生监督保障的工作目标，是保障重大活动不出现食品安全和公共卫生问题，保障重大活动是工作的核心，脱离重大活动保障也就失去了意义。因此，监督保障主体在组织实施重大活动食品安全和卫生监督保障中，要牢固树立重大活动优先的理念。各项措施、制度、办法和机制，各项工作安排和部署都要紧紧围绕重大活动、服务重大活动、为重大活动保驾护航。以重大活动的需要，作为监督保障工作的需要，以重大活动顺利进行、实现预定目标，作为监督保障工作的目标，以良好服务重大活动作为监督保障的标准。

第二节　监督保障工作方案设计

一、监督保障方案的概念和特点

（一）含义

设计监督保障工作方案是组织实施重大活动食品安全与卫生监督保障工作的重要环节，是监督保障主体管理层的重要职能任务。设计一个好的工作方案或者实施方案，是完成好一项重大活动食品安全与卫生监督保障任务的基础。

监督保障方案，从文字上讲就是具体方法、办法、手段、措施等，经过决策的文书表达。重大活动食品安全与卫生监督保障的方案，是针对特定的重大活动保障任务，按照一定的程序，由监督保障主体决策层制定或者批准的，规定监督保障工作目标、工作内容、工作的方式方法、工作的时间步骤等内容的文书表达。如果我们把每一次重大活动食品安全与卫生监督保障任务，作为一个独立的工作项目，方案就是项目计划、实施大纲，也就是工作的规范和准则。

（二）特点

在现代科学管理中，一个工作项目实施方案是否科学、是否符合项目目标的事物的客观规律，是否具有可操作性，是否充分考虑实施过程中的各种可能，并做出预测和预案等，在一定程度上决定了工作项目实施的成败。因此，设计一套科学、翔实的监督保障工作方案，是保证重大活动食品安全与卫生监督保障取得最佳效果的重要基础和前提。一个好的监督保障工作方案，一般应当具备以下几个特点：

1.前瞻性

前瞻性也是预测性。所有方案都是在项目正式施行前编制的，因此，就必须对方案实施过程的各种可能要有预测、有预案，只有准确掌握重大活动的特点和运行规律，方法、措施才能得当，才能够对后续工作发挥有规范和指导的作用。

监督保障主体设计的重大活动食品安全与卫生监督保障方案，应当充分考虑每一次重大活动的特点，考虑重大活动涉及食品安全与公共卫生的活动节点，对监督保障实施过程中的各个环节，各个点位等，对可能出现的问题和不利因素，做出比较充分的预测和估计，对各种问题可能性都有相应的处理办法，或者对相关单位和人员都有明确的授权，能够使相应的问题得到及时解决，或者有相应的处理途径和处理渠道。

2.全面性

全面性就是指方案要把应当规定的事项尽可能地周密详实地规定到位。如：明确监督保障工作的具体目标、指导思想、保障任务、阶段目标是否到位；详细表述保障工作内容、工作范围、技术要求，能够量化的指标尽可能量化是否到位；落实保障工作时在各环节和点位上应当采取的方法手段是否到位；详细说明各阶段工作安排的时间和各项工作内容完成的时间是否到位，并使方案设计的监督保障时间、进度与重大活动运行相吻合，而且能够详细说明承担单位、协作单位和各自职责分工等。

3.可操作性

可操作性就是指方案中规定的内容，能够让人充分理解，具体的情境能够在实践中再现，方法、措施能够重复，各项规定能够转化为现实。因此，重大活动食品安全与卫生监督保障工作方案，要符合工作实际，要有针对性，各种规范和要求要能够操作和实现。方案规定的内容要与重大活动的特点和需求相适应，要与管理相对人的实际情况相适应，要与监督保障主体和工作人员的能力水平相适应，要与所在地区的经济社会条件相适应，不能说空话、讲高调。否则，工作方案编制后，无法具体执行。

4.具体性

具体性就是明确和关注细节，也是可操作性的另一种表现形式。监督保障工作方案，不能讲原则话，不能只提一般要求，要把不同专业、不同环节的工作内容、目标要求讲具体；要把方法步骤保证措施讲具体；监督控制的环节、频次，现场快速监测的项目等都要讲具体，该制作检查表、监测表的要同时制作印发；督促检查的频次、内容，信息反馈的内容、途径和时间等环节也要做出具体明确的安排。保障工作分几个阶段、什么时间起止、什么人来负责、领导及监督如何保障等，都要做出具体明确的安排。

5.执行性

执行性就是指监督保障方案一旦确定，就要有执行上的强制性，参加监督保障工作的人员不得任意违背。重大活动食品安全与卫生监督保障方案的执行性和强制性，是其实施并取得效果，最终实现目标的保证。要使监督保障方案具有执行性，监督保障主体就要在设计工作方案时依法依规，遵循上级的有关文件及精神，要根据重大活动目标和上级机关的工作要求、工作内容和食品安全、卫生监督的实际情况设计，而不能是随意制定。另一方面，实施方案一旦发布，监督保障主体及相关单位、相关工作人员就要按照方案认真执行。这不仅是监督保障工作的标尺，也是监督保障工作的一项纪律。

二、设计监督保障方案的一般程序

一套好的食品安全与卫生监督保障的工作方案，不是一夜之间就能够完成的，也不是靠闭门造车的功夫造出来的。科学设计监督保障方案，需要遵循一定的程序、步骤，经过周密思考、反复推敲、认真论证修改。这种思考、推敲、论证的过程，就是方案的设计程序和步骤。监督保障主体设计食品安全与卫生监督保障方案，一般需要经过下列一些步骤：

（一）进行调研、分析和评估

调研、分析和评估，是监督保障主体收集信息、认识信息，通过信息把握面临的任务、保障的对象和自身能力周围环境的过程。这是设计一个科学的监督保障工作方案的起点，也是设计监督保障方案的基础和前提，正所谓知己知彼百战不殆。这个阶段监督保障主体，需要进行以下工作为实施重大活动监督保障打好基础：

1.分析评估重大活动

监督保障主体要对准备给予保障的重大活动进行调研分析。重点把握重大活动的规模、参加的人员、活动的时间节点、相关动作、派生性活动、重要的集体活动、集体就餐活动、就餐的形式、对就餐的特殊需求、举办或者承办这一活动的经验和能力等。通过这些信息分析把握重大活动的特点、可能存在的食品安全和公共卫生风险、风险的来源和关键环节等。

2.分析评估接待单位

接待单位应当包括重大活动核心运行场所、集中住宿场所、集体就餐场所、集体用餐供餐单位，重大活动参与者可能活动的场所。一是了解日常的食品安全和公共卫生状况，监管机构日常监督检查的结果，企业食品安全和公共卫生自律管理的情况，食品安全和卫生监督量化分级情况；二是进行全面监督检查，了解目前的卫生安全状况。通过这些信息，分析评估接待单位的食品安全和公共卫生自律管理能力和水平，能力条件与接待任务的匹配程度，可能存在的风险因素，需要改造提升的薄弱环节，需要重点监控的项目和节点，落实监督保障任务难易程度，等等。

3.分析评估相关环境

当前的食品安全形势，较为突出的食品安全和公共卫生问题，国内外或者周边省市等发生的食品安全和公共卫生事件，传染病流行及控制情况，上述这些信息与重大活动的关联程度，可能对重大活动产生的影响，可能会带来风险，研究需要采取的应对措施。

4.分析评估内部环境

监督保障主体内部管理情况、机构、人员、职责变化情况，相关任务单位的技术能力，管理环境，人、财、物的状况，与重大活动监督保障任务的匹配程度，存在的困难，需要尽快解决的问题；相关合作单位、技术机构的有关状况，不可配合或者配合不力的风险。找出落实监督保障任务存在的问题和薄弱环节。

（二）明确监督保障工作任务

经过调研分析和评估后，监督保障主体要结合评估的结果，明确本次监督保障工作的任务。任务的来源和确定，应当至少考虑四个方面：第一，上级机关对本次重大活动食品安全和卫生监督保障工作的要求；第二，重大活动举办或者承办方对食品安全和公共卫生保障方面的需求；第三，经过调研分析和评估，发现的需要强化监管的食品安全和公共卫生问题；第四，按照有关法律法规规定和特殊保健规范规定，必须采取重点食品安全与卫生监督保障措施的有关事项。

对监督保障任务可以按照不同的要求进行分类表述，根据任务的重要程度可以分为：

1.特殊监督保障任务。一般是指对按照干部保健规范规定，对中央领导、外国首脑、国家高级专家，特定社会公众人物的食品安全和卫生监督保障。

2.重点保障任务。一般是指对核心主体、核心场馆、核心活动的监督保障任务。

3.一般或其他保障任务。除上述保障以外的监督保障任务。可以根据重要程度分为一级、二级、三级、四级监督保障任务;还可以根据任务的类型分为场馆监督保障任务、城市运行监督保障任务;分为总体保障任务、分专业、分区域的监督保障任务等。

(三)设定监督保障工作目标

监督保障主体在明确了保障工作的任务的同时,要确定本次监督保障的目标。确定目标要把握四个要点:第一监督保障的目标必须与重大活动目标相一致,为实现重大活动目标服务;第二监督保障的目标要分出主次、先后,有内容有顺序,总目标与分目标有机衔接,互为补充;第三要明确实现目标的时间节点,落实保证措施;第四监督保障的目标要有价值,能够进行评价,不能含糊其辞。如将重大活动食品安全与卫生监督保障的总体目标确定为:一是保障在重大活动各核心场馆杜绝食物中毒、生活饮用水污染和公共场所卫生安全事故。二是保障重大活动期间在全市范围内不发生重大食物中毒事故;三是保障重大活动期间全市餐饮食品、公共场所和生活饮用水的卫生安全不发生卫生和安全问题。其中第一层级日标是直接日标,是核心保障目标;第二、第三层级目标是间接目标,城市运行保障目标,是保障重大活动食品安全和卫生环境的目标。如重大活动食品安全与卫生监督保障的工作目标:依法履行卫生监督职责、科学规范监管、严密监控风险隐患,倾全市卫生监督之力,落实各项卫生监督保障任务,确保领导指挥到位、各级责任到位、服务指导到位、风险控制到位、应急处置到位、卫生监督保障工作万无一失。这些目标,是对工作情况进行考量的目标,是保证总体目标实现的保障措施。

重大活动食品安全与卫生监督保障,风险评估整改提升的目标是:在重大活动开始前,第一轮、第二轮风险评估要在距重大活动启动20天前,将食品安全和公共卫生高度风险降至20%以下,第三轮风险评估将食品安全和卫生监督高度风险降至10%或者5%以下,这是典型的阶段性目标,时限性非常强。设定一个科学的监督保障工作目标,在实践中具有非常重要的意义。

(四)设计监督保障组织框架

监督保障主体在起草监督保障方案前,应当根据前期调研、分析和评估的结果,监督保障的工作任务和目标体系,研究设计落实本次重大活动食品安全和卫生监督保障的组织框架,明确指挥机构、协调机构、保障支持机构、各相关工作团队等,并明确各个单位、机构、人员的职责任务,工作要求等(具体详见下节)。

(五)起草监督保障方案初稿

上述工作完成后,监督保障主体,应当综合上述情况,组织起草重大活动食品安全与卫生监督保障工作多种方案文稿。起草方案文稿的方法很多,例如:

第一，可以由监督保障主体的领导层直接起草文稿，然后征求直接负责部门和相关单位的意见进行补充完善。优点是领导层对上级机关的要求理解得较深，考虑问题比较全面。但是，由于从上面考虑问题，有些设计可能会脱离具体实际情况，操作起来困难。同时，在一定意义上讲，可能还会影响基层单位的积极性和创造性，对推动实施不利。

第二，可以由直接负责的基层部门负责起草文稿，征求相关单位意见，再由监督保障主体的管理层和领导层，组织论证评估。这种方式有利于调动基层同志的积极性，使其有一种荣誉感、被重视感，同时方案内容也比较符合具体操作时的情况，一旦成型比较容易推动。但是，存在的问题是，有可能考虑问题不够全面，站的高度不够，也容易因为来回反复更改，花费较长时间。

第三，由监督保障主体成立专门小组，起草监督保障方案文稿。为了克服上述的有关问题，对于一些特别重大、时间较长、保障工作较为复杂的重大活动监督保障任务，监督保障主体应当临时组建一个由主管领导、管理层负责人、直接承担保障任务基层部门负责人、相关基层专业部门负责人等参加的专门起草小组，专门研究监督保障文稿的起草工作。这样有利于克服前述有关的问题。但是，需要强调的是：不是所有的监督保障工作，在起草工作方案时都要成立一个专门的起草小组，如果这样就过于教条和烦琐了。对于一般较为简单的重大活动监督保障，还是以选取前面两种方式其中之一为设计方案较好。

（六）进行论证、评价、修改

重大活动食品安全与卫生监督保障方案初稿完成后，监督保障主体应当组织对方案文稿进行论证、评价和做进一步的修改，使之更加完善、符合实际、可以操作。进行论证评价的方法很多，一般情况下，卫生监督主体在一般情况下主要采取两种方法进行论证和评价：第一，将现有监督保障工作方案文稿，与过去进行过的重大活动食品安全与卫生监督保障实践进行比较，分析有无创新点、有无重要的失误和不足，是否吸取了以往总结的经验教训等，依此对文稿做进行进一步修改；第二，召开专家会议，集思广益进行集体分析论证，查找方案中的不足，提出更加科学和完善的意见建议，对监督保障方案进行修改补充，使之更加完善。在通常情况下，监督保障主体通常是采取上述两种方法相互融合的办法进行评价和论证修改的。

（七）设计制定应急预案和分方案

总体方案确定后，监督保障主体应当根据总体方案的要求，结合各环节、各责任单位的实际情况，由相关的责任单位分别设计各项应急预案和监督保障工作的分方案，或者具体的实施方案。具体的实施方案、工作的分方案与总体方案比较，要求更加翔实、更加具体，分工和责任、时间进度、工作环节等要更加明确和更具有操作性。

需要强调一下的是，在设计监督保障工作方案时，监督保障主体必须要强化全局观念，必须要在确保重大活动总体目标实现的前提下，准确地平衡各方面的利益关系，最大限度地调动全体参加监督保障工作人员的积极性，准确把握重点和关键。风险管理和 HACCP 理念中有关进行风险识别评估的有效方法，在设计监督保障工作方案时，要都可以结合实际有针对性地运用。

三、监督保障方案的种类和作用

（一）分类方法

用于实施食品安全与卫生监督保障的方案有很多种，主要是根据重大活动的规模、特点、相关风险因素、社会影响程度、监督保障工作的难易程度等需要，以及方案在监督保障中的具体功能、作用进行分类。一般可以根据监督保障与重大活动的关联性分为:《监督保障的总体工作方案》或者《实施方案》《重大活动场馆运行监督保障实施方案》《重大活动城市运行监督保障实施方案》《重大活动食品安全与卫生监督保障应急预案》等等。除上述分类方法外，还可以按照监督保障工作的专业分为:《重大活动食品安全监督保障方案》《重大活动生活饮用水卫生监督保障方案》《重大活动公共场所卫生监督保障方案》《重大活动场馆运行食品安全与卫生监督保障卫生风险评估方案》《重大活动监督保障现场快速检测方案》、《重大活动传染病防治监督保障方案》等等。食品安全与卫生监督保障主体，还需要根据监督保障工作的实际需要和上级领导机关的部署要求，选择编制相关的工作方案和预案。

（二）食品安全与卫生监督保障总体工作方案

1. 概念

监督保障总体方案，是一次重大活动食品安全与卫生监督保障工作的总纲，是一次重大活动监督保障工作，自始至终必须遵守执行的行动纲领性文件。总体工作方案还是指导各相关单位编制具体的监督保障实施方案、重大活动派生活动的具体监督保障方案、不同专业监督保障技术方案等的原则和依据。

2. 内容

总体方案主要包括:需要监督保障主体给予食品安全与卫生监督保障的重大活动的基本情况，包括性质、任务、规模、社会影响、总体目标、举办方向与特色、主要时间节点等;确定监督保障工作的指导思想、工作目标、工作原则;组织框架、职责分工、工作制度与机制;重点保障区域、重点保障单位和监督保障责任的划分;监督保障任务与要求，监督保障的起止时间，工作步骤与运行计划等。

3.适用范围

并不是所有的重大活动食品安全与卫生监督保障任务，都需要编制总体工作方案。一般情况下，只有规模特别大、持续时间较长、社会影响很大、各方面重视程度极高、监督保障工作较为复杂、涉及的范围较大、参加保障的单位和人员很多的重大活动，监督保障主体才需要编制总体工作方案。

(二)食品安全与卫生监督保障实施方案

1.含义

实施方案主要是针对那些规模一般、持续时间较短、涉及范围不是很大的重大活动，参与监督保障的单位和人员也比较集中，不需要编制监督保障总体工作方案和相关配套文件，监督保障主体根据实际工作需要，编制的较为简单的工作方案。或者在特定的情况下，根据总体方案的要求制定较具体的或者详细的实施方案。

2.内容

实施方案内容主要包括：简要阐明重大活动状况，具体地阐述监督保障的主要任务、主要的起止时间、特殊的监督保障要求、确定承担监督保障工作的单位和责任、具体的工作目标和要求等内容。

3.适用

通常情况下，实施方案可以用于向有关单位部署监督保障任务，向上级领导机关汇报或者向相关活动主办单位通报，食品安全与卫生监督保障工作安排；也可以直接作为监督保障主体实施具体监督保障工作时的作业指导书等等。

(三)重大活动场馆运行监督保障实施方案

1.含义

根据重大活动监督保障的实践，所谓场馆主要包括三类：第一，重大活动的核心运行的场所，例如重大会议的会场，重大演出活动的剧场，重大会展活动的会展中心，重要体育赛事的体育馆、游泳馆等；第二，重大活动参加代表、运动员等住宿的接待宾馆、酒店，重大体育赛事的运动员村等，以及这些地方内设的洗浴、游泳、美容美发、休闲娱乐场所等等；第三，重大活动参与者就餐场所，有关宴会场所涉及的餐饮服务单位，也包括为重大活动供餐的，集体用餐配送企业等。重大活动场馆运行食品安全与卫生监督保障实施方案，是在重大活动中，如何对上述场馆采取监督保障措施的具体安排和部署。

2.适用

场馆运行监督保障，是重大活动食品安全与卫生监督保障的核心，其他所有的具体监督保障，都要围绕场馆运行监督保障开展工作，保证场馆运行监督保障目标的实现。因此，场馆运行监督保障实施方案，是重大活动食品安全与卫生监督保障系列工作方案中最为重要的实施方案，是实现监督保障目标的核心部署安排。在重大活动食品安全与卫生监督保障工作中，监督保障主体必须下大力量切实编制好监督保障的场馆运行监督保障实施方案。

3. 内容

场馆运行监督保障方案必须与重大活动运行方案匹配和衔接。一般应当包括：重大活动使用场馆的基本情况，重大活动对场馆的具体要求，场馆监督保障具体责任区的划分，监督保障运行的组织框架，相关单位的具体责任和要求，每个场馆的具体监督保障任务，工作的起止时间，场馆监督保障环节与其他环节的衔接，有关的监督保障制度、技术规范、监督保障人员的纪律等。场馆运行监督保障方案的内容，必须与重大活动运行方案匹配和衔接。

(四)重大活动城市运行监督保障实施方案

1. 含义

城市运行监督保障，是指举办重大活动的城市，在重大活动运行期间，对整个城市采取的食品安全和公共卫生监督保障措施。城市运行监督保障的目的，主要是保障整个城市食品安全和公共卫生，构建与重大活动相匹配的城市安全、卫生环境和氛围。城市运行的监督保障实施方案，是监督保障主体在重大活动食品安全与卫生监督保障中，对整个城市除核心场馆外其他区域和单位监督保障任务和要求的安排和部署。

2. 适用

重大活动城市运行监督保障，是重大活动监督保障中，非常重要的工作方面，不仅需要与场馆运行监督保障相衔接，关键是要防止城市运行中发生问题，对场馆内的食品安全、公共卫生等产生影响，也要防止城市运行中的问题影响重大活动目标的实现，还要防止对整个国家和城市的形象产生负面影响。

3. 内容

城市运行监督保障实施方案的内容，主要包括：重大活动场馆在城市中的布局，城市运行监督保障的任务，监督保障的重点，具体划分重点区域、重点场所，应当采取的监督保障措施，监督保障的重点等级，相关工作要求；城市运行专门监督保障团队与辖区监督主体的责任分工等等。

(五)监督保障现场快速检测方案

1. 含义

重大活动食品安全与卫生监督保障的现场快速检测方案，是重大活动食品安全与卫生监督保障方案的重要组成部分，是监督保障主体根据需要，对重大活动食品安全与卫生监督保障现场快速监测工作所做的安排与部署。现场快速检测技术，是近几年逐步发展，并应用于食品安全与卫生监督保障工作的一项技术措施，既是对现场监督检查保障的重要补充，也是监督保障工作的重要技术支撑。现场快速检测技术的应用，提升了监督保障工作的科学性，也从一个方面保证了监督保障工作的效果和质量。最初的现场快速监测，几乎完全附属于现场监督保障，监测项目不多，是否进行现场快速检测，完全由驻点监督员自行掌握，因此也很少编制专门工作方案。随着现场快速监测技术的广泛应用，编制专门的现场快速监测方案越来越受到重视。

2.适用

近几年，随着现场快速检测技术的发展，现场快速检测的仪器设备不断增多，项目达到百种以上，现场快速检测在一些地方，逐步从一般食品安全和卫生监督工作中分离出来，逐步成为相对独立的专业类别，并建立准专业化的队伍。同时，各方面对监督保障的科学要求不断提升，HACCP 等管理理念在重大活动监督保障中的应用，对现场快速检测项目应用率也在不断提升，甚至出现某些依赖倾向。在监督保障实践中，监督保障主体为了更好地发挥现场快速检测积极作用，不断探索并规范现场快速检测工作，并使之与现场监督检查保障措施有机融合，相互补充、完善，这已成为重大活动食品安全与卫生监督保障独具特色的一种工作模式。

3.内容

重大活动监督保障工作的现场快速检测方案，应当以监督保障总体工作方案为依据，与场馆运行、城市运行监督保障实施方案相衔接，载明重大活动保障的任务、目标，现场快速监测工作的组织框架、指挥系统，现场快速检测与现场监督的关系与衔接方式；载明如何进行现场快速检测布点，重点监测的环节和检测项目，样品的采集，相关人员职责分工，监测结果报告渠道和方式，检测结果的具体应用，工作的起止时间和步骤等。

（六）传染病防治监督保障方案

1.含义

传染病防治监督保障方案，是卫生监督保障主体，针对重大活动传染病流行风险，编制的载明有关传染病防控措施，监督检查规范等内容的工作部署和安排。传染病防控是重大活动卫生监督保障的重要内容，也是保障重大活动公共卫生安全的重要措施。

2.一般要求

编制传染病防治监督保障方案，要以传染病流行风险评估结果为依据，突出重点是针对重点传染病防控，针对不同季节、不同参与群体、不同规模和特点的重大活动，选择高风险传染病，提出有针对性的预防措施，对重点传染病预防控制措施和要求做出具体安排部署。

3.内容

重大活动传染病防控监督保障方案，应当载明重大活动的特点、传染病防控重点任务、主要的传染病流行风险、传染病防控工作的组织框架，一旦发生传染病流行时的组织指挥体系，要明确相关传染病应急处理队伍，相关工作制度和机制，各相关单位（包括重大活动主办方、相关接待单位、餐饮服务单位和参加活动的代表等等），以及卫生行政部门、卫生监督机构、疾病预防控制机构、医疗机构、驻点卫生监督员等的相关职责任务等内容。方案中还要明确监督保障主体及驻点卫生监督员，应当重点对那些环节、人员、物品进行监督检查，相关单位和人员有哪些情况应当及时向卫生监督机构报告，如何遵守相关的消毒隔离措施等。一旦出现传染病病例，应当如何进行报告、如何控制、如何隔离等。

4.适用

传染病防治工作方案具有两重性，一般情况下它是重大活动各有关单位履行职责、做好传染病预防控制的基本规范、标准和工作要求；同时，方案也是预案，一旦发生传染病流行，方案同时也就是传染病流行处置工作的预案，各相关单位必须认真执行、做好处置。

（七）监督保障的应急预案

1.含义

重大活动食品安全与卫生监督保障应急预案，是监督保障主体为了及时有效处置控制重大活动中可能出现的食品安全和公共卫生突发事件，依据相关法律法规规定，结合重大活动具体情况，编制的重大活动卫生应急预备方案，即预先制定的应急工作方案，一旦发生预案中设定的情况，该预案就上升为具体方案，并具有排他性的执行力。

2.范围

广义的重大活动食品安全与卫生监督保障的应急预案，应当是一套相互联系、衔接的分类应急预案组成的预案群组，而不是一个单独的预备方案。卫生监督保障中的该应急预案，应当包括《重大活动突发公共卫生事件应急总预案》《重大活动食品安全事故应急处置预案》《生活饮用水污染事故应急处置预案》《重大活动重点传染病流行应急处置预案》《重大活动突发事件卫生应急预案》等。

3.总预案内容

《重大活动突发公共卫生事件应急总预案》是重大活动可能出现的各类公共卫生事件的预备方案，主要规定：突发公共卫生事件的分类分等，突发事件应急状态下的组织指挥系统，各相关单位及有关人员的职责、任务，应急人员、物资等的准备，应急预警、应急状态的启动程序，不同等级时间卫生应急响应的具体要求，信息管理内容。

4.总预案适用

《重大活动食品安全事故应急处置预案》《生活饮用水污染事故应急处置预案》《重大活动重点传染病流行应急处置预案》,要具体规定不同类型突发事件应急状态下,各相关单位的具体的职责和工作分工、应急响应要求、指挥系统处置、人员物资准备等。《重大活动突发事件卫生应急预案》是关于公共卫生以外突发事件,卫生系统关于启动应急响应,进行应急处置方面的预先规定方案。

除上述外,不同的部门、单位都要制定相应的应急预案,例如《食品安全监管机构的应急处置预案》《卫生监督机构的应急预案》《相关医疗机构应急预案》,重大活动主办单位对公共卫生事件的应急预案,重大活动接待单位的《食品安全事故应急预案》《突发公共卫生事件应急预案》等等。

第三节 监督保障的组织框架

一、概述

(一)含义和基本框架

监督保障的组织框架是针对重大活动特点和需求、结合监督保障主体的实际情况,重大活动监督保障主体为保证重大活动监督保障任务的顺利实施,针对重大活动特点和需求、结合监督保障主体的实际情况,建立的一整套临时性的针对重大活动的组织机构和运作系统。搭建实施一次重大活动食品安全与卫生监督保障工作的组织框架,是食品安全与卫生监督保障主体,组织实施监督保障任务前期的重要工作。没有一个科学组织框架体系和工作团队,要圆满地完成一次重要复杂的监督保障任务是很困难的。

(二)搭建组织框架的基本要求

食品安全与卫生监督保障主体,在搭建监督保障组织框架时,应当充分考虑以下因素。

1.有利于对监督保障工作统一领导和指挥

监督保障工作要能够充分发挥各层级的主观能动性和工作积极性,有利于行使统一指挥和分工、分级负责相结合。因此,在监督保障的组织框架中,要根据重大活动监督保障任务涉及的范围、参与的人数多少,科学地确定管理层级和幅度,既要保证指挥有利,又要保证执行迅速有效。还要在指挥系统下,建立相应的协调、信息等管理机构。

2.要有利于食品安全和卫生监督保障目标的实现

建立组织构架的目的就是要保证监督保障目标的实现。因此,监督保障主体搭建的组织框架，每一层级、每一个单位、每一个具体工作人员，为了实现总目标的某一项具体任务都要有与总目标相匹配的分目标、子目标，都是为了实现总目标的某一项具体任务设置的；所有岗位上的人员，都要清楚自己在组织中的位置和作用；所有岗位人员都要围绕总目标运转，要清楚总目标是什么，自己承担的任务与总目标的关系。因此，建立框架就要明确岗位责任，各层级都要指定工作方案，并保证与总目标总任务相衔接。

3.有利于依法科学实施监督保障

重大活动食品安全与卫生监督保障工作，从行政管理角度要依法依规监督执法，从专业角度要尊重医学科学原理，依规范依标准做好监督服务。因此，食品安全与卫生监督保障主体，在搭建执行保障任务的组织框架时，第一要满足监督执法各专业需要，驻点监督员小组要形成专业互补；第二按照监督执法各专业的难易程度和任务比重，设置技术指导组和技术决策机构，决定专业技术难题；第三要设置综合协调机构，负责协调各专业之间工作衔接问题。

4.要有利于保障队伍精炼和工作高质高效

重大活动食品安全与卫生监督保障组织框架中，各层级、各部门、各团队的人员以满足基本岗位需求为限，人员不宜过多，关键是要精兵强将，要舍得把业务骨干安排在监督保障岗位。各岗位的职责要明确，相互关系要顺畅、能够相互支持。人不在其多，关键在其精，在其各专业上、经验上、年龄上的结构要合理，互为补充，形成合力；机构也不在其大，在其全，关键是设置合理，相互支持、相互协调、互为补强。同时，信息渠道要畅通，各级领导位置要靠前，能够迅速做出各种决策。

5.要有利于以场馆监督保障为中心的运行方式

要坚持场馆运行与城市运行保障相结合，场馆运行保障责任与辖区日常监管责任相结合。在重大活动监督保障中，要坚持以场馆运行保障为核心，城市运行监督保障、辖区日常监督执法要为场馆运行监督保障服务和保驾护航。在保障团队设置上，人财物要向场馆运行保障倾斜，保证场馆运行监督保障工作畅通、责任落实到位。辖区日常监督执法团队、城市运行监督保障团队，能够随时支援场馆保障团队。

6.要有利于与重大活动相关组织惯例的衔接

监督保障主体搭建监督保障工作的组织框架时，要充分考虑不同类型重大活动对食品、公共卫生和医疗保障的惯例要求，组建与之相对应和工作衔接的监督保障组织和团队。还要注意，与重大活动组织体系、有关活动等的工作衔接。一般在组织框架中，要设置专门与重大活动筹办组织进行联络和协调的机构。

二、领导指挥机构

重大活动食品安全与卫生监督保障的领导和指挥机构，是监督保障主体针对特别重大的活动，组建的统一领导和指挥重大活动监督保障工作的组织系统。一般情况下，对一次需要采取监督保障措施的特别重大的活动，监督保障主体需要针对食品安全与卫生监督保障工作实际，建立较严密的监督保障工作组织领导和指挥系统。领导指挥机构一般应当包括四个组成部分：总体工作领导小组，领导小组各专门工作组，领导小组日常办事机构，各监督保障专业的技术专家小组。

（一）总体工作领导小组

总体保障工作的领导小组，是指综合领导医疗保障、公共卫生监督保障、食品安全监督保障工作的领导指挥机构。通常情况下，政府或者重大活动筹办部门，将医疗救治、公共卫生和食品安全等工作，作为重大活动中一个专门的保障工作进行部署，例如重大体育赛事，医疗卫生部门，要综合负责医疗、卫生和食品安全工作。因此，需要组建一个统一指挥各相关保障工作的领导机构。领导小组组长，一般由卫生行政部门、食品药品监管部门主要或主管领导担任，各有关部门主管负责人参加或者担任副组长。主要任务是：在地方人民政府和政府成立重大活动的筹备办统一领导下，组织协调和指挥各有关单位，落实重大活动医疗卫生和食品安全保障任务。

（二）领导小组各专门工作组

专门工作组就是各专项保障工作的具体领导小组，主要负责某一个方面保障工作的领导和指挥工作。是否设立专门工作组或者设几个工作组，没有完全统一的模式，需要监督保障主体根据重大活动和监督保障任务的具体要求确定。在特别重大活动的监督保障时，一般要设立四至五个专门工作组。

1.食品安全保障领导小组

组长一般由食品药品监管部门主要或者主管负责同志担任。根据食品安全监管职责的分工情况，各有关部门负责人参加。主要职责：根据重大活动保障工作需要，制定重大活动食品安全全程监督保障工作方案、食品安全事故应急预案，组织各相关监管部门、区县政府等，落实重大活动整个食物链中的食品安全监督保障工作，指挥落实餐饮食品安全监督保障工作。

2.公共卫生监督保障领导小组

组长一般由卫生行政部门主管领导担任，各有关单位和有关区县主管部门负责同志参加。根据工作需要和地方食品安全监管职责分工情况，也可以组建餐饮食品安全与公共卫生监督联合工作组，负责组织制定并实施餐饮食品安全和公共卫生监督保障方案、指挥调度各监督机构、疾控机构，落实重大活动核心活动场所、接待宾馆酒店、餐饮单位等的餐饮食品安全和卫生监督；组织开展城市运行的食品安全和卫生监督保障。

3. 医疗保障与卫生应急指挥组

组长一般由卫生行政部门主管领导担任，有关单位和区县主管部门负责同志参加。负责组织制定医疗保障专项工作方案、医疗救治和各类突发事件卫生应急预案；组织落实重大活动核心场馆、接待宾馆酒店的医疗服务保障；安排落实定点医院、医疗站及医务人员、救治车辆、救治药品、医疗器材等相关任务；组织落实重大活动期间的医疗救治和突发事件卫生应急处置。

4. 传染病防控领导小组

组长一般由卫生行政部门主管领导担任，有关单位和区县主管部门负责同志参加。负责组织制定传染病预防控制专项工作方案和预案；组织落实重大活动期间传染病防治措施，及时处置疫情，依法管理传染病人及密切接触者；组织开展传染病风险识别与评估，协调国境卫生检疫部门，对重大传染病和病媒生物进行监测预警，预防控制重大活动期间的传染病流行。

（三）重大活动保障专家组

对特别重大的活动，医疗卫生和食品安全监督保障主体，应当根据重大活动的特点和保障工作实际，聘请所在地的医学、公共卫生和食品安全方面的专家，组建相应的技术专家组织，如：医疗保障和救治专家组、食品安全专家组、公共场所和生活饮用水卫生专家组、传染病防治专家组、突发公共卫生事件应急处置专家组等。负责医疗服务、食品安全、公共卫生、突发事件应急等保障的技术指导，疑难问题的评估、评价，疑难疾病救治的会诊，提出技术建议，为领导决策提供科学依据。

三、食品安全与卫生监督保障协调机构

监督保障工作的协调机构，是整个监督保障工作的日常组织和调度机构，也是监督保障工作领导小组的办事机构。监督保障工作的领导小组，在一般情况下都是松散的组织形式，除了对重大问题的决策外，大量的日常工作需要综合协调机构组织落实。因此，在食品安全与卫生监督保障工作中，监督保障主体应当结合实际，组建一个强有力的综合协调机构。

（一）领导小组办公室暨协调督导组

主任或者组长一般由行政机关内的主管职能处室负责人担任，有关监督机构、疾控机构和相关基层监督机构负责人参加。根据领导小组的授权，负责领导小组日常事务处理，统一组织和调度监督队伍、监督车辆、仪器、设备和检测试

剂,落实重大活动食品安全与卫生监督保障任务。具体负责监督保障工作的指挥调度;组织对重点场所食品安全和卫生审查验收,对活动期间监督保障实施情况进行巡查督导,及时纠正督查中发现的问题,并督导落实,对相关区县落实重点区域、重点场所监督保障任务的情况进行督导检查等。

(二)协调与应急组

组长一般由卫生行政机关监督职能处室或者监督机构负责人担任,有关单位和区县监督机构相关负责同志参加。负责食品安全与卫生监督保障工作,与重大活动筹办机构、各有关工作部门的工作联络与协调;与各区县卫生行政部门的联络与协调;机关内或者领导小组内各相关处室和单位的联络与协调;负责卫生监督应急指挥协调、组织、调度等。

(三)具体协调工作小组

主要是指领导小组办公室内,具体负责相关工作的机构和职责分工。在重大活动食品安全与卫生监督保障任务期间,由监督保障主体根据具体情况做如下设定:

1.综合协调小组

负责食品安全与卫生监督保障工作运行期间,各项工作的具体协调调度,领导小组办公室相关工作管理,食品安全与卫生监督保障工作的综合性服务和保障工作。

2.应急工作小组

食品安全与卫生监督保障工作运行期间,一旦发生公共卫生突发事件,按照领导小组及其办公室要求,具体负责卫生监督应急处置的协调调度。日常工作中,负责应对意外情况,包括人员、设备、车辆、工作关系等问题的协调处理。

3.后勤保障小组

负责食品安全与卫生监督保障工作运行期间,后勤供应、车辆调度、仪器设备使用、相关试剂、办公用品和生活用品等的保障工作。

4.信息文秘小组

负责食品安全与卫生监督保障信息发布、文件整理归档,领导小组有关文件起草和传递工作。

5.宣传报道小组

负责食品安全与卫生监督保障工作的宣传报道、舆情监测、媒体记者采访的接待等工作。

四、监督保障执行团队和工作责任区

监督保障执行团队,是监督保障主体在实施食品安全与卫生监督保障工作中，组建和设置的基层一线监督保障组织。监督保障执行团队是落实具体监督保障工作任务的主力军，也是整个监督保障工作的核心和关键环节。不同的监督保障团队，有不同业务、不同工作内容的分工。团队负责人，一般由省级或者市级监督机构负责人担任。

工作责任区，是监督保障范围和区域的分工，是基层监督单位在辖区内承担的具体保障工作责任的分工，是考核监督保障任务落实情况的一个基础单元，也是食品安全与卫生监督保障管理工作的关键措施。食品安全与卫生监督保障主体，在接受重大活动食品安全与卫生监督保障任务后，应当根据监督保障任务的具体情况，组建监督保障团队，明确监督保障责任区域，确定团队指挥员和责任区负责人。

（一）场馆运行监督保障团队

重大活动场馆运行食品安全与卫生监督保障团队，是承担重大活动核心活动场所、接待宾馆酒店、集体用餐场所，集体用餐供餐单位监督保障的工作团队。一般由省或者市级监督机构负责人担任团队指挥，监督机构相关处室、相关责任区县监督机构负责人参加，统一调度和实施场馆运行的监督保障工作。

（二）城市运行与应急监督保障团队

城市运行监督保障团队，主要由两部分组成：第一，根据重大活动保障的需要，由省级或者市级，抽调一部分监督人员和车辆，组建一支集中管理，对重点区域和重点单位进行监督巡查的专门队伍，负责重点区域城市运行监督保障工作，同时承担各种突发事件的卫生监督应急工作；第二，是各区县一级监督机构按照统一要求，自行组建的进行食品安全和卫生监督巡查的专门队伍，主要承担重大活动期间本区县城市运行食品安全与卫生监督保障。城市运行保障团队，巡查保障的重点是特色餐饮、商场、街区、旅游景点、场馆周边等重点区域。

（三）现场快速检测保障团队

现场快速检测团队是食品安全与卫生监督主体，集中行政区内监督机构的现场检测人员、设备、车辆，统一组建专业化监督保障队伍。现场快速检测团队是食品安全与卫生监督保障中专业化技术队伍，现场快速检测是一项技术性、专业性、规范性相当强的监督保障工作，需要统一的规范、统一的标准，必须统一地指挥、统一地要求。一般应当由省级或者市级监督机构负责人，现场快速检测技术负责人担任团队指挥，各卫生监督机构现场快速检测人员参加，统一调度承担任务。

（四）监督保障增援团队

由于重大活动保障工作是一个动态运行的工作，在多数情况下，执行中往往出现没有计划到的意外变化，出现计划外的监督保障任务。如果监督保障主体没有相应的准备和预案，就会措手不及，甚至出现监督保障工作漏洞。因此，对特别重大的活动的保障工作，监督保障主体应当根据实际情况，组建一个相当于参加监督保障人员20%左右的增援预备团队，随时接受临时任务，承担相应的监督保障工作。同时，要按照每4～5人一辆监督车来准备车辆，并准备其他必要用品。

（五）监督保障责任区域

在重大活动食品安全与卫生监督保障中，监督保障主体在组织框架中，应当明确各岗位的工作责任制，明确各单位的保障责任区域和具体保障要求。确定保障责任区域的方式很多：第一，以监督保障的场所为单位确定责任区；第二，以重大活动中专门活动项目为单位确定责任区；第三，以工作关联性确定责任区；第四，以行政区域为单位确定责任区；等等。如何划分区域应当结合具体情况，既可以用一种方式，也可以将多种方式结合起来确定责任区。

一般情况下，由一个监督保障主体单位独立承担监督保障，或者紧密型团体承担保障任务或者重大活动仅涉及一个独立行政区时，可以按场所、按项目等确定责任区。如果重大活动涉及若干行政区，需由上级统一组织，若干下级监督保障主体共同参加，以条和块结合的方式落实保障任务，则应当以行政区为单位确定保障责任区域，这样便于指挥和落实责任。

行政区域的监督保障主要责任有三个部分：一是承担辖区内涉及的与重大活动相关的场馆运行监督保障责任，对接待酒店、供餐单位的驻点保障，重大活动相关现场的监督保障责任；二是按照方案确定的任务，承担辖区内的重点区域、重点单位城市运行的监督保障责任；三是承担其他与重大活动相关的监督保障责任。相关的卫生、食药监部门和所属监督机构，应当对所属责任区的监督保障工作负总责。监督保障区域的责任人，一般为卫生、食药或者监督机构的负责人。

第四节 监督保障工作制度和机制

一、概念和意义

（一）制度

监督保障的工作制度，是监督保障主体为组织实施食品安全与卫生监督保障工作，依据有关的法律法规、上级机关的政策要求，针对管理和具体实施中的环节、需要实现的目标，制定的做好监督保障工作基本规程和规范标准等。包括实施监督保障工作的组织框架、工作范围、相关工作环节、工作的分工、工作的程序、行为的规范、管理的方法和手段等一系列规章制度。

（二）机制

重大活动食品安全与卫生监督保障工作机制，是监督保障主体，在重大活动监督保障组织系统、规章制度框架下，组织指挥畅通、各项制度落实、工作人员积极热情、各环节运转顺畅、能够自律调整偏差，最终实现保障目标，其他正常监督工作同步发展，所采取并有效运转的工作措施的总和。构建一套科学合理的监督保障机制，需要综合组织实施监督保障工作的方方面面，首先就是要搭建一个科学的组织体系框架，其次是建立健全各项工作制度，形成良好的内部环境。使组织体系内各部分总体作用发挥到位，各项制度落实到位。每一个环节、每一个点位、每一项制度都能够有机地联系起来，有序并有效地运转起来。同时，还要协调好方方面面的关系，构建一个良好的外部环境，使监督保障机制得到外界认可、支持。

（三）意义

构建监督保障工作的制度和机制主要意义是：第一，使监督保障工作整体上进一步规范，每一个环节和岗位都能够按照规范运作，使整个工作的程序更加严谨；第二，使监督保障主体的每一个成员的行为都能够受到制度的指导和约束，正确把握岗位的职责、行为的规则，了解违反制度的后果和惩戒；第三，充分调动所有人员的工作积极性，使每一个成员能够得到鞭策和激励，积极努力地在岗位上工作、发挥作用；第四，使监督保障主体成员包括指挥者的行为、每个工作环节甚至细节的工作得到必要的和有效的监督制约，防止出现偏差和问题；第五，使监督保障工作每一项工作有机地联系起来，形成一个完整的系统。通过制度落实、思想教育、技术培训、信息交流等一些系列措施，形成整体的工作动力，保证监督保障工作高效有序地运转，最终实现最佳的监督保障目标。

二、监督保障的组织管理制度和机制

组织管理制度和机制是监督保障主体在组织实施重大活动保障时，为有效地组织、指挥、协调重大活动监督保障工作，根据有关法律法规、相关政策要求，结合重大活动特点、保障任务要求、监督保障队伍状况等实际情况，建立的综合性管理制度，组织、协调和管理工作方法、措施及运作形式。主要目的是保证监督主体有效地组织指挥重大活动的食品安全与卫生监督保障工作。包括指挥协调制度和机制、办公室管理制度、信息工作制度、上下联动制度、岗位责任制度、督导巡查制度、工作例会制度等等。

（一）统一组织指挥制度机制

组织指挥制度机制是监督保障主体建立的、在重大活动监督保障时决策层工作制度和统一指挥协调机制，主要规范监督保障指挥机构的管理行为和运行方式。在重大活动食品安全与卫生监督保障运行期间，监督保障主体领导层应当确定工作内容、工作程序，明确职责分工，相对集中办公，建立科学的指挥协调机制。通过办公会议制度、办公室协调会议制度、现场指挥和督导检查制度、工作联系和通报制度等的落实，及时把握各环节的工作状态，及时进行组织调度，有效指挥各环节高效运转，全面落实重大活动监督保障工作。

（二）协调机构工作制度机制

协调机构工作制度机制是监督保障主体建立的，在重大活动监督保障时，综合协调机构的工作制度和运行方式。主要目的是，规范综合协调机构（领导小组办公室）的工作内容、工作程序、管理要求和运作形式等，保证综合协调机构，能够按照领导小组的要求，具体协调和组织好监督保障工作。通过印发《会议纪要》，及时传达领导指示精神；通过《重大活动监督保障动态专报》，及时向上级机关报送监督保障工作动态；通过《重大活动监督保障动态简报》，及时通报监督保障工作进展，指导区县和有关单位开展工作；通过监督保障工作《大事记》，及时记录和反馈工作情况；通过发布重大活动监督保障动态信息，及时迅速传递信息。同时，加强宣传，创造监督保障的良好的工作氛围，并做好监督保障工作材料的整理归档工作。

（三）方案、预案制度机制

方案、预案制度机制是监督保障主体制定的，关于制定和实施监督保障工作的方案、预案的制度机制。主要是规范监督保障主体各部门，在接到重大活动监督保障任务后，应当如何制定好工作的方案、突发事件的应急预案，编撰监督保障工作管理手册，明确工作的重点、范围、内容和时间表路线图，预测可能存在的食品安全和公共卫生风险，制定相应的应急工作预案。并在重大活动时，严格按照预先制定的方案、预案执行，以保证各项工作依法科学有序实施。

（四）工作规范制度机制

工作规范一般指重大活动食品安全与卫生监督保障各项工作的技术规范和标准。组织实施重大活动监督保障，应当针对不同的重大活动和监督保障特点，建立完善的工作技术规范和标准体系，用以指导监督保障工作的具体实施。监督保障主体建立规范标准体系，至少应当涵盖五个层面：一是总体工作层面的规范要求；二是接待单位食品安全、公共卫生整改提升层面标准和规范；三是进行卫生风险评估排查层面的规范和标准；四是驻点现场监督层面的规范和标准；五是现场快速检测层面的规范标准等。监督保障工作的规范和标准，不仅要有技术层面的内容，还要包括相应工作方面的要求。通过这些规范的具体实施，使重大活动食品安全与卫生监督保障工作更加规范科学、高质高效。

（五）工作联动制度机制

工作联动制度机制是监督保障主体制定的，在重大活动期间各层级、各环节、各工作组成部分应当在统一指挥下，统一步骤进行联动的制度机制。由于重大活动往往涉及范围非常大，需要调度的人员多。因此，监督保障主体必须建立相应的工作制度机制，保证各层级、各环节、各相关方面同步协调运转。形成统一指挥、上下联动、区间联动、全员参与，场馆和城市、重点和一般、监督和检测的联动运行工作机制。在重大活动监督保障期间，一个上级统一指挥调度，上级与下级，领导与基层实行工作联动，全员共同参与。同时，对场馆内的监督保障与场馆外监督保障，重点保障与常规工作、监督与监测联动的方式，预先开展技术培训和实战演练，监督保障运行时，统一调度落实监督保障任务。

（六）衔接常规工作的制度机制

衔接常规工作是指监督保障主体在落实监督保障任务时，将重大活动监督保障，与全年监督执法工作紧密结合的制度机制。主要规范监督主体在落实重大活动监督保障任务时，将监督保障的工作内容与当年常规工作任务有机衔接、互为推动。在落实保障任务的同时，确保食品安全与卫生监督工作全面推进，确保当年各项重点工作落实到位并有所创新，同时围绕重大活动监督保障，建立长效的食品安全与卫生监督整治制度与机制。加大监督执法力度，开展食品安全和卫生监督专项整治，强化对管理相对人落实主体责任，进行改造提升的督促指导，强化食品安全、公共卫生管理制度落实。完善食品安全监督、卫生监督与技术服务衔接机制，多角度建立和完善长效机制，提升整体食品安全和公共卫生水平，为重大活动创建良好公共卫生环境。

（七）信息管理制度机制

信息制度机制是监督保障主体在重大活动监督保障中，关于收集、上报、反馈工作信息，及时进行信息交流的制度机制。规范各部门、各单位、各环节，按照要求及时报告信息，综合协调机构及时收集和反馈信息。并配合卫生新闻宣传工作的部署，组织落实好信息收集、素材积累，适时通过媒体向社会宣传监督保障动态与效果，树立监督队伍良好形象。通过信息反馈交流，及时表彰先进、推广好的经验做法，推动监督保障工作进程，调动全体参加监督工作人员的工作积极性，保证工作落实，也使各级领导及时了解监督保障工作情况。

（八）督导稽查制度机制

督导稽查制度是重大活动组织管理和运行机制的正常运行的保证机制之一，也是整体机制中的监督和自我约束功能。在重大活动食品安全与卫生监督保障中，监督保障主体为了有效地组织指挥监督保障工作，及时发现和处理监督保障中的问题，保证各环节、各点位，按照工作方案和技术规范的要求落实工作，建立的督导稽查制度机制。主要是规范在重大活动监督保障中，如何建立督导稽查和巡查队伍，如何进行督导稽查，督导稽查的重点内容、程序，有关问题的处理方法，相关的责任追究等内容，保证各岗位人员落实岗位责任制，遵守监督保障工作纪律，防止任何情况的工作偏离和违规行为。

（九）工作例会制度

工作例会主要目的是加强对监督保障工作的指挥和协调，及时了解和掌握监督保障工作动态，进行及时有效的信息交流，及时处理相关问题。每日工作例会是监督保障主体组织实施监督保障，实施有效指挥的重要方法措施。重大活动食品安全与卫生监督保障工作非常复杂，专业技术性强，在实践中的变数也大，必须进行及时的调整。为了加强对监督保障工作的具体指挥调度，监督保障主体，应当落实每日工作例会制度，由各工作环节、各监督团队、各工作责任区，在例会上通报工作情况、提出存在问题和工作建议，供领导层及时研究决策、调整部署。

（十）岗位责任制度

岗位责任制度是重大活动食品安全与卫生监督保障制度机制中重点内容，是保证监督保障工作落到实处的重要基础。在重大活动监督保障工作中，监督保障主体从组织管理方面至少应当建立四个层面的岗位责任制度：一是领导决策层的岗位责任制，包括指挥协调机构的职责、各主管负责人的岗位责任；二是综合协调职能机构层面的岗位责任制，按照前节组织框架体系，负责综合协调、应急调度、信息管理、后勤保障等方面的岗位责任制；三是监督保障团队组织指挥层面的岗位责任制；四是各监督保障责任区层面的岗位责任制，包括现场监督、监测、巡查等。监督保障主体应当从专业技术层面，建立食品安全监督保障、公共场所卫生监督保障、饮用水监督保障、传染病防控监督、现场快速检测等专业岗位的责任制。

三、监督保障操作层面的制度机制

（一）概念和特点

重大活动食品安全与卫生监督保障操作层面的制度机制，是指在重大活动保障具体运行中，监督保障主体针对重大活动监督保障专业特点，在保障工作运行的操作层面，采取的具体专业措施，建立的工作制度和机制。这些措施、制度和机制，与监督保障的组织管理制度和机制相比较，应当理解为重大活动食品安全与卫生监督保障在操作层面的具体方式和手段，监督保障工作运行的具体步骤和程序，是监督保障工作的专业性行为规则和标准，是保证监督保障科学性、规范性和高质高效性的方法和措施，是实施监督保障工作的直接的一线的工作制度和机制。而监督保障的组织管理制度和机制，是监督保障主体组织实施重大活动保障时的管理制度机制，是保证操作层面制度机制得到落实的管理方法和手段。监督保障操作层面制度机制的主要特点表现在：

一是较强的针对性。这些制度机制一要针对重大活动的监督保障特点；二要针对重大活动食品安全与卫生监督保障的专业要求；三要针对重大活动监督保障工作的具体操作；四要针对重大活动监督保障的管理相对方服务内容和特点；五要针对监督保障风险监控的重点等。监督保障主体并不关注监督保障工作如何组织、如何指挥和怎样进行工作协调调度。对不同重大活动、不同的监督保障任务、不同的监督保障专业采取不同的工作机制。

二是专业性与技术性。这些制度机制，包含了食品安全与卫生监督保障各个专业工作的技术要求和规范。一要体现监督保障的内在特殊要求；二要体现食品安全、公共卫生内在科学的客观规律；三要体现不同专业监督工作的技术规范和标准；四要体现食品安全监管和饮用水卫生、公共场所卫生监管的工作规律；五要体现监督工作内容与人体健康的内在关联性。因此，它是具有很强的专业性的监督保障制度机制。

三是直接作用性。这些制度机制，一要直接作用于重大活动各个专门动作，各项活动环节，对重大活动产生直接的影响；二要直接作用到为重大活动提供服务的相关单位、相关服务工作；三是直接对重大活动服务提供单位进行监督检查和检测，直接反映管理相对人的卫生状况，也是监督保障工作直接应用手段和方法；四会直接体现重大活动的食品安全与卫生监督保障的质量、水平和效果；第五是监督保障任何一个具体环节出现问题，违背了相关的制度，都可能造成对重大活动的直接损失。

四是规范与约束性。这些制度机制，有的是食品安全与卫生监督保障主体，依据相关的食品安全、公共卫生法律、法规、规章制定的，有的是依据相关的食品安全与卫生监督规范和标准制定的。体现了相关法律法规、规范标准的精神和具体规定，体现了监督保障工作执法性和规范性。在一定意义上，是监督保障主体在重大活动监督保障中，执行相关法律法规，贯彻相关规范标准的具体手段、方法和程序。对监督保障主体和管理相对人有双重规范性和约束性，监督保障监督主体及其监督人员，应当严格遵照执行、履行职责；有关的管理相对人单位和个人，应当依法予以配合，自觉遵守相关规范，履行义务。

（二）预防性风险评估机制

风险评估是近些年在经济和社会管理中，被高度重视的一项管理机制。我们所讲的预防性风险评估制度机制，是在重大活动食品安全与卫生监督保障中，监督保障主体依据预防为主的原则，借鉴风险管理和 HACCP 理念，按照食品安全和公共卫生的客观规律,建立的一项预先风险评估排查制度机制。预防性风险评估制度机制,包括宏观、中观和微观三个方面。

一是宏观角度,监督保障主体接受重大活动监督保障任务后,要收集综合各方面信息,进行传染病流行的监测评估预警、进行可能影响公共卫生的突发事件的风险评估、进行总体食品安全和公共卫生风险的监测评估预警。

二是中观方面,监督保障主体接受重大活动监督保障任务后,要对重大活动、重大活动接待单位、供餐单位和其他直接为重大活动提供服务的单位,通过现场的监督检查、监测检验、专家评议等方式,进行食品安全、公共场所卫生、饮用水卫生等的风险识别和评估,并确定风险的等级,选择控制措施。

三是微观方面,主要是针对具体事项、具体监督保障点位、具体环节等进行的风险评估。预防性风险评估制度机制,是重大活动食品安全与卫生监督保障的非常重要的理念和方法。主要意义在于通过预先的风险识别和评估,了解风险,及时采取措施消除或者降低风险因素,重点监控难以彻底消除的高风险,达到监督保障的目的。在重大活动启动前,监督保障主体,在中观和微观方面,应当组织进行两轮以上的风险评估,并与专项整治改进提升相衔接。

(三)专项整治和整改提升机制

专项整治和整改进提升是与预防性风险评估相衔接,体现重大活动食品安全与卫生监督保障预防为主原则,落实企业第一责任人责任的重要制度机制。这项制度机制,主要包括两个方面:第一,在一个社会影响较大的重大活动开始前,食品安全与卫生监督保障主体,应当在重大活动举办城市的重点区域、重点行业、重点单位,开展食品安全、公共卫生的专项整治,督促指导相关单位改进提升食品安全和公共卫生水平,达到国家有关部门规定的食品安全监督、公共场所卫生监督量化分级管理 A 级或者 B 级水平,提高整个城市的食品安全和公共卫生水平,为重大活动创造良好的食品安全和公共卫生环境。第二,与预防性风险评估制度机制相衔接,即重大活动启动前期,监督保障主体对相关单位进行风险评估后,要督促指导被评估单位,根据风险评估的结果,进行整改和提升。主要目标是消除极高风险因素,最大限度地降低高风险因素。每进行一轮风险评估,就进行一次整改提升,使相关接待单位在重大活动启动时,达到最佳的食品安全和公共卫生状况。

(四)接待单位自律承诺机制

企业自律承诺是贯彻《食品安全法》等法律法规规定,落实企业第一责任人制度的重要措施之一。在重大活动前,监督保障主体应当要求相关接待和服务单位,就食品安全和公共卫生自律管理做出承诺。承诺的主要内容包括食品卫生安全承诺、生活饮用水卫生承诺、公共场所卫生承诺等。承诺严格遵守《食品卫生法》《传染病防治法》《公共场所卫生管理条例》《生活饮用水卫生标准》《公共场所卫生标准》等法律法规、规范标准，严格遵守各项管理制度，及时报告信息情况，做好各项事故预案，严防各类风险事故等。进行自律承诺的目的，关键是强化相关单位，特别是法定代表人的法律意识、责任意识、事故防范意识和自律管理意识，使其高度重视重大活动的接待服务，重视食品安全、公共卫生和各类风险事故的防范，保障重大活动的食品和公共卫生安全。

（五）宣传教育培训机制

强化教育培训是在重大活动食品安全与卫生监督保障中，坚持预防为主原则、落实企业主体责任、宣传贯彻法规标准的重要措施。按照这项制度机制，在重大活动监督保障的准备期，监督保障主体要结合重大活动监督保障实际，组织多种形式和内容的培训，而且必须成为常规的规定动作，把监督保障的各项要求、风险可能、控制方法传递给所有人员。一是要对参加监督保障工作的监督人员进行培训，培训的内容包括本次重大活动的特点、要求、关键环节，各专业的监督保障规范、标准，各环节的风险评估和控制要求，保障人员工作纪律、行为规范等，主要是强化工作规范、强化责任落实。二是对重大活动接待服务单位进行分层次培训，分别培训企业负责人、各岗位管理员、关键岗位从业人员等，培训的内容包括法规、规范和相关制度，食品安全与公共卫生知识，关键岗位注意事项等。对从业人员要结合风险评估情况，有针对性地进行现场培训。培训的主要目的是强化风险和责任意识，强化重视程度，强化遵法守规的自觉性，达到在实践中预防风险发生的效果。

（六）全程现场监督监控机制

全程现场监督是重大活动食品安全与卫生监督保障最传统、最基本的工作形式、方法和手段。我们将其形成制度和机制，是将这种监督保障方式规范化、程式化、固定化，把所涉及的环节衔接和互动起来。无论开创多少新的方法和手段，全程现场监督仍然是最基本的方法。全程监督包含有几层含义：一是对重大活动的场所和涉及公共卫生的动作实施全程现场监督；二是对重大活动接待与服务单位实施 24 小时驻点现场监督；三是对餐饮服务从原料采购入库、加工制作，到送上餐桌的全过程进行现场监督；四是对高风险环节例如：冷荤菜制作，从主辅料准备、专间用具消毒、操作人员卫生、加工过程及转送进行全程现场监督。这种制度机制的关键是突出现场、突出全程、突出人盯人、突出操作程序性、突出规范的监督监控。

（七）全程现场快速检测机制

现场快速检测是近几年引进食品安全与卫生监督保障的新技术、新方法。现场快速检测技术的应用，弥补了传统的以人的观察、查看等方式，通过人的视觉等感知系统，评判行为和物品合格与否的某些不足。使重大活动食品安全与卫生监督保障的现场工作方式，由单纯的主观评判，转变为主观与客观相结合，提升了现场监督保障的科学性和规范性，提高了工作的质量和效果，也可以讲是一次飞跃。

全程现场快速检测，作为监督保障的一项制度和机制，要使其作为长效机制，成为监督保障的规范动作：第一，现场快速检测要应用到监督保障的全过程中，无论是前期的风险识别评价，还是运行期的现场监督保障；第二，现场快速检测要应用到各项监督保障专业中，无论是食品安全监督保障，还是公共场所卫生、生活饮用水卫生的监督保障；第三，现场快速检测要应用到现场监督保障的每一个环节中。但是，还需要强调一点，就是现场快速检测无论如何先进，也有其短板和不足，必须与现场监督的传统方式有机结合，不能以现场快速检测代替现场监督的传统方式。我们特别强调和推荐的是，实施全程现场监督监控与全程现场快速检测监控相结合的科学的监督保障机制和模式。

（八）关键环节高风险点位重点监控机制

关键环节是重大活动食品安全与卫生监督保障，需要把握的具有举足轻重、影响全局的部位。高风险点位是那些经过风险识别评估，存在高风险因素，属于高度风险，能够控制食品安全和公共卫生危害的点位，也可以称之为危害控制点、关键控制点，是关键环节中的关键点。重点监控是在进行全程现场监督保障的基础上，重点对关键环节和高风险点位，采取强化的监督保障措施。对这个点位上的每一个步骤、每一个动作，进行人盯人的现场监督监控和现场快速检测监控的措施。实行对关键环节、高风险点位进行重点监控的制度和机制，可以最大限度地合理利用有限的人财物资源，最大限度地把控住监督保障的关键和重点，获得最佳的监督保障效果，实现监督保障的目标。

（九）备案审查机制

在重大活动食品安全与卫生监督保障中，监督保障主体应当建立相关备案查制度机制。

第一，食品添加剂使用备案。为了保障食品安全，防止在食品加工过程中，违规使用食品添加剂或者非法添加非食用物质，监督主体应当建立食品添加剂使用备案查制度。为重大活动提供餐饮服务的单位，准备在给重大活动提供的餐饮食品中使用食品添加剂，必须预先向监督保障主体，报告食品添加剂的名称、具体用途、使用剂量等，监督保障主体经审查认为符合相关标准和规范，准予备案方可使用。

第二，供餐食谱菜谱备案。餐饮服务单位为重大活动餐饮服务前，应当将食谱菜谱报送监督保障主体审查，经监督保障主体经审查，认为食谱菜谱有不适宜集体用餐、存在相关食品安全风险、因防病需要不宜使用的食品等情况，餐饮服务单位应当进行调换。经监督保障主体审查同意准予备案后，餐饮单位应当按照备案的食谱菜谱加工和提供餐饮食品。

第三，服务方案预案备案。重大活动接待单位、服务单位，涉及食品安全和公共卫生的相关工作方案、预案，应当报监督保障主体备案。已经监督保障主体备案的相关方案、预案进行调整时，应当及时报告监督保障主体，以保证监督保障主体依法对相关的活动和关键环节实施现场监督监控。

第四，临时从业人员备案。重大活动接待单位、服务单位，因服务工作需要临时借入、调入或者招录相关从业人员时，应当向监督保障主体进行报告和备案，监督保障主体应当依法对相关人员的健康状况进行审查。

（十）应急处置制度机制

在重大活动食品安全与卫生监督保障中，监督保障主体应当建立相应的应急处置制度和机制。应急处置制度机制包括两个方面：

第一，突发公共卫生事件应急处置。监督保障主体，应当制定各类公共卫生突发事件的应急预案，对报告、预警、应急响应、指挥调度、处置职责和方式等做出规定，重大活动接待单位、服务提供单位和执行驻点监督保障任务的监督人员，一旦遇到突发的疑似食物中毒、食源性疾患等群体健康损害事件，应当按照原规定，迅速报告监督保障指挥机构，指挥机构按照程序认定为属于公共卫生突发事件的，应当立即启动突发事件应急处置程序和应急指挥机制。

第二，其他突发事件应急处置。监督保障主体应当制定突发事件的食品安全和公共卫生应急预案，按照突发事件应急指挥机关的要求，就相关突发事件的食品安全与卫生监督应急响应和应急处置做出规定，一旦发生预案规定的情况，立即启动预案，按照统一指挥机构的部署启动食品安全与卫生监督应急响应。

第三，现场应急处置。我们在前面的章节讲过，应急性是重大活动食品安全与卫生监督保障的重要原则。监督保障主体，应当按照现场应急处置这个原则，建立现场应急处置的制度机制，在重大活动监督保障现场，发现可疑食品安全和公共卫生问题，驻点监督保障人员，应当立即果断处理，无须遵循常规程序。例如现场快速检测发现某类食品、物品存在问题，无须经过实验室验证，也不需经过上级批准，即可在现场做出应急处理，禁止食用或者使用，事后再向上级报告。这就是现场应急处置权，但是这种权力不能滥用，要把握好尺度，以防止造成不必要的损失和后果。

第五节 监督保障的工作步骤

一、含义和特点

监督保障的工作步骤，是指监督保障主体在组织实施重大活动食品安全与卫生监督保障时的方式、步骤、顺序、程序等，是在重大活动监督保障过程中，按照时间可以划分几个阶段，每一个时间阶段所进行的工作、完成的任务、实现的工作目标。从一项工作、一个活动、一个项目规范管理的角度，工作步骤研究如何将一个完整的工作、活动和项目，科学地分成几个相互联系、衔接的部分，进行具体实施运作。在实践中，重大活动食品安全与卫生监督保障的工作步骤，一般分为前期准备、临近期准备、运行期工作和总结收尾四个阶段。这四个阶段划分的核心和标尺，是重大活动的启动运行，重大活动启动及其前置监督主体的工作，都可以称之为准备工作。

监督保障主体组织实施一项重大活动食品安全与卫生监督保障，应当按照有关内容制定相应的工作方案、预案，在方案或者预案中，对工作的方式、形式、时间步骤等做出具体安排。方案或者预案确定后，监督保障主体还要根据具体情况，制定实施方案时间表和路线图，这就是实施重大活动的具体步骤，也是基本的工作流程。在动态的情况下，步骤就是监督保障主体紧扣重大活动的进程，一步一步推进并实施监督保障具体行为的活动，当重大活动终止里程时，监督保障工作也就随之结束。因此，重大活动食品安全与卫生监督保障的实施步骤不是孤立、随意的，需要与重大活动、自身能力和监督保障工作规律相匹配、相适应。

第一，与重大活动衔接性。监督保障主体，在食品安全与卫生监督保障过程中，无论是前期准备，还是运行期保障，工作进程时间安排要与重大活动的规模、形式、特点和需求相适应，要与重大活动筹办工作进程时间节点相吻合，要与政府及有关部门对各项保障具体要求相一致、相衔接。不能只为了监督保障的步骤而步骤，不能让监督保障的具体顺序和步骤与重大活动的筹备、运行、收尾的运行客观规律相脱节。

第二，与监督保障主体能力水平相适应。监督保障工作每个阶段的功能和任务、工作形式、方式、顺序、步骤等，以及每个阶段应当完成的具体工作任务，一定要在与重大活动筹备工作进程、重大活动运作进程相匹配的基础上，符合监督保障主体的人力、物力、财力实际情况，与监督保障主体的实际工作能力水平、经常性监督执法的基本状况等相适应。保证监督保障主体，能够在规定的时间内完成规定的工作任务。

第三，与监督保障规律和特点相一致。重大活动食品安全与卫生监督保障形式、顺序、时间节点等，要符合食品安全与卫生监督的客观规律和工作特点。先做什么、后做什么、再做什么等，都要符合监督保障的原则和特点，有利于监督保障工作的实施，有利于监督保障工作目标的实现。不能盲目地流于形式，不能单纯地为了某一个顺序、一个步骤，而做什么动作。每一步、每一个环节、每一个步骤都要有明确的目的，都要与下一个步骤紧密衔接，相互呼应。前一个步骤是下一个步骤的基础，又是更前一个步骤的继续。

二、前期准备阶段

前期是指需要监督保障的重大活动尚在早期的筹备阶段。这个阶段应该早到什么时间，没有统一的规定，只能根据重大活动具体情况确定，监督保障主体是没有能力决定的。有些重大活动筹备期时间较短，或者虽然活动的筹备期很长，但没有向食品安全与卫生监督保障主体通报，等到食品安全与卫生监督保障主体掌握了情况，距重大活动正式启动时间已经很短了，实际到了重大活动的临近运行期，已经没有前期准备阶段了。也就是说，在多数较一般的重大活动监督保障中，前期准备和临近运行合二而一，监督保障步骤只能分为准备阶段、运行阶段和总结收尾阶段。

前期准备阶段，主要还是针对那些特别重大的活动，地方政府会进行较早的筹办部署，进行整体的保障准备，如2008年北京奥运会。除此之外，有些重大活动已经成为某些地方常规定期举办的活动，卫生监督保障主体可以自主地进行监督保障的前期准备。前期准备阶段，监督保障主体需要做好以下几方面工作。

（一）开展前期调研

主要是对那些影响特别大、参与主体复杂、当地没有承办经验的重大活动。食品安全与卫生监督保障主体，应当拟定计划开展针对性的专题调研，了解这次重大活动的规模、特点、主体状况、需求等相关信息；必要时应当外出调研学习，向有承办工作经验省市的监督保障主体调查，获取如何做好类似重大活动的食品安全与卫生监督保障工作的成功经验。

（二）进行初始策划

监督保障主体应当依据相关法律法规，结合专题调研情况，进行综合分析研究，策划初始工作方案，搭建准备阶段的组织领导框架，进行重大活动监督保障的立项，与该项重大活动筹办机构建立相互联系，确定工作联系人和责任，设计重大活动监督保障方案框架。

（三）搭建组织构架

监督保障主体应当尽早研究成立此项监督保障工作领导小组或者指挥机

构,并确定主管部门和领导。尽快明确综合协调机构、专业工作团队,落实相关责任制。综合协调机构,根据筹办工作进度,采取灵活的办公方式,初始安排专人逐渐成为专门办公室,并启动专题大事记、编撰专题信息简报等。

(四)制定标准规范,开展培训演练

监督保障主体应当根据情况,组织各单位,按照工作分工和岗位责任制,制定各项工作的规范和标准,制定各项工作制度;研究各项工作的实施方案、预案,必要时编制监督保障工作的技术手册;组织对相关人员进行涉及重大活动规则、特点、惯例、涉外纪律、监督保障重点等方面的培训。

(五)筹备物资、调试仪器

根据监督保障工作任务情况,按照初步设定的工作方案,进行相关物资的采购、设备筹备,进行相关仪器的调试标定等,根据需要与相关的工作技术对接,开展监督保障的实战演练。

(六)组织开展专项整治

根据重大活动筹办的具体情况,在辖区范围内以初步拟定的接待单位为中心,以重点监督保障区域、重点监督保障单位为重点,开展有针对性的食品安全、公共场所卫生、生活饮用水卫生等的专项整治行动。指导相关单位整改、提升食品安全和公共卫生水平。

(七)开展风险识别评估

监督保障主体在推进专项整治的同时,适时启动对重大活动接待场所和单位的风险识别评估;收集信息开展传染病流行风险预警评估;进行突发公共卫生事件风险评估,结合风险评估制定应急预案。

三、临近期准备阶段

临近期是指接近重大活动开始的一段时间。距离重大活动开始前多长时间,应当确定为重大活动的临近期,没有统一的概念和界定。但是,根据重大活动监督保障的实践经验,重大活动的规模越大、影响越大、重视程度越高,临近期的时间可能就越长。一般情况下,对那些影响特别大的重大活动,监督保障主体至少在重大活动正式启动30日前,就应进入食品安全与卫生监督保障临近期的准备阶段。这一阶段的准备工作是非常紧张的。

(一)完成风险评估,进行最后冲刺

监督保障主体要完成对接待单位的2～3次现场卫生情况的风险评估,以风险评估为切入点,督促指导各接待单位,一步一步地深入整改,达到最佳食品安全和公共卫生状态,并对各单位进行最后的食品安全与公共卫生的检查验收,确定现场监督保障的关键环节。

（二）强化培训、强化意识、提升能力

监督保障主体对全体参加监督保障工作的人员，进行监督保障运行前的强化培训教育，进行思想和组织动员，使之达到最佳的竞技状态。必要时，还要考核、审查。组织对所有参加单位的、各岗位准备情况、各岗位准备工作进行检查验收，完成对所监督保障人员的登记注册。

（三）监督保障队伍及心理状态全部就位

所有参加监督保障的驻点监督员、城市运行监督员、现场快速检测人员应当全部到位，从心理上、组织上和竞技上，提前进入保障运转状态，按照岗位责任制的规定，对监督保障岗位进行关键环节的工作对接，熟悉情况、掌握要点，随时可以进入工作。

（四）现场快速检测全部就位

通过现场实战演练、卫生风险评估、培训考核，使现场快速检测的技术能力达到最佳状态，监测点位、检测项目达到最熟练程度。仪器设备全部经过调试、标定，达到最佳的使用状态，随时能够承担并高质量完成任务。

（五）外围专项整治、整改提升到位

对城市运行中的重点地区、重点单位，食品安全和公共卫生专项整治工作取得效果，各相关场所和单位的整改提升全部达到要求，对未到位的单位依法严肃处理，必要时责令停止经营。

（六）组织指挥体系全部就位

在前期准备中，搭建的食品安全与卫生监督的领导指挥体系全部就位，各项制度机制全部正式启动，指挥顺畅、执行有力、信息畅通、运行良好。

四、运行期工作阶段

从理论上讲运行是重大活动正式开始至结束的这一个阶段。这个阶段是重大活动食品安全与卫生监督保障的核心运作阶段，是监督保障工作重中之重阶段。但是，在重大活动食品安全与卫生监督保障实践中，这个阶段不能以重大活动启动与结束界定，监督保障运行期工作机制，要先于重大活动启动开始，晚于重大活动结束终止。一般情况，监督保障的组织指挥和城市运行食品安全与卫生监督保障的核心运行阶段，要早于重大活动开始 1～2 周启动，晚于重大活动 1 周结束；场馆运行的食品安全与卫生监督保障核心运行阶段，要先于重大活动开始 1 周左右启动，驻点监督员至少在首位代表入住前一天，进驻监督保障岗位；在最后一个代表离会后一日撤离岗位。提前进入重大活动运行期，使重大活动监督保障有一个工作提前量，尽早使相关工作的配合达到默契的程度，为重大活动营造良好的食品安全和公共卫生环境。

（一）启动运行期工作机制

监督保障领导指挥机构、综合协调机构、各专门工作组、各相关单位进入重大活动运行期工作程序：启动工作联络机制，每日报告工作、通报信息，实行领导和相关人员24小时值班；办公室有关工作人员集中办公制度。

（二）监督保障人员进驻岗位

各现场监督保障队伍按照指定时间全部进驻监督保障单位和各自工作岗位进入监督保障运行状态，按照指定时间进驻监督保障单位和各自工作岗位，以便强化各项工作衔接，进行现场演练对接，确保高质量、高水平、万无一失地落实现场保障工作。

（三）启动全程监督监控机制

各现场监督保障工作按照预定实施方案、工作预案启动工作。驻点监督员对驻点单位，餐饮食品的10个关键环节实行全过程监督监控，对各类客房、洗浴、游泳、美容美发、休闲娱乐、咖啡厅等公共场所、生活饮用水卫生等8个关键环节定点监督巡查监控，做好监督监控记录，发现问题立即予以纠正。

（四）启动全程现场快速检测机制

各现场快速检测小组，按照预定方案进驻监督保障岗位，与驻点监督员密切配合、相互协作，开展现场快速检测工作。重点监控食品源头微生物和化学污染指标、食品加工过程污染指标、食品工具用具和环境清洁消毒指标；监控公共场所空气质量指标、客人用品消毒指标、重要场所微小气候指标、游泳场馆水质卫生指标；生活饮用水微生物指标、感官性状指标、重要化学指标等。做好检测记录，发现问题立即配合驻点监督员做出判断和处理。

（五）启动城市运行监督巡查机制

城市运行监督保障队伍，进入城市重点区域，开展对重点场所、重点单位的监督巡查。专门监督巡查队伍，对重点地区食品安全、公共场所等实行每天早、中、晚三次巡查制度；对中心供水企业实行每日巡查和现场快速检测制度，及时发现并消除城市运行中的食品安全和公共卫生隐患，为重大活动营造良好卫生安全环境。

（六）启动巡查督导机制

监督保障主体，按照预定工作方案，组织督导巡查小组，对各监督保障责任区落实监督保障责任的情况，进行督导检查，协助解决疑难专业问题，协调相关工作关系，处理脱岗违规等问题。

（七）启动每日工作例会制度

监督保障主体按照组织指挥体系，每日由综合协调机构召集会议，由各工作小组、各监督保障团队、各监督保障责任区，汇报当日工作情况，现场研究解决存在问题，传达上级有关指示和工作部署，整理编制工作信息简报，上报工作情况。

五、总结收尾阶段

重大活动结束后，监督保障主体应当及时进行工作总结。这个阶段，监督保障主体根据重大活动监督保障的具体情况，进行各方面的总结。

（一）进行总体工作评议

召开监督保障工作评议会，总结监督保障工作中的经验教训、工作亮点、工作特色、存在的问题，提出今后加强和改进的意见。

（二）进行监督保障技术总结

收集分析现场监督监控、现场快速检测技术资料，总结发现现场监督保障中的技术问题，总结技术经验和今后改进措施等。

（三）建立专门工作档案

收集汇总监督保障中的各类文件资料、工作信息、现场监督检测工作记录、会议记录、领导讲话、影像资料和各单位、各环节工作总结等，建立全过程专门工作档案。

（四）进行专项工作总结

监督保障主体，根据监督保障的具体情况，召开各类总结会、进行工作经验交流，表彰先进集体和个人。根据需要编制有关工作资料汇编，为今后工作打好基础。

第七章　重大活动食品安全与卫生监督保障中的突发公共卫生事件应急处置

第一节　概　述

一、相关概念

（一）公共卫生

从公共卫生现实实践角度讲，由于其涉及学科繁多，与之关联的范畴宽泛、交叉，各国在实施公共卫生的组织体系构成、部门功能职责等方面不尽相同，因而目前国际上对于公共卫生还没有相对通行和统一的定义。但这种情况并不影响公共卫生成为当前世界各个国家普遍采取的保障国民身心健康的基础形式和工作系统。

美国城乡卫生行政人员委员会对公共卫生的定义为：公共卫生是通过评价、政策发展和保障措施来预防疾病、延长人寿命和促进人的身心健康的一门科学和艺术。此外，就医学领域的分类而言，“公共卫生”一词的内涵还是比较清楚的：是针对社区或者社会的医疗措施，它有别于在医院进行的，针对个人的医疗措施。比如：疫苗接种，健康宣教，卫生监督，疾病预防和疾病控制，各种流行病学手段，等等。从医学领域公共卫生实践角度来看，卫生监督是我国公共卫生体系的重要有机组成部分。

（二）突发事件

依据《中华人民共和国突发事件应对法》的规定，突发事件是指突然发生，造成或者可能造成严重社会危害，需要采取应急处置措施予以应对的自然灾害、事故灾难、公共卫生事件和社会安全事件。从突发事件定义界定范围来讲，在我国较为久远的历史和特殊地理自然环境等背景下，各类突发事件在我国是长期存在且人民积累了丰富斗争与应对的经验的。但我国将突发公共卫生事件作为一种独立的自然与社会现象，从国家层面予以立法和应对工作，是在以 2003 年在我国暴发流行的“非典型性肺炎(SARS)”疫情为标志的一系列自然灾害、社会安全事件的集中发生时,我国对于风险管理理论的逐步认知成熟以及国际、国内安全形势的变化等相关客观因素推动下,于近十年间逐步进入法制化、科学化的轨道上来的。

(三)突发公共卫生事件

突发公共卫生事件是指突然发生,造成或者可能造成社会公众健康严重损害的重大传染病疫情、群体性不明原因疾病、重大食物中毒和职业中毒以及其他影响公众健康的事件。《中华人民共和国突发事件应对法》将其列为我国法定的突发事件种类之一,此类事件具有成因多样性、分布差异性、传播广泛性、种类多样性、危害复杂严重性等特点。按照现代风险管理理论,公共卫生事件的发生是公共卫生风险达到或突破安全临界点的一种状态,其产生的危害逾越了人们可以接受的损害风险预期,公共卫生突发事件主要危害人群健康,并对社会经济秩序造成影响。

(四)突发公共卫生事件应急

突发公共卫生事件应急是指围绕突发公共卫生事件而采取预防和控制类应对措施,囊括风险管理理论中风险识别评估、应急预警响应、应对控制处置等相关的具体行为。依据国务院颁布的《突发公共卫生事件应急条例》中对突发公共卫生事件应急的描述,突发公共卫生事件应急应当包含突发公共卫生事件预防与应急准备、报告与信息发布、应急处理三个方面。

二、重大活动保障卫生监督应急的含义

重大活动首先是一种人群聚集活动,造成一定地区或地域短时间内食品安全、传染病和公共卫生风险提升;并且因为重大活动在发展地方会展现经济、提升地区知名度等方面的重要意义,其相关公共安全成为一定时期、一定区域内举足轻重的社会问题。因而,重大活动卫生监督应急工作也被赋予了更多的政治、经济、公共秩序含义,简单概括为以下几个方面:第一,对于重大活动所在地方政府来讲,它是建立在保障重大活动公共卫生安全、维护社会政治、经济秩序、保证重大活动的顺利开展这一基础根源之上的;第二,对于参与卫生监督保障的相关部门来讲,它是对可能预见的高风险情况,采取的具有预防性的准备工作或者在重大活动受到不可预见和未知因素影响,风险暴露突破了卫生监督保障措施手段的控制底线而发生突发公共卫生事件后,所采取的有准备的应对控制措施;第三,对于重大活动本身来讲,它是维护活动期间正常社会公共卫生秩序,临时性强化活动地区公共卫生安全水准,确保与会人群健康安全和卫生权益得到保障。

三、突发公共卫生事件应急与重大活动监督保障的关系

突发公共卫生事件应急是相对于重大活动保障卫生监督保障产生的,二者

是一种“高度一致、紧密联系、互为因果”的对立统一关系，主要体现在三个方面：

第一，从来源和目的角度说，突发公共卫生事件应急与重大活动卫生监督保障均是地区公共卫生体系卫生监督的具体功能体现，卫生监督保障工作服务服从于确保重大活动期间公共卫生安全这一总体目标，在任务目标上具有一致性和从属性。就采取措施来讲，重大活动保障更加侧重于事前预防，突发公共卫生监督工作更加侧重于事后应对，并且二者是有机结合、紧密联系的关系，可以概括为一种体系、机制下的不同表象。

第二，从风险识别和预警角度来讲，亦可把重大活动卫生监督保障视为突发公共卫生事件应急准备工作。卫生监督保障是通过预先设定预防性监督检查要点或风险评价来完成突发公共卫生事件的风险识别过程，通过采取监督检查、控制处罚等行政干预措施，加强对相关从业人员、硬件设备、水质空气卫生管理的技术指导，以及针对特定人群法律、标准、行为、意识方面开展的引导、宣传等多方位措施；还以重大活动举办单位、食品加工供餐单位、公共场所经营单位、生活饮用水供水单位为重心，对会议活动时空地域范围内相关单位开展的各类风险关键控制环节的监督检查，从而达到预防和降低突发公共卫生事件的目的。

第三，从突发公共卫生事件发生角度来讲，二者是一种因果关系。重大活动短时间、短时期内人群聚集，为传染病传播提供了快捷较好的人群接触条件，参与重大活动食品供餐、饮用水、场地场所服务提供商、经营单位都要相对于日常运营状态进入高负荷运转状态，对于全部的服务提供者，其自身卫生管理水平以及服务应对负荷能力都是一种严峻的考验；与会人群需要在气候、饮食、风俗习惯等方面适应，会对会议举办地域和场所范围内食品、空气、饮用水安全提出相对更高的要求。也正因如此，重大活动保障工作与应急工作组织周密、措施完备、执行有力，突发公共事件发生概率就会有效降低；反之重大活动保障工作与应急工作组织无序、措施失效、工作不力，突发公共事件发生概率则会大大增加。

四、突发公共卫生事件应急在监督保障中的作用意义

正如“无急可应”是应急工作最理想的目标状态一样，突发公共卫生事件应急在监督保障中最为重要的作用、意义在于在预防和控制可能发生的突发公共卫生事件中，将重大活动期间可能存在的食品安全与公共卫生风险降低和控制到可以接受的预期范围内。当然，任何理想目标的实现都是要与现实实际情况相结合的，在重大活动期间食品安全与卫生监督中，从主观因素到客观条件各种不可预见或不可控制因素互相交织并相互作用。因此，在开展重大活动监督保障工作中，突发公共卫生事件的应急工作必不可少，突发公共卫生事件应急体现的次要作用、意义是对突发公共卫生事件及时做出响应和处置，避免突发事件扩

大或升级，最大限度地减少突发事件造成的损失；再次，重大活动卫生监督应急工作针对的是重大活动食品安全与公共卫生领域中各类相关的风险管理，价值作用在于活动相关场地、供餐单位、与会人员，通过参与提高全社会的居安思危、积极防范社会风险的意识，对于活动所在地区社会卫生意识、社会卫生环境都起到综合提升作用。

第二节　突发公共卫生事件应急概要

一、突发公共卫生事件应急法制概述

突发公共卫生事件应急法制是法制的一种，是为规范政府应对突发公共卫生事件各种措施，保护公民和社会权利的法律规范总称。突发公共卫生事件应急法制除了具有法制的规范性、普遍性、强制性等基本特点外还具有紧急处置性、行政权优先性、行政权的扩张性、程序特殊性、社会配合性以及救助有限性等特点。

我国突发公共卫生事件应急法制建设长期处于一种停滞状态，甚至在整个法律体系的建设过程中，是一个长期被忽视的领域，直到改革开放，才有了逐步的发展。1978 年颁布的《中华人民共和国急性传染病管理条例》和 1989 年颁布的《中华人民共和国传染病防治法》是我国公共卫生法制建设的一个里程碑。短短几十年的时间里，国家相继制定颁布（修订）了《中华人民共和国食品安全法》《中华人民共和国职业病防治法》《中华人民共和国传染病防治法》等法律法规，这些法律法规的颁布实施，为我国成功应对突发食物中毒、职业中毒以及重大传染病疫情提供了重要的法律依据。2003 年的 SARS 对于我国突发公共卫生事件应急法制的发展是一个重大转折。为应对突如其来的疫情，国家迅速出台了《突发公共卫生事件应急条例》，着重解决了突发公共卫生事件应急处理工作中存在的信息渠道不畅、信息统计不准、应急反应不快、应急准备不足等问题，成为我国在处理突发公共卫生事件的指导性法规，同时标志着我国突发公共卫生事件应对法律制度的初步完善，为今后及时、有效地处理突发公共卫生事件提供了法律依据和指导原则。2007 年 11 月颁布实施的《中华人民共和国突发事件应对法》，建立了统一领导、分级负责和综合协调的突发事件应对体系，同时还将预防和应急准备放在优先位置，坚持有效控制危机和最小代价原则。这不但是我国应对各类突发事件的龙头性法律，也使得我们具体处理突发公共卫生事件的各种措施更加适当、合理且合法。

二、突发公共卫生事件特征

《突发公共卫生事件应急条例》中规定：突发公共卫生事件是指突然发生，造成或可能造成社会公众健康严重损害的重大传染病疫情、群体性不明原因疾病，重大食物和职业中毒以及其他严重影响公众健康的事件。从《条例》中对突发公共卫生事件的定义我们不难看出其几个主要特征：

(一)突发性

突发公共卫生事件的发生是突然的，是事先没有预知或者无法完全预知的事件。对于一个突发公共卫生事件，我们很难以一个最适合的方法进行应对准备。目前，现有的监测预警手段也不可能对所有突发公共卫生事件起到针对性预测作用。

(二)公共性

公共性是指事件所涉及的领域是公共卫生领域，在事件发生领域内，它针对的不是特定的某个或者某些人，而是不确定的群体。简单说事件涉及的是不特定的社会公众的生命健康，视事件发生程度不同，危害范围可能是一个村、一个镇、一个市、整个国家乃至全世界。

(三)危害性

突发公共卫生事件可对公众健康和生命安全、社会经济发展、生态环境等造成不同程度的危害，这种危害性既可以是对社会造成的即时性直接损害，也可以是从发展趋势到对社会造成的延续性、继发性危害，简称间接危害，比如事件引发公众恐慌、焦虑情绪等，对社会造成的政治、经济影响等。

(四)紧急性

突发公共卫生事件发生时情况紧急、危害严重，如果不及时采取应急措施，可能会导致危害的进一步加剧，波及更大的范围。所以，事件的紧急性要求我们在尽可能短的时间内做出应急决策，采取有针对性的措施，从而将事件的危害及影响控制在最小范围内。

三、突发公共卫生事件的分级与分类

(一)分级

根据事件的性质、危害程度、涉及范围，通常将突发公共卫生事件划分为一般(Ⅳ级)、较大(Ⅲ级)、重大(Ⅱ级)和特别重大(Ⅰ级)四级。

1.特别重大突发公共卫生事件(Ⅰ级)

肺鼠疫、肺炭疽在大、中城市发生并有扩散趋势，或肺鼠疫、肺炭疽疫情波及2个以上的省份，并有进一步扩散趋势；出现传染性非典型肺炎、人感染高致病性禽流感病例，并有扩散趋势；涉及多个省份的群体性不明原因疾病，并有扩散趋势；发生新传染病或我国尚未发现的传染病发生或传入，并有扩散趋势，或发现我国已消灭的传染病重新流行；发生烈性病菌株、毒株、致病因子等丢失事件；周边以及与我国通航的国家和地区发生特大传染病疫情，并出现输入性病例，严重危及我国公共卫生安全的事件；国务院卫生行政部门认定的其他特别重大突发公共卫生事件。

2.重大突发公共卫生事件（Ⅱ级）

在1个县（市）行政区域内，1个平均潜伏期内（6天）出现5例以上肺鼠疫、肺炭疽病例，或者相关联的疫情波及2个以上的县（市）；出现传染性非典型肺炎、人感染高致病性禽流感疑似病例；腺鼠疫发生流行，在1个市（地）行政区域内，1个平均潜伏期内多点连续发病20例以上，或流行范围波及2个以上市（地）；霍乱在1个市（地）行政区域内流行，1周内发病30例以上，或波及2个以上市（地），有扩散趋势；乙类、丙类传染病波及2个以上县（市），1周内发病水平超过前5年同期平均发病水平2倍以上；我国尚未发现的传染病发生或传入，尚未造成扩散；发生群体性不明原因疾病，扩散到县（市）以外的地区；发生重大医源性感染事件；预防接种或群体预防性服药出现人员死亡；一次食物中毒人数超过100人并出现死亡病例，或出现10例以上死亡病例；一次发生急性职业中毒50人以上，或死亡5人以上；境内外隐匿运输、邮寄烈性生物病原体、生物毒素造成我境内人员感染或死亡的；省级以上人民政府卫生行政部门认定的其他重大突发公共卫生事件。

3.较大突发公共卫生事件（Ⅲ级）

出现肺鼠疫、肺炭疽病例，1个平均潜伏期内病例数未超过5例，流行范围在1个县（市）行政区域以内；腺鼠疫发生流行，在1个县（市）行政区域内，1个平均潜伏期内连续发病10例以上，或波及2个以上县（市）；霍乱在1个县（市）行政区域内发生，1周内发病10～29例，或波及2个以上县（市），或市（地）级以上城市的市区首次发生；1周内在1个县（市）行政区域内，乙、丙类传染病发病水平超过前5年同期平均发病水平1倍以上；在1个县（市）行政区域内发现群体性不明原因疾病；一次食物中毒人数超过100人，或出现死亡病例；预防接种或群体预防性服药出现群体心因性反应或不良反应；一次发生急性职业中毒10～49人，或死亡4人以下；市（地）级以上人民政府卫生行政部门认定的其他较大突发公共卫生事件。

4.一般突发公共卫生事件（Ⅳ级）

腺鼠疫在1个县（市）行政区域内发生，1个平均潜伏期内病例数未超过10例；霍乱在1个县（市）行政区域内发生，1周内发病9例以下；一次食物中毒人数30～99人，未出现死亡病例；一次发生急性职业中毒9人以下，未出现死亡病例；县级以上人民政府卫生行政部门认定的其他一般突发公共卫生事件。

（二）分类

1.按照成因和性质分类

根据事件的成因和性质，可将突发公共卫生事件分为：重大传染病疫情、群体性不明原因疾病、重大食物中毒和职业中毒、新发传染性疾病、群体性预防接种反应和群体性药物反应，重大环境污染事故、核事故和放射事故、生物、化学、核辐射恐怖事件、自然灾害导致的人员伤亡和疾病流行，以及其他影响公众健康的事件。

2.按照表现形式分类

根据事件的表现形式，可将突发公共卫生事件分为两类：一是在一定时间、一定范围、一定人群中，当病例数累计达到规定预警值时所形成的事件。例如：传染病、不明原因疾病、中毒（食物中毒、职业中毒）、预防接种反应、菌种丢失、毒株丢失等，以及县级以上卫生行政部门认定的其他突发公共卫生事件。二是在一定时间、一定范围，当环境危害因素达到规定预警值时形成的事件，病例为事后出现，也可能无病例。例如：生物、化学、核和辐射事件（发生事件时尚未出现病例），包括：传染病菌种、毒株丢失；病媒、生物、宿主相关事件；化学物泄漏事件、放射源丢失、受照、核污染辐射及其他严重影响公众健康事件。

四、突发公共卫生事件应急原则

《突发公共卫生事件应急条例》第五条规定，突发事件应急工作，应当遵循预防为主、常备不懈的方针，贯彻统一领导、分级负责、反应及时、措施果断、依靠科学、加强合作的原则。

（一）预防为主、常备不懈

就是要提高全社会防范突发公共事件的意识，落实各项防范措施，做好人员、技术、物资和设备的应急储备工作。对各类可能引发突发事件以及需要卫生应急的情况，及时进行分析、预警，做到早发现、早报告、早处理。

（二）统一领导、分级负责

要根据突发公共事件的范围、性质和对公众健康危害程度，实行分级管理。各级人民政府负责突发公共事件应急处理的统一领导和指挥，各有关部门按照预案规定，在各自的职责范围内做好卫生应急处理的有关工作。各级各类医疗卫生机构要在卫生行政部门的统一协调下，根据职责和预案规定，做好物资技术储备、人员培训演练、监测预警等工作，快速有序地对突发公共事件进行反应。

（三）全面响应、保障健康

突发公共事件卫生应急工作的重要目标是避免或减少公众在事件中受到的

伤害。突发公共事件，涉及人数众多，常常遇到的不单是某一类疾病，而是疾病和心理因素复合危害，而且还有迅速蔓延的特点，所以在突发公共事件处理中，疾病控制、医疗救治等医疗卫生机构需要在卫生行政部门的协调下，在其他部门的支持配合下，协同开展工作。其目标是最大限度地减少事件带来的直接伤亡和对公众健康的其他影响。

（四）依法规范、措施果断

各级人民政府和卫生行政部门要按照相关法律、法规和规章的规定，完善突发公共事件卫生应急体系，建立系统、规范的突发公共事件卫生应急处理工作制度，对突发公共卫生事件和需要开展卫生应急的其他突发公共事件做出快速反应，及时、有效开展监测、报告和处理工作。

（五）依靠科学、加强合作

突发公共事件卫生应急工作要充分尊重和依靠科学，要重视开展突发公共事件防范和卫生应急处理的科研和培训，为突发公共事件卫生应急处理提供先进、完备的科技保障。地方和军队各有关部门和单位，包括卫生、科技、教育等各行业和机构要通力合作、资源共享，有效地开展突发公共事件卫生应急工作。要组织、动员公众广泛参与突发公共事件卫生应急处理工作。

五、突发公共卫生事件应急体制与机制

党的十六届六中全会通过的《中共中央关于构建社会主义和谐社会若干重大问题的决定》明确指出：完善应急管理体制机制，有效应对各种自然灾害、事故灾难、公共卫生事件、社会安全事件，提高危机管理和抗风险能力。突发公共卫生事件应急体制属于卫生应急管理的范畴。

2006年6月15日发布的《国务院关于全面加强应急管理工作的意见》提出：要健全分类管理、分级负责、条块结合、属地为主的应急管理体制，落实党委领导下的行政领导责任制，加强应急管理机构和应急救援队伍建设。《中华人民共和国突发事件应对法》中明确提出：国家建立统一领导、综合协调、分类管理、分级负责、属地管理为主的应急管理体制。设置国务院应急管理办公室，承担国务院应急管理的日常工作和国务院总值班工作，履行值守应急、信息汇总和综合协调职能，发挥运转枢纽作用。各部门、各地方也纷纷设立专门的应急管理机构，完善应急管理体制。

突发公共卫生事件应急管理机制是指突发公共卫生事件发生全过程中各种制度化、程序化的应急管理方法与措施。应急管理机制涵盖事前、事发、事中和事后全过程，主要包括预防准备、监测预警、信息报告、决策指挥、沟通交流、社会动员、恢复重建、调查评估、应急保障等内容。结合中国特殊的国情、政情和中国

应急管理的工作实际，可把中国应急管理机制主要分为如下九大机制：

一是预防与应急准备机制。通过预案编制管理、宣传教育、培训演练、应急能力的脆弱性评估等，做好各种基础性、常态性的管理工作，从更基础的层面提高应急管理水平。

二是监测预警机制。通过危险源监控、风险排查和重大隐患治理，尽早发现突发事件苗头的信息并及时预警，降低事件产生的概率及其可能造成的损失。

三是信息传递机制。按照信息先行的要求，建立统一的突发事件信息系统，有效整合现有的应急资源，拓宽信息报送渠道，规范信息传递方式，做好信息备份，实现上下左右互联互通和信息的及时交流。

四是应急决策与处置机制。通过信息搜集、专家咨询来制定与选择方案，实现科学果断、综合协调的应急决策和处置，以最小的代价有效处置突发事件。

五是信息发布与舆论引导机制。在第一时间主动、及时、准确地向公众发布警告以及有关突发事件和应急管理方面的信息，宣传避免、减轻危害的常识，提高主动引导和把握舆论的能力，增强信息透明度，把握舆论主动权。

六是社会动员机制。在日常和紧急情况下，动员社会力量进行自救、互救或参与政府应急管理行动，在应急处置过程中对民众善意疏导、正确激励、有序组织，提高全社会的安全意识和应急机能。

七是善后恢复与重建机制。积极稳妥地开展生产自救，做好善后处置工作，把损失降到最低，让受灾地区和民众尽快恢复正常的生产、生活和工作秩序，实现常态管理与非常态管理的有机转换。

八是调查评估机制。遵循公平、公开、公正的原则，引入第三方评估机制开展应急管理过程评估、灾后损失和需求评估等，以查找、发现工作中的问题和薄弱环节，提高防范和改进措施，不断完善应急管理工作。

九是应急保障机制。建立人、财、物等资源清单，明确资源的征用、调用、发放、跟踪等程序，规范管理应急资源在常态和非常态下的分类与分布、生产和储备、监控与储备预警、运输与配送等，实现对应急资源供给和需求的综合协调与配置。

第三节　重大活动监督保障中的突发公共卫生事件

一、概论

在重大活动期间，实行全程的卫生监督保障，就是为了对各个环节严格把关和控制，特别是对关键控制点，使其达到法律法规规定的卫生要求，预防和避免公共卫生事件的突发。但是，突发公共卫生事件往往突如其来，不易预测，一旦发生就极可能甚至已经对公众健康和生命安全造成损害和威胁，引发公众恐慌，对社会、政治、经济产生一定的影响。目前我国重大活动监督保障过程中曾经文献报道过的突发公共卫生事件主要包括食物中毒、生活饮用水污染、传染病暴发流行，而食物中毒事件占到90%，下面逐一进行介绍。

二、食物中毒事件

食物中毒是指食用了被生物性、化学性有毒有害物质污染的食品或者食用了含有毒有害物质的食品后出现的急性、亚急性食源性疾患。在这里需要指出的是，凡食入非可食状态(未成熟水果等)食物、暴饮暴食所引起的急性胃肠炎、因摄入食物而感染的传染病、寄生虫病、人畜共患传染病等食源性疾病或摄食者本身有胃肠道疾病、过敏体质者食入某食物后发生的疾病，均不属于此范畴。不论是一次性还是长期连续摄入“有毒食物”，凡是以慢性毒害为主要特征的也不是食物中毒。通常按病原学将食物中毒分为细菌性、有毒动植物性、化学性和真菌及其毒素食物中毒四类。在这里主要向大家介绍重大活动保障期间最常见的中毒种类。事实上，重大活动的卫生监督保障是以平时的卫生监督保障工作和经验为依托的，在平时工作中遇到较多的食物中毒种类就是在大型活动保障中要特别注意和需要进行关键控制的。

(一)种类

1. 细菌性食物中毒

约占全部食物中毒的60%～70%，具有明显的季节性，多发生在气候炎热的季节。这是由于气温高，适合于细菌生长繁殖；另一方面，人体肠道的防御机能下降，易感性增强。重大活动保障往往就集中在5月到10月份，这个时间段的气候和环境特别适宜细菌的滋生。中毒食物多为动物性食品。引起食物中毒的细菌有很多，常见的有：

沙门菌属，以鼠伤寒沙门菌、肠炎沙门菌、鸭沙门菌和猪霍乱沙门菌较为多见。多种家畜、家禽、鱼类、飞鸟、鼠类及野生动物的肠腔及内脏中能查到此类细菌。细菌由粪便排出，污染饮水、食物、餐具，尤以新鲜肉类、蛋品、乳类等食物较易受污染，人进食后造成感染。

副溶血性弧菌，广泛存在于海鱼、海虾、海蟹等海产品及咸菜、腌肉等含盐较高的腌制品中。生存能力强，但对酸和热极敏感。

变形杆菌，该本菌广泛存在于水、土壤、腐败的有机物及人和家禽的肠道中。此菌在食物中能产生肠毒素，还可产生组胺脱羧酶，使蛋白质中的组氨酸脱羧成组胺，从而引起过敏反应。致病食物以鱼蟹类为多，尤其以赤身青皮鱼最多见。

近年来，变形杆菌食物中毒有相对增多的趋势。

金黄色葡萄球菌，金葡菌广泛存在于人体皮肤、上呼吸道、甲沟等部位，污染的鱼、肉、蛋、淀粉等食品在室温搁置 5 小时以上即可有金葡菌大量繁殖和产生肠毒素。该毒素能耐受煮沸 30 分钟仍能保持毒性。

重大活动期间的食物还是以海鲜、鱼类、新鲜肉类以及蛋类为主，因而上述四种细菌就成为重大活动期间卫生监督检测的重要对象。但卫生快速检测由于本身的自限性，只能检测出细菌总数，而没有特异性，所以但凡细菌总数超标的，全部都会视为不合格，需要加热或重新制作。

2. 有毒动植物食物中毒

动物性食物中毒主要分为两种：将天然含有有毒成分的动物或动物的某一部分当作食品，如河豚鱼；在一定条件下产生了大量有毒成分的可食的动物性食品，如含高组胺的鱼类。

植物性食物中毒主要分为三种：将天然含有有毒成分的植物或其加工制品当作食品，如毒蘑菇、桐油；将在加工过程中未能破坏或除去有毒成分的植物当作食品，如生豆浆、苦杏仁等；在一定条件下产生了大量有毒成分的可食的植物性食品，如发芽马铃薯。

3. 化学性食物中毒

食物被某些金属、类金属及其化合物、亚硝酸盐、农药、鼠药等污染，或因误食引起食物中毒。

4. 真菌毒素食物中毒

食入含有被大量霉菌毒素污染的食物引起的食物中毒，如赤霉病麦、霉变甘蔗等。

（三）食物中毒事件发生的主要原因

原料选择不严格，可能食品本身有毒，或受到大量活菌及其毒素污染，或食品已经腐败变质；食品在生产、加工、运输、贮存、销售等过程中不注意卫生、生熟不分造成食品污染，食用前又未充分加热处理；食品保藏不当，致使马铃薯发芽、食品中亚硝酸盐含量增高、粮食霉变等都可造成食物中毒；加工烹调不当，如肉块太大，内部温度不够，细菌未被杀死；食品从业人员本身带菌，个人卫生不好，造成对食品的污染；有毒化学物质混入食品中并达到中毒剂量。

因此，在重大活动保障期间，食物中毒的预防和控制必须“全面抓，点点盯”，不能有一丝大意，任何一个环节控制和管理不当，就会导致活动期间的人们被细菌侵犯，从而引起食物中毒。

（四）应遵循的几点原则

在重大活动期间，一旦发生或疑似发生食物中毒事件，也不能慌张，主要要遵循以下几点原则:及时向卫生行政部门报告;迅速赶赴事件现场抢救病人;禁止可疑食物继续食用或出售(可疑食物是指全部中毒者均吃过而健康者未吃过的食物);采集可疑食物、患者排泄物、呕吐物、洗胃液等样品立即化验;对中毒事件进行卫生学调查;有效快速地查出致病源,采取相应措施,控制事态进一步蔓延。

三、生活饮用水污染事件

根据以往重大活动保障工作来说,生活饮用水污染事件发生的虽不是很多,但生活饮用水一旦发生污染,就会造成比食物中毒范围要大得多,波及面要广得多的群体健康危害乃至生命危险。所以,在重大活动中,亦不容小觑。

生活饮用水污染事件是指生活饮用水在取水、制水、输配水、贮水过程中受到外界污染,短时间内使水质感官性状和一般化学指标、毒理学指标、细菌学指标、放射性指标发生改变,超过国家卫生标准和卫生规范的限值或要求,造成或可能造成威胁公众健康、生命安全的事件。

(一)种类

生活饮用水污染依据污染物的种类分为生物性、化学性和物理性污染三类。生物性污染主要指病原微生物(主要有细菌、病毒和原虫三类)污染,又称介水传染病,主要来自人畜粪便、生活污水、医院污水以及畜牧屠宰、皮革和食品工业等废水。生物性污染常常来势凶猛,波及面广,危害较大。化学性污染是指水体受到有害化学物质污染后,通过饮水或食物链传递引起人群发生急、慢性中毒,甚至引起公害病或诱发癌症的事件。主要来自工业废水、生活污水、农业使用的杀虫剂、除草剂和饮水消毒副产品等。物理性污染主要包括热污染和放射性污染。

(二)原因

按照污染事件发生的环节分为水源污染、水处理过程污染、供水管网污染、二次供水设施污染四类。在这里需要强调的是二次供水设施污染是指,二次供水设施的水箱、进水管、溢水管、排水管等都会造成饮用水的污染。污染发生的原因主要包括:溢水管和排水管直接与下水管道连接;贮水停留时间过长,对出水又不采取补充消毒措施;水箱未加锁加盖,通气管、溢水管无网罩等;水箱内壁材料无卫生资质合格证明,使用中渗出有毒有害物质;水箱不进行定期清洗消毒,水质不做定期检测等。

重大活动期间的卫生监督保障过程中,经常遇到的水污染主要是两类:一类就是生物性污染即介水传染病,这就是下面我们要介绍的传染病的一类。再有就是因为供水设施污染而导致水源在供给过程中受到严重的污染,若被人们饮用就很可能会引发群体性的中毒事件。这就要求,在重大活动期间要加强生活饮用水卫生监督管理，活动前期要组织开展对供水单位、涉水产品生产企业的卫生监督，规范其生产经营行为，消除隐患，防范生活饮用水污染事件的发生。

四、传染病暴发流行事件

正如前文提到的“无急可应”才是应急的理想状态。可是在重大活动期间，现实不确定因素太多，虽说传染病暴发流行事件发生得很少，但也不可能达到“无急可应”。因此，传染病作为重大活动期间突发公共卫生事件其中的一类，也需要我们高度重视、严加防范。

（一）概念

传染病是一种可以从一个人或其他物种，经过各种途径传染给另一个人或物种的感染病。通常这种疾病可借由直接接触已感染之个体、感染者之体液及排泄物、感染者所污染到的物体，可以通过空气传播、水源传播、食物传播、接触传播、土壤传播、垂直传播等。传染病的传播和流行必须具备3个环节，即传染源（能排出病原体的人或动物）、传播途径（病原体传染他人的途径）及易感人群（对该种传染病无免疫力者）。

（二）传染病传播特性

传染性：传染性是传染病与其他类别疾病的主要区别，传染病意味着病原体能够通过各种途径传染给他人。传染病病人有传染性的时期称为传染期。病原体从宿主排出体外，通过一定方式，到达新的易感染者体内，呈现出一定传染性，其传染强度与病原体种类、数量、毒力、易感人群的免疫状态等有关。

地方性：地方性是指某些传染病或寄生虫病，其中间宿主，受地理条件、气温条件变化的影响，常局限于一定的地理范围内发生。如虫媒传染病，自然疫源性疾病。

季节性：指传染病的发病率，在年度内有季节性升高。此与温度、湿度的改变有关。

（三）重大活动传染病防控重点

重大活动往往级别较高，涉及不同国家、地域或者同一国家不同省市，在活动期间人数多，密集度高。不同国家地域的人聚集于一个地方，这就会导致传染源出现在新的地方，经密集的接触，没有免疫力的人就会染上新的传染病。因此，对来自传染病流行地区的火车、船舶、长途客车应实行重点检查，对可疑病人应立即采取隔离、移送、留验等措施，对密切接触者也应采取控制措施。乘坐的交通工具应进行消毒。同时要进行预防性消毒，这是指未发现传染源情况下，对可能被病原体污染的物品、场所和人体采取消毒措施。重大活动前期，在坚持日常防控措施的基础上，还要加强传染源的检索。发现传染病确诊病人或者疑似病人时，应立即采取应急防控措施，并以最快的通讯方式向当地疾病预防控制机构和监督机构报告。2013年国家卫生计生委《关于调整部分法定传染病病种管理工作的通知》规定，法定传染病甲、乙、丙类共39种。我国《传染病防治法》也要求建立传染病监测制度。国务院卫生行政部门制定国家传染病监测规划和方案。省、自治区、直辖市人民政府卫生行政部门根据国家传染病监测规划和方案，制定本行政区域的传染病监测计划和工作方案。各级疾病预防控制机构对传染病的发生、流行以及影响其发生、流行的因素，进行监测；对国外发生、国内尚未发生的传染病或者国内新发生的传染病，进行监测。监督部门在重大活动前期和举行期间，要认真履行监督检查职责，发现被传染病病原体污染的公共饮用水源、食品以及相关物品，如不及时采取控制措施可能导致传染病传播、流行的，可以采取封闭公共饮用水源、封存食品以及相关物品或者暂停销售的临时控制措施，并予以检验或者进行消毒。经检验，属于被污染的食品，应当予以销毁；对未被污染的食品或者经消毒后可以使用的物品，应当解除控制措施。

第四节　重大活动卫生监督应急

一、概述

（一）概念

重大活动卫生监督应急的概念根据突发公共卫生事件发生阶段划分为广义和狭义。从广义的概念来说，重大活动卫生监督应急是指为了预防突发公共卫生事件，事先根据重大活动特点所做的各项应急准备工作以及重大活动期间发生突发公共卫生事件时采取的各项应对处置措施。从工作内容上应当涵盖重大活动保障采取的前期卫生监督风险识别、评价工作、卫生监督应急准备工作、活动中期风险预警工作，以及发生突发公共卫生事件后的应急响应、处置工作。从狭义的突发公共卫生事件应急角度来讲，突发公共卫生事件应急是特指重大活动监督保障过程中，发生突发食品安全事故或公共卫生安全事件后，所采取的以人员安全救治、事件原因调查、事件进程控制、事件事后处置为主要措施手段的应急工作。一般包含两种情况：一是重大活动保障工作期间，重大活动与会人员发生突发公共卫生事件所开展的应急处置工作；二是重大活动保障工作期间，在其重大活动相关地域或领域范围内发生了可能影响或波及重大活动的突发公共卫生事件所开展的应急处置工作。

（二）特点

相较于日常性卫生监督应急工作，重大活动期间卫生监督应急工作具备目的性、指向性、地域性、内向性、及时性、准确性等特点。

1.目的性与指向性

正如本书前文中所述重大活动保障是一类系统性、复杂性极强的组织活动，其目的在于通过有效的组织管理，使各方面保障措施达到有机协调、紧密结合的一种状态，达到重大活动运行期间、在特定时间、空间和地域范围内的食品安全和公共卫生风险有效降低到预期效果，从而有效确保重大活动顺利进行。重大活动卫生监督应急也正是围绕这一目标来组织实施的，一般来说，重大活动保障应急工作将不发生食物中毒、生活饮用水污染事故、传染病疫情暴发等重大食品安全与公共卫生事件作为目标底线。同时，重大活动与会人群年龄、民族、人数、地点、日程、形式等活动相关信息能够保证预知前提下，卫生监督保障及应急准备工作则更具指向和针对性，各项卫生监督保障措施及应急准备越贴近重大活动，其作用也体现得最为明显。

2.地域性与内向型

重大活动卫生监督应急既是地方卫生监督体系内应急功能的具体延伸，亦可视为重大活动卫生监督保障工作的有机组成成分，并且作为一种活动内部安全保障工作机制，蕴含在活动的各个关键控制环节。因此，重大活动卫生监督应急具有地域性、内向型的特征。

3.及时性与准确性

全部重大活动的卫生监督保障一般是在参与人群、活动内容、时间地域相对明确的前提下开展的，各项保障措施和应急准备工作更具目的性、指向性，同时在处理重大活动期间处理突发公共卫生事件时，由于保障人员处于临战状态、应急机制措施处于应急状态，突发公共卫生事件的响应启动要比日常卫生监督应急更具及时性和准确性。

（三）范围

从卫生监督工作职责角度划分，监督应急范围主要包括食品安全事故和突发公共卫生事件的监督应急，同时伴随着国家行政体制改革的进一步深化和明确，卫生监督职责的调整保障与应急的工作范围也会做出相应的调整。

从突发事件发生速度角度划分，主要包括急性、亚急性突发事件：有食物中毒、生活饮用水污染事件、传染病疫情暴发等；潜隐性事件：有食源性疾患、食品安全事故、潜伏期较长的传染病传播；次生危害性事件等。

（四）任务

从本节对于重大活动卫生监督应急概念的描述不难理解，重大活动卫生监督应急工作任务也可相应分为广义和狭义两个方面。本文受众因主要面向是各级卫生监督人员，因此，着重从卫生监督机构的角度来阐述重大活动卫生监督应急工作任务。首先，重大活动卫生监督应急工作任务主要包括应急准备和预案。其次，从措施和手段上讲，重大活动卫生监督应急工作任务主要是指以卫生行政问询、行政调查、行政控制、行政处罚为主要的措施和手段的卫生监督应急工作。再次，从国家法定职责角度讲，《国家突发公共卫生事件应急预案》《突发中毒事件卫生应急预案》均对卫生监督机构职责进行了界定：一是在卫生行政部门的领导下，开展对医疗机构、疾病预防控制机构突发公共卫生事件应急处理各项措施落实情况的督导、检查；二是围绕突发公共卫生事件应急处理工作，开展食品卫生、环境卫生、职业卫生等的卫生监督和执法稽查；三是协助卫生行政部门依据《突发公共卫生事件应急条例》和有关法律法规，调查处理突发公共卫生事件应急工作中的违法行为。最后，重大活动卫生监督应急工作任务是指重大活动期间发生突发公共卫生事件的应急处置工作。伴随重大活动时间进程阶段，重大活动卫生监督应急工作工作重心往往略有差异。因此，本文中将该重大活动卫生监督应急工作任务按照重大活动时间进程、重大活动前期卫生监督应急工作、重大活动期间的卫生监督应急工作与重大活动突发公共卫生事件期间卫生监督的应急处置工作进行介绍。

二、应急准备

卫生监督应急工作制度：一是建立组织管理制度，成立监督应急工作领导小组，设立监督应急组织管理机构，有条件的监督机构建议成立独立的应急办公室，条件不具备的可以由其他机构兼职承担应急工作职责。二是建立突发公共卫生事件报告与现场应急处置工作制度，结合卫生监督工作职责，细化现场卫生行政控制、应急处置、笔录及意见书制作的工作流程。三就是卫生监督应急队伍的组建、应急队员的培训及演练、应急物资的储备、应急值守以及应急处置档案资料的整理都应该建立相应工作制度，全市性应急队伍建议应有相应的队伍管理办法。

关于卫生监督应急队伍，原卫生部《全国卫生应急十二五发展规划》中明确提出，要建设综合性卫生应急处置队伍。从构建卫生监督应急体系的角度来讲，卫生监督应急队伍建设应该作为一项核心工作来开展。首先，应该明确卫生监督应急队伍工作职责，按照监督工作职责及应急工作功能定位，将卫生监督应急队伍分为水污染、核与辐射、突发传染病疫情、大型活动保障等专业处置分队。同时，应加强队伍管理，明确队伍权利、义务及相关奖惩机制。应急队伍还应按照性别、年龄、学历、工作年限等内容进行分类，做好人员登记备案管理工作。

卫生监督应急技术：突发公共卫生事件的典型特点就是突发性、不可预见性，危机发生时，许多关键点的控制工作需要在短时间内做出决策。卫生监督机构应本着平战结合的原则，制定卫生监督应急总体预案和水污染、突发传染病疫情、核与辐射等专业预案。卫生监督工作预案的制定一定要紧贴监督现有工作职责，明确在不同种类突发公共卫生事件应急处置过程中，卫生监督机构具体开展的工作内容，同时，还应突出与医疗机构、疾病预防控制机构等部门的配合，建立预案管理制度，根据应急演练或者应急处置过程中暴露出的问题对预案进行定期的评估和修订。

应急物资储备：卫生应急工作是一项长期的综合性任务，合理的资金和物资储备保障是应急工作成败的关键。鉴于监督工作实际，可以考虑将卫生应急管理作为一个项目来进行管理，设立专门的卫生监督应急专项资金。同时根据不同种类突发公共卫生事件的需要，确定应急物资清单。储备适当数量和品种的应急处置设备、器械等物资设备，重点还要突出应急物资的调拨和使用，实行"无偿调用，及时添平补齐"的原则，保证储备物资的动态平衡。同时，结合卫生监督工作经费的实际，可以适当采用协议储备，掌握有关企业的生产潜力，畅通购买渠道，确保突发公共卫生事件发生时能迅速购买到应急装备，参与应急工作。卫生监督应急物资储备是一项系统工程，涉及面广，如储备物资的计划管理、调用、储存等。因此，应建立一套相关的管理制度，逐渐摸索出科学化、规范化、制度化的应急物资储备管理模式，形成全市应急物资保障体系。

培训及演练：卫生应急培训、演练及专题讲座等都是卫生监督应急人员比较认可的培训方式。原卫生部监督中心最近推出的网络在线培训也进一步增加了培训途径，确保资源共享。通过培训提高卫生监督应急人员的理论知识水平，通过定期开展应急演练，提高应急人员的基本技能和实际现场处置能力。结合原卫生部《全国卫生应急培训大纲(2011—2015)》内容，各级卫生监督机构应当制定专门培训方案和计划。培训内容应涵盖应急组织管理、突发水污染应急处置、传染病疫情报告与控制、核与辐射应急处置等内容。同时，为确保培训效果，切实提高卫生监督员的应急处置能力，建议应将培训及演练纳入卫生监督应急人员的常态化管理，并适当与监督员的工作考核挂钩，以提高卫生监督应急人员对培训工作的重视。

三、应急预案的制定

(一)含义

突发公共卫生事件应急预案是指为控制、减轻和消除突发公共卫生事件引起的严重社会危害，各级卫生行政部门及所属医疗卫生机构开展各类紧急应对活动预先制定的方案。要编制一个完善的应急预案并非易事，需要投入大量的人力、物力，需要耗费精力认真思索、周密策划。

卫生应急预案编制首先应该符合有关法律、法规、规章和标准的规定;应该从地区、部门工作实际出发,紧贴卫生监督机构在卫生应急工作中的职责定位;预案必须明确应急组织和人员的职责分工,并有具体的落实措施;具体突发公共卫生事件的预防措施和应急程序尽可能详细,并与其应急能力相适应;预案基本要素齐全、完整,预案附件提供的信息准确;有明确的应急保障措施,并能满足本地区、本部门的应急工作要求。

(二)卫生应急预案编制一般程序

(1)结合本单位部门职能分工,成立以单位主要负责人为领导的应急预案编制工作组,明确编制队伍、职责分工并制定工作计划。

(2)收集应急预案编制所需的各种资料。

(3)对辖区可能发生的各类突发公共卫生事件做风险性分析。

(4)对本单位应急装备、应急队伍等应急能力进行评估,并结合本单位实际,加强应急能力建设。

(5)针对可能发生的事件,按照有关规定和要求编制应急预案。应急预案编制过程中,应注重全体人员的参与和培训,使所有与事件处置有关人员均掌握危险性、应急处置方案和技能、应急预案充分利用社会应急资源,与地方政府预案、上级主管单位以及相关部门的预案相衔接。

(6)应急预案的评审与发布。评审由本单位主要负责人组织有关部门和人员进行。外部评审由上级主管部门组织审查。评审后,按规定报有关部门备案,并由单位主要负责人签署发布。

(三)预案编制注意事项

(1)预案内容要全面、准确。内容上,不仅要包括应急处置,还要包括预防预警、恢复重建;不仅要有应对措施,还要有组织体系、响应机制和保障手段。

(2)预案要有针对性、切实可行。要根据事件发生、发展、演变规律,针对风险隐患的特点和薄弱环节,科学制订和实施应急预案。要抓住应急管理的工作流程、处置方法等关键环节,制订出看得懂、记得住、用得上,真正管用的应急预案。

(3)明晰责任是应急预案的基本要求。要切实做到责任落实到岗,任务落实到人,流程牢记在心。

(4)预案务必持续改进。必须对应急预案进行经常性演练,验证应急预案的适用性、有效性,发现问题,改进完善。根据工作职责、人员更替、应急能力、外部环境等不断发展变化的实际情况,及时修订完善应急预案,实现动态管理。

(5)预案不是孤立的,务必衔接配套。各级各类医疗机构都要逐步建立健全应急预案报备管理制度,实现部门之间预案的有效衔接。

四、卫生监督应急处置

在重大活动过程中，一旦出现突发公共卫生事件，就会对公众的健康和生命安全造成严重的威胁，扰乱活动秩序，影响活动的顺利进行。因此，事件发生后的应急处置就至关重要。在突发公共卫生事件中，卫生监督做出的应急处置就是指卫生监督部门按照上级要求，第一时间做出响应，启动应急预案，采取有效的控制措施，调查处理引起或造成突发公共卫生事件违法行为并及时报告的一系列行为。应急处置要遵循反应及时、措施果断、依靠科学、加强合作的原则。

国家建立统一的卫生执法监督体系。各级卫生行政部门要明确职能，落实责任，规范执法监督行为，加强卫生执法监督队伍建设。对卫生监督人员实行资格准入制度和在岗培训制度，全面提高卫生执法监督的能力和水平。

突发公共卫生事件发生后，应急处理工作要采取边调查、边处理、边抢救、边核实的方式，落实各项控制措施，有效地控制事态发展。卫生监督应急处置包括以下主要内容：

（一）报告和记录

在重大活动期间，卫生监督部门在发现或者接到报告有突发公共卫生事件后，要立即报告上级卫生行政部门，并做好记录。按照相关规定，详细询问和登记突发情况，包括：事件发生单位名称及其地址、事件发生的地点、时间、可能引起的原因、主要表现、接触人数、有无死亡人数，以及采取的临时措施和发展趋势；还包括报告单位、报告人及联系方式等。

（二）应急响应级别的启动

上级管理部门和政府部门要根据突发公共卫生事件可能归属的级别启动相应的应急响应。

第一，特别重大（Ⅰ级）、重大（Ⅱ级）的突发公共卫生事件，省级卫生行政部门应采取以下应急响应。

立即启动省级卫生行政部门制定的《突发公共卫生事件应急预案》，由应急办公室负责组织和协调；组织专家组分析突发公共事件的发展趋势，提出应急处理工作建议，并进行综合评估；及时向人民政府报告突发公共事件发生和处理情况。

（1）紧急调集、调配各类人员、物资开展应急处理工作，组织应急处理队伍迅速赶往现场，开展医疗救治和疾病预防控制工作；

（2）制定流行病学调查计划和方案，对事件累及人群的发病情况、分布特点进行调查分析，提出有针对性的预防控制措施；

（3）实验室检测。各级疾病预防控制机构按有关技术规范采集标本，送到疾病预防控制中心进行检验；

(4)甲类传染病暴发、流行时，区(县)人民政府报经上级政府批准，对疫区实施封锁；

(5)对病人和疑似病人隔离治疗，密切接触者医学观察，易感人群应急接种，疫点消毒，水源保护，污染食品的追回、查找来源、追查流向和封存职业病危害事故物品等；

(6)根据疫情线索，对传染病病人、疑似病人、病原携带者及其密切接触者进行追踪调查，查明传播链；

(7)各级卫生行政部门按照医疗救治方案，启动指定的医疗救治网络，开展病人接诊、收治和转运工作。定点医院实行重症和普通病人分别管理。对疑似患者及时排除或确诊；做好消毒隔离、个人防护和医疗垃圾处理，防止院内交叉感染和污染；对新发传染病做好病例分析与总结，积累诊断治疗经验。

第二，对较大(Ⅲ级)、一般(Ⅳ级)突发公共卫生事件，区、县卫生局采取以下应急响应。

(1)立即启动本区、县医疗卫生应急救援领导小组和预案，负责突发公共事件的组织和协调工作。

(2)依照Ⅰ级和Ⅱ级突发公共卫生事件的应急处置行动，开展医疗救治。

(3)市级卫生局立即组织有关单位和专家对突发公共卫生事件发生的区、县进行技术指导，并开展督导工作。

(三)现场调查

事实上，对于突发公共卫生事件的调查和处置是多部门协同合作，共同来完成的，单纯地介绍卫生监督应急工作难免缺乏整体性和连贯性。因此，在这里要介绍的现场工作的展开需要涉及卫生行政部门以及卫生监督机构、疾病预防控制机构。疾病预防控制机构负责现场流行病学调查和评估；卫生监督机构负责对涉及的违法事实进行调查，并向卫生行政部门提出处罚建议。

1. 调查内容

现场调查内容包括：事件发生单位基本情况；患者、共同接触者和其他相关人员的个案调查；可疑食品、水及加工场所的卫生学调查；对可疑食品、水、污染物进行现场快速检验和实验室检验；根据调查资料提出初步的原因分析结果；提出防止进一步扩散的方法和措施等。

2. 调查步骤与方法

到达现场后，首先进行核实，了解事件发生的经过和简要情况。掌握基本情况后，进行必要的人员分工，各方面调查应尽可能同时进行，必要时组成现场领导小组协调指挥患者抢救、现场调查、后勤保障等工作。

(1)事件发生单位基本情况调查:包括人员和病人分布、饮用水、食品供应、可疑物品接触等情况。

(2)个案调查:调查对象应包括有共同接触史的中毒患者和非患者,食用和未食用过的可疑食品、水、污染物与中毒发生有流行病学关系的其他人员;调查人员应向患者详细了解发病经过,对首发病例要进行更详细的调查;开展个案调查时应有 2 名以上流调人员参加。

(3)卫生学调查:根据事件发生的特点和对患者调查的资料,要初步判断事件发生的原因,围绕可疑情况进行以下环节的卫生学调查:可疑物品的来源和卫生状况;加工情况、工艺配方;整个加工过程和现场环境以及贮存条件、时间及使用的工具和用具;接触可疑物品的从业人员的健康状况、培训情况及卫生习惯等。

3.现场样本的采集

要根据已经得到的事件流行病学特点和卫生学调查结果,初步确定应进行现场或实验室检验的项目,有针对性地采集现场样品。包括可疑物品的剩余部分或原料;生产设备上的残留物;接触可疑物品的加工工具、用具、容器、餐饮具、抹布、操作人员双手等的涂抹样;中毒患者或者出现疑似情况患者的大便、血液、尿液、呕吐物或洗胃水等;从业人员粪便、肛拭子、咽拭子、疮疖脓液等;其他可疑样品。

4.事件现场的临时控制措施

保护现场,封存一切可能引起突发公共卫生事件的疑似物品及附属品;封存被污染的食品用具和设备并责令进行清洗消毒;封存引起水污染环节的水源和设施设备;暂时封锁与事件相关的生产经营场所;对已明确的引起突发公共卫生事件的物品及附属品进行无害化处理或消毒。

5.防止事件危害进一步扩大的措施

如发现有外来污染物,应同时查清污染物及其来源、数量、去向等,并采取临时控制措施;当发现事件的态势在蔓延和情况在扩展时,应立即向辖区人民政府报告,发现事件范围超出本辖区时,应通知有关辖区卫生局并向上级卫生局有关部门报告;根据事件控制需要,建议政府组织公安、工商、交通等部门采取相应的预防控制措施。

(四)提出调查分析结论

(1)调查分析结论包括:该事件(故)的污染源、污染物、污染途径、波及范围、污染暴露人群、发病人数、健康危害特点。该事故的原因、经过、性质及教训。

(2)追究事件(故)责任:根据调查结果和获得的事件(故)证据,依法处罚事件(故)责任单位或责任人,涉嫌犯罪的移交司法机关处理。

五、撰写调查报告与上报、反馈

(一)撰写调查报告

内容包括:前言(引导);基本情况;资料来源及可靠性;结果、分析、讨论;防治措施及效果评价;结语。

(二)上报与反馈

按规定将调查报告呈报区卫计委卫生局、市卫计委卫生局及有关上级部门。

(三)资料归档

包括电话记录、调查材料、执法文书、调查报告等。

六、信息发布

突发公共卫生事件的信息发布和报告按照国家原卫生部《突发公共卫生事件与传染病疫情监测信息报告管理办法》执行。

七、应急响应的终止

在可疑或者确定的危险因素已被有效控制,造成的危害不再出现,有相应症状的患者出现好转迹象且病情稳定 24 小时以上,不再出现新的中毒患者时,即可确定应急响应可以终止。

第二编

风险评估与控制

第八章　重大活动公共卫生风险评估与控制概述

第一节　概　　念

一、公共卫生与卫生监督保障的含义

关于本章涉及的有关概念和含义，我们在本书概述和其他章节多有涉及，并进行了较多的讨论，为了讨论的方便，并避免与食品安全保障之间的误解，在此仅做必要的重复。

（一）卫生

卫生就其字面而言，即护卫生命、保护身体、维护健康。现代解释是指“为增进人体健康、预防疾病，改善和创造合乎生理要求的劳动环境、生活条件所采取的个人和社会措施总和”。包括：使人在出生前后便有一个比较强健的体质；使人体在生活和劳动中增强体质，能够避免和抵御外部环境对人体的不良影响，并保持完好精神状态和良好的社会适应能力；对已患病的人体进行治疗使之恢复健康。

（二）公共卫生

关于公共卫生含义，不同国家、不同时期有过不同定义。世界卫生组织接受的温斯洛定义是：“公共卫生是防治疾病、延长寿命、改善身体健康和机能的科学和实践。公共卫生通过有组织的社会努力改善环境卫生、控制地区性疾病、教育人们关于个人卫生的知识、组织医护力量对疾病做出早期诊断和预防治疗，并建立一套社会体制，保障社会中的每一个成员都能够享有能够维持身体健康的生活水准。”简单讲就是健康促进、疾病预防、健康保护。我国1998年编撰出版的《预防医学辞典》的定义为：“公共卫生是以社会为对象，以行政管理、法规监督、宣传教育为手段，通过宏观调控协调社会力量，改善卫生状况，提高全民健康水平的一种社会管理活动。”2003年在全国卫生工作会议上，吴仪副总理对公共卫生做出的定义为：公共卫生就是组织社会共同努力，改善环境卫生条件，预防控制传染病和其他疾病流行，培养良好卫生习惯和文明生活方式，提供医疗服务，

达到预防疾病，促进人民身体健康的目的。

我们这里讲的公共卫生，不是这样完整意义上的公共卫生，仅仅是一个狭义的、具体的、属于公共卫生范畴的有关问题和事项。主要是指与重大活动密切相关的环境卫生保障、健康保护措施、卫生生活习惯、疾病预防控制等。

（三）卫生监督

卫生监督简单讲就是监督上述各项卫生措施的落实，实现护卫生命、保护身体、维护健康的卫生目标。在社会管理和卫生事业中，卫生监督是政府及其卫生主管部门依法进行的卫生行政执法活动，是卫生监督主体在其职责范围内，依法对与公众健康密切相关的公共卫生环境、与健康相关产品、医疗服务活动等进行监管的行政执法活动。包括公共场所卫生监督、学校卫生监督、职业卫生监督、生活饮用水的监督、涉及饮用水安全产品的监督、消毒及消毒产品的监督、传染病防治的监督、医疗执业资格和行为的监督等等。监督的手段包括：预防性监督评价、经常性现场监督检查、开展现场快速监测、实施卫生审批许可、实施行政处罚等。

（四）重大活动卫生监督保障

重大活动卫生监督保障是指卫生监督主体在法定职责范围内，依据卫生法律法规和规范标准，采取卫生监督的手段和措施，对重大活动中涉及的卫生监督领域的事项，进行卫生风险排查、预防控制卫生风险事件，保障重大活动顺利，开展的专项卫生监管活动。也可以理解为：卫生监督主体以保障重大活动公共卫生安全为目标，针对重大活动特点、内容和需要，依法实施的专项卫生监督执法活动。

重大活动中涉及的公共卫生事项很多：如住宿场所、美容美发场所、休闲娱乐场所、体育健身场所、洗浴场所、会议和会展场所等的卫生；集中供水、二次供水、自备水源、直接饮用水的卫生安全；传染病防控措施的落实、消毒管理及消毒产品使用、相关人员健康管理、医疗配套服务；等等。对这些事项通过卫生监督手段，发现卫生风险隐患、预防风险发生、控制风险损失，督促指导相关的责任主体落实卫生法律法规和规范标准的要求，为重大活动打造良好的公共卫生环境。

二、风险与风险评估的含义

（一）风险

风险是指发生不幸事件的概率，或者说是发生危险，遭受损失、伤害甚至毁灭的可能性。包括危险发生与否的可能性，也包括危害程度大小的可能性。一般讲，风险由风险因素、风险事故（事件）和风险损失构成。风险因素是导致风险事故、增加事故可能性、扩大事故损失的潜在原因或条件；风险事故（也称风险事件）是指造成人身伤害或财产损失的偶发事件，是造成损失的直接的或外在的原因；风险损失是风险事故带来的后果。

（二）风险评估

风险评估就是对风险可能性的量化测评和估计。从危害程度大小的角度讲，风险评估是在风险事件发生之前，或者已经发生但尚在进行中的风险事件，对该事件给人们的生活、生命、财产等各个方面造成的影响和损失的可能性进行量化评估的工作，量化测评某一事件或事物带来的影响或损失的可能程度。从危险发生与否的可能性角度讲，风险评估是对风险或者危害发生概率的量化测评与估量。在现实生活中，人们不论做任何事情，可能都要想一想会遇到什么问题，这些问题出现（发生）的概率各是多少，这些问题会导致什么样的结果，会有多大的损失，会不会导致事情无法继续进行，会不会适得其反等等，这就是风险评估。说通俗一点风险评估就是排查风险因素、分析风险事故可能、研究预防控制对策的过程。

我们在前面的章节中，曾经讲过风险识别评估是实施风险管理的基础，是对风险的感知、分析、认识的过程，是对风险进行诊断的过程。从静态的角度讲，风险评估是认识和评价风险的一种方法；从动态的角度讲，风险评估是人们发现风险、认识风险的一个活动过程。在现代经济、社会管理中，风险评估越来越受到重视，引入了社会的方方面面。有政治风险评估、社会风险评估、安全风险评估、企业风险评估、经济风险评估、项目风险评估、信息风险评估、产品风险评估等等。从另一个角度讲，重大活动的食品安全与卫生监督保障，是食品安全与卫生监督执法中的一个专项执法活动，重大活动又是一个特殊的社会活动项目，我们研究的风险评估就具有项目风险评估特点，是对这个项目中可能存在的食品安全与公共卫生风险的测量评估，这样的评估一般讲风险评估需要解决五个方面的问题：

第一，要识别和找出面临的各种风险可能，就是根据我们面临的任务以及任务的特点等，排查出未来存在哪些风险可能；

第二，要评估测量出发生各种风险的概率，评估测量出各种风险的程度或者可能带来的负面影响；

第三，分析确定项目主体、保障主体和项目本身承受这些风险的能力，也就是哪些风险是可以承受的，哪些风险是不能承受的；

第四，要研究确定对风险进行消减和控制的优先等级排序，哪些风险是绝对不能容忍和接受的必须首先予以消除或控制，哪些风险可以迟缓或者忽略；

第五，研究提出消除或者控制风险的对策和措施的建议。

三、重大活动公共卫生风险评估与控制

（一）公共卫生风险

公共卫生风险一般是指公众活动领域存在的对人体健康和生命安全造成潜在危害的可能性；造成群体性健康损害事件或者事故的可能性，或称之为健康风险和事件风险两类。例如，传染病流行风险、饮用水污染事故风险、职业健康的风险、自然环境健康影响风险、食物中毒事故的风险、新技术新材料对健康的风险，等等。

公共卫生的风险是一个比较大的概念，其影响因素涉及方方面面。包括人们生活的自然环境，工作、学习、娱乐的内部环境卫生状况，食品和相关产品的安全状况，社会生活的文明程度，个人和集体的卫生习惯，医疗预防、医疗保健能力和水平，政府对卫生的管理和投入，等等，这些很可能存在或者成为公共卫生的风险因素。公共卫生的风险有内在或者外来的风险，有长期影响导致的慢性健康损害风险，也有突发的健康损害事件风险。可以是国际性的风险或者区域性的风险；可以是一个国家的存在风险，可以是一个省市区域内的存在的风险，也可以是一个小的局部范围的或者某一项专门的活动存在的风险。但是，因本书讨论范围所限，我们只能围绕重大活动这个主题，讨论重大活动涉及范围内存在的对人体健康和生命安全造成潜在危害的可能性、造成群体性健康损害事故的可能性，或者说仅能讨论与重大活动及有关服务相关的公共卫生风险问题。

（二）公共卫生风险评估

风险评估就是对风险感知、分析、认识的过程，是对风险进行科学诊断的过程。通过识别和分析，找出潜在的危害和风险进行剖析，认识它们发生发展的规律，认识它们出现的概率和可能的损害后果或者程度，进而选择有效的措施，有效预防控制它们的出现。公共卫生风险评估，主要指对公众生活、学习、劳动、各种活动的环境，以及来自外部的、内部管理、社会基础的、自然环境的等等，可能存在的健康损害风险、事件事故风险、传染病流行风险等进行的识别和评估。评估的类别一般包括：日常的风险评估和预警、突发公共卫生事件的风险评估、自然灾害公共卫生风险评估、重大活动公共卫生风险评估等。通过评估提出相应的措施建议，为实施公共卫生策略提供依据。一般讲，一个系统、完整的公共卫生的风险评估结果，需要预先设定项目和目标，经过较长时间的、系统的监测过程，需要对各种相关信息收集和分析过程，需要对各种风险因素调研识别的过程，进行系统全面的分析评价。

（三）重大活动中的公共卫生风险

重大活动中的公共卫生风险是指与重大活动相关的内部、外部和环境等因

素中潜在的健康危害，导致重大活动参与者发生健康损害、群体性健康损害事件的可能性和危害程度。包括住宿场所、各类活动场所等内部环境导致的个体健康损害或群体性健康损害事件；生活饮用水污染导致的群体性健康损害；服务人员、活动参与者的健康因素或不良卫生行为、习惯，导致的疾病传播；外部（国外、区域外）或者举办地疫情，导致的传染病传播流行甚至爆发；重大的食物中毒事故；等等。

（四）重大活动公共卫生风险评估

重大活动公共卫生风险评估是卫生监督保障主体针对具体的重大活动特点，围绕重大活动中的各项子活动和规定动作，围绕为重大活动提供的各项服务，对可能存在或者发生的住宿场所、活动场所的卫生风险、生活饮用水污染风险、传染病传播流行的风险等进行识别和评价，排查各类风险因素，分析确定各种风险的概率和程度，研究提出有针对性的预防和控制措施的过程。重大活动的卫生风险评估，是公共卫生风险评估的一个专门类型。从实践的角度看，大多数重大活动的风险评估还是一种卫生风险因素分析，或者说是一种相关卫生状况的评价，还构不成完整意义的风险评估。但是，在举办特别重大的活动时，必须进行系统的全面的公共卫生风险评估。在具体的重大活动监督保障实践中，公共卫生风险评估，是针对重大活动的接待单位、供餐单位和其他为重大活动提供服务的单位，通过现场监督检查、现场快速检测、实验室检验、组织专家集体评议等方法，查找公共卫生和食品安全漏洞、隐患或者不足，识别分析可能存在的风险，以及风险发生的概率、程度。并针对识别出的风险，研究提出预防控制的技术和管理措施。也可以说，是指针对监督保障对象，存在的公共卫生和食品安全风险因素，进行系统的评价估测，判定风险概率和程度，并提出预防控制措施的过程。

（五）重大活动卫生风险评估的意义目的

在重大活动监督保障中，进行公共卫生监督（包括食品安全）风险评估的主要目的：

一是在重大活动筹备阶段，识别评估相关单位存在的风险因素，指导重大活动的接待酒店、供餐单位和重要场馆等，改造硬件（设施设备）能力，提升软件管理水平，消除风险隐患，降低风险等级和发生概率，达到预防风险和风险损失发生的目标；

二是评估测评重大活动可能的风险种类、活动参与者的脆弱因素、服务提供者存在的风险因素、相关服务能力条件与重大活动的适应度等，确定监督保障监控重点和思路；

三是根据评估后的风险概率、程度等因素，选择确定重大活动监督保障的关键环节和关键控制点，准确地把握具体监督保障的重点，通过对高风险环节和高风险点位的控制，以最小的投入，最大限度消除和减轻食品安全和公共卫生风险。

第二节　重大活动公共卫生风险的特点与分类

一、重大活动公共卫生风险的特点

重大活动是群体性或者人群聚集的活动，不同的活动又具有不同的特点，因此面临的公共卫生风险也有其特殊性。

（一）自身风险性

从一定意义上讲，人数众多的大型活动本身就是一种公共卫生的风险性活动，人群聚集、来源复杂、环境适应性差别很大，众多人群聚集一起频繁地近距离接触等，本身就蕴含着一定的公共卫生风险性。

（二）危险增大性

第一，平时发生概率和程度较低的风险，一旦波及重大活动中，借助重大活动人群密度大、接触密切频繁特点，可能会成为发生概率和损害程度较高的卫生风险；

第二，在重大活动中，一个较小范围的公共卫生风险，如果控制不力，会发生蔓延趋势，扩大为较大范围的公共卫生风险，潜在的健康损害，可能会蔓延成危害健康事件；

第三，重大活动中一旦出现公共卫生风险，由于共同的生活环境，很容易导致部分人员产生心理性反应，从而影响对损失程度的判定，导致风险扩大。

因此，平时看来并不严重的公共卫生风险，在重大活动中控制不当，很容易被扩大为严重的公共卫生风险，甚至发生重大公共卫生事件。

（三）群体爆发性

重大活动最突出的公共卫生风险，一是传染性疾病的爆发或者传播流行；二是群体性的食物中毒事故；三是饮用水污染事件导致群体性健康损害事故。这些风险一旦发生，如果控制不力，将会在重大活动参与者中，导致大面积爆发性群体健康损害事件。

（四）应对脆弱性

第一，重大活动人群聚集、活动安排紧张，外来参与活动的人员对新环境的气候变化、饮食饮水、生活习惯变化可能不适应，对公共卫生风险的侵扰应对和抵御能力变得脆弱；

第二，重大活动人群管理相对松散，人员活动自由度较大，一旦发生公共卫生风险，在指挥调度、传递信息、指令下达和执行上都有一定难度，由此，导致自身管理系统脆弱；

第三，重大活动的相关人员，对风险控制措施的理解、接受程度参差不齐，强制性手段又需谨慎使用，导致风险控制措施的脆弱；

第四，活动主办或者承办者、负责提供服务的相关单位和人员，不希望出现意外事件，有意或者无意缓报、瞒报相关信息等，都会对及时控制风险造成障碍。

（五）社会影响性

重大活动公共卫生风险一旦发生，整体协调调度较难，加上社会舆论、个人心理等因素影响，在风险控制和应急处置上的困难等，使风险损失控制难度加大；而且，再由于公众和各类媒体对重大活动的高度关注，发生公共卫生风险事件的信息会迅速传播，社会影响性也要远远超过一般公共卫生风险事件。

二、重大活动公共卫生风险的种类

关于重大活动公共卫生的风险的种类问题，从不同角度可以做多种分类，我们认为可以重点从三个方面进行分类。

（一）按照公共卫生风险可能造成损害范围分类

根据公共卫生风险可能造成的损害后果，一般可以将重大活动的公共卫生风险分为个体性健康损害风险和群体性健康损害事件风险两类。个体性健康损害风险一般是指，由于重大活动涉及的相关公共卫生领域存在的健康危害因素，导致个别重大活动参与者个体（包括散在的部分重大活动参与者）健康损害的风险；群体性健康损害事件一般是指，重大活动涉及的相关领域，存在的公共卫生危害，一次性导致一定数量的人群出现急性、亚急性健康损害的事件，此可以称之为突发公共卫生事件。

（二）按照导致健康损害的危害因素分类

根据健康危害因素我们可以分为微生物、化学毒物、生物毒素食物中毒风险；生活饮用水污染健康损害事件风险；传染病流行风险；其他公共卫生风险等。食物中毒风险是指，重大活动参与者食用污染食品导致的急性、亚急性食源性疾病的卫生风险；饮用水污染健康损害风险是指，重大活动参与者饮用被微生物、有毒有害物质污染的水，导致的急性、亚急性疾病的公共卫生风险；传染病流行风险是指，由于重大活动的环境、参与者接触物品、食品被传染病病原体污染，或者与传染病患者、病原携带者密切接触，导致的呼吸道、消化道传染病传播流行的公共卫生风险；其他公共卫生风险常见的有重大或活动参与者由于活动相关环境、物品被有害物质污染导致的健康损害，例如一氧化碳、甲醛等有害气体中毒,游泳、洗浴等环境不洁等导致的健康损害。

(三)按照危害因素存在部位或介质分类

按照健康危害因素的来源,我们可以将公共卫生风险分为:公共场所卫生风险、生活饮用水卫生风险、集中空调通风系统卫生风险等。

公共场所卫生风险,是指重大活动核心活动场所、参与者住宿、娱乐场所等存在公共卫生危害或者被病原体污染,可能导致健康损害或群体性健康损害事件的风险。公共场所的卫生风险还可以分为多种,如住宿场所的卫生风险、会议场所的卫生风险、游泳场所的卫生风险、美容美发场所的卫生风险等等;生活饮用水卫生风险,是指集中供水、二次供水、直接饮用水等被污染,重大活动参与者饮用或者食用后,导致健康损害或者群体健康损害事件的风险可能;集中空调通风系统卫生风险是指,重大活动集中活动场所、住宿场所等的集中空调通风系统长时间不清洗消毒,系统内存在的灰尘、微生物、有毒有害物质随风排出,被人体吸入后导致健康损害的风险可能。

第三节　重大活动公共卫生风险评估的方法

各类风险评估之间是相通的,风险评估的方法在总体上也是相对一致的。因此,重大活动公共卫生风险评估,是对重大活动公共卫生风险感知、分析、认识,进行诊断和寻找对策的过程。

一、重大活动公共卫生风险识别

实施重大活动公共卫生风险评估,首先要进行相关的风险识别。重大活动的公共卫生风险识别,卫生监督保障主体,是启动风险评估的初期阶段,对重大活动是否会存在公共卫生风险、存在哪一类公共卫生风险进行识别的过程,也可以说是查找危害的过程。因此,公共卫生风险识别需要综合多种方法、多种手段的优势,经过多个环节,进行综合分析评价。

(一)收集相关信息资料

收集信息资料是进行公共卫生风险识别的基础,卫生监督保障主体,要根据重大活动规模、特点、参与人群、活动季节等,及时收集相关资料,为进行公共卫生风险的识别评估奠定基础。

1. 收集卫生监测信息

收集一定时间和区域范围内的公共卫生监测、传染病监测和预警资料。分析公共场所、生活饮用水的基础状况,分析传染病流行、重点传染病发病状况,分析重大活动举办地是否存在基础性公共卫生风险因素;

2.收集环境监测信息

收集相关环境监测、气象监测预测资料信息，分析环境因素、气候等对健康的影响因素；

3.收集重大活动参与者的有关信息资料

了解参与者的基本情况和来源，分析是否存在内在的健康风险因素。

4.收集参与者所在地的有关信息

例如公共卫生状况、传染病疫情等等信息，分析是否存在带入性公共卫生风险。

5.收集重大活动信息

了解重大活动的规定动作特点，分析是否存在公共卫生风险因素。

（二）进行现场检查评价

卫生监督保障主体，组织专门监督员小组，依据卫生法律法规、标准规范，编制监督检查评价表，对重大活动的涉及的公共卫生领域进行监督检查和卫生评价。

1.检查评价场所卫生

对重大活动的核心场所、参与者住宿场所、休闲娱乐场所、游泳等体育场所进行全面卫生监督检查。

2.检查评价饮水卫生

对重大活动区域内的集中供水单位，相关场所的二次供水、直接饮用水、相关的涉水产品等进行全面卫生监督检查。

3.检查评价集中空调通风系统卫生

对重点场所的集中空调通风系统进行卫生监督检查等。通过监督检查，分析评价相关单位等的卫生管理情况、公共卫生基本状况，分析是否存在公共卫生风险因素。

4.检查传染病控制措施

对相关单位预防控制传染病流行的措施、制度、相关条件、传染病流行控制预案等，进行现场检查和卫生评价。

（三）进行现场采样检测

卫生监督保障主体，在疾病预防控制部门的配合下，对被监督检查场所和单位的卫生关键环节和关键点位进行采样，进行现场快速检测、实验室检验。例如对相关公共场所的空气质量、客人用品用具，二次供水、直接饮用水的水质，游泳池的水质等采样检测；对集中空调通风系统进行卫生评价等。获取相关数据，分析存在的公共卫生风险隐患。

（四）进行集体讨论分析

卫生监督保障主体可以借鉴“头脑风暴法”“经验判定法”等原理，组织相关专业人员，邀请专家参与，结合相关信息资料综合分析、现场监督检查、现场快速检测、实验室监测、卫生评价的结果和重大活动的特点，进行集体讨论，研究分析与重大活动相关公共卫生领域的风险隐患和问题，进行公共卫生风险的识别和诊断。

二、重大活动公共卫生风险分析方法

重大活动公共卫生风险分析评估，是卫生监督保障主体，在初步卫生风险识别后，进一步采取科学方法手段，结合实践经验，系统分析相关卫生风险发生概率和严重程度的过程。

（一）健康损害分析

重大活动公共卫生风险评估中的健康损害分析，是卫生监督主体分析、查找重大活动涉及的公共卫生领域中，已经识别的公共卫生风险中，是否存在人体健康损害危险，存在哪一种对人体健康的危害，是否能够导致人体健康的损害，能够导致什么样的、什么程度的损害等。

（二）健康损害事件分析

重大活动公共卫生风险评估中的健康损害事件分析，就是卫生监督主体分析公共卫生风险危害，是否会导致重大活动发生群体性健康损害事件，以及导致群体健康损害事件的种类。例如可能导致某种传染病传播流行事件的可能性；导致饮用水污染群体性健康事件的可能；导致群体性食物中毒事故的可能性等。

（三）卫生风险概率分析

概率就是可能性的大与小。卫生监督保障主体，要根据风险识别的结果，结合收集到的相关公共卫生监测信息、有关的卫生信息资料，相关公共场所、服务单位的公共卫生和管理状况，以及重大活动内在活动特点等情况，综合分析各种公共卫生风险发生的机会、条件，掌握控制风险发生的有利无利因素，判定各种公共卫生风险发生的概率。

（四）卫生风险应对的脆弱性分析

风险脆弱性一般是指：风险主体对风险的抵御防范能力，包括对风险事件、风险损失的承受能力、耐受力、适应力和抵御能力等。影响风险脆弱性的因素很多，例有如公共卫生认识水平、应对和抑制卫生风险的能力和经验，重大活动承办方组织管理能力、公共卫生基础条件；重大活动参与者的基本素质、修养，接受预防控措施心态；相关服务提供者的卫生自律能力、卫生风险应对和控制能力等。还有自然环境和气候条件，政府部门、卫生部门、卫生监督主体等，在应对公共卫生风险方面的投入、监测、预警、预案、演练等情况。卫生监督主体要通过对这些情况的综合分析研究，判断各方面对相关公共卫生风险适应程度，应对风险能力，控制风险损失的能力等方面等。

（五）风险强度分析

风险强度就是公共卫生风险导致健康损害的严重程度，可能受到损害的人数，损害波及范围和持续的时间等。卫生监督保障主体要根据风险识别的结果，综合分析预测各类公共卫生风险的大小，以及某种公共卫生风险一旦发生，可能会导致怎样的损失、波及的范围、持续的时间等。

三、重大活动公共卫生风险的分级与排序

重大活动公共卫生风险分级，是通过风险识别评估，对重大活动中公共卫生风险因素、风险概率、风险强度，以及重大活动承办单位、服务提供单位、卫生监督主体对风险的控制能力，及其相互关系等进行综合分析，得出的一个综合性评价结果。

（一）判定风险级别的一般要求

分析判定重大活动公共卫生风险级别，应当按照风险评估的方法程序，综合各种因素和状况，科学合理地得出结论。

1.要迅速快捷

结合实际、迅速果断、简便快捷地做出判断。一方面公共卫生安全关系生命健康，必须迅速做出相关判断，采取对应措施。另一方面从保障任务下达到具体实施间隔不长，如果生硬照搬经济管理套路、数学模式等，就很可能失去控制风险的最佳时机。

2.要科学规范

就是采取定性与定量相结合方法，得出科学规范的结论。要求按照相关卫生标准规范，结合工作经验，对需要进行风险预测评估的环节，列出若干个具体环节，明确限制要求，形成相对的量化指标。在风险预测评估中，综合现场检查结果、检验检测结果、环境条件分析、社会关注焦点、相关单位自控能力等进行集体研究，判断出相关风险的程度或者等级。

3.要实事求是

综合分析要坚持实事求是，既要遵守简便快捷、规范科学的要求，又要灵活适度掌握分寸。对卫生风险度宁可高估，不能低估。在诸多风险要素中，要高度关注相关单位的自我控制能力，包括卫生管理水平，人员的基本素质，突发事件应对能力，相关硬件设施条件等，这些是控制卫生风险的综合能力。相关单位控制能力很强，可以降低风险等级；如果相关单位的自控能力有限，也会提高卫生风险概率和程度。

(二)公共卫生风险排序

公共卫生风险级别排序,在实践中一般采取两种方法或者思路。就是监督保障主体,在认识了公共卫生风险的概率和强度后,对相关公共卫生风险按照由高到低的顺序进行排列,将风险因素相对高的环节,优先作为重大活动卫生监督保障重点监控的环节;卫生风险相对高的事项,优先作为重点监控的事项;将脆弱性较大的人群,优先作为重点保障对象。在卫生监督保障实践中,对公共卫生风险级别的排序,一般采取两种方法或者思路。

1.风险危害排序法

是以公共卫生风险的危害和危险性为切入点,进行风险级别分析和排序。例如:传染病传播流行风险,是以长时间的传染病监测、时空条件下的传染病疫情分析,多年传染病流行信息比较,按照不同传染病的流行特征,结合重大活动与疫区、与可能的传染源、与易感人群、与传播途径的关系程度,综合分析确定等级,进行风险级别排序。

2.风险因素排序法

是以相关场所、环境、物品、活动方式等存在的卫生风险因素为切入点,进行风险等级分析和排序。也可以讲是以重大活动涉及的某一个环节的卫生风险因素为切入点,进行风险等级分析和排序。公共场所的卫生风险,就是以重大活动涉及的公共场所为对象,全面检查其卫生状况,发现风险隐患,进行风险识别、评估和风险等级分析排序。

(三)重大活动公共卫生风险级别

卫生监督保障主体从保障工作的具体操作考虑,主要采取风险因素排序法开展相关的卫生风险评估,主要目的是排查保障对象存在的风险隐患。但是,在特别重大活动前,需要在卫生行政机关的统一领导下,疾控机构、监督机构共同参与,经过系统的公共卫生风险评估,判定风险的级别和进行排序。根据公共卫生风险的具体情况、风险与重大活动关联性、风险发生概率和强度,以及各方面的控制能力等因素,一般将风险划分为极高风险、高度风险、中度风险、轻度风险和轻微风险 5 个等级。

1.极高度风险

一般指卫生风险发生概率很高(约 70%以上),发生风险后导致健康损害严重(危害显著、波及面广、作用时间长等),相关单位自身控制能力很弱(基础条件差、人员素质低、管理不到位),现场检查量化指标得分在 60%以下等。其中任何一项符合极高度风险条件时,就可以考虑判定为极高风险。

2.高度风险

一般指卫生风险发生概率较高(50%左右),发生风险后带来的健康损害较严重（危害显著、波及面广、作用时间长，有这3项中1～2项），相关单位控制能力较差，现场检查量化指标评定得分在60%～70%。应当考虑为高度风险。

3.中度风险

一般指卫生风险发生概率一般（30%左右），发生风险对人群健康损害不是很高（危害程度、波及面、作用时间不长等尚可控制在一定范围内），相关单位有一定的自身控制能力，现场检查量化指标评定得分在70%～80%。可以考虑为中度风险。

4.轻度风险

一般指卫生风险发生的概率较低，发生风险后带来的健康影响程度较低（危害性不高、波及面不大、作用时间不长等），相关单位风险的自身控制能力较强，现场检查量化指标评定得分在80%～90%。可以考虑为轻度风险。

5.轻微风险

一般指卫生风险发生的概率极低，发生风险导致健康损害程度极小或者不会发生，相关单位自身控制能力很高，现场检查量化指标评定得分在90%以上。可以考虑为轻微风险。

四、重大活动公共卫生风险控制

（一）卫生风险控制的含义

风险控制是消除风险因素、预防风险事故、减轻风险损失的具体管理活动。重大活动公共卫生风险控制，是在重大活动中主办或承办主体、重大活动的服务提供者、卫生监督保障主体等，根据重大活动公共卫生风险评估的结果，为了有效地预防控制公共卫生风险的发生，或者降低卫生风险发生的概率、减轻卫生风险的危害程度，按照各自承担的责任，分别采取的有针对性的措施和手段。

（二）卫生风险控制措施

风险控制措施是针对风险因素、可能的风险事故、可能导致的风险损失，所采取的具体预防控制方法和手段。提出风险控制措施，是风险评估的一项重要内容和任务。卫生监督保障主体，在卫生风险识别、风险评估、风险排序后，针对风险评估结果和有关单位存在的卫生风险因素，研究提出有针对性的预防控制措施。重大活动筹备阶段的卫生风险评估，应当提出整改提升意见、建议；临近重大活动启动阶段的卫生风险评估，应当研究提出对各种风险的具体监督监控措施和相关单位进行自律管理的措施和意见。

（三）风险控制责任

在重大活动公共卫生风险控制中，重大活动的主办或承办者、服务提供者等是相关公共卫生安全的第一责任人，对保障重大活动的公共卫生安全，保证服务事项的公共卫生安全，负有主体责任。还应当按照卫生风险评估的结果，完善内部管理、整改提升卫生水平、积极消除各类卫生风险因素，落实卫生监督主体为控制公共卫生风险提出的各项要求，对高风险环节实施强化的管理控制措施，预防和控制公共卫生风险事故或者事件的发生。

在重大活动监督保障中，卫生监督保障主体要履行卫生监管责任，督促指导相关主体完善制度和管理，落实整改措施，遵守卫生法规、标准规范，控制风险因素。同时采取监督检查、现场快速检测、驻点监督监控等措施，对高风险环节和控制点位，进行监督监控，及时发现和纠正风险隐患，果断处理违法行为。卫生监督主体和管理相对人共同预防控制卫生风险，一旦发生风险损害事件，及时果断依法进行处置，最大限度地控制和减轻风险损失的程度和影响，这就是重大活动的公共卫生风险控制。

第九章　重大活动公共场所卫生的风险评估与控制

第一节　概　述

一、公共场所的概念和特点

（一）公共场所的定义

公共场所有广义和狭义之分。从广义上讲，由人工建成的供公众进行学习、工作、社交、休息、娱乐、购物、体育、参观旅游等活动公用建筑物、场所和其他设施等都是公共场所。也有人定义为："供公众从事社会生活的各种场所。"如果这样理解，学校、机关、企事业单位、医院等，都可以称之为公共场所。从狭义上讲，公共场所是指《公共场所卫生管理条例》规制范围内的所有场所，包括宾馆、饭店、商场、体育场馆、洗浴场馆、美容美发等共七类二十八种。我们理解《公共场所卫生管理条例》规定的这些场所，主要是非特定人群活动的场所。学校、机关、企事业单位等，应当属于特定人群常态活动的场所，所以没有列入一般公共场所的范围。另外，学校、医院、工矿企业等场所，由相关专门法律法规进行规范。

（二）公共场所的属性和特点

公共场所的属性和特点，是公共场所区别于其他社会关系主体或者服务活动的特征。我们认为可以从以下几个方面理解公共场所的属性和特点：

1.公共性

是指提供给公众使用或者活动，任何单位、团体和个人都可使用或者进行活动的公众场所。没有正当的理由不能拒绝任何人进入公共场所，无论是中国人还是外国人，是黄种人还是白种人，是健康人还是非健康人。只是要符合在该公共场所活动的规则，不能给他人造成危险或者危害。

2.功能性

所有的公共场所都是有作用的，宾馆给大家提供住宿服务，美发店给大家提供美发服务或理发服务，展览馆给大家提供展览服务。

3.商业性

公共场所是需要有人管理和经营的，大部分是商业性的。当然，也有一部分是公益性的。对商业性的公共场所，普通的公众进入公共场所活动需要进行消费，要享受公共场所提供的有关服务，需要支付相应的费用。当然，随着社会经济的发展，有些公共场所也在逐渐走向公益化，比如有些公园已经免费，博物馆现在也免费了。

4.区域性

公共场所是有一定的范围，一般公共场所都有一个维护的建筑物，这种建筑物可以是封闭的，比如宾馆、展览馆；这种建筑物也可以是开放的，比如公园、体育场。

5.规则性

所有的公共场所，在其功能的范围内，都有一定的活动规则。进入公共场所活动的公民，需要遵守公共场所的活动规则，而不是因其公共性、因为消费了就可以随意而为。恰恰相反，正因为是公共的，公众可以自由出入，才需要有一定的活动或使用的规则，如游泳场所、洗浴场所，对特定的患者还是禁止的，这种禁止既是保护本人，也是保护他人的健康。

二、公共场所的卫生管理与监督

为了保证公共场所的卫生安全，创造良好的公共场所卫生环境，预防传染性疾病通过人群在公共场所直接或者间接接触流行传播，保护在公共场所进行活动的公众健康，国务院在1987年颁布了《公共场所卫生管理条例》，原国家卫生部颁布了《公共场所卫生管理条例实施细则》，建立了公共场所卫生许可制度和卫生监督制度，对各类公共场所的卫生管理和监督执法做了严格的规定。之后，原国家卫生部又相继颁布了各类公共场所的卫生标准和规范，对分别涉及公共场所的空气质量、微小气候等的湿度、温度、风速、新风量、照度、噪音等物理指标，涉及公共场所的一氧化碳、二氧化碳、甲醛、氨、可吸入性颗粒、游离氯等化学指标，微生物指标做出明确规定，顾客用具和卫生设施等卫生指标做出明确要求。

按照《公共场所卫生管理条例》《公共场所卫生管理条例实施细则》的规定，公共场所的经营者对公共场所的卫生负有主体责任，要建立公共场所卫生责任制，要对从业人员进行卫生知识培训、考核及健康管理，要保证经营的场所符合卫生要求。卫生监督机构依法对公共场所履行管理责任的情况，对从业人员的健康情况、公共场所建设等进行卫生审查，对公共场所符合卫生标准规范的情况进行监督检查和检测。国外对公共场所虽然不像我们国家这么有严格的系统性卫生管理，但是对宾馆、洗浴中心、游泳场所等有严格的卫生制度，并且发布了相关的标准和法规。

三、公共场所的健康危害因素及特点

公共场所与人们的生活息息相关，人们几乎天天都要进出公共场所。因此，公共场所的卫生状况，与人的身心健康密不可分，公共场所内的健康危害因素，主要是传染性疾病传播危险。其主要的影响因素体现在四个方面：

（一）人员密集因素

公共场所人流比较多，人群比较密集，很多情况下人与人之间是很近距离的接触，并且流动性很大，这种时候有些疾病就很容易传播。最典型的例子是我们坐地铁、看展览，人挤人，人贴人，这里面如果有些不健康的人群或有病原微生物的话，就可能会被传染。

（二）客用品重复使用因素

公共场所里很多物品或设备都是重复使用的，比如入住酒店盖的被子，餐馆吃饭用的餐具，进医院开门握的把手，这些都是在重复使用的，如果物品上存在一些病原微生物的污染而且没有得到有效的消毒，那么极有可能在人际间传播，这个风险的危害因素就会比较大。

（三）密切接触的交叉感染

公共场所里健康人群和非健康人群是混杂在一起，在有限的范围内近距离密切接触，健康人很容易被患者、病原携带者交叉污染。举一个简单的例子，SARS期间，大家坐飞机，如果飞机上有一个SARS病人，下飞机以后所有的人员都要被请到单独的地方进行医学观察，这是为了防止健康人群被非健康人群传播疾病。

（四）服务中污染因素

从业人员更换频繁，卫生观念、卫生意识不强。尤其是一些小型的公共场所，从业人员更换的频率更快，由于培训不及时，卫生意识缺乏，导致公共用品消毒不彻底或不消毒；消毒后的物品，用未消毒的布擦拭，或用手抓，导致消毒后的公共用品再次被污染。

四、重大活动场所的分类

（一）按照场所的法定属性分类

按照公共场所的法定属性分类，就是按照《公共场所卫生管理条例》《公共场所卫生管理条例实施细则》规定的公共场所分类办法进行分类。可以分为住宿场所、交际场所、洗浴场所、美容场所、文化娱乐场所、体育场所、文化交流场所、购物场所、就诊场所、交通场所等10类。这种分类方法比较简单，无须与重大活动相互联系，重大活动用到哪一类场所，就按照哪一类场所进行管理和监督。

（二）按照场所与重大活动的关联性分类

按照场所与重大活动的关联性进行分类，就是根据场所在重大活动中的用途或场所与重大活动密切程度等进行分类；按照对场所实施卫生监督保障的程度分类。在重大活动卫生监督保障中实践中，从卫生监督保障的工作安排、具体实施出发，我们多采取这一分类办法。

1.核心场所和一般场所

按照公共场所与重大活动的关联性，我们可以将重大活动的场所分为：重大活动的核心场所和一般场所；重大活动的核心场所是重大活动参与者集中或集体活动、住宿、就餐等的场所。包括：重大活动核心活动所在的场所（不同的活动核心场所也有不同）、重大活动代表集中住宿的场所、重大活动集体就餐的场所等；重大活动的一般场所包括：文化、娱乐、体育、交际的场所等。在特定的重大活动中，有时一般活动场所可以成为核心活动的场所。

2.活动运行场所和城市运行场所

按照与重大活动的关联性，我们还可以分为活动运行场所和城市运行场所。活动运行场所也称为重大活动接待场所，在保障中称为活动场馆运行，包括核心活动的场所、代表住宿场所、集体就餐场所及住宿场内的各类附属场所等；城市运行场所是指重大活动举办城市中，重大活动参与者可能光顾的各类公共场所，包括娱乐、商业场所等。

不同的公共场所，因其与重大活动的关系、用途、人群的密集程度的方面的不同，公共卫生风险及其程度也有不同，相应的风险控制措施也有所区别。

第二节　重大活动核心场所的卫生风险评估与控制

一、核心活动场馆的卫生风险评估与控制

（一）核心活动场馆的含义

重大活动的核心场馆，是指重大活动的中心活动场馆，即重大活动群体规定动作的实施场所，重大活动核心项目运行的场所等。这些场所是重大活动参与者集体或者集中活动的场所。不同类型的重大活动，核心活动场馆不同，如重大会议和论坛活动，核心活动场馆是会议中心；重大体育赛事，核心活动场馆是体育中心；重大会展类活动，核心场馆是会展中心；等等。如果我们扩大一点，那么，重大活动集体就餐的场馆也可以列为核心活动场馆。核心活动场馆，是重大活动的群体动作集中实施地。因此，也是重大活动卫生监督保障的重中之重。

（二）核心活动场馆主要健康危害

重大活动核心活动场馆的公共卫生危害，主要源于场内卫生设施的完好程度，空气的质量和微小气候水平，相关的卫生状况和管理能力等，以及人员密切接触导致的交互感染等导致的传染性疾病和健康危害因子对人体的损害，概括起来有以下几方面：

1. 病原体污染和传染性疾病的传播

例如非典型性肺炎、人感染高致病性禽流感、流行性感冒与流行性脑膜炎等呼吸道传染病的传播；病毒性肝炎、细菌性、阿米巴痢疾、脓疱疮、脓痂疹等病原体对环境的污染等；病原微生物对游泳池水质的污染等导致疾病传播等。不同活动其具体的突出危害也有不同，需要分别进行危害和风险的识别。

2. 室内空气中的有毒有害成分中毒

例如甲醛、一氧化碳、放射性物质等成分超出标准限量导致的人体健康损害。

3. 室内环境导致的健康危害

室内微小气候，湿度、温度、风速不符合卫生要求，或者室内新风量不足导致的健康损害或者身体不适，炎热季节的中暑等。

4. 茶点食品安全危害

主要是一些活动需要中途休息，供应茶点食品、饮料等；也有一些活动在活动进行中，在活动场所或者活动场所贵宾房间、专家活动房间等提供茶点食品、甚至在自助餐食品地方，有可能带来食品安全问题。

（三）核心活动场馆的主要风险因素

1. 人员密集因素

核心活动场馆，是活动参与者主要集中活动的场所，这里人员最密集、停留时间最长、接触最密切，患病或者病原携带者易对健康人交叉污染。如果活动人数超过场馆设计的容量，会导致风险概率增加。

2. 场馆内环境因素

活动场馆内的装修材料、办公活动桌椅、箱柜、有关设施含有有毒有害物质、导致场馆室内空气质量不符合卫生要求。

3. 设施设备及使用因素

场馆设计、设施设备不符合卫生要求，或者使用不当、维护不好，不能发挥应有功能作用，导致场馆内质量、微小气候，室内湿度、室内温度、自然风速、空气流通、新鲜空气含量等不符合卫生要求，甚至设备排放污染的气体等导致活动参与者的健康损害或者身体不适。

4. 内部管理因素

场馆缺少必要的自律卫生管理，对客人用品、用具、室内环境、设施设备等，清洗或者清洁、消毒处理等不符合卫生要求，游泳池水不按规定更换、不按标准消毒等，导致病原微生物污染等；直接为客人服务的从业人员患病或者携带病原体导致疾病传播。

5. 集中空调通风系统因素

场馆内的集中空调通风系统不符合要求，长期没有进行清洗消毒处理，送风中含有毒、有害、致病微生物微粒，导致疾病传播或者人体健康损害。

（四）主要风险控制措施

1. 严格前期卫生审查与评价

检查卫生许可情况，未依法获得卫生许可的场馆不能使用；检查场馆接待能力是否与重大活动需求匹配，超出接待能力的应当禁止或者慎重使用；评价相关卫生条件，设施设备是否处于良好运行状态，是否能够满足卫生要求，不符合卫生要求必须限期改造提升。

2. 检查排除风险隐患

对场馆空气质量、微小气候等进行卫生检验检测，发现问题采取卫生处理措施。对客人用品、用具进行检测，严格监督落实消毒管理制度。对其他具有特殊功能的核心活动场馆，按照特点进行检测和监控。

3. 场馆内环境清洁消毒

监督经营者对场馆进行清洁消毒处理。对场所的地面、墙面、物体台面、公共卫生间、客人接触物品等用0.05%～0.1%过氧乙酸溶剂擦拭或喷雾消毒；必要时进行空气消毒。

4. 监督检查服务人员健康

调离患有疾病的服务人员，防止对参与活动人员的污染传播疾病。开展健康教育宣传，要求重大活动的参与者劝住患病人员，参加人员密切接触的活动按照任务人员的指导采取防护措施。

5. 活动期间强化监督检查和巡视

通过监督检查，督促指导场馆经营者、重大活动承办者落实相关卫生制度，落实传染病预防控制措施，规范各类行为，保证场馆内环境卫生。

6. 监控茶点食品安全

在重大活动核心场馆提供的各类食品，必须符合《中华人民共和国食品安全法》的规定和要求，具体可参见食品安全风险和控制措施。

二、住宿场所的卫生风险因素与控制措施

（一）住宿场所的概念和范围

重大活动集中住宿场所，一般是指重大活动参与者住宿的宾馆、酒店、公寓、

招待所等客房环境。以学生为主体的校园类重大活动，安排学生住学校集体宿舍的，学生宿舍也需作为重大活动集中住宿场所。以其他方式安排重大活动参与者住宿的，接待住宿的都属于重大活动监督保障，实施卫生监控的住宿场所。住宿场所除了客房外还包括与客房服务有关的各类附属设施，其中属于公共场所专门类别的我们将分别讨论。

（二）住宿场所的主要健康危害

住宿场所的健康危害，大多与核心活动场所基本相同，但是重点有所区别。

1. 传染病或其他微生物感染

客人因相互接触、空气污染、用品用具被感染传染性疾病，或者被感染其他致病微生物。

2. 有毒有害物质对健康的损害

住宿场所的室内空气中的甲醛、一氧化碳等有害物质引起的中毒或不良反应。

3. 不良物理环境对健康的影响

住宿房间内室内微小气候、新风量不足等因素，导致的身体不适或健康损害等。

（三）主要卫生风险因素

住宿场所的公共卫生风险因素，主要包括场所硬件因素、管理因素和场所特点因素等。

1. 客房环境污染因素

新建或者改建客房内装修材料、家居中有毒有害物质释放，导致室内空气质量不符合卫生要求，引发客人健康损害的卫生风险。

2. 客房用品用具污染因素

主要是经营者或者从业人员不遵守卫生制度，操作不按卫生规范执行，客人用品清洗消毒不到位；布草不按规定消毒、存放、更换；清洁客房时不规范操作造成清洁品、污染品的交叉污染等。

3. 服务人员的污染因素

主要服务人员患病没有按规定调离岗位，致病微生物污染环境和客人用品等。

4. 客人交互污染因素

住宿客人患病，或者携带病原体，在与其他人员接触中直接造成交互感染，或者污染了用品、用具，间接造成他人被感染。

5. 空调系统的污染因素

集中空调通风系统不洁，送风中含有有害物质或者致病微生物等。

（四）主要卫生风险控制措施

1. 在重大活动前做好卫生风险评估

卫生监督保障主体，接到重大活动监督保障任务后，应当对重大活动拟使用的住宿场所，进行全面检查和卫生风险评估，排查卫生风险隐患问题。具体方法，可以采取检查表的方式进行卫生风险评价。

表1　接待宾馆饭店客房风险评估

被评估单位：

项目	评　估　内　容	分值	得分	小计
卫生许可	1. 卫生许可证未超出有效期限且无超范围经营情况	※		
	2. 无伪造、涂改、转让卫生许可证行为			
体检培训（10分）	3. 从业人员健康体检合格证明在有效期范围内	5		
	4. 从业人员经过卫生知识培训且有记录	5		
卫生制度与卫生管理（10分）	5. 有卫生管理制度，建立突发事件应急预案，明确责任人	\		
	6. 有自查纪录	5		
	7. 有专职或兼职的卫生管理人员	5		
专用消毒间及消毒设施设备（45分）	8. 设立专用消毒间	※		
	9. 消毒间内无杂物	5		
	10. 药物消毒有三个水池且标示清晰	5		
	11. 有消毒柜且能正常运转	5		
	12. 消毒药品且有卫生许可批件	5		
	13. 按照正确消毒程序操作	5		
	14. 有消毒药物配比容器	5		
	15. 清洁客房、卫生间的清洁布、工具等明显区分，不存在交叉使用情况	5		
	16. 有客用杯清洗消毒记录	5		
	17. 有拖鞋专用消毒池或配备一次性拖鞋	5		
公共用品用具更换、储存、使用、消毒（55分）	18. 有效的公共场所卫生监测评价报告	\		
	19. 有专用布草间			
	20. 布草间内无杂物	5		
	21. 有客用物品更换记录	5		
	22. 清洗清毒后的客用棉织品上无毛发、污迹	10		
	23. 清洗消毒后的客用杯具、洗漱池、浴盆、恭桶无污迹	10		

续　表

项目	评　估　内　容	分值	得分	小计
	24.客用毛毯、棉(羽绒)被、枕芯三个月清洗消毒一次,有记录	5		
	25.公共用品数量按3∶1的数量准备	5		
	26.设立已消毒公共用品用具保洁柜	5		
	27.有客用物品送洗记录和清洗消毒记录	5		
	28.清洁物品与污染物品分类码放且不存在交叉使用情况	5		
客用化妆品索证情况（10分）	29.无客用化妆品自行灌装行为	\		
	30.化妆品标签标识符合要求,且产品未过有效期限	5		
	31.化妆品索取生产企业卫生许可证和产品卫生检测报告单	5		
病媒生物防治措施（10分）	32.有防蚊、防蝇、防蟑螂、防鼠措施	\		
	33.在营业区未发现蚊、蝇、蟑螂、老鼠或鼠迹	10		
合计		140		
发现存在的风险环节				
采取的风险控制措施				
得分		标化分		
风险评估等级				
评估员				
评估时间	____年____月____日____时			

2.督促落实卫生整改提升要求

监督保障主体根据卫生风险评估结果，对存在卫生风险隐患的，提出有针对性的卫生整改提升意见，并督促相关单位在规定的时间内落实到位。

3.保证硬件设施符合卫生要求

通风、防鼠、防潮、防虫、防蟑螂、防水、防霉、保洁设施等符合卫生要求；30个标准客房设一个独立清洗消毒间、一个储藏间，面积能够满足需要，设施符合规范；公共饮具首选热力消毒，化学消毒须实施齐全；有拖鞋专用清洗消毒设施，并远离杯具消毒设施；10～12个标准客房配一辆工作车；集中空调通风系统符合《公共场所集中空调通风系统卫生规范》的规定，在规定时限内经过清洗消毒和卫生评价；公共卫生间设施齐全；客人用品用具配备符合要求等。

4.监督检查运行情况

在重大活动期间，监督保障人员要每日监督检查卫生状况，例如客房清洁是否到位，床单被褥等是否有毛发等不洁物；从业人员操作是否规范，各类保洁用品是否按规定使用；客人用品用具清洗消毒是否到位，杯饮具是否表面光洁，无油渍、无水渍、无异味等，并通过现场快速检测验证清洗消毒效果、室内空气质量等，及时消除卫生风险隐患。

5.检查相关人员健康状况

监督保障人员督促经营者对直接为客人服务的人员进行晨检，并监督抽查从业人员健康(监测体温等)。通过医疗保健人员等途径，了解客人健康情况。发现问题及时报告或者提出卫生建议。

三、游泳及体育场馆的卫生风险因素与控制

(一)游泳场所的概念和范围

游泳场所，是指人们进行游泳活动的游泳池、游泳馆等。游泳场所既包括对外经营的游泳池、游泳馆，也包括各类单位内设的游泳馆、游泳池。在重大活动保障中，既包括体育赛事活动用于进行训练、比赛的游泳馆、跳水馆、游泳池等；也包括客人住宿宾馆饭店(学校、有关单位)内设的用于客人休闲、锻炼的小型游泳馆、游泳池等。

(二)游泳场馆主要健康危害

游泳场馆是人群集中活动的公共场所，在众多公共场所中，游泳场所中的健康危害最为突出，主要是活动人群身体处于暴露状态，非常容易通过游泳池中的水、游泳者休息的设施、客人的用品用具等途径感染疾病。

1.感染性疾病的传播

如急性出血性结膜炎(红眼病)的传播，甚至暴发流行；因细菌感染的中耳

炎、鼻窦炎、咽喉炎等;还可能感染肠道传染病、重症沙眼等。

2.皮肤病的交叉感染

如通过间接传染引起软疣、脓疱疮、脓痂疹等;股癣、脚气、灰指甲等皮肤浅层的真菌感染等。

3.皮肤或者全身过敏反应

部分人群对游泳池水中的消毒剂不适应,引起的皮炎或者其他过敏性疾病。

(三)主要卫生风险因素

1.游泳池水质污染因素

游泳池水质不符合卫生要求,是游泳场馆中突出的卫生风险因素。第一,消毒不规范、消毒剂含量不够造成游泳池水中消毒剂含量不够,不足以杀灭致病微生物,导致传染病传播,或者感染性疾病等;第二,游泳池水不按规定更换,造成水质中微生物和有毒有害因子严重超标,导致疾病传播,或者其他不良反应;第三,过量使用消毒剂,导致游泳者的发生刺激反应或者过敏症状加重。

2.客人用品用具污染因素

第一,场馆出租的泳衣裤、救生圈,以及公用扶梯、水龙头、躺椅等,没有采取消毒措施,间接传播疾病;第二,公用衣柜、拖鞋、浴巾、毛巾消毒不彻底甚至不经消毒重复使用等,导致疾病的传播或者感染;第三,进入游泳场前的浸脚池不符合卫生标准,或者消毒剂浓度不够等导致游泳者将致病微生物带入,污染环境和水质,导致疾病传播。

3.相关人员健康因素

第一,服务人员、工作人员等患有影响卫生的疾病,没有按照规定调离或者带病上岗,将疾病传播给游泳者;第二,游泳者缺乏卫生意识,患有传染性疾病、各种皮肤病或者患有皮肤细菌感染的,仍然进入游泳场馆参加游泳活动,造成环境、水质等的污染,导致疾病传播等。上述不健康人群,参加游泳活动,不仅对他人健康造成损害,同时还会加重个人已经存在的疾病。

(四)卫生风险控制措施

1.做好游泳场所的卫生资质和条件评估

卫生监督保障主体,在重大活动前做好游泳场所的卫生风险评估,对重大活动拟使用的游泳场所、驻地内设游泳场所进行全面检查和卫生风险评估,严把卫生资质和条件,没有获得卫生许可或者不符合卫生条件的严禁使用。卫生评估方法可以采取检查表方式。

表 2　游泳场所风险评估

被评估单位：

监督环节	监督项目	审　查　内　容	分值	得分	小计
卫生许可证	期限	1. 超出有效期	\		
	范围	2. 超出许可经营范围			
	真伪	3. 伪造、涂改、出借卫生许可证			
卫生管理（20 分）	制度	4. 有健全的卫生管理制度并有效落实	5		
	人员	5. 有卫生管理组织及专职或兼职卫生管理人员	5		
	体检培训	6. 从业人员持有效的健康合格证及培训合格	10		
建筑设计与布局（35 分）	布　局（20 分）	7. 新、改、扩建游泳池必须具有循环净水和消毒设备	\		
		8. 游泳场所应分设男女更衣室、淋浴室、厕所等。淋浴室每 30～40 人设一个淋浴喷头。卫生间应设独立的机械排风系统，女厕所每 40 人设一个便池，男厕所每 60 人设一个大便池和两个小便池	10		
		9. 通往游泳池走道中间应设强淋和强制通过式浸脚消毒池（池长不小于 2m，宽度应与走道相同，深度 20cm）	10		
	建筑材料（15 分）	10. 游泳池池壁及池底应光洁不渗水，呈浅色。池外走道不滑易于冲刷，走道外缘设排水沟，污水排入下水道	5		
		11. 室内装饰材料不得对人体有潜在危害	10		
设施用品用具卫生要求（50 分）	一般卫生要求（40 分）	12. 游泳场所的通道、更衣室、淋浴室、厕所应保持清洁无异味并应定期消毒	\		
		13. 消毒设施齐全、正常运转；浸脚消毒池水的余氯含量应保持 5～10mg/L，须 4 小时更换一次。儿童涉水池连续供给的新水中余氯浓度应保持 0.3～0.5mg/L	10		
		14. 使用消毒药剂符合卫生标准要求，消毒记录完整	10		
		15. 人工游泳池在开放时间内应每日定时补充新水，保证池水水质有良好的卫生状况	\		

续　表

监督环节	监督项目	审　查　内　容	分值	得分	小计
		16.在售票处有严禁患有肝炎、心脏病、皮肤癣疹(包括脚癣)、重症沙眼、急性结膜炎、中耳炎、肠道传染病、精神病等患者和酗酒者进入人工游泳池游泳的提示牌。	10		
		17.禁止出租游泳衣裤	10		
	其他(10分)	18.有充足干净的清扫工具,定期清洗消毒	5		
		19.配备三防设施	5		
空调系统		20.室内安装集中空调系统,有评价报告(运行报告、清洗报告)	\		
合计			105		
发现存在的风险环节					
采取的风险控制措施					
得分			标化分		
评估人					
风险评估等级					
评估时间		____年____月____日____时			

表3　体育场馆风险评估

被评估单位:

监督环节	监督项目	审　查　内　容	分值	得分	小计
卫生许可证	期限	1.超出有效期	\		
	范围	2.超出许可经营范围			
	真伪	3.伪造、涂改、出借卫生许可证			

续　表

监督环节	监督项目	审　查　内　容	分值	得分	小计
卫生管理（20分）	制度	4.有健全的卫生管理制度并有效落实	5		
	人员	5.有卫生管理组织及专职或兼职卫生管理人员	5		
	体检培训	6.从业人员持有效的健康合格证及培训合格	10		
环境卫生（10分）	内外环境	7.整洁、美观，地面无果皮、痰迹和垃圾	10		
设施用品用具卫生要求（50分）	一般卫生要求（40分）	8.公共卫生间做到每日清扫消毒，保持无积水、无积粪、无蚊蝇、无异味	10		
		9.应设有杯具消毒间，消毒设施健全	10		
		10.设立禁止吸烟标志	10		
		11.机械通风设施正常运转	\		
		12.新风量每人每小时不低于 $20m^2$	10		
	其他（10分）	13.有充足干净的清扫工具，定期清洗消毒	5		
		14.配备三防设施。	5		
生活饮用水		15.符合《生活饮用水卫生规范》要求	\		
空调系统		16.室内安装集中空调系统，有评价报告（运行报告、清洗报告）	\		
合计			80		
发现存在的风险环节					
采取的风险控制措施					
得分			标化分		
评估员					
风险评估等级					
评估时间		______年____月____日____时			

2.督促卫生整改落实

卫生监督保障主体，根据对游泳场所卫生风险评估结果，对具有卫生资质但存在卫生风险隐患的，提出有针对性的卫生整改提升意见，并督促相关单位在规定的时间内将整改提升要求落实到位。

3. 监督完善硬件设施和管理制度

在重大活动启动前，卫生监督保障主体，要监督游泳场馆完善相关的卫生设施设备。例如：更衣室、更衣柜、淋浴室、卫生间达到卫生标准要求；通往游泳池走道中间应设强淋和强制通过式浸脚消毒池要符合要求；游泳池池壁及池底应光洁不渗水，呈浅色；池外走道易于冲刷，设置排水沟；消毒设施齐全、正常运转。监督其完善各项卫生管理制度，完善保障制度实施的措施。设立警示标志：严禁患有肝炎、心脏病、癣疹、重症疹眼、急性结膜炎、中耳炎、肠道传染病等的人员进入人工游泳池。

4. 监督落实各项卫生措施

在重大活动期间，卫生监督人员要对游泳场馆进行驻点监控，监督按照规定时限更换游泳池水，并根据使用情况增加更换频次；监督游泳场馆的游泳池水水质有效氯、尿素氮、微生物、浊度、pH 值等必须在卫生标准的控制范围内；监督浸脚消毒池有效氯浓度符合要求；监督其对各种用品用具等进行规范的清洗消毒；禁止出租游泳衣裤；禁止未经有效消毒重复使用的相关用品和辅助设施。

5. 进行现场快速检测

在重大活动期间，卫生监督保障主体每天至少对游泳池水、浸脚池水、重要的用品用具等进行两次现场快速检测，重点监测水质有效氯、尿素氮、微生物、浊度、pH 值、温度和重要的有毒物质等指标，重点用品用具的消毒效果、表面洁净度等，发现隐患问题迅速处置。

第三节　其他公共场所卫生的风险评估与控制

重大活动其他场所是指在重大活动核心场所外，还有一些可能为重大活动提供服务的场所。这些场所常常被重大活动参与者零散使用，多数是在重大活动核心场馆内的附属配套服务功能。此类场所很多，由于篇幅有限，只做部分列举。

一、美容与洗浴等场所卫生风险因素与控制措施

（一）概念和范围

美容美发场所指向公众提供理发、洗发、美发和生活美容、化妆等服务的场所。洗浴场所，是指向公众提供洗澡、沐浴、桑拿、足浴等活动的场所，包括大众浴池、洗浴中心、足浴房等。在重大活动中，主要是指重大活动参与者住宿的宾馆饭店等，设置的向客人提供美容美发、洗浴等服务的内部设施。也包括重大活

动参与者可能光顾的其他美容美发和洗浴场所。其中提供医学美容的场所，属于医疗机构的范畴，应当按照医疗机构进行监管。

（二）主要的健康危害

（1）各种呼吸道传染病、接触性传染病、介水传播疾病的感染或者传播流行。

（2）软疣、脓疱疮、脓痂疹等、皮肤癣疹（尤其脚癣）、股癣、脚气、灰指甲等皮肤性疾病的传播或感染。

（3）化妆品等引起的过敏性疾病、皮肤过敏反应等。

（4）有毒有害物质中毒性疾病或者不良反应症状。

（三）主要卫生风险因素

1. 客人用品用具污染因素

供顾客使用的浴巾、毛巾、浴衣裤、垫巾等纺织用品、公共茶具、公用拖鞋、理发工具、修脚工具等，没有按照规定进行清洗消毒或者清洗消毒不到位，导致客人感染疾病，或者被病原微生物污染。

2. 客人皮肤损伤的污染因素

在理发、修脚、搓澡等项服务中，由于相关工具不符合要求，或者工作人员技术操作不娴熟、不规范等，导致客人接触部位被损伤，直接导致疾病传播或者被微生物感染。

3. 化妆品污染因素

经营者在向客人提供服务时，使用的洗发剂、染发剂、沐浴液、其他化妆、洗浴用品等，不符合卫生要求，或者含有有毒有害物质，导致客人有毒有害物质中毒，或者对有关的化妆品过敏反应等。

4. 有关人员的健康因素

第一，从业人员患有各种疾病，没有按规定调离岗位，造成客人在接受服务时被感染。特别是美容美发时，几乎是零距离的密切接触，最容易将疾病传播给客人；第二，是患病或者携带病原微生物的客人，到公众洗浴、美容美发场所接受服务，将疾病传播给其他客人或者服务人员；第三，各类患病人群，在公众洗浴、美容美发场所接受服务时，污染了公共使用的物品或者环境，间接地将疾病传播给他人。

（四）主要的卫生风险控制措施

1. 把好卫生资质和条件

卫生监督保障主体，在重大活动前做好美容美发场所的卫生风险评估，对重大活动参与者住宿场所内的美容美发、洗浴桑拿中心等进行全面检查和卫生风险评估，严把卫生资质和条件，没有获得卫生许可或者不符合卫生条件的不得提供服务。卫生评估方法可以采取检查表方式。

表 4　美容美发业风险评估

被评估单位：____

监督环节	监督项目	审　查　内　容	分值	得分	小计
卫生许可证	期限	1. 超出有效期	\		
	范围	2. 超出许可经营范围，未经许可不得从事医学美容			
	真伪	3. 伪造、涂改、出借卫生许可证			
卫生管理（20 分）	制度	4. 有健全的卫生管理制度并有效落实	5		
	人员	5. 有卫生管理组织及专职或兼职卫生管理人员	5		
	体检培训	6. 从业人员持有效的健康合格证及培训合格证	10		
	污染（中毒）事故	7. 发生公共场所危害健康事故	\		
建筑设计与布局（25 分）	选址	8. 远离污染源，有良好的采光面	10		
	面积	9. 营业面积大于 $10m^2$	\		
	建筑材料	10. 地面采用便于清扫、不起灰尘材料铺设	5		
		11. 室内装饰材料不得对人体有潜在危害	10		
	布　局	12. 理发、美容区域分区设置，10 座以上应设独立消毒间和染、烫发间；不得擅自改变已核定的面积、设施与布局	\		
环境卫生（10 分）	室外环境	13. 室外周围 25 米内不得有污染源（坑式厕所、垃圾站、垃圾堆等）	5		
	室内环境	14. 室内整洁、舒适、明亮、空气无异味；卫生检测合格	5		
设施用品用具卫生要求（30 分）	一般卫生要求	15. 配备皮肤病、头癣等传染病顾客专用理发工具及容器并有明显标识	\		
		16. 消毒设施齐全、正常运转；理发美容工具配置充足，分类存放，明显标识；理发美容用的毛巾、面巾、理发工具及胡刷做到一客一换一消毒，理发洗头池每天清洗消毒，理发用围布每周清洗消毒	\		

续　表

监督环节	监督项目	审　查　内　容	分值	得分	小计
		17. 使用消毒药剂符合卫生标准要求，消毒记录完整	\		
		18. 理发染发操作间有机械通风设施并正常运转	10		
		19. 毛巾与座次比大于 3∶1	10		
		20. 理发美容工具、用具检测合格	\		
	其他卫生要求	21. 有充足干净的清扫工具，定期清洗消毒	5		
		22. 配备三防设施	5		
从业人员卫生要求（15 分）		23. 从业人员穿戴整洁的工作衣帽，工作服定期清洗消毒	5		
		24. 美容人员操作时做到双手清洗消毒，戴口罩	10		
生活饮用水		25. 符合《生活饮用水卫生规范》要求	\		
空调系统		26. 室内安装集中空调系统，有评价报告（运行报告、清洗报告）	\		
客用化妆品		27. 建立索证制度，化妆品必须经卫生行政部门审批，包装标签、标识、说明应符合要求	\		
合计			100		
发现存在的风险环节					
采取的风险控制措施					
得分			标化分		
风险评估等级					
评估员					
评估时间		______年____月____日____时			

表5　洗浴(桑拿)风险评估

被评估单位：

监督环节	监督项目	审　查　内　容	分值	得分	小计
卫生管理(30分)	卫生许可证	1. 无效卫生许可证	—	不予评级	
	制度(10分)	2. 有健全的卫生管理制度	10		
	机构及人员(20分)	3. 设有卫生管理组织机构	10		
		4. 配置卫生管理人员	10		
	证件、培训	5. 从业人员持有有效的健康证并卫生知识培训合格	\		
	污染事故	6. 一年内发生公共场所危害健康事故	\		
建筑与布局(95分)	选址	7. 远离污染源，水源良好	\		
	室内装饰材料(15分)	8. 浴池及游泳池池壁、池底光洁、采用白色材料铺设	5		
		9. 地面采用防滑，不渗水，易于清洗材料	5		
		10. 内墙采用防水、防霉无毒材料覆涂	5		
	布局(5分)	11. 公共浴室设男女更衣室、浴室、卫生间、消毒间	\		
		12. 更衣室与冲淋室相通，有保暖换气设备	5		
	更衣室(25分)	13. 与接待量相匹配的密闭更衣柜及座椅	10		
		14. 照度≥50Lx	5		
		15. 通风良好，采用窗通风的气窗面积为地面的5%	10		
	公共浴室(50分)	16. 新改扩建的公共浴室不得设置池浴	5		
		17. 浴室地面坡度不小于2%，屋顶有一定弧度	10		
		18. 有池浴的浴室设置淋浴喷头，淋浴喷头按照更衣室床位的1∶5设置	10		
		19. 相邻淋浴喷头间距≥0.9m	5		
		20. 照度≥30Lx	10		
		21. 已设置浴池的公共浴室有消毒防护措施	10		

续　表

监督环节	监督项目	审　查　内　容	分值	得分	小计
一般卫生要求（25分）		22.室内通风良好，具有合格的室内空气质量监测报告	\		
		23.有禁止患性病和各种传染性皮肤病、高血压、心脏病患者入浴标记且标记明显	10		
		24.休息室或按摩卧具无污迹、毛发、体屑	5		
		25.浴室、休息室、按摩室床上卧具、按摩服、拖鞋、修脚工具一客一换一消毒	10		
卫生设施（95分）	公共用品（10分）	26.具有合格的公共用品检测报告	\		
		27.供顾客使用的化妆品符合卫生要求	5		
		28.使用的消毒产品符合卫生要求	5		
	消毒间（50分）	29.设置专用消毒间，消毒设施正常运转，消毒记录完整	\		
		30.消毒间有上下水，设有清洗、消毒水池且标记明显	10		
		31.有茶具及公共用品保洁柜	10		
		32.设置拖鞋消毒柜或有消毒容器	10		
		33.有专用的修脚工具专用热力消毒柜	10		
		34.配备密闭床上卧具、浴巾、按摩服等保洁柜且标记明显	10		
	公共卫生间（30分）	35.公共区域每天彻底消毒，保持整洁	10		
		36.卫生间地坪应低于浴室，并应选择耐水易洗刷材料，距地坪1.2m高的墙群宜采用瓷砖或磨石子	10		
		37.便池为蹲位水冲式或座式，星级宾馆需使用一次性卫生坐垫	\		
		38.有独立的排风设施，机械通风设施不得与空调管道相通	10		
	废弃物存放（5分）	39.有密闭带盖的废弃物盛放容器，外观清洁	5		

续 表

监督环节	监督项目	审查内容	分值	得分	小计
公共用品用具的存储配置（40分）	采购（15分）	40.化妆品符合卫生要求	10		
		41.公共用品用具、化妆品和消毒剂有验收制度和记录	5		
	配置（25分）	42.有与休息室和按摩间床位数相适应的公共用品用具库房	5		
		43.公共用品与最大接待容量3∶1,保洁存放,不得堆放杂物	10		
		44.库房设隔墙离地面的平台和层架,通风良好	10		
生活饮水		45.生活饮水水质符合《生活饮用水水质卫生标准》	\		
空调系统		46.室内安装集中空调系统,有评价报告(运行评价或清洗评价)	\		
合计			285		
发现存在的风险环节					
采取的风险控制措施					
得分			标化分		
风险评估等级					
评估员					
评估时间		____年____月____日____时			

2.严格客用工具、用具消毒制度

在重大活动期间,卫生监督保障人员,要严格监控经营者落实卫生管理制度。对供顾客使用的浴巾、毛巾、浴衣裤、垫巾等纺织用品、公共茶具、公用拖鞋、修脚工具等,必须一客一换一消毒;供客人使用茶具和浴巾、毛巾、浴衣裤、垫巾等要设专间洗涤消毒;公用拖鞋和修脚工具应选择场所适宜地点洗涤消毒,并达到卫生标准要求。

3.严格健康管理制度

在重大活动期间，要严格检查服务人员健康状况，未经健康检查合格的不得上岗，临时患病的要离开岗位。美容美发从业人员工作时戴口罩，洗净双手并消毒。

4.严格卫生管理制度

美容美发服务要按照规定单独配置供患头皮癣等皮肤病顾客的理发工具，并与其他顾客使用的工具分别放置，设有明显标志；理发、烫发、染发的毛巾应分开存放、使用；沐浴场所要按规定设置循环净化消毒装置，定期对浴池清洗、消毒、换水，随时补充新水，按规定设立警示标志，禁止性病和传染病患者就浴。

5.严格检查化妆品卫生

要随时抽查各种化妆品及洗涤用品等，严禁使用未经依法批准或者不符合要求的化妆品，禁止使用来源不清、成分不明或不符合卫生规范的化妆品。

二、文化娱乐场所的卫生风险因素与控制措施

（一）概念和范围

文化娱乐场所是指公众进行休闲娱乐的场所。包括影剧院（俱乐部）、音乐厅、录像厅（室）、游艺厅、舞厅（包括卡拉 OK 歌厅）、酒吧、茶座、咖啡厅及多功能文化娱乐场所等。在重大活动中，文化娱乐场所包括：第一，重大活动参与者住宿的宾馆饭店、学校等内部设置的相关娱乐场所；第二，承办单位组织代表集体休闲或者观摩活动，涉及的文化娱乐场所；第三，部分重大活动是以文艺会演等为主要内容的活动，影剧院、音乐厅等可能成为该重大活动的核心场所。

（二）主要健康危害和风险因素

文化娱乐场所，属于公众室内集体活动的场所，其主要的健康危害和风险因素，与重大活动核心活动场所等基本相同，因此不再赘述，可以参考前述有关内容。但是酒吧、茶座、咖啡厅等，涉及茶点食品、饮料等，还有食品安全方面的风险需要特别注意。

（三）主要卫生风险控制措施

1.做好前期卫生评价和整改提升

在重大活动开始前，卫生监督主体，应当依法依规对重大活动可能使用，或者参与者自行娱乐休闲的文化娱乐场所，进行卫生监督检查，对其卫生状况、资质能力等进行卫生评价、评估，查找卫生风险隐患。

表 6　文化娱乐场所风险评估

被评估单位：

监督环节	监督项目	审　查　内　容	分值	得分	小计
卫生许可证	期限	1. 超出有效期	\		
	范围	2. 超出许可经营范围			
	真伪	3. 伪造、涂改、出借卫生许可证			
卫生管理（25 分）	制度	4. 有健全的卫生管理制度并有自查记录	10		
	人员	5. 有卫生管理组织及专职或兼职卫生管理人员	5		
	体检培训	6. 从业人员持有效的健康合格证、培训合格	10		
建筑设计与布局（25 分）	布　局	7. 舞厅平均每人占有面积不小于 $1.5m^2$（舞池内每人占有面积不小于 $0.8m^2$），音乐茶座、卡拉 OK、酒吧、咖啡室平均每人占有面积不小于 $1.25m^2$	10		
	建筑材料	8. 地面采用便于清扫、不起灰尘材料铺设	5		
		9. 室内装饰材料不得对人体有潜在危害	10		
环境卫生（10 分）	室外环境	10. 室外周围 25 米内不得有污染源（坑式厕所、垃圾站、垃圾堆等）	5		
	室内环境	11. 整洁、美观，地面无果皮、痰迹和垃圾；卫生检测合格	5		
设施用品用具卫生要求（40 分）	一般卫生要求（30 分）	12. 剧场及其他文化娱乐场所内严禁使用有害观众健康的烟雾剂	\		
		13. 消毒设施齐全、正常运转；酒吧、茶座、咖啡厅等场所内应设有消毒间、立体电影院供观众使用的眼镜每场用后应经紫外线消毒或使用一次性眼镜	10		
		14. 使用消毒药剂符合卫生标准要求，消毒记录完整	10		
		15. 呼吸道传染病流行季节必须加强室内机械通风换气和空气消毒	\		
		16. 座位在 800 个以上的影剧院、音乐厅均应有机械通风。其他文化娱乐场所应有机械通风装置	\		
		17. 舞厅在营业时间内严禁使用杀菌波长的紫外线灯和滑石粉	\		
		18. 影剧院、音乐厅、录像厅（室）、游艺厅（室）、舞厅等场所内禁止吸烟，宜设专门吸烟室	\		
		19. 放映电影的场次间隔时间不得少于 30min，空场时间不少于 10min。换场时间应加强通风换气	10		

续　表

监督环节	监督项目	审　查　内　容	分值	得分	小计
	其他 （10 分）	20. 有充足干净的清扫工具，定期清洗消毒	5		
		21. 配备三防设施	5		
生活饮用水		22. 符合《生活饮用水卫生规范》要求	\		
空调系统		23. 室内安装集中空调系统，有评价报告（运行报告、清洗报告）	\		
合计			100		
发现存在的风险环节					
采取的风险控制措施					
得分			标化分		
风险评估等级					
评估员					
评估时间		______年____月____日____时			

2. 监督落实卫生管理制度

保持室内外环境整洁、美观，地面无果皮、痰迹和垃圾；张贴场所内禁止吸烟标识；保持座位套等保持清洁并定期清洗；加强从业人员健康管理，及时调离患病职工等；顾客使用的饮（餐）具应符合茶具消毒判定标准；保持公共卫生间的清洁卫生，并采取必要的预防交互感染措施。

3. 监督检测室内空气质量

在重大活动期间，卫生监督主体，应当根据重大活动的特点，以及对文化娱乐场所的使用情况，采取现场快速检测等方法，对文化娱乐场所的室内空气质量等进行监督检测，督促加强室内机械通风换气和空气消毒，严禁使用有害观众健康的烟雾剂，预防因室内空气甲醛、一氧化碳、二氧化碳等超标，室内温度、湿度、风速等为小气候不符合要求等损害客人身体健康。

第四节 集中空调通风系统风险评估与控制

一、集中空调通风系统的概念

集中空调通风系统是指为使用的房间或封闭空间空气温度、湿度、洁净度和气流速等参数是否达到设定的要求,而对空气进行集中处理、输送、分配的所有设备管道及附件、仪器、仪表等方面内容的总和。一般情况下,较大的公共场所包括宾馆饭店、大型商场、大型会场、会展中心、体育场馆等与重大活动密切相关的公共场所,都在使用集中空调通风系统。这些年,虽然经过多次专项整治,但是仍有相当一部分公共场所,缺乏对卫生风险意识的足够的重视和卫生风险意识,没有按照规定对集中空调通风系统进行定期的清洗消毒,且没有规范的卫生管理,其卫生风险隐患比较严重。

二、集中空调通风系统主要健康危害

(一)嗜肺军团菌等感染

嗜肺军团菌是一种革兰阴性杆菌,可通过空调系统传播呼吸系统疾病。其他的致病微生物,通过集中空调通风系统被人体吸入后,可以引发多种呼吸道疾病。

(二)颗粒物吸入的健康危害

空调系统颗粒物造成的污染十分复杂,既有物理性污染、化学性污染,又有生物性污染、放射性污染、颗粒物污染,例如 PM10、PM2.5 被吸入人体呼吸系统后,通过氧化刺激、炎症反应等,可引起肺组织细胞损伤。

(三)真菌引起的疾病

真菌对人体致病主要有真菌感染;变态反应性疾病;中毒性疾病。能够引起鼻炎、哮喘、外源性心敏性肺泡炎等。

(四)螨虫、有机化合物、玻璃纤维等引起的过敏性疾病

这些过敏源被吸入后,能够引起过敏性鼻炎、过敏性疹和过敏性哮喘、过敏性肺炎等,有的还会损害肝肾功能等。

(五)其他有害气体的健康危害

集中空调通风系统中一氧化碳、臭氧等有害气体过量,被人体吸入后可导致不同程度的健康损害。

三、主要卫生风险因素

(一)设计与安装风险

主要是集中空调通风系统设计安装,未经预防性卫生评价,或者设计安装队

伍不专业，导致集中空调通风系统整体不合理、设施运转后不能满足基本卫生规范的要求等，带来卫生风险隐患。

（二）不落实卫生要求的风险

集中空调通风系统在使用中长期没有进行清洗消毒和进行卫生评价，导致系统内严重污染、积尘等带来的风险隐患。或者开放式冷凝塔、空气净化过滤装置、空气处理机组等设施没按规定进行清洗消毒、更换等，导致的微生物污染、新风量不足等卫生风险。

（三）清洗消毒不规范的风险

集中空调通风系统及相关的设施、装置虽然进行定期清洗消毒，但是没有委托专业清洗消毒队伍，清洗消毒不规范、不到位等，导致的卫生风险隐患。

（四）日常管理不到位的风险

相关单位缺乏卫生意识，对集中空调通风系统卫生管理不重视，或者相关人员缺乏相应的卫生知识，管理中不能及时发现问题，或者发现问题后不能及时做出正确处理；没有相应的工作员等导致的卫生风险隐患问题

四、主要风险控制措施

（一）做好前期评价和整改提升

对集中空调通风系统的卫生风险控制，重点要落在重大活动开始前的工作，重大活动开始后几乎没有办法进行实质性的控制。因此，必须早行动、早评估、早整改，把问题解决在重大活动开始前。

表7　公共场所集中空调通风系统卫生风险评估

被评估单位：

检查验收环节	检查验收项目	检查评价内容	扣分值	得分	小计
卫生管理（25分）	制度	1.是否有健全的卫生管理责任制和卫生管理制度	10		
	人员	2.是否有专职或兼职的卫生管理人员	5		
		3.工程人员是否掌握相应的卫生知识	5		
	档案	4.是否按要求建立健全的公共场所集中空调卫生档案。档案包括：卫生学评价报告书、清洗消毒记录、经常性卫生检查及维护记录、空调故障事故特殊情况记录、空调系统竣工图、预防空气传播性疾病应急预案	5		

续　表

检查验收环节	检查验收项目	检查评价内容	扣分值	得分	小计
一般要求（45分）	空调机房	5.空调系统的机房内是否干燥、清洁；堆放无关物品	5		
	设施	6.新风是否直接来自室外，取自机房、楼道及天棚吊顶等处	10		
		7.新风口是否远离建筑物排风口和开放式冷却水塔等污染源	5		
		8.空调系统的新风口和回风口是否安装防鼠、防虫设施	5		
		9.空调系统是否设置可控制关闭回风及新风的装置	5		
		10.控制空调系统是否分区域运行装置	5		
		11.是否有符合要求的空气净化消毒装置	5		
		12.供风管系统是否有清洗、消毒用的可开闭窗口	5		
应急要求（20分）	预案	13.是否有发生空气传播性疾病后对集中空调通风系统应急处理的责任人	10		
		14.是否有不同送风区域隔离控制措施、全新风运行方案、空调系统清洗消毒方法等	5		
		15.是否无空调系统停用后应采取的其他通风措施	5		
卫生学要求		16.是否有集中空调通风系统的卫生学评价报告（清洗评价、运行评价报告）	\		
		17.空气处理机组、表冷器、加热（湿）器、冷凝水盘等是否每年进行一次清洗，有记录	\		
		18.开放式冷却塔每年清洗不少于一次，有记录	\		
		19.空气净化过滤材料每六个月清洗或更换一次，有记录	\		
总计			90		
发现存在的风险环节					

续 表

检查验收环节	检查验收项目	检查评价内容		扣分值	得分	小计
采取的风险控制措施						
得分			标化分			
风险评估等级						
评估员						
评估时间		＿＿年＿＿月＿＿日＿＿时				

（二）严把卫生要求

对集中空调通风系统常年没有进行清洗消毒的和卫生评价的，要责令其在接待重大活动前完成清洗消毒和卫生评价，并达到卫生规范的要求。没有条件落实整改的，应当通知重大活动的主办、承办单位取消该场所的接待任务。

（三）严把关键控制环节

对已经进行过卫生评价的单位，但是已经超过一年的，卫生监督主体应当严格检查通风口、净化过滤装置等的卫生状况，并对冷凝塔水等进行嗜肺军团菌和相关微生物的培养监测。发现问题的要立即采取处理措施。

（四）严格落实各项卫生制度

督促检查相关单位完善对集中空调通风系统管理的岗位责任制，对相关人员进行培训，建立健全管理制度、档案和应急预案，并进行应急演练。

（五）把好现场监控关

在重大活动期间，卫生监督主体要实施重点监控，监督检查设施设备是否正常运转、相关管理人员，是否落实管理责任。并对相关场所内的温度、湿度、新风量、一氧化碳、PM10、PM2.5 等进行现场快速检测抽检，发现风险隐患立即采取应急措施。

第十章　重大活动生活饮用水卫生的风险评估与控制

第一节　概　述

一、生活饮用水及供水方式

生活饮用水是指公众生活的用水（如沐浴、洗漱、洗衣等的用水）和饮用水。生活饮用水应经消毒处理，感官性状良好，水中不得含有病原微生物，化学物质、放射性物质不得危害人体健康；生活饮用水的各项指标，必须符合《生活饮用水卫生标准》的规定，其中能反映生活饮用水水质基本状况的常规水质指标42项，根据地区、时间或特殊情况需要的生活饮用水非常规水质指标64项。生活饮用水的供水方式包括：集中式供水、分散式供水、二次供水、分质供水等形式。

（一）集中式供水

集中式供水俗称自来水，是指统一由地面或地下水源集中取水，按照一定的工艺过程进行净化处理，去除水源水含有的有害物质，杀灭致病微生物，调节酸碱度等，达到生活饮用水卫生标准后，通过输水管网送至用户的供水形式。集中供水的优点是：由于集中取水，有条件和可能选择较好的水源，有利于进行水源卫生防护，有严密的输水管网能防止水在运送过程中受到污染，也便于实行卫生管理和监督。但集中式给水如果设计和管理不当，水一旦受到污染，就有可能引起大范围的疾病流行或中毒，危害人民的身体健康和生命安全。

（二）分散式供水

分散式供水是指用户直接从地表、地下或者降水水源取水，未经任何设施进行净化、消毒处理，或者仅有简易设施处理的供水方式。这种供水方式，由于没有经过净化消毒或者仅进行简易的处理，具有很大的健康风险。

（三）二次供水

二次供水是指集中式供水在入户之前经再度储存、加压和消毒或深度处理，通过管道或容器输送给用户的供水方式。二次供水是高层建筑和水压不足地区的唯一供水方式。这种供水方式，由于入户前的存储、加压等过程，其水箱、水池卫生状况和密闭性能程度，水停留时间，卫生管理情况，以及相关环境等因素，加大了水质污染的概率，提高了饮用水卫生风险的程度。

（四）分质供水

分质供水也称管道直饮水，是指以集中供水（自来水）为水源，经过净化设备的深度处理，将生活饮用水分为一般生活用水和直接饮用水两部分。直接饮用水部分是经过吸附、过滤消毒等深度处理的净化水，通过单独封闭的管道供给小区居民或者宾馆饭店，用户在水龙头取水后可以直接饮用。其"副产品"作为一般生活用水不能饮用。这种供水也属于一种特定的集中式供水。这种供水由于直接饮用，进行水质深度处理设备的优劣、完好程度、管道洁净程度、卫生管理等，也存在着很大的卫生风险性。

二、涉及饮用水安全的产品

涉及饮用水卫生安全的产品，就是指使用中可能涉及饮用水卫生安全性的产品，或者说使用中可能影响饮用水卫生安全的产品。

什么产品会涉及饮用水卫生安全性呢？一种产品只要能够接触到饮用水，就可能对其接触的饮用水的卫生安全产生影响，那么，这种产品就是涉及饮用水卫生安全的产品。因此，《生活饮用水卫生监督管理办法》将涉及饮用水卫生安全的产品界定为：凡在饮用水生产和供水过程中与饮用水接触的连接止水材料、塑料及有机合成管材、管件、防护涂料、水处理剂、除垢剂、水质处理器及其他新材料和化学物质。

原国家卫生部将涉及饮用水卫生安全产品分为六类：

（一）输配水设备

包括管材、管件；蓄水容器；无负压供水设备；饮水机；密封、止水材料：密封胶条、密封圈。

（二）防护材料

包括环氧树脂涂料；聚酯涂料（含醇酸树脂）；丙烯酸树脂涂料；聚氨酯涂料。

（三）水处理材料

包括活性炭、活性氧化铝、陶瓷、分子筛（沸石）、锰沙、熔喷聚丙烯（聚丙烯棉）、铜锌合金（KDF）、微滤膜、超滤膜、纳滤膜、反渗透膜、离子交换树脂、碘树脂等及其组件。

（四）化学处理剂

包括絮凝剂、助凝剂（聚合氯化铝、碱式氯化铝、羟基氯化铝）、硫酸铁、硫酸亚铁、氯化铁、氯化铝、硫酸铝（明矾）、聚丙烯酰胺、硅酸钠（水玻璃及其复配产品）；阻垢剂（磷酸盐类、硅酸盐类及其复配产品）；消毒剂（次氯酸钠、二氧化氯、高锰酸钾、过氧化氢)。

(五)水质处理器

包括以市政自来水为水源的水质处理器(活性炭净水器、粗滤净水器、微滤净水器、超滤净水器、软化水器、离子交换装置、蒸馏水器、电渗析水质处理器、反渗透净水器、纳滤净水器等);以地下水或地表水为水源的水质处理设备(每小时净水流量$\leqslant 25m^3/h$);饮用水消毒设备(二氧化氯发生器、臭氧发生器、次氯酸发生器、紫外线消毒器等)。

(六)与饮用水接触的新材料和新化学物质

包括使用新材料或新化学物质制造的与生活饮用水接触的输配水设备、防护材料、水处理材料和化学处理剂。

三、生活饮用水卫生监督

生活饮用水卫生监督是指卫生监督主体依据法律、法规、规章和规范标准,对集中式供水、二次供水、管道直饮水的供水活动,以及涉及饮用水卫生安全产品的生产单位和个人遵守国家有关法律法规情况进行监督管理的活动。包括依法对集中供水企业建设项目的卫生审查,对集中供水、二次供水、管道直饮水供水卫生许可,对涉及饮用水卫生安全产品的审核批准;对集中供水、二次供水单位、涉及饮用水卫生安全产品生产企业的卫生管理情况、从业人员健康情况、卫生现状和执行规范标准的等情况等进行经常性监督检查;对集中供水的出厂水、二次供水、末梢水、直饮水的水质进行卫生监测;对饮用水污染事件进行调查和卫生应急处置;对违法违规的行为查处等。

四、重大活动生活饮用水卫生监督保障

卫生监督主体以保障重大活动的饮用水卫生安全为目标,以与重大活动密切相关的集中供水、二次供水、管道直饮水等为对象,以强化的卫生监督检查、驻点卫生监控、水质卫生监测等为手段,开展的专项卫生监督执法活动。生活饮用水卫生监督保障,是重大活动公共卫生监督保障的重要组成部分,是具有龙头作用的监督保障工作,对保障重大活动餐饮食品安全、预防重大活动传染病传播流行和突发公共卫生事件具有非常重要意义。

第二节　集中式供水的卫生风险因素与控制

一、主要的健康危害

饮用水中的危害因子,主要来源于饮用水的污染。一般饮用水的污染,主要

包括生物性污染、化学性污染和物理性的污染三类，饮用水污染往往造成大面积的群体性健康损害。

（一）微生物污染

饮用水被致病微生物污染，会导致群体性健康损害，甚至造成介水传染病暴发流行或者形成突发公共卫生事件。包括细菌性污染：如伤寒杆菌、副伤寒杆菌、霍乱弧菌、痢疾杆菌、致病性大肠杆菌、钩端螺旋体等。

（二）化学因子污染

饮用水中被有害化学物质污染，会导致急性、亚急性群体性健康损害。主要来源是工业废水、生活污水、农业杀虫剂和应用水消毒副产品等。污染的种类繁多，包括重金属、有机物、农药、化肥、藻毒素、放射物质超标等。

（三）物理因子污染

主要是饮用水被物理因子污染，导致群体性健康损害。主要来源于含有放射物质的废水、废渣、废气等，或者放射性事故导致的饮水污染。导致饮水者的放射性疾病、放射物质超标或放射反应等。大量的含热废水还可以导致人污染，直接或者间接地影响人体健康。

二、主要卫生风险因素

（一）来自水源环境的卫生风险因素

1. 水源水污染风险

集中式供水单位选择的水源水质是否良好、水量是否充沛、水源防护是否有保障；取水点是否在城市和工矿企业的上游等。

2. 地表水水源区域污染风险

取水点 100 米半径内的捕捞、网箱养殖、停靠船只、游泳、其他可能污染水源活动；上游 1000 米至下游 100 米水域排入工业废水和生活污水等都可能污染水源。

3. 水源防护区污染风险

堆放废渣，有毒、有害化学物品仓库、堆栈，装卸垃圾、粪便和有毒、有害化学物品的码头；工业废水、生活污水灌溉或者施用剧毒农药的农田；渗水厕所、渗水坑、污水渠道、工业废水或生活污水排入渗坑或渗井和排放有毒气体、放射性物质等可能污染水质的活动等。

4. 饮用水生产区选址风险

饮用水生产区外围 30 米范围内的卫生状况，如设置生活居住区；修建渗水厕所、渗水坑；堆放废渣或铺设污水渠道。

（二）来自水质处理设施的风险因素

1. 水处理设备风险

配备水净化处理设备、设施不能满足净水工艺要求；消毒设施不能正常运转；输水、蓄水和配水等设施密封不严；排水设施与非生活饮用水的管网相连接；水处理剂和消毒剂的投加和贮存间通风不良；没有防止二次污染事故的应急处理设施。

2. 涉水产品风险

使用的涉及饮用水卫生安全产品不符合卫生安全和产品质量标准的相关规定，未依法经过卫生和安全评价，或未依法取得卫生许可批准文件。

3. 贮水设备风险

贮水设备未定期清洗和消毒；管网末梢未定期放水清洗。

（三）来自水质监测的风险因素

1. 水质自检设施的风险

没有按规定设置水质检验室；或者有检验室但未配备相应的检验人员和仪器设备；或者设施老化不能满足水质检测要求。

2. 水质自检行为的风险

没有按照规定对水质进行检验和控制；或者监测指标不准确；或者检测结果超标，未立即重复测定并增加监测频率；或者水质连续超标时，未查明原因，采取有效措施

3. 卫生监测行为的风险

未定期接受卫生行政部门的监督监测；或者卫生监管部门履行职责不到位，无卫生监督监测资料；卫生监测结果不符合要求等。

（四）来自企业自律管理的风险因素

1. 从业人员健康风险

供水企业未按照规定组织直接从事供、管水人员进行健康体检和卫生培训；患有痢疾、伤寒、病毒性肝炎、活动性肺结核、化脓性或渗出性皮肤病及其他有碍生活饮用水卫生的疾病或病源携带者，未按规定调离供、管水工作岗位。

2. 供水资质风险

未依法取得有效的卫生许可证或卫生许可证超出有效期限；或者改变工艺过程未经卫生审查；或者超涉及能力供水等。

3. 管理制度风险

不按规定建立健全各项生活饮用水卫生管理制度、岗位责任制度、消毒制度、水质检测制度、污染报告制度，未指定相关应急预案等。

三、集中供水卫生风险控制措施

（一）做好前期卫生评价和整改提升

在重大活动开始前，卫生监督主体应当依法依规对向重大活动区域供水的集中供水企业进行全面监督检查，对其水源、环境、饮用水处理、内部管理等的状况、资质能力等进行卫生评价评估，查找卫生风险隐患。对存在的问题，督促指导进行整改提升。

表 8　集中式供水风险评估

被评估单位：

检查验收环节	检查验收项目	检查验收内容	扣分值	得分	小计
卫生管理（30 分）	卫生许可证	1. 在有效期内 2. 经营项目与许可项目相符 3. 单位名称和负责人真实	不予评定		
	健康体检培训（15 分）	4. 从业人员持健康体检培训合格证	10		
		5. 从业人员具备相应卫生知识	5		
	卫生制度（15 分）	6. 各项卫生制度（卫生管理制度、设施定期清洗消毒制度、水质检验制度等）有记录	10		
		7. 专人负责	5		
现场卫生检查（100 分）	环境卫生（10 分）	8. 水点上游 1000 米至下游 100 米无污染源	\		
		9. 厂区内外环境整洁、地面无杂物、积水和垃圾	10		
	设施卫生（50 分）	10. 设有消毒设施，并能正常运转	10		
		11. 水处理剂和消毒剂的投加和贮存间通风良好，备有安全防范和事故的应急处理措施	10		
		12. 清水库加锁加盖	10		
		13. 所使用的水处理剂、防护涂料、管材管件、消毒剂具有有效的卫生许可批件	10		
		14. 贮水设备定期清洗消毒，有记录	10		
	水质卫生（40 分）	15. 按卫生要求设有管网水采样点，有记录	10		
		16. 有符合卫生要求的水源水检测记录	10		
		17. 有符合卫生要求的出厂水检测记录	10		
		18. 有符合卫生要求的管网末梢水检测记录	10		

续　表

检查验收环节	检查验收项目	检查验收内容		扣分值	得分	小计
总计				130		
发现存在的风险环节						
采取的风险控制措施						
得分			标化分			
风险评估等级						
评估员						
评估时间		______年____月____日______时				

（二）对水源防护区域进行检查

督促集中式供水企业加强对水源防护范围内的巡查，排除可能对水源水造成污染的因素。必要时通报环境保护部门采取环境保护措施，预防环境因素对饮用水水源的污染。

（三）监督检查卫生制度落实情况

督促供水单位完善卫生管理制度，采取保障制度落实内部管理制度，保障各项卫生管理制度的落实。

（四）对生活饮用水处理过程进行监督

根据重大活动的特点、保障级别和活动的具体需求，结合供水单位存在的问题，严格检查供水企业水质处理过程的规范性，各项水质控制措施落实的情况，必要时实施卫生监督员 24 小时驻点监督监控。

（五）严格检查从业健康状况

要对重点岗位的从业人员健康进行筛查，未进行健康检查的不得在规定的岗位工作，发现患病的人员责令立即调离。对重要岗位人员进行每日晨检，必要时对从业人员进行应急性健康检查。

（六）对水质进行监测监控

卫生监督主体，应当采取措施，选择部分微生物指标、消毒指标、理化指标、感官性状指标，设定监测点，每日对水质进行现场快速检测，发现问题立即采取应急措施，并送实验室检验。

第三节　二次供水卫生风险因素与控制措施

一、主要健康危害

二次供水的主要健康危害是在二次供水的储水环节、输水环节导致饮用水的二次污染，主要包括微生物污染、化学性污染、寄生虫污染，以及输水感官性状问题等。

（一）致病微生物感染的疾病

饮用水被细菌、病毒等致病微生物污染，或者致病微生物在不合理的储水设施中大量繁殖，导致群体性健康损害，甚至传染病暴发流行等

（二）有毒有害物质中毒

储水水箱、水池、管网材料不符合卫生要求含有有毒有害物质，设施设备老化、涂料脱落或者其他因素导致有毒有害物质污染，引发中毒事件或者健康损害。

（三）寄生虫等感染

储水设施内淤泥沉积，水藻细菌滋生，蚊虫繁殖，储水水箱、水池内含有寄生虫，导致健康损害或者饮水者的心理不良反应。

（四）其他不良反应

饮用水感官性状指标不符合标准，异味、异色、浑浊等，或者出水中发现异物等，饮用后导致不良健康损害、身体不适，或者不良心理反应。

二、主要卫生风险因素

（一）基础建设风险因素

建设时未经卫生审查和取得卫生许可证，贮水箱（池）设计不合理，形成死水，致使杂质沉淀，微生物繁殖，滋生藻类、蚊子幼虫等；水箱、管道壁的腐蚀、结垢、沉积物沉积等造成水质污染；防腐涂料不符合要求，防腐衬里所含物质的溶出，涂料材料的脱落，上下管道配置不合理，管网系统渗漏，溢水管与污水管相连等导致二次供水的污染物。

（二）环境条件风险因素

设施周围环境污染，二次供水设施周围不整洁；下水道（排水池）积水；供水设施运转失常，设施与饮水接触表面不光滑、不平整等；蓄水池周围 10 米以内有渗水坑和堆放的垃圾等污染源；水箱周围 2 米内有污水管线及污染物。

（三）日常管理风险因素

贮水设备风险、水箱或蓄水池不专用或有渗漏，水箱工作人员出入口无上锁

装置或有上锁装置未上锁；未安装消毒器装置；使用的过滤、软化、净化、消毒设备、防腐涂料不符合卫生安全要求。

(四)卫生制度风险因素

如水箱无专用间、水箱封闭不严、不加锁，无专人管理，水箱容积超过用户48小时用水量，水箱没有按照规定，定期进行全面清洗、消毒；造成水箱水池被异物污染，甚至被病原微生物、寄生虫、有毒有害物质污染等。

(五)水质监测风险因素

经营单位未按照要求，定期对水箱及供水末梢水质进行检测，也未定期接受卫生部门的监督监测，或者监测结果不符合《生活饮用水水质卫生标准》要求等。

三、重点风险控制措施

(一)做好前期卫生评价和整改提升

在重大活动开始前，卫生监督主体应当依法依规对向重大活动接待单位，如重大活动核心活动场所、重大活动参与者住宿场所、集体就餐场所、集体用餐供餐场所的二次供水的设施设备、环境、内部管理、资质能力、水质状况等进行卫生评价评估，查找卫生风险隐患。对存在的问题，督促指导进行整改提升。

表9　二次供水设施风险评估

被评估单位：

检查验收环节	检查验收项目	检查验收内容	扣分值	得分	小计
卫生许可证	期限	1.超出有效期	\	不予评估	
	范围	2.超出许可经营范围			
	真伪	3.伪造、涂改、出借卫生许可证			
卫生管理(35分)	制度(10分)	4.未落实卫生制度(设施定期清洗消毒制度、卫生管理制度、水质定期检验制度)，无记录	10		
	人员(5分)	5.无专职或兼职的卫生管理人员	5		
	体检培训(20分)	6.从业人员无健康体检培训合格证上岗	5		
		7.从业人员不掌握相应卫生知识	5		
		8.从业人员患有有碍生活饮用水卫生的疾病	5		
		9.从业人员有不良卫生习惯	5		
	污染事件	10.发生生活饮用水污染事件	\		

续 表

检查验收环节	检查验收项目	检查验收内容	扣分值	得分	小计
环境卫生（10分）		11.供水设施周围环境不整洁	10		
		12.储水设施周围10米内有渗水坑或堆放的垃圾等污染源	\		
设施卫生（30分）		13.水箱或蓄水池不专用、泄漏	5		
		14.水箱溢水管开口处无卫生防护网罩、不清洁	5		
		15.水箱（水池）开口处未加锁加盖	10		
		16.水箱溢水管、泄水管与下水道直接相连	5		
		17.二次供水设施设置的消毒器或采用其他消毒方法不正常运转，且无有效的卫生许可批件	5		
水质卫生（25分）		18.每年未对供水设施定期清洗消毒，无清洗消毒记录	10		
		19.对水箱未进行二次消毒，无消毒记录	5		
		20.不具有当年合格的水质检测报告（色度、浊度、嗅味及肉眼可见物、pH、细菌总数、大肠菌群、余氯）	\		
		21.清洗水箱单位不具备清洗消毒资质证	10		
总计			100		
发现存在的风险环节					
采取的风险控制措施					
得分					
风险评估等级					
评估员					
评估时间		______年______月____日______时			

（二）做好设施设备的清洁消毒

在重大活动启动前，对没按规定对设施设备进行清洗消毒的单位，责令其立即进行清洗消毒并监督落实，对已经临近清洗消毒期限单位要求提前进行清洗消毒，以保证二次供水设施设备的卫生。对设施设备不完善的，监督其立即进行完善。对负责二次供水管理的人员进行应急性体检，不符合要求要调离岗位。

监督相关单位制定水质污染应急预案。

（三）强化监督检查监控

在重大活动中，卫生监督主体安排人员，每天对二次供水卫生制度、管理制度落实情况进行现场监督检查，重点检查水箱是否加盖加锁，专用间是否专用，管理人员是否到位，卫生评价发现的问题是否整改到位，已经整改的问题是否反复等，发现问题立即纠正，必要时依法给予行政处罚。

（四）强化现场快速检测

卫生监督主体要强化对重大活动接待单位二次供水水质的现场快速监测，并根据重大活动的规模、特点确定检查的频率和项目，一般至少设一个出水点，两个末梢水取水。每日进行一至两次的现场水质监测，重点监测微生物、色度、浊度、pH 值、余氯和重金属等指标，有条件可以设置在线监测。

第四节　分质供水的卫生风险评估与控制

一、分质供水的概念及其特点

（一）概念

分质供水在国内主要是指管道直饮水，是指通过在住宅小区或学校、写字楼、办公楼、酒店和医院内特设一个净水处理站，通过一些物理过滤、消毒杀菌等现代深度处理技术对自来水进行进一步处理，去除水中的有机物、重金属、细菌、病毒等有害物质，同时采用优质管材，单独铺设一套循环管网，将净化后的水送入用户家中，供用户直接饮用。我们提倡的分质供水，是指以自来水为水源，把自来水中生活用水和直接饮用水分开，另设管网再进一步深加工净化处理，使水质达到洁净、健康的标准，直通每个家庭用户，达到直饮的目的，这是结合我国情况而创造的一种城镇管道供水方式。

（二）特点

分质供水的特点主要包括三个方面：

第一，节水环保。即水的再生利用率高，制水过程清洁无污染，不排放废液废物，不消耗自然资源，供水方式无二次污染。

第二，技术先进。生活饮用水净化最早应用于宇航员的太空生活所以又称太空水，制水工艺先进、成熟、稳定。

第三，卫生安全。采用深度膜处理工艺，去除水中的有害物质，保留对人体有益的矿物元素，避免水源和输水管路污染而影响水质，安全卫生、健康环保。

二、分质供水可能产生的危害

（一）人体短期危害

由于供水管道的破裂、渗漏等设施设备的损坏或水处理组件不及时更换，输水管道未按规定及时清洗，导致污水、灰尘等进入直饮水管道或水处理效果显著降低，微生物迅速繁殖，严重影响饮用水水质，进而可能产生群体性水污染危害，此类危害显现迅速。

（二）人体长期危害

由于输配水管道所使用的材质不符合卫生规范或水处理组件不符合卫生要求，导致对人体有毒有害的物质析出进入水中，此类危害不如微生物污染产生的后果迅速显现，但长期饮用会通过生物富集作用对人体造成长期致癌致畸致突变影响，其后果更为严重。

（三）供水管网的危害

管道直饮水输水管道不得直接与市政或自建供水系统相连，一旦管道直饮水受到污染且进入市政管网，其影响范围之广，影响后果之大，影响程度之深不堪设想。

三、分质供水的主要风险因素

（一）设计和建设不规范的风险

主要是供水单位新建、改建、扩建的饮用水供水工程，选址、设计、竣工等未经卫生学评价和审查，硬件条件不符合卫生要求，可能存在导致水质污染的风险。

（二）环境不卫生导致的风险

生产区外围30米范围内，存在居民生活垃圾、渗水厕所、渗水坑，或堆放废渣、铺设污水管道等因素，容易造成水质污染。

（三）设施设备失修导致的风险

第一，管网损坏、渗漏。直饮水管道与给排水管相邻，交叉施工导致管网损坏或损伤，或者排气阀、球阀等产品质量等问题造成管网渗漏，导致污水、灰尘等进入直饮水管道，微生物的繁殖等带来水质安全隐患。

第二，设备运转不正常。制水、供水设备运转不正常，导致净水能力下降，影响水质，带来风险因素。

（四）涉水产品不符合卫生要求的风险

用于直饮水系统的净水设备为大型饮用水水质处理器，不锈钢管、铜管、氯化聚氯乙烯管（CPVC）、三型聚丙烯管（PP-R）、钢塑复合管等，未取得卫生许可批件，在使用中有可能析出有毒有害物质或水处理效果不达标，进而污染或影响水质。

（五）水处理工艺使用不当的风险

水处理工艺中药剂使用不当，导致产水水质下降；pH 值调节、矿化单元、磁化等工艺不合理，导致矿物投加过多或含有放射性，杀菌药剂浓度过高等因素导致饮用水不符合标准等。

（六）水处理组件清洗、更换不及时的风险

水处理组件到期未及时更换或者清洗不当污染饮水，导致微生物污染繁殖，带来健康风险。

（七）企业自身管理不善的风险

主要表现在：企业缺乏管理经验，无卫生管理制度，缺乏卫生法律法规知识；缺少检测手段，没有自检能力，不能控制供水质量，不能及时发现水质问题；从业人员管理不严，相关人员健康条件不符合要求、未经专业知识培训等导致的风险隐患。

四、主要风险控制措施

（一）做好前期预防性卫生评价

对管道分质供水的建设单位进行卫生监督检查，使其选址的周围环境符合要求，厂区布局、内部设施符合卫生规范。例如，30 米范围内不得堆放垃圾、粪便、废渣，不得有渗水厕所，不得有粉尘、工业废气、放射污染等污染因素；地面、墙壁、天花板等符合防水、防腐、防霉、消毒、清洗等卫生要求，设置防蚊蝇、防鼠、防虫设施，配备机械通风设备和空气消毒装置；制水设备和管网配有净化和消毒设备，输水管道不得直接与市政或自建供水系统相连；成品贮水箱全封闭并符合卫生规范。

（二）完善企业自律管理

企业要建立健全质量保证体系和卫生管理制度，明确岗位卫生管理责任，每日进行水质检测，公布检验结果，按照水质和设计要求及时更换过滤、吸附材料，供水管道的水流必须定期循环或全天循环，定期清洗消毒管道。并记录各项监督检查、检测情况，建立卫生管理档案。

（三）监督检查资质能力

检查相关单位供水卫生许可证、涉水产品卫生批件或检验报告。不符合资质要求的不得供水。

（四）监督检查卫生状况

检查周围环境卫生状况、生产场所布局有否改变、卫生设施是否完善、供水设备是否完备、运行是否良好、处理效果是否达标、水处理材料是否定期更换、供水管网是否定期清洗消毒，清洗、消毒后的水质经检验是否合格。

（五）监督检查从业人员健康状况

相关人员经过健康体检，是否取得了健康体检合格证，患有相关疾病的人员是否已及时调离。检查从业人员是否保持良好个人卫生，进入制水间前是否穿戴整洁的工作服、帽、鞋，是否洗净双手等。

（六）对水质进行现场快速检测监控

检查企业每日水质检查记录和检测结果。选择关键指标，每日两次对出厂水、末梢水进行现场快速检测，必要时及时采集水样送实验室检测，发现问题隐患及时迅速做出处理。

第十一章　重大活动传染病防治的风险评估与控制

第一节　概　述

一、相关概念

（一）传染病风险

传染病风险是指特定公共区域内发生传染病流行的可能性及其对该区域人群健康和生命安全造成的潜在危害。由于传染病的种类、发病时间、波及区域和流行的强度不同，传染病风险的影响因素多，涉及范围广。包括已知可控的传染病风险、不可预期的突发传染病疫情风险、新发传染病风险、已消灭传染病复发风险、输入传染病病例风险等。传染病病例可以在个别地区散发，也可以涉及更大范围，比如一个市、省、国家甚至波及全球。传染病传播的范围越广、影响的人群数量越多，致病能力越强，致死率越高，其带来的风险就越大。由于本书主要讨论重大活动的保障问题，因此主要关注重大活动过程中和筹备期间，这个相对明确的时间段和相对局限的目标区域内，发生传染病流行事件或者说传染病暴发的可能性及其可能造成的危害影响，在其中既包括对目标人群身心健康和生命安全造成的损害，也要考虑到对社会和经济造成的负面影响。

（二）传染病的传播

传染病的传播是存在于传染源的病原体，从传染病源或宿主排出后，经过某种传播途径，入侵易感者造成感染或发病的过程。传播方式包括直接传播和间接传播两种。直接传播是指由传染源直接传播给易感宿主的传播方式，主要包括直接接触到患者、病原携带者或其器官组织；直接接触携带病原体的动物或被其咬伤；眼结膜、器官黏膜接触到患者或病原携带者在打喷嚏、咳嗽、吐痰、大声说话、唱歌时排出的飞沫；经过胎盘、血液、母乳传播等方式。间接传播是易感宿主通过其他媒介感染病原体的方式，主要包括进食被病原体污染的食品和水，接触带有病原体的玩具、织物、餐饮具等公共物品，在含有病原体气溶胶的空气环境中呼吸，等等。

（三）传染病流行

传染病流行是病原体从感染者排出，经过一定的传播途径，侵入易感者机体而形成新的感染，并不断发生、发展的过程。传染病流行是一种群体现象，需要传染源、传播途径和易感人群三个基本环节的相互依赖、相互联系，缺少其中任何一个环节，传染病的流行就不会发生。一次传染病流行的发生，往往是由诸多自然因素和社会因素共同作用所致。根据某种传染病在某一地区、某一时间内人群中存在数量的多少，以及各病例之间的联系强度，一般将传染病的流行强度划分为散发、流行、大流行和暴发四个级别。当某种传染病在短时间内发生，波及范围广泛，出现大量的病人或死亡病例，发病率远远超过当地往年的发病水平，即被视为重大传染病疫情。

（四）传染病风险评估

传染病风险评估就是对传染病风险可能的量化测评和估计。主要是针对潜在的传染病事件发生风险，通过风险识别、风险分析、风险评价等过程，识别查找可能的传染病风险事件来源、各种不确定的影响因素、可能造成的危害后果及其严重程度，进而确定有针对性的应对措施。

传染病风险识别是发现、列举和描述传染病风险来源的过程。包括对不同环境下，目标地区特定时间内发生传染病疫情的概率、可能的致病因子和潜在的危害后果的识别；传染病风险分析是对不同种类传染病发生的可能性和所造成的后果严重性进行估计和赋值的过程；传染病风险评估是综合考虑传染病事件对公共卫生、人群健康、社会经济的影响，以及其他相关因素，确立传染病风险的等级和相应控制措施的过程。

（五）传染病预防控制

传染病预防控制是对传染病流行的干预措施，针对导致传染病发生和传播的风险因素，进行预防和控制，避免传染病发生、终止或缓解传染病的暴发流行危害、降低传染病风险带来的危害后果。传染病传播主要有三个关键环节：一是传染源，二是传播途径，三是易感人群。病原体从传染病源排出，经过某种传播途径，侵入易感者造成感染或发病，这就是传染病传播过程。通过采取法律和科学的手段阻断上述过程的某一个或多个环节的活动，就是传染病的预防控制。在常规状态下，预防控制工作需要研究的问题很多，例如查找传染源、确定病原体的种类、描述疾病特性和传播过程、确定高危人群和危险因素、评估疾病负担和人群健康服务需求等。重大活动期间的传染病预防控制，属于非常态的工作，应当在常态预防控制经验的基础上，结合重大活动的特点选取针对性措施，包括重大活动筹备期间的传染病预防措施、重大活动运行中传染病诱发和流行因素的控制等。

二、重大活动传染病风险的含义与特点

（一）重大活动传染病风险的含义

重大活动传染病风险是指在重大活动期间发生传染病流行的可能性，以及风险可能造成的复杂后果，包括对活动参与者及当地人群健康、生命安全和心理造成的侵害，可能引发的经济和社会影响，甚至是国际影响等。

（二）重大活动传染病风险的特点

重大活动传染病风险作为一种突发的公共卫生风险，具备公共性、严重性、紧迫性、不确定性等一般特征。同时，由于传染病所具备的特性和重大活动在社会活动领域所处的地位，决定了重大活动传染病风险自身的特殊性：

1. 风险发生几率大

通常情况下，重大活动的参加者人数众多，外来人员流入渠道增加，人员密集度高、聚集时间长、接触频繁、饮食相对集中，这些都给传染病的发生和传播创造了条件，增加了传染病风险发生的可能性。

2. 风险影响因素复杂

影响重大活动传染病风险水平的因素很多也很复杂，除了重大活动举办地的自然条件、传染病疫情趋势、医疗和疾病防控水平、参加者和免疫水平等这些在前期可预测分析的因素外，重大活动期间所提供的饮食、饮水和场所环境卫生状况等，也会对重大活动传染病风险产生影响。

3. 风险危害结果严重

重大活动往往都会受到社会较高的关注度，活动期间发生传染病疫情，不但会对参加活动的人员身体健康造成侵害，同时也会引起人群心理的恐慌，严重妨碍活动的正常进行，甚至直接导致活动取消或易地举行，对经济和社会发展带来不可估量的负面影响。

4. 风险抵御能力差

由于重大活动的规模、参与人群和影响力等因素，增加了应对传染病风险的脆弱性。一些国际性大型活动的举办地，一旦出现致病力和毒性较高的传染病疫情，即便未波及活动区域，也会引起国际关注。同时，参加活动人群的特殊性也会降低对传染病风险的抵御和防范能力，例如残疾人、儿童、老人等，这些特殊人群，体质水平较低，发病率和病死率往往会高于一般人群，一定程度上加剧了风险概率和程度。

三、重大活动传染病风险评估与控制的意义

（一）保障重大活动卫生安全的科学机制

传染病风险评估与控制，是重大活动传染病防治监督保障的一项科学机制，

也是卫生工作预防为主方针，在重大活动监督保障中的体现。重大活动期间，参加人数众多，人群在短时间内集中并频繁接触，一旦出现传染病源，极易造成传染病的流行甚至暴发，不仅妨碍活动的正常进行，还会对举办城市的正常生活秩序造成影响。因此，重大活动举办城市应当在重大活动筹备阶段，针对重大活动的规模、特点、参加活动的群体特征和整体传染病防控形势，及时开展重大活动的传染病风险评估，通过评估识别分析与本次重大活动有关的传染病危害、风险的概率和程度，依法科学选择有针对性的预防控制措施，制定相应的预防控制预案，在重大活动期间按照预案，把握预防传染病风险的关键环节和控制点，落实各项控制措施。科学、理性地预防控制各类传染病风险在重大活动期间的发生，保证重大活动顺利进行，保证重大活动举办城市公众身体健康。

（二）及时核实信息、分析控制风险

现代社会是一个信息化的社会，各种信息通过不同的渠道传播。在重大活动期间，可能会突然出现某些与传染病相关的风险信息，信息渠道和内容庞杂，而且无法根据经验判断其真实性。举办城市的卫生和疾病预防控制主体，应当及时启动应急性的传染病风险评估机制，借助持续、敏感、有效的传染病风险监测系统，对获取到的信息初步筛选和核实，确认风险是否真实存在，评估风险可能产生的危害，以确保决策和保障人员做出正确判断，采取相应级别的应对措施。同时，通过相应的途径进行风险沟通，防止不确切的风险信息对重大活动和整个城市运行带来负面影响。

（三）指导重大活动监督保障工作

在重大活动卫生监督保障不同阶段，传染病风险评估结果和相关资料，可以指导监督保障主体做好传染病预防控制和有关卫生保障工作。在活动筹备期间，监督保障主体以传染病风险评估结果为依据，科学制定传染病应急方案，调集保障人员，储备必要的物资；在重大活动运行期间，可以根据评估结果采取预防控制措施；在情况变化时，进行应急分析评价，及时调整工作重心和对关键控制环节的保障措施；一旦发生传染病疫情，以传染病风险评估结果为依据，迅速确定风险等级，指导卫生监督、疾病预防控制和医疗服务机构，按照预案确定的职责，采取相应的处置措施，切断疾病传播途径、消灭病原体宿主、隔离救治感染者、保护易感人群，以最快、最有效的方式阻断病原体在人群中的传播，降低风险损失和影响。

（四）为开展风险沟通提供依据

落实重大活动卫生监督保障措施，预防传染病传播，不仅需要多部门的协作配合，还需要引导公众、社区、政府正确认知传染病风险，树立恰当的防控意识，形成联防联控的工作格局，同时避免恐慌情绪的蔓延。传染病风险评估能够更为清晰地描述风险事实，为沟通提供科学的、具有说服力的科学依据，指导卫生监督保障主体，选择最佳时机、内容和方式进行风险沟通，促进卫生监督保障主体与重大活动的主办方、服务提供方、其他协作单位和活动参与者，在传染病风险防控工作方面形成共识，有效落实传染病防控的各项措施。

（五）为确定应急决策提供科学根据

传染病风险评估目的是分析发现传染病危害及发生的概率和程度，确定传染病风险控制措施，通过落实控制措施，预防或减少传染性疾病发生，尽可能避免或降低传染病对人群健康和生命安全所造成的危害，减轻对社会和经济的负面影响。在重大活动期间，举办城市的政府、卫生监督保障主体、重大活动举办方，以传染病风险评估结果作为科学根据，制定传染病防治和应急预案，及时做出应对传染病传播的应急决策。根据风险等级决定是否启动应急预案，应该采取哪些控制措施，确定控制措施的适宜性、可行性和优先性，保证控制措施与传染病风险概率、健康危害程度、对活动的影响等相适应，及时启动应急预案，采取应急控制和医疗救助措施，有效预防和控制重大活动中的传染病传播风险。

四、传染病风险评估与控制和其他卫生监督保障的关系

（一）传染病防控与其他监督保障的整体性

在重大活动的公共卫生保障体系中，包括食品安全、公共场所卫生、生活饮用水卫生、环境卫生和病媒生物预防、传染病预防控制、医疗救治等专项保障工作，这些子系统紧密联系在一起，成为一个有机联系和相互联动的整体，这就是重大活动的公共卫生保障体系。公共卫生保障体系的正常运转和有效管理，保证了重大活动的卫生安全，保障了重大活动群体和城市公众的身体健康。重大活动传染病风险评估与控制，是重大活动公共卫生保障体系的重要组成部分，与系统内的其他保障工作有着不可分割的内在联系。

（二）传染病防控与其他监督保障的指导性

传染病风险是至关重要的公共卫生风险，也是其他环节公共卫生风险的延续和结果。导致传染病风险发生的重要因素包括：

第一，重大活动的环境及参与者接触物品等被传染病病原体污染；

第二，重大活动参与者食用的食品及饮用水等被传染病病原体污染；

第三，重大活动参与者、服务者中的传染病患者、病原携带者带来的污染等。

如果对这些因素没有采取有效的控制措施，即可能导致呼吸道、消化道传染病传播和流行。因此，传染病风险评估结果和控制措施，可以指导食品安全、公共场所卫生、生活饮用水等卫生监督保障工作，把握风险控制的重点，有针对性地做好监督保障。同时，在食品安全、公共场所卫生、生活饮用水监督和医疗保

障中，一旦发现相关的传染病风险问题和隐患，也可以指导传染病控制团队，进一步强化做好传染病风险评估，及时采取有效措施，控制传染病传播的可能，及时启动有针对性的专项传染病预防控制预案。

（三）传染病防控与其他监督保障的衔接性

被病原体污染的食品、饮用水、空气、公共物品等都可能成为病原体传播的媒介，造成疾病的流行。传染病预防控制措施一般要通过增强个体和人群抵御传染病风险的能力、改善环境卫生条件、建立公共卫生保障体系等途径来实现，这些措施都需要通过加强卫生监督来推动和落实。在重大活动期间，对集体供餐食品、饮用水、公共物品的卫生、场馆空气质量等的监督监测，对传染病风险波及的范围和危害程度有决定性影响。在一定意义上传染病流行是“果”，而食品安全、公共场所卫生、饮用水卫生等问题是“因”。因此，食品安全监督、生活饮用水和公共场所卫生监督，是预防传染病的重要手段和途径。各种传染病风险控制措施，也需要在食品安全、公共场所卫生、生活饮用水卫生的监督保障中具体落实。第一，通过各环节的监督工作，督促相关单位依法落实传染病防治工作制度，按照卫生要求落实相关的传染病预防控制措施；第二，通过各环节的监督检查措施，及时发现相关的传染病风险隐患；第三，通过各专业的监督检查，检查传染病防治工作的效果；第四，通过监督执法及时依法查处违反传染病防治法的行为，保证传染病预防控制措施的落实。

第二节　重大活动传染病防治监督保障的风险评估

一、概念

（一）传染病防治监督保障的概念

传染病防治卫生监督是卫生监督主体依法对传染病的预防、疫情控制、医疗救治、保障措施以及疫情报告、通报和公布等进行督促检查，并对违反传染病防治法律法规的行为追究法律责任的一种卫生行政执法行为。其目的是预防、控制和消除传染病的发生和流行，保护人群健康。重大活动传染病防治监督保障，是卫生监督保障主体以保障重大活动顺利进行为目标，依据传染病防治相关法律法规和规范，对重大活动期间各有关单位和人员，落实各项传染病防治措施的情况进行监督检查，督促各有关责任单位落实相关的传染病控制措施，及时控制传染病散发病例、新发病例和传入性传染病病例，防止出现传染病疫情扩散、蔓延，开展的专项监督活动。

（二）传染病防治监督保障风险评估的概念

重大活动传染病防治监督保障的风险评估，是卫生监督保障主体为做好重大活动期间的传染病防治监督保障工作，有效预防和控制重大活动中的传染病风险。在重大活动的筹备阶段，按照风险管理的理论和方法，依据传染病防治法律法规和医学科学规律，结合重大活动的规模、特点、参与群体和时空状况、传染病流行趋势等，对重大活动期间可能发生的传染病危害、可能诱发传染病流行的风险因子等进行识别、分析、排序，研究提出有针对性的预防控制措施，并做出风险评估报告的过程。传染病风险评估是公共卫生风险管理的组成部分，应当遵循公共卫生的科学规律，开展风险评估需要经过风险识别、风险分析和风险评估三个步骤。

二、传染病防治监督保障风险评估的特点

重大活动传染病防治卫生监督保障风险评估的目的，是为重大活动传染病防治监督保障工作提供科学、系统的依据，指导监督保障主体科学的实施监督保障，有效地预防和控制重大活动中的传染病风险。因此，重大活动传染病风险评估具有以下特点：

（一）时空性

时空性也可以称之为针对性。主要是指重大活动传染病防治监督保障的风险评估，不是泛泛的或者普遍意义上的传染病风险评估，不属于常规性的、日常的风险评估，也不能确定为应急状态下的风险评估。重大活动的传染病防治监督保障风险评估，是针对重大活动进行的一种专项风险评估，具有较强的时空性。也就是说这种风险评估不能脱离重大活动的时间状态和空间状态，是针对特定时间范围、特定空间范围的传染病风险评估。但是，对空间范围的理解，不能仅仅考虑重大活动的举办城市，还需要整体考虑重大活动参与者原居住地的空间状况。因此，不能单纯用举办城市的常规传染病风险评估结果，直接替代重大活动传染病风险评估。

（二）指导性

重大活动传染病防治卫生监督保障的风险评估，需要服务卫生监督保障工作，内容更为具体。通常情况下，不对疾病的自然属性做过多分析，这部分内容可以直接参照专业技术部门提供的传染病风险评估和分析结果，或者在其基础上进一步深入。这类风险评估一般侧重于对重大活动相关公共领域内，可能引发群体性突发传染病事件的关键控制环节的研究，如饮用水、饮食的安全程度，空调设备、公共场所卫生状况，活动定点接诊医院传染病防控措施落实情况，等等，通过评估起到指导监督保障实际操作的作用，更有效地达到防范风险的目的。

（三）综合性

重大活动传染病防治卫生监督保障往往更注重风险发生对公众的健康侵害

和可能造成的社会影响。风险评估所涉及的内容更为全面和复杂,需要综合考虑各方面的因素,比如参与活动人员的体质状况,活动的饮食、住、行、日程安排,为活动提供住宿、餐饮、场地服务的接待单位及工作人员的能力和水平,监督保障措施的有效性等都可能成为诱发传染病流行的潜在风险因素,需要加以评估和控制。

(四)不确定性

由于每次重大活动的举办地点、活动规模、参加人员等不同,需要开展卫生监督保障工作的范围也不完全一致。同时,大部分活动由于筹备时间比较仓促,可能存在背景资料不充分的情况,在评估过程中都要通过专家经验进行推测。此外,临时组成的活动指挥机构中各个部门对传染病风险的认知程度、负责接待服务的单位和人员按照技术要求落实疾病防控措施的能力参差不齐,都成为诱发传染病风险的不确定因素。

三、重大活动中的主要传染病风险类型及危害

在重大活动期间,自然和社会因素综合作用下,可能发生的传染病风险主要包括:常见传染病的暴发流行风险、输入性传染病风险、生物恐怖以及自然灾害引发的传染病风险等。这些风险类型及其危害都是重大活动传染病防治卫生监督保障工作应当关注的重点。

(一)常见传染病暴发流行风险

这是指在相对局限区域范围内,某种已知的传染病的病例数在短时间内激增,超过历年水平,对重大活动造成危害和影响的风险。重大活动中常见的传染病类型主要是消化道和呼吸道疾病,如食源性或水源性感染引起的肠道传染病,导致人群出现腹泻、呕吐、腹痛、发烧等临床症状的最为多见;经飞沫或被污染空气传播的流感、肺结核、军团菌病和与虫媒相关的传染病风险也较高。这一类传染病风险较常见,只是由于重大活动带来的人员流动、聚集和社会生活变化等因素,使得风险概率加大。但由于此类风险可预见性强,监督机构、疾病预防控制机构、医疗机构等,对已知传染病具备较强的处置能力和较丰富的经验,相关预防控制和应急措施能够落实到位。在疫情发生时,对被感染的人员能够及时进行隔离救治,一般情况下,不会影响重大活动的正常进行,重大活动对此类风险承受能力较高,危害在可控范围内。

(二)输入性传染病风险

输入性传染病风险是指一个国家或一个地区不存在或已消除的传染病,由国外、境外或其他地区通过一定的途径被传入的风险。输入性传染病病原体主要由入境的患者、隐性感染者和动物、虫媒等携带输入。重大活动期间,由于国

家和地区间人员往来频繁，乘坐的飞机、火车、邮轮等公共交通工具的密集使用，容易引发并且增大输入性传染病风险。输入性传染病的流行受到很多因素的制约，也直接影响到传染病风险的危害程度。一是传染病本身的致病性、毒力、传播能力等特性；二是活动当地的自然和卫生环境、重大活动期间的气候条件适合输入传染病病原体生存和传播；三是参加活动人员及当地人群对新发或已消灭的传染病缺乏认知和免疫力；四是当地医疗卫生水平和对输入性传染病的综合防控能力等。对于致病性和毒力大，且对应人群免疫和医疗救治能力差的输入性传染病，比如埃博拉、黄热病、肺鼠疫、登革热等，容易迅速传播并造成严重的公共卫生和社会经济影响，有的影响可能是长期无法消灭的，这种输入性传染病的风险危害等级就高。

（三）生物恐怖性风险

参加重大活动的人员往往承担着较重要的社会角色，防范恐怖袭击也是重大活动保障工作的重要内容。生物恐怖是恐怖活动的形式之一，通过散播致病细菌、病毒及其他病原微生物以及生物毒素，企图引起传染病的暴发、流行或中毒事件发生的行为，其主要目标就是引发公众恐慌和社会动荡，引起国际社会的重视。生物恐怖活动导致的传染病风险往往具有不确定性、突发性、隐蔽性和欺骗性的特点，主要表现为：突然出现新型或罕见的不明原因传染病以及异常的混合感染，或在极短时间内出现同样症状的患者，病例数超过往期；传染源难以追查，传播途径异常，流行特征出现明显变化且无法解释等。

可能被用于生物恐怖活动的传染病病原体的种类有很多，其中一些致病性强、传播速度快，对人体健康损害大，会对重大活动造成极大的威胁，比如炭疽、天花、鼠疫等。鉴于重大活动的特定社会影响，在判定生物恐怖事件时需要极为谨慎，要特别注意降低事件的负面影响，应与公安、农业、军事等部门进行充分的信息沟通，尽量避免引发公众恐慌、社会动荡和政治影响。

（四）自然灾害性风险

自然灾害是重大活动安全保障工作中最难以预测的风险因素，由于自然灾害可能会导致人群生活环境的巨大改变、破坏生态平衡，从而导致传染病流行的发生。

自然灾害可能引发重大活动传染病的风险存在两种情况：一种是在活动筹备或进行期间突然发生的，短时期内造成重大损害的灾害，比如地震、山洪、海啸、台风、火山喷发等，需要采取紧急的传染病防控措施，可能对重大活动造成较大影响；另一种情况影响相对较小，重大活动开始较长时间之前发生的或是渐进性的灾害，没有对重大活动或当地基本生活条件造成突然的冲击，可以通过有针对性的加强传染病防治工作达到控制发病和传播的目的。不同自然灾害对传染

病风险的影响也不尽相同,其中一些是非常深远的危害影响。大致归纳为三个方面:

1.对传染病流行环境因素的影响

包括可能造成饮用水供应系统破坏、饮用水污染,导致经水传染病的传播;食品污染导致的食源性疾病暴发;居住条件被破坏,使人群露天或在拥挤条件下居住,导致体质和疾病防御能力普遍下降等。

2.对传染病媒介生物及宿主的影响

自然灾害对生态环境造成较大破坏,导致蚊、蝇、螨、蜱、寄生虫等传染病媒介生物侵袭人类的机会增加,使虫媒传染病发病率提高;同时灾害也增加了作为疾病宿主的猪、狗、牛、羊等家畜和啮齿类动物感染和传播疾病的机会,易导致人畜共患传染病的流行。

3.对传染病发病趋势的影响

灾后生态系统的重建、生产生活条件的恢复都需要较长的时间,受此影响,一段时间内各种疾病都可能呈现与正常时期不同的发病特征,且具有较高发病率,可能会对周边地区的疾病发病趋势造成一定程度的影响。

四、传染病防治监督保障风险评估的种类

针对重大活动期间卫生监督保障各环节进行的传染病事件风险评估,其内容包括识别传染病疫情发生的可能性、分析可能造成疾病传播的风险因素、评价及其危害对重大活动卫生安全保障造成的影响、确定风险的可控性和重大活动中的利益相关方对风险的承受能力、制定并实施相应传染病防治监督保障措施等。根据传染病风险在重大活动中出现的时间和特性,可将传染病防治监督保障风险评估分为事前风险评估、事中风险评估和突发传染病疫情风险评估。

(一)事前风险评估

事前风险评估是在重大活动开始较长一段时间之前或筹备期间,针对活动涉及的特定时间、区域和人群范围进行的前瞻性传染病风险评估。这一阶段的评估工作的目标是确定传染病防治监督保障工作的风险控制关键点,为活动相关传染病防治监督保障整体方案的制定和应急准备工作提供依据。一般采用结构化的综合评估方法:提前设计出严密、合理的评估框架,尽量详尽地收集相关信息,组织专家进行系统、科学的分析,设立风险评价准则,需要用较长的时间。

(二)事中风险评估

事中风险评估是在重大活动进行过程中,根据出入境检疫部门、疾病预防控制机构、医疗机构等单位提供的,或者由其他渠道获得的传染病疫情线索,通过事前既定的风险准则,利用对风险评估方法,对线索中的信息进行初筛和识别,

确定是否需要调整或加强传染病防治监督保障，对是否采取应急措施做出决策。

（三）突发传染病疫情风险评估

突发传染病疫情风险评估是指在重大活动临近或者进行过程中，针对具有潜在传染病风险的事件，例如在参加活动的人员中出现传染病病例、自然条件突然发生异常改变等，利用有限的相关信息和已掌握的科学证据，采用简便易行评估方法对风险发生的可能性及其后果进行快速研判，为进一步采取传染病防治监督保障应急措施提供依据的过程。此类评估一般在事件发生早期（一般在发生 24 小时内）进行，通常采取专家会商法进行定性评估，其结果直接用于做出应急响应机制决策和指导防控措施的落实。

第三节　传染病防治监督保障的风险识别方法

一、风险识别步骤

这是对传染病风险感知和认识的过程，也是进行风险管理和风险评估的基础。风险识别主要是通过收集相关信息、进行现场检查、组织专家集体讨论等方法，查找可能存在的传染病风险及相关的风险因素。

（一）收集传染病风险信息

监督保障主体应当针对重大活动期间可能发生的传染病疫情，收集与重大活动联系密切的背景资料和可靠信息，这是传染病风险识别的基础，也是传染病风险评估的首要步骤，需要收集的信息和资料主要包括五个方面：

1.疫情监测数据

在重大活动开始前，可从权威技术机构获取重大活动举办地历年同时期传染病疫情资料和疾病发生发展趋势分析报告等相关资料、列举活动期间可能发生的传染病疾病种类；在活动进行过程中，要与疾病控制机构保持密切联系，收集目标地区人群疾病实时监测数据，尽可能了解所涉及的各种疾病的传染性、致病力和毒力等特性。

2.环境监测数据

收集重大活动举办城市的食品安全、饮用水卫生、公共场所卫生的监督检测情况，当地气候、土壤、虫媒生物的滋生等传染病相关监测数据，收集有关部门对活动期间天气情况、自然灾害的预测资料，感知可能影响导致传染病风险的各种因素。

3.相关社会信息

收集活动所在地医疗卫生条件、社会安定程度、居民生活条件和卫生习惯、传染病防治相关政策等背景信息，分析重大活动中发生传染病风险的可能性和应对能力。

4.重大活动参与者资料和健康信息

在重大活动筹备期间，尽早掌握活动参与者的人数、国籍、体质水平，其所在国家常见传染病种类、入境健康检查结果等相关资料。在重大活动进行过程中，及时收集、掌握来自疫区的参与者健康状况的监测数据和其所在国家疫情动态信息，用以控制输入性传染病风险。

5.重大活动日程信息

掌握重大活动的各项日程安排，重点关注重要保障人员所参加的活动类型、人员密集程度、活动所在场地、时间安排、供餐形式等可能与传染病防控相关的信息。

（二）对相关单位进行现场监督检查

监督保障主体应当依据传染病防治法律法规和卫生规范标准规范要求，针对重大活动的特点和服务需求，对与重大活动有关的单位进行全面的现场监督检查，查找卫生风险隐患。

1.检查重大活动的场馆

活动场所是人群集中的主要空间，包括较为封闭的室内活动场馆和露天的活动场地，两者除通风系统外，其他传染病防控工作要求基本一致。一般需要检查相关场所是否建立健全各项卫生制度、传染病防控应急处置预案；是否明确设置专职管理人员具体落实各项传染病防控措施、工作人员是否接受传染病防治知识和技能培训；场馆通风空调系统是否运作正常，以及送、排风口过滤网管的清洁、消毒和保洁情况；是否安装防鼠、防虫设施；使用的消毒产品卫生质量是否符合要求；以及传染病疫情报告、工作人员健康管理、食品安全、饮用水卫生质量、公共用品、用具清洗、消毒措施的落实情况；环境病媒生物消杀灭情况等。

2.检查重大活动场馆医疗站

主要是指在重大活动场馆和人员驻地设置的，能够为活动参与者提供简单医疗救治和处理的医疗站、医疗点、门诊部等。一般应检查各医疗站落实传染病防治管理制度、疫情报告及专人负责制度的情况；医疗站诊疗日志及登记记录内容是否齐全真实；是否有传染病患者的隔离、转诊工作流程和消毒隔离工作规范；使用的消毒产品、一次性医疗器械卫生质量是否符合要求；以及医疗废物管理、消毒隔离制度、终末消毒制度是否建立和落实等。

3.监督检查重大活动定点医疗机构

监督检查的环节和内容应当包括四个方面：

（1）检查传染病疫情报告。是否设有疫情报告管理部门和专人负责报告疫情，是否熟悉疫情报告方式和流程，报告系统是否畅通，是否有传染病疫情报告、登记、培训、自查、奖惩等制度，是否执行首诊负责制，是否按照规定填报门诊日志、疫情报告登记簿和传染病报告卡。

（2）检查传染病预防控制措施。是否有医院管理部门和负责人员感染，是否按照规定设立感染性疾病科，是否执行预检分诊制度，医务人员和患者防护措施是否落实。

（3）检查消毒隔离措施。是否建立和落实消毒隔离制度，是否对医务人员进行消毒、隔离技术培训，是否定期对医疗用品、器械进行消毒灭菌，有无消毒灭菌效果检测和记录，是否对就诊的传染病病人、疑似传染病病人采取消毒隔离措施，是否对消毒产品进行进货检查验收等。

（4）检查医疗废物处置。是否建立医疗废物管理责任制，医疗废物是否做到分类收集、安全转运、封闭暂存，接触医疗废物的人员是否经过培训，是否有防护措施。

（四）监督检查传染病隔离医学观察点

医学观察点是指在发生重大传染病疫情时，依法指定的专门用于对传染病患者或疑似病例进行隔离医学观察的场所。对这类场所，第一，要检查建筑布局是否符合隔离需求，例如能否有效分隔工作人员住宿区域、工作人员工作区域、接受医学观察人员的居住区域，是否设有专门污物回收通道等；第二，检查传染病预防制度及措施，例如是否使用分体空调并定期清洗消毒隔尘滤网，对工作人员是否每日进行健康检查、缺勤追踪，个人防护用品是否齐全等；第三，检查传染病防控措施落实情况，例如进入隔离区的人员有无防护措施，通风系统是否正常运行，是否定期对地面、墙壁、电梯、门把手、楼梯把手等表面进行消毒，是否做到公共用具一客一换一消毒，污水是否消毒后排放，垃圾是否及时清运，是否执行终末消毒制度等。

（五）检查急救转运系统

监督保障主体应当对重大活动期间承担传染病等疾病病人的急救、转运工作的机构进行监督检查，重点是转运车辆、院前急救人员的管理情况，车辆及设备设施的完好情况、隔离防护措施、消毒处理措施等内容。具体内容可参考表 10：

表10　急救转运系统检查内容

项　目	内　容
车辆及设备设施	1.转运车辆驾驶室与医疗室要严格执行空气隔离； 2.车厢内部(包括驾驶室与医疗室)的所有内饰材料表面应平滑，具备抗菌、阻燃、耐腐蚀、易清洗消毒、防水的功能； 3.医疗室保持密闭并在其下部安装具有高效空气过滤消毒的排风装置，两侧或后部应安装可紧密闭合的车窗； 4.安装紫外线消毒灯和密封的污物存放器； 5.配备必要的车载医疗设备设施，例如氧气供应设备、自动无创呼吸机、吸引器、心电监护仪、便携式血氧饱和度仪等； 6.配备必要的防护用具包括帽子、口罩、手套、防护镜、隔离服、胶鞋、鞋套、环境和皮肤黏膜消毒剂。
隔离防护措施	7.转运传染病病例、疑似病例的车辆及车载医疗设备(含担架)保证专车专用、一人一车； 8.急救机构设置专门的区域停放转运救护车辆； 9.实施急救、转运工作的医务人员、司机，是否按照需要配戴相应级别的防护用品。
消毒处理措施	10.按照规定及时对转运车辆及设备进行清洗消毒； 11.使用的消毒产品、一次性医疗器械符合卫生要求； 12.做好医疗过程中产生的污染物品处理。

(三)进行专家集体讨论

卫生监督保障主体应当组织传染病临床诊疗、疫情控制、消毒防护、卫生监督等领域的专家，对收集的相关信息资料和现场监督检查结果，借鉴“头脑风暴”等方法，进行集体讨论，通过集体讨论识别、筛选和确定风险观察指标和预防控制措施。风险观察指标是用于衡量传染病风险危险因素发挥作用大小、判断传染病风险发生可能性和危害等级的指标的集合。本节所指风险观察指标，是针对重大活动的特点，在传染病风险即将或已经出现时，进行传染病监督保障风险分析和筛查时需要考虑的指标。这些指标大致可被归入传染源、传播途径、易感人群、自然环境、社会环境、应对能力以及活动本身的特殊性七个方面，这七个方面与重大活动传染病防治卫生监督保障风险关系密切，可被称为传染病风险评估因子，具体内容可参考表11。

表11　重大活动传染病防治监督保障风险评估因子及观察指标

评估因子	观察指标
传染源	传染病在全球、国内和当地的流行特征及分布情况；疾病的发病现状；病原学毒力、致病力、传染力情况；动物宿主与有害病媒生物分布情况、活动规律；传染来源知晓情况。

续　表

评估因子	观察指标
传播途径	传播方式及其造成传染病流行的难易程度。
人群易感性	目标人群整体的免疫水平、健康状况，人群接触和聚集情况，易感者和非易感者在人群中所占的比重，以及两者在空间上的分布情况。
自然环境	活动期间举办地生态环境、季节、气候、水质、土壤、地理、自然灾害等。
社会环境	社会制度、经济基础、居住条件、生活水平、风俗文化和社会风气，即人们的行动、卫生习惯，公众对传染病的认知程度、健康教育的普及程度；当地传染病防治相关保障政策因素。
应对能力	相关单位公共设施、服务水平和疾病防控措施落实情况；医疗卫生机构救治能力，包括疾病早期识别水平、处理应对能力；疫苗、药物的应用。
活动特殊性	活动举办时间、内容形式；参与人员人数、社会角色；活动受关注程度，国内、国际影响力等。

在每次重大活动监督保障工作开始前和进行过程中，都要根据实际情况，对观察指标的内容和次序进行适当补充和调整。

二、传染病防治监督保障的风险分析

风险分析是在风险识别的基础上，对识别后的传染病危害、风险因素、影响因子等，进一步进行综合分析、研究和评价，判定传染病风险发生概率、可能的危害程度，以及现有的预防控制能力的过程。

（一）可能性分析

可能性分析从风险管理的角度也可称为风险概率分析。主要是针对每种传染病在重大活动期间发生的可能性进行分析判定，分析的主要依据一方面来源于对疾病预防控制、出入境检验检疫等技术机构提供的疫情趋势、发病情况的监测数据，另一方面来自对重大活动所涉及公共卫生环境的现场监督检查、检测等情况。根据传染病发生概率的高低，可将该病的发生风险分为“几乎确定、很可能、可能、不太可能、极不可能”五个等级。

（二）危害性分析

危害性分析，也有学者称为危害后果分析。从风险管理的角度称为风险程度分析。在重大活动中的传染病危害后果主要有三个方面：

一是对人群的健康损害和心理影响，包括影响人群的数量、发病率、死亡率、引发症状的严重程度、人群恐慌程度等；

二是对重大活动本身的直接影响，包括影响重大活动的正常进行、影响主办方的声誉等；

三是对举办城市正常生活秩序和社会经济发展的影响。

在危害性分析时，一般按照传染病风险可能对重大活动的影响程度、可能对人体健康的损害程度、可能对举办城市正常生活秩序的影响程度等进行科学排序，优先考虑直接影响重大活动正常进行或者造成人体严重健康损害的情况。可将传染病风险的危害后果划分为“可忽略的、较小的、中等的、较大的、灾难性的”五个等级并分别进行如下描述：

1. 可忽略的危害

特征为传播途径局限或没有传染性；引起身体轻微不适；当地现有公共卫生资源足以应对和控制；基本不影响活动正常进行，一般不会造成经济损失；社会影响小。

2. 较小危害

特征为传染性弱；人群易感性弱；控制能力较强；发病率、病死率低；症状较轻，患者无须住院治疗；对当地公共卫生资源有一定压力；可能会对活动造成影响，有经济损失，有一定社会影响，未造成国际影响。

3. 中等危害

特征为传染性较强；人群普遍易感；发病率、病死率低；症状较轻，个别患者住院治疗；需要增加公共卫生资源投入应对疾病；对活动影响较小，经济损失增加，有社会影响并有一定国际影响。

4. 较大危害

特征为传染性强；人群普遍易感；发病率、病死率较高；症状较重，多数患者需住院治疗；需要大量增加公共卫生资源投入应对疾病；具有政治敏锐性；对活动影响较大，造成一定的经济损失和较大的社会影响。

5. 灾难性危害

特征为传染性极强；人群普遍易感；发病率、病死率高；有死亡病例；集中、多名人员患病；原因不明；需要大量增加公共卫生资源，各项防控措施满负荷运作；导致活动不能正常进行，造成巨大经济损失和严重社会影响，引发国际关注。

在进行上述分析步骤时，如果发现由于在信息收集的过程中部分数据、资料的缺乏，或信息来源可靠性和环境变化，导致对风险的分析中存在不确定因素的情况。如果这些因素又都可能对分析造成决定性影响，应尽快通过调查和检查，掌握相关情况，防止对活动传染病防治监督保障风险造成误判。

（三）脆弱性分析

所谓脆弱性，在风险管理理论中主要是指，风险主体对可能发生的风险的可承受性或者耐受性、适应性、可容忍性等。进行脆弱性分析，主要是分析研究风险主体对风险的抵御能力、处置能力。

对重大活动传染病防治风险的脆弱性分析，第一要考虑重大活动参与群体的健康状况、心理承受能力、对传染病的认知程度等；第二要考虑重大活动举办或者承办主体的组织能力、对活动群体和突发事件的驾驭能力、对传染病防治的认知程度等；第三要考虑重大活动服务提供方的卫生状况、传染病认知程度、卫生管理和风险控制能力；第四要考虑举办城市的社会和经济状况、公共卫生体系的完善程度、疾病预防控制能力、医疗救治水平、城市运行的综合管理能力等。重大活动和举办城市整体环境，对传染病风险的抵御、控制和驾驭能力越强，风险脆弱性越小，一旦发生传染病风险事件，造成的损失和影响就小。

三、传染病防治监督保障风险评价

这是根据将传染病风险分析结果与预选设定的评价准则相比较，或者遵循既定的风险判定路径，认识不同种类传染病产生的风险对重大活动的影响水平，对风险等级做出评价，以确定和应采取哪些相应的监督保障措施加以防范和控制。在重大活动卫生监督保障实践中，一般是根据传染病风险出现的时间、疫情预防控制和重大活动保障的需要，选择适当的评价方法。

（一）多因素综合评价

综合评价是将风险识别、分析中列举出的观察指标，结合重大活动背景、法律法规规定、利益相关者态度、成本效益等相关要素进行排序，确立风险评价标准。再将传染病风险分析结果与风险评价标准进行比对，判定风险等级。其优点是对传染病风险可能产生的短期、长期和潜在危害后果进行系统全面评价。例如某些传染病传播能力强、毒力低，虽然出现的重症和死亡病例极少，但是由于人群普遍易感、短期内出现大量显性临床症状病例需要治疗，举办城市医疗负荷急剧增加，对重大活动医疗卫生保障形成冲击，进而影响风险等级的判定。

多因素综合评价通常采用风险分析矩阵法，将重大活动的传染病风险分为低、中、高、极高四个水平，见表12。

表12　传染病防治卫生监督保障风险评估

风险发生可能性	后果严重性				
	可忽略	较小	中等	较大	灾难性
几乎确定	H	H	E	E	E
很可能	M	H	H	E	E
可能	L	M	H	H	E
不太可能	L	L	M	H	E
极不可能	L	L	L	M	H

表中的L代表低度风险，后果在可承受范围内，可按照常规防控要求进行处置。M代表中度风险，后果在一定条件下可以承受，需督促落实传染病救治和控制措施。H代表高度风险，需要决策者根据实际判断后果是否可以承受，并建立应急指挥部，多部门协同响应，需要采取有针对性的防治和应对措施。E代表极高度风险，后果不可承受，需启动最高级别应急响应机制，须以保障人群健康为首要目标，迅速采取措施预防控制，控制疫情蔓延。

（二）单因素评价

单因素评价是较为快捷的风险评价方式，常用于对传染病风险信息的快速筛检。单因素评价可以基于部分传染病的流行特点进行，例如当传染病的暴发或流行对于重大活动造成的影响非常轻微，或者发生的可能性极低，就可直接判定为低度风险；也可以根据活动责任方最为关注的内容进行评价，如确诊的病例在具有感染性的阶段曾从事直接接触活动提供的食品、饮用水及公共物品，或者与需要重点保障的目标人群有过密切接触，危害到了活动期间的公共健康安全，影响活动正常进行，就可判定为高度风险。在重大活动进行过程中，突然发生传染病疫情时，需要在最短时间内完成风险评价，以尽早实施传染病防控和卫生监督保障措施，在条件允许的情况下，首选单因素评价方式。

四、针对重大活动服务单位的风险评估

在重大活动举办期间，承担重大活动接待服务任务，为参加活动人员提供住宿、餐饮、场地服务的宾馆、酒店、学校等，较平日入住人数增多，流动性较大，增加了病原体传播的机会，是重大活动传染病防治监督保障的重点，需要对其进行传染病风险评估。针对重大活动接待单位的传染病风险评估与对其他单位的风险评估方法基本一致。包括风险环节筛查、风险分析、风险评估三个步骤。而此类评估的内容更侧重被评估单位在接待活动过程中，与自身管理及人员操作规范性相关的传染病风险隐患。

（一）针对重大活动服务单位的传染病风险筛查

在风险筛查阶段，主要采取核查接待资料、现场检查和必要的环境、物品检测等方式，排查可预见的导致传染病风险发生的因素。

1. 资料核查

在举办活动前，应尽可能全面掌握接待单位的基本情况，例如该单位的星级、建筑结构、日常监督检查情况；公共空间面积；是否提供餐饮、游泳、美容等配套服务；服务人员培训和健康管理状况，是否制定传染病防控相关管理制度并有专人负责与监督保障人员和疾病预防控制机构进行信息沟通等。同时，掌握其承担服务的内容，例如接待的人数、国籍、入住时间、离店时间等，以做好相应的

疾病防控准备。

2. 现场检查

由监督保障人员现场对接待单位的传染病防控相关配套卫生设备设施和卫生管理制度的落实情况进行检查。例如集中空调通风系统的运转和清洗情况、防虫防鼠设施的配置；地面、物体表面及空气的消毒情况，公共用品、用具清洗、消毒措施的落实情况；人员是否持健康证上岗、消毒操作流程是否符合规范；采购的消毒产品是否为合格产品等。

3. 环境检测

是在活动举办前或进行中，根据需要对接待单位的公共物品、空气、食品、饮用水等进行现场检测，随时发现可能致病的病原体媒介，及时切断疾病传播途径。

（二）针对活动服务单位的传染病风险分析

主要根据风险筛查获得的信息，分析被评价单位在服务过程中存在的传染病风险隐患关键环节，从传染源、传播途径和易感人群等控制环节入手分析风险因素。例如住宿场所的房间和公共活动空间狭小，就容易导致呼吸道疾病的传播；闲置较长时间的集中空调通风系统，启用前未进行清洗，积尘中的嗜肺军团菌等致病菌从空调气道排出，导致空气传播性疾病的流行；入住宾客中有来自疫区的病原携带者，可能接触到有对此类疾病没有免疫力的其他入住宾客及服务人员等。这些隐患对各种疾病发生、传播的影响，都需要结合实际进行分析。

（三）针对服务单位的传染病风险评估

通过对重大活动相关接待服务单位的传染病风险隐患进行列举、排序，判定各类为重大活动提供服务的单位的传染病风险级别，制定针对每一类为活动接待服务单位的卫生监督保障重点内容、关键环节。如果个别接待服务单位存在的风险隐患级别较高，应单独制定监督保障方案、预案和监控要点，加强对预防控制措施落实的监督。

第四节　重大活动传染病风险因素与控制措施

一、重大活动传染病风险因素及分类

在重大活动期间可能导致传染病风险发生和危害后果的相关因素非常多，涉及的范围也很广，既包括一般传染病风险因素，也包括由于重大活动特殊规律，而自身存在或随之产生的传染病风险相关因素。在重大活动监督保障实践中，要将这些因素进行归类，有针对性地提出与之相对应的预防控制措施。

(一)一般传染病风险因素

一般传染病风险因素是指与当地传染病疫情发生、传播相关的,外界环境中普遍存在的传染病风险因素。这些因素是当地自然和人文环境固有的,对于重大活动传染病风险的发生几率有重要影响的因素,可以分为生物因素、自然因素、社会因素以及预防控制措施四类。

1.生物因素

是指重大活动举办地传染病的生物特征和流行趋势,包括各类传染病病原体的致病力、传播力、毒力,近年发病情况,当地人群易感性等。这些因素是传染病发生和流行的决定因素,也是重大活动传染病风险的重要外部环境因素,为避免对重大活动造成影响,应对其中风险级别较高的疾病及其诱发因素重点加以防范。例如,1995年原定在尼日利亚进行的国际足联比赛,由于大赛之前当地发生了流行性脑炎,考虑到尼日利亚是非洲第一人口大国,感染疾病的概率极高,就将比赛改在西亚的卡塔尔进行。

2.自然因素

活动期间举办地生态环境、季节、气候、水质、土壤、地理、自然灾害等因素,对传染病风险的种类及其波及范围均有影响。例如冬春寒冷季节容易引发流行性感冒等呼吸道传染病;而夏季由于气温较高,易滋生蚊蝇等昆虫,应重点防范流行性乙型脑炎、莱姆病、疟疾、登革热等虫媒传染病,同时,夏季也是感染性腹泻等胃肠疾病的高发季节。

3.社会因素

一般分为四个方面:一是经济层面。当地经济发展水平决定了人群的居住条件、生活水平;二是政治层面。即社会稳定程度的影响;三是文化层面。即当地风俗文化和社会风气的影响;四是政策层面,包括与传染病防治相关法律法规、标准与规范制定和落实,卫生保健设施与服务能力,相关保障政策等管理手段。

4.预防控制策略和措施

主要包括对疾病的发病和发展趋势的掌控能力;疾病早期识别水平;处理应对能力;疫苗、药物的应用;社会关注认知程度、健康教育的普及等。

二、重大活动传染病风险因素

(一)人员聚集

在重大活动特别是奥运会等重大赛事期间,世界各国家和地区的参加者、观赛者、工作人员、新闻记者等数万人将参与活动和相关工作,短时间内,大量的人群涌入并聚集在较小空间内,既存在输入病例的风险也存在本地疫情暴发的可能，给举办地的传染病防控能力带来严峻考验。比如，来自不同地区和国家的参加人员及其物品中可能携带的病原微生物，种类复杂，进行风险评估和防控的难度很大；而相对集中的餐饮环境和人员的密集接触，也使得食源性、水源性和呼吸道传染病的传播风险大幅增加。

（二）行为差异

参加活动的人员来自不同国家、地区和种族，宗教、文化、礼节、生活行为、个人卫生习惯等方面的差异，直接或间接增加重大活动传染病风险的发生的可能性。

（三）心理因素

在发生突发或不明原因传染病流行事件时，容易造成人群的恐慌，不利于疾病控制措施的有效实施。因此，人群对传染病的认知和自我防护能力，传染病疫情发生时的精神和心理状态，也是重大活动传染病风险的重要影响因素。

（四）其他影响因素

与重大活动性质和背景相关的特殊影响，也会增大传染病风险的危害。比如活动的规模和影响力、出席活动的政要、公众和媒体的关注、国际政治影响、经济影响等，在进行传染病风险评估时都需要考虑到。

三、重大活动传染病风险的一般控制措施

在对重大活动传染病风险进行评价的基础上，针对不同种类传染病疫情风险水平和诱发因素，锁定重点控制环节，有针对性地采取措施有效防范传染病疫情的发生和扩散，是重大活动传染病风险控制最为关键的环节，也是重大活动传染病风险评估的最终目的。一般需要采取以下控制措施：

（一）传染病风险实时监测和预警

重大活动举办城市要强化对医疗机构传染病疫情报告主动性和及时性监督，降低漏报率；启动定点医院、医疗站点及民航、铁路、出入境检疫、交通枢纽等的传染病症状监测系统，实施每日疫情监测报告及通报制度，对传染病病例或疑似病例做到早发现、早报告、早隔离、早控制；对活动场地和指定公共场所开展病媒生物监测，防止虫媒传染病的发生；同时，要特别加强对来自疫区或疫源地区域人员的健康监测。根据监测到的传染病疫情，及疫情的影响程度和范围，及时向相关部门、单位和人员发出预警，提示做好应对准备或采取相应的控制措施。

（二）完善医疗保障服务体系

重大活动举办城市要建立和完善传染病防治相关工作规范。加强对医疗机构、疾病控制机构在医疗救治和卫生防疫履职情况的监督，督促医疗卫生机构加大感染性疾病科室、病原微生物实验室的建设力度；加强对疫情报告和控制措

施、消毒隔离措施、医疗废物处置、菌毒种等传染病防治相关管理；强化相关人员传染病诊断、救治和个人防护知识的培训；督促医疗卫生机构有针对性地储备不同种类的传染病预防、救治药械，完善传染病防治物资调运和补偿机制，全面提高医疗救治服务能力和水平。

（三）强化传染病疫情应急处置

重大活动举办城市要督促各类医疗卫生机构加强应急队伍建设，强化医疗卫生人员对突发急性传染病类事件的预防控制和医疗救治知识培训，做好应急演练；制定应急处置工作程序，一旦发现突发急性传染病疫情或疑似疫情，能够迅速反应，按规定程序迅速正确就地处理，防止疫情扩散；组建由传染病诊疗控制、消毒处理、病媒控制、检验等相关领域专业人员组成的专家咨询小组，在活动期间发现确诊或疑似传染病时，指导相关机构和人员开展疫情现场调查处置工作；完善药品、防护物资的调运和补偿机制。

（四）强化传染病风险信息沟通

重大活动举办城市，要做好重大活动传染病风险评估结果和危害影响的汇报，提高政府部门和相关责任单位对传染病疫情风险意识，提高对疫情预防控制工作的重视程度。根据重大活动涉及的范围，与农业、林业、国境卫生检疫等部门联防联控，加强传染病疫情防控信息沟通，按照“属地管理、分级负责”的原则，由主管部门部署、专业机构分别部署实施传染病疫情监测和防控相关工作。例如加强活禽市场和养殖场卫生管理；禁止在疫源地及周边地区捕猎野生动物，不接触、不捡拾死亡动物尸体；加强对来自疫区和疫源地国家人员的健康检查和体质状况随访工作等。

（五）加强重大活动场所环境卫生监督和治理

按照重大活动涉及范围，加强对活动场馆、服务单位及其周边的餐饮、娱乐单位的卫生和传染病防控措施落实情况监督；对向重大活动提供的食品、饮用水、公共用品及室内环境进行卫生检测；督促卫生整改，进行追踪监督，对存在的违法情节进行处罚。加大力环境卫生治理力度，控制啮齿类动物和媒介类昆虫密度，倡导良好卫生习惯，提高当地群众的自我防护意识，有效切断传染病的传播途径。

三、针对重大活动各环节传染病风险的控制措施

在重大活动运行期间，各环节的传染病风险因素和突出问题有所区别，因此，在针对不同监督对象具体实施监督保障措施时，要根据具体情况把握好重点内容和关键环节。按照重大活动期间监督保障的具体内容和要求，可以将传染病风险分为集中活动中的传染病风险、集中住宿的传染病风险和集中就餐中的

传染病风险三大类；按照影响传染病风险的因素，可以分为与管理相关的因素和与人员相关的因素等，针对不同情况采取不同措施。

（一）集体活动时传染病风险因素与控制措施

在重大活动中，人员集中、群体活动多、交往密切，如大型会议和论坛、体育赛事等，其传染病风险主要包括活动参与人员病原体携带风险、人员近距离接触导致经呼吸感染的传染病风险、集中空调通风系统导致或者可能导致空气传播性疾病流行风险等。

1.排查传染源

根据重大活动期间高风险传染病疫情监测情况，对参加活动的人员进行传染性疾病排查。必要时可在活动场所入口处设置快速体检点（站），对出现发热、皮疹、咳嗽及其他疑似传染病症状的人员，进一步进行鉴别诊断或转入定点医疗机构进行诊断或隔离诊疗，防止传染病病原进入人群密集活动的现场。在重大活动进行中，现场的医疗人员、服务人员应随时对所辖范围内服务对象及工作人员的健康状况进行巡查，并做好记录。发现疑似病人及时向监督保障人员和疾病预防控制部门报告，及时采取进一步诊断治疗和预防控制措施。

2.落实传染病疫情防控措施

在重大活动运行期间，现场卫生监督保障人员、疾病预防控制人员、医疗服务人员要保持密切联系，及时掌握各医疗站（点）的诊疗情况和出现监测症状的患者，每日在活动的各类现场进行巡查，督促医务人员落实传染病疫情报告、消毒隔离等传染病防控相关制度。制定传染病疫情控制应急预案，明确突发传染病疫情发生时各部门和人员的责任和处置流程。对重大活动场所公共环境和物品的卫生管理情况进行监督，包括地面、门把手、楼梯扶手及电梯等物体表面每日消毒，提供餐饮具查看清洁、消毒工作记录，如有必要，可对公共物品、用具表面进行致病菌检测。监督检查环境、物品消毒所使用的消毒剂、消毒器械是否符合卫生要求；监督检查重大活动现场提供的食品、饮用水包装是否符合卫生标准和规范，确保在运输和摆放过程中未被病原菌污染。

3.检查集中空调通风系统

对集中空调通风系统卫生状况进行全面检查，包括查看新风机房内是否有无关物品，整个室内是否保持干燥整洁；查看新风出风口周围是否有污染源，如冷却塔、化学性药品等。必要时，可对冷却水、冷凝水、空调送风、风管内表面和风管内积尘进行致病微生物检测。检测结果不符合卫生要求的设备应立即进行清洗和消毒。情况严重的，例如经检测发现嗜肺军团菌的，须暂停使用，进行消毒处理，经检测合格后再重新启用。

（二）集中住宿环境的传染病风险因素与控制措施

重大活动参与者集中住宿环境中可能存在的传染病风险主要有入住人员的

携带病原体风险、室内空气污染导致疾病传播风险、使用公共物品导致病原体感染风险等。主要的控制措施包括：

1.入住客人登记

要求提供住宿的单位做好入住客人登记，包括入住时间、个人基本情况、入住房间等，登记内容做到真实、完整、可追溯。

2.保持客房卫生

对客房环境卫生进行监督，主要内容包括：检查房间的通风状况（包括机械通风和自然通风）是否良好，保持室内空气清新，机械通风系统期清洁消毒；公共用品有无积尘、污渍，是否及时更换客用被服，保持桌面、地面清洁；所提供的牙刷、卫生纸巾等一次性用品，确保质量符合卫生要求、包装完好且在保质期内；定期对卧房、卫生间物体表面进行消毒，查看工作流程和记录。

3.控制虫媒生物

检查住宿地室内外环境卫生清洁情况，查看是否按照要求采取消灭蚊蝇及蟑螂等害虫、清除室内外各种蚊蝇滋生物的措施。比如：外环境不得裸露堆放垃圾，垃圾桶内垃圾做到日产日清，在室内设置防蚊蝇设施，大型空调设备的新风口、回风口安装防鼠、防虫设施等。

4.客用物品消毒

监督住宿场所从业人员严格按照标准流程做好重复使用的公共饮具、用具的保洁，做到一客一换一消毒。主要检查：杯具洗消间是否专间专用，消毒柜是否能正常使用，洗消后的杯具是否存放于干净、密闭的保洁柜内并做好记录，数量能否满足清洗消毒周转需要；存放客用被服的布草间内机械通风排气设施是否运行良好，是否保持清洁、干燥；工作车各类物品是否分类存放，所带垃圾袋是否与洁净布草、一次性用品分开，浴盆、脸盆与坐厕的清洁工具是否分开存放，是否有明显标志。检查使用的消毒剂是否符合国家的有关规定。

5.服务项目的传染病防控

接待单位如果设有娱乐、运动和美容美发场所并向活动参加人员提供相应服务，也应对这些场所的传染病控制措施进行监督。例如提供游泳场所的住宿单位，要采取在入口处设立明显的禁止患有传染性皮肤病和性病者进入游泳池的标志，定期对游泳池水进行更换、消毒，在泡脚池投放消毒药剂等防病措施；提供美容美发服务的单位需配备皮肤病顾客专用理发工具箱，且箱体有明显专用标志，用后及时进行消毒处理。其他各类服务都要符合相应的卫生规范和要求。

（三）集体就餐时的传染病风险因素与控制措施

集体就餐过程中易构成传染病风险的主要来源有两个：一是致病微生物通过各种途径污染食物，食用间隔时间长致病菌大量繁殖，集体食用后直接导致群体感染以消化道症状为主的传染性疾病的风险；二是由于食用了腐败变质食物引起的腹泻、呕吐等症状使集体的身体免疫力短期内下降，成为某些正在流行的传染病易感人群的风险。针对此类风险特点，应对活动的供餐单位的硬件设施、卫生管理、所供应食品及餐饮具的卫生进行监督检查，以控制经口传播疾病风险的发生。

1.供餐条件

活动的供餐单位应持有有效的餐饮服务许可证，各功能间的设置、设施条件和规模具备为重大活动提供餐饮服务的能力。食品加工场所设置有效的防蝇、防鼠、防尘等卫生防护设施，安装空气消毒设施。

2.卫生管理制度

建立并严格执行食品安全管理制度、食品留样制度、执行从业人员晨检制度、从事食品加工的人员需持有效健康合格证明，且无不良卫生习惯；患有有碍食品卫生感染性疾病的人员不得上岗。

3.食品安全卫生

食品原料采购、运输、储存条件符合卫生要求，无过期或腐败变质的食品及原料。加工流程符合卫生要求，确保烧熟煮熟；加工食品用的炊具、用具保持清洁；从业人员食品加工过程中穿戴洁净工作服、帽子、口罩，不佩戴影响食品卫生的饰品。成品、半成品、原料的加工、存放无交叉污染；供直接食用食品在转运、保藏过程中应采取防护措施，避免被外界细菌污染。

4.餐饮具卫生

用于盛放直接入口食物、饮品的餐具、饮具和容器，使用前应当经过清洗、消毒，洗消后的餐饮具存放于干净、密闭的保洁柜内，数量能满足清洗消毒周转需要。如委托其他单位清洗消毒餐饮具，应委托经相关部门审查批准、具备餐饮具集中消毒服务资质的机构。

（四）与管理有关的风险因素与控制措施

重大活动监督保障中与管理相关的传染病风险因素主要包括：活动保障责任部门决策者和活动举办、服务接待等涉及的风险，有关单位管理者对传染病风险及其危害后果的认知程度、对传染病风险控制措施的重视程度，以及传染病防控相关制度、措施的制定和落实情况等。应采取的措施主要包括：

1.加强风险沟通

负责重大活动传染病防治卫生监督保障人员和工作组，应依据传染病风险评估、风险监测和监督检查情况，及时向上级管理部门和活动保障协作部门的决策者汇报活动保障范围内可能发生或已经发生的传染病疫情、风险评估等级，以及可能对活动造成的危害影响，提出相应的处置、决策建议。通过及时有效的风险沟通，促使活动保障责任部门及决策者提高传染病风险意识，提高对疫情防控工作的重视程度。及时部署、调整疾病防控相关活动保障工作方案，增强传染病防治卫生监督保障人员和物资的配备，加大各责任部门间的传染病联防联控协作力度。

2.明确被监督单位主体责任

在重大活动监督保障中，通过监督检查和法律法规宣传，强化活动承办单位、服务单位包括餐饮、医疗、娱乐、美容美发等单位的传染病防控主体责任，特别是要强调在重大活动期间由于管理不到位导致传染病发生并传播的严重后果和应承担的法律责任，提高各单位管理者对传染病防控工作的重视，落实活动监督保障人员提出的指导意见。

3.督促落实防控措施

按照监督保障工作需要，由传染病防治相关技术人员对活动涉及的相关单位和部门进行专业指导，提高传染病病例初筛、疾病防控、个人防护能力。要求活动相关单位建立传染病防控制度和活动期间传染病事件应急预案，落实疫情报告制度。指定一名掌握传染病防控相关工作要求的专职管理人员负责单位内部的卫生管理，对单位内部从业人员进行培训，具体落实活动期间各项传染病防控相关措施。同时，每日观察服务对象及工作人员的健康状况并做好记录，发现传染病患者或疑似病例及时向监督保障人员和疾病预防控制部门报告，并协助专业技术人员做好被传染源污染环境及物品的终末消毒。

（五）与人员有关的风险因素与控制措施

在重大活动监督保障中，与人员相关的传染病风险因素相对复杂。重大活动参与群体易感性、生活习惯，保障服务人员传染病知识水平、防控工作能力、责任感、心理素质等，都会影响活动整体的传染病风险应对能力。活动传染病风险主要涉及的人员大致分为三类：参加活动的人员、服务单位的人员、参与医疗保障工作人员。可分别采取以下措施，提高人群对传染病风险的应对能力。

1.针对参会人员的措施

第一，做好健康状况的检测。在入境、入住、入场等关键环节进行严密部署，做好对参加活动人员的健康监测，特别要关注来自疫区人员的健康状况，防止传染性病原体的带入和传播。

第二，加强疾病防控知识的宣传。针对活动期间发生可能性较高的传染病疫情，提出卫生习惯和防护措施建议，提高人群的自我保护意识和能力。比如呼吸道疾病高发季节，在活动场所、住宿房间、公共区域设立温馨提示牌，建议公众注意个人卫生，尽量避免到人群密集的场所，佩戴口罩，减少大声说话或唱歌，禁止吐痰、对人打喷嚏或咳嗽等不文明行为。

第三，做好风险沟通和心理疏导。在活动期间发生传染病疫情时，要做好人群心理疏导，适当通报真实疫情信息，防止因猜测和谣言导致的恐慌情绪，引导人群配合保障和疾病控制人员做好防病、抗病措施。必要时，可对重点保障人员进行紧急免疫接种。

2.针对服务人员的措施

第一，加强从业人员健康管理。重点检查为活动提供住宿、餐饮、美容美发等健康相关服务的单位，从业人员必须持有有效的健康体检证明。

第二，强化卫生学指导。对相关单位和部门进行专业指导，组织从业人员进行传染病相关的卫生法规和基本卫生知识培训，了解重点传染病的症状特征、传播途径、健康危害，掌握规范的消毒流程和方法。

第三，督促建立和落实卫生制度。服务单位要建立晨检制度，对近期患有腹泻、重感冒、皮肤化脓性感染或其他传染病的人员进行登记，凡患有职业禁忌症的从业人员要立即调离工作岗位。特别是要注意从业人员中有疑似隐形带菌者，对关键岗位从业人员，要在重大活动启动前进行二次便检，以确保重大活动期间的卫生安全。

3.针对医疗保障人员的措施

第一，强化资质管理。核查参与活动医疗人员的资质，严格禁止无医疗资质人员从事诊疗活动，严禁出现超范围执业的情况。

第二，强化制度落实。加强对活动指定医疗服务机构和活动现场、驻地提供医疗服务的医疗站、门诊传染病防控工作的检查，对各部门人员落实传染病报告、疾病预检分诊制度、消毒隔离措施、医疗废物处置的情况进行监督，对未按要求执行造成传染病传播的单位和人员进行通报。

第三，强化能力训练。加强传染病鉴别诊断能力培训和应急演练，增强医疗人员、保障人员的传染病风险责任意识，提高医疗卫生人员对输入性、罕见传染病病例的对症辨识能力、突发疫情应急处置能力。

第四，强化处置预案。针对重大活动期间可能出现的传染病风险类型，制定相应的疫情处置预案和物资调用制度。加强医疗保障人员的防护培训，储备必要的防护用品、器械和药品，预防医务人员、监督人员在保障服务中感染疾病。

第十二章　重大活动餐饮食品安全监督保障的风险评估与控制

第一节　概　述

一、食品安全与风险评估

（一）食品安全

食品安全是指食品无毒、无害，符合营养要求，对人体健康不造成任何急性、亚急性或者慢性危害。世界卫生组织将食品安全定义为“食物中有毒、有害物质对人体健康影响的公共卫生问题”。

食品安全也是一门专门探讨在食品加工、存储、销售等过程中确保食品卫生及食用安全，降低疾病隐患，防范食物中毒的一个跨学科领域。

食品安全包括食品数量安全、食品质量安全、食品可持续安全。食品数量安全是指一个国家或地区能够提供保证民族生存需要的膳食，人们既能买得到又能买得起生活所需要的基本食品；食品质量安全是指社会向人们提供的食品，在营养卫生方面能够满足和保障人群的健康需要，食品质量安全涉及食物的污染、是否有毒、添加剂是否违规超标、标签是否规范等问题，需要在食品受到污染界限之前采取措施，预防食品的污染和遭遇主要危害因素侵袭。食品可持续安全是指食品的获取需要注重生态环境的良好保护和资源利用的可持续，能够长期地可持续发展。

（二）食品安全风险

从食品质量安全的角度讲，食品安全风险是指食品可能存在或者发生对健康的危害，或者发生健康损害事故（事件）的概率和程度。食品含有来自植物和动物自身的天然化学物，在生产加工过程中也会接触多种天然和人工合成物质。食物中含有可能危害健康的物质叫作危险物，如致病微生物、天然的化学物质、烹饪产生的化学物质、添加物和杀虫剂等。食品中危险物对健康产生不良影响的可能性就是食品安全风险。食品安全的突出风险或者危害是食品污染，以及食品污染导致的急性、亚急性、慢性食源性疾病。导致食品污染的因子主要有三个方面:一是致病微生物的污染;二是有害化学物质的污染;三是有害的物理因子的污染。

造成食品污染的因素主要有三个方面:一是人为因素的非法添加,例如非法分子为了谋取经济利益,在食物链的某一环节中,添加非食用物质或者过量使用食品添加剂。二是食品生产经营过程过失或者失控,例如部分生产经营条件和工艺落后,从业人员素质差、不遵守卫生操作规程等导致食品被致病微生物或者化学物质污染;三是自然环境影响,水土流失、环境污染等因素导致源头污染。

(三)食品安全风险评估

从宏观角度讲,食品安全评估是指对食品、食品添加剂中生物性、化学性和物理性危害对人体健康可能造成的不良影响所进行的科学评估。食物中任何一种危险物都可能影响健康。在确定食品是否安全时,必须衡量食品给健康带来的益处与受到食品危害的风险大小。这种衡量过程就是食品安全风险评估。这种食品风险评估,分为危害识别、危害特征描述、暴露评估和风险特征描述四个步骤。第一,危害识别。就是人们感知危害、发现危害的过程。目的是通过识别过程确定有何危害,危害是什么,比如某食品安全事件出现,首先判断是物理的、化学的,还是生物的因素引起的。然后判定这种物质毒性大小、人是否接触等,了解危害的基本情况,判定是否有必要进行更深入评估。第二,危害特征描述,通过动物试验、志愿者试验、流行病学调查、体内和体外(如体细胞)试验、数学模型等,推导和获取危害剂量与人体不良反应之间的直接对应关系。第三,暴露评估,通过收集接触危害的时间、频率、环节及其相应剂量等信息,评估人可能接触的量,这通常用"暴露量"表示。第四,风险特征描述,就是对以上环节的结论进行分析、判定和总结,确定是否有害及其概率等,最终以某种结论和形式等表述出来,为政府和监管部门提供科学决策依据。而本书要讨论的食品安全风险评估问题,不是这种宏观意义上的风险评估,而是具有微观意义的、具体的并有针对性的食品安全风险评估。就是针对食品安全监管过程、针对食物链某一个环节、针对某一项活动发生食品安全风险的概率和风险程度的评估与测量。从实践意义上讲,主要还是风险隐患的评估与排查,是以食品生产经营过程为主要对象,对过程中可能发生的食品安全危害与风险进行评估,找出具体控制环节和控制措施,预防食品安全事故的发生。评估过程中需要考虑上述步骤和因素,但并不是完全照搬。关键是发现风险因素、风险隐患,提出控制措施。

(四)食品安全风险控制

是指食品生产经营者、食品安全监管主体,在实施具体的食品安全管理、食品安全监督过程中,根据食品安全风险评估的结果,为了有效预防风险发生、消减风险概率和危害程度,在管理中或者监督执法中,所采取的有针对性的监控措施和手段。从宏观上的控制措施看，第一，采取有效方法发现并严厉打击各种非法行为；第二，贯彻食品安全法律法规和标准规范，落实责任、强化自律、加强依法监管，控制生产经营过程的污染；第三，保护环境、改善自然环境条件，防止自然环境对食品的污染。最终最大限度地预防食源性疾病、食物中毒和食品污染等食品安全事故和事件，保证人们食用食品的卫生安全。在一个具体的问题或者环节上，需要采取具体的有针对性的控制措施。

（五）重大活动食品安全风险特点

重大活动作为社会上一个群体性活动，社会上存在的各种食品安全风险，都可能会在重大活动中波及。但是，重大活动是一种群体性或者人群聚集的活动，不同的活动又具有不同的特点，因此，其面临的食品安全风险也会有其特殊性。

1.易发群体性事故

重大活动最突出的食品安全风险，是发生集体食物中毒事故。由于重大活动参与人群集中，共同生活，集体在同一时间、同一地点食用相同的食品，一旦因各种原因造成食品污染，会导致重大活动参与者患有群体性急性或者亚急性食源性疾病，形成严重的集体食物中毒事故。

2.有特殊敏感风险

有些重大活动有特定的敏感性食品安全风险，暴露量不大也会对重大活动产生严重影响。例如在大型体育赛事中，非法添加物、瘦肉精等会影响体育运动的反兴奋剂行动，成为高度敏感的食品安全风险。

3.餐饮环节是重点

重大活动食品安全风险的主要来源，是餐饮食品加工过程的污染或对源头食品控制不力，短时间内的服务量增大与服务能力的不适应，也增加了风险发生的概率。

4.环境干扰因素多

人群聚集、紧张活动、气候变化、水土不服、生活习惯的短期变动等，提高了对食品安全风险的脆弱性，增加了风险的概率和程度。

5.应对风险脆弱

重大活动食品安全风险一旦发生，往往导致人数较多的群体性健康损害，还会造成心理影响等因素，使风险损失进一步扩大，甚至会导致重大活动无法继续。

6.社会影响大

重大活动食品安全风险一旦发生，其导致的社会影响会很大，在一定情况下，风险造成的政治性损失较经济损失更为突出，甚至难以弥补。

二、重大活动食品安全监督保障的风险评估方法

进行食品安全风险评估，一般要经过风险的识别、风险的分析、研究风险应

对策略等过程。

（一）风险识别的方法

我们在前面讨论风险管理和 HACCP 的章节中，对风险识别方法的描述比较多。虽然风险识别评估的方法很多，但是任何一个方法都不能独立完成对重大活动食品安全风险识别的全过程。需要监督保障主体，综合多种方式的优势，分别进行风险识别。

1. 进行现场监督检查

监督保障主体，借鉴风险理论上的“检查调查法”“检查表法”“流程图法”等风险识别方法，组织专门的监督员小组，依据餐饮服务的食品安全管理规范，确定检查评估的主要环节和关键点位，并制定一套现场检查表，对餐饮服务单位进行全面的监督检查。

2. 进行监测验证

监督保障主体借鉴“试验验证法”的基本原理，对关键环节和关键点位进行采样，运用现场快速检测技术，对实验室样品进行检验，获取餐饮单位食品生产加工过程中的相关数据，分析存在的问题和隐患。

3. 进行集体讨论

监督保障主体借鉴风险管理理论中的“头脑风暴法”“经验判定法”等原理，结合现场监督检查、现场快速检测、实验室监测的结果和重大活动的特点，进行集体讨论，研究分析餐饮服务单位存在的问题，进行食品安全风险识别、诊断、排序等。

（二）风险分析评估过程

我们在前面的讨论中讲过，重大活动食品安全风险分析评估，就是监督保障主体在进行初步风险识别，找出相关食品安全风险后，进一步运用科学方法并结合实践经验，对各种信息进行较系统分析研究的过程。监督保障主体，在进行风险识别以后，应当组织相关专业人员、执法人员，对风险识别的结果进行分析评估。

1. 进行风险危害性分析

危害性就是指食品安全风险是否存在健康损害因素。监督保障主体主要分析预测各类风险存在哪些危害因素，可能导致何种健康损害。

2. 进行风险概率分析

概率就是可能性的大与小，监督保障主体主要是根据前述的风险识别的结果，结合相关的食品安全信息、餐饮单位的实际情况、供餐品种的情况、重大活动的情况等，综合分析相关食品安全风险发生的几率，判定某种食品安全风险发生的概率。

3.进行风险应对脆弱性分析

脆弱性就是方方面面对风险的耐受性以及认识、应对、抑制能力等。监督保障主体主要是分析重大活动承办方、参与者、服务者、环境、气候等方面,对相关食品安全风险的适应、应对、克服等方面的能力和可容忍或可接受的程度。

4.进行风险强度分析

风险强度就是风险导致健康损害的程度,可能受到损害的人群多少,损害波及范围和持续的时间等。监督保障主体要根据风险识别的结果,综合分析预测各类风险的大小,以及某种食品安全风险一旦发生,可能会导致怎样的损失,波及的范围、持续的时间等。

(三)进行风险排序

风险排序就是监督保障主体,在认识了食品安全风险的概率和强度后,对相关食品安全风险按照由高到低的顺序进行排列,将风险相对高的环节,优先作为重大活动监督保障的重点监控环节;风险相对高的食品,优先作为重点监控的食品;风险相对高的事项,优先作为重点监控的事项;将风险健康影响相对大的人群,优先作为重点保障对象。

(四)研究提出风险控制措施

食品安全监督保障主体,在进行了食品安全风险识别、风险评估、风险排序后,应当针对每一个餐饮服务提供者的具体情况和食品安全风险评估的结果,研究有针对性的预防控制措施,在重大活动筹备期内开展的风险评估,应当对相关单位进行整改提升提出意见和建议;在临近重大活动启动阶段进行的风险评估,应当研究提出对各种风险的监控措施。包括应当重点监控的关键环节、关键控制点、重点的监控措施。同时也要对管理相对人提出加强管理规范操作的相关措施和意见。

三、重大活动食品安全风险的分级

重大活动食品安全风险的分级,是食品安全监督保障主体通过风险识别评估,对重大活动中食品安全风险因素、风险概率、风险强度,以及食品生产经营单位、重大活动承办单位、监督保障主体对风险的控制能力,及其相互关系等进行综合分析,得出的一个综合性评价结果。

(一)风险分级的一般要求

监督保障主体,应当按照上述方法程序,综合各种因素、情况,对服务接待单位进行综合风险等级评定,并针对风险评估过程中发现的关键风险控制环节制定控制整改措施,最大程度降低风险隐患。并注意以下要求:

1.迅速果断、简便快捷

食品安全监督保障技术含量较高,直接关系公众生命健康,必须在短时间内做出相关的判断,并采取对应措施。而监督保障主体在接受保障任务到具体实施的间隔时间不多,如果照搬经济管理的套路,生硬地用数学模式进行计算,可能会得到适得其反的结果。

2.定性定量、科学规范

要求监督保障主体按照相关食品安全和卫生标准规范,并结合工作经验,对需要进行风险预测评估的环节,列出若干个具体环节、点位、限量要求,并将定性要求转化为百分标定的定量要求。在风险预测评估中,综合现场检查结果、检验检测结果、环境条件分析、社会关注焦点、相关单位自控能力等,按照经验进行集体研究,判断出相关风险的程度或者等级。

3.综合分析、实事求是

进行风险级别判定和排序,不能生搬硬套教条,应当灵活适度掌握分寸,对风险度宁可高估,绝不能低估。监督保障主体应当综合各种情况,实事求是并有针对性地进行综合分析。在诸多要素中,相关服务单位对风险的自我控制能力非常重要,包括该单位食品安全、公共卫生的管理水平,人员的基本素质,重大事件的应对能力,相关服务的硬件设施条件等,体现了一个单位在控制食品安全和卫生风险方面的综合能力。要对现场检查、历史检查的记录等,进行分析。如果一个过程或者产品存在显著危害,但是相关单位有很强的控制能力,可以控制危害和风险的发生,监督保障主体即可以降低风险等级。反过来,如果一个过程或者产品存在危害似乎不是很显著,但是相关单位的自控能力有限,也要提升风险级别。

(二)风险级别排序

在食品安全监督保障实践中,根据食品安全风险的具体情况、与重大活动的关联性、风险发生概率和强度,以及各方面控制能力等,一般将食品安全风险分为极高风险、高度风险、中度风险、轻度风险和轻微风险五个等级。

(三)餐饮食品安全风险评估表的应用

风险评估表是在风险评估中最常应用的一种建议性的风险级别评估排序方法。主要是参照餐饮食品量化分级表,将需要评估的环节和风险因素具体化,并将定性转化为定量,根据分数判定餐饮服务单位存在风险的程度(见表13)。表中的项目分为一般项和关键项,注有※的是关键评估项目,如有一项不符合要求,则评为风险评估极高。评估时一个单位可以有合理缺陷,但须标化:

标化分=所得的分数÷该单位应得的最高分数×100

经过量化评估表标化后的分数划分等级:90～100分为风险等级极低,80～90分为风险等级低,70～80分为风险等级中,60～70分为风险等级高,0～60分为风险等级极高。通过风险评估表不仅可以判定风险等级，还能够判定餐饮单位存在风险种类及其程度。

表13 餐饮服务业风险评估

被评估单位：

类别	子类别	风险评估项目	分值	得分	小计
证件	卫生许可证	1. 伪造、涂改、出借卫生许可证	不予评级		
		2. 过期或超许可范围经营			
卫生管理（50分）	制度	3. 建立卫生管理制度和岗位责任制	10		
	组织机构	4. 专职或兼职卫生管理人员	10		
	从业人员个人卫生	5. 从业人员健康合格证明在有效期内，经过岗位培训且有培训记录	10		
		6. 在岗从业人员患有食品安全法所列有碍食品卫生的疾患	10		
		7. 设立从业人员健康晨检制度	5		
		8. 在岗从业人员无不良卫生习惯，如在食品加工过程中戴发帽、不佩戴个人饰品	5		
建筑与布局（10分）		9. 有擅自更改已核定的面积、设施与布局或使用功能等现象	\		
		10. 食品处理区未设置在室内，未按照原料进入、原料处理、半成品加工、成品供应的流程合理布局	\		
		11. 成品通道与原料通道、餐具回收通道未分开设置	5		
		12. 从业人员更衣室未与加工经营场所处于同一建筑物内，未设有供从业人员洗手设施	5		
环境卫生（35分）		13. 加工经营场所环境不整洁	10		
		14. 未按规定处理废弃油脂	10		
		15. 墙壁、天花板、门窗不洁，存在表面材料脱落、发霉等现象	10		
		16. 废弃物存放容器或场所不密闭、外观不洁	5		
设施、设备与加工用具卫生（10分）		17. 防蝇、防鼠、防尘等卫生防护设施不足或无效	5		
		18. 使用非食品用容器或包装材料，加工用设施、设备、用具不洁	5		

续　表

类别	子类别	风险评估项目	分值	得分	小计
原料采购与贮存卫生(30分)	采购贮存(20分)	19.采购、经营国家禁止生产经营的食品及原料	\		
		20.食品库房内存放有毒有害物品	\		
		21.批量采购主要食品及原料未索证，或无购货凭证，无登记，无验收记录	\		
		22.存放过期或腐败变质的食品及原料	10		
		23.食品库房脏乱，与非食品混放	10		
	热藏、冷藏(冻)(10分)	24.热藏、冷藏(冷冻)设施等维护不良，不清洁，保藏温度不符合要求	5		
		25.冷藏(冷冻)设施正常运转时，原料、半成品、成品堆积、挤压或混放	5		
加工操作卫生(100分)	一般要求(45分)	26.未设动物性食品原料、植物性食品原料、海产品食品原料的洗涤池，无明显标识	\		
		27.加工动物性食品原料和植物性食品原料的操作台、用具、容器未分开存放、消毒、使用，无明显标识	10		
		28.成品、半成品、原料的加工、存放存在交叉污染	10		
		29.食品添加剂的使用不符合卫生要求	10		
		30.烹调后的熟食品存放不符合卫生要求	10		
		31.餐具、食品或已盛装食品的容器直接置于地上	5		
	专间卫生(35分)	32.更衣、洗手消毒设施、空气消毒设施、空调设施、冷藏设施等未能正常运转	\		
		33.五专(专用房间、专人制作、专用工具容器、专用冷藏设施、专用洗手设施)不符合要求	\		
		34.入口处设预进间(加工经营场所面积在500m² 以上)	\		
		35.专间内温度大于25℃(备餐间除外)	\		
		36.专间内的紫外线灯照度达不到消毒效果	10		
		37.冷荤间内存有未经清洗、消毒过的蔬菜、瓜果	10		
		38.设有能够开合的食品传送窗	10		
		38.地面采用带水封的地漏排水(不得设置明沟)	5		

续 表

类别	子类别	风险评估项目	分值	得分	小计
	烧烤间要求（20分）	40.采用非手动式水龙头	5		
		41.未依次设腌制区（间）、烧烤卤制区（间）和晾凉区（间）	10		
		42.无烧烤用具专用清洗、存放设施	5		
就餐场所（25分）		43.无符合要求的餐具保洁设施	10		
		44.餐具、杯具等器皿上有污垢，不洁净	10		
		45.无充足的、供用餐者使用的专用洗手设施	5		
		46.无充足、有效的热菜保温设施（仅限自助餐供餐形式）	\		
餐饮具、工器具消毒（30分）		47.重复使用一次性餐具	\		
		48.未采用热力消毒	10		
		49.餐饮具、工器具未经彻底清洗、消毒	10		
		50.保洁不符合卫生要求，无明显标识	5		
		51.使用的洗涤剂、消毒剂不符合卫生要求，消毒过程不符合操作规程要求	5		
食品留样（10分）		52.未设立食品留样制度	\		
		53.食品留样量小于100克或留样储存时间小于48小时	\		
		54.无专用食品留样冰箱，冰箱未加锁	10		
合计 300分					
发现存在的风险环节					
采取的风险控制措施					
实得分			标化分		
风险评估等级					
评估员					
评估时间		____年____月____日____时			

四、重大活动餐饮食品安全风险的种类

(一)餐饮环节食品安全风险类别

食品安全管理主要包括源头食品把控、食品加工过程把控和加强管理落实规章制度这三个方面。餐饮食品安全的风险控制,主要是对餐饮食品这三大环节中可能导致食品污染的因素进行监督控制。

因此,重大活动餐饮食品安全风险种类,根据食品加工过程、管理要求和餐饮食品安全操作规范等,分为管理类风险、食品原材料采购风险、一般食品加工过程风险、冷加工食品风险、现场制作食品风险、集体用餐食品风险、监督环节风险等七大类。

1.管理类风险

管理风险是指餐饮服务单位在管理过程中,在依法建立并认真落实相关食品安全管理制度方面,可能存在或者出现的风险因素。

2.食品原材料采购风险

食品原材料采购风险是指餐饮单位在把住进货源头,保证与加工食品的卫生安全等方面,可能存在的风险因素。

3.一般食品加工过程风险

一般食品加工过程风险是指餐饮服务单位在普通餐饮食品加工过程中可能产生的风险因素。

4.冷加工食品风险

冷加工食品风险是指餐饮单位在进行凉菜、裱花蛋糕、生食海产品、水果切配等方面可能存在的风险因素。

5.现场制作食品风险

现场制作食品风险是指餐饮服务单位在重大活动现场进行餐饮食品加工时可能存在的风险因素。

6.集体用餐食品风险

集体用餐食品风险是指进行集体用餐配送过程中可能存在的风险因素。

7.监督环节风险

监督环节风险是指监督保障主体在监管过程中可能存在的风险因素。

第二节　餐饮服务一般环节食品安全风险因素与控制措施

一、餐饮业食品及原料采购入库环节风险与控制

(一)食品及原料采购和入库环节的风险因素

1. 执行采购管理不严格

单位或管理人员没有落实食品及原料采购入库的索证索票和登记台账制度,导致购进不符合食品安全要求的产品。

2. 入库验收不到位

没有按规定进行入库查验或者查验不规范、缺少必要的知识和能力,导致不合格产品入库。

3. 食品及原料转运不符合卫生要求

食品及原料转运过程不规范,没有使用专车或者没有使用专用容器等导致食品污染。

(二)重点风险控制措施

1. 重大活动启动前把握两个重点

第一,检查制度落实情况。督促餐饮单位严格落实食品及原料采购入库的索证索票、登记台账和入库查验制度;

第二,对采购人员进行培训教育。强化食品安全和规范意识,提高对食品及原料的查验知识和能力。

2. 重大活动启动后把握三个重点

第一,严格规范行为、强化现场检查。严禁采购腐败变质、霉变生虫、污染不洁、有异味或者禁止经营食品;严禁从无证单位采购食品;严禁采购票证不全、来源不明的产品;禁止不经感观检查即将食品及原料入库;严格把控转运过程的污染因素;

第二,强化账与物的核对抽查,对采购的食品,进行票证台账检查核对,对食品标示内容进行核对,严防来源不明、标示不清、过期变质等食品及原料;

第三,强化重点食品现场快速监测,对进货食品及原料进行现场快速检测,防止源头污染食品入库和使用。

二、食品及原料存储环节的风险与控制

(一)食品及原料存储环节的风险因素

(1)食品库房不规范或者不符合食品安全要求,食品及原料存储设施不全或

者不能正常运转。

(2)食品存储方式不符合要求,食品存储管理不严格、不规范,导致食品过期变质或者食品污染等。

(3)食品及原料进货后没有按规定进行查验,或者查验不严格、不规范,导致不合格食品入库。

(二)重点风险控制措施

1.重大活动启动前把握两个控制重点

第一,强化设备等硬件条件整改提升,强化监督检查和自律管理,规范食品及原料存储。督促企业按规定健全常温、冷藏、冷冻库(柜),设置明显标志和外显式温度计,建立健全食品存储规章制度,保证库区或者设施处于正常运转状态,并符合食品安全要求。

第二,监督企业对食品、原料库房及存储设施进行全面清理,清除一切不符合食品安全卫生要求的食品及原料和其他有碍食品安全的物品。规范食品及原料存储行为,改正不规范行为和习惯。

2.重大活动期间把握三个重点

第一,强化库房管理监督检查。每天检查、抽查库管工作人员情况,及时纠正不规范行为,排查风险隐患。

第二,对入库食品及原料抽样进行现场快速检测,筛查源头污染和保存不当等导致食品污染情况,及时进行清理。

第三,强化重点食品监督检查和管理,对重大活动专用食品进行专项检查和检测,对已经排除源头风险的食品及原料单独存放保管,对可能存在风险的食品及原料进行封存。

三、食品运输风险与控制

(一)食品运输中的风险因素

1.使用非专用食品运输车的风险

承担重大活动的服务任务,工作量加大或者其他因素需要转送食品时,由于没有预先安排,餐饮单位临时使用一般车辆运送食品,导致食品污染风险发生。

2.运输途中管理失控的风险

主要是对食品及原料特别是提供给重大活动的食品,按照一般物品运输物品运送,对重大活动专用食品运送过程无人专管,甚至随意停放、开放等。造成食品及原料的意外污染。

3.设施设备不全或非正常运转的风险

为重大活动运送食品的车辆虽为专用车辆,但是年久失修、设施设备不能正常运转，或者使用前没用进行检修，临时发生问题等，导致食品在运输过程的污染、变质等风险。

4. 食品间交叉污染风险

在食品运输过程中，将食品与一般物品混放、熟食品与生食品混放，将特殊食品如肉、蛋、鱼等与其他普通食品混放运输，导致食品污染。

（二）重点风险控制措施

1. 把握情况制定预案

在重大活动开始前，监督保障主体要了解和把握餐饮服务单位可能进行食品运送的情况，明确关键控制点和控制措施，制定食品运送监督保障方案和相关预案，预先将食品运输过程卫生要求告知餐饮单位。

2. 预先检查规范车辆管理

要保证运车辆运转良好，制冷、制热、防尘、防蝇、防晒、防雨等设备完好；有明显标识，有专用的包装容器、工具等，能够满足卫生安全要求。

3. 建立双向监督制度

对重大活动食品运输的监督保障，食品安全监督保障主体，应当建立双向监督制度。即监督保障主体在食品起运地和目的地同时安排监督员进行监督保障，并实行交接验收制度。起运地监督车辆清洁消毒、专车专用、专用容器等，待监督食品装车后进行封存，填写交接单据；目的地监督员查验单据，检查食品及车辆状况，监督卸车入库或者发放等，必要时监督人员可以随车监督保障。

4. 培训卫生安全知识

监督保障主体，要根据情况督促指导相关单位，对承运食品的工作人员进行教育培训，落实食品运输的卫生要求。如食品装车后人不离车，车厢、容器等要保持清洁卫生；生熟食品分开等。严禁无包装食品直接落地，严禁食品与非食品、有毒有害物品等同放一处。

5. 严格规范个人行为

监督承运人员保持良好卫生习惯。装运直接入口食品前要做到洗手消毒，不得用手抓捏直接入口食品，不得用脚踏食品。运输途中不得将衣物及其他物品放在食品上，不得将直接入口食品堆放在地上或露天堆放。

四、食品原料粗加工过程的风险与控制

食品粗加工操作场所，是对食品原料进行挑拣、整理、解冻、清洗、剔除不可食部分等加工处理的场所，是一般操作区，也可以说是整个食品加工区内的污染地区。

（一）食品粗加工过程的风险因素

1.非食用部分未能剔除的风险

主要是餐饮服务单位从业人员，技术不熟练或者缺少必要的食品安全知识，在粗加工过程中，对有关食品原料的非食用部分不认识，或者操作不当，导致重要的非食用部分没有被剔除，造成导致食品安全风险。

2.交叉污染的风险

主要是有些餐饮服务单位，粗加工场所窄小，设施设备不全，分区及流程不合理，动物类食品原料污染植物类食品，原料污染半成品等，导致食品安全风险。

3.食品原料加工程序风险

主要是餐饮服务单位的从业人员，在进行食品原料择洗、处理、切配等过程中，步骤、顺序、方法上的错误，或者加工区设施设备、用具、工具、食品容器等不洁，造成食品在粗加工过程中污染；或者工作不认真，食品原料中腐败变质的食品及原料未被发现，污染了其他食品和原料，导致食品安全风险发生。

（二）重点风险控制措施

1.督促整改提升

在重大活动启动前，监督保障主体应当督促指导餐饮单位进行整改，完善粗加工区的设施设备，进一步明确分区，调整粗加工流程，明确相关的标识。使食品粗加工区的布局、设施、流程等符合食品安全法规标准的规定。

2.建立健全制度规范

在重大活动启动前，监督保障主体，应当在督促指导餐饮单位改造提升硬件的同时，应当进一步建立健全规章制度，建立健全不同食品原料的加工程序、方法、步骤和要求；并对从业人员进行培训教育，使之了解、掌握，遵照执行，防止食品污染。

3.强化监督检查监控

重大活动启动期间，监督保障主体要强化对粗加工过程的监督检查，检查从业人员是否遵守粗加工安全操作规范，例如台面、地面清洁、排水沟通畅；水产品、动物性食品、植物性食品分区加工；蔬菜先洗后切，发芽土豆挖去芽眼并削去青绿色的皮肉；禽类去尽血污、气管、肺、嘴壳、爪皮、硬壳、舌尖，摘除尾脂腺和颈淋巴结；水产品、动物性食品原料、植物性食品原料及半成品都分类、分开存放；各类食品用具、容器用后洗净并定位存放等。

五、食品烹调制作过程污染风险与控制

（一）烹调制作过程的风险因素

1.食品交叉污染风险

主要是加工间内窄小，或者布局不合理，或者是与严格的规范管理等，食品

混放,生食品污染熟食品,不洁物品污染熟食品等,导致食品安全风险。

2.食品加工不到位风险

主要是为重大活动服务过程中,工作加大或者超出加工基本能力,从业人员加工食品时,忙于赶时间等,部分食品加工深度不够等,导致食品安全风险。

3.管理不善的不当风险

第一,在食品加工区,一般会有临时存放的副食调料,供食品烹调时使用,但是由于管理不善、安全意识不强,出现过期或者变质调料被误用等,导致食品污染和食品安全风险。

第二,由于后厨管理不善,加工场所存有杂物,清理不到位,致使非食用物质被误用,导致食品安全风险。

4.添加剂使用风险

在烹调过程中,部分厨师为体现菜品特色,在食品中使用一些添加剂,管理不严格或者失控使非食用物质被添加,或者过量使用添加剂等,导致食品污染,造成食品安全风险。

5.成品放置不当风险

餐饮食品加工完成后没有及时食用,或者前期加工备用存放不当,例如生熟食品混放、存放时间过长、温度环境不合要求等,导致加工后发生污染情况,出现食品安全风险。

(二)重点风险控制措施

1.清理加工场所存物

在重大活动启动时,监督保障主体要督促监督餐饮单位,将加工场所的物品进行清理,凡是与食品加工无关的物品一律不得在食品加工场所存放。

2.全部使用新的食品原料和调料

在重大活动期间,监督保障主体督促监督餐饮单位,将所有原有食品原料和调料撤掉,换用新的食品原料和调料。

3.整顿烹调场所布局

严格区分生食、熟食、半成品区域和容器,防止加工后的食品被二次污染。

4.把控食品加工深度

在重大活动期间,监督保障主体要严格把控烹调食品的中心温度,中心温度达不到要求的一律不得提供食用。

5.把控食品添加剂的使用

在重大活动期间,实行食品添加剂使用品种、使用量、使用范围备案承诺制度,餐饮服务单位与使用食品添加剂的情况,必须向监督保障主体备案,未经备案的食品添加剂,一律不得在重大活动期间使用和存放。

6.把控加工后食品的存放

一是严格控制存放方式,禁止使用不符合卫生要求的容器;严禁与生食品或不洁物混放,防止污染;二是把控放置时间,时间超过 2 小时的要在 60℃以上或者 10℃以下存放。

7.监督落实各项安全操作规范

主要控制点:加工前检查食品原料与调味(作)料,发现感官性状异常的,不得进行加工;盛装调味(作)料的容器清洁卫生,使用后加盖;烹调加工中心温度应不低于 70℃;油炸食品时随时清除煎炸油中的碎屑和残渣,煎炸用油不得连续反复使用;已加工好的菜品必须使用经过消毒后的容器盛装;加工后的成品与半成品、原料严格分开存放,容器应有明显标识;需要冷藏的熟制品,应冷却后冷藏;熟制品不得隔餐或隔夜后食用;加工扁豆、芸豆、豆浆等,必须加热煮沸 20 分钟以上,制熟后的豆芯彻底软烂,豆浆无生豆腥味;加工海产品,最好要用醋做主要调料,并加热煮沸 20 分钟以上;豆腐、肉类、禽蛋等易腐坏食品要 0～4℃冷藏保存,生、熟、半成品分开冷藏;用于原料、半成品、成品的工具器具,要有明显标志并分开使用,已盛装成品、半成品食品的容器不得直接置于地上;废弃物用专用容器盛放,不暴露,不积压,不外溢。

六、主食制作风险与控制

(一)重点风险控制措施

相比较而言,在主食加工环节,食品安全风险的因素和发生概率还是相对较低的,但是如果管理不善,不遵守规范和标准,也存在一定的风险因素,甚至会导致风险的发生。

1.食品及原料存放不当风险

由于制作主食的食品原料大部分不易腐坏变质,往往被管理者忽略,使部分食品或原料在保存中出现问题而未被发现。主食的主料、辅料存放不当、检查不严导致不符合要求的食品及原料被误用,或者个别人为因素使用不合格主辅料,导致食品安全风险。

2.环境污染食品的风险

主要是管理不善,主食加工场所不卫生、食品工具容器未清洗或者清洗不到位、操作人员不良卫生习惯,或者食品没有严格分类存放,导致食品污染。

3.主辅料处理不当的风险

主要是食品加工中不遵守相关安全操作规范、卫生要求,对需要特殊处理的食品原料未按规定处理,或者处理不规范,或者食品原料已经发生腐败变质等问题未被发现等导致食品污染和食品安全风险。

（二）重点风险控制措施

1. 控制操作间环境卫生

监督保障主体通过严格监督检查，督促餐饮单位加强自律保证主食加工间合理布局和卫生规范，操作间墙壁无油灰，台案、容器等每天使用前洗刷消毒，刀、铲等工具及绞肉机、压面机等机械使用前后认真洗刷，物见本色，保持清洁；苫布及食品盖布（被）要专用，有清晰、明显的正反面及生熟标志，使用前进行煮沸消毒，防止污染食品，定位存放。强化个人卫生管理，防止忽略主食加工食品安全，加工环境卫生条件不符合要求导致的食品污染。

2. 控制重点食品原料质量

监控食品从业人员在食品加工时，认真检查食品原料与调味料，发现米、面、黄油、果酱、果料、豆馅等有腐败变质、感官性状异常时，不得进行加工；禽蛋先清洗表面、用消毒液浸泡消毒后再使用，禁止使用变质、散黄及破损禽蛋；严格使用食品添加剂，严禁超范围超标准使用食品添加剂、强化剂；面粉不得变质、发霉、有异味，发面应使用专用容器，不得在和面机内发面。

3. 监控过程的卫生规范

散装调料用密闭容器存放，标明品名；煎炸食品用油应适时更换，禁止长短期循环使用，随时进行现场检测；面点存放应有专库，水分较大、带馅糕点、未用完馅料、半成品及奶油类原料应当存放；水分含量较高的含奶、蛋的点心应当在10℃以下或60℃以上的温度条件下储存；面点间不得制作裱花食品；生熟工具、用具必须分开使用，注有明显标识，定位存放。

第三节　冷加工食品和特殊供餐形式的风险因素与控制措施

一、冷加工食品风险因素与控制措施

（一）冷加工食品的含义

是指冷却后的熟食品或者全生的食品，在常温环境下，按照一定工艺进行处理制作后，无须进行加热处理即提供客人直接食用的餐饮食品，包括裱花蛋糕、各种凉菜、生食海鲜、水果拼盘、水果榨汁等食品。由于这类食品不经加热处理，在常温下加工后直接提供食用，是餐饮环节中的高风险食品。因此，也是重大活动餐饮食品安全监督保障重点食品，其加工过程是餐饮食品安全风险重中之重的关键控制环节和关键控制点位。

(二)冷加工食品的种类

1. 裱花蛋糕

裱花蛋糕是指以粮食、糖或者甜味素、食油、禽蛋为主要原料,经焙烤加工而成糕点坯,在其表面裱以奶油、人造奶油、植脂奶油等而制成的糕点食品。此类糕点食品主要是控制糕点坯存放、裱花加工过程可能发生的食品污染的因素。

2. 凉菜(又称冷菜、冷荤、熟食、卤味等)

是指对经过烹制成熟或者腌渍入味后的生食品进行简单制作并装盘,一般无须加热或者熟化即可食用的菜肴。

3. 生食海产品

是指不经过加热处理即供食用的生长于深海的鱼类、贝壳类及浅海经处理的头足类等水产品。

4. 现榨果蔬汁

是指将新鲜水果、蔬菜,现场压榨成汁状,直接提供给客人食用的饮料。

5. 水果拼盘

是指将新鲜水果或者蔬菜进行改刀切配装盘直接供客人食用。

(三)主要风险因素

冷加工直接食用的这类食品,最大的食品安全风险,是致病微生物污染,其污染因素或者风险因素来自多个方面,需要采取综合措施监控。

1. 加工环境导致的污染

如没有加工专间或者加工专间不洁;加工前没对操作场所进行有效消毒;加工场所失于专用管理,放置没经消毒处理物品;加工场所温度控制不当导致微生物繁殖,顶棚墙壁不洁灰尘脱落等导致加工过程的食品污染。

2. 食品及原料处理不当导致的污染

如待加工食品清洗处理不当;外包装不洁加工时污染,清洗后存放不当(过期、生熟混放、容器不洁等)交叉污染;调料辅料不洁或者存放不当等导致的食品污染。

3. 加工过程导致的污染

如食品容器不洁,食品工具用具不洁,操作人员手或服装不洁,没有按照规定戴手套、戴口罩、戴发帽、穿清洁工作服或者不符合卫生要求、操作不规范导致交叉污染等引发的食品污染风险。

4. 食品存放不当导致的污染

如待加工或加工后的食品在常温下存放时间过长;食品没有在规定的场所、容器内存放;食品在暴露的环境下存放等原因导致的食品污染风险。

（四）冷加工食品风险控制要点

1.重大活动启动前的防控措施

监督保障主体重点检查餐饮单位食品冷加工的能力和条件，保证各项制度落实。

（1）监督落实“五专”管理制度。监督餐饮单位能否落实“五专”管理制度，即加工裱花蛋糕、凉菜、生食海产品、水果切配等要做到专人、专室、专工具、专消毒、专冷藏等；非专间、人员、容器工具、个人物品等均不得进入专间。

（2）检查专间设施和布局。如是否按规定设置预进间，是否有更衣、洗手消毒设施；紫外线灯安装是否符合要求，距台面上方是否在1.5米以下，能否达到消毒要求；空调、冰箱是否正常运转；室内温度是否控制在25℃以下；专间内的水池设置是否规范，标示是否清楚；专间内是否违规设置明沟；等等。

（3）监督落实卫生管理制度。如操作人员进出专间是否二次更衣、规范洗手消毒，工作时是否戴口罩；专间在使用前后是否按规定进行30分钟紫外线消毒；专间内工具、容器是否有专用标记，使用前是否消毒并达标；蔬菜、水果等是否洗净后进入专间；冰箱把手是否放置消毒毛巾并每天更换消毒等。

2.重大活动运行期间的风险控制措施

在重大活动运行期间，监督保障主体要采取专人专岗、人盯人的监控措施，认真监督控制食品加工的每一个细节，牢牢把控住食品冷加工的全过程。并重点监控六个环节：

（1）严格把控食品加工环境。食品冷加工的专间，必须符合卫生要求，不符合安全要求的物品，按规定进行紫外线消毒，温度、湿度适宜，没有污染隐患。进行紫外线照度、室内温度、湿度等的现场快速监测结果合格，方可进行食品加工。

（2）严格把控预加工的食品。监控食品前期处理必须符合规范，达到食品安全标准要求，进行微生物、亚硝酸盐等的现场快速检测，不存在食品污染因素。

（3）严格把控各种辅料调料。监控冷加工食品使用的辅料、调料等必须新鲜、安全，符合食品安全卫生要求，没有污染隐患，进行必要的微生物等现场快速检测。

（4）严格把控食品工具、用具。监控食品冷加工使用的工具、用具、容器、餐具等必须规范清洗消毒，进行表面洁净度等的现场快速检测符合标准规定的清洁度要求，没有污染隐患。

（5）严格把控操作人员的卫生。监控操作人员二次更衣，工作服经过清洗消毒，发帽、口罩佩戴标准，双手规范清洗消毒，并进行现场快速监测，达到洁净度要求。

（6）严格把控食品加工操作规范。监督保障人员，要在食品加工现场监督从业人员进行规范操作，防止操作人员违规操作，或者不良卫生习惯等导致食品污染。并对存放、转送、摆台等过程的规范性进行监控。

二、现场加工食品风险因素与控制措施

（一）现场加工食品的含义

是指某些重大活动根据国际惯例或者特殊需要，餐饮服务单位安排人员，携带相关食品加工、储存的设备设施、半成品的食品及原料，在重大活动的现场设置临时食品加工场所，进行餐饮食品加工，提供客人食用的活动。

（二）现场食品加工的风险因素

在重大活动现场进行餐饮食品加工，其可能的风险因素更多，一般的风险概率更大，属于高风险的食品加工活动。除了前面讲的一般风险因素外，还存在一些特别的风险因素。

1. 食品加工环境风险

现场食品加工大多数在一个不具备餐饮食品加工条件的场所进行，其环境的卫生条件、食品加工流程的布局等，都不能满足保障食品安全的需要，外在的食品污染因素很多，例如场所内的空气质量、温度、湿度，顶棚墙壁的清洁程度，食品放置的位置，场所内原有的物品的危害因素，人流物流的走向，食品加工人员对加工环境不熟悉等都是导致食品污染和安全风险的因素。

2. 食品加工设备用具风险

在重大活动现场加工食品，餐饮单位能够带到现场设施设备有限，有时不能满足使用要求；有时用起来不能得心应手；有时现场的电源、环境等对一些设施设备的使用不配套，使一些设备不能达到最佳的运行状态；有的冷藏、热藏设备到达现场后需要一定的时间才能达到需要的温度，使保存的食品失控；相关的用具、容器、餐饮具消毒不到位或者过程中污染等，都会导致风险增大。

3. 食品运输中的风险因素

在重大活动现场加工食品，一般不会从食品粗加工开始，绝大多数需要在餐饮单位内进行半成品加工，或者在餐饮单位内加工为成品到现场进行最终处理，或者在现场进行分餐；食品用具容器、餐饮具也要在餐饮单位内清洗消毒后运到现场；等等，增加了相对长途运输过程。大部分现场供餐单位没有运输能力，需要租借车辆等。运输车辆的卫生和良好程度，容器用具的卫生，保证温度的条件，交通环境、意外事件等风险因素，进一步加大了风险的程度。

4. 从业人员的风险因素

在重大活动现场加工食品，餐饮单位面临厨师团队、服务团队等重组，新成员加入，工作流程变化等，会出现人与人、人与团队、人与环境、人与设备，现场管

理和指挥等多个方面的不适应问题带来的风险因素。

5.就餐环境的风险因素

在重大活动现场加工食品，一般情况下就餐的场所多数在户外，天气、温度等自然环境条件、周围环境因素对食品的安全和卫生带来影响；供餐的品种，餐饮具存放，就餐的方式，就餐人数，就餐者的卫生习惯，供餐的时间跨度，交互感染的控制等，都存在一定的风险隐患。

(二)现场加工食品的风险控制要点

由于在重大活动现场加工食品存在较大的风险隐患，而在现场供应餐饮的活动往往又是规格较高的大型活动。因此，做好活动现场餐饮食品加工的食品安全风险控制，是食品安全监督保障主体落实监督保障任务的一个重中之重的环节。除了要落实好前述各项风险控制措施外，还要把控以下环节。

1.严格把控现场供餐单位的资质能力

在重大活动开始前，监督保障主体，要严格审查拟提供现场餐饮服务单位的资质和能力。提供现场加工服务的单位，一要具备大型餐饮的服务资质；二要具备食品安全量化分级A级单位水平；三要具有与供餐需求相适应的加工能力和冷、热链转运、储存条件；四要内部指挥管理畅通和食品安全严格管理；五要食品安全和公共卫生管理制度、操作规范健全，并能很好落实；六要有与供餐需求相适应的厨师团队、服务团队，并具有较强的食品安全意识。

2.提前衔接严格把控细节

在重大活动正式启动前，监督保障主体必须与供餐单位进行保障工作对接，清楚把握供餐全过程的每一个细节，例如各类食品采购进货、汤汁前期准备、前期粗加工、主副食品等的加工时间和地点，餐饮具清洗消毒、食品起运、现场加工的时间等，制定针对性工作方案。重大活动启动后，按照对接的时间节点，自原料采购开始，对每个环节逐一进行监督和现场快速检测，确保对食品加工全过程的监督监控。

3.严格把控食品运输环节

食品运输是重大活动现场餐饮食品供餐一个非常重要的环节。一是严把专车专用，不得用一般车辆运送食品及用具，不得用食品原料运输车运送熟食品；二是严把车辆清洁消毒，未经清洁消毒不得运送食品；三是严把食品分类装运，防止交叉污染；四是严把冷加工食品冷运、热食热运的温度；五是严把食品交接环节，必要时随车监控。

4.严格把控现场加工的环境卫生

监督保障主体要在重大活动启动前，对预先进入现场食品加工的场所进行检查，对布局安排进行指导，根据现场情况提出措施意见；监督责任方清除现场无关物品、对环境进行清洁和消毒处理，消除外环境可能会对食品污染的相关因素；尽最大可能使现场布局合理、清洁卫生、设施齐全或者采取有效控制措施。

5.严格监控现场食品加工过程

现场食品加工启动后，要在重大活动现场，对食品现场加工分成四个环节监控。第一，严格监控冷加工食品的加工、分餐、配送环节，现场不具备进行食品冷加工条件的，应控制在冷加工食品运输车内进行加工；第二，监控一般食品加工环节，严格控制中心温度和加工规范；第三，严格把控加工后的食品分餐配送与摆台环节，预防不规范行为或者不良习惯污染食品；第四，把控好自助餐取餐和更替环节，预防服务人员或者就餐者不良习惯污染食品，监控用餐时间防止食品摆台时间过长带来的风险因素，监控在客人就餐场所，因环境和意外等因素可能会对食品的污染。

6.监督指导制定相关的应急预案

供餐单位要充分考虑各方面的环境条件、风险可能，制定应对各种风险意外的预案。

三、集体用餐(快餐盒饭)配送风险与控制

(一)集体用餐配送的含义

集体用餐配送是指重大活动的参与者、工作人员、其他有关人员等，需在活动现场集体食用便餐，由重大活动承办方或者相关单位，统一向集体用餐配送企业订购快餐(盒饭)，由供餐企业按照规定时间送至活动现场、代表驻地、工作人员驻地或者其他场所，统一分发后食用的供餐形式。配送集体用餐(快餐盒饭)，是重大活动中一种重要的餐饮服务和供餐形式，也是重大活动餐饮食品安全保障的重要环节和保障类型，在重大活动保障中应当给予高度重视。

(二)集体用餐(快餐盒饭)配送的风险因素

集体用餐(快餐盒饭)配送的供餐形式，与其他就餐方式和环节相比较，属于高风险性供餐活动，风险因素较多。

1.资质能力方面的风险

餐饮单位没有获得集体用餐供餐许可，或者虽有集体用餐配送资质但是供餐能力有限，超资质范围和供餐能力供餐，由于条件能力有限、食品加工有失规范导致食品污染等风险。

2.加工与供餐过程的风险

集体用餐(快餐盒饭)的供餐过程环节较多，过程较复杂。大量食品集中加工，粗加工处理是否到位，加热处理是否充分，分餐过程是否规范，运输过程有无污染、降温，盒饭分发有无污染，都是食品安全风险因素。

3.供餐数量上带来的风险

在重大活动中需要集体食用快餐(盒饭)时,通常情况下数量较大,一次用餐数量多则数千甚至上万份,少则也有数百份。这么多的人同食一种食物,加上个人体质、环境变化等影响因素,食品安全风险的概率和程度都会增大,一旦发生食品污染,就有可能引发食品安全风险。

4.随意就餐形式带来的风险

重大活动中的集体用餐,人数多而且就餐随意,就餐的环境复杂、用餐时间拖得较长,都容易造成食品的污染、微生物繁殖等导致餐饮食品安全风险。而监督保障人员又无法做到逐一直接控制,只能通过各种形式传达给就餐人员,也会使风险概率提升。

5.意外事件带来的风险

交通环境风险,例如车辆不足、车辆故障、交通堵塞等因素;断水断电、恶劣天气等导致的风险。

(三)重大活动集体用餐配送风险控制要点

1.严格把控供餐者资质能力

在重大活动启动前,监督保障主体要严格审查集体用餐配送单位的资质能力,向重大活动提供集体用餐配送者,第一必须具有预供餐品种、数量相适应的资质和加工能力;第二必须达到食品安全量化分级管理 A 级的水平;第三具备能够保证餐饮食品安全的专门运输条件和能力;第四距用餐场所的距离和路途适当,能够保证在规定时间、和规定的食品温度内送达。第五有严格的管理制度和系统,足够的技术人员和工作人员。不符合上述要求的不能为重大活动提供集体用餐(快餐盒饭)配送。

2.严格把控食品安全制度

严格把控落实食品安全和卫生制度,严禁健康状况不确定的人员上岗;严格控制食品及原料来源,严格索证索票及台账记录和查验,确保食品源头的食品安全,严防购入不合格食品。

3.控制供餐品种和加工过程

正式供餐前,监督保障主体要严格审查食谱,坚持以深度热加工食品为主,严禁供应冷加工食品,慎用爆炒食品,禁止供应容易发生微生物污染或者存在生物性食物中毒风险的食品。要严格控制餐饮食品加工流程,把控食品加工和分发时的中心温度,控制加工场所的环境卫生、把控操作人员卫生,降低一切可能存在的风险。

4.严控分餐和配送过程

严格控制快餐盒饭的分餐、分装过程的卫生、防止在分餐过程中导致的食品安全风险和食品的交叉污染；严格控制食品运输车辆、食品用具及包装、食品保温的卫生安全要求，严格运输过程的食品安全措施；杜绝运输过程的食品污染，最大限度地控制运输在途时间。

5.严格控制各环节占用的时间

包括食品开始加工的时间不能过早，熟食配送中运输时间不能过长，食用者用餐时间不能拖长，必须保证在食品安全风险最小的时段内用餐。超过安全时限的食品必须停止食用。

四、烧烤类餐饮食品的风险因素与控制

（一）烧烤类食品主要风险因素

1.食品添加剂使用中的风险

在烧烤类餐饮食品的加工中，为了加工后食品的色、香、味等要求，大部分需要使用一定的食品添加剂或者调味料，有些需要提前浸泡入味。一旦食品添加剂使用不当，或违法添加就会带来食品安全风险。

2.肉品掺杂使假的风险

这种风险主要来源于两个方面，一是采购过程没有把好食品源头的关口，购进掺杂使假的肉品；二是加工过程的人为因素或管理不当。

3.操作不规范的风险

一是加工过程不规范导致加工后食品被污染。例如待加工生肉、辅料、半成品肉、熟肉之间的交叉污染，加工工具容器等不洁导致的污染，加工环境不洁等导致的污染等；二是烤制深度不够，食品烤制不到位，食品中心温度没有达到要求等，导致的食品安全风险。

（二）重点风险控制措施

1.严格把控食品及原料源头

对为重大活动提供烧烤类餐饮食品服务的食品安全监督保障主体，要严格监控肉品采购环节，凡是索证索票不全的、来源不清的，一律不准用于为重大活动加工食品，并严格监督对入库和库房的管理。

2.对购进肉品进行现场快速监测

监督保障主体要根据重大活动的需要和实际情况，对购进的肉品进行快速检测，筛查含有瘦肉精的肉品，筛查含有马、猪、鸭肉等成分的牛羊肉，筛查加工后的肉品是否有亚硝酸盐超标等，发现问题立即处理。

3.监督从业人员规范操作

主要控制点包括：每日倾倒炭灰、擦净灶台、清理炉盘、铲净残渣，擦净排烟罩、工作台、调理柜等；每日清洗刀具、托盘、铁筷、调料罐、油盅子等工具容器，烧

烤箅子清理残渣后浸泡洗刷，各类物品分类存放，操作时随时保洁；成品设专用存放场所并有相应的防尘、防蝇设施，避免受到污染；腌渍的烧烤原料应在0～4℃保存；烧烤时避免食品直接接触火焰；每周彻底清洗排风扇、烟道及冰箱。

第四节　与餐饮单位管理有关的风险因素与控制措施

一、餐饮单位自身管理风险因素与控制

（一）餐饮单位自身管理的风险因素

1.制度缺失的风险

主要表现在没有建立健全相应的管理制度，工作无章可循，管理没有规律，随意性大。

2.制度执行不力风险

虽然有规章制度，但是形同虚设，不能得到落实，缺少有效的食品安全和卫生管理。

3.硬件配置不全风险

设施设备不全、食品加工流程布局不合理，食品加工和管理能力与承担的任务不匹配。

4.管理经验不足风险

主要是管理者工作很努力，但是缺少应当有的食品安全管理经验和精力，相关管理工作欠科学规范，对食品安全工作管理不到位，难以控制食品安全风险。

5.内部环境欠和谐风险

为重大活动提供餐饮服务的单位，内部缺少良好的团队精神和凝聚力，人与人之间有较多矛盾，相互之间不能很好配合支持，容易导致食品安全风险。

（二）重点风险控制措施

1.强化重大活动启动前的整改，消除风险隐患

第一，督促餐饮单位建立健全餐饮业自身卫生管理制度，明确岗位责任制，按照HACCP原理强化自律管理。第二，补充设备、调整流程，使之达到合理的程度。暂时没有整改条件的，要增加控制措施和管理人员，设置关键控制点，以强化的管理手段弥补。

2.强化重大活动期间的制度执行力

监督餐饮单位加大管理制度执行力度，确保各项制度的落实，按照已经明确的制度专人负责巡回检查，严格检查自查记录。

3.对相关单位负责人和管理人员进行约谈

明确相应的利害关系，督促指导建立健全官位责任制度，加强对工作人员的教育和心理疏导，加强管理人员和强化管理措施，营造和谐的工作环境，消除矛盾冲突。

二、餐饮从业人员风险因素与控制

（一）餐饮从业人员风险因素

1.心理性风险，食品安全意识差

从业人员食品安全知识匮乏和意识淡漠，没有良好的卫生习惯，缺乏自律和控制能力；或者对食品安全风险有侥幸心理，对食品安全工作不重视；个别从业人员缺少良好的职业道德素养等。致使加工过程管理或者操作不当导致人为的食品污染，引发食品安全风险。

2.心理性风险，缺少自觉性

餐饮从业人员对规章制度有抵触或者消极心理，缺乏遵守规章制度和操作规范的自觉性；或者对规章制度缺少正确的理解，执行有偏差。致使食品加工或者环节管理不规范、不到位，导致食品污染，引发食品安全风险。

3.从业者健康风险

单位或者个人因素不遵守健康管理制度，不按规定进行健康检查，基本健康状况处于不确定状态；或者患有法律规定不能上岗的传染、感染性疾病仍然带病或者携带病源上岗，因操作人员携带的病源污染食品，引发食品安全风险。

（二）重点风险控制措施

1.重大活动启动前把握两个重点

第一，强化分层培训。进行法律法规、规范标准和食品安全风险教育，强化管理人员和从业人员的食品安全意识，强化食品安全操作规范的执行，纠正不良习惯。

第二，应急性健康检查。逐一监督检查从业人员健康体检情况，根据需要进行二次体检或者便检，凡患有可能有碍食品卫生疾病的，调离接触直接入口食品的工作岗位。

2.重大活动期间把握四个重点

第一，严格晨检制度。企业严格执行每日晨检制度，监督员对从业人员健康状况随时进行抽查。发现有发热、腹泻、皮肤伤口或感染、咽部炎症等有碍食品卫生病症的，应立即监督脱离工作岗位。

第二，规范行为和制度执行。严格规范从业人员行为，严禁从业人员不按规定穿着整洁工服、戴发帽或者穿短裤、短裙，光脚进入操作间；严禁未经二次更衣进入专间工作;严禁染指甲,戴戒指、耳环、手表或者长发放入发帽内,进行食品加工。

第三,加强监督检查。及时纠正在加工食品过程中抓头发、剪指甲、掏耳朵、伸懒腰、剔牙、揉眼睛、打哈欠、吐痰、咳嗽或打喷嚏不掩住口鼻和不及时清洗双手、出入厕所不更衣或不洗手等不良卫生习惯。

第四,严格管理员工物品。禁止将个人餐具、水杯在操作间内随意放置,禁止将衣物等私人物品带入食品处理区。

三、食饮具洗消保洁风险因素与控制

(一)食饮具洗消保洁风险因素

1.热力消毒不到位

餐饮具热力消毒设备不能正常运转,从业人员对设备性能不熟悉,操作使用不当、温度控制过低等导致食饮具洗消不达标。

2.化学消毒不标准

采用化学方法消毒餐饮具时,消毒剂不符合卫生要求,配置浓度过高或者过低、洗消过程不规范等导致餐饮具洗消不到位。

3.餐具洗涤不净

不按规定的程序和方法洗涤,导致洗涤后的餐饮具不符合卫生标准。

4.保洁措施不当

餐饮具保洁存放设施不全或者不符合卫生要求;餐饮具存放不规范随意放置,消毒后的餐具与未消毒餐具或者其他杂物混放,导致洗消后的餐具二次污染等。

(二)重点风险控制措施

1.重大活动开始前把握两个重点

第一,监督检查餐饮具清洗消毒设施设备及运转情况,保证其处于正常运转状态并满足清洗消毒数量需求;监督检查消毒剂符合卫生要求、清洗消毒流程是否规范、相关设施和标识是否规范、消毒效果是否达标;监督检查餐饮具保洁设施是否齐全,保洁存放是否规范等,发现问题及时纠正、监督整改到位。

第二,对餐饮具清洗消毒人员进行培训,并进行现场考核,保证其具有相关知识和意识,能够进行规范操作,具备进行自律管理的能力。

2.重大活动期间把握三个重点

第一,加强设施设备监控。监督检查清洗消毒设备是否能够正常运转,温度是否符合要求,消毒剂是否符合标准,使用方法和浓度是否合格。

第二,强化餐具清洗消毒过程监控,检查清洗消毒过程是否规范标准,严格规范清洗消毒和保洁行为，禁止不遵守餐饮具、工用具、容器洗刷消毒程序的行为，禁止消毒后的餐饮具与未消毒餐具、其他杂物、个人用品等混放，严禁未经清洗消毒或者清洗消毒不合格的餐饮具用于盛放直接入口食品或者向客人提供使用，禁止重复使用一次性使用的餐饮具。

第三，强化清洗消毒后餐饮具的监督抽查。随时检查洗消后的餐饮具是否在感官上光、洁、涩、干等。对洗消后餐饮具的表面洁净度、消毒设备的运转温度、消毒剂的浓度等进行现场快速监测。发现问题及时查明原因督促整改。

第五节　重大活动食物中毒风险与控制措施

食物中毒是指食用了被细菌或细菌毒素污染的食物，或食用了含有毒素的食物，引起的急性、亚急性疾病。发生食物中毒是重大活动中最为突出的食品安全风险。防范食物中毒发生，是重大活动食品安全监督保障最重要的工作目标之一，是保障工作的重中之重。不发生群体性食物中毒事件，是重大活动餐饮食品安全保障必须把守的一个底线。

一、重大活动食物中毒风险特点

（一）食物中毒的特点

（1）群体中的中毒病人在相同或者相近的时间内，有食用过某种共同的中毒食品的病史，未食用该食物者不发病。停止食用中毒食品后，发病很快停止。

（2）食物中毒的潜伏期较短，发病突然，病情迅速加重。病例集中，病程一般较短。

（3）群体中的所有中毒病人的临床表现基本相似。

（4）食物中毒一般没有人与人之间的直接传染。

（二）重大活动食物中毒风险的特点

由于重大活动是为了特定目标，在特定的时间、特定的环境内举办的人数众多的群体性活动。其参与的人员多、人员成分复杂，又人为地被组织在一起，大多数参与者处于一个全新的生活环境，集体的生活，统一的就餐等，使重大活动的食物中毒风险与一般活动食物中毒的风险相比更为复杂。

1. 暴露量大

由于重大活动参与者，在活动期间，处于集体生活的状态，个体的各种活动、生活起居、时间节点等几乎都是由承办者统一安排的，就餐活动的时间集中，供应和摄入的食品种类相同，一旦供餐食品存在食物中毒风险，几乎所有的活动参与者都暴露在风险之下，增加了风险的概率和程度。

2.干扰因素多

在多数的重大活动中，参与者来自方方面面，首先是地域差别，有来自世界各地的、来自国内各地区的；第二是个体身体素质、健康基础的差别；第三是生活习惯、就餐习惯、各方面需求的差别；第四是对当地气候、水土、饮食等的适应性差别。这些因素一是可能导致人体对外来危害的抵御能力下降，加大了风险的概率；二是这些因素导致的身体不适，与食物中毒导致的病症混在一起难以分辨，可能会扩大"食物中毒受损"的群体范围；三是这些因素导致的身体不适，还会在一定程度上加重食物中毒患者的病况，进一步提高风险损失程度。

3.群体性健康损害为主

由于重大活动，对参与者实行统一的管理，提供统一的服务，集体共进相同的食物等，一旦发生食物中毒，除了属于个别代表擅自到别处就餐导致的个体问题外，绝大多数食物中毒，都会发生群体性健康损害，而且受损人数较多，短时间内达到高峰，导致较严重的食物中毒事故。如果仅发生在极少数代表中的相关病症，一般不考虑为食物中毒。

4.防范难度大

重大活动食物中毒防范的难点，除了来自餐饮提供者外，还有许多来自重大活动的自身因素。一是有些活动属于高风险性活动，稍有不慎就可能导致风险发生。例如以儿童为主的活动、以老人为主的活动、以餐饮美食为主的活动、以现场或者户外就餐为主的活动等，食物中毒防范难度大。二是重大活动参与者，来自五湖四海，临时组成一个大的统一活动群体，难以畅通指挥调度，实施健康干预和食物中毒防范教育、卫生指导有难度。三是重大活动主办、承办方，片面追求重大活动的效果、时间节点、代表对活动安排满意度等，忽略食品安全要求和风险防控，增加了食物中毒防范的难度。四是餐饮食品提供者，片面迎合主办方对餐饮品种、供餐方式、供餐时间等的要求，导致超范围、超能力或者违反卫生和安全操作规范供餐，食品安全风险控制不力，加大了食物中毒的防范难度。

5.控制损失难

在重大活动中，一旦发生食物中毒，除了患者数量大、自身健康因素影响等因素，还有一些因素可能影响损失的控制。例如参与活动的代表，属于松散性群体，组织医疗救治有难度；有些患者讳疾忌医，不能及时得到医疗导致病情加重；承办方或者服务方怕扩大影响，对患者就医组织不力。活动参与者来源复杂，一旦发生食物中毒，立即通过媒体进行宣传，造成较大社会影响。

6.食品污染是主要因素

重大活动中的食物中毒风险，主要风险因素是餐饮食品的污染，其中突出的显著危害是致病微生物污染食品导致的细菌性食物中毒，易于导致细菌性食物中毒的高风险食品是动物类食品和放置时间长的植物食品，易于细菌生长繁殖高风险季节是夏秋季节；其次是化学有害因子污染食品导致的化学性食物中毒，主要来源非法添加、食品添加剂使用不当和食品的意外污染；还有某些食品处理不当导致的生物毒素类中毒等。因此，在重大活动中控制食物中毒风险，预防致病微生物和有害物质对食品的污染是关键控制措施。

二、食物中毒风险控制的一般要求

在重大活动中控制食物中毒风险，要针对重大活动的特点，针对重大活动食物中毒风险的特点，抓住高风险食品、高风险人群、高风险季节、高风险环节、高风险活动的特点，采取有针对性的综合控制措施，消除和控制各类风险隐患。

（一）消除不利心理因素

监督保障主体要采取多种形式对重大活动的承办方、服务提供方和重大活动参与者进行防范食物中毒的宣传教育，提高食物中毒风险意识和防范知识。还要教育监督保障人员，克服各种麻痹大意思想，提高食物中毒防控意识，消除各种不利于食物中毒防范的心理状态，建立有利于控制食物中毒风险的内外环境。

（二）消除食品污染因素

要严格控制一切可能造成食品污染的因素。如严控食品安全管理制度落实，严格食品及原料采购索证索票、入库查验制度，禁止采购不符合食品安全要求或来源不明的食品；严格食品生熟分开、分类储存、加工制度；严格从业人员健康管理、个人卫生管理；严格食品安全操作规范执行；严格把控食品冷加工环节、分餐环节的规范性；严格监控食品容器工具和餐饮具保洁措施，严防消毒后重复污染；严把食品添加剂的使用和管理；严禁食品储存场所、食品加工场所放置任何可能有毒有害的物品；等等。

（三）消除细菌繁殖因素

在重大活动监督保障中，要严格监控一切可能造成微生物繁殖的因素。如严格食品的冷藏、冷冻措施、监控冷藏、冷冻的温度控制；严格控制加工后的食品放置时间；严格控制预先加工食品分类储存在60℃以上或10℃以下；严格监控餐饮食品配送中的冷热环境、温度和时间等；严格食品工具容器分类分开使用和用后清洗消毒保洁等。

（四）严格落实灭菌措施

要严格监控各类灭菌和清洁措施的落实。例如要严格监控食品热加工时中心温度达到70℃以上，要特别关注动物类食品的热加工深度严防夹生；严格监控冷加工食品规范操作、洁净无菌，经现场检测不能达到卫生要求的，要监督进行灭菌处理或者重新加工;严格监控熟食冷藏、冷冻后,重新加热时的温度达标;严格把控食品容器工具和餐饮具清洗消毒,加热消毒温度时间要合格,化学消毒消毒剂浓度要合格;等等。

(五)严格环境和个人卫生

要严格监控食品加工场所和就餐场所的卫生,消除老鼠、蟑螂、苍蝇等滋生条件,通风、清洁和污水排放设施符合要求,布局流程合理,防止过程交叉污染;严格监控从业人员卫生,消除不良卫生习惯,按照食品安全操作规范要求,进行更衣、着装、洗手、摘除配饰等,消除各种来自环境和个人的食品污染因素。

三、细菌性食物中毒风险因素与控制措施

(一)沙门氏菌食物中毒

1. 风险食品及污染因素

高风险食品为肉、禽、蛋、鱼、奶类及其制品等;污染因素一般是食品受到被沙门氏菌感染的动物或粪便污染。

2. 风险控制措施

不食用病死牲畜、禽类肉;加工冷荤熟肉一定做到生熟分开;肉禽蛋类食品做到烧熟煮透后食用;剩余食品做到彻底加热后食用等;储存食品在5℃以下。

(二)金黄色葡萄球菌食物中毒

1. 风险食品及污染因素

高风险食品为奶类、蛋类及其制品;糕点、熟肉类等,污染的因素一般是食品受到人或者动物的化脓性病灶污染。

2. 风险控制措施

食品加工人员或消费者应养成良好的卫生习惯,饭前便后要洗手;奶、蛋类食品加工,要彻底加热后食用;带奶油的食品(糕点)及其他奶制品要低温保存;食品加工人员患有皮肤溃破、外伤、烫伤、咽喉炎、腹泻等疾病,不能带病参加工作。

(三)蜡样芽孢杆菌食物中毒

1. 风险食品及污染因素

高风险食品为剩米饭、剩菜、凉拌菜、奶、肉、豆制品;污染因素一般是受到带有蜡样芽孢杆菌的土壤、空气、尘埃、昆虫的污染,产生致吐、腹泻肠毒素;高风险季节多为夏秋季。

2. 风险控制措施

蜡样芽孢杆菌在15℃以下不繁殖,剩饭、剩菜应低温保存;该菌污染产毒的食品一般无腐败变质的异味,故不易被发觉,因此,剩饭菜要彻底加热后食用;注

意食品储存的卫生和个人卫生，防止尘土、昆虫及其他不洁物污染食品。

（四）副溶血性弧菌食物中毒

1.风险食品及污染因素

高风险食品为海产品类、卤菜、咸菜等；污染因素一般是食品受到海水、海产品上的细菌污染。高风险季节为6～9月。

2.风险控制措施

加工海产品一定要烧熟煮透；烹调或调制海产品拼盘时可加适量食醋；加工过程中生熟用具要分开，低温存放；加工、储存食品的各个环节应防止生熟交叉污染。

（五）痢疾杆菌食物中毒

1.风险食品及污染因素

高风险食品为含水量高的食品、熟制品，以冷荤和凉拌菜为主；污染因素一般是食品受到感染者粪便、水源污染。中毒季节多为7～10月。

2.风险控制措施

食品食用前一定要烧熟煮透，剩余食品要重新加热后食用；烹调或调制前应洗手，保持良好的个人卫生，便后要洗手；加工过程中生熟用具要分开；加工、储存食品容器、工具用后应清洗消毒；

（六）肉毒梭菌食物中毒

1.风险食品及污染因素

高风险食品为发酵豆、谷类食品（面酱、臭豆腐）、肉制品、低酸性罐头；污染因素一般是食品受到土壤、动物粪便污染。高风险季节多为冬、春季。致病原因为肉毒毒素。

2.风险控制措施

餐饮单位自制发酵酱类时，盐类要达到14%以上并要提高发酵温度，经常日晒、充分搅拌使氧气供应充足；不吃生酱。

（七）产气荚膜梭菌食物中毒

1.风险食品及污染因素

高风险食品为肉类、水产品、熟食、牛奶等；污染因素一般是食品受到人畜粪便、土壤、污水污染。高风险季节多为夏秋季。

2.风险控制措施

食品食用前一定要烧熟煮透，剩余食品要重新加热后食用；冷荤菜要在规定温度内冷藏；加工、储存食品容器、工具用后应清洗消毒。

(八)致泻性大肠埃希氏菌食物中毒

1.风险食品及污染因素

高风险食品为肉、蛋类及其制品、牛奶、乳酪、蔬菜、水果、饮料等;污染因素一般是食品受到牛、鸡、猪等粪便污染。高风险季节多为3~9月,高风险人群一般为老年人和婴幼儿。

2.风险控制措施

不吃生的或加热不彻底的牛奶、肉类等动物性食品,水果、蔬菜洗净,剩余食品要重新加热后食用;烹调或调制前应洗手,保持良好的个人卫生,便后洗手、更衣;食品加工储存过程生熟用具要分开;加工、储存食品容器、工具用后应清洗消毒。

(九)椰毒假单胞菌酵米面亚种食物中毒

1.风险食品及污染因素

自制发酵淀粉类,如糯米面汤圆、吊浆粑、小米或高粱米制品、马铃薯粉条、甘薯淀粉、变质银耳等;污染因素一般是食品受到土壤中该菌污染。高风险季节多为夏秋季。

2.风险控制措施

严禁浸泡霉变玉米制作食品;制售发酵谷类食品要勤换水、无异味,制浆后快速晾干,避免土壤污染;禁止出售腐败变质银耳;加工、储存食品容器、工具用后应清洗消毒。

(十)单增李斯特氏菌食物中毒

1.风险食品及污染因素

奶、肉、蛋及制品、水果、蔬菜等;污染因素一般是食品受到带有该菌的土壤、污水、粪便、青储饲料的污染。高风险季节多为夏秋季。

2.风险控制措施

冰箱内保存的食品一般不宜超过一周;冷藏的食品应彻底再加热后食用;鲜牛奶加热后食用;肉、乳制品、凉拌菜、盐腌肉应当防止污染。

(十一)变形杆菌食物中毒

1.风险食品及污染因素

动物性食品及豆制品、凉拌菜等;污染因素一般是食品受到带有该菌的土壤、污水、粪便、腐败变质有机物、垃圾的污染。高风险季节多为夏秋季。

2.风险控制措施

食品应彻底再加热;储存食品要冷藏;注意个人卫生,防止食品污染。

四、生物性食物中毒风险因素与控制措施

（一）霉变谷物食物中毒

1. 风险食品及原因

谷物霉变，霉菌产生黄曲霉毒素和脱氧雪腐镰刀菌烯春醇，中毒多发温暖、潮湿季节。

2. 风险控制措施

不加工、不食用霉变谷物。

（二）豚毒鱼类（河豚鱼）中毒

1. 风险食品及原因

风险食品是河豚鱼，尤其是肝脏、卵巢、血液、腮腺未被剔除或误食。中毒多发于春季的沿海地区及江河入口处。

2. 风险控制措施

禁止水产品经营部门经营鲜活河豚鱼；不认识的鱼不加工、不食用；严禁餐饮单位加工、提供河豚鱼食品。

（三）高组胺鱼类食物中毒

1. 风险食品及原因

青皮红肉鱼类（如鲭鱼、鲐鱼、金枪鱼等）不新鲜或腐败，因腐败或腌制不透，使组织胺含量升高。

2. 风险控制措施

青皮鱼类应冷冻，保持鲜度；购买和使用时发现鱼眼变红、色泽发暗、鱼体无弹性则不要购买、不加工；过敏性体质不宜食用。

（四）麻痹性贝类、螺类食物中毒

1. 风险食品及原因

受藻类污染的贝类、螺类含有的石房蛤毒素及其衍生物。

2. 风险控制措施

在贝类产区广泛宣传贝类中毒知识；食用贝类时，应去除内脏。

（五）动物甲状腺激素食物中毒

1. 风险食品及原因

未摘除甲状腺的血脖肉、喉头气管，混有甲状腺的修割碎肉。

2. 风险控制措施

屠宰家畜时严格要求摘除甲状腺，禁止甲状腺混入碎肉；购买肉类产品时，严格索证。不购买无证产品；加工肉类前，应当检查血脖部位，发现甲状腺应剔除。

(六)菜豆食物食物中毒

1.风险食品及原因

食用未炒熟的菜豆,菜豆含有红细胞凝集素及皂甙类成分,加工时如果加热不充分,食用后即可引起中毒,多发于集体用餐。

2.风险控制措施

教育厨师烹调菜豆时一定要烧熟煮透;用大锅烹调时一定要勤翻,使菜豆失去生青和豆腥,加工前最好用热水焯,重大活动中应当慎用。

(七)发芽马铃薯食物中毒

1.风险食品及原因

发芽马铃薯其幼芽及芽根部含有大量的龙葵素,加热不充分食用后引起中毒,多发于集体用餐。

2.风险控制措施

不购买、不食用发芽马铃薯;妥善保存,防止发芽;挖去发芽马铃薯的幼芽及根部,再食用。

(八)生豆浆食物中毒

1.风险食品及原因

食用加热不彻底的豆浆后引起中毒。

2.风险控制环节

不食用未煮熟的豆浆;豆浆应加热至开锅后持续数分钟;豆浆加热泡沫过多时,应去除泡沫,充分煮开。

(九)毒蘑菇食物中毒

1.风险食品及原因

食用毒蘑菇(褐鳞小伞、肉褐鳞小伞、白毒伞、褐柄白毒伞、残托斑毒伞、秋生灰孢伞等),多发生于夏秋阴雨季。

2.风险控制措施

严格控制食品采购渠道;发现异常蘑菇禁止使用。

(十)鲜黄花菜食物中毒

1.风险食品及原因

食用鲜黄花菜。

2.风险控制环节

重大活动中禁止烹调鲜黄花菜。

五、化学性食物中毒风险因素与控制措施

(一)亚硝酸盐食物中毒

1.风险食品及污染因素

高风险食物:腌制肉制品、泡菜及变质的蔬菜等;污染因素一般是食品加工误将亚硝酸盐当食盐用、将“工业用盐”用作食盐;饮用含硝酸盐或亚硝酸盐含量高的水,如蒸锅水;食用硝酸盐或亚硝酸盐含量较高的腌制肉制品、泡菜及变质的蔬菜;肉制品加工时违规超量使用亚硝酸盐。

2.风险控制措施

严禁使用亚硝酸盐加工食品;场所内严禁存放亚硝酸盐;重点食品进行现场快速监测筛查。

(二)有机磷农药食物中毒

1.风险食品及污染因素

蔬菜采摘前使用农药,食品加工时处理不到位,人为因素的投毒等。

2.风险控制措施

蔬菜摘后用清水浸泡30分钟;可疑食品进行现场快速监测。

(二)毒鼠强等鼠药中毒(化学名:四亚甲基二砜四氨)

1.风险食品及污染因素

误食;投毒。

2.风险控制措施

科学使用,加强剧毒物品管理。

六、其他食物中毒因素与控制措施

(一)诺沃克病毒食物中毒

1.风险食品及污染因素

高风险食品为海鲜、凉拌菜、寿司等;污染因素一般是冷加工食品处理不当或者在食品加工过程中被诺沃克病毒污染。

2.风险控制措施

严格监控食品冷加工过程的规范管理和操作规范,严防食物的交叉污染;贝类、海鲜等在进食前要彻底煮熟,严防对其他食品的污染。重大活动时要严格控制生冷刺身、寿司等食用。

第六节　监督保障主体的风险因素与控制措施

一、监督保障主体风险的含义

主要是指承担食品安全监督保障任务的单位和个人,对重大活动、食品安全、食品安全风险与控制等的认识程度、知识水平、监督保障的工作能力和水平方面的适应性、应对性和处置水平存在的缺陷、不足或者工作人员的心理状态，对落实监督保障工作、控制食品安全风险的干扰因素或者不利因素。这些风险因素，有人力资源方面的、能力水平方面的、技术方面的。消除食品安全监督保障机构及其工作人员，在落实监督保障任务重的风险因素，对做好重大活动食品安全保障工作十分重要。

二、监督保障主体的风险因素

（一）监督保障人员能力不足

如监督保障人员缺少必要的食品安全知识，没有重大活动保障经验，缺少对食品安全风险的认知和辨别能力，缺少应急、应变知识和能力等，监督保障中抓不住重点，发现不了问题隐患；或者现场快速检测技术不过关，操作不规范，检测结果不准确，对现场快速监测结果的运用不科学等，导致食品安全风险控制不力。

（二）监督保障人员心理因素

如食品安全意识不强，对保障工作重视不够，经验主义作怪，思想麻痹大意，对监督保障工作厌烦等，关键环节把控不严导致食品安全风险。

（三）监督保障人员数量不足

如监督保障主体对保障任务认识不足，安排的人力不够，或者没有足够的监督员，无法按照监管环节和关键控制点摆布人力，或者关键控制点选择失误等，致使部分关键控制环节失控，不能及时发现和控制风险隐患。

（四）片面依赖现场快速监测

近年来，由于现场快速检测技术的广泛应用，有些监督员过分依赖现场快速检测结果，认为只要快速检测结果合格就完事大吉，或者对现场快速检测的误差估计不足，简单以检测代替监督，放弃或者放松对食品加工过程认真的现场监督监控，对餐饮操作人员的不规范行为、加工环节的食品污染等没有及时发现，导致食品安全风险。

（五）监督保障主体管理风险

如监督保障方案设计不细，有关困难和问题估计不足，岗位责任制不明确，领导层临场指挥信息不畅、工作调度不力，或者专业不熟、瞎指挥，或者现场人员执行不到位等；有关制度执行不到位，相关事件的应急准备不足，应急信息不畅，现场问题不能及时解决等，导致食品安全风险不能及时发现和处理。

（六）沟通中的风险因素

监督保障主体与重大活动主办方、承办方、服务提供方缺少必要的沟通和理解，相关环节账务不清，或者被保障方故意回避；现场监督保障时，监督员与管理相对人缺少及时沟通，工作生硬，相对方对保障工作不理解不支持，监督指导意见得不到落实等，导致食品安全风险。

（七）监督保障的硬件缺陷

监督保障主体配置的重要仪器设备不足，现场监督员缺少必要的技术手段支持；或者仪器设备过于老化，或者仪器没有按期标定，或者在保障过程中发生故障，或者检测试剂过期等，出现错误结果，对现场监督员的判断产生误导，导致食品安全风险控制不力。

三、重点风险控制措施

（一）强化专业知识培训

强化监督保障人员的培训、演练，提高监督员落实监督保障工作的综合能力。全面提升监督人员的法律素养和专业技能。

（二）加强思想教育心理疏导

强化对监督保障人员的思想教育，临战动员，克服各种不良心理状态的影响。建立健全监督保障的工作制度和规范，建立稽查制度保证制度、规范的落实。

（三）健全监督保障队伍

建立平战结合的准专业化的重大活动监督保障与应急队伍，加强日常训练，实行全员参与、上下联动的保障机制。

（四）树立依法科学保障观念

加强监督保障人员的教育，开展法律法规、监督保障规范和现场快速检测的综合性技术培训，强化现场依法监督意识，正确理解现场快速检测的意义，科学运用现场快速检测结果。

（五）强化监督保障的标准化建设

加强重大活动监督保障必备仪器设备、相关物资的配置和储备，建立健全管理制度，加强仪器设备的管理、定期维护，保障正常运转。

（六）坚持科学的管理方法

在重大活动期间，坚持现场会议制度、巡查指导制度、信息管理制度、岗位责任制度、工作汇报制度等，强化工作的科学调度和摆布，保障信息畅通，及时解决处理问题。

（七）建立工作沟通制度

加强重大活动保障的工作沟通，督促与重大活动相关的单位和监督保障主体，建立专门联络员制度，专门负责食品安全工作等。

第三编

城市运行监督保障

第十三章　重大活动城市运行的食品安全与卫生监督保障概述

第一节　概念和特点

一、城市运行的含义

城市运行就是一座城市协调有序、正常稳定持续运转的过程。具体是指与维持城市正常运作相关的各项事宜，主要包括对城市公共设施及其所承载服务的管理。城市运行是一个非常复杂的系统工程，需要经济、政治、社会、文化、科技、信息等方方面面的协调发展，需要维持城市正常运行的各项事宜，包括城市基础设施、公共服务等能够满足人们经济、社会、文化、健康的需求，需要城市运行中的各个子系统处于一个良好的管理状态，协调有序的运转。

城市运行最先是在1996年亚特兰大奥运会上被提出的，初衷是推动城市的整体运行，为推动奥运会的有效举办提供重要支撑。此后，国际奥委会要求奥运会的举办城市在承办国际奥运会的同时，必须提出一整套的城市运行纲要，2008年北京奥运会的成功举办，也把城市运行这概念带给中国。随着奥运会举办国相互借鉴奥运会举办经验的日益频繁，奥运会期间的城市管理效果让众多学者眼前一亮，由此引申出来的城市运行，被逐步推广于重大活动期间的运营保障工作。

城市运行作为一个复杂的系统工程，其参与主体包括政府、企业、社会团体和全体市民；在运行层次上，包括市级、区级、街道、社区、网格等多个层次；从专业维度上，城市运行管理包括市政基础设施、公用事业、交通管理、废弃物管理、市容景观管理、生态环境管理、公共卫生等众多子系统，而每个子系统又包含许多子系统，整个系统呈现出多维度、多结构、多层次、多要素间关联关系高度繁杂的开放的复杂巨系统。城市运行从时间阶段上，包括对一个城市的规划管理、建设管理和建设后的运行管理。但是对众多大型活动而言，主要是城市的运行管理问题。

二、重大活动城市运行保障

城市运行保障就是重大活动举办地政府及其工作部门，依法履行管理职责，以复杂的城市运行系统为对象，形成多层次、立体化的城市管理，采取常态和非常态的综合管理措施，使城市运行处于最佳状态，为重大活动创造良好的城市运行环境，保证重大活动成功举行和城市生产生活正常运行。如2008年北京奥运会期间，北京市人民政府确定了能源和水保障、市场供应、通信保障和信息安全、安全生产、交通组织、大气治理、市容环境、旅游接待、文体活动、公共卫生、社会治安、防灾减灾等十二个城市运行重点保障系统，保证奥运会、残奥会的成功举办和城市生产生活的正常运行。并确定了依托现行政府管理体制，强调各级政府分级负责、主管领导各负其责、政府部门依法履责；依托现行应急管理体系，强化属地政府首控、专业部门处置和市应急部门综合调度职能的工作原则。明确严密监控运行状态，加强重点地区管理，有效化解安全风险，果断处置突发事件，营造祥和社会氛围等工作要求。

三、重大活动城市运行的公共卫生保障

公共卫生是重大活动城市运行保障系统的重要组成部分，城市运行中公共卫生要求，是指重大活动举办城市的各类公共卫生设施、管理体制和机制，提供的公共卫生服务，能够满足重大活动的健康保障需求和全体市民的健康需求。重大活动城市运行中的公共卫生保障，包括食品安全保障、传染病防控保障、卫生监督保障、医疗救治保障、爱国卫生等重要子系统的正常运转和有效管理。主要目标是保证重大活动的食品安全、公共场所的卫生、生活饮用水的卫生，防控传染病，保证场馆和城市的医疗服务，预防和处置突发公共卫生事件，使各类患者得到及时有效的治疗。公共卫生的每个子系统，都有相应的标准和工作要求。

重大活动食品安全保障，要制定有针对性的食品安全行动纲要和监督保障方案，建立食品安全的追溯系统，对中心场馆和重点区域、重点单位的食品安全进行监督和监控。卫生监督保障要对场馆和重要区域公共场所、生活饮用水的卫生和其他相关卫生事项进行有效的监控；医疗保障要确定定点医院，开辟医疗救治绿色通道，建立医疗救护站点；传染病防控要进行重点传染病检测，要有针对性地采取预防控制措施，要对病媒生物进行检测；还要做好各类突发事件的卫生应急处置工作等。广义上讲还包括动物疫情的防控，环境检测等与健康相关的事项管理。

四、重大活动城市运行的食品安全与卫生监督保障

食品安全与卫生监督保障是城市运行众多子系统中的重要组成部分。食品

安全与卫生监督保障，既是城市运行公共卫生系统的重要内容，也是保障城市运行中公共卫生目标得以实现的重要手段和措施。因此，重大活动城市运行的食品安全与卫生监督保障，主要是重大活动举办城市的食品安全与卫生监督主体，在重大活动城市运行体系中，通过强化食品安全与卫生监督执法，强化对食品生产经营和公共场所、生活饮用水等的卫生监管，督促指导管理相对人落实食品安全和卫生法律法规、标准规范，落实主体责任提供安全卫生的产品和服务，预防并及时应对处置食源性疾病和其他突发公共卫生事件，为重大活动提供良好的公共卫生环境，确保重大活动圆满成功的监督执法活动。

从广义上理解，重大活动城市运行的食品安全与卫生监督保障，应当包括对重大活动场馆（活动场所、住宿场所）运行的监督保障，以及对重大活动城市（场馆外围）运行的监督保障两部分。此章，讨论的重大活动城市运行食品安全与卫生监督保障，严格讲还是一个狭义的概念，主要是讨论重大活动场馆外围的监督保障问题。因此，重大活动城市运行监督保障又分为中心区域的食品安全与卫生监督保障、整个城市的食品安全与卫生监督保障、与重大活动有关联的外围区域和事项的食品安全与卫生监督保障。在重大活动监督保障中，城市运行监督保障需要与场馆运行监督保障有机结合良好衔接，形成立体化的食品安全与卫生监督保障系统，才能真正发挥作用。2008 年北京奥运会后，城市运行食品安全与卫生监督保障工作，在多次重大活动城市运行体系中发挥了重要作用，并随着工作开展不断系统化、制度化和科学化。

五、城市运行食品安全与卫生监督保障的特点

城市运行食品安全与卫生监督保障归纳起来可以分为：食品安全监督、公共场所卫生监督、生活饮用水卫生监督、医疗卫生监督、传染病防控措施监督等。

重大活动进行的时间虽然不长，少则几天，多则十几天，但是由于短时间内外来人员的爆发式增长，给城市的医疗卫生、公共卫生和食品安全造成很大负担，同时也使相关的食品安全公共卫生风险概率升高。因此，重大活动城市运行监督保障工作具备以下几个特征：

（一）公共性

城市运行食品安全与监督保障的目的，是要按照职责依法对医疗、公共卫生、食品安全等进行管理，保障医疗机构提供质量好的医疗服务，食品生产经营者提供安全卫生的食品供应和餐饮服务，公共场所提供卫生安全健康的消费服务，预防传染病传播流行，迅速处置突发卫生事件等，促进城市社会发展，维护运行安全。因此，城市运行食品安全与卫生监督保障提供的是一种公共产品，具有受益的广泛性和非排他性。

（二）动态性

现代城市是一个开放的系统，各个因素之间互相牵制、相互影响。在任何一个时间段内，都处在一个不间断的运动变化之中，重大活动举行时，城市的人员造访会突然增加，导致城市环境空间、资源空间、社会空间突然发生改变。餐饮消费、娱乐休闲消费、宾馆饭店入住、医疗服务的需求也会增长和变化。因此，要求城市运行监督保障能够尽量做到全时段、全覆盖、全过程的监控被监督对象的变化发展，进行整体动态规划，及时调整工作手段和步骤，最终实现保障目标。

（三）协调性

城市运行是一个整体、系统过程，涉及城市各个要素。城市运行监督保障作为系统的一个组成部分，在执行过程中必然受到其他要素影响与制约。食品安全、公共场所卫生、饮用水卫生、传染病防控、医疗服务、突发事件卫生应急等公共卫生保障更是一个统一的整体，相互衔接，互为因果。因此，在监督保障过程中，必须协调城市运行各系统齐抓共管，综合治理，在工作上需要与各部门紧密协作，需要系统内部有机衔接，才能最大限度地发挥食品安全与卫生监督保障在重大活动城市运行工作中的保障作用。

（四）复杂性

正如前面所讲，城市运行是一个整体、系统的过程，涉及城市各个要素，食品安全和卫生监督保障对象十分复杂，因素众多。必须把握各种因素的变化，不断调整，采取有效方式和方法，将风险控制在合理范围内，才能最终实现城市运行监督保障的工作目标。

（五）延展性

食品安全与卫生监督保障不仅需要重大活动举办城市范围内各系统的有机衔接，还需要对举办城市食品安全、公共卫生的有效监管，而且还会延展到举办城市的外围。为重大活动提供的食品、供餐单位使用的食品及原料、生活饮用水的水源，重大活动及服务单位使用的涉水产品、消毒产品、相关的设备和工具等，不可能完全由举办城市自行供应，可能会来自不同的城市和地区，做好监督保障工作实现监督保障目标，就需要向外围延展监督保障工作，把住相关的源头关口，这也是重大活动城市运行的重要组成部分。

第二节　城市运行食品安全与卫生监督保障的内容

一、城市运行监督保障的重点

城市运行食品安全与卫生监督保障的重点是，维护城市运行体系中医疗卫生、公共卫生、食品安全等环节在重大活动进行过程中的常态运行和非常态运行安全、有效运作，提供优质服务。保持良好的城市公共卫生和食品安全环境，不发生公共卫生和食品安全问题，为重大活动提供一个良好的城市公共卫生环境，展示举办城市的良好形象。

（一）督促指导相关单位提升改造

提升改造一般是对原有的事物加以修改、变更和提高。重大活动城市运行食品安全与卫生监督保障中的提升改造，是指在重大活动的筹备阶段，重大活动举办城市的食品生产经营者、公共场所经营者、集中供水和二次供水单位，依据法律法规和规范标准，结合重大活动的需求，在食品安全与卫生监督保障主体的指导下，对原有的建筑、布局、设施设备，以及单位的管理制度机制等，进行全面的修改、变更、完善、提高，使之达到最佳状态的活动。

重大活动筹备工作开始后，食品安全与卫生监督保障主体，结合重大活动的规模特点，对城市范围内的食品安全和公共卫生状况，进行整体的风险评估，针对实际情况，提出提升改造的范围和指导标准，督促指导相关单位进行提升改造，以适应重大活动城市运行要求。

（二）强化巡查监督，纠正违法违规行为

重大活动期间，城市运行食品安全监督保障中的任务，就是要强化对城市重点区域、重点单位的食品安全和公共卫生的监督巡查，保证食品生产经营、生活饮用水供给、休闲娱乐服务、医疗救治服务活动等，在法律法规和规范标准规制的范围内正常运转，不发生任何有损人体健康的情况。食品安全与卫生监督保障主体，应当坚持预防为主方针，围绕重大活动的运行情况、群体活动的特点，在确保重大活动场馆运行食品安全和公共卫生的基础上，科学合理确定重点区域、重点单位、重点巡查的时段，落实相应的监督保障责任制度，及时发现和排除各类风险隐患。

（三）迅速处置突发公共卫生事件

食品安全与卫生监督保障主体，应当针对重大活动的特点制定各类突发事件的应急预案，开展应急培训和演练，一旦发生突发的公共卫生事件或者其他突发事件，要迅速反映启动应急处置预案，采取有效措施，最大限度控制风险损失，消除不利影响，恢复和保障各项公共服务正常运转，保证相关的食品安全和公共卫生。

（四）做好场馆运行外围与延伸监督保障

主要是针对重大活动规模、特点、运行规律，围绕重大活动的场馆运行，做好外围与延伸部位的监督保障工作。除做好核心活动场所、集体住宿场所、集体就餐场所等场馆运行保障外，食品安全与卫生监督保障主体，还要高度重视并集中力量做好重大活动集体外出活动的食品安全与卫生监督保障，做好为核心活动场所、集中住宿场所提供饮用水单位的卫生监督保障，做好向重大活动集体就餐单位提供食品及原料的种植、养殖基地、生产企业、流通企业等监督保障工作，并与场馆运行保障紧密衔接。

二、城市运行监督保障的分类

城市运行监督保障依据不同的分类方法可以做出不同的分类。例如：按照监督保障的专业，可以分为城市运行的食品安全监督保障、城市运行的生活饮用水卫生监督保障、城市运行的公共场所卫生监督保障，城市运行的传染病防治监督保障、城市运行的医疗服务监督保障等；按照监督保障的范围，可以分为重点区域的城市运行监督保障、重点单位的城市运行监督保障、重点事项的城市运行监督保障；按照监督保障的环节，可以分为食品种植、养殖环节的监督保障，食品生产环节的监督保障，餐饮服务的监督保障，集中供水单位的监督保障，二次供水单位的监督保障，直接饮用水企业的监督保障等。

三、城市运行食品安全监督保障的内容

城市运行食品安全监督保障需要延伸至重大活动涉及的各类食品的食物供应链的全程监督保障。主要工作是在重大活动筹备期督促指导食品生产经营单位进行改造提升，实行重点单位的重点监控；根据重大活动运行期情况分别实行监督员驻点监督保障或者巡查监督保障。目标是保证重大活动城市运行中的食品安全、良好食品供应、餐饮服务运行。

（一）食品种植、养殖环节的监督保障

重点是对定点向重大活动集中住宿场所供应食品及原料的农产品种植基地、畜禽养殖基地、水产品养殖基地采取的延伸驻点监督保障措施。对特别重大或者对食品有特别要求的重大活动，为保证食品安全，对风险性较大的食品原料，可以实行有定点基地专供的措施，食品安全监督保障主体应当协调农产品监管部门，对定点基地实施监控。

（二）食品生产环节的监督保障

重点是对定点向重大活动集中住宿和供餐场所供应食品的相关食品生产加

工企业(其中还包括桶装水、瓶装水、饮料、饮用酒),采取的延伸驻点食品安全监督保障措施。对风险性较大的食品生产过程,食品安全监督保障主体需要采取驻点监控的措施。

(三)食品流通环节的监督保障

重点对定点向重大活动和餐饮服务提供食品及原料的食品流通企业等,采取的延伸驻点监督保障措施。在重大活动期间,为了保证重大活动的食品安全,对为重大活动提供餐饮服务的单位,应当采取供应商点对点供应的管理措施,食品安全监督主体,需要对定点单位实施监控措施。

(四)集体用餐供餐单位的监督保障

重点是对向重大活动参与者、服务者提供快餐(盒饭)的企业,采取的延伸驻点保障措施。许多重大活动,需要由集体用餐配送企业配送便利快餐食品,对接受服务的集体用餐配送企业,需要根据情况采取驻点保障措施。

(五)餐饮服务单位的监督保障

重点对举办城市内向公众提供餐饮服务的单位,采取强化监督巡查的监督保障措施。在重大活动期间,为了保证餐饮服务的食品安全,预防在餐饮环节发生食品安全事故,或者出现其他食品安全问题,食品安全监督保障主体,需要在全市范围内对餐饮服务单位实施监控措施。

四、公共场所卫生监督保障的内容

主要指卫生监督保障主体在重大活动期间,对举办城市内各类公共场所采取的卫生监督保障措施。主要方式是,在重大活动筹备期,督促,指导,改造、提升。是卫生监督保障主体在重大活动期间进行监督检查,评价卫生状况,检查公共场所遵守法律法规和规范标准的情况,及时消除各类风险隐患的活动。公共场所的范围很大、种类繁多,包括住宿、采购、娱乐、休闲、美容美发、游泳体育等多个场所。主要目标是,保证重大活动城市运行中的各类公共服务业提供卫生安全和优质的服务,保证重大活动有一个良好的城市健康环境。

(一)住宿场所卫生监督保障

住宿场所卫生监督保障,是重大活动举办城市卫生监督保障主体,要对重大活动举办城市可以接纳公众住宿的服务单位进行的卫生监控。在重大活动期间,到举办城市旅游观光的人群增多,短时间内流动人口增加,卫生监督保障主体需要对举办城市内的各类宾馆、酒店、招待所等接纳客人住宿的场所实施卫生监控措施。

(二)美容洗浴场所卫生监督保障

主要指各类理发店、生活美容店、公共浴池等,在这些地方人与人、人与相关物品接触密切，容易发生传染病的传播、微生物的感染，还可能出现化妆品使用不规范等问题，需要加强卫生监控措施。

(三)体育游泳场所卫生监督保障

在体育场馆中，游泳场所的卫生风险最大，人流也较多，容易发生感染性疾病的传播，卫生监督保障主体，在城市运行监督保障中，需要对开放的游泳场所采取卫生监控措施。

(四)购物场所卫生监督保障

购物场所主要指各类商场、书店、超市等。在重大活动期间，重大活动的参与者，很可能到举办城市购物、市场调研等，有些重大活动还要向参与者推荐一些当地有特色的商场，欢迎重大活动参与者光顾，这些地方人群密集，需要良好的卫生条件，是卫生监督保障主体实施城市运行卫生监督保障的重点之一。

(五)交通场所卫生监督保障

主要指各类候车、候机、候船场所，各类公共交通工具，例如飞机机舱、船舱、客车车厢等，这些地方人流密集、流动性大，也是重大活动参与者的必经之处，在重大活动期间，卫生监督保障主体需要按照职责分工，实施监督保障监控措施。

(六)其他场所卫生监督保障

包括公共文化娱乐场所，例如影剧院、音乐厅、录像厅、歌舞厅、游艺厅等；公共交际场所，例如茶座、酒吧、咖啡厅等；文化交流场所，例如图书馆、博物馆、美术馆、展览馆等。这些地方都需要在城市运行监督保障中，实施必要的卫生监控措施。

五、城市运行生活饮用水卫生监督保障

主要指卫生监督保障主体在重大活动期间对举办城市内生活饮用水采取的卫生监督保障措施。生活饮用水卫生监督保障，是城市运行卫生监督保障中至关重要的环节，生活饮用水一旦发生问题，将会带来难以弥补的损失和社会影响。卫生监督保障主体，对生活饮用水的卫生监督保障，需要对城市集中供水、二次供水、分质供水、供水末梢、涉及饮用水安全的产品实施卫生监控，预防发生生活饮用水污染事件，保证重大活动期间，举办城市的饮用水卫生安全。

(一)集中供水卫生监督保障

主要是卫生监督保障主体对重大活动举办城市中，所有集中供水企业实施的卫生监督和监测，保证供水单位落实卫生管理制度，落实生活饮用水卫生规范，强化自律管理和检测，保证水源水的卫生安全，保证水质处理中的卫生规范，保证出厂水达到生活饮用水卫生标准的规定，保证重大活动期间整个城市的饮

用水卫生安全。

（二）二次供水卫生监督保障

主要是卫生监督保障主体对重大活动举办城市中，二次供水单位、供水服务设施等实施的卫生监督和监测。保证二次供水单位落实卫生管理制度，预先清洗消毒储水设施，预防二次供水的污染等，保证二次供水的饮用水卫生安全，预防发生局部饮用水污染导致的风险事件。特别是要强化对重点区域、重点单位二次供水的卫生监控。

（三）分质供水卫生监督保障

主要是卫生监督保障主体对重大活动举办城市中，以自来水为水源，进行净化处理后直接供人饮用的供水行为实施的卫生监督监测。重点监控管道直饮水供水和城市内公共场所、重点区域设置的净水设施、直饮水供水点。预防发生分质供水水质处理不当、水质污染等导致的饮用水健康损害和风险事故。

（四）供水末梢卫生监督保障

主要是卫生监督主体对重大活动举办城市中，各类供水末梢实施的卫生监控措施。主要方式是在重点区域、重点单位等处设置末梢水卫生监测点，采取现代化的在线卫生监测、重点项目现场快速检测的方式，监测末梢水的水质卫生状况。预防饮用水在输送过程中被污染导致公众健康损害或者发生公共卫生风险事件。

六、传染病防治卫生监督保障

主要指卫生监督保障主体根据重大活动城市运行的传染病预防控制规划和方案，针对重大活动特点和重点传染病流行特点，对城市运行中各相关单位、相关组织落实传染病预防措施情况进行监督检查、查处违法行为。监督保障重点是检查疾病预防控制机构、各类医疗机构、采供血机构等免疫接种、消毒隔离、疫情报告、消毒管理、医疗废物处置等法规、制度和规范的落实情况，检查公共场所、供水单位、餐饮单位等落实传染病控制措施的情况等。

七、医疗服务卫生监督保障

主要指卫生监督保障主体根据重大活动的规模和运行特点，按照重大活动医疗服务保障方案和预案的要求，对承担重大活动医疗服务的医疗机构、医务人员，依法采取的监督检查措施。监督检查的重点是：重大活动定点医疗机构和相关医疗机构对重大活动医疗服务保障的准备情况，医疗机构及医务人员的资质情况，相关的仪器设备准备与运行情况，重大活动医疗救助绿色通道的开通情况，医疗站点的设置情况，有关医疗服务、传染病控制、消毒隔离制度规范的落实情况。监督检查医疗机构对重大活动突发事件、应急医疗救治预案的制定、应急准备、应急演练情况等。督促相关医疗机构，按照重大活动医疗保障方案的要求，落实相关工作，保证为重大活动提供有质量的医疗救治服务。

第三节　城市运行监督保障的组织实施要点

一、含义和特点

简单说就是对重大活动城市运行食品安全与卫生监督保障的指挥、管理和执行活动。是重大活动食品安全与卫生监督保障主体，在重大活动城市运行系统中，按照重大活动的公共卫生目标、整体的食品安全与卫生监督保障方案，对重大活动场馆运行外的监督保障工作，进行具体策划、组织、管理和实施的过程。城市运行监督保障组织实施的具体步骤，包括设计方案和预案，开展风险评估，确定监督保障重点，建立组织机构，建立工作机制，落实监督保障任务等多个环节，每个环节都有不同的工作重点和要求，需要监督保障主体的管理层面科学摆布安排。

城市运行监督保障的组织实施，是重大活动整体食品安全与卫生监督保障组织实施的重要组成部分。因此，第一，它从属于整体食品安全与卫生监督保障管理，需要在整体监督保障管理框架内具体组织实施；第二，从另一个方面讲，城市运行食品安全与卫生监督保障的组织实施，还是重大活动整体城市运行系统管理中的一部分，它又从属于重大活动举办城市整体运行的管理，需要在城市运行管理的框架内组织和实施；第三，在监督保障具体实施中，城市运行监督保障管理是相对于场馆运行监督保障管理的活动，是重大活动场馆运行监督保障不可缺少的支持系统，是重大活动场馆运行监督保障外围延伸的保障活动，是围绕重大活动场馆运行开展的外围监督保障。因此，城市运行监督保障的组织实施，要与场馆运行的监督保障相衔接，要服务于重大活动场馆运行的监督保障，在总体监督保障组织实施框架内，按照统一要求组织实施。

二、城市运行监督保障组织实施的原则要求

城市运行监督保障与场馆运行监督保障比较，在监督保障的组织实施中需要注意以下几个方面：

（一）需要早启动、晚结束

重大活动城市运行监督保障的组织实施，要早于场馆运行监督保障启动，有些重大活动要早于场馆运行监督保障很长时间即进入运行程序。主要是城市运

行要为重大活动创造一个较好的城市运行环境，需要一个较长时间的改造提升过程，这些工作至少需要在重大活动的筹办阶段就要开始启动。例如重大活动对食品有特定要求时，城市运行监督保障对一些食品从种植、养殖环节开始进行监控，需要几个月的监控过程才能真正发挥监督保障的作用。即使重大活动时间很短，没有非常特别的要求，无须进行前期改造提升，但是，由于重大活动参加者提前到会，多以分散方式在举办城市活动，这个阶段的监督保障工作，就显得非常重要。城市运行监督保障也需要前期开展工作，提前进入重大活动期间的运行程序。城市运行监督保障收尾，反而需要晚于场馆运行结束，因为重大活动结束，并不意味所有的活动参与者全部离开，由于重大活动辐射产生的流动人口增加，对城市服务功能的需求等，也不可能立即恢复常态，需要根据情况持续一个阶段的监督保障工作才能正式结束。

（二）需要全面部署、整体联动

重大活动城市运行监督保障，涉及的范围非常广，工作内容非常多，需要监督保障主体的决策层面，在组织实施中牢固树立全局观念，全面考虑整个城市在运行中的食品安全与卫生监督保障工作：既要考虑中心区域的监督保障，还要考虑外围区域、旅游区域等的监督保障；既要考虑食品安全保障，还要考虑卫生环境的监督保障；在食品安全监督保障中既要考虑餐饮服务，还要考虑食品流通和整个食物供应链条；既要考虑当地特色服务，还要考虑普通的大众化服务；既要考虑辖区负责制，还要考虑重点指导和帮扶；等等。在工作中做出整体的部署安排，组织动员整个城市的监督执法力量，按照重点区域重点保障、辖区负责上级指导、全员参与整体联动等原则，组织安排、协调调度落实城市运行的监督保障工作。

（三）需要独立实施、整体衔接

重大活动食品安全与卫生监督保障主体的决策层、指挥层、执行层，都要有整体意识和服务意识：坚持城市运行监督保障为场馆运行监督保障服务，保证重大活动场馆有序运转；坚持食品安全与卫生监督保障为整个城市运行服务，保障城市的良性运转；坚持局部区域的监督保障为城市整体运行监督保障服务，保障城市运行食品安全与卫生监督保障目标的实现。因此，在重大活动城市运行监督保障实施中，必须保障城市运行监督保障与场馆运行监督保障有机衔接，食品安全监督保障与公共卫生监督保障有机衔接，局部区域监督保障与整体监督保障有机衔接，食品安全与卫生监督保障和整体城市运行保障系统有机衔接。

（四）坚持驻点监控、巡查监控结合

在重大活动城市运行食品安全与卫生监督保障中，监督保障主体在设计具体的监督保障方式、模式和手段时，应当对不同情况做不同的处理，确定科学的监督监控方式，实行驻点监控、巡查监控、重点环节监控相结合的方式落实城市运行监督保障工作。在整体实行巡查监控的手段，在重点部位和事项实行驻点监督监控的措施。例如对重大活动食品供应有特别要求的，应当对为重大活动场馆提供食品及原料的生产企业、流通企业、食用农产品基地实行驻点监督监控措施；对一般食品生产经营企业实行巡查监控措施。对为重大活动提供集体用餐配送的单位，实行监督员驻点监控、全程监督和快速检测的监督保障模式；对一般的餐饮服务单位实行巡查监控的监督保障措施。

（五）坚持改造提升、监督监控相结合

实施重大活动城市运行监督保障，要坚持整体规划、改造提升与活动运行期风险监控相结合。重大活动食品安全与卫生监督保障主体，在组织落实重大活动城市运行监督保障中，要坚持预防为主原则，科学摆布工作时间节点。在重大活动的筹备阶段，根据重大活动举办城市的食品安全和公共卫生现状，重大活动的特点和需求，做出整体的、有针对性的、可操作的餐饮服务、公共服务的安全和卫生条件改造提升规划、方案和标准，组织各级监督机构督促指导辖区范围内的相关单位，落实食品安全和公共卫生安全的第一责任，对单位内相应的食品安全、公共卫生硬件、软件条件，进行全面的提升改造，并在重大活动启动前达到标准要求。在重大活动运行后，监督保障主体重点进行监督检查和风险监控，及时纠正不规范行为，预防和控制安全卫生风险事件的发生。活动筹备期的改造提升和重大活动运行期监控同等重要，两者要紧密结合相互衔接。防止仅注重改造提升，忽略后期监督监控的倾向；也要防止只注重大活动运行的监督监控措施，忽略重大活动筹备期对相关单位改造提升的督促和指导。

三、城市运行监督保障的风险评估

食品安全与卫生监督保障主体，在接受重大活动监督保障任务后，在重大活动的筹备期间，应当通过对食品生产经营活动、公共场所卫生、生活饮用水卫生的全面监督检查，对举办城市食品安全、公共卫生监督监测的历史资料分析、专家组集体分析评价等方法和步骤，对举办城市运行中的食品安全和公共卫生状况，进行全面的风险识别评估。

无论是城市运行还是场馆运行，食品安全与卫生监督保障风险评估的基本方法和步骤是一致的。但是，两者之间也是有区别的，评估的对象和内容也各有侧重，其主要区别是：场馆运行监督保障是一个个具体的风险评估，是以每一个具体进行监督保障的场馆为对象，进行食品安全和公共卫生风险的识别评估，排查风险隐患，选择确定风险监控措施；城市运行监督保障的风险评估是一个综合性的风险评估，也是对举办城市食品安全、公共卫生的总体评价，是以重大活动举办城市的运行管理中涉及的相关事项、相关主体为对象，进行食品安全和公共卫生风险评估，查找相关的风险因素，提出整体的风险预防控制措施。因此，城市运行监督保障风险评估的结果，除了风险评估的一般要求外，还应当包括：重大活动可能对举办城市食品安全、公共卫生常态运行的影响；举办城市在重大活动的非常态运行时，可能存在的食品安全和公共卫生风险；举办城市的食品安全和公共卫生管理与重大活动需求的差距；城市运行中食品安全与公共卫生风险因素；对城市运行中食品安全、公共卫生管理改造提升的建议和标准；重大活动运行期的城市运行监督保障和风险控制措施等。

四、城市运行监督保障重点的确定

食品安全与卫生监督保障主体，在对城市运行食品安全、公共卫生风险评估的基础上，应当结合重大活动的特点、运行规则、主要活动项目等情况，研究确定重大活动城市运行监督保障的重点工作范围。在通常情况下，城市运行监督保障的重点工作范围，可以分为重点监督保障区域、重点监督保障场所、重点保障服务对象、重点监督保障事项等四类；进一步综合各类监督保障重点与重大活动的关系、影响程度、风险概率等因素，又可以将监督保障重点分为几个不同的等级。

（一）重点监督保障区域

重点区域的选择，一般应当考虑三种因素：第一，监督保障区域与重大活动核心场馆的空间联系，如重大活动核心活动场馆、参与者入住场所的所在区域，通常将场馆周边半径1～2公里的范围，确定为城市运行一级监督保障区域，主要是考虑区域范围相关人员独自行动的概率较大；第二，考虑相关风险性和重点保障服务对象光顾的可能性，如将举办城市向重大活动推荐的特色餐饮、购物商场、商业街区坐落区域列为城市运行的二级重点区域；第三，考虑来宾光顾的可能性和城市的窗口效应、社会影响程度，如将机场、港口、火车站、旅游景点坐落区域，列为三级重点保障区域。将举办城市的其他区域列为四级或者一般重点监督保障区域。

（二）重点监督保障场所

重点监督保障场所的划分，主要考虑三个因素：第一，场所与重大活动的直接关联性，如重大活动使用的场所，如重大活动核心场所、代表入住场所、集体就餐的场所等，均作为重大活动场所运行的监督保障场所；第二，场所相关风险程度和重大活动的间接关联性，通常情况下，将为重大活动供餐的加工场所、竞赛准备场所、生活饮用水供水场所等列为城市运行一级重点场所；第三，重大活动参与者光顾的概率，将举办城市向重大活动推荐的特色餐饮、商业、服务、旅游等场所，一级重点区域内的公共场所，列为二级重点场所，重大活动参与者可能光顾的、与城市常态运行密切相关的场所等作为三级重点场所。

（三）重点保障服务对象

服务对象是指食品安全与卫生监督保障工作需要服务的人群，或者是需要重点给予保障和服务的人员。重点保障服务对象的确定主要考虑三种因素：第一，是否属于国家规定的重点医疗保健对象，如党和国家领导人、外国首脑、各国政要等，国家对医疗保健工作有明确的规范要求，应当按照规定执行，列为特殊需要的保障服务对象；第二，是否属于核心的活动主体，例如体育赛事的核心主体是运动员、裁判员、代表团负责人，核心主体成员应当列为一级保障服务对象；第三，与重大活动的关联性，例如举办城市邀请的重要贵宾、媒体记者、企业家、观光团等应当列为二级保障服务对象。除此之外，参与重大活动相关工作、相关服务的工作人员和志愿者等也要列为重点保障服务对象。

（四）重点事项的监督保障

重点事项是指重大活动运行中涉及的有关活动、为重大活动提供的有关服务等重要事项。例如在重大活动期间为重大活动提供集体用餐的服务，为重大活动场馆提供食品、物品的活动，向重大活动提供食品类实物赞助的活动，重大活动组织集体观光考察的活动，集体观看文艺演出或者电影的活动，党和国家领导人到基层调研的活动，外国首脑、贵宾到举办城市参观的活动，等等。将这些活动列为重大活动场所运行的监督保障范围，或者常规的城市运行的监督保障范围，均有所不妥，或者不能满足监督保障的需求。监督保障主体应当将这些活动，列为城市运行监督保障的重点事项，进行专门策划安排，并组织实施。

五、城市运行监督保障的组织机构

监督保障主体应当根据重大活动特点、规模和运行规则，以及重大活动城市运行监督保障的任务要求，按照常态运行和非常态运行相结合的原则，建立完善的城市运行监督保障组织机构和畅通的指挥系统，保证城市运行监督保障工作的有效实施。

城市运行监督保障的组织机构，应当建立在整体食品安全与卫生监督组织框架、举办城市中城市运行保障框架范围内，作为整体保障运行系统的一个分支系统，特别注意组织机构的具体性和可操作性，注重其在整体框架下的独立有效运转，注重组织机构与相关监督保障的立体化衔接。城市运行监督保障组织结构，一般应当考虑四个层次：

（一）指挥和督导组织

指挥和督导组织的主要职责是，对城市运行监督保障工作进行组织协调、工作调度，对具体监督保障工作的落实进行巡查、督促和指导。

（二）重点服务对象和重点事项监督保障团队

重点服务对象和重点事项监督保障团队的主要职责是以重点服务对象和重点事项为核心，将其分成若干小组，对与重大活动相关的服务对象、相关的重点活动进行具体的监督保障。

（三）重点区域、重点场所监督保障团队

重点区域、重点场所监督保障团队的主要职责是以辖区管理原则为基础，以各相关区域的监督机构为主体，采取巡查监控的方式对重点区域、重点场所实施监督保障。

（四）核心区域监督与应急保障团队

核心区域监督与应急保障团队，是由重大活动举办城市监督保障主体单独组织的一支精干的机动监督保障队伍，主要负责一类重点区域、疑难重点事项，以及突发事件应急处置的监督保障任务。

第十四章　重大活动城市运行公共场所卫生监督保障

第一节　概　述

一、公共场所的概念和分类

（一）公共场所的概念

公共场所是公众从事工作、学习、体育、交流、文化、娱乐等活动的场所，是公众生活环境的重要组成部分，是一个城市或者一个区域社会服务功能的重要体现。

公共场所是多在自然环境或者人工环境的基础上，以满足公众生活和社会活动需求为目的，由人工建设或者制造的具备公共服务功能和相应维护结构的公共设施。是公众从事社会活动或者接受服务，进行消费的临时性生活环境。公共场所有广义和狭义之分：广义概念的公共场所包括所有可以供公众活动的公用建筑物、场所和其他设施，控制吸烟法律规范规定的禁止吸烟的公共场所就是一个广义概念的公共场所；狭义的公共场所是指《公共场所卫生管理条例》适用的各类公共场所。

本章讨论的公共场所，主要是指狭义概念的公共场所。

（二）公共场所的分类

公共场所种类从不同角度可以做不同的分类：从公共场所社会属性角度可以分为商业服务类和公共福利类；从公共场所空间状态角度可以分为室内活动场所和室外活动场所、封闭式活动场所和开放式活动场所；从公共场所活动群体角度可以分为特定群体活动场所和非特定群体活动场所；从公共场所法律属性角度可以分为法定公共场所和非法定公共场所、需要进行卫生审查许可的场所和不需要进行卫生审查许可的场所；从公共场所功能角度可分为若干具体服务功能的场所等。

本章研究的公共场所的种类是以《公共场所卫生管理条例》规定范围的场所和场所归类为基础进行的分类。

(三)公共场所的种类

公共场所的种类按照《公共场所卫生管理条例》的规定，主要分为7类28种公共场所。

1. 住宿类公共场所

住宿类公共场所主要包括各类宾馆、酒店、旅店、招待所、车马店等。近些年新兴“农家院”也应属于住宿类公共场所，这些场所的功能主要是为公众提供旅游住宿服务，可以附设餐饮服务，也可以不附设餐饮服务。

2. 交际或者休闲场所

交际或者休闲场所主要包括饭馆、咖啡店、酒吧、茶座等。这些年伴随经济和社会发展，这类公共场所发展很快，也有不少新兴的种类，许多地方还有酒吧街、食品街等。这类公共场所主要接待公众就餐、休闲交流等。

3. 洗浴和美容场所

洗浴和美容场所主要包括公共浴室、理发店、美容店等。这类公共场所变化很大——公共浴室有大众化浴室、桑拿类浴室、足浴中心，还有综合类洗浴服务等；美容店有生活美容、医学美容等。但是对医学美容场所，依法应当按照《医疗机构管理条例》实施管理。

4. 文化娱乐场所

文化娱乐场所包括影剧院、录像厅、游艺厅、舞厅、音乐厅等。这类公共场所也有一些新兴业态，例如网吧、曲艺社、棋牌室等，还有儿童乐园、老年活动中心、少年宫、青年宫等。

5. 体育、健身和游乐场所

体育、健身和游乐场所包括体育场、体育馆、游泳场、游泳馆。这类场馆有室内、室外的，有单项目，也有综合性的。还有一些新兴的体育健身场所，例如以健身器材为主的健身房等。还有各类公园、动物园、旅游景区公园等。

6. 文化交流场所

文化交流场所包括展览馆、博物馆、美术馆、图书馆等。还有一些新兴的业态，例如会议中心、会展中心等。这些新兴业态一般为多功能场所，可以举办展览，也可以举办购物活动、美食制售活动、工业品或生活品展销活动、大型论坛交流活动，还可以举办文娱体育活动，等等。

7. 购物消费场所

购物消费场所包括各类商场、商店、超级市场、百货商店、书店等。近些年，很多城市还建立起综合性的商业街区、集中式的购物贸易市场等。

8. 公共交通场所

公共交通场所包括候车室、候船室、候机室，公共汽车的车厢、火车车厢、飞机机舱、船舱等，还有大型城市的轨道交通的候车室、车厢等。

9. 候诊场所

候诊场所一般是指医疗机构门诊、急诊的候诊室。对此类公共场所，虽然列为《公共场所卫生管理条例》管理的范围，但是《医疗机构管理条例》颁布后，多数地方都按照《医疗机构管理条例》进行管理，没有按照一般公共场所进行卫生管理和监督。

二、公共场所卫生管理和监督

（一）公共场所卫生

公共场所卫生一般指公共场所内在环境应当符合人群健康需要，不存在对人体健康不利的影响因素。公共场所卫生要运用环境卫生学理论和技术，研究公共场所环境因素对人体健康影响的问题，研究制定符合人群健康需求的卫生标准、规范和卫生要求。并通过立法规定管理措施，通过监督和管理，改善和维护公共场所的卫生环境和秩序，保证公共场所环境卫生适应人体健康需求，实现预防控制疾病，保护公众健康安全的目标。

（二）公共场所卫生管理

公共场所卫生管理主要是指公共场所的经营者，按照公共场所卫生管理的法律法规和规范标准，对所经营的公共场所卫生条件、卫生状况、卫生设施、卫生管理制度和档案、服务中的卫生行为等进行自我约束、自我规范和自行完善的卫生管理活动。按照《公共场所卫生管理条例实施细则》的规定，“公共场所的法定代表人或者负责人，是其经营场所卫生安全的第一责任人”。除了经营者的卫生管理责任，公共场所业主方、行业主管部门等也应当依法对其所有的、主管的公共场所履行卫生安全管理责任。经营者对公共场所卫生管理的主要责任包括：健全卫生管理制度和档案；保证公共场所环境卫生质量符合卫生标准和要求；保证场所建设符合卫生要求；保证公共用品按规范进行清洗消毒；保证从业人员具有一定的卫生知识，身体符合健康要求；有效地预防健康损害事件的发生等。

（三）公共场所卫生监督

公共场所卫生监督是指各级卫生计生行政部门及其卫生监督机构，依法对公共场所卫生条件，卫生状况，卫生管理等进行审批许可，监督检查，卫生监测，查处违法行为，督促公共场所经营者落实第一责任人的责任，履行公共场所卫生管理义务，保证公共场所卫生安全的行政执法活动。公共场所卫生监督主要内容包括：依法对新建、扩建、改建的公共场所的选址，设计进行卫生审查，并参加竣工验收；依法对公共场所进行卫生监督，监测，核发卫生许可证；依法监督从业人员的健康，指导对从业人员进行卫生知识培训；依法对公共场所发生的监督危害事故进行调查；依法对违反法律法规的行为进行行政处罚等。

（四）公共场所卫生监督的范围

根据《公共场所卫生管理条例》和《公共场所卫生管理条例实施细则》的规定，《公共场所卫生管理条例》中列举的7类28种公共场所，都应当纳入卫生监督的范围。但是，由于经济和社会的高速发展，人民生活水平和需求的不断提高，公共场所也在发展和变化中，许多新兴的公共场所不断涌现，许多地方还有独具特色的活动场所需要加强卫生管理等，各地方对公共场所的监督管理措施也不尽相同。因此，2011年原国家卫生部在新修订的《公共场所卫生管理条例实施细则》中，授权省级地方卫生行政部门决定和公布公共场所卫生监督具体范围，在《公共场所卫生管理条例》的基础上，各地公共场所卫生监督的范围也有一些差别。

三、重大活动城市运行公共场所卫生监督保障

（一）公共场所在城市运行中的地位

公共场所是为公众提供服务的场所，是一个城市流动人口、外来群体光顾最多的场所，是一个城市对外展示风采的窗口。一个城市公共场所建筑物的宏伟程度、装饰风格，公共场所种类，场所内的设施条件，公共场所服务项目、服务档次、服务水平、卫生管理状况等，是一个城市经济状况、社会发展、精神文明程度的重要标志。也可以说是一个城市经济、社会发展和精神文明建设的缩影。公共场所在城市运行中具有非常重要的地位，公共场所几乎涵盖了公众消费活动的绝大部分场所，保障公共场所高水平、高质量、有秩序的运转，是一个城市社会管理综合能力和水平的体现，如果公共场所不能正常运转，整个城市运行就会处于瘫痪的状态。

（二）公共场所卫生与重大活动城市运行的关联性

城市运行是一座城市协调有序、正常稳定持续运转的过程，需要经济、政治、社会、信息等方方面面的协调发展，需要城市基础设施、公共服务满足人们经济、社会、文化、健康等的需求，需要市政基础设施、公共事业、交通管理、公共卫生等系统的良好管理和有序运转。

重大活动举办城市的城市运行公共卫生，主要包括四个方面，一是食品安全，二是城市健康环境，三是疾病预防控制，四是医疗服务。重大活动举办城市公共场所，既是重大活动集中运行的场所，也是城市居民和其他人群聚集、接触密切的场所。因此，也是疾病传播的重要途径和卫生风险环节，极易发生危害健康的事故；公共场所卫生状况是最重要、最直接的健康环境；公共场所卫生管理和监督，不仅是各类疾病预防控制措施施行的重要载体，也是食品安全、医疗服

务措施施行的重要载体;公共场所卫生状况,还是彰显重大活动举办城市公共卫生水平、公共卫生管理能力的一个缩影。要保证重大活动举办城市有秩序的城市运行,必须保证举办城市具有良好的公共卫生环境。要保证举办城市的公共卫生水平,要向重大活动及其参与者展示一个健康卫生的城市特色,首先就要保证公共场所的卫生安全。

(三)城市运行公共场所卫生监督保障的含义

城市运行公共场所卫生监督保障是指在重大活动城市运行体系中,举办城市的卫生监督主体通过强化卫生监督执法,加大对公共场所卫生监管的力度,督促指导公共场所经营者落实卫生法律法规、标准规范,履行第一责任人的责任,加强经营场所自律卫生管理,提供良好的公共卫生环境,为重大活动和公众提供卫生安全的服务,预防危害健康事故,确保重大活动圆满成功的卫生监督活动。从广义上讲,城市运行公共场所卫生监督保障包括重大活动使用场所的卫生监督保障、重大活动使用场所外围各类公共场所的卫生监督保障两部分。但在实践中,城市运行公共场所卫生监督保障主要指重大活动使用场所以外的公共场所的卫生监督保障。重大活动使用场所的卫生监督保障属于重大活动场所运行体系中的公共场所卫生监督保障。

四、城市运行公共场所卫生监督保障措施

(一)强化新建项目的预防性卫生监督

重大活动城市运行包括三个方面:一是规划,二是建设,三是管理。在重大活动城市运行的规划建设阶段,特别是在承办重大的国家体育赛事活动时,举办城市要适应重大活动的规模、项目和需求,新建一些大型公共场所,也要对原有一些公共场所进行改建,提升级别档次,或者完善服务功能。因此,重大活动举办城市卫生监督主体要依法强化对这些新建项目的预防性卫生监督和卫生指导,保证新建的公共场所符合法律法规规定的标准和要求。主要任务是:把好项目设计的卫生评价审查、项目建设中的卫生监督、项目竣工时的卫生验收三大环节。通过三大环节的监督措施保障公共场所选址、环境健康影响、主体建筑、附属设施、内部布局、人均占有面积、卫生设施等符合卫生标准和规范的要求。

(二)督促指导公共场所提升改造卫生环境

提升改造是对原有事物的修改、变更和提高,是城市规划建设中对原有公共服务设施和功能的改进。重大活动举办城市为适应重大活动需求,为重大活动提供良好的城市环境,需要对城市进行规划建设和改造提升,完善各项公共服务设施。公共场所卫生提升改造,是城市规划建设、改造提升的重要内容,在重大活动筹备阶段,卫生监督保障主体应当根据城市运行的整体建设和改造提升规

划，对城市公共场所进行卫生风险评估，针对卫生风险现状，研究制定公共场所卫生改造提升的重点和指导标准，对公共场所的经营者、管理者进行培训，督促指导公共场所进行卫生改造提升。各类公共场所的经营者，必须履行第一责任，在卫生监督保障主体指导下，按照卫生法律法规和规范标准，结合重大活动需求，对经营管理的公共场所的建筑、布局、设施设备、卫生管理制度等，进行全面改造，完善和提升，使公共场所的卫生达到最佳状态，适应重大活动城市运行要求。

（三）强化公共场所卫生监督检查

在重大活动期间，举办城市卫生监督主体应当启动非常态卫生监督运行机制，强化对举办城市公共场所的卫生监督检查，按照预防为主的方针，围绕重大活动场所运行和群体活动特点，落实卫生监督执法责任制，对城市中的重点公共场所加大卫生监督检查的频次，必要时应当以每日作为一个检查周期，甚至以每日不同的服务高峰时段作为一个周期，进行卫生监督检查，及时发现和排除各类风险隐患。保证各类公共场所，按照卫生法律法规和规范标准的规定，提供服务正常运转，确保不发生任何健康危害事件。

（四）对重点场所进行非常态的卫生监测

在重大活动期间，卫生监督主体要加强对公共场所的卫生监测，采取卫生监督现场快速检测和实验室监测相结合的方式，重点监测各类公共场所的空气质量、微小气候、新风量、饮用水和游泳池水质、消毒剂浓度等是否符合卫生标准，监测顾客公共用品、用具的清洗消毒是否达到卫生标准要求，保证公共场所环境卫生、用品用具卫生等符合卫生标准和规范，及时消除各类卫生风险隐患。

（五）迅速处置健康危害事件

卫生监督保障主体应当针对重大活动的特点，制定公共场所健康损害事件应急预案，开展应急培训和演练，一旦发生危害健康的事件，要迅速反应并启动应急处置预案，采取有效的卫生监督措施，最大限度地控制风险损失，消除不利影响，恢复和保障公共服务的正常运转，保证举办城市公共场所服务中的卫生安全。

第二节　公共场所卫生提升改造的原则和一般要求

一、公共场所卫生现状和问题

伴随着经济和社会发展，人民生活水平提高，各类公共场所迅猛发展，为公众生活、交际、旅游和休闲娱乐提供了更加舒适的条件和环境。同时，由于公共场所室内空间有限，人员聚集，接触密切，人群复杂，流动频繁等特点，也形成了重要的卫生风险因素，成为公共卫生监管的重点。

(一)发展不平衡，监管有难度

我国仍处于一个高速发展的阶段，各地经济和社会发展水平有差别，即使在同一个举办城市、举办地区也存在差别问题，不同阶层人群的经济收入、消费需求、生活习惯各有不同。各类公共场所的发展也很不平衡，在档次水平、设施条件、管理能力等方面差别很大。公共场所中超大型、大型、中型、小型、超小型并存，住宿业车马小店、农家院、简易旅店、快捷酒店和五星级、六星级、超星级宾馆同时存在；简易理发小店、普通理发美发店，高档美容美发厅、生活美容医学美容等并存；露天游泳池、室内游泳池、高档游泳馆、跳水馆等并存……给公共场所相对统一的卫生监督和管理增加了很大的难度，也带来了卫生风险控制的困难。

(二)卫生法规相对滞后

我国公共场所卫生管理的法规——《公共场所卫生管理条例》，颁布距今已经近三十年了，经济、社会、文明程度、法治环境等都有了很大变化，新生事物如雨后春笋般不断涌现，公共场所的业态、种类、规模、等级，服务设施设备、公共场所的管理水平、公众对公共场所环境的健康需求等都发生了很大的变化。一是一些公共场所原规定已不能涵盖，有很多规定已不适应现状的要求；二是管理的方式和手段也有待于进一步改善，原先对违法行为的处罚力度显得比较软弱；三是卫生管理体制已经调整改革，卫生许可也由事先转为事后，在管理措施上需要进一步调整等。

(三)部分场所建筑和布局不合理

一些公共场所经营者缺乏法律意识，对公共场所新建项目的设计不经卫生部门卫生审查，为搞活经济还有一些盲目将一般写字楼、公寓、办公场所、企业车间、库房等改造为公共场所的行为，使公共场所的选址、设备设施、流程布局等不能满足公共卫生要求和公众健康需求，因而带来很多安全隐患。实行事后卫生许可制度后，这类问题更加突出。卫生监督机构在事后监管中发现问题再要求改进不仅浪费人力物力，而且难度很大，往往带病运行的卫生风险很大。

(四)从业人员卫生意识差

由于公共场所行业高速发展，高档次、高规模、高消费的公共场所不断涌现，公共场所从业人员中的专业类人才也不断向高档次场所流动，一些中小型公共场所为了保证收益，不得不从农民工、城市闲散人员、下岗人员中招聘从业人员，这些人员未经系统专门培训就上岗工作，而且流动性很大，缺少公共卫生知识、法律法规知识，卫生意识、责任意识较差，只注重表面清洁、忽视实质性卫生要求，不按卫生规范操作，清洁区、污染区不分，清洁物、污染物不分，导致清洁和污秽物品的交叉污染，带来公共卫生风险。

（五）卫生管理制度不完善、组织不健全

一些公共场所经营管理者缺少必要的法律法规知识，对经营场所卫生安全重视不够，没有按照法律法规要求建立健全相关的卫生管理制度，场所卫生管理无章可循；或者虽有相应的卫生管理制度，但束之高阁形同虚设，制度不能得到很好地落实；虽有卫生管理制度但是没有按照规定建立卫生管理组织，设置卫生管理员，无人专门管理卫生工作，也不建立卫生管理档案。因此，场所内卫生状况很差，卫生风险隐患很多。

（六）卫生风险因素突出

公共场所除了上述卫生管理现状中的问题外，由于人群聚集、接触密切、往来频繁，公用品重复使用、集中空调卫生等方面还存在比较突出的卫生风险因素。

1.各种用品反复使用，容易造成污染

绝大多数公共场所为顾客提供的用品用具都不是一次性的使用物品。例如毛巾、浴巾、床单、被褥、枕巾、浴衣等公用物品，水杯、茶杯、酒杯、热水瓶等饮具，都是经过清洗消毒后提供给往来顾客反复使用的；浴缸、洗手盆、水龙头等都是固定的，往来客人密切接触反复使用。这些公用品和设备，客人接触密切，如果有致病微生物感染源，非常容易造成公用品的污染，一旦消毒不彻底或者不到位，就会发生客人的交叉感染。

2.人员密集易于传染病传播

绝大多数公共场所人员密集，接触密切，再加之顾客健康状况复杂，患病人群占有一定的比例，患病者不仅可以通过呼吸传播疾病，还可以通过污染公共场所墙壁、办公设施、遥控器、电话、公共用品用具、游泳池水质，洗浴设施等传播传染病。

3.集中空调通风系统隐患较大

集中空调通风系统对调节公共场所室内温度和舒适度有非常好的效果，但是，如果管理不善，也是非常严重的公共场所卫生风险因素。相当一部分公共场所对集中空调通风系统的卫生管理不重视，或者因为清洗空调系统需要较大经费支出，不能经常清洗消毒，致使集中空调通风系统内污染严重，积尘量过大，有害物质积存，军团菌等致病微生物繁殖等导致出现人体过敏反应、健康损害，或者传染病传播等公共卫生风险。因此，集中空调通风系统应当作为公共场所卫生监管的重点。

二、公共场所卫生提升改造的原则

（一）坚持与城市规划建设同步

重大活动城市运行卫生监督保障是重大活动城市运行的一个子系统，公共场所卫生提升改造是重大活动城市运行中，城市规划建设的重要组成部分。因此，重大活动举办城市公共场所的提升改造应当与举办城市规划建设同步，作为整个城市规划建设的重要内容同步推动开展。公共卫生工作是整个社会从政府到每个人的共同任务，在制订城市建设规划中，将公共场所的卫生提升改造作为一项重要任务纳入总体规划，才能推动这项工作的有效实施。因此，需要卫生监督主体，早动手、早起步，及时提出意见建议，积极争取将公共场所卫生提升改造纳入整体规划，借助整个城市的规划建设，推动卫生工作上一个新的水平。

（二）坚持结合实际、因地制宜

我国地域辽阔，各地经济、社会发展不平衡，公共场所的规模、档次、水平也不尽一致。在众多重大活动城市运行的保障中，新建公共场所比例不会很大，大多数是在原有基础上进行改造或者进行专项整顿的。因此，卫生监督主体在指导公共场所的卫生改造提升中要充分考虑国情、市情实际情况和经济承受能力，结合相关公共场所的实际情况，充分利用现有资源基础，提出既能保证公共卫生要求，满足重大活动需求，又符合当地经济、技术能力可以承受并能够推动实施卫生提升改造的建议意见。

（三）坚持硬件与软件提升并重

在重大活动城市运行中，城市规划建设多注重城市公共服务功能的硬件建设，人们注意力往往关注城市公共设施、建筑风格和公共服务功能等。从公共卫生角度出发，在公共场所卫生提升改造中，不仅要关注硬件能力提升改造场所，也需要关注卫生管理能力软件水平的提高。公共场所建筑布局、设施设备的提升改造非常重要。没有硬件条件的提升改造，就很难达到卫生质量水平上等级、上档次的目标，这就失去了改造提升的意义。当公共场所建筑布局、设施设备、服务功能达到一定水平后，卫生管理能力就成为至关重要的内容。遇见较差的硬件条件，如果有非常科学的管理方法和手段，管理措施和力度非常到位，也能在一定程度上降低硬件条件不足带来的风险。反之，如果硬件条件很先进，而管理能力和水平不能与之相适应，失于有效、科学的卫生管理，仍然会引发卫生风险，很难达到保障卫生安全的目标。因此，公共场所卫生的提升改造，要两手抓，两手都要硬。公共场所硬件建设要下功夫，卫生管理软件建设也要下力量，要着力建立和完善卫生管理制度和机制，落实卫生管理法律法规，强化日常卫生管理，使公共场所在卫生管理科学性、规范性上有大幅度提升，只有这样，才能真正保证公共场所卫生安全。

（四）重点场所、重点环节，重点提升改造

在一个重大活动举办城市中，各类公共场所成千上万、五花八门，水平档次参差不齐，提升改造的任务非常繁重。而提升改造的时间有限，能够投入的经费有限，监督主体进行督促指导的力量也有限，不可能做到全面开花、一切不落。如果卫生监督主体没有重点，眉毛胡子一把抓，就容易捡了芝麻丢了西瓜，很难达到预期提升改造效果。因此，卫生监督主体在积极推动城市公共场所卫生整体改造提升的同时，要做好三个方面的工作：一是要给政府提供好的建议，要求政府向重点场所倾斜政策，加大提升改造力度；二是要给公共场所经营者提供有针对性的卫生监督意见，指导其对重点环节加大提升改造力度；三是选派得力人员对重点公共场所、公共场所重点环节进行提升改造，加大督促和卫生指导的力度，保证在举办城市整体运行的环境中，公共场所整体卫生水平有一定的提高。但是，重点公共场所的卫生状况、关键环节的卫生水平和风险控制能力要有大幅度地提升。所以，在工作摆布上要将重大活动使用场所、重点区域公共场所、卫生风险较大场所、与重大活动关系大的场所和影响举办城市运行效果，体现城市总体水平的场所等作为提升改造的重中之重。

三、公共场所卫生提升改造的一般要求

（一）改造不合理建筑布局

不合理建筑布局包括公共场所选址中的问题和内部设施合理布局问题。在提升改造中：第一，要通过城市规划建设，改善公共场所外环境，弥补建设选址时的失误和不足，消除后来人为健康影响因素，例如严重的污染扩散源、有毒有害物质排放和产生严重噪音源等，对这些严重健康影响因素，能够迁移的迁移，不能迁移的采取环保措施，或者对公共场所建筑物加强防护措施；第二，通过提升改造完善内部结构、功能区域建设，完善防治噪声、震动、潮湿结构，改善重点部位空间、照明等，配齐相应功能用房和设施，调整配套设施相关比例；第三，按照卫生标准、规范和要求，调整内部设施布局和流程，有效防止布局和工作流程交互感染和健康影响因素。通过整改，使公共场所选址、建筑、布局和设施等提升至满足服务功能的卫生要求。

（二）完善卫生设施设备

公共场所内的卫生设施、设备，是保证公共场所相关服务环节卫生，防治危害健康因素的硬件保障措施，也是保障公共场所卫生的重要手段，必须要加以完善。例如，完善公共用品、用具的消毒间，改造内部装修，使墙面、地面、顶棚，上水下水等符合卫生要求，配齐相关的消毒设施、消毒剂、消毒器械、消毒后物品保

洁设施等，使其能够满足公用物品、公用器具清洗消毒和保洁的卫生要求；改善公共卫生间，按照规模和服务人群合理配备卫生间数量、蹲位数量，完善通风、防蝇设施、清洗消毒等设施；完善盥洗房间和设施，地面、墙面、脸盆、过道等要符合卫生要求；改造各类防虫设施，完善防蚊、防蝇、防蟑螂、防鼠害的设施，保证室内外无蚊蝇孳生场所，无蚊、蝇、蟑螂等病媒昆虫；完善垃圾污物收集处理措施，配齐固定收集、储存、外运、处理和防治垃圾污物污染环境的配套设施设备。

（三）健全卫生管理制度

卫生管理制度是保证公共场所卫生安全的重要措施，在公共场所卫生的提升整改阶段，卫生监督主体要督促指导公共场所经营者，按照《公共场所卫生管理条例》《公共场所卫生管理条例实施细则》的规定，结合场所的经营范围和服务功能等，建立健全卫生管理制度和内部卫生管理组织、管理机制。例如建立卫生管理组织，配备专职或兼职卫生管理员，进行自律卫生检查；建立从业人员体检制度、工作人员健康晨检和患者临时调离制度；建立杯饮具消毒和保洁管理制度；建立公共用品、用具储配备制度，配备数量需达到床位的 3 倍以上；建立一次性使用卫生用品卫生管理制度；建立卫生岗位责任制和卫生检查制度；制定突发事件应急处置预案，定期排查隐患，开展应急演练。并建立卫生管理档案，详细记载卫生管理组织、人员和制度及执行情况，场所空气质量、从业人员体检培训、空调系统定期清洗记录、客用公共用品用具索证、清洗消毒记录和卫生监督监测情况，应急演练情况等。

（四）改善集中空调系统卫生

集中空调通风系统是公共场所的重要卫生风险因素，集中空调通风系统是众多传染性疾病传播的重要途径，管理不善导致卫生状况不好，对人体的健康影响很大。但是，集中空调通风系统卫生的重要性和卫生学意义，还没有受到广泛的重视，已经成为公共场所监督管理中的一个难点问题。因此，改善公共场所集中空调通风系统，是重大活动城市运行中公共场所卫生提升改造的重点内容。集中空调通风系统改造提升的主要任务：一是，加大卫生宣传教育力度，卫生监督主体要对公共场所经营者，特别是法定代表人、主要负责人，进行培训教育和卫生监督执法约谈，使其树立卫生意识、法律意识和责任意识，提高对集中空调通风系统的重视程度；二是，开展卫生监测评价，对重点公共场所的集中空调通风系统进行检测和卫生评价；三是，改造不合理的设计，对不符合卫生要求的设计、装配和附属设施，进行系统改造，例如规范通风口、过滤网等新风补充系统设置，改善冷凝塔等消毒装置，改善进风口环境卫生，消除环境污染因素，健全检修口等；四是，进行系统清洗消毒，在提升改造阶段，要安排专业队伍，对集中空调通风系统进行全面的清洗消毒，近期经过系统清洗的，在关键环节采取消毒措施，使集中空调通风系统卫生状况达到最佳状态。

（五）改善场所环境卫生质量

在重大活动公共场所卫生提升改造阶段，卫生监督主体要督促指导公共场所经营者，围绕公共场所的环境卫生质量进行改造提升。包括：第一，着力改善场所室内空气质量，围绕保证室内空气中甲醛、一氧化碳、二氧化碳、可吸入颗粒、微生物含量符合卫生标准，保证自然通风或者机械通风效果，消除危害物质释放源等进行改造；第二，改善场所室内的微小气候，根据不同季节采取有效措施，围绕保证室内温度、适度、气流和新风量等微小气候进行改造；第三，改善场所的照明和防噪条件，使场所室内有良好的自然光照和人工照明，消除噪音对室内的影响，保持安静的环境；第四，改善场所内的室内外环境卫生，围绕店容店貌整洁、美观，地面无果皮、痰迹和垃圾等进行改造或整治；第五，完善饮用水卫生，改善二次供水设施、供水末梢装置，保证饮用水卫生安全。

（六）提升从业人员卫生意识

在重大活动公共场所卫生提升改造阶段，卫生监督主体要督促指导公共场所经营者，开展对公共场所管理人员、从业人员的培训教育，全面提升公共场所从业人员的卫生意识和素质。重点培训公共场所的法律法规和规范标准、公共场所卫生知识、传染病防治知识、公共场所卫生要求、公共场所健康危害因素等，使公共场所管理者和从业人员树立良好的卫生意识，自觉遵守法律法规和规范标准规定，培养良好的个人卫生习惯，自觉约束行为，保证服务中的卫生。

（七）规范服务活动卫生行为

通过提升改造，规范公共场所和从业人员服务中的卫生行为，要建立健全岗位责任制，建立健全各环节的卫生操作规范、程序和考核标准。保持工作人员个人卫生行为习惯。例如从业人员着装美观大方、清洁干净；保持个人卫生，该戴口罩的要戴口罩，该戴手套的要戴手套，防治疾病传播。保证服务各环节操作的规范性。例如及时对责任区室内空间进行通风，进行打扫卫生保证清洁，清洁客房时床单、被套、枕套等符合卫生要求，各类清洁布按规定专用，不交叉污染；保证用品用具清洗消毒规范，按照规定的程序、消毒液的比例、消毒的时间、清洗消毒的步骤，对客人用品用具进行清洗和消毒，保证清洗消毒的质量，保证保洁措施的规范等。规范公共场所及从业人员服务过程的卫生行为，是公共场所卫生安全细节的重要保障，也是公共场所卫生提升改造的重要环节。

第三节　重点公共场所卫生提升改造要点

公共场所卫生提升改造要点是重大活动举办城市卫生监督主体在举办城市

规划建设中，依据公共场所卫生管理法律法规和标准规范，结合举办城市公共场所卫生状况和重大活动需求等，按照提升改造原则，对现有公共场所提升卫生管理水平，提出指导意见和要求，指导公共场所经营者，改善卫生设施设备条件，完善卫生管理制度，提升公共场所的卫生水平。

一、住宿场所卫生提升改造要点

住宿场所是指向消费者提供住宿及相关综合服务的场所，包括各类宾馆、酒店、旅店、招待所、度假村等。近些年，新兴的家庭式旅店、“农家乐”等也应参照有关内容提升改造。

（一）规范设置消毒、储藏专间

每30个标准间设立一个能满足饮具、用具等清洗消毒保洁需要的独立清洗消毒间，地面与墙面使用防水、防霉、可洗刷的材料，墙裙高度不得低于1.5米，地面坡度不小于2%，并设有机械通风装置；每30个标准间设立一个储藏间，配置足够的物品存放柜或货架，并应有良好的通风设施及防鼠、防潮、防虫、防蟑螂等预防控制病媒生物设施；设置与员工数量相适应的更衣和清洁专用房间。

（二）规范消毒、保洁设施

公共饮具宜用热力法消毒。采用化学法消毒饮具的，消毒间内至少设3个饮具专用清洗消毒池，并配备相应的消毒剂配比容器；配备已消毒饮具专用存放保洁设施，其结构应密闭并易于清洁。配有拖鞋的住宿场所，须设拖鞋专用清洗消毒池，远离杯具消毒池1.5米以上。

（三）规范各类防虫媒设施

各类住宿场所应有防蚊、防蝇、防蟑螂、防鼠害的设施，并经常检查设施使用情况，能够保证室内外无蚊蝇孳生场所，无蚊、蝇、蟑螂等病媒昆虫。

（四）改善集中空调通风系统卫生

设有集中空调通风系统的住宿场所，应当对集中空调通风系统进行清洗消毒和卫生评价，达到《公共场所集中空调通风系统卫生管理办法》和《公共场所集中空调通风系统卫生规范》的要求。

（五）完善卫生保洁工作设施

住宿场所每10～12个标准间，配备一辆客房工作车，工作车应当分别配备专用清洁浴盆、清洁脸盆、清洁抽水马桶等的工具，各专用工具须有明显标志，清洁用布须分开颜色，应分开存放，禁止混用。

（六）改善公共卫生间卫生

公共卫生间应当设置独立的机械排风装置，卫生间与外界相通的门窗安装严密，纱门及纱窗易于清洁，外门能自动关闭。卫生间应当在出入口附近设置洗手设施。配置坐式便器的，应当提供一次性卫生坐垫。

（七）完善卫生管理制度

建立卫生管理组织，配备专职或兼职卫生管理人员；公示卫生许可证件，禁止超出许可范围经营；落实从业人员体检制度，持有效健康合格证，坚持晨检和患病及时调离制度；落实杯饮具消毒管理制度，清洗后茶具必须表面光洁，无油渍、无水渍、无异味，饮具数量需达到床位数量的3倍以上；落实一次性使用卫生用品卫生管理制度，禁止重复使用；落实卫生检查制度，自律检查卫生情况；建立卫生管理档案，详细记载从业人员体检培训、空调系统定期清洗记录、客用公共用品用具索证、清洗消毒记录和卫生监督监测情况。制定突发事件应急处置预案，定期排查隐患，开展应急演练。

二、洗浴场所卫生提升改造要点

洗浴场所包括：浴场（含会馆、会所、俱乐部所设的浴场）、桑拿中心（含宾馆、饭店、酒店、娱乐城对外开放的桑拿部和水吧SPA）、浴室（含浴池、洗浴中心）、温泉浴、足浴等。

（一）健全沐浴场所功能专间

按照卫生要求，设置各类功能专用房间或者区域。改造健全休息室、更衣室、沐浴区、公共卫生间、清洗消毒间、锅炉房或取暖设施控制室等房间。

（二）规范各功能间卫生

浴区地面坡度不小于2%，最低处设置地漏并加蓖盖；设置足够的淋浴喷头，喷头数量满足休息床位的1/5，相邻喷头间距不小于0.9米，每十个喷头设一个洗脸盆；更衣室、浴区及堂口、大厅、房间等场所，应设有冷暖调温和换气设备，保持空气流通；吸烟区（室）不得位于行人必经的通道上，室内空气应当符合卫生标准和要求。

（三）改善公共卫生间设施

浴区内应当设置公共卫生间，卫生间应当配备水冲式便器，采用坐式便器的应提供一次性卫生坐垫，配置独立的排风设施，且不得与集中空调管道相通。卫生间内应当设置流动水洗手设施，卫生间要有清扫、消毒，保证无积水、无异味的措施。

（四）规范清洗消毒设施

（1）设置专用饮具清洗消毒专间，3个以上设标记明显的水池和密闭饮具保洁柜；（2）设置浴巾、毛巾、浴衣裤等公用棉织品专用清洗消毒间，配备标记明显的专用密闭保洁柜；（3）设置专用公用拖鞋清洗消毒区域和设备、容器；（4）设置修脚工具消毒区域，配置专用紫外线消毒箱或高压消毒装置对修脚工具进行消毒。

（五）规范相关设施用品管理

为顾客休息提供的公共用品用具应符合《旅店业卫生标准》的有关规定；附设理发、美容服务须符合理发店卫生标准；集中空调通风系统须符合《公共场所集中空调通风系统卫生管理办法》和《公共场所集中空调通风系统卫生规范》的要求。

（六）完善卫生管理制度

建立卫生管理组织，配备专兼职卫生管理员；公示卫生许可证件，禁止超出许可范围经营；落实从业人员体检制度，持有效健康合格证，坚持晨检和患病及时调离制度；落实传病防治措施，浴室内不得提供公用脸巾，设置禁止患性病和传染性皮肤病顾客就浴警示标志；落实卫生自查制度，进行经常性卫生检查，建立自查自检记录；建立卫生管理档案，详细记载从业人员体检培训、空调系统定期清洗记录、客用公共用品用具索证、清洗消毒记录和卫生监督监测情况。制定突发事件应急处置预案，定期排查隐患，开展应急演练。

三、美容美发场所卫生提升改造要点

美容场所是指根据宾客的脸型、皮肤特点和要求，运用手法技术、器械设备并借助化妆、美容护肤等产品，为其提供非创伤性和非侵入性的皮肤清洁、护理、保养、修饰等服务的场所；美发场所是指根据宾客的头型、脸型、发质和要求，运用手法技艺、器械设备并借助洗发、护发、染发、烫发等产品，提供发型设计、修剪造型、发质养护和烫染等服务的场所。

（一）改善服务环境和布局

美容场所面积最小不低于 30 平方米，美发场所面积最小不低于 10 平方米。经营面积 50 平方米以上的美发场所，设置单独的染发间、烫发间；小于 50 平方米的应当设置烫、染工作区，并设置机械通风设备，组织通风合理；洗发设施不得小于座位的 1/5。

（二）完善公共用品消毒保洁设施

美容场所和经营面积 50 平方米以上的美发场所，必须设置单独的专用清洗消毒间，50 平方米以下的美发场所应当配备消毒设备；清洗消毒间面积不得小于 3 平方米，装贴不低于 1.5 米高的防水墙裙，配备清洗、消毒、保洁和空气消毒设施；消毒保洁设施应为密闭结构，有明显标识；以紫外线灯作为空气消毒设施的应当符合相关要求。

（三）规范消毒隔离设施用品

配有数量充足的毛巾、美容美发工具，美容场所毛巾要高于顾客座位 10 倍，美发场所毛巾要高于座位3倍，公共用品用具数量应当满足消毒周转需要；配备有明显标识的皮肤病患者专用工具，用后即时消毒，并单独存放。

（四）规范公共卫生间设施

公共卫生间应设置水冲式便器，便器宜为蹲式，配备坐式便器的应当提供一次性卫生坐垫。卫生间应有流动水洗手设备和盥洗池。有独立机械通风设施，机械通风设施不得与集中空调通风系统相通。

（五）严格消毒隔离卫生制度

工作人员操作时须穿清洁干净的工作服，美容前双手必须清洗消毒，操作时应戴口罩；脸巾应当一客一换一消毒，理发用大小围布要经常清洗更换；理发、烫发、染发的毛巾及刀具应分开使用，理发工具采用无臭氧紫外线消毒，毛巾采用热力消毒，清洗消毒后的工具应分类存放，不得检出致病微生物；生活美容场所不得做创伤性美容术。

（六）完善卫生管理制度

建立卫生管理组织，配备专兼职卫生管理员；公示卫生许可证件，禁止超出许可范围经营；落实从业人员体检制度，持有效健康合格证，坚持晨检和患病及时调离制度；落实卫生自查制度，进行经常性卫生检查，建立自查自检记录；建立卫生管理档案，详细记载从业人员体检培训、客用公共用品用具索证、清洗消毒记录和卫生监督监测情况。制定突发事件应急处置预案，定期排查隐患，开展应急演练。

四、文化娱乐场所卫生改造提升要点

文化娱乐场所一般是指向公众开放的以盈利为目的的娱乐活动场所。包括影剧院、录像厅、游艺厅、舞厅、音乐厅和新兴的网吧、曲艺社、棋牌室等。还有一些属于公益和盈利相结合的儿童乐园、老年活动中心、少年宫、青年宫等。

（一）完善场所功能房间

各类文化娱乐场所要设置与服务功能相适应的娱乐厅（观众厅）、放映室、休息室、公共卫生间和其他功能用房。提供食品、饮品或者杯饮具的场所，应当设置符合卫生要求的清洗消毒间，用于餐饮具的清洗消毒。

（二）完善场所卫生设施

观众厅长度、座位规格、视距、视角和照度、通风、控噪设施等要满足卫生标准要求；座位超过800个的设置机械通风，其他文化娱乐场所应有机械通风装置；舞厅人均占有面积大于1.5平方米（舞池人均大于0.8平方米），卡拉OK厅等人均占有面积大于1.25平方米；同一平面设有男女厕所，厕所便池数量符合标准要求，设单独排风设备，门宽大于1.4米。

（三）完善卫生管理制度

建立卫生管理组织，配备专兼职卫生管理员；公示卫生许可证件，禁止超出许可范围经营；落实从业人员体检制度，持有效健康合格证，坚持晨检和患病及时调离制度；落实卫生自查制度，进行经常性卫生检查，建立自查自检记录；建立卫生管理档案，详细记载从业人员体检培训、客用公共用品用具索证、清洗消毒记录和卫生监督监测情况。制定突发事件应急处置预案，定期排查隐患，开展应急演练。

（四）规范日常卫生管理行为

呼吸道传染病流行季节必须加强室内机械通风换气和空气消毒；供观众使用的眼镜每场用后应经紫外线消毒；电影场次间隔时间 30 分钟以上，换场时间加强通风换气；观众座位套定期清洗保持清洁；场所内禁止吸烟；营业时间内严禁使用杀菌波长的紫外线灯和滑石粉。

五、游泳场所卫生提升改造要点

游泳场所是指能够满足人们进行游泳健身、训练、比赛、娱乐等活动的室内外水面（域）及其设施设备。包括游泳池、游泳场、游泳馆、跳水馆等。

（一）完善游泳池卫生安全设施

游泳池池壁、池底应当光洁、不渗水，呈浅颜色；池外走道不滑并易于冲刷，走道外缘设排水沟，污水排入下水道；室内游泳池采光系数不低于 1/4，水面照度不低于 80lx；儿童涉水池不得与成人游泳池连通。

（二）完善净水、消毒设施

按规定设置符合卫生标准要求的水质净化、池水消毒、水温调节等设施设备；通往游泳池的走道中间应当设置强淋设施和强制通过式浸脚消毒池（池长不小于 2 米，宽度应与走道相同，深度 20 厘米）；浸脚消毒池水的余氯含量应保持在 5～10mg/L，并 4 小时更换一次。儿童涉水池应当有连续供水系统，新水中余氯浓度应保持在 0.3～0.5mg/L。

（三）完善配套卫生设施

分别设置男女更衣室、淋浴室和厕所等；淋浴室每 30～40 人设一个淋浴喷头；卫生间应设独立的机械排风系统，女厕所每 40 人设一个便池，男厕所每 60 人设一个大便池和两个小便池。设置医务室，配备一定数量的医务人员、救护人员和必要设备、药品。

（四）完善卫生管理制度

建立卫生管理组织，配备专兼职卫生管理员；公示卫生许可证件，禁止超出许可范围经营；落实从业人员体检制度，持有效健康合格证，坚持晨检和患病及时调离制度；落实卫生自查制度，进行经常性卫生检查，建立自查自检记录；建立卫生管理档案，详细记载从业人员体检培训、客用公共用品用具索证、清洗消毒记录和卫生监督监测情况。制定突发事件应急处置预案，定期排查隐患，开展应急演练。

（五）规范日常卫生管理

游泳场所的通道、更衣室、淋浴室、厕所应保持清洁无异味并应定期消毒；开放时间内应每日定时补充新水，保证池水水质有良好的卫生状况。禁止出租游泳衣裤。严禁患有肝炎、心脏病、皮肤癣疹（包括脚癣）、重症沙眼、急性结膜炎、中耳炎、肠道传染病、精神病等的患者和酗酒者进入人工游泳池游泳。

六、购物场所卫生提升改造要点

购物消费场所包括各类商场、商店、超级市场、百货商店、书店等。超市一般是指商品开架陈列，顾客自我服务，货款一次结算，以经营生鲜食品、日杂用品为主的经营商，是一种消费者自我服务、敞开式的自选售货的零售企业。书店，是指以书籍、报纸、杂志等文化产品为主要售卖品的场所。

（一）完善场所卫生设施设备

营业厅应有机械通风设备，有空调装置的商场（店），进风口应远离污染源。书店，新风量不低于 $20m^3$/（h·人），室内风速小于 0.5/s，照度大于 100lx，利用自然采光的采光系数不小于 1/6；大中型商场须设顾客卫生间，卫生间应有良好通风排气装置，做到清洁无异味。

（二）规范场所内布局卫生

综合商场应当合理设计分区，出售食品、药品、化妆品等商品的柜台应分设在清洁的地方；出售农药、油漆、化学试剂等商品，应有单独售货室，并采取防护措施；展销产生噪声的音响和机械设备的区域，应当配备相应的防噪、隔音设施或者措施。大型商场应设顾客休息室。

（三）规范集中空调通风系统卫生

大型商场装有集中空调通风系统的，应当对集中空调通风系统进行清洗消毒和卫生评价，达到《公共场所集中空调通风系统卫生管理办法》和《公共场所集中空调通风系统卫生规范》的要求。

（四）完善场所卫生管理制度

建立卫生管理组织，配备专兼职卫生管理员；公示卫生许可证件；落实从业人员体检制度，持有效健康合格证，患病者及时调离相应岗位；落实卫生自查制度，建立自查自检记录；建立卫生管理档案，记载从业人员体检培训、清洗消毒记录和卫生监督监测情况；店内应清洁整齐，采用湿式清扫，垃圾日产日清；场所内禁止吸烟，并设宣传标识。制定突发事件应急处置预案，定期排查隐患，开展应急演练。

第四节　重大活动运行期公共场所卫生监督要点

一、城市运行公共场所卫生监督的实施

（一）建立城市运行卫生监督保障机制

落实重大活动城市运行公共场所卫生监督保障任务，做好重大活动运行期公共场所的卫生监督工作，需要卫生监督主体进行良好的组织调度，建立常规监督与非常规监督相结合的工作机制。

1.建立风险评估机制

针对重大活动特点，建立公共场所卫生风险评估机制，市和区县卫生监督机构联动，分层次对举办城市的公共场所情况进行卫生风险评估，准确把握举办城市的公共场所卫生状况和主要风险因素，选择好监督保障重点。

2.建立专业队伍重点监督保障机制

要针对重大活动规模、特点和与城市运行的密切程度等因素，组建一支专门的城市运行卫生监督保障团队，在重大活动运行期对举办城市的公共场所，实施非常规状态下的卫生监督检查，落实对重点区域、重点场所的卫生监督。

3.建立全市联动监督机制

建立辖区负责为主的全市联动卫生监督保障机制，按照举办城市行政区划，将城市运行公共场所卫生监督保障任务，分解成若干卫生监督保障责任区，交由相应的卫生监督机构承担监督保障责任，由专门监督保障团队负责督导推动。

4.建立非常态卫生监督运行机制

建立重点区域、重点场所非常态监督巡查机制，以专门监督保障团队为主，对重点区域内的公共场所和选定的重点公共场所，以日或时段为单位，开展循环式的卫生监督检查，及时发现和纠正卫生隐患问题，督促公共场所经营者强化自律卫生管理，整改存在的问题，保证经营场所的卫生安全。

5.建立每日例会和通报机制

建立监督结果和信息通报机制，在重大活动运行期，卫生监督主体应当建立每日例会、信息通报、疑难问题会商等工作制度，及时通报当日卫生监督检查结果，对发现的问题及时通报辖区卫生监督机构，并责成责任区县监督落实整改，依法做出行政处理，由专门团队进行检查验收。

（二）确定城市运行卫生监督重点

确定重大活动城市运行公共场所卫生监督重点需要考虑三个因素：一是，公

共场所与重大活动关系度，关系越密切监督越重要；二是，公共场所卫生风险程度，风险因素越多，风险程度越高，监督的力度就要越大；三是，重大活动参与者光顾的概率，光顾的概率越大重点也越突出。按照这三个因素，可以将重点监督的公共场所分为两类。

第一类是重点区域内的公共场所，这一类与重大活动核心场馆空间关系密切，光顾概率高，影响性就大；在卫生监督保障实践中，一般根据场所与重大活动的关系度，将举办城市空间区域由高到低划分为一至四个等级，除了重大活动会临时使用的场所，凡是在一类或者一级区域的公共场所，均视为同重大活动关系度极高的场所，列为重中之重的卫生监督重点，对其他空间区域的场所可以逐级适当降低频次和力度。

第二类是公共场所中的重点场所，这一类主要是卫生风险概率高、与公众生活关系密切、公众使用频次较大和污染环节多的场所，也有一部分是重大活动有特殊用途的场所。就公共场所的种类而言，不同场所人员密集程度、流动性、使用频次、停留时间和内在污染环节不同，卫生风险程度也不同。其中住宿场所、美容美发场所、游泳场所和沐浴场所数量较大，与公众生活密切相关，公众使用频次高、人群密度和流动性大、卫生风险环节较多，应当作为重点监督的公共场所。其他类别的公共场所，风险程度相对较低，可以适当降低监督等级。

（三）活动运行期公共场所卫生监督方式

重大活动城市运行公共场所卫生监督保障在卫生监督的工作管理中，属于非常态卫生监督工作，应当采取非常态运行方式、非常态监督手段和措施。一是监督力度要大；二是监督手段要重；三是监督频次要高；四是监督方法要灵活；五是监督时间要与场所经营高峰同步；六是监督内容要突出重点；七是卫生监测要紧跟。因此，在具体监督方式上：一是，采取高频次巡查监督方式，划分若干责任区，由监督员从早晨到晚间不停顿地进行监督巡查；二是，采取团队集体巡查方式，对重点区域由专门团队集体监督检查，形成重拳出击态势，产生整体震慑效应和影响力，有利于促进公共场所经营者加强自律约束行为；三是，采取重点时段重点检查的方式，针对不同公共场所经营高峰，有针对性地强化监督检查；四是，针对特殊场所、接受临时接待任务的场所，采取临时性驻点监督保障措施；五是，对重点场所进行重点项目的卫生监督现场快速检测。公共场所卫生监督主体，应当根据重大活动和城市运行的具体情况，结合公共场所的卫生风险因素，灵活选择和调整具体的活动运行公共场所卫生监督的具体方式。

二、住宿服务场所卫生监督要点

（一）重点监督检查项目

第一，检查卫生资质。例如是否持有有效的卫生许可证，是否许可超范围经营,许可证是否按规定悬挂公示。第二,检查公共用品用具消毒。例如,是否按规定设置专用消毒间,专间内是否有杂物,消毒设施是否齐全,消毒柜机是否运转良好,消毒药械是否符合要求,是否有配比容器,消毒浓度是否合格,消毒程序是否符合要求;清洗消毒后的客用杯具是否有污迹,保洁措施是否符合要求,是否存在二次污染或交叉污染隐患。第三,检查贮藏间、布草间卫生。专间内清洁物品与污染物品是否分类码放,公共用品用具备品是否达到床位数量3倍以上,是否存在物品交叉污染隐患。第四,检查公共用品卫生现状。例如,公共用品用具、棉织品、卧具更换,清洗,消毒是否符合要求,客用毛毯、棉(羽绒)被、枕芯是否3个月清洗消毒一次,清洗消毒后的客用棉织品上是否无毛发、污迹。第五,检查集中空调通风系统卫生。例如是否按规定进行清洗消毒,是否有卫生评价报告,机械通风装置过滤网及送、回风口是否有积尘,进风口周边是否有污染因素。

(二)常规监督检查项目

第一,检查卫生制度。例如,是否有健全的卫生管理制度,有关制度是否上墙,是否配备专兼职卫生管理员,是否有卫生应急预案并设专人负责,是否建立卫生管理档案。第二,检查服务操作规范。客用卫生间使用的清洁布,是否能够明显区分,使用过程有无交叉;清洗消毒后的洗漱池、浴盆、恭桶是否有污迹。第三,检查化妆品卫生。客用化妆品标签标识是否符合要求,索证手续是否齐全,客用化妆品是否违规自行灌装。第四,检查防虫防鼠措施。例如,场所防蚊、防蝇、防蟑螂、防鼠措施是否完善,是否有经常性的杀灭制度,营业区是否有蚊、蝇、蟑螂、老鼠和滋生环境等。第五,检查从业人员卫生。例如,从业人员健康证明及其有效期、卫生知识培训情况、清洗消毒程序知识、个人卫生状况及从业人员患病调离情况等是否落实。

(三)卫生现场快速检测重点

第一,监测室内空气质量。重点检测一氧化碳、二氧化碳和甲醛含量是否在卫生标准限量范围内;根据需要检测苯、甲苯、二甲苯、PM_{10}等有害物质的浓度。第二,监测室内微小气候。主要检测室内温度、湿度、风速、噪声、照度等是否符合卫生要求。第三,监测公用具消毒效果。重点检测杯饮具的表面洁净度、消毒液的浓度是否符合要求。

三、美容美发场所卫生监督要点

(一)重点监督检查项目

第一,检查卫生资质。卫生许可证是否有效,是否有违规超范围经营,许可证是否悬挂公示。第二,检查是否设置专用消毒间或者专用消毒设施。消毒间内是否违规堆放杂物，消毒柜机运转是否良好，消毒程序及操作是否规范，消毒药械是否符合要求，配比浓度是否合格。第三，检查公共用具是否做到一客一消毒，消毒后的理发美容工具、棉织用品等是否有保洁措施。第四，检查是否按规定备有为患皮肤病顾客服务的专用工具，专用工具是否有标识。第五，检查是否违规从事创伤性美容。第六，检查从业人员是否持有有效健康证明，是否经过卫生知识培训，是否熟悉有关传染病预防知识，是否违规带病上岗。

（二）常规监督检查项目

第一，检查理发店营业面积是否达到 10 平方米。第二，检查美容室面积是否达到 30 平方米，是否按规定设立单独的工作间。第三，检查卫生管理制度是否健全并上墙，是否有专兼职卫生管理员。第四，检查地面清洁干净，工作人员操作时是否按规定穿工作服，修面、美容时是否戴口罩，染发、烫发间是否有机械通风装置。第五，检查客用化妆品标签标识是否符合要求，索证手续是否齐全，客用化妆品是否违规自行灌装。

（三）卫生现场快速检测重点

第一，监测室内空气质量。重点检测一氧化碳、二氧化碳、甲醛和氨的含量是否在卫生标准限量范围内。第二，监测室内微小气候。主要检测室内温度、湿度、噪声、照度等是否符合卫生要求。第三，监测公用具消毒效果。重点检测杯饮具的表面洁净度、消毒液的浓度是否符合要求。必要时送实验室检测大肠菌群和金黄色葡萄球菌。

四、洗浴场所卫生监督要点

（一）重点监督检查项目

第一，检查卫生资质。例如，是否持有有效的卫生许可证，是否超范围经营，许可证是否按规定悬挂公示。第二，检查浴池水卫生状况。浴池水是否设置补充净化消毒设施，池水循环过滤设备是否正常运转，浴池水是否浑浊不洁，是否设有水质自测记录。第三，检查公共用具消毒。例如是否按规定设专用消毒间，消毒间内是否违规堆放杂物，消毒柜机是否运转正常，是否有拖鞋专用消毒设施，消毒是否符合规定，消毒程序和操作是否规范；清洁用品保洁措施是否符合要求，有无二次污染或交叉污染隐患，公共用品用具备品是否达到休息床位数量的 3 倍。第四，检查防病措施。是否设置禁止性病、皮肤病人等传染病患者及精神病、酗酒者入浴的标识。

（二）常规监督检查项目

第一，检查卫生管理制度。是否有健全的卫生管理制度，有关制度是否上墙，是否配备专兼职卫生管理员，是否有应急预案和专人负责，是否建立卫生管理档案。第二,检查卫生设施和管理。例如是否按规定安装机械通风装置,机械通风装置是否运转正常;卫生间是否有独立的通风设施;防蚊、防蝇、防蟑螂、防鼠措施是否健全,营业区有无蚊、蝇、蟑螂、老鼠及滋生环境。第三,检查卫生状况。公共用品用具是否做到一客一换,公共用品用具、棉织品、卧具、拖鞋是否清洁,清洗消毒后的客用棉织品是否存有毛发、污迹;清洗消毒后的客用杯具是否有污迹;室内环境是否整洁、安静等。第四,检查从业人员个人卫生。例如从业人员是否持有健康证明,是否经过卫生知识培训,是否了解清洗消毒、防病知识,从业人员中的患者是否违规带病上岗。

(三)卫生现场快速检测重点

第一,监测室内环境卫生。例如检测空气中一氧化碳、二氧化碳浓度,检测温度、湿度、新风量、照度等。第二,监测浴池水卫生状况。例如检测浴池水的浊度、余氯含量、温度、尿素等。第三,监测公用品卫生状况。例如检测表面洁净度,消毒剂浓度等。

五、游泳场所卫生监督要点

(一)重点监督检查项目

第一,检查卫生资质。例如是否持有有效的卫生许可证。第二,检查池水净化消毒。例如,是否按规定设置池水循环过滤设备并且运转正常,是否有池水水质定时自行检测记录。第三,检查防污染措施。例如是否按规定设置有强制淋浴设施和通过式浸脚消毒池,通过式浸脚消毒池是否符合标准规格,池水是否按规定 4 小时更换一次;是否按规定设置皮肤病、性病患者禁止游泳的警示标志;是否按规定配备了传染病检查员;是否有违规出租游泳衣裤的行为。

(二)常规性监督检查

第一,检查卫生制度。例如是否有健全的卫生管理制度,制度是否按规定上墙,是否建立卫生管理档案,是否按规定设有专兼职卫生管理员。第二,检查安全措施。例如儿童涉水池是否违规与成人池相连;游泳池采光系数、水面照度是否符合标准。第三,检查卫生状况。例如室内游泳馆是否按规定设置机械通风设备,机械通风运转是否正常,机械通风装置过滤口及送回风口有无积尘;泳池及其附属设施,男女更衣室、浴淋室、厕所是否保持清洁卫生;公共卫生间是否有独立的通风。第四,检查公共用品卫生,公共用品用具是否按规定清洗消毒,公共用品用具贮藏间是否堆放杂物,拖鞋消毒过程是否符合要求。第五,检查从业人员个人卫生,从业人员是否持有健康证明,是否经过卫生知识培训,是否了解清洗消毒知识和程序,从业人员中的患者是否患病违规在岗。

(三)卫生现场快速检测项目

第一,监测水质消毒情况,检测游泳池水余氯含量、微生物总数等;第二,监测池水水质净度和卫生状况，例如池水浑浊度、尿素含量、水温度、pH 值等；第三，监测保洁消毒状况，例如浸脚消毒池消毒剂浓度、有关用品消毒液配比浓度等；第四，监测游泳场馆空气质量，例如监测照度、湿度、噪音，一氧化碳、二氧化碳含量等。

六、文化娱乐场所卫生监督要点

（一）重点监督检查项目

第一，检查卫生资质，是否持有有效的卫生许可证，是否超范围经营，许可证是否按规定悬挂公示；第二，检查公共用品用具消毒，提供饮食、饮品或者公共用品用具的，是否按规定设置专用消毒间，消毒间、消毒设施是否符合要求，消毒过程是否规范，专用眼镜是否按规定每次消毒等；第三，排查危害健康因素，歌舞厅是否违规使用有害观众健康的烟雾剂，营业时间是否违规使用杀菌波长的紫外线灯和滑石粉，场内灯光频闪控制、动态噪声控制措施是否符合要求等。

（二）常规监督检查项目

第一，检查卫生制度。是否有健全的卫生管理制度，制度是否按规定上墙，是否建立卫生管理档案，是否按规定设有专兼职卫生管理员。第二，检查公共卫生间。卫生间数量、设施是否与营业面积所能承接的顾客人数相匹配；是否设置独立机械通风，机械运行是否正常。第三，检查场所卫生状况。地面是否清洁干净，影剧院场次间隔时间、空场时间是否符合规定，座椅套是否按规定清洗消毒；是否遵守控制吸烟的规定。第四，检查从业人员个人卫生。从业人员是否持有健康证明，是否经过卫生知识培训，是否有关卫生知识，患病者是否违规带病上岗。

（三）卫生现场快速检测重点

第一，监测室内空气质量，例如室内一氧化碳、二氧化碳、PM10、甲醛等浓度；第二，监测室内环境舒适度，例如新风量、微小气候和噪音强度等；第三，监测用品用具卫生，例如表面洁净度，消毒液浓度等；第四，根据需要监测专间环境卫生，例如水果切配、饮品制作间台面工具洁净度、操作人员手的洁净度、紫外线灯有效照度等。

七、交际或者休闲场所卫生监督要点

（一）重点监督检查项目

第一，检查卫生资质。是否持有有效的卫生许可证，是否许可超范围经营，许可证是否按规定悬挂公示。第二，检查水果切配、饮品制售卫生。是否有专用房间，专间内设施是否符合要求，有无消毒措施；操作时是否按规定戴口罩、帽子、手套，制作过程有无污染隐患等。第三，检查公共用品、用具消毒卫生。是否设置清洗消毒专间，消毒设施是否齐全，消毒过程是否规范，茶具、饮具是否与其他分开清洗消毒；消毒后的用品、用具保洁措施是否符合要求。第四，检查室内环境卫生状况。整体是否清洁卫生、是否有健康危害因素。

（二）常规监督检查项目

第一，检查卫生管理制度。是否有健全的卫生管理制度，有关制度是否上墙，是否配备专兼职卫生管理员，是否有应急预案和专人负责，是否建立卫生管理档案。第二，检查从业人员卫生。从业人员是否持有健康证明，是否经过卫生知识培训，是否了解清洗消毒、防病知识，从业人员中的患者是否违规带病上岗，工作时衣帽是否整齐干净，有无不良卫生习惯和污染因素。第三，检查公共卫生间。例如卫生间数量、内部设施等是否与可接待量相匹配，卫生间保洁是否到位，机械通风设施是否运行良好。

（三）卫生现场快速检测重点

第一，监测室内空气质量，重点检测一氧化碳、二氧化碳和甲醛含量。第二，监测室内微小气候，例如检测室内温度、湿度、风速、噪声、照度。第三，监测用品用具消毒效果，重点检测杯饮具的表面洁净度、消毒液的浓度是否符合要求。第四，监测专间环境卫生，例如检测水果切配、饮品制作间台面工具洁净度、操作人员手的洁净度、紫外线灯有效照度等。

八、文化交流场所卫生监督要点

（一）重点监督检查项目

第一，检查卫生许可情况，是否依法取得卫生许可证，许可证是否在有效期内。第二，检查卫生设施，使用面积超过300平方米的场所，是否按规定设置机械通风装置，集中空调通风系统是否定期清洗，机械通风装置过滤网及送风口、回风口是否有积尘。第三，检查室内环境卫生状况，阅览室是否违规进行印刷和复印，室内环境是否整洁，是否按规定设置禁止吸烟标识，是否有防蚊、防蝇、防蟑螂、防鼠措施等。

（二）常规监督检查项目

第一，检查卫生管理制度，是否有健全的卫生管理制度，有关制度是否上墙，是否配备专兼职卫生管理员，是否建立卫生管理档案等。第二，检查公共卫生间，是否按规定设置良好的通风排气装置，卫生间内是否无异味。第三，检查从业人员卫生，从业人员是否持有健康证明，是否违规带病上岗等。

（三）卫生现场快速监测重点

重点监测室内空气质量、微小气候，例如室内空气中的二氧化碳、甲醛含量；监测室内相对湿度、温度；监测室内台面照度、噪声等。

九、购物消费场所卫生监督要点

(一)重点监督检查项目

第一,检查卫生许可情况,是否依法取得卫生许可证,许可证是否在有效期内。第二,检查室内卫生状况,环境是否整洁,垃圾是否日产日清,室内是否有蚊、蝇、蟑螂、老鼠等;第三,检查卫生设施,例如是否按规定设置机械通风设施,集中空调通风系统是否定期清洗,机械通风装置过滤网及送、回风口是否有积尘等。

(二)常规监督检查项目

第一,检查卫生管理制度,是否有卫生管理制度,有关制度是否上墙,是否配备专兼职卫生管理员,是否建立卫生管理档案等。第二,检查从业人员卫生,例如从业人员是否持有健康证明,是否违规带病上岗等。第三,检查售货区域布局,食品、化妆品销售区是否清洁,农药、油漆等是否有单独销售室。

(三)卫生现场快速检测重点

第一,监测室内空气质量,重点检测一氧化碳、二氧化碳和甲醛。第二,监测室内微小气候,例如检测室内温度、湿度、可吸入颗粒。第三,监测室内风速、照度和销售音响区域的噪声。

十、体育馆卫生监督要点

(一)重点监督检查项目

第一,检查卫生设施,是否按规定设置机械通风装置,集中空调通风系统是否定期清洗,机械通风装置过滤网及送风口、回风口是否有积尘,公共卫生间是否有独立排风设备,设施是否符合要求。第二,检查公共用品消毒,是否按规定设置公用茶具、用品等专用消毒间,消毒设施是否齐全,消毒过程是否规范,消毒后的茶具是否符合卫生标准。第三,检查卫生状况,场馆内是否清洁卫生,垃圾是否及时清理,是否落实室内禁止吸烟的规定等。

(二)常规监督检查项目

第一,检查卫生许可,是否依法取得卫生许可证。第二,检查卫生管理制度,是否有卫生管理制度,有关制度是否上墙,是否配备专兼职卫生管理员,是否建立卫生管理档案等。第三,检查从业人员卫生,例如从业人员是否持有健康证明,是否违规带病上岗等。

(三)卫生现场快速检测重点

重点监测室内空气质量和微小气候,如检测二氧化碳、甲醛、可吸入颗粒、相对湿度等。

十一、公共交通场所卫生监督要点

(一)重点监督检查项目

第一,检查卫生管理制度。是否有卫生管理制度,有关制度是否上墙,是否配备专兼职卫生管理员,是否建立卫生管理档案等。第二,检查卫生状况和设施。室内等候区是否清洁干净,是否有足够垃圾箱,垃圾是否日产日清;是否落实室内禁止吸烟的规定;供旅客使用的杯具,是否按规定进行消毒等。第三,检查公共卫生间。数量是否与客流相适应,内部设施是否符合要求,室内是否清洁干净无异味。

(二)现场快速监测重点

重点检测室内空气质量和微小气候,如检测一氧化碳、二氧化碳、可吸入颗粒、新风量等。

第十五章　重大活动城市运行生活饮用水卫生监督保障

第一节　概　述

一、饮用水相关概念

（一）生活饮用水的含义

生活饮用水是指人们的饮用水和生活用水，主要通过饮水和食物被摄入体内，也可以通过沐浴、游泳、洗漱、洗涤物品等所用的生活用水接触皮肤被摄入体内，还可以通过呼吸被摄入体内。水是生命的源泉，是人类生存和经济发展的基础，是人类生存的第一需要。水既能够维持人的生理需要，也可以因为被污染给人的健康带来危害，传播疾病，甚至导致灾难，水的安全甚至比食品安全更为重要。

（二）生活饮用水的供水方式

供水方式是指按照规定的水质卫生标准，向单位和居（村）民生活、生产和其他各项建设提供用水的具体形式和方法。以供水空间划分，既包括城镇供水，也包括农村供水；以供水使用主体划分，既包括对单位供水，也包括对居民、村民供水；以供水的形式划分，既包括集中式供水、分散式供水，也包括二次供水、分质供水等。

1.集中式供水

集中式供水俗称自来水，是指统一从地面或地下水源集中取水，按照一定的工艺过程进行净化处理，去除水源水中含有的有害物质，杀灭致病微生物，调节酸碱度等，达到生活饮用水卫生标准要求后，通过输水管网送至用户或者集中供水点的供水形式。集中式供水按照供水的主体，可以分为城市公共设施或者饮用水生产企业的经营供水，相关单位自建设供水设施的（自用）供水，提供日常饮用水供水站的供水。

2.二次供水

二次供水是指集中式供水在入户之前经再度储存，加压和消毒或深度处理，通过管道或容器输送给用户的供水方式。这种供水方式，由于入户前的水的存储，加压等过程和管理、环境等因素，加大了水污染的概率。

3.农村小型集中式供水

按照《生活饮用水卫生标准》的界定，农村小型集中式供水是指每日供水量在1000立方以下，或者供水人口在一万人以下的农村集中式供水。供水量或者供水人口超出以上限定，就不能按照农村小型集中式供水对待。如果是设在城镇的集中式供水，虽然供水量很小、供水人口很少，也不属于农村小型集中式供水。

4.分散式供水

分散式供水是指用户直接从地表、地下或者降水水源取水，未经任何设施进行净化，消毒处理，或者仅经简易设施处理的供水方式。这种供水方式，由于水没有经过净化消毒或者仅进行简单处理，健康风险较大。

（三）分质供水

所谓分质供水是一种特定形态的集中式供水，也称管道直饮水。是指以集中供水（自来水）为水源，经过净化设备的深度处理，将生活饮用水分为一般生活用水和直接饮用水两部分。直接饮用水部分是经过吸附，过滤消毒等深处理的净化水，通过单独封闭的管道供给用户，用户在水龙头取水后可以直接饮用。其“副产品”作为一般生活用水不能饮用。

（四）现制现售饮用水

现制现售饮用水是一种通过水质处理器现场制作饮用水并直接散装出售的供水方式。基本方式是相关企业单位在居民区内设置水质处理器，取市政自来水作为原水，进过水质处理器处理后，直接以散装的形式销售给小区居民。目前，国家对管理现制现售饮用水，尚无专门的卫生法律法规和卫生规范标准，各地的管理办法也不完全一致。

（五）涉及饮用水卫生安全的产品

涉及饮用水卫生安全的产品，是指在饮用水生产和供水过程中，与饮用水接触连接的止水材料、塑料，有机合成管材、管件，防护涂料、水处理剂、除垢剂、水质处理器及其他新材料和化学物质。原国家卫生部将涉及饮用水卫生安全的产品分为六类：一是输配水设备；二是防护材料；三是水处理材料；四是化学处理剂；五是水质处理器；六是与饮用水接触的新材料和新化学物质等。

二、城市运行饮用水卫生监督保障

（一）生活饮用水卫生

生活饮用水卫生是指为预防和控制饮用水中妨碍或影响健康的因素，使之最大限度地符合或者适应人体健康需求，正常饮用或者使用后不会对人体健康造成任何危害，所采取的政府、社会和个人措施的总和。按照《生活饮用水卫生标准》规定，生活饮用水应经消毒处理，感官性状良好，水中不得含有病原微生物，水中化学物质、放射性物质不得危害人体健康；生活饮用水的水质，必须符合《生活饮用水卫生标准》规定的指标；农村小型集中式供水和分散式供水，也须符合《生活饮用水卫生标准》规定的限值；生活饮用水的水源水、集中式供水企业、二次供水、分质供水、涉及饮用水卫生安全的产品等都须符合国家规定的有关卫生标准、规范和要求。

（二）城市饮用水卫生安全

城市饮用水卫生安全涉及两方面问题：一是饮用水供应安全；二是生活饮用水的健康安全，即对健康的影响问题。按照2011年原国家卫生部发布的《全国城市饮用水卫生安全保障规划》界定，城市饮用水安全是指饮用水具有合格的水质，充足的水量，良好的安全管理和应急供水能力。城市饮用水卫生安全是指饮用水供水单位从事的生产或供应活动应当符合国家卫生规范，饮用水水质应当符合国家卫生标准，杜绝因饮用水引起重大传染病和中毒疾病的发生。

（三）生活饮用水卫生监督

生活饮用水卫生监督是指卫生计生行政部门及所属卫生监督机构，依据《传染病防治法》《生活饮用水卫生监督管理办法》等法律法规、规范标准，对集中供水或者二次供水单位及供水活动、涉及饮用水卫生安全的产品及生产企业，进行监督检查，查处违法行为的行政执法活动。主要职责：第一，对集中供水企业、分质供水单位、二次供水单位和涉及饮用水卫生安全的产品实施卫生许可；第二，对集中供水企业、分质供水单位、二次供水单位及供水活动进行预防性卫生监督和经常性卫生监督；第三，对本行政区域内饮用水的水质进行卫生监测和评价；第四，对饮用水污染事故进行调查与处理；第五，对已取得卫生许可证的单位和个人，经检查发现有不符合规定条件和要求的，依法收回有关证件或批准文件；第六，对违法行为实施卫生行政处罚。

（四）重大活动城市运行

重大活动城市运行最早源于亚特兰大奥运会，并成为国际奥委会对举办城市建设和管理的基本要求。后来城市运行被逐步引入各类重大活动，成为重大活动对举办城市管理和承接能力提出的要求。城市运行是一座城市协调有序、正常稳定的持续运转过程，重大活动城市运行保障，是举办城市政府及有关部门，依法履行管理职责，形成立体化城市管理，通过综合管理措施，使城市运行最大限度地适应重大活动要求，并保证城市居民正常生产、生活秩序的管理活动。

（五）城市运行饮用水卫生监督保障

生活饮水卫生监督保障从属于城市运行公共卫生体系，是举办城市运行保障体系中的重要内容,也是城市运行中一项重要的基础工作。主要目标是保障重大活动期间城市生活饮用水卫生安全,确保重大活动顺利进行和城市居民的正常生产生活秩序。城市运行生活饮用水监督保障,是举办城市卫生监督主体通过强化卫生监督执法,强化对集中供水单位、二次供水单位、分质供水单位、饮用水的水质、涉及饮用水卫生安全的产品以及相关活动的监督和监测,督促指导相关单位落实卫生法律法规、标准规范,落实饮用水卫生安全的主体责任,提供安全卫生的生活饮用水、产品和服务,提升整个城市生活饮用水卫生管理水平,预防并及时处置饮用水卫生事件,保证重大活动举办城市饮用水卫生安全,为重大活动提供良好的城市公共卫生环境,确保重大活动圆满成功,确保举办城市正常的生产生活秩序。

三、城市运行饮用水监督保障重点措施

重大活动城市运行饮用水卫生监督保障的主要目标是,保证重大活动举办城市中的生活饮用水卫生安全,杜绝饮用水污染事故,为重大活动提供一个良好的城市公共卫生环境,展示举办城市的良好形象。重大活动饮用水卫生安全监督保障的关键环节和重点工作在城市运行,只有城市运行的饮用水确实卫生安全,重大活动场馆运行的饮用水的卫生安全才能真正有保障。因此,重大活动举办城市必须高度重视城市运行的饮用水卫生保障工作。

(一)推动饮用水卫生提升改造

在重大活动筹备阶段,举办城市的卫生监督保障主体,应当遵循预防为主原则,制定方案,采取措施,开展生活饮用水卫生专项整治行动。督促指导举办城市集中供水、二次供水、单位自建设施供水、分质供水等单位,依据法律法规和规范标准,结合重大活动需求,对原有建筑布局、设施设备和卫生管理制度等,进行全面的改进,完善和提高,使之达到最佳卫生安全状态,适应重大活动对城市运行的特殊要求,确保重大活动顺利进行。

(二)强化饮用水水源整治和监测

为有效保证重大活动城市运行的生活饮用水卫生安全,在重大活动筹备阶段,举办城市卫生监督主体应当协调举办城市有关管理部门,强化对城市集中供水水源的环境卫生整治,清除各种可能导致水源污染的因素,保护重点水源周边自然环境,确保水源环境和水质符合城市集中式供水水源的卫生要求。在重大活动运行期间,要联合有关部门,按照城市管理职责分工,加强对水源环境、水源水水质的监督检查和监测预警,及时通报相关信息,预防因水源水污染导致的饮用水健康危害事件。

(三)强化饮用水卫生监督检测

在重大活动举办期间,举办城市卫生监督主体要依据《传染病防治法》《生活

饮用水卫生监督管理办法》和地方有关法规、规章，结合城市运行饮用水卫生风险评估结果，按照统一指挥、条块结合、辖区负责、上级督导的原则，对举办城市所有集中供水企业、自建设施供水单位、二次供水单位、分质供水单位等进行全面的监督检查，必要时对重点集中供水企业实施卫生监督员 24 小时驻点卫生监督。对供水的水质采取实验室常规监测和现场快速检测相结合的方式，设定重点指标进行每日监测。并在全市范围内科学选布末梢水监测网点，开展末梢水水质监测，有条件的应当选择重点区域设置监测点，进行饮用水水质在线监测。及时发现饮用水卫生安全隐患，及时纠正违法违规问题、依法严肃查处违法行为。

（四）严控饮用水卫生风险事件

在重大活动期间，城市运行饮用水卫生监督保障的重要任务就是要严格预防和控制生活饮用水卫生风险事件的发生。因此，在重大活动筹备期，举办城市卫生监督主体、疾病预防控制机构，要组织对重大活动城市运行生活饮用水卫生安全的风险评估，识别分析举办城市中的饮用水污染风险、事件风险、健康危害风险、供水管理风险等，排查各类风险因素和隐患，确定监督保障的重点区域、重点单位，把握好风险监控的关键环节和点位。卫生监督保障主体要抓住重点区域、重点单位，抓住饮用水卫生控制的关键环节和关键控制点，采取强化卫生监督执法措施，进行严格的监督监控和现场快速检测监控，及时迅速消除风险因素和苗头，确保不发生健康危害事件。

（五）迅速准确处置突发事件

迅速准确处置饮用水卫生突发事件，是重大活动城市运行饮用水卫生监督保障至关重要的一项任务。在重大活动筹备期间，举办城市的卫生监督主体应当做到以下三点：其一，应当结合重大活动风险评估机构，针对重大活动规模、特点和运行规律，制定各类饮用水卫生突发事件的卫生应急、卫生监督、医疗救治应急预案；其二，建立饮用水卫生突发事件的应急专业队伍，加强应急培训和应急实战演练；其三，一旦发生突发的饮用水卫生事件或者其他突发事件，要迅速反应启动应急处置预案，按照应急状态下的运行机制，采取有效措施，最大限度地控制风险损失，消除不利影响，恢复和保障饮用水服务正常运转，保证相关的生活饮用水的卫生安全。

第二节　城市运行饮用水卫生监督保障能力提升

一、饮用水卫生监督管理的现状和问题

（一）饮用水卫生法规体系尚不健全

虽然我国在水务、环保、城市建设、公共卫生、食品安全等领域的法规都有涉

及饮用水卫生安全方面的单行法规或者相关规定，但是，规制的相关内容衔接不够，交叉重复，缺乏系统性和完整性。饮用水卫生监管依据的《传染病防治法》和《生活饮用水卫生监督管理办法》等，在执行过程中存在一定的局限性，不能全面满足对城市生活饮用水、农村饮用水进行卫生监督检测，预防性卫生评价，卫生行政许可和行政处罚的实际相关需要，在操作性、执行性和实际监管规制范围和效力空间上有一定的空白区。

（二）一些新的领域缺少监管依据

在生活饮用水监管实践中，一些新的生活饮用水领域、供水方式缺少必要的监管依据和规范要求，监督管理比较薄弱。例如，对于饮用水供应中的分质供水（管道直饮水）问题，目前出现的在一些居民区设置现制现售饮用水等问题，没有统一标准规范和管理规定，各地在掌握上不尽一致，甚至出现管理空档。

（三）饮用水卫生监测能力不强

许多地方特别是基层单位，对生活饮用水的水质检验技术能力与《生活饮用水卫生标准》规定指标还不适应。主要是基层饮用水卫生监测机构的卫生监测人力、设施设备、经费和技术能力不足，难以适应饮用水卫生监督的要求。加上投入不足，监督部门进行一个水样全项检验需要数万元，企业又不愿意承担费用或者地方规定企业不承担检测费用等因素，一些地方难以开展饮用水全部项目检测，监测能力在一定程度上难以适应饮用水卫生监督要求，影响饮用水卫生安全的有效监管。

（四）日常卫生监管力度不够

监督执法整体能力与饮用水卫生安全监管工作需要不相适应：一是监督执法人员不足，难以落实任务；二是饮用水卫生监督专项经费投入不足，难以组织监督检测和专项整治；三是饮用水卫生监督设施设备配置不足，一些卫生安全措施难以落实到位，对二次供水设施、自建设施供水单位、涉水产品生产企业不能很好地实施有效的卫生监管。

（五）信息交流共享机制不完善

近两年，我们虽然建立了卫生监督报告系统、卫生监督中心和业务平台，卫生监督信息化系统有了很大发展，疾控系统、信息报告系统也有了进一步的完善。但是，卫生系统内部还未完全实现信息互通共享。卫生计生系统与城建、环保、水利等部门还没有建立饮用水卫生安全信息共享平台。饮用水卫生安全基础信息掌握得还不全面系统，不能满足对饮用水卫生安全进行分析评估的需要。信息通报制度也不规范，多数地方没有进行生活饮水信息公示和通报。

（六）饮用水卫生应急能力有待提升

有些地方对饮用水污染突发事件应急处置缺乏统一、规范的要求，有些地方卫生部门和监督机构应对突发饮用水污染事件的技术装备、物资和人员储备不充足，相关培训和演练活动尚未形成常态化，应急反应与应急处置的能力有待进一步提高，等。

二、饮用水卫生监督保障能力提升要点

在重大活动筹备期，举办城市要适应重大活动对城市运行管理的要求，针对举办城市生活饮用水卫生安全实际情况、重大活动规模和特点，全面提升举办城市对生活饮用水卫生安全监督管理的综合保障机制。

（一）建立多部门协作机制

生活饮用水卫生安全涉及多方面问题，包括多个政府主管部门工作职责分工，需要建立多部门参加协作工作机制，在统一指挥协调下，各部门按照职责分工，落实各自监管责任。环保部门加强水源环境保护，防治水源污染；城建部门加强供水企业行业管理；供水管理部门，强化供水行政监管；卫生部门强化饮用水卫生监管。各方通力合作，加强城市生活饮用水卫生安全的监测预警，资源信息共享，保障城市运行饮用水卫生安全。

（二）完善地方饮用水监管法规规章

重大活动举办城市应当根据重大活动举办城市存在的问题，研究制定地方生活饮用水卫生监管方面的法规和规章，制定涉及饮用水卫生安全方面的政策规范，弥补饮用水管理法律法规、规范标准方面的不足，特别是针对举办城市二次供水、管道直饮水、乡镇小型集中式供水、居民小区内现制现售水等管理方面拟定法规规章或者规范性文件，使这些饮用水监督管理薄弱环节在提升改造和监督检测中有章可循，有力保障城市运行中饮用水卫生安全。

（三）提高生活饮用水卫生监测能力

在各级饮用水卫生监测机构实验室添置和更新检测设备，提高对生活饮用水卫生的检测能力，举办城市至少应当有两家饮用水卫生监测机构能够具备检验《生活饮用水卫生标准》中规定的全项指标检测能力，并组织开展检验人员技能培训和实验室规范建设工作，提高实验室检测水平，实现实验室间检测资源共享。结合举办城市实际情况，建立供水末梢水质卫生在线监督检测系统，作为饮用水卫生监督检测网络建设的补充，对集中式供水末梢水质进行实时动态变化监控，提高卫生安全监管效能。

（四）提升卫生监督现场快速检测能力

为适应重大活动城市运行生活饮用水卫生监督保障需要，在重大活动筹备期，举办城市应当根据当地卫生监督机构现场快速检测设备和人员状况，结合重大活动对城市运行的要求，有针对性地加强饮用水卫生监督现场快速检

测能力建设，提高饮用水卫生监管技术能力和执法水平，为生活饮用水卫生监督机构，配置水质浑浊度、色度、pH值、游离余氯、二氧化氯、电导率和微生物指标等项目的现场快速检测仪器设备，并开展卫生监督机构相关人员现场快速检测能力培训，提高卫生监督机构和监督员现场快速检测能力，使卫生监督机构在重大活动监督保障中，能够有效运用现场快速检测技术，落实监督保障任务。

（五）健全饮用水卫生监管网络和信息管理系统

重大活动举办城市应当完善饮用水卫生监督检测网络，及时准确获取饮用水水质、水性疾病、突发饮用水污染事件和供水单位卫生状况等信息资料，掌握举办城市饮用水卫生基本情况，分析评估饮水污染对健康的影响程度，为重大活动保障提供科学依据。同时，要建立饮用水卫生信息管理系统，将饮用水卫生监督管理、监督检测的信息全部纳入信息系统，充分发挥信息资源效能，根据有关规定和重大活动的需求，发布举办城市饮用水卫生信息。

（六）提高饮用水突发事件应急能力

重大活动举办城市要提高饮用水污染突发事件卫生应急能力，建立健全饮用水污染突发事件卫生应急机制和应急预案，完善应急技术、物资和人员保障系统；落实重大事件值班、报告、处理制度，形成有效的预警和应急救援机制；增强应急处置能力，加强决策及行动协调。还要加强饮用水卫生应急队伍的专业培训，开展针对重大活动监督保障饮用水突发事件的应急演练，全面提高突发事件应急处置的整体能力，保证应急处置工作有章有序、有效有力。

（七）完善条块结合的卫生监管机制

重大活动举办城市要保障重大活动期间生活饮用水卫生安全，就需要进一步完善生活饮用水卫生监督管理机制，实行条块结合、以块为主的监督保障机制。最大限度地发挥基层卫生监管机构的作用，坚持饮用水卫生监管辖区负责原则，落实辖区监管责任，建立饮用水卫生网格化执法责任制，以辖区为单位全面调研，准确掌握集中供水、二次供水、分质供水、自建设施供水、村乡小型集中供水、现制现售饮用水的底数和基本情况，落实监管职责，全面开展专项整治，提升改造和卫生监督检测，严肃查处违法违规行为，保障整个城市的饮用水卫生安全。省一级、市一级卫生计生部门和卫生监督机构，要重点做好标准规范和相关政策制度的制定、监管工作的协调指挥和工作的督导。

第三节　城市运行饮用水卫生提升改造要点

一、生活饮用水卫生的薄弱环节

（一）水源污染问题

地方水源环境保护不够导致水源污染问题。污染的种类包括微生物、重金属、有机物和农药等，对人民健康存在严重的潜在危害。

（二）自律管理责任落实不到位

一些供水企业，特别是一些较小的企业，对卫生管理工作不重视，相关制度不健全，或者对制度落实不够，对出厂水的水质造成污染危害。

（三）供水末梢水质不理想

由于一些地方自来水输水管网的污染，有些城市的局部自来水管网陈旧，维护管理不善，管道渗漏导致部分用户末梢水的水质质量不高。

（四）二次供水卫生问题较多

城市建设发展中，高层建筑二次供水除了有设计和建设方面的问题外，关键是建成以后不少高层建筑产权主体、责任主体不明确，互相推诿，导致对二次供水设施的管理责任不明，定期清洗消毒和日常维护管理都不到位，造成水质污染情况比较严重，令社会非常关注。

（五）农村供水还存在问题

农村地区小型供水、分散式供水等改造还没有彻底完成，水质标准、管理规范和监督管理的具体方法模式还不到位，还存在不少的卫生问题。

（六）还有监管中的空白

近些年城市中分质提供的管道直饮水发展较快，设在居民小区中的现制现售饮用水供水站、供水点越来越多，但由于缺少统一具体的管理规定和标准规范，监管力度不大，存在较大的卫生风险隐患。

二、集中式供水企业卫生提升改造要点

（一）改善内外环境

整治清除厂区周围可能存在的粉尘、有害气体、放射性物质和其他扩散性污染源；完善预防洪水、污水、废弃物侵害的防护措施；提高废水排放能力，加强防护地带的建设和措施。清洁厂区环境，保证生产区外围 30 米内卫生状况良好，无生活居住区、渗水厕所和渗水坑，无垃圾、粪便、废渣堆放，无污水渠道。

（二）完善厂区合理布局

保证厂区建筑物、设备与生产工艺流程科学合理衔接，生产车间建筑物结构

坚固完善，能满足生产工艺、卫生管理和卫生质量要求；合理划分生产区、生活区和独立行政办公区，生活区域和设施在生产区下风口分开布置。

（三）强化水源防护能力

开展水源环境整治，保证水源水量充沛、水质良好且符合国家生活饮用水水源水质的规定；取缔取水点半径100米内水域的捕捞、网箱养殖、船只停靠、游泳和其他可能污染水源的活动；取缔上游1000米至下游100米水域的工业废水和生活污水排放；清除防护区内的废渣堆放、有毒有害物品仓库和堆栈；取缔装卸垃圾、粪便和有毒有害物品的码头；取缔一切其他可能污染该段水域水质的活动。强化对水源的输水明渠、暗渠的保护，健全水源检测和污染事件的报告处理预案。

（四）完善制水流程卫生要求

保证制水车间按照取水，净水，消毒，蓄水，配水流程合理布局，按规定完善水处理剂、消毒剂仓库，水质检验室，水处理剂和消毒剂投加室等的设置；保证水处理工艺流程和构筑物生产能力与最高日供水量相适应；水净化处理工艺符合国家给水设计规范要求，设施设备能够满足净水工艺的要求；完善消毒设施保证运转正常，消毒剂投加量满足水质要求，完善消毒剂用量记录。

（五）完善输水管网卫生要求

要确保输水、贮水和配水等设施不与排水设施及非生活饮用水的管网相连接；禁止将自建供水系统擅自与城市供水系统相连；配水管网应呈环状分布，管材应安全卫生；配水管不得与污水管道交叉连接，不能有泄漏，并需保持一定水压；完善水塔、水池和水箱等贮水设备的卫生防护措施，远离空气污染源，定期清洗消毒。

（六）提高水质检验能力

建立健全水质检验室，配置适应水质检验要求的检验人员和仪器设备；做好水源水、净水构筑物的出水、出厂水和管网水的水质检验。大型集中供水企业，应当设置水质在线检验监测系统。

（七）规范涉水产品使用

使用的涉水产品要有省以上卫生计生部门颁发的卫生许可批件，符合国家有关卫生标准和要求，不会导致水质污染；保证企业购入的涉及饮用水卫生安全的产品，已索取卫生许可批准文件，并经检查验收入库和使用。不符合上述规定的应立即进行整改调换。

（八）完善卫生管理制度措施

依法取得卫生许可证，按规定进行校验；完善从业人员健康管理，从业人员按规定进行年度健康检查，取得体检合格证明；患有国家规定的可能有碍饮用水卫生疾病的人员或病原携带者，应立即调离直接从事的供、管水工作；完善从业人员培训制度，开展岗前、岗中卫生知识培训；强化从业人员卫生管理，规范良好的卫生习惯和行为，禁止在生产场所吸烟，禁止个人生活用品进制水车间，不得进行其他有碍饮用水卫生的活动；建立健全卫生管理档案，有明确岗位责任制、卫生管理制度、饮用水污染应急预案、供水设备日常自检记录、水质检测记录和复制的法律法规文本、卫生许可文本。

三、二次供水单位卫生改造提升要点

（一）改善环境卫生条件

二次供水设施周围应保持环境整洁，应有很好的排水条件；蓄水池周围10米以内不得有渗水坑和堆放的垃圾等污染源；水箱周围2米内不应有污水管线及污染物；水箱间内不得堆放杂物，须保持清洁。

（二）完善相关设施设备

保证供水设施运转正常，饮用水箱或蓄水池须专用，不得渗漏；入孔位置和大小能够满足清洗消毒需要，入口高出水箱面5厘米以上，并加盖上锁；水箱须安装在可排水的底盘上，水箱底部设泄水管，溢水管和泄水管不得与下水管道直接连通，水箱材质和内壁涂料须无毒无害；二次供水设施不得与市政供水管道直接连通；设施管道不得与非饮用水管道连接，不得与大便口（槽）、小便斗等直接连接。

（三）完善卫生资质管理

二次供水必须依法取得卫生许可证；供水系统使用的涉水产品须有省以上卫生计生部门颁发的卫生许可批件或检验合格报告；供水方式和卫生设施，须与卫生许可内容一致。不得伪造和冒用认证证书或卫生许可证。

（四）完善卫生管理制度

设置卫生管理机构或人员，明确领导和岗位责任，建立健全卫生管理制度和档案，包括饮水卫生安全岗位责任制，饮用水污染应急预案和防范措施，从业人员健康管理、卫生培训和职业禁忌人员调离制度；供水设备日常自检和记录制度，水质定期检测制度，卫生法规、标准规范学习制度等。将相关卫生法律法规、标准规范、相关管理制度、日常自检记录、卫生管理记录、卫生许可资料、从业人员健康情况等统一归入档案，随时备查备用。

（五）落实卫生管理措施

管理单位定期对供水设备进行日常自查自检，并记录归档；定期对二次供水水质进行检测，检测资料入档保存；经常听取用户意见，及时消除污染隐患；每半年对供水设施进行一次全面的清洗消毒，并水质检测合格，保存记录。保证所供饮水的感官性状不会对人产生不良影响，不含危害人体健康物质，不会引起肠道传染病流行。每年应对设施进行两次全面清洗，消毒并对水质进行检验，及时保证居民饮水的卫生安全。发生饮用水污染事件应立即报告。

四、分质供水卫生改造提升要点

（一）改善环境卫生条件

供水设施周围环境应当具有良好的卫生状况，应当清除堆放的垃圾、粪便、废渣，取缔渗水厕所，清除粉尘、工业废气、放射等污染因素；相邻房间不得有中水、污水处理设施，不得有垃圾、污染物堆放。

（二）完善配套设施和布局

分质供水应设置制水间、更衣室、检验室、制水材料贮存与操作管理室等。制水间应当独立封闭设置，面积与生产工艺相适应，建筑物结构完整。地面、墙壁、天花板防水，防腐，防霉，易消毒，易清洗。地面防渗漏，防滑，有良好的排水系统；墙壁浅色瓷砖砌至房顶，墙角、顶角呈弧形；天花板表面涂层牢固且无毒，结构上减少结水滴落；门窗不变形，耐腐蚀，并有上锁装置，内窗台下斜45°；有防蚊蝇、防鼠、防虫设施，门应能自动关闭。制水间、检验室配备机械通风设备和空气消毒装置，紫外线灯按30W/10～15平方米设置，离地2米吊装；更衣室须配置衣帽柜、鞋柜和流动水洗手设施。

（三）完善相关设备和管网

水处理工艺和设备应根据进水水质和出水标准进行配备，必须有净化和消毒设备。直饮水输水管道不得直接与市政或自建供水系统相连。管网系统为循环形状系统，循环回水经净化消毒后，再行进入分质供水系统，并设置水质采样口和自动排水阀。成品贮水箱必须全封闭，易于清洁消毒，设置的空气过滤和水满保护装置、溢流管应有空气隔断装置。水处理材料应定期更换，且有更换记录。供水管网应定期清洗消毒，且有清洗消毒记录。

（四）完善卫生资质管理

分质供水必须取得卫生许可证，供水系统涉水产品须有省级以上卫生计生部门的许可批件，或有资质单位出具的检验合格报告。供水方式应和卫生设施与许可申报材料一致。供、管水人员须持有健康合格证明，并经过卫生知识培训。

（五）完善卫生管理制度

建立健全卫生管理制度和档案。包括：建立健全饮水卫生安全岗位责任制，明确管理机构、领导和责任人；饮用水污染应急预案和防范措施；从业人员健康、卫生培训和职业禁忌人员调离制度；供水设备日常自检和记录制度；水质定期检测制度;卫生法规、标准规范学习制度;等。

五、居民小区现制现售水卫生改造提升要点

(一)规范供水资质

现制现售饮用水经营单位应当向所在地卫生部门进行备案;用于现场制作饮用水的水质处理器(包括现制现售饮用水自动售水机)、须定期更换水的处理组件、使用的涉水产品必须依法获得涉水产品卫生许可批件,产品标识的相关内容必须与许可批件相符;使用原水必须为市政自来水,出水水质必须符合水质处理器所标识的要求。现制现售饮水机经营者不得从事桶装水的生产、销售。

(二)规范环境卫生条件

现制现售饮用水设备的放置应当满足对其他供水设施如二次供水设施的环境卫生要求。例如:售水设备周围(至少在半径 10 米区域内)不得有可能污染饮用水的垃圾、厕所、禽畜和粉尘及其他有毒有害物质。水质处理机的底部应当与地面保持一定距离。

(三)规范设备和水质

饮水机出水口必须有内凹的隔离区域,避免污染;安装可关闭,配合紧密的门;出水口下端不得与盛水容器直接接触;水质处理设备的排水管不得与污水管直接贯通。不得以任何方式明示或者暗示售水机出的水为具有医学疗效,增进健康功能的水,不得做虚假宣传。出水水质必须符合《生活饮用水卫生标准》(GB 5749—2006)或《饮用净水水质标准》(CJ 94—2005)的水质要求。

(四)规范管理制度

建立健全卫生管理制度,配备专职或兼职卫生管理员进行卫生管理巡查;每季度都要对 pH 值、浑浊度、细菌总数、总大肠菌群、色度、耗氧量等进行检测,检验不合格的立即停止供水,待查明原因消除污染后方可恢复供水;在醒目位置公示经营单位相关信息、卫生许可批件、水处理材料更换记录和当季水质检验结果;直接从事水质检验、设备维护等的人员须每年进行健康检查,取得健康合格证明,并经卫生知识培训合格。

六、单位自建设施供水卫生改造提升要点

(一)改善内外环境

整治清除厂区周围可能存在的粉尘、有害气体、放射性物质和其他扩散性污染源;完善预防洪水、污水、废弃物侵害的防护措施;提高废水排放能力,加强防护地带的建设和措施。清洁厂区环境,保证生产区外围 30 米内卫生状况良好,无生活居住区、渗水厕所和渗水坑,无垃圾、粪便、废渣堆放,无污水渠道。

（二）完善厂区合理布局

保证厂区建筑物、设备与生产工艺流程科学合理衔接，生产车间建筑物结构坚固完善，能满足生产工艺、卫生管理和卫生质量要求；合理划分生产区、生活区和独立行政办公区，生活区域和设施在生产区下风口分开布置。

（三）强化水源防护能力

开展水源环境整治，保证水源水量充沛、水质良好且符合国家生活饮用水水源水质的规定。水源井周围半径50米范围内禁止下列行为：新建，改建，扩建除取水构筑物以外的建筑项目；堆放垃圾等废弃物；挖砂，取土，挖设渗坑、渗井，铺设污水渠道、管道；其他污染地下水源的行为。强化对水源的输水明渠、暗渠的保护，健全水源检测和污染事件的报告处理预案。

（四）完善制水流程卫生要求

保证制水车间按照取水，净水，消毒，蓄水，配水流程合理布局，按规定完善水处理剂、消毒剂仓库，水质检验室，水处理剂和消毒剂投加室等的设置；保证水处理工艺流程和构筑物生产能力与最高日供水量相适应；水净化处理工艺符合国家给水设计规范要求，设施设备能够满足净水工艺的要求；完善消毒设施保证运转正常，消毒剂投加量满足水质要求，完善消毒剂用量记录。

（五）完善输水管网卫生要求

要确保输水、贮水和配水等设施不与排水设施及非生活饮用水的管网相连接；禁止擅自与城市供水系统相连；配水管网应呈环状分布，管材应安全卫生；配水管不得与污水管道交叉连接，不能有泄漏，并需保持一定水压；完善水塔、水池和水箱等贮水设备的卫生防护措施，远离空气污染源，定期清洗消毒。

（六）提高水质检验能力

建立健全水质检验室，配置适应水质检验要求的检验人员和仪器设备；做好水源水、净水构筑物的出水、出厂水和管网水的水质检验；建立水源水、管网水、末梢水的水质检测制度，按时向卫生行政主管部门报送检测结果。

（七）规范涉水产品使用

使用的涉水产品要有省以上卫生计生部门颁发的卫生许可批件，符合国家有关卫生标准和要求，不会导致水质污染；保证企业购入的涉及饮用水卫生安全的产品，已索取卫生许可批准文件，并经检查验收入库和使用。不符合上述规定的应立即进行整改调换。

（八）完善卫生管理制度措施

依法取得卫生许可证，按规定进行校验；配备专兼职供管水人员，定期检查，维护自建供水设施，及时排除供水设施故障和卫生安全隐患；完善从业人员健康管理，从业人员按规定进行年度健康检查，取得体检合格证明；患有国家规定的可能有碍饮用水卫生疾病的人员或病原携带者，应立即调离直接从事的供、管水工作；完善从业人员培训制度，开展岗前、岗中卫生知识培训；强化从业人员卫生管理，规范良好卫生习惯和行为，禁止在生产场所吸烟，禁止个人生活用品进制水车间，不得进行其他有碍饮用水卫生的活动；建立健全卫生管理档案，有明确岗位责任制、卫生管理制度、饮用水污染应急预案、供水设备日常自检记录、水质检测记录和复制的法律法规文本、卫生许可文本。

七、农村小型供水卫生改造提升要点

（一）加强水源的卫生防护

设立水源保护区域，在保护区域内禁止堆放垃圾、粪便和其他废弃物；禁止挖设渗坑、渗井、污水渠道，禁止其他一切污染地下水源的行为。

（二）严格落实水质消毒工作

严格落实制水工艺中的消毒工序，并由专人负责，实行全年消毒，保证出厂水、末稍水水质主要项目指标符合《生活饮用水卫生标准》。加强农村供水中与水直接接触的供水设备，所用原材料和净水剂、消毒剂、水质消毒设备等涉及饮用水卫生安全产品的使用、管理、储存等的卫生管理。禁止使用无有效卫生许可批件的涉水产品。

（三）加强对供管水人员的管理

强化自身管理意识，直接从事供、管水的人员只有取得健康合格证后方可上岗工作，并每年进行一次健康检查。组织直接从事供、管水人员进行卫生知识培训，未经卫生知识培训的不得上岗作业。

（四）加强水质检验能力建设

应具备基本水质检验能力，配备检验人员和仪器设备，负责供水水质的日常检验工作。

（五）建立完善卫生管理制度措施

配备专兼职供管水人员，定期检查，维护供水设施，及时排除供水设施故障和卫生安全隐患；完善从业人员健康管理，从业人员按规定进行年度健康检查，取得体检合格证明；患有国家规定的可能有碍饮用水卫生疾病的人员或病原携带者，应立即调离直接从事的供管水工作；建立从业人员培训制度，开展岗前、岗中卫生知识培训；强化从业人员卫生管理，规范良好的卫生习惯和行为，禁止在生产场所吸烟，禁止将个人生活用品带进制水车间，不得进行其他有碍饮用水卫生的活动；建立健全卫生管理档案，有明确的岗位责任制、卫生管理制度、饮用水污染应急预案、供水设备日常自检记录、水质检测记录。

（六）加强农村饮用水健康教育

加强对农村居民的健康教育，倡导良好用水习惯和行为，提高卫生饮用水意识，将生活饮用水与生活用水分开使用，把卫生知识教育落实到每个农户，从而提高农户饮用水卫生的自觉性，防止水性疾病的发生与流行。

第四节　重大活动运行期饮用水卫生监督要点

一、城市运行饮用水卫生监督组织实施

城市运行饮用水卫生监督组织实施是指重大活动举办城市卫生监督主体，为落实重大活动饮用水卫生监督保障任务，在全市范围内采取的超常规组织管理措施。包括建立与重大活动城市保障相适应的工作机制、组织机构、工作协调调度，监督保障措施的落实和督导等。落实重大活动城市运行生活饮用水卫生监督保障任务，做好重大活动运行期卫生监督工作，必须进行良好的组织调度，建立超常规的卫生监督工作机制。

（一）开展饮用水卫生风险评估

卫生监督主体要针对举办城市饮用水卫生安全状况，结合重大活动特点和城市运行管理要求，与供水管理、城市建设、环境保护、疾病控制等部门相互协作配合，开展饮用水卫生风险评估。采取市和区联动方式，分层次重点对饮用水卫生状况进行风险评估，主要是准确把握举办城市饮用水卫生对健康的危害、卫生风险因素，确定重点监控措施和重点监控单位。

（二）对重点单位进行重点监控

卫生监督保障主体要针对重大活动规模、特点，结合相关区域、相关单位与重大活动饮用水关系密切度、对城市运行饮用水卫生影响程度等因素，选择确定饮用水卫生安全重点监控区域和单位，组建一支专门的城市运行饮用水卫生监督保障团队，在重大活动运行期对举办城市的重点区域、重点供水单位，实施非常规状态下的卫生监督和检测，确保城市运行饮用水卫生安全。

（三）条块结合全市联动监督

重大活动运行期间，卫生监督保障主体要坚持以辖区负责为主，条块结合、全市联动的饮用水卫生监督保障机制，按照举办城市行政区划，将城市运行饮用水卫生监督保障任务，分解成若干卫生监督保障责任区，交由相应的区县卫生监督机构强化卫生监督和检测。专门监督保障团队，要做好重点区域和重点供水企业监督检测，并对整体监督保障工作进行督导推动。

（四）巡查监督与驻点监督相结合

对一般重点区域、重点单位以专门监督保障团队为主进行非常态、循环式监督巡查；对全市各行政区集中供水、二次供水、分质供水、现制现售饮用水，以区县监

督机构为主进行非常态监督巡查；对特别重点城市集中供水单位实行由监督保障主体派驻监督员，进行驻点监督监测，保证重大活动运行期饮用水卫生安全。

（五）监督监控与监测监控相结合

对重大活动饮用水卫生监督保障要坚持监督与监测相结合的方式。对各类供水单位和供水活动，要全面监督检查卫生管理制度落实情况、供水行为的规范性、从业人员个人卫生、设施设备正常运转等。同时，要对水质卫生状况进行监测，监测一般采取实验室和现场快速检测两种方式进行，实验室监测主要是在重大活动运行前进行水平基线监测，在重大活动运行期进行定期水样抽检；现场快速监测重点是要做好每日的快速检测，一般可以选择10个左右的项目，对感官性状、微生物及消毒指标、重点化学指标进行监测。对供水单位既要监督也要监测，对供水末梢主要进行水质监测监控。

（六）每日例会现场办公

重大活动运行期，监督保障主体应当召开每日工作例会，通报监督检查结果和相关信息，会商解决疑难问题，对发现的饮用水卫生问题现场做出处理，使各类饮用水卫生隐患和监督保障中的问题，迅速得到解决。

（七）监督执法出重拳

重大活动运行期，生活饮用水专项卫生监督执法工作，不仅要深入细致，而且要加大力度重拳出击。一是监督监测力度要大；二是监督执法手段要重；三是监督监测频次要高；四是监督方法要灵活多样，针对性强；五是监督监测重点要突出；六是对卫生安全隐患的处理要果断；七是对违法行为的查处要从严从重。总体上就是非常规的工作，必须有非常规的工作思路和非常规的方法措施。

二、集中供水企业的卫生监督要点

（一）检查供水卫生资质

重点检查供水企业是否依法取得卫生许可证，是否按规定进行了校验，供水项目、供水范围、工艺过程等与卫生许可内容是否一致。使用的相关设备和产品是否按规定具有卫生行政部门的许可批件。

（二）检查环境卫生和布局

重点检查厂区周围违规存在的粉尘、有害气体、放射性物质或者其他扩散性污染源；防洪，防污，防废弃物侵害的措施是否齐全；生产区是否按规定设置明显标识，外围30米内是否违规设有生活居住区，是否违规搭建有渗水厕所、畜禽饲养场，或者堆放垃圾、粪便、废渣；厂区建筑物、设备与生产工艺流程是否科学合理衔接，生产区、生活区和行政办公区，是否分开设置。

（三）检查水源环境卫生

重点检查取水点上游1000米至下游100米的水源卫生防护区内，是否有捕捞，养殖，船只停靠，游泳等可能污染水源的活动，是否有工业废水和生活污水排放；沿岸是否有废渣堆放、有毒有害物品存放；是否有装卸污染物的码头；是否按规定设置了警示牌。

（四）检查制水流程卫生

重点检查取水，净水，消毒，蓄水，配水流程是否合理；水处理工艺是否与供水量相适应；各种设施设备是否运转正常；消毒剂用量记录等是否齐全。检查输水、贮水和配水等设施是否违规与排水设施及非生活饮用水的管网相连接；贮水设备防护措施是否符合要求；附属设施是否齐全；各种设备是否正常运转。

（五）检查卫生制度落实情况

重点检查从业人员是否按规定进行健康检查，取得体检合格证明，是否接受过卫生知识培训；患有相关疾病的人员或病原携带者是否调离供水、管水岗位；从业人员有无不良卫生习惯和行为，有无在生产场所吸烟行为，制水车间有无个人生活用品等；是否建立健全卫生管理档案；有无明确岗位责任制、卫生管理制度、饮用水污染应急预案；有无供水设备日常自检记录、水质检测记录等；采购涉及饮用水安全的产品，是否按规定索证索票并经入库查验。

（六）对出厂水质进行检测

设定重点项目每天进行现场快速检测，定期进行实验室检测。现场快速检测可结合监督主体的现场快速检测能力调整。重点监测水中微生物和消毒剂指标，例如微生物总数，余氯、总氯含量；饮用水感官性状指标，例如浑浊度、色度、pH 等；水中化学物质的指标，例如总铁、硫酸盐、亚硝酸盐、氨氮、氯化物、硝酸盐、硫化物、总硬度等。

表 14　集中供水企业的卫生监督检查

被检查单位：
地　　址：　　　　　　　　　　　　　　　　　　检查时间：

监督环节	检查内容	是	否
供水卫生资质	1.具有有效的卫生许可证		
	2.涉水产品具有有效的卫生许可批件		
环境卫生和布局	3.厂区周围存在粉尘、有害气体、放射性物质或者其他扩散性污染源		
	4.防洪，防污，防废弃物侵害的措施齐全		
	5.生产区外围 30 米内设有生活居住区，搭建有渗水厕所、畜禽饲养场，或者堆放垃圾、粪便、废渣		
	6.厂区建筑物、设备与生产工艺流程科学合理衔接，生产区、生活区和行政办公区分开设置		

续 表

监督环节	检 查 内 容	是	否
水源环境卫生	7.修建危害水源水质卫生的设施或从事有碍水源水质卫生的作业		
	8.按规定设置警示牌		
制水流程卫生	9.设施设备运转正常		
	10.消毒剂用量记录等齐全		
	11.水处理材料定期更换,且有更换记录		
卫生管理制度	12.从业人员按规定进行健康检查,取得体检合格证明,接受卫生知识培训		
	13.从业人员有不良卫生习惯和行为,在生产场所吸烟,制水车间有个人生活用品等		
	14.建立卫生管理档案,有明确岗位责任制、卫生管理制度、饮用水污染应急预案等		
水质卫生	15.按照规定对水源水、出厂水、末梢水定期进行水质检验		
	16.水质检验记录完整、清晰,档案资料保存完好		
	17.向当地卫生行政部门定期报送检测资料		
	18.水质符合卫生标准和卫生规范		

陪同检查人:　　　　　　　　　　　　监督员:

三、二次供水的卫生监督要点

(一)检查供水卫生资质

重点检查二次供水单位是否依法取得卫生许可证;供水方式、卫生设施是否与卫生许可的内容一致。供水系统使用的涉水产品是否具有卫生许可批件。

(二)检查环境卫生条件

重点检查二次供水设施是否设置专间,设施周围是否清洁干净,排水条件是否完好;蓄水池周围10m以内是否有渗水坑和堆放的垃圾等污染源;水箱周围2m内是否有污水管线及污染物;水箱间内是否堆放杂物等。

(三)检查相关设施设备

重点检查供水设施是否运转正常,饮用水箱或蓄水池是否专用并无渗漏;人孔是否加盖上锁;水箱是否安装在可排水的底盘上,水箱溢水管和泄水管是否违规与下水管道直接连通;二次供水设施是否违规与市政供水管道直接连通;设施管道是否违规与非饮用水管道或者污染源直接连接。

(四)检查卫生制度落实情况

重点检查是否按规定设置卫生管理机构或人员,是否建立健全卫生管理制度和档案,是否有饮水卫生岗位责任制、饮用水污染应急预案和防范措施等。检查从业人员是否持有健康合格证明,相关患病人员是否按规定调离岗位;供水设备是否进行日常自检并有记录制度;是否定期对二次供水水质进行检测并有检测报告;是否按规定对供水设施进行全面的清洗消毒,并经检测水质合格后恢复供水。

(五)现场检测水箱和末梢水水质

重点监测水中微生物和消毒剂指标,如微生物总数,余氯、总氯含量;感官性状指标,如浑浊度、色度、pH 等;化学物质指标,如总铁、硫酸盐、亚硝酸盐、氨氮、氯化物、硝酸盐、硫化物、总硬度等。

表 15　二次供水的卫生监督检查

被检查单位:
地　　址:　　　　　　　　　　　　　　　　检查时间:

监督环节	检查内容	是	否
供水卫生资质	1.具有有效的卫生许可证		
	2.涉水产品具有有效的卫生许可批件		
环境卫生	3.供水设施设置专间,设施周围清洁干净,排水条件完好		
	4.蓄水池周围 10m 以内有渗水坑和堆放的垃圾等污染源		
	5.水箱周围 2m 内有污水管线及污染物		
	6.水箱间内堆放杂物等		
设施设备	7.供水设施运转正常		
	8.水箱或蓄水池专用并无渗漏		
	9.水箱入孔加盖上锁		
	10.水箱溢水管或泄水管与下水管道直接连通		
	11.二次供水设施违规与市政供水管道直接连通;设施管道违规与非饮用水管道或者污染源直接连接		
	12.按规定对供水设施进行全面的清洗消毒		
卫生管理制度	13.从业人员按规定进行健康检查,取得体检合格证明,接受卫生知识培训		
	14.建立卫生管理档案,有明确岗位责任制、卫生管理制度、饮用水污染应急预案等		

续 表

监督环节	检查内容	是	否
水质卫生	15.定期进行水质检验		
	16.水质检验记录完整、清晰,档案资料保存完好		
	17.水质符合卫生标准和卫生规范		

陪同检查人: 监督员:

四、分质供水的卫生监督要点

(一)完善卫生资质管理

重点检查分质供水单位是否取得卫生许可证,供水系统使用的涉水产品是否有卫生许可批件,或有资质单位出具的检验合格报告。供水方式和卫生设施是否与许可申报材料一致。供管水人员是否持有健康合格证明,经过卫生知识培训。

(二)检查环境卫生

重点检查供水设施周围环境是否保持清洁整齐,是否有堆放的垃圾、粪便、废渣和渗水厕所、粉尘、工业废气、放射等污染因素;相邻房间是否有中水、污水处理设施,是否有垃圾、污染物堆放。

(三)检查设施和布局

重点检查是否按规定设置制水间、更衣室、检验室、制水材料贮存与操作管理室等。制水间是否按规定独立封闭设置,面积是否与生产工艺相适应,建筑物结构是否完整;地面、墙壁、天花板、门窗等是否符合卫生要求,排水系统是否完好;防蚊蝇、防鼠、防虫设施是否齐全;制水间、检验室是否有机械通风和空气消毒装置,紫外线灯是否符合卫生规范;更衣室是否配置有衣帽柜、鞋柜和流动水洗手设施。

(四)检查设备和管网

重点检查水处理工艺配置是否合理,净化和消毒设备是否正常运转;输水管道是否违规直接与市政供水系统相连。管网系统是否符合卫生要求,成品贮水箱是否按规定完全封闭,空气过滤和水满保护装置是否完整,溢流管是否有空气隔断装置。水处理材料是否定期更换,且有更换记录。供水管网是否定期清洗消毒,且有清洗消毒记录。

(五)检查卫生制度落实情况

重点检查是否按规定设置卫生管理机构或人员,是否建立健全卫生管理制度和档案,是否有饮水卫生岗位责任制、饮用水污染应急预案和防范措施等。检查从业人员是否持有健康合格证明,相关患病人员是否按规定调离岗位;供水设备是否进行日常自检并有记录制度;卫生管理制度和档案是否齐全。

(六)对供水水质进行检验检测

分质供水出水水质必须符合《生活饮用水卫生标准》(GB 5749—2006)或《饮用净水水质标准》(CJ 94—2005)的水质要求。卫生监督机构可以选择重点项目,进行现场快速监测和实验室检验。

分质供水的卫生监督检查表,可参照"集中供水企业的卫生监督检查表"。

五、居民小区现制现售水卫生监督要点

(一)检查供水卫生资质

重点检查现制现售饮用水经营单位是否向所在地卫生部门进行备案;用于现场制作饮用水的水质处理器(包括现制现售饮用水自动售水机)、须定期更换的水处理组件、使用的涉水产品等是否依法获得涉水产品卫生许可批件。产品检查标识的相关内容是否与许可批件相符;使用的原水是否为合格的市政自来水;现制现售饮用水经营者是否违规从事桶装水的生产、销售活动。

(二)检查环境卫生条件

重点检查现制现售饮用水设备放置的环境卫生,售水设备周围是否存在有可能污染饮用水的垃圾、厕所、禽畜和粉尘及其他有毒有害物质。水质处理机的底部应当与地面有一定保持一定距离。

(三)检查设备管理

重点检查饮水机出水口是否有内凹的隔离区域,且安装可关闭,配合紧密的门;出水口下端是否违规与盛水容器直接接触;水质处理设备的排水管是否违规与污水管直接贯通。是否违规明示或者暗示售水机出的水为具有医学疗效,增进健康功能的水。

(四)检查卫生制度落实情况

重点检查是否配备专职或兼职卫生管理员,并进行卫生管理巡查;每季度是否对 pH 值、浑浊度、细菌总数、总大肠菌群、色度、耗氧量等进行检测;是否在醒目位置公示经营单位相关信息、卫生许可批件、水处理材料更换记录和当季水质检验结果;直接从事水质检验、设备维护等的人员是否持有健康合格证明。

(五)进行出水水质监测

出水水质必须符合《生活饮用水卫生标准》(GB 5749—2006)或《饮用净水水质标准》(CJ 94—2005)的水质要求。卫生监督机构可以选择重点项目,进行现场快速检测或者实验室检测。

表16　现制现售水监督检查

一、基本情况
现制现售饮水机名称、型号、地址：____________________
现制现售饮水机生产企业：____________________
管理单位名称、地址：____________________
管理单位负责人/联系人：__________ 联系电话：__________

二、设备情况
是否具有有效的卫生许可批件：□是，卫生许可批件号：__________ □否
卫生许可批件有效期：____________________
是否以市政自来水为原水：□是　□否
产品名称、型号和标签中主要技术参数(净水流量、额定总净水量)等是否与卫生许可批件一致：□是　□否，不一致内容：____________________
是否暗示或明示具有医用，增加健康性能或具有疗效作用：□是　□否
投放地点相关情况：占地性质(　)水源连接情况(　)卫生防护(　)安全防护(　)

三、卫生管理情况
是否建立卫生管理制度：□是　□否
是否定期维护设备、更换滤芯：□是，更换周期为：□□个月　□否
是否具有维护更换记录：□是　□否
是否具有维护人员：□是　□否
维护人员是否持有健康合格证明：□是　□否
是否有定期维护保养及更换滤芯公示：□是　□否

四、水质检测情况
水质是否进行检测：□是，检测周期为：□□个月　□否
检测项目：____________________
是否具有水质检测记录或报告：□是　□否

被监督单位签字：__________
检查人员签字：__________、__________检查时间：□□□□年□□月□□日

注：1. 占地性质—小区绿地、小区空地、物业规定；2. 水源连接—住户、物业、其他；3. 卫生防护—裸机、遮雨罩、围护建筑等；4. 安全防护—有无加锁装置。

六、单位自建设施供水卫生监督要点

(一)检查供水卫生资质

重点检查供水企业是否依法取得卫生许可证，是否按规定进行了检验，供水项目、供水范围、工艺过程等与卫生许可内容是否一致。使用的相关设备和产品是否按规定具有卫生行政部门的许可批件。

(二)检查环境卫生和布局

重点检查厂区周围是否违规存在粉尘、有害气体、放射性物质或者其他扩散性污染源；防洪，防污，防废弃物侵害的措施是否齐全；生产区是否按规定设置了

明显标识，外围30米内是否违规设有生活居住区，是否违规搭建有渗水厕所、畜禽饲养场，或者堆放垃圾、粪便、废渣；厂区建筑物、设备与生产工艺流程是否科学合理衔接，生产区、生活区和行政办公区，是否分开设置。

（三）检查水源环境卫生

重点检查水源井周围半径50米范围内是否有新建、改建、扩建除取水构建筑物以外的建筑项目；是否堆放垃圾等废弃物；是否存在挖砂，取土，挖设渗坑、渗井，铺设污水渠道、管道等行为；是否存在其他污染地下水源的行为。

（四）检查制水流程卫生

重点检查取水，净水，消毒，蓄水，配水流程是否合理，水处理工艺是否与供水量相适应；各种设施设备是否运转正常，消毒剂用量记录等是否齐全。检查输水、贮水和配水等设施，是否违规与排水设施及非生活饮用水的管网相连接；贮水设备防护措施是否符合要求，附属设施是否齐全，各种设备是否正常运转。

（五）检查卫生制度落实情况

重点检查从业人员是否按规定进行健康检查，取得体检合格证明，是否接受过卫生知识培训；患有相关疾病的人员或病原携带者是否调离供水、管水岗位；从业人员有无不良卫生习惯和行为，有无在生产场所吸烟行为，制水车间有无个人生活用品等。检查是否建立健全卫生管理档案，有无明确岗位责任制、卫生管理制度、饮用水污染应急预案；有无供水设备日常自检记录、水质检测记录等；采购涉及饮用水安全的产品，是否按规定索证索票并经入库查验。

（六）对出厂水质进行检测

设定重点项目每天进行现场快速检测，定期进行实验室检测。现场快速检测可结合监督主体现场快速检测能力进行调整。重点监测水中微生物和消毒剂指标，例如微生物总数，余氯、总氯含量；饮用水感官性状指标，例如浑浊度、色度、pH等；水中化学物质的指标，例如总铁、硫酸盐、亚硝酸盐、氨氮、氯化物、硝酸盐、硫化物、总硬度等。

单位自建设施供水卫生监督检查表，可参照“集中供水企业的卫生监督检查表”。

七、农村小型供水卫生监督要点

（一）检查供水卫生资质

供水中与水直接接触的供水设备，所用原材料和净水剂、消毒剂、水质消毒设备等涉及饮用水卫生安全的产品是否具有有效卫生许可批件。

（二）检查水源的卫生防护

是否设立水源保护区域，是否在保护区域内堆放垃圾、粪便和其他废弃物；是否存在挖设渗坑、渗井、污水渠道以及禁止其他一切污染地下水源的行为。

（三）检查水质消毒工作

检查是否严格落实制水工艺消毒工序，并由专人负责，实行全年消毒，保证出厂水、末稍水水质主要项目指标符合《生活饮用水卫生标准》。

（四）检查卫生制度落实情况

重点检查从业人员是否按规定进行健康检查，取得体检合格证明，是否接受过卫生知识培训；患有相关疾病的人员或病原携带者是否调离供水、管水岗位；从业人员有无不良卫生习惯和行为，有无在生产场所吸烟行为，制水车间有无个人生活用品等。检查是否建立健全卫生管理档案，有无明确岗位责任制、卫生管理制度、饮用水污染应急预案；有无供水设备日常自检记录、水质检测记录等；采购涉及饮用水安全的产品，是否按规定索证索票并经入库查验。

（五）对出厂水质进行检测

设定重点项目每天进行现场快速检测，定期进行实验室检测。现场快速检测可结合监督主体的现场快速检测能力进行调整。重点监测水中微生物和消毒剂指标，例如微生物总数，余氯、总氯含量；饮用水感官性状指标，例如浑浊度、色度、pH 等；水中化学物质的指标，例如总铁、硫酸盐、亚硝酸盐、氨氮、氯化物、硝酸盐、硫化物、总硬度等。

表 17　农村小型供水卫生监督检查

被检查单位：
地　　址：　　　　　　　　　　　　　　　　检查时间：

监督环节	检查内容	是	否
供水卫生资质	1.具有有效的卫生许可证		
	2.涉水产品具有有效的卫生许可批件		
水源的卫生防护	3.设立水源保护区域		
	4.保护区域内堆放垃圾、粪便和其他废弃物；存在挖设渗坑、渗井、污水渠道以及其他一切污染地下水源的行为		
水质消毒	5.消毒设施运转正常		
	6.严格落实制水工艺中的消毒工序，并由专人负责，实行全年消毒		
卫生管理制度	7.从业人员按规定进行健康检查，取得体检合格证明，接受卫生知识培训		
	8.建立卫生管理档案，有明确岗位责任制、卫生管理制度、饮用水污染应急预案等		

续 表

监督环节	检 查 内 容	是	否
水质卫生	9.定期进行水质检验		
	10.水质检验记录完整、清晰,档案资料保存完好		
	11.水质符合卫生标准和卫生规范		

陪同检查人： 监督员：

八、供水末梢卫生监督监测要点

(一)周边环境

主要检查供水末梢设施周边环境卫生是否良好,是否存在污染源。

(二)设施设备运行情况

检查供水末梢设施是否完备,运行是否良好,是否存在破损生锈等容易造成水质污染的情况。

(三)水质监测

以重大活动核心举办场所为圆心,采取辐射方式设定末梢水水质监测点。利用现场快速检测与实验室检测相结合的方式,重点监测:水中微生物和消毒剂指标,如微生物总数,余氯、总氯;感官性状指标,如浑浊度、色度、pH 等;化学物质指标,如总铁、硫酸盐、亚硝酸盐、氨氮、氯化物、硝酸盐、硫化物、总硬度等。通过水质监测及时发现饮用水供水的卫生问题,及时做出针对此问题的处理。

九、涉及饮用水卫生安全产品生产企业监督要点

(一)检查生产企业的选址、环境和布局

厂区周围是否存在粉尘、有害气体、放射性物质和其他扩散性污染源;是否有昆虫滋生的场所;可能产生有害气体、粉尘、噪声等污染的生产场所是否单独设置;厂区与其他建筑是否保持一定的防护间距;生产区、辅助区、生活区是否做到功能分区明确,人流与物流、清洁与污染分开;原辅料库、产品加工场所、成品库、检验室、危险品仓库等是否齐全;动力、供暖、空调机房、给排水系统和废水、废气、废渣的处理系统等是否影响生产场所卫生;生产用房是否与产品类型、生产规模相适应;等。

(二)检查设施设备

生产场所的墙壁、屋顶、地面是否符合要求;生产场所全面通风设施是否符合要求;消毒设施或者采用紫外线灯是否符合要求;防止交叉污染措施是否符合要求;生产设备、工具、管道,必须用卫生标准规范;水质处理器(材料)的装配(包装)区入口处是否设有更衣室,室内是否有衣柜、鞋架等更衣设施;入口处和生产

场所内适当的位置是否设置流动水洗手设施；生产区厕所是否设在生产场所外，有无防臭、防蚊蝇及昆虫等措施；等。

（三）检查生产过程控制

是否配备了专职卫生管理员；是否建立健全了产品生产卫生安全保证体系；是否有符合卫生要求的企业标准；是否有符合检验要求的检验仪器、设备和场所；是否对生产环境卫生、原材料和产品卫生安全进行自检；采购原材料时是否索取了卫生许可批件，入库时是否进行了验收；是否严格按卫生部门批准的生产工艺生产并有原始记录；产品标签和使用说明书是否与卫生许可批件一致；等。

（四）检查原材料和成品贮存

是否设置了与生产规模、产品特点相适应的原材料、成品和危险品仓库；库房是否有专人管理，按规范进行分类验收登记；同一库内是否违规贮存了相互影响的原材料；不符合质量和卫生标准的原材料是否与合格的原材料分开，并设置了明显标志；库房通风、防潮、防尘、防鼠、防虫措施是否齐全；成品库规模是否与生产能力相适应；成品库是否违规贮存有毒、有害物品，是否有防尘、防鼠、防虫等措施。

（五）检查从业人员卫生

从业人员上岗前是否经过了卫生知识培训并考核合格；直接从事水质处理器（材料）生产的人员是否按规定进行了健康检查，患有有关疾病的人员是否按规定调离岗位；生产场所内是否有违规吸烟，进食等行为；生产场所内的人员是否穿戴整洁，是否违规将个人用品带入生产场所。

（六）检查销售活动

所销售的涉水产品是否具有有效的卫生许可批件、产品说明书；产品名称、型号和功能是否与卫生许可批件一致；产品主要成分或部件是否与卫生许可批件一致；水质处理器类产品的额定总净水量和净水流量否与卫生许可批件一致；产品注意事项是否与卫生许可批件一致；是否有违规宣称具有医用或保健功能的行为。

第十六章　重大活动城市运行食品供应链食品安全监督保障

第一节　概　述

一、食品供应链与食品安全

（一）食品供应链的含义

食品供应链也称食品链，是指食品从初级农产品的种养殖，食品及原料的生产加工，食品及原料的进出口，食品及原料的流通销售，直至到百姓餐桌（餐饮消费），各个环节相互连接构成的一个有机整体。也就是食品从田间到餐桌所经历的全过程，是食品从初级生产直至餐饮消费各个环节和操作的顺序。涉及初级农产品种植养殖，种养殖过程包含化肥、农药、食品动物饲料的生产加工；涉及食品及原料生产加工、牲畜屠宰加工，以及食品辅料、包装材料、容器等的生产加工；涉及食品流通，以及食品贮存、运输、分销过程；涉及餐饮服务，餐饮食品及原料的采购、加工、分餐等一系列活动过程。

就食品供应链的含义，有的把食品供应链与生物意义上的食物链联系在一起，也有的把将食品供应链的重点放在食品流通过程中。而我们主要研究的是整个食品链条各环节的安全问题，以及影响各环节食品安全的有关因素，以保障上到餐桌或者被人使用的是安全，不会造成健康损害的食品。

（二）食品安全的含义

食品安全从广义上讲，包括食品数量的安全、食品质量的安全、食品可持续的安全。食品质量安全是指食品在营养卫生方面能够满足和保障人群的健康需要，主要是针对各种因素导致的食品污染问题，例如食品是否含有有毒有害物质，加工中是否非法添加非食用物质，是否违规超范围、超限量使用添加剂等问题。保障食品安全，需要在食品受到污染之前采取措施，预防食品的污染和遭遇主要危害因素的侵袭。

（三）食品供应链的安全

食品供应链的安全是指面对食品在从田间到餐桌过程中各环节的食品安全

问题，要保证食品供应链全程不被有害因子污染。因此，也可以表述为食品供应链的食品安全。食品需要经过初级农产品种养殖，食品的生产加工、流通分销、餐饮消费等一系列环节才能真正到达老百姓的餐桌，成为可以直接食用的食物。这个从田间到餐桌的漫长过程，就是食品供应链，这个过程的任何一个环节发生问题都会导致食品的污染，都会发生严重的食品安全问题。例如初级农产品种养殖阶段的农药、兽药污染问题，生产加工环节的非法添加，生产加工不规范导致的有害物质污染，流通环节中非法生产加工产品的流入，贮存、运输环节的污染，等等。因此，食品安全不仅仅是食品链某个环节的安全，而且是整个食品供应链全程的食品安全问题，严格监控食品供应链全过程的质量安全是保证食品安全的重中之重。

二、食品供应链食品安全风险的特点

在食品生产经营过程中，自然形成了一个从农田到餐桌的食品流动链条。在这个流动链条中，各种食品不断汇集，互相依存，逐步构成一个复杂的群体，一旦上游某个食品出现问题，必然会造成下游所有食品的不安全，并会危害到消费者健康。因此，食品供应链食品安全风险具有多源性的特点。

（一）食品供应链多元化

食品链是按从初级生产直至消费的各个环节的顺序自然形成的一个流动性链条，它不但包括食品及其辅料的生产、加工、分销、贮存和处理；也涉及到用于食源性动物的饲料生产和与食品接触的材料或原材料的生产。从农产品的种植、养殖环节来看，其产地的土壤、用水、饲料、化肥、农药、添加剂、储存、运输等因素都能影响到农产品的安全。从食品生产环节来看，其使用的原材料和生产设备的安全性直接决定了食品生产环节是否安全，如果再加上对相关生产人员的食品安全要求，那么，生产的过程就更复杂了。就食品流通和消费环节而言，食品在物流各环节的储存、加工或处理，以及消费者如何正确加工和处理买回的食品，对食品安全都具有影响，而这些也体现了食品安全的多源性。

（二）食品链管理多元化

食品供应链是一个包括种植、养殖、生产、加工、运输、储藏、销售以及消费者对食品的处理等的多环节链条。整个链条中，如果有一个环节出了问题，就会产生食品不安全问题，影响消费者健康，甚至带来社会公共卫生问题。2005 年 9 月，国际标准化组织发布了 ISO 22000：2005 标准《食品安全管理体系——对食品链中任何组织的要求》。我国也相应发布了国家标准 GB/T 22000—2006《食品安全管理体系——食品链中各类组织的要求》，等同采用 ISO 22000：2005 国际标准，并于 2006 年 7 月正式生效实施。GB/T 22000—2006 适用于食品链范围内各种类型的组织者，包括饲料生产者、初级生产者、食品制造者、运输和仓储经营者，也包括批发和零售商、餐饮经营者、服务提供商等。

（三）食品链管理责任多元化

从理论上讲，目前在我国已经实施了对食品链条上各环节的食品安全控制标准。有了这样的标准，就有了对食品链进行管理的依据。但是，基于食品链的多元性，我们必须对食品安全链中各环节可能存在的食品安全问题及相关利益主体和责任主体进行分析，以进一步明确相关的管理和监督责任，采取科学系统的管理，才能保障食品链的安全。第一，监管责任多元化。食品供应全程安全监管涉及多个部门，农业部门负责食用农产品种养殖、生猪屠宰、动物防疫监管；卫生计生部门负责食品安全标准、风险监测和评估、生活饮用水卫生监管；食品药品监管部门负责食品生产、流通、餐饮消费监管；进出口检疫检验部门负责进口食品监管等。第二，行业管理责任多元化。食品供应链涉及的不同行业，例如生产企业、商务流通、旅游等还有其他不同的行业主管部门，要承担相应的行业管理责任。第三，农产品生产主体、食品生产主体、食品流通主体、餐饮服务主体都有各自的自律管理责任等。第四，社会责任多元化。例如消费者责任、媒体责任等等。在这些多元的责任内，任何一项责任落实不到位都会导致食品安全风险。

三、食品供应链监督保障与城市运行的关系

（一）重大活动城市运行

重大活动城市运行是指重大活动举办城市协调有序、正常稳定的运转过程。城市运行的核心需要举办城市政府、企业、社会团体和全体市民的共同参与，从市级到社区各个层面协调有序运转，通过规划建设和科学的管理，使城市基础设施和公用事业、交通管理、废弃物管理、市容景观、生态环境、公共卫生等公共服务达到最佳状态，最大限度地满足公众日常生活和重大活动特殊的需求。

（二）食品安全在城市运行中的地位

保证食品安全是重大活动城市运行不可或缺的内容，是城市运行重中之重的一个子系统。重大活动城市运行的食品安全监督保障是举办城市的食品安全监督主体，通过强化食品安全监督执法，督促食品生产经营落实食品安全法律法规、标准规范，落实主体责任，提供安全食品供应和服务，预防并及时应对处置食源性疾病和其他食品安全风险，为重大活动提供良好食品安全环境，确保重大活动圆满成功，确保公众的正常生活秩序。

（三）食品供应链安全保障意义

重大活动场馆运行中的食品安全保障主要是餐饮服务食品安全监督保障，也就是食品链条终末环节的监督保障。城市运行的食品安全保障是指举办城市

整体食品供应链的全程食品安全保障。

实践证明举办城市政府对重大活动中的食品安全采取必要的监督保障措施，能有效地预防重大活动食品安全风险事件的发生。就重大活动而言，活动中的餐饮食品安全是核心和焦点。但是，影响餐饮食品安全的风险因素不仅仅存在于餐饮服务单位和餐饮食品加工过程中，餐饮服务中使用的各种食品及原材料是否安全，是保证餐饮食品安全的源头和基础，如果不能保证源头食品安全，餐饮食品就无安全可谈。因此，重大活动食品安全保障既要对餐饮加工过程进行食品安全风险监控，也要对食用农产品种养殖、食品生产、流通销售等食品链的全过程进行风险监控。

第二节　重大活动食品链食品安全监督保障重点

一、食品链食品安全监督保障的工作原则

重大活动食品供应链食品安全监督保障的原则是指在实施重大活动城市运行食品供应链食品安全监督保障的过程中，监督保障主体应当遵循或者关注的基本要求。这些原则主要是监督保障主体在实践工作中的经验总结和体会，体现了食品供应链安全监督保障的一些特点，还没有真正上升到理论的高度，可能还不够全面和精准，需要进一步的研究和讨论。但是，我们认为从重大活动食品安全监督保障的实践出发，这些从实践中总结而来的基本要求、基本做法，对实施监督保障还是很有意义的。

（一）以场馆运行为核心

重大活动监督保障的宗旨是保证重大活动顺利进行，而场馆运行又是重大活动顺利开展的核心。重大活动食品安全监督保障的核心目标，要落在保障场馆运行的餐饮食品安全上，保障重大活动参与者的就餐和饮食安全。

1.坚持服务观念

城市运行食品供应链食品安全保障必须紧紧围绕重大活动场馆运行餐饮食品安全的需求运转，突出为重大活动场馆运行服务，保证重大活动顺利进行。

2.适应场馆饮食方式

重大活动场馆运行的餐饮食品安全，不仅是就餐食品安全问题，还包括活动过程中提供的瓶装水、饮料、水果、方便食品等安全问题，向活动场馆提供的这些食品都要列入食品链监督保障的范围。

3.适应场馆食品特殊需求

有些重大活动对食品安全有特殊要求，食品供应链监督保障就要将特殊需

要作为重点监督保障内容。例如体育赛事特别关注运动员食品中不能含有影响运动员体内兴奋剂水平的物质，监督保障过程中就要把反兴奋剂作为监督保障的重点事项。

4. 适应场馆食品规则

食品供应链监督保障重点环节、重点食品、时间节点，需要重点监控风险，食品的品种、鲜度、温度、包装等都要围绕重大活动场馆运行要求执行和运转。

（二）预防为主前期介入

重大活动食品供应链的监督保障要坚持预防为主原则，要在重大活动运行前或者早期筹备阶段介入监督保障程序，要将筹备期监督保障措施与重大活动运行期监控措施有效衔接，将食品供应链监控措施与场馆运行现场监控措施有效衔接，这样才能最大限度地发挥监督保障作用，预防为主原则应当贯彻始终。

1. 推动前期提升整改

在重大活动筹备阶段，结合举办城市规划建设，督促指导食品供应链中重点环节、重点企业进行提升改造，使食用农产品、食品生产经营者，在场所布局、工艺流程、设施设备、人员素质、管理制度和机制等方面，达到保证食品安全的最佳状态，并培育一批食品安全规范或者示范企业。

2. 着力完善监管体系

在重大活动的筹备阶段要着力建设和调整食品供应链的全程科学监管体系和机制，建立健全与重大活动相适应的常态监管、非常态监管的组织机构、管理体系和相关的制度规范，完善地方的食品安全法规、规章和标准体系，建立针对重大活动所需要的专门标准和制度，等。

3. 对重点食品前期启动监控

要根据重大活动特点，对重点食品生产提前启动监控程序。提前量要与食品生产周期相适应，符合产品的生产规律。例如食用农产品需要一年甚至两年时间，就要提前一年或者两年进入监控程序。对流通企业也要在备货期开始进行食品安全监督监控。

（三）风险评估重点监控

在重大活动城市运行食品供应链的监督保障中，要坚持风险评估的原则，组织开展对重大活动举办城市整体食品安全风险的评估，查找城市中的食品安全风险因素，确定各类风险的概率、程度、预防控制措施。要明确高风险食品、高风险环节、高风险企业或者基地，选择确定有针对性的风险预防、风险控制措施。食品安全监督保障主体，要根据风险评估结果，对重点食品、重点企业或者基地、重点环节，采取重点的食品安全监控措施。同时，自重大活动筹备阶段开始，就要加强国内外、市内外的食品安全信息的收集，组织食品安全风险监测，食源性疾病监测，食用农产品生产环境监控，开展阶段性的食品安全风险评估。根据风险评估的情况及时调整和完善食品供应链的监督保障计划。完善重点食品、重点环节等的食品安全风险监控措施，牢牢把握监督监控的重点。

（四）统一指挥，各方协作

对食品供应链的监管是一个复杂的系统工程：第一，食品供应链是一个较长的链条，从田间到餐桌需要较长的过程；第二，食品供应链涉及多领域、多专业、多种影响因素，潜在的风险多；第三，食品供应链涉及的管理部门多、标准多，管理方法也不尽一致。因此，落实重大活动城市运行食品供应链食品安全保障，绝不是一个部门的任务，更不是一个部门能够做好的工作。保证重大活动食品供应链的安全，就必须在政府领导下，建立统一协调的配合机制、信息通报机制，各部门依法履行食品安全职责，形成统一规范、相互衔接的监管机制。

（五）常规与非常规结合

对重大活动食品供应链的食品安全监督保障，要坚持常态运行与非常态运行相结合的工作机制，在举办城市的城市运行中，食品安全管理工作应当有序地运转，保证城市居民正常生活的食品安全。城市在正常情况下，对食品安全的监督和管理，都有一套常规自律的运转工作机制，但当承办一项重大活动时，由于城市中外来人口短时间内增多，人员流动加大；同时，重大活动对食品的供应和安全又有许多特殊要求，城市运行处于一种非常态时段，食品安全监管工作也应当采取一些非常规管理措施。一要满足重大活动对食品安全特殊规定的风险控制；二要满足重大活动对食品供应（包括品种、数量、时间节点、使用方式等）需求的风险控制；三要满足食品需求量上升的风险控制，保证城市居民的正常生活秩序不受影响。因此，有必要采取一些临时非常规的管理方式：例如进市食品审查、备案制度，点对点供应制度，禁止或者限制一些风险食品等；对食品生产经营者的监督频次和内容、样品抽检数量、行为的规范和限制等都要加大力度。另一方面还要制定预案，明确发生突发事件、特殊情况时，要有进一步非常规监管措施。

二、食品供应链食品安全监督保障的重点措施

（一）推动食品供应各环节的食品安全提升改造

食品安全提升改造是重大活动城市运行中举办城市规划建设的重要内容，也是保证举办城市食品安全的重点措施。在重大活动筹备阶段，重大活动举办城市食品安全监督主体应当根据重大活动的规模、特点和对食品安全的特殊要求等，结合举办城市整体规划建设，积极推动城市中食品供应链涉及的食用农产品种养殖、生猪屠宰加工、食品生产加工、食品流通销售和餐饮服务企业的整改

提升。通过提升改造工程，促进规范性食用农产品基地的建设和规模化食品生产企业的建设，取缔非法食品生产经营活动。依据食品安全法律法规和规范标准，督促指导重点企业，提升保障食品安全的硬件能力和现代化管理水平，完善设施设备，规范生产经营场所布局，提高食品安全意识，强化第一责任落实食品安全法律法规和标准规范，全面提升食品安全管理水平和能力，保证生产经营产品的食品质量安全。

（二）全面提升城市食品安全监管能力

提升食品安全监管能力是重大活动举办城市食品安全的重要保证，也是提升举办城市综合管理能力的重要组成部分，是重大活动城市运行的子系统之一。要适应重大活动城市运行食品安全要求，不仅要对食品生产经营主体进行提升整改，也要全面提升政府对食品安全的管理能力和风险控制能力。因此，在重大活动筹备阶段，食品安全监督主体，要根据重大活动规模、特点和食品安全要求，在政府统一领导下，积极推动整个城市食品安全监管能力提升。例如：积极推动完善食品安全监督管理组织体系，建立城市、区域、社区协调统一的食品安全监管网络，强化有关部门的监管责任、行业管理责任和属地监管责任；完善食品安全监测网络，健全食品安全风险监测预警机制；推动建立健全食品安全信用体系，公示食品安全监督监测信息，强化舆论和社会监督机制；结合重大活动推动地方食品安全标准体系建设，制定针对重大活动必要的专项地方标准；结合具体情况建立动物和动物产品疫病监测控制机制，确保动物源性食品的安全；等等。只有这样，才能使举办城市的食品安全综合监督管理能力得到全面提升。

（三）实行非常态食品安全监管措施

非常态运行机制是指在重大活动期间，食品安全监督保障主体为保障重大活动食品安全，在举办城市食品供应链食品安全监管中，建立，实施一些超出常态环境的管理措施和制度。例如：建立和实施重大活动食品供应企业遴选机制；实行重大活动食品定点供应、“场厂挂钩”“场地挂钩”机制；实行入市食品评估备案机制，未经评估备案的不得进入举办城市食品市场；实行对重点食用农产品基地、重点食品生产企业、重点食品流通企业的驻点监管制度；建立和实施有效的食品全程追溯机制；实行重大活动食品供应准入和目录制度、重点食品重点监控制度、不安全食品退市制度，未经准入或者未在重大活动食品目录上的食品禁止向重大活动场馆和重点单位提供，发现问题产品立即予以退市处理；等等。

（四）强化重点环节的食品安全监控

重大活动城市运行食品供应链食品安全监督保障措施的重要任务之一就是要加大举办城市的食品安全监管力度，着力抓好食品供应链重点环节的食品安全监控。在重大活动运行期，食品安全监督主体要联合各级政府、各有关部门，组建专门的执法队伍，采取驻点监督执法、巡查监督执法等必要手段，强化对食品供应链重点环节的监督检查，严格监控重点环节食品安全风险。例如严格监控食用农产品种养殖环节，确保各项食品安全制度落实，加强重点产品种养殖、生产加工过程监督监控、风险监测，加强对种养殖环境的监测；严格监控食品生产加工环节，强化生产许可证管理，严格监控食品添加剂使用，严格产品出厂检验，等；严格监控食品流通环节，严格进货渠道，强化索证索票，严格贮藏，运输管理，严格进口食品监管，等；严格餐饮服务环节监控，严格食品采购入库管理，严格食品加工过程规范，严格监控集体用餐配送；等等。

（五）实行重大活动食品供应商遴选机制

重大活动食品供应商遴选机制是在重大活动食品安全监督保障中，根据重大活动餐饮食品需求特点和食品安全要求实施的一项临时性、有针对性的食品安全保障措施。其目的：一是要保障活动中食品种类的供应；二是要保障食品需求时间的供应；三是要满足重大活动对食品安全的特殊要求；四是确保食品供应链的可追溯性。建立遴选机制的基本步骤主要包括：

1.确定场馆运行餐饮服务单位

根据重大活动的用餐和饮食需求，确定场馆运行餐饮服务企业，确定供餐和饮食食谱，确定食品供货目录、时间节点。

2.确定食品供货商的基本条件

被遴选的相关供货企业，应当具备相应资质，具有相应的生产经营规模、规范化管理基础，通过相应的质量和食品管理体系认证。

3.遴选供货的食品生产经营企业

以供货目录、时间节点为基础，通过企业申请、现场监督检查、风险评估、专家论证等方式，分别遴选重点食品及原料食用农产品生产基地、食品生产企业和食品流通企业，实行场对厂、场对地、点对点等食品供应机制，负责重大活动食品生产、供货、运输等食品供应活动。

4.对食品供货商实施动态监管

遴选结束后，相应的食品安全监管部门应当对供货企业启动食品安全监控程序。督促指导企业进一步提升改造，完善生产经营流程、设施设备、管理机制，开展教育培训，启动专供产品的生产或备货。公安部门等根据需要进驻重大活动食品专供企业，进行食品安全防恐风险评估，督促企业完善和落实安全保卫措施。

（六）全面做好食品安全应急工作

完善突发食品安全事件应急处理机制，建立健全应急组织机构，组建应急专业队伍，制定食品安全事故应急预案，开展应急演练；建立健全食品安全预警机制，开展食品安全风险评估，提高综合处理突发食品安全事件的能力；配合相关部门加强食品反恐工作，建立保障体系和机制，加强高风险食品、高风险环节、高风险活动的监管，预防群体性健康损害事件，及时启动应急响应机制，迅速正确处置各类食品安全突发事件，最大限度地控制食品安全风险损失。

三、食品供应链食品安全提升改造的要点

在重大活动城市运行保障体系中，对重大活动食品供应链安全的监督保障应当根据重大活动规模、特点，对食品安全的特殊要求等，结合举办城市食品安全工作实际情况，对食用农产品种养殖、食品生产加工、食品流通销售和餐饮消费服务四个重点环节，在筹备期，就要督促指导其提升改造，规范生产加工和经营，提高食品安全信誉度。在重大活动运行期，强化风险控制措施，保障生产经营的食品安全。

（一）食用农产品生产的提升改造

严格初级食用农产品种养殖食品安全管理制度，严格监控剧毒、高毒农业投入品；加强食用农产品生产环境（空气、土壤、水环境等）的监测，建立健全农产品监督监测机制，提升无公害农产品生产基地基础设施，提高生产者严格按照有关标准生产无公害农产品的意识和自觉性。强化生猪屠宰企业替身改造，取缔非法生猪屠宰企业，严格许可制度，推行科学管理机制，对屠宰畜禽实施全程追溯制度。

（二）食品生产加工环节的提升改造

严格食品质量安全市场准入制度，取缔无食品生产许可证食品生产活动，严格产品出厂检验制度，未经检验合格不得出厂销售；督促指导食品生产企业提升改造环境条件、生产设备、添加剂使用、人员资质、储运条件、检测能力、质量管理制度；推动食品生产企业实行科学的食品生产管理机制；严格食品添加剂使用监管，严禁超范围、超限量使用食品添加剂或非法添加非食用物质。

（三）食品流通环节的提升改造

例如严格市场准入制度，严格食品流通许可证管理，完善食品安全管理制度，严格进货验收、索证索票制度，必要时推行食品销售备案、“场厂挂钩”“场地挂钩”进市食品评估备案、不安全食品退市等制度。严格保健食品许可度，严格保健食品广告监督，有针对性地开展保健食品抽查抽检，严厉打击在保健食品中添加药物及未经批准成分的违法行为，加大对保健食品标签、说明书的检查力度；严格进口食品市场准入制度，禁止非注册企业经营进口食品；推进农产品市场提升改造和规范化管理。加强市场硬件设施建设，规范鲜肉、蔬菜、粮食、活禽，散装、预包装等食品及原料的流通管理；并推动现代物流配送体系建设，建立

食品追溯机制。

（四）餐饮服务环节的提升改造

改造提升建筑条件，合理调整布局流程，改善环境卫生，完善保证食品安全的设施设备，规范冷加工食品制作的条件和规范；严格餐饮服务许可制度，强化食品安全量化分级管理，推行餐饮服务 HACCP 认证；完善原料采购、贮藏、加工、包装、运输等环节关键点的控制措施；落实食品安全管理制度，规范餐饮食品加工过程；强化食物中毒预防控制，严防发生食物中毒事故等。规范不安全食品和餐厨垃圾的无害化处理，落实餐厨垃圾集中处置制度。

第三节　重大活动食品供应链食品溯源系统

在食品从农田到餐桌的食品流动链条中，各种食品互相依存，一旦上游环节出现问题，必然导致下游食品的安全风险，并会危害公众健康。因此，在重大活动食品安全保障过程中，必须在食品供应链中建立有效的食品溯源系统。

一、建立食品链溯源系统的必要性

（一）食品溯源中的问题

近年来，食品安全事故不断发生，其主要原因就是食品市场信息不对称，使得食品生产经营者或管理部门对上一环节使用的原材料的安全性无法精确把握，特别是因为不清楚食品从原料、加工、贮藏、流通到消费的食品链相关信息，消费者无法选择安全的食品，一旦发生食品安全事故，不能有效地追溯到直接责任者，造成部分不法分子产生投机心理，见利忘义，违规操作，以次充好，制假贩假。如果没有食品链追溯系统，没有有效预警、报警机制，食品安全信息获取就会受到限制，食品安全信息的真实性也无法得到保障。因此，建立食品链追溯系统的意义非常重大。

（二）食品链溯源的含义

食品链溯源就是在食品链各个环节中食品及相关信息能够被追踪和回溯，使食品的整个生产经营活动处于有效监控之中。食品及相关信息包括从初级农产品到最终消费者的整个信息追踪，就是从消费者一直可追溯到初级农产品加工过程中所用的饲料、农药、兽药等信息。而食品链溯源制度是基于食品链安全的一种信息跟踪制度，它包括产品溯源、过程溯源、投入溯源、基因溯源、测定溯源、病虫害溯源等六大要素。它是一种以信息为基础的先行介入措施，有助于及时发现食品安全风险，查明问题原因，采取行政措施以及分清责任；也是及时控制和召回问题食品的有效手段和措施。

(三)食品链追溯系统的功能

食品链追溯系统是食品安全风险管理的重要措施,是食品安全从农田到餐桌全过程控制的有效技术手段,是一种政府监管制度和企业食品安全管理的统一体。它主要包括对食品原料、生产、流通、消费全过程的监管,它可以记录下某一食品每一环节的安全信息,一旦出现食品安全问题,可以直接查清问题食品整个链条和“身世”,及时查明问题的原因,迅速采取控制、追回、追责等措施,既可节省监管成本又可建立安全合法的食品市场秩序。

二、食品链溯源系统的内容和设计要求

由于食品链涉及到食品原料生产、生产加工、流通销售和餐饮服务等多个环节,食品生产经营者在食物链中只承担其中的一个部分或几个部分的功能。因此,食品链溯源系统的总体设计应由举办城市政府统一协调组织,依照法律、法规进行约束;食品链的基本溯源信息的准确性和完整性应由企业保证;在政府统一设计食品链溯源系统整体框架的基础上,由企业完成食品链的内部溯源和上下两端的外部溯源。

(一)溯源系统的内容

为了保证整个食品链溯源系统的完整性,必须保证食物链信息的准确性、完整性和可追溯性,才可能在发生食品安全问题时,追本溯源,查到问题或者风险的源头,并及时进行处理。为保证食品链的溯源,要求食品链中的各相关企业必须做到企业内部溯源;并根据“一步向前,一步向后”的原则,做好外部溯源的“节点管理”。

1.建立内部溯源系统

企业内部溯源是食品链溯源系统的基础和关键,涉及到多种食品原材料的投入和不止一种产品的产出。企业应当建立食品原料、食品添加剂、食品相关产品进货查验记录制度,认真查验供货商及相关质量安全的有效证明文件,留存相关票证文件或复印件备查。同时,做好企业产品定义、产品成分和批次确定,提供相关产品安全标准、检测报告、发货单及质量安全有效证明文件,保证溯源的准确性和完整性。

2.建立外部溯源系统

外部溯源是在溯源项(某个产品某个批次)锁定后,企业与企业在交接该溯源项(某个产品某个批次)时所产生的溯源,供收双方都需对某个批次产品标识进行识别,保持交接记录。供货方能够根据产品标识追踪到接收方,接收方也能根据进货台账追溯到供货方,外部溯源实质就是食品链上的“节点管理”。企业溯源要保证做到“一步向前,一步向后”,向上能溯源到食品供应商,向下能溯源

到产品用户。

3.确定信息权限

在保证食品链溯源信息真实性、公开性的基础上，还要保障企业合法权益。因此，我们把食品链溯源信息按知情权划分为公众信息、政府信息和企业信息。公众信息通常包括企业安全信息、产品质量信息和产品标签信息等；政府信息包括法律法规要求企业提供的全部与安全相关的信息，企业信息是企业为了保障知识产权而控制的内部信息。

4.发挥信息作用

为了保证食品链溯源系统的可行性和可靠性，必须保证溯源信息的真实性和有效性，我们可以通过食物链终端进行逆向层层追溯来进行确认；事实上，“食品召回”其实就是对食品链溯源有效最佳的考证。同时，监管人员或消费者也可以通过某企业食品链溯源信息逆向反推来判定某一特定食品的真伪。如某消费者购买了一瓶五粮液酒，通过手机拍照其二维码，层层逆向追溯其“节点管理”的物流信息，就可直接追溯到生产企业的某个批次来确定这瓶酒的真伪；又如一旦某批次产品出现食品安全问题，政府部门和企业可通过食品链溯源系统掌握该批次产品生产的数量、去向、销售量和剩余数量，能够方便地对该批产品及时采取现场封存决定或产品召回措施，节省大量的社会资源。

（二）溯源系统设计要求

食品链溯源系统设计要遵循信息真实、资料全面、节约成本、简洁实用原则。为了保证企业间食品溯源系统有效对接，政府可以对设计程序框架提出统一要求，每个企业溯源系统不一定完全一致，但必须做到“一步向前，一步向后”点对点的对接，形成完整的食品链溯源信息链条以保证食物链溯源系统的完整性和可追溯性。食品链溯源系统实质上是数据库技术、物流网技术和条码识别技术的组合，要做到食品链溯源，在技术上必须满足标识条码的唯一性、物流网节点的管理、数据库的信息获取和溯源信息的交流等要求。目前，数据库技术、物流技术和条码识别技术都很成熟，建立食品链溯源系统不存在技术难点。

目前，我国已有多项关于食品链溯源的制度研究和企业溯源技术的应用推广，某些地方或部分行业部门也已经推行了一些行政法规，要求某些食品做到“可追溯”，并建立档案记录。科研方面一些部门也先后建立了一些农副产品、果蔬、畜禽、肉类等食品溯源系统。应该说我们在食品溯源研究方面，几乎是与世界同步的，但在实际溯源系统应用方面，总体与发达国家相比还有相当一段差距。一方面，我国的食品链溯源的法律法规制度建设还不完善；另一方面，我国的食品链溯源系统还没形成有效的链接，处于孤岛状态，不能完成溯源信息的社会共享，不能在日常监管和重大活动保障中得到有效利用。因此，我国的食品链溯源系统建设势在必行。

三、相关群体在食品链溯源体系中的责任

(一)食品生产经营企业的责任

食品生产经营企业是食品安全的第一责任主体,企业在谋取合法经济利润的基础上,必须依法开展生产经营活动。要生产出安全食品,企业必须树立良好的"守法意识"和"诚信意识",要培养自我的"职业道德"和"社会责任"。要加强自身食品生产过程的安全控制,要健全良好的食品安全自我管理机制。为了保障社会食品安全,食品生产经营主体作为市场食品的重要供给者,有责任和义务控制好企业自身的生产和经营活动,为消费者提供安全食品。企业能够自觉进行食品安全自我控制主要表现在两方面:

1.服从政府管制要求

政府管制要求是加强食品安全控制的重要措施,是企业具有良好社会道德的一个表现。在市场经济条件下,企业要处理好服从管制和商业绩效之间的关系。如果企业不服从管制,由此而引发食品安全问题时,企业必然要依法受到相应惩处;同时,政府对于执行政府管制的企业给予较多的资源,可使这些企业获得更多政策关照和竞争优势。非服从犯罪成本主要包括法院采取的惩罚成本、诉讼成本和负面影响等;而服从政府管制的企业通常会获得政府的激励,商业信誉度的提高,以及相关产品市场份额的增加等,如重大活动中政府指定接待单位就是政府激励的范例。

2.履行产品召回责任

自愿召回产品是企业勇于承担社会责任的一种重要表现。企业愿意和可能自愿召回他们的产品,主要基于政府管制行为的威慑和最大限度地降低产品安全失败而带来的冲击。前者是因为政府对企业食品安全的严格管制和严厉惩罚;后者是企业对社会的一种积极态度,想最大限度地降低由此造成负面影响。客观讲,企业食品召回消息一旦发布,必然会给企业带来一些负面影响,由此也会给企业带来很大的成本。因此,企业只有加强自身食品安全管理,提高产品安全质量,才能有效保障产品安全和企业良好的社会信誉。

(二)政府部门的监管责任

政府各相关部门在食品链管理中的主要职责是制定国家食品安全管制原则、要求、标准和法律法规,对食品生产经营企业进行指导和监管,建立失信企业退出机制,对消费者进行食品安全教育,并接受媒体和消费者的社会监督。这些做法并不意味着政府要直接干预食品企业的生产和经营行为,而是通过制定食品安全标准以及立法等手段,对企业生产和经营行为进行有效管制,规范食品企

业的行为，从而达到降低食品安全风险的目的。

对于政府来讲，目前需要加强和完善的主要工作是继续建立健全与食品安全相关的法律和法规，加强执法力度。对于食品链条中违法主体给以严厉处罚，并直至上升到追究法律责任。建立和推行贯穿整个食品链条各个环节食品安全的追溯系统和保障制度，一旦发生食品安全问题，政府就可以根据追溯系统所提供的信息及时查找问题所在。

（三）食品消费者的社会责任

消费者为保障自身健康安全，必须掌握食品安全法律知识，保障自身健康权益，提高辨别食品质量的能力，并拒绝购买假冒伪劣食品。有人认为消费者在食品安全管理中一直是处于被动地位，实际不然，因为消费者具有选择消费品，鉴别消费品的权利，具有购买和拒绝购买的权利，所以消费者的市场需求导向对生产者生产行为具有决定性的引导作用。目前所发生的食品不安全事件中，一部分是因为消费者缺乏安全知识，无法鉴别食品是否安全，一部分是因为消费者贪图便宜，省去了自身应该付出的安全支出，故意消费具有安全风险的食品。如果消费者在因省去安全支出而造成自身健康权益受损时，将责任完全归结于企业或政府，是不公平的。保障食品安全是每个消费者的权利和义务，因此，消费者要提高自身对安全食品的认识，形成良好的消费习惯，以科学的消费行为引导企业提高食品安全管理水平。

（四）媒体宣传的社会责任

媒体对食品安全的关注和报道有效普及了食品安全知识，提高了全社会的信用意识，促进了社会诚信体系建设。同时媒体积极发挥了舆论监督功能，揭露了食品安全领域存在的问题，有效保障了公众的知情权，推动了问题的解决和食品安全法规制度的建设。近年来，一系列损害公众利益的食品黑幕频频曝光，在国内掀起了一股食品安全问题的“揭黑”热潮。正是媒体的曝光，才使普通民众的知情权得以实现，并有力地推动了政府对食品安全事件的科学决策以及强化安全预警机制的建设。诚然，媒体在食品安全报道中积极介入，及时披露相关信息，切实保障了公众知情权。但其中也存在不少炒作“食品安全”追求“新闻”效应的报道，暴露出一部分媒体敏感有余、质疑不足等的缺陷。在“海南蕉癌风波”“啤酒甲醛事件”报道中，媒体的“揭黑打假”演变成“虚假的舆论监督”，危害了合法经营企业权益，造成了许多“冤假错案”。因此，在媒体报道中，要大力倡导新闻专业精神，强化媒体社会责任感，利用媒体这个利器，充分向公众传达更真实、更全面、更科学、更积极的信息，共同构建公正、健康、诚信、和谐的舆论氛围。

四、重大活动中食品链相关企业的选择

为了保证重大活动中食品供应链的各环节有效衔接，发挥溯源系统食品安全的保障作用，在重大活动食品安全监督保障中，必须从食品链整体角度全盘考虑，做好相关食品供货和餐饮服务企业的遴选。确定供货源头、渠道、途径、方式和监控措施，保证食品在种植、养殖、生产、加工、运输、储藏、销售以及餐饮服务等环节的快速有效追溯。

（一）重大活动供餐单位的选择

重大活动中相关企业的选择，一般由重大活动主办单位根据活动性质、规模、档次及活动参与群体需求，选择不同类型供餐企业。一般程序是：

1. 主办单位提出备选名单

重大活动主办单位首先选择备选供餐企业，然后要征求食品安全监管部门意见。

2. 监管部门进行资质审查

食品安全监督保障主体对供餐单位资质、食品安全状况等进行审查，被选择的供餐企业应当具备大型活动供餐经验，具备食品安全量化分级 A 级企业资质或者通过了 HACCP 认证。对不具备条件的应当建议更换。

3. 双方研究供餐食谱

供餐企业确定后，活动主办方与供餐单位研究供餐计划和确定初始食谱菜单。

4. 对供餐食谱进行审查

监督保障主体对初始食谱菜单进行食品安全性审查，对不安全或者存有风险隐患的食品提出更换建议；最后，经活动主办方、监管部门、供餐单位共同研究确定最终食谱菜单。根据最终食谱菜单解析出需要的食品原材料，确定采购清单和供货企业。

（二）重大活动食品供货商的选择

选择重大活动食品供货商，应当综合考虑重大活动特点、食品需求、特殊要求和初级农产品种养殖、食品生产加工、运输储存能力，以及食品安全风险控制等因素择优选取，一般应当注意以下环节：

1. 最大限度减少中间环节

能够在当地采购食品原材料，就应当选择当地食用农产品生产企业或者食品生产企业供货，并签订购货合同，实现地店对接或厂店对接，尽量减少中间环节。

2. 规模化、规范化、信誉高

不方便从本地采购的食品原材料，可以由活动主办方与食品安全监管部门研究，指定具有相应规模、食品安全信誉度高、经营品种能涵盖采购清单要求的食品流通企业负责供货。

3. 确保食品的可追溯性

委托流通企业供货时，食品流通企业选择的上游供货商，应当具有良好的食品安全信誉度，预先索取相关资料建立档案，并向食品安全监管部门备案。必要时，食品安全监管部门应当进行延伸考察或者协调有关省市食品安全监管部门进行监督保障。

4. 确保按质按量按期供货

被委托的食品流通企业，应当具备良好的货源组织能力和信誉度，提前审核上游供货企业资质和能力，确保按照餐饮企业提供的采购清单提前组织货源备货，并与供餐企业签订购货合同，严禁从个体商贩或者无生产许可证的企业采购食品。

5. 特殊食品特殊管理

对有特殊要求的食品原料，如重大赛事对畜禽肉类制品有较高要求的，农业部门必须对养殖、屠宰环节进行全程检疫和兴奋剂检测，或者委托相关区域监管部门进行监督检测。必要时应当进行养殖周期的监督监控。

第四节　重大活动食品供应链各环节监督保障要点

在事先选择种植、养殖户，生产企业、供货企业和供餐企业的前提下，重大活动期间食品安全保障工作应围绕着供餐企业展开。必须考虑食品原材料的采购、运输、验货、储存、加工、烹饪、分餐、进食等环节和过程潜在着的食品安全风险，在进行系统分析基础上，根据风险的种类和性质制定 HACCP 管理计划，对风险因素实施有可操作性程序的实施方案，从而实现对供餐企业的全程监管，构成 HACCP 控制体系。

一、食用农产品种植养殖环节的监控

食用农产品种养殖环节是食品安全源头，对农产品种养殖环节的安全监控是重大活动食品安全监督保障的起始环节和基础。在重大活动期间，农业监管部门应当根据重大活动对食品供应的需求，重点预防监控化肥、农药、兽药、饲料等农业投入品对农业生态环境和农产品的污染，抓好对灌溉用水、土壤和空气质量的管理，控制外来污染，抑制农业的自身污染，制定 HACCP 控制措施。督促指导相关主体在蔬菜、水果的生产过程中，按照《农药安全使用规定》，合理使用农药和植物生长调节剂，农药使用应符合国家标准 GB/T 8321《农药合理使用准则》的规定，禁止农药残留超过无公害蔬菜产品质量标准的蔬菜上市。督促指导相关主体在畜禽及其产品、水产品生产过程中，按照《兽药使用准则》《饲料及饲

料添加剂使用准则》和《渔用药物使用准则》，合理使用兽药、鱼药、饲料添加剂。并按照《农药管理条例》《兽药管理条例》《饲料和饲料添加剂管理条例》等有关规定，严格农业投入品市场准入制度，严格农业投入品生产、经营许可和登记制度。

二、食品生产加工环节的监督监控

重大活动期间食品安全监管部门要加强对食品生产企业的监督管理，严格执行食品生产许可证制度，依法停止不具备食品生产资质的食品生产经营活动。实施 HACCP 管理计划，实行严格的强制检验制度，对检验合格的食品加印（贴）QS 市场准入标志，检测不合格或未加印（贴）QS 的食品不准出厂销售。同时建议，若需要的是本地生产企业能够生产的食品，尽量选择本地生产企业的产品。一方面因为了解该企业食品安全管理和产品安全质量状况，可以实施有效监督监控，督促指导企业提升改造；另一方面必要时也可以派监管人员到现场实施驻点监控措施，对食品生产加工全过程进行现场监督和食品安全监控。

食品监管部门实施驻点监控措施时，应当审查食品原料来源、索证索票和入库验收台账记录，必要时进行现场检测筛查、样品抽样检测等；生产加工开始后应当从投料粗加工开始，对生产工艺过程的每一个环节进行监控，直至采样送检，成品入库封存等。

食品生产企业应当对提供给重大活动的食品，进行单独组织生产加工，实行转批次生产，单独排列生产批号，其生产的食品和使用的原材料内部溯源信息和外部溯源信息必须完整，并附有该批次产品的全项检测报告，这样才能够形成完整的食品链，便于在出现食品安全问题时能够溯本求源。如需从外地企业直接购入食品时，也可提前联系当地食品安全监管部门，对该批次食品实施监督和安全质量检测。

三、食品流通供货环节的监督监控

在重大活动期间，食品安全监管部门要强化食品流通领域，特别是重大活动食品专供企业的监督监控，保障重大活动供餐所需食品及原材料，必须来自于事先确定的定点供货主体，并按照采购计划进行采购。如需调整采购计划时，必须征得主办单位和食品安全保障部门同意，严格执行索证、索票和台帐等级制度，严禁采购索证、索票资料不全，标识不全、来源不清、过期变质和可能存在食品安全风险的食品原材料。预包装食品要有 QS 市场准入标志，建议优先选购三证（无公害农产品认证、有机食品认证、绿色食品认证）农产品。同时要对运输、收货、储存、加工、烹饪、分餐等环节采取 HACCP 控制措施，以保证“从农田到餐桌，食品一路安全”。同时要加强对过程的监控。

（一）运输环节的监控

装货前，要检查待装食品与采购清单所购食品品种、数量是否一致，包装是否符合规定要求，有无过期、变质、破损等问题；装货时，一定要选择食品专用车辆，车厢内部清洁，严禁使用搬家公司等运营的非食品专用车辆运输；运输生鲜食品（如鲜鱼、鲜肉、西点、冷食和冷荤菜等）时，必须使用冷藏车制冷，低温运输；运输加工前不便清洗的散装食品（如盒饭、散装茶点、洗好的水果等）时，要装入密闭的容器中，采用封闭的箱车运输；运输前或装车后要填写交接单，交接单一般填写品名、数量、运输温度、发货时间及验货人等，有特殊要求的要加封条（或铅封）或派人随车押送。

（二）收货环节的监控

收货时要查验封条（或铅封）是否完整，食品原材料有无污染，所接收的食品材料是否与交接单所标内容一致，有无破损，没有问题时才能收货；收货后，要记录运输温度、接货时间和食品原材料状况，查验无误后方可在交接单上签字。如接收盒饭等现场食用的食品时，需查看从装盒到食用间隔不能超过 2 小时，每种食品都要留样 100 克以上备检。

（三）储存环节的监控

食品入库前要检查食品标签内容是否完整，食品感官是否新鲜，是否腐败变质、过期或破损，并详细登记每批食品原料品名、批号、保质期、入库日期、入库数量等；储存食品的场所、设备应保持清洁，采取有效防鼠，防蝇，防蟑螂设施，不存放有毒、有害物品及非食品或个人物品；食品应当按规定分类，分架，应当隔墙，离地 10 厘米以上，严禁堆积，挤压存放，生熟混放，防止交叉污染；需要冷藏的食品应当在 0～10℃环境中存放，需要冷冻的食品应当在－18℃以下的环境中存放，需要热藏的食品应当在 60℃以上的环境中存放，冷藏、冷冻柜（库）或加热设备应定期清洁，维修，检查温度，确保运行正常，防止发生腐败变质；需要专库保存的食品（如不含兴奋剂的畜禽制品、清真食品或食品添加剂等），要专人加锁保管。

四、餐饮服务环节食品安全的监督监控

餐饮服务环节食品安全监督监控是食品安全监管的终末环节，也是最重要的关键环节之一。在重大活动食品链的食品安全监督保障中，餐饮服务环节食品安全的监督保障，包括两个系统或者两个方面：一是重大活动场馆运行中的餐饮食品监督保障，主要包括重大活动核心场所、接待住宿场所、集体就餐场所等食品安全监督监控；二是重大活动城市运行中的餐饮食品安全监督保障，包括重大活动举办城市区域餐饮单位、向活动参与者推荐的特色餐饮单位、其他重点餐

饮单位和整个城市餐饮服务环节食品安全的监督监控。本节主要讨论城市运行中餐饮服务环节食品安全的监督监控要点。

(一)食品安全管理环节的监督监控

要严格检查餐饮服务提供者是否依法取得了《餐饮服务许可证》,许可证是否按规定悬挂,经营活动是否超出许可证规定范围;是否有健全的食品安全管理制度,是否按规定配备食品安全管理员,是否有食品安全事故应急预案;从业人员是否依法取得健康证明,患有相关疾病的人员是否依法调离接触食品的岗位;等等。

(二)食品原料采购入库环节的监督监控

重点监督检查食品及原料来源,食品及原料采购时的索证索票和登记台帐,食品入库查验记录,食品库房是否符合规范,有无过期或变质食品,冷冻冷藏设施是否正常运转,温度是否符合要求,有无生熟交叉存放,有无杂品杂物,等。

(三)粗加工环节的监督控制

重点监督检查粗加工场所布局是否合理,不同种类食品及原料是否分区清洗加工;蔬菜瓜果初加工时,首先要去除泥土、烂叶,清洗干净,流水浸泡达一定时间后再进行切配,尽量去除残余农药,严禁切配后再清洗;解冻肉禽产品时,需要考虑危害与解冻相联系的因素如解冻时间、方式及微生物生长和污染等,严禁与蔬菜瓜果接触或混放而造成对蔬菜瓜果的污染等。

(四)一般食品烹饪环节的监督监控

重点监督检查烹调场所布局是否合理,生食、熟食、半成品是否分区域烹调,场所内是否有杂物;食品原料和调料是否过期;食品加工的中心温度是否达到要求;食品添加剂的使用是否符合规定;加工后食品的存放是否符合要求;等。

(五)专间加工食品的监督监控

重点监督检查冷荤菜制作是否严格执行"五专制度,"所用蔬菜瓜果、生吃刺身等要清洗消毒干净后才能进入冷荤间;冷荤间存储改刀后的熟食不得超过2小时;接触熟食的工具、容器和设备必须清洗消毒干净;经过熟制的食品或半成品当餐未食用的,要尽快冷却并冷藏、冷冻存放,食用前要充分加热;冷餐设备、消毒设施要符合要求。

(六)食品分餐环节的监督监控

重点监督检查分餐场所环境是否符合规范要求。热菜采用热链运输,气温较低时,最好现场通电加温到60℃以上保温食用;运送冷菜、西点等应采用冷藏车4℃左右冷藏运送或现场分餐,做好每种菜品的留样;能进行现场快速检测的菜品,检查合格后食用;进餐前摆台要控制在30分钟之内,要保证餐饮具清洁,要保证就餐环境清洁(远离污染源),菜品超过2小时的必须更换,防止微生物繁殖发生食物中毒。

（七）餐饮具清洗消毒的监督监控

重点监督检查餐饮具清洗消毒设施设备及运转情况，对餐饮具清洗消毒人员进行培训的情况，清洗消毒设备是否能够正常运转，温度是否符合要求，消毒剂是否符合标准，使用方法和浓度是否合格。餐具清洗消毒过程是否规范标准，洗消后的餐具是否符合感官要求，禁止消毒后的餐具与未消毒餐具、其他杂物、个人用品等混放，严禁将未经清洗消毒餐具用于盛放直接入口食品或者向客人提供使用，禁止重复使用一次性使用的餐饮具。

第十七章　重大活动城市运行餐饮服务食品安全监督保障

第一节　概　述

一、餐饮服务的概念和特点

（一）餐饮服务概念

根据《中华人民共和国食品安全法》和《餐饮服务食品安全操作规范》，餐饮服务指通过即时制作加工、商业销售和服务性劳动等，向消费者提供食品和消费场所及设施的服务活动。餐饮服务是餐饮从业者为实现顾客（消费者）餐饮需求，而提供系列或者整体服务的活动。这种服务从以下三个方面理解：

1.餐饮服务内容

第一是向顾客（消费者）提供可以即时制作加工的美味菜品、主食、饮料等餐饮产品，提供可以在现场食用饮用的饮酒、饮料等食品的销售；第二是向顾客（消费者）提供符合卫生要求的即时就餐的店堂、餐厅等相应场所；第三是向顾客（消费者）提供在餐所就餐使用的桌椅、餐具、服务用品等辅助性设施设备；第四是向顾客（消费者）提供可以实现餐饮消费及其应有权益感受的服务。

2.餐饮服务表象分为两部分

第一是前厅服务，也有人称之为前台服务。这种服务是餐所直接面对顾客（消费者）提供的服务，主要通过餐厅设施设备、环境状况、风格品位等档次和舒适度，餐厅人员人工服务的文明程度、亲和力，费用支出与服务享受性价比等，使顾客（消费者）获得良好的心理满足感，是顾客（消费者）直接可以看到和感受到的服务。第二是餐厨服务，也称后厨服务、后台服务。餐厨服务是餐饮从业者为提供餐饮产品和服务，而进行的食品及原料采购、储存运输、食品加工、配餐、餐饮具清洗消毒等一系列工作过程，这种餐厨服务过程，在一般情况下顾客（消费者）是不能直接看到的，只能通过饭菜的质量、口味感受。

3.专门从事餐饮服务的单位和个人

按照《餐饮服务食品安全操作规范》，统一规范简称为“餐饮服务提供者”。

包括从事餐饮服务的企业、从事餐饮服务的单位和餐饮服务从业人员等，有时也被习惯称为餐饮企业、餐饮业、餐饮单位等。2003 年我国实行食品安全分段监管后，我们将整个食品链条分为食品生产加工环节、食品流通环节和餐饮消费环节等三个主要环节。因此，在一些文字表述中，也将餐饮服务笼统地表述为餐饮消费或者餐饮消费环节。

（二）餐饮服务特点

1.餐饮服务的直接性

餐饮服务环节与食物供应链其他环节相比具有较强的直接性，是一种直接面对消费者服务的过程，餐饮食品是即时加工完成的餐饮产品，要直接提供给消费者食用。而其他环节中的食品大多还要经过一定的流通环节，才能被消费者食用：生产加工后的食品产品，在出厂前质量检验不合格可以返工；进入流通环节发现不合格可以依法追回；在流通环节购买的食品，消费者认为不满意或者有疑问可以退货、投诉等。但是餐饮食品则不同，其生产加工、销售、消费食用几乎同步进行，是一种最直接的当面服务和消费，食品一旦有问题往往无法追回，甚至直接造成健康损害。

2.餐饮服务的一次性

对一个到餐饮单位就餐的消费者而言，每到餐饮单位就餐一次就会当场享受或者接受一次餐饮服务，当消费者进入餐饮单位，选择在此就餐时，餐饮服务活动才能正式启动，当就餐离开，餐饮单位服务自然终止。从另一角度讲，一般情况下餐饮服务即时加工的食品品种，无论是单份的还是多份的，每一次加工过程都是独立的，不是批量生产的，一次加工一次食用，非特定条件不能保留，否则也就不是即时加工了。下一次即时加工又是一次新的开始。

3.餐饮服务的差异性

差异性就是指所有餐饮服务都是有差别的，不是完全一致的。也很难做到对每个相似或者表面相同的餐饮服务过程，都使其提供的餐饮产品、服务和给消费者的感受是完全一样的。这种餐饮服务的差异性往往有多方面影响因素：第一，餐饮产品是由餐饮从业人员手工劳动即时加工完成的，而每位从业人员素质、能力、技术水平不同，加工后的相同产品也会不尽相同，即使一个人的重复劳动也很难保证终末产品毫无差别完全一样；第二，加工餐饮食品的原料、辅料存在品质差异，也会导致同类餐饮产品间的差别；第三，消费者有不同的职业、爱好、口味，也会对餐饮服务有不同的要求和不同的感受与评判；第四，前厅服务人员年龄、性别、性格、素质和文化程度以及环境等因素的影响，对消费者的服务态度、服务方式也会有一定的差异；等等。

4.食品安全的一致性

食品安全的一致性就是讲无论餐饮服务有什么样的特点，一次性也好，差异性也好，只能说增加了食品安全的风险性和复杂性，都不能作为有碍食品安全的理由。国家对餐饮服务食品安全的要求是统一的，无论是什么口味的餐饮产品，无论是怎样的餐饮服务风格，无论有什么样的人为因素，餐饮服务都必须保证其提供的餐饮食品无毒、无害，符合应当有的营养要求，对人体健康不造成任何急性、亚急性或者慢性危害。食品安全作为一个统一的标尺，对任何餐饮服务都是一致的。国家食品药品监管总局颁布的《餐饮服务食品安全操作规范》，对餐饮服务机构设置环境、内部布局，以及原料采购、验收储存、加工烹饪、添加剂使用、分餐、餐饮具清洗消毒等餐饮服务过程，做了统一规范要求。餐饮服务提供者必须按照《餐饮服务食品安全操作规范》的要求，加工食品和提供服务。

二、餐饮服务经营业态

根据《餐饮服务食品安全操作规范》的规定，纳入餐饮服务食品安全监管范围的餐饮服务经营业态主要包括餐馆、快餐店、小吃店、饮品店、食堂、集体用餐配送单位和中央厨房等。

（一）餐馆

是指以饭菜（包括中餐、西餐、日餐、韩餐等）为主要经营项目的餐饮服务提供者（包括酒家、酒楼、酒店、饭庄等），其中还包括各类火锅店、烧烤店等。为了有针对性地加强食品安全监管，按照餐馆经营面积或者接待能力，又将餐馆分为特大型、大型、中型和小型餐馆四种类型。特大型餐馆是加工经营场所使用面积在3000平方米以上或者就餐座位数在1000个座位以上的餐馆；大型餐馆场所面积达500～3000平方米或者有250～1000座位；中型餐馆面积达150～500平方米或者有75～250座位；小型餐馆面积在150平方米以下或者座位数在75座以下。

（二）快餐店

是指以集中加工配送、当场分餐食用并快速提供就餐服务为主要加工供应形式的餐饮服务提供者。

（三）小吃店

是指以点心、小吃为主要经营项目的餐饮服务提供者。

（四）饮品店

是指以供应酒类、咖啡、茶水或者饮料为主的提供者。其中甜品站是餐饮服务提供者在其餐饮主店经营场所内或附近开设的，具有固定经营场所，直接销售或经简单加工制作后销售，由餐饮主店配送的以冰激凌、饮料、甜品为主的附属店面。

（五）食堂

是设于机关、学校（含托幼机构）、企事业单位、建筑工地等地点（场所），供应内部职工、学生等就餐的餐饮服务提供者。

（六）集体用餐配送单位

是根据集体服务对象订购要求，集中加工，分送食品但不提供就餐场所的餐饮服务提供者。

（七）中央厨房

是由餐饮连锁企业建立的，具有独立场所及设施设备，集中完成食品成品或半成品加工制作，并直接配送给餐饮服务单位的餐饮服务提供者。

三、餐饮服务食品安全与城市运行监督保障

（一）餐饮服务食品安全

餐饮服务食品安全是指保证餐饮服务环节的食品无毒、无害，符合应当有的营养要求，对人体健康不造成任何急性、亚急性或者慢性危害。餐饮环节的食品安全主要是餐饮食品质量的安全问题，餐饮服务提供者应当依法履行食品安全的主体责任：确保采购和使用符合食品安全标准和要求的食品及原料来加工餐饮食品；保证用于食品生产经营的工具、设备和洗涤剂消毒剂等符合食品安全法的规定；保证不非法添加非食用物质或者滥用食品添加剂，并采取有效措施，防止食品在储存、运输、清洗切配、烹饪、配餐等一系列即时加工和就餐服务过程中被有害物质和致病微生物污染；保证其提供的餐饮食品无毒、无害，符合应当有的营养要求，对人体健康不造成任何急性、亚急性或者慢性危害。

（二）餐饮食品安全在城市运行中的地位

任何城市举办一次重大活动，都要首先保证城市的协调有序、正常稳定运转，这是举办重大活动的社会基础。保证重大活动的城市运行，需要政府、企业、社会团体和全体市民的共同参与，城市立体层面的协调有序运转，使城市的各项公共服务达到最佳状态，最大限度地满足公众日常生活和重大活动特殊的需求。食品安全是重大活动城市运行的重要组成部分，保证食品安全是重大活动城市运行不可或缺的内容，是城市运行重中之重的一个子系统。

在诸多城市运行服务系统中，餐饮服务是极为重要的一个服务系统，也是数量多、种类多、特色多、差别大，客人光顾频繁的服务系统，也是整个城市面向社会公众开放的窗口。而且在重大活动中，为了使重大活动参与者更好地了解举办城市，举办城市还会特意向重大活动推荐一些有特色的餐饮服务，欢迎客人光顾，进一步增加了餐饮服务接纳客人的概率。客人通过这个窗口，可以感受到举

办城市的先进水平、社会文明程度、公共卫生状况和公共服务能力。由于餐饮服务的特点，它又是一个蕴含食品安全风险的服务，是整个食物供应链条的终端环节，一旦把控不严，就有可能导致食品安全事件，甚至发生食品安全事故。一旦发生餐饮食品安全事故，不仅损害就餐者的身体健康，还会使人们对城市的管理能力、卫生水平和文明程度产生怀疑，造成极坏的社会影响，甚至影响公众的正常生活，一旦波及重大活动场馆还有可能影响重大活动的正常运行。因此，在重大活动城市运行中必须保障餐饮服务的食品安全。

（三）城市运行餐饮食品安全监督保障

城市运行餐饮食品安全的重点是保障场馆外围系统和城市居民正常生活中的餐饮服务食品安全。食品安全监督主体要通过强化食品安全监督执法，强化对餐饮服务提供者的监管措施，督促指导其落实食品安全法律法规、标准规范，落实主体责任，提供安全卫生的餐饮产品和服务，预防各类食物中毒和其他食品安全事件，创建良好的城市餐饮服务环境，保证重大活动顺利进行，城市正常运转。城市运行餐饮食品安全监督保障，可以分为重点区域餐饮服务监督保障、整个城市餐饮服务监督保障、与重大活动场馆关联的餐饮服务监督保障等。

四、城市运行餐饮食品安全保障的重点任务

（一）组织食品安全风险评估

在重大活动的筹备阶段，食品安全监督保障主体应当针对重大活动的特点、举办城市餐饮服务能力和食品安全管理现状，对举办城市运行中的餐饮服务食品安全进行全面的风险识别评估，这是做好重大活动城市运行餐饮服务食品安全监督保障的基础性工作。城市运行餐饮服务食品安全监督保障风险评估，是一个综合性的风险评价，应当以举办城市运行中餐饮服务特色、种类和餐饮服务提供者为对象，认真分析重大活动可能对举办城市餐饮服务及食品安全常态运行的影响、城市在非常态运行时可能出现的食品安全风险、城市食品安全管理与重大活动需求的差距，查找餐饮服务中的食品安全风险因素，提出食品安全风险预防控制措施。

（二）制定专门政策、标准、规范

举办重大活动对一个城市的运行而言，往往是一个非常态的运行状况。活动的规模越大，影响越大，社会的关注度越大，对城市常态运行的影响就越强烈；举办城市的非常态运行特点越突出，持续的时间就越长。在这种非常态的运行状态下，举办城市既要适应重大活动的需要，还要保证城市居民的正常生活。因此，举办城市的管理者必须制定一整套与重大活动相适应，保证城市有序运转的特殊管理政策和策略。餐饮食品安全的管理和监督也不能例外。举办城市的食

品安全监督保障主体，应当根据城市运行的总体要求，针对重大活动的特殊需求，结合城市餐饮服务能力和食品安全状况，依法制定与重大活动城市非常态运行相适应的餐饮服务食品安全监管政策、标准和规范，例如相关餐饮服务的准入条件；食品及原料采购，餐饮食品管理，餐饮食品品种，加工过程规范，食品添加剂使用，清洁消毒，从业人员管理等的特殊规范要求；等。

（三）开展专项整治，督促指导提升改造

在重大活动筹备阶段，食品安全监督主体，应当根据重大活动的规模、特点和对食品安全的特殊要求等，结合举办城市的餐饮服务的具体情况，有针对性地组织开展餐饮服务食品安全专项整治行动，通过专项整治行动积极推动城市餐饮服务业的提升整改。通过提升改造工程，促进餐饮服务食品安全水平的全面提升，取缔非法餐饮食品经营活动。依据食品安全法律法规和规范标准，督促指导重点餐饮服务单位，提升保障食品安全的硬件能力和现代化管理水平，完善设施设备，规范餐饮服务经营场所布局，规范餐饮食品加工过程，提高食品安全意识，强化第一责任，落实法律法规和标准规范，保证餐饮食品安全。

（四）强化餐饮食品安全监督检查

在重大活动期间，城市运行食品安全监督主体要强化对餐饮服务食品安全的监督检查和抽检，特别是要突出对城市重点区域、重点单位、重点时段和特色餐饮服务单位的食品安全进行监督巡查。要落实辖区监管责任，采取针对性监督检查措施，增加监督检查的频次，确保监督检查的覆盖面，要有针对性地开展现场快速检测，及时发现食品安全隐患问题，严厉查处食品安全违法行为。

（五）强化餐饮环节食品安全事故防范

在重大活动城市运行餐饮食品安全监督保障中，必须强化食品安全事故的防范，在餐饮环节，重点是要切实防范食物中毒事件的发生，不出食物中毒事故是餐饮食品安全监督保障的底线，必须牢牢把住。重大活动期间城市一旦发生食物中毒，往往会对重大活动的场馆运行产生不良影响，甚至会出现食品安全恐惧感，影响重大活动的正常运行，因此不仅重点单位、对社会开放的餐馆、集体供餐单位要防范食物中毒，单位内部的集体食堂等餐饮服务提供者，也必须强化食物中毒的预防控制。

（六）加强食品安全突发事件应急

在重大活动期间食品安全与监督保障主体应当针对重大活动的特点，制定食品安全突发事件的应急预案，开展应急培训和演练，一旦发生食品安全事故，要迅速反映启动应急处置预案，采取有效措施，最大限度地控制风险损失，消除不利影响，恢复和保障餐饮服务正常运转。对重点餐饮服务单位，食品安全监督主体要督促指导其制定本单位的食品安全应急预案，进行必要的培训和演练，确保在突发事件中做好内部应急处置工作。

（七）为场馆运行保驾护航

城市运行监督保障的一项重要原则就是要服务于重大活动场馆运行，为重大活动场馆运行提供服务。因此，食品安全监督保障主体，在落实城市运行监督保障中，要针对重大活动规模、特点、运行规律，围绕重大活动的场馆运行，做好外围监督保障服务。要高度重视并集中力量做好重大活动集体外出活动的餐饮食品安全监督保障，做好对为核心活动场所、集中住宿场所提供集体用餐的餐饮单位的监督检查和抽检，并与重大活动场馆运行餐饮食品监督保障紧密衔接，为场馆运行做好服务。

第二节　重大活动餐饮服务食品安全提升改造

一、概述

重大活动城市运行餐饮服务食品安全提升改造，主要是针对举办城市餐饮服务环节存在的食品安全风险因素，开展专项整治和整改提升，提高餐饮服务食品安全管理能力和水平，消除和减少各种食品安全风险隐患，使举办城市餐饮服务的食品安全达到最佳状态，为重大活动提供一个安全、良好的餐饮服务环境，提供优质、安全的餐饮服务，保证重大活动顺利进行。改革开放30年来，餐饮服务业始终保持着旺盛的发展势头，经营结构不断调整，经营领域不断开拓和延伸，呈现出多元化的餐饮服务市场，也成为城市中不可或缺的消费服务窗口。从一定角度反映了所在城市发展和文明程度。餐饮服务作为食品供应链的终端，各个环节存在和发生的食品安全问题都要在这个环节中显现出来，成为把住食品安全的最后一个关口，其发展过程中的食品安全问题备受各方面的高度关注。

多年来，伴随社会和经济的发展，经过多年食品安全专项整治，宣传教育，企业自律和监督执法，餐饮服务环节的食品安全水平不断得到提升。但是食品安全风险因素依然存在，在一些地方还比较突出或者问题还很严峻。一个城市承接重大活动举办任务后，餐饮服务食品安全水平能否达到重大活动的要求，不仅直接反映了重大活动举办城市的整体现代化水平、接待能力和文明程度，同时也会影响到重大活动举办主体、重大活动参与者对举办城市的整体评价，甚至会影响到重大活动的顺利进行。因此，重大活动举办城市在重大活动城市规划建设，服务能力提升和综合管理运行中，必须高度重视餐饮服务食品安全的整改提升，使之与举办城市整体发展相匹配，与重大活动需求和城市良性运转相适应。

二、餐饮服务环节食品安全风险因素

影响餐饮环节食品安全问题的风险因素很多，包括举办城市整体食品安全状况，食品安全监管水平，餐饮服务提供者食品加工及经营场所环境条件，源头食品安全风险控制措施，企业内部食品安全管理，从业人员素质和食品安全意识等诸多方面。进行食品安全提升改造就要找准风险因素。

（一）餐饮服务基础条件问题

任何一个城市的餐饮服务业硬件水平都会参差不齐，特别是一些城市具有地方特色的老牌传统餐饮服务，往往有多年的历史，原有内部设施设备等硬件能力条件与现行的《餐饮食品安全操作规范》和新颁布的《食品经营许可审查通则》中规定的条件有一定的差距：选址、布局、餐厨比不合要求；内部环境和装饰年久失修；设施设备陈旧老化，卫生设施不全，食品储存条件不符合要求；等等。

（二）食品安全管理自律问题

有些餐饮服务提供者，没有或者缺少内部食品安全管理制度；有的虽然制定了相应的管理制度，但是没有传达到从业人员，没有付诸实施，只用来应付检查，形同虚设；或者没有设定严格的岗位责任制度和内部检查和制约机制，制度不能得到很好的落实，起不到保障食品安全的作用；由于自律管理不到位，食品加工过程失控，食品加工操作不规范，生熟混放，生熟容器共用，餐饮具消毒不彻底，内部环境污染，工作人员不卫生等导致食品被微生物污染；等。

（三）整体食品安全意识问题

有些餐饮服务提供者及其从业人员，缺乏食品安全意识，管理者片面追求经济利益，忽视食品质量和卫生安全；只重视餐厅美观和前厅服务，忽视厨房设施改造和食品安全管理；只注重工商登记、税务登记等，忽视餐饮服务资质管理，无证经营、超范围经营、许可证过期经营问题严重；企业内食品从业人员只注重饭菜外在的色香味和企业规定的快捷服务，忽视食品安全操作规范和食品内在的卫生安全，违规操作或者非法、违法添加导致食品污染；等。

（四）食品及原料源头控制问题

源头控制主要是食品及原料采购入库控制问题，餐饮食品原材料采购入库，是食品进入餐饮服务企业的第一关，采购的原材料质量直接影响到菜品的食品安全。但是，一些餐饮服务提供者在采购食品及原料时贪图短期利益，不从规范渠道采购原材料，不遵守采购索证索票和入库查验制度，从非正规渠道采购不符合食品安全要求或者过期的食品及原料，导致问题食品及原料无法追踪溯源；或者入库不依法进行查验，库房管理不善等导致问题食品及原料入库或者发生腐败变质、过期使用问题等，导致加工后的餐饮食品发生食品安全问题。

（五）从业人员素质和管理问题

餐饮服务提供者的食品从业人员，是保证餐饮食品安全的基本力量，管理好从业人员队伍是保证食品安全的重要前提。由于餐饮服务特点、专业人员匮乏、待遇条件不平衡、自律管理水平不高等因素，从业人员基础素质和管理存在很多问题。一是从业人员流动性较大，更换过于频繁，临时用工较多；二是从业人员文化素质普遍不高，中小餐饮单位尤为突出，因此食品安全法制观念不强，卫生安全意识淡薄，个人卫生习惯较差；三是企业对从业人员的培训意识和培训力度不够，加之人员频繁流动，培训成效极差或者难以长期保持食品安全知识在一个较好的水平；四是从业人员缺乏自律能力和意识，操作中违反规范制度现象严重，甚至未经健康体检或者带病上岗导致食品安全问题。

（六）小型餐饮食品安全管理问题

几乎所有城市都存在小餐饮食品安全管理问题，也是影响重大活动举办城市食品安全的一个重要因素。一是小餐饮无证经营现象较为普遍，甚至已经成为一些城市的历史遗留难点问题，虽经整治但反反复复难以根治；二是小餐饮入市门槛低、投入少、条件差、换手快，小、散、脏、差的现状难以彻底改变；三是小餐饮经营业主和从业人员整体上文化程度较低、素质较差，城市无业人员、农民工占相当大的比例，甚至作为维持生计的基本手段，涉及社会问题，难以整治。

三、提升改造的原则

（一）与城市提升改造同步推进

对一个特别重大活动的举办城市而言，几乎都存在一个城市管理和服务能力的提升改造问题，有些重大的国际性活动（例如奥运会）需要有一个城市规划建设过程，餐饮食品安全的提升改造应当及时纳入城市的整体提升改造内容，作为一项重要的建设和提升任务，与城市其他服务功能的提升改造同步推进，加大推进力度，营造整体提升改造的社会氛围，提高餐饮食品安全提升改造的力度和效果。

（二）全面与重点相结合

在餐饮服务食品安全提升改造过程中，要结合重大活动规模、特点和社会影响等，首先要坚持在举办城市进行全面的餐饮食品安全整治行动，立足于全面提升举办城市餐饮服务的食品安全水平。在整体推动提升改造的同时，还要选择重点区域、重点单位和重点环节，作为提升改造的重点，加大提升改造的力度，提高标准要求，加大推动力度。重大活动运行场所的所在区域、重大活动参与者住宿场所的所在区域、城市核心区域、交通枢纽区域、接待旅游区域等应当作为重点区域；重大活动参与者就餐的场所、重点区域内的餐饮服务、具有地方特色的餐饮服务、为重大活动提供集体用餐的企业等应当作为重点单位；对餐饮单位的食品冷加工环节、食品采购环节、餐饮具清洗消毒环节、食品添加剂使用环节和风险评估发现的高风险环节应当作为重点环节，强化提升整改措施。

（三）因地制宜，分类指导

举办城市中的餐饮提供者成分复杂，规模大小、服务项目、基础条件、与重大活动的关系各不相同，举办城市和餐饮单位经济能力也各有差异。因此，举办城市的餐饮食品监管主体，应当统筹管理，科学规划，充分考虑举办城市实际情况和各类餐饮单位的基础状况，在确保遵守食品安全法律法规、标准规范的前提下，坚持因地制宜提出整改提升要求，进行专业指导和监督推动。要针对举办城市餐饮服务业的实际情况制定对不同餐饮单位的食品安全提升改造标准要求，对不同类型的餐饮单位，分别提出整改标准要求，进行推动和指导。

（四）硬软件提升改造相结合

在重大活动城市运行中，对餐饮服务食品安全进行提升改造，要从公共卫生，保护健康，提升食品安全水平的角度出发，不仅要改造提升餐饮服务提供者的设施设备、环境条件等硬件能力，也要提升餐饮服务提供者的食品安全管理能力等软件水平。对餐饮服务提供者的设施设备、场所环境要下大力量，督促指导其按照《餐饮服务食品安全操作规范》《食品经营许可审查通则》等的要求进行全面的改造，必要时还要制定特殊时期的特殊准入政策，使餐饮服务提供者的基础条件达到规范要求，重点单位要达到高水平的食品安全量化分级管理 A 级水平。同时，要加大力度督促餐饮服务提供者，建立科学规范的食品安全管理制度和机制，提高整体食品安全意识，实施有效的食品安全自律管理。

四、餐饮食品安全提升改造要点

餐饮服务食品安全提升改造，要认真贯彻落实法律法规，按照操作规范要求，针对不同类型的餐饮服务提供者，提出专业指导意见，督促全面提升整改。

（一）大型以上餐饮单位提升改造要点

大型以上餐饮单位是向重大活动提供餐饮服务的主要群体，提升改造的重点是要进一步提升规范化程度，举办城市中的重点区域和列为重点单位的大型以上餐饮单位，应当达到食品安全量化分级管理 A 级水平。

1. 完善餐饮服务许可证管理

对一个特大型餐饮服务提供者，在提升改造中，主要任务就是完善对许可证的使用管理。第一，餐饮服务许可证要依法悬挂于店堂明显处，让顾客看得着、看得清；第二，要保证餐饮服务许可证在有效期内，保证提供的服务在许可证规定的范围内；第三，还要根据监管部门的规定在店堂明显处展示反映其食品安全信誉等级和监管部门检查结果等内容的食品安全监督公示栏。

2.改善经营场所的建筑和布局

第一，规范食品处理区布局，面积与就餐场所面积比须≥1∶2.5，原料通道、成品通道、餐具回收通道须分开设置，布局符合原料进入→原料处理→半成品加工→烹调→成品供应的流程；第二，规范排水防污设置，地面与排水渠坡度在1.5%以上，下水道沟底部呈弧形，专间内无明沟；第三，规范专间设置，根据经营范围分别设置凉菜、裱花蛋糕、现榨果蔬汁、水果拼盘、备餐等相应专间，专间入口要设通过式预进间，配备洗手更衣设施；第四，完善附属设施，例如配齐餐饮具清洗消毒和保洁专间、主食库、蔬菜库、调料库、冷库、杂品库及相应排风设施等。

3.完善各类卫生设施和管理

第一，完善初加工卫生管理，加工动物性食品原料和植物性食品原料应当分设专门房间或区域，分别设置具有明显标识的专门洗涤池；第二，完善操作间的卫生管理，在操作间进口、烹调间、面点间及其他功能专间设置洗手池，分开使用生熟食品操作台、用具、容器，并设明显区分标识；第三，完善专间的卫生设施，备餐、凉菜加工、裱花蛋糕、现榨果蔬汁、水果拼盘、餐具保洁等专间须设置符合要求的紫外线灭菌灯，设置专用洗手池；第四，完善食品处理区，各专间照明灯应有防爆设施，餐炊具消毒应当采用热力消毒法；第五，餐厅内应设置厕所并配备强排风设施，厕所的前室要设置满足顾客需要数量的洗手盆、干手器，采用非手动式水龙头开关。

4.完善各类规章制度和管理

第一，餐饮服务提供者应当依法依规建立健全内部食品安全管理制度。第二，大型以上餐饮单位应当设置内部食品安全管理职责部门，配备具有高中以上学历并经过专门培训的食品安全管理员。

（二）中小餐饮单位的提升改造要点

目前在多数城市中，小餐饮的数量大、布局分散、餐饮服务品种多样，能够在一定意义上反映举办城市的现代化程度和食品安全水平，这些中小餐饮服务提供者基础差、底子薄，提升整改困难较大。需要加大督促指导的力度，进行全面的食品安全整治行动，提高整体食品安全水平。对它们提升整改的重点是强调规范化，使之在达到基本条件的基础上有所提高，对其硬件条件可以因地制宜地进行改造，但是软件管理水平必须严格要求。在重大活动食品安全提升整改中，对重点区域内和列为重点单位的中小型餐饮单位，应当要求达到食品安全量化分级管理B级以上水平，消灭无证的小型餐饮经营活动。

1.完善餐饮服务资质管理

第一，要有证。必须要有依法取得的餐饮服务许可证，并将正本悬挂于店堂明显处。第二，要亮证。餐饮单位要按照监管部门要求，将反映本单位食品安全状况的食品安全监督公示栏悬挂于店堂明显处。第三，严禁超范围经营。要严禁中小餐饮以各种形式和理由开展超许可范围、超接待能力的经营活动。第四，所有从业人员都必须要有经过健康体检取得的健康证，患有规定疾病的人员，必须依法调离岗位。

2.完善和提升基础条件

第一，保证用水符合卫生标准；第二，确保基本布局规范，食品处理区与就餐场所面积之比≥1∶2.2，布局符合原料进入→原料处理→半成品加工→成品供应的流程；第二，成品通道与原料通道、餐具回收通道尽最大可能分开；第三，完善辅助设施，配齐主食库、调料库、蔬菜库、杂品库和相应的专间，没有特定专间不得加工凉菜、裱花蛋糕等需要在专间内操作的食品。

3.完善卫生设施和管理

完善和管理中小餐饮卫生设施关键是要能够保证达到基本要求。第一，保证粗加工基本条件，能够分类清洗，切配，盛放动物、植物、水产品等食品及原料；第二，保证清洗消毒条件，不具备热力消毒的，要保证具有清洗、消毒、水冲和保洁设施；第三，保证专间达到基本要求；第四，保证基本加工条件，食品从储存到加工等设施齐全；第五，保证基本卫生措施，洗手间、卫生间、烹调场所的设施都要符合规范要求。

4.完善各类规章制度和管理

第一，健全制度成册上墙，建立健全并认真执行内部食品安全管理制度；第二，完善监督管理机制，完善工作规范、检查制约制度和具体管理措施。

（三）重点区域服务业小吃店、快餐店提升改造

快餐店、小吃店这类餐饮服务提供者，多数也属于小餐饮范围，但是与一般小型餐馆比较，规范的小吃店、快餐店的供应品种多较单一，加工简单。相当一部分小吃店、快餐店又属于联营性质，有较统一的管理，因此相对风险较低。但是，往往一些地方的特色食品，通过小吃店的形式进行经营，流动人群光顾的比较多，不规范的小吃经营参与其中，增加了风险概率和程度。小吃店、快餐店也是整改提升的重点之一。对小吃店、快餐店提升改造的重点，要分门别类有针对性地提出指导意见。连锁经营的要通过连锁企业提出要求，统一标准提升整改；独立经营的要按照小餐饮提升整改要求督促整改，保证基本条件、基本规范、基本要求，做到安全卫生，有特色。

1.规范服务资质管理

单位依法取得许可证亮证经营，不超范围，从业者持有健康证，管理制度上墙，检查结果公示。

2.规范基本建筑和布局

第一,保证基本经营空间和布局。加工区和就餐区比例、室内高度、布局流程符合规范要求,符合原料进入→原料处理→半成品加工→成品供应流程。第二,保证专间基本要求。加工凉菜应有专间和设施,备餐应有专间或专区。第三,满足食品及原料储存条件。第四,保证基本配送条件。

3.规范食品安全卫生设施

第一,保证饮用水源,符合《生活饮用水卫生标准》。第二,保证食品处理基本条件。第三,保证基本清洗消毒和保洁措施。第四,满足不同区域的基本卫生要求。

4.完善食品安全管理

建立健全食品安全自律管理制度和保证执行的措施;连锁经营单位应当在总部和区域公司设置卫生管理职责部门,各店配备专职或兼职食品安全管理员;严格食品原料进货索证、索票台账;食品添加剂购进和使用台账;从业人员保持工作服整洁,上岗操作时应带发帽;保持店堂内外环境整洁明亮。

五、小型餐饮服务提升改造方法

小型餐饮服务是食品安全提升整改的重点和难点,主要是数量大、基础差、底子薄、素质低,提升整改难度很大,工作任务很重,遇到的问题有社会性的、经济性的、稳定性的,等等,非常复杂,需要尽早行动,用较长时间和较大精力,进行综合性治理。通过综合治理整改提升一批,改造规范一批,依法关闭一批。以下方法思路在小型餐饮服务食品安全提升改造中可作参考。

(一)突出提升改造重点

一是确定重点单位。例如面向公众的小餐馆、小农家乐、小餐饮摊群、小排档等。二是确定重点区域。可以按照与重大活动的关系程度,分为一、二、三类区域,分类推动,也可以单独将中心城区、区县政府所在地、旅游景区、农家乐旅游区、小餐馆集中区等作为重点。三是确定重点问题。例如无证餐饮服务,经营场所“脏、乱、差”,食品加工过程不符合要求,经营不符合食品安全要求的食品,从业人员无健康证明,餐具消毒不彻底,无食品原料采购索证台账等。

(二)明确提升改造目标

要针对重大活动的特点和举办城市实际,制定切实可行的提升改造目标,目标不要脱离实际,不要好大喜功,要能够解决实际问题,能够取得成效。一是解决一批隐患突出、群众反映强烈的小餐饮食品安全问题;二是取缔一批无证经营的小餐饮服务单位;三是建设一批小餐饮食品安全示范街区和示范单位;四是扶植引导重点区域内的小型餐饮服务提供者,使其加工区布局基本合理、设施基本齐全、制度基本完善、食品安全基本有保障，没有无证经营单位。

（三）明确基本任务和标准

基本任务是分层次确定工作任务。取缔一批无证和很差的单位，改造一批较差单位，使其达到基本要求，提升一批较好单位，把它们建成示范店，规范一批单位，建造部分示范街区，并规定不同任务的基本标准。一是对加工经营条件恶劣、食品安全意识很差、自身管理不到位，安全隐患严重，又拒不进行整改或者没有基本整改条件的无证小餐饮，要坚决依法取缔。二是对基础条件较差，食品加工过程不符合卫生要求的小型餐饮单位，加大监督执法和宣传教育力度，积极引导，督促其整改，使之达到基本要求。标准是：餐饮加工区域布局基本合理、卫生设施基本齐全、主要制度基本完善、食品安全基本有保障。三是对基础条件较好的小型餐饮单位，扶植引导使其进一步提升水平，建成小餐饮食品安全示范单位，发挥整规示范作用。标准是：能够诚信守法经营，内部管理制度健全并有效，各项措施符合餐饮服务食品安全规范，能够有效控制食品安全风险，食品安全保障水平较高，从业人员食品安全意识强，管理规范健全，能够全面承担食品安全责任。四是在小餐饮相对集中、基础较好的区域，集中力量整改提升，打造一批小餐饮示范街区。标准是：小餐饮经营相对集中，所有餐饮服务经营单位均签订《食品安全承诺书》；配备餐饮服务食品安全管理员；百分之百地实行食品原料采购查验、索证和台账制度；全部实施量化分级管理和监督公示制度，其中 B 级单位达到 50%以上，街内没有无证餐饮单位。

（四）多举措强化督促指导

第一，督促帮助小餐饮建立健全食品安全管理规章制度，用制度管好食品安全；第二，强化经营者法律和相关知识培训，提高从业人员素质，提升食品安全意识；第三，建立餐饮单位自身管理网格责任，将监督网格与餐饮自律网格对接；第四，推行“标准图示法”，实行标准零归位，对应落实岗位责任，提升小餐饮自身管理能力，形成长效机制；第五，积极鼓励和推行食品粗加工、餐饮具清洗消毒和餐厨垃圾集中统一清除、管理，保证餐具消毒效果，防止食品污染；第六，积极推行“标准图示法”，各类标识牌、档案管理、保鲜盒、储物盒、刀具盒、消毒盒、垃圾桶、食品储存柜、现场物品等摆放统一。

第三节　重大活动运行期餐饮服务食品安全监管重点

一、概述

重大活动运行期餐饮服务食品安全监管，是指举办城市食品安全监督保障主体，在重大活动运行期间针对举办城市餐饮服务食品安全，所采取的有针对性的监督保障措施。重大活动正式启动后，餐饮服务食品安全监督保障的任务，就是要提升改造专项监督检查，采取措施巩固餐饮服务食品安全提升改造的成效，全面加强餐饮服务食品安全的管理和监督，切实保证整个城市的餐饮服务食品安全，使重大活动有一个良好的餐饮食品安全环境。

举办城市的食品安全监督保障主体，要通过在日常监管和提升改造中掌握的辖区内餐饮服务提供者的软硬件能力水平，有针对性地采取强化措施。一方面督促餐饮服务提供者提高守法经营和食品安全意识，依法严格落实第一责任人的责任，按照法律法规、标准规范加强内部管理，规范餐饮食品加工经营行为。另一方面要强化网格化执法责任制，加大监督检查力度，依法严厉制裁违法行为，及时纠正不规范行为，消除食品安全隐患问题。在实践中应当依法重点从餐饮经营许可管理、源头食品安全控制、食品加工过程控制、食品安全管理制度等方面入手，抓好关键环节的监督管理。

二、餐饮服务许可管理的监督检查

餐饮服务许可属于条件许可范畴，就是说提供餐饮服务必须达到《食品安全法》《餐饮服务食品安全管理办法》和《餐饮服务食品安全操作规范》等规定的条件，不具备相应条件的不得从事餐饮服务活动。虽然获得餐饮服务许可，但不具备特定的条件，不得从事需要具备特定条件才可开展的专项餐饮服务。因此，保证餐饮服务食品安全，首要的就要检查有无餐饮服务许可证，这是保障餐饮食品安全的第一个关口。

（一）检查有无许可证

第一，从事餐饮服务是否取得了《餐饮服务许可证》，无证的单位和个人必须立即停止餐饮服务活动；第二，许可证是否在有效期内，按照规定，《餐饮服务许可证》有效期为 3 年，临时从事餐饮服务活动的，《餐饮服务许可证》有效期不超过 6 个月，超有效期限的就应当按照无证对待；第三，《餐饮服务许可证》是否依法悬挂在明显处，亮证经营，公示服务资质，接受社会监督，是食品安全法律法规规定的义务。

（二）检查核准经营地址

餐饮服务许可证只在一个经营地址有效。同一餐饮服务提供者在不同地点或者场所从事餐饮服务经营活动的，应当分别办理《餐饮服务许可证》；餐饮服务经营地点或者场所改变的，应当重新申请办理《餐饮服务许可证》；餐饮服务提供者取得的《餐饮服务许可证》，不得违法转让，倒卖，涂改，出租出借。

（三）检查核准经营范围

餐饮服务许可是一种严格的条件许可，未经审查许可的经营项目，餐饮服务提供者就不能从事其经营活动。餐饮单位必须在许可项目范围内进行食品生产经营活动，禁止超范围经营或擅自更改获得许可时的场所布局，不得擅自增加冷荤菜等的经营活动。

三、源头食品控制措施的监督检查

把好源头食品控制关口，关键就是要严格依法落实食品及原料采购索证索票制度，严格食品及原料采购入库台账管理。严防不符合食品安全要求的食品及原料进入餐饮单位。

（一）检查核对采购台账制度

严禁餐饮服务提供者采购证票不全的食品及原料。不得采购没有相关许可证、营业执照、产品合格证明文件、动物产品检疫合格证明等证明材料的食品、食品添加剂及食品相关产品。采购食品及原料应当指定经培训合格的专（兼）职人员负责索证索票，进货查验和采购记录。

（二）检查采购合同和批次凭证

餐饮服务提供者采购食品、食品添加剂及食品相关产品，应当到证照齐全的食品生产经营单位或批发市场采购，并应当索取，留存有供货方盖章（或签字）的购物凭证。购物凭证应当包括供货方名称、产品名称、产品数量、送货或购买日期等内容。定点采购应当与供应商签订包括保证食品安全内容的采购供应合同。

（1）直接从生产企业或生产基地采购的，应当留存盖有供货方公章的食品生产许可证、营业执照和产品合格证明文件的复印件；留存盖有供货方公章的每笔购物凭证或每笔送货单。

（2）从流通企业（商场、超市、批发市场等）批量或长期采购时，应当留存有加盖公章的营业执照和食品流通许可证等的复印件；留存盖有供货方公章的每笔购物凭证或每笔送货单。

（3）从农贸市场采购的，应当索取并留存有市场管理部门或经营户出具的加盖公章（或签字）的购物凭证；从个体工商户采购的，应当查验并留存供应者盖章（或签字）的许可证、营业执照的复印件，购物凭证和每笔供应清单。

（4）采购畜禽肉类食品及原料，从食品流通企业和农贸市场采购的，应当查验动物产品检疫合格证明原件，留存有复印件；从屠宰企业直接采购的，应当留存供货方盖章的许可证、营业执照复印件和动物产品检疫合格证明原件。

（5）采购进口食品、食品添加剂，应当索取口岸进口食品法定检验机构出具的与所购食品、食品添加剂相同批次的食品检验合格证明的复印件。禁止采购无中文标识、无标签的食品。

(6)连锁餐饮统一配送原料的,可由总部统一查验留存供货方盖章的证照、产品合格证明复印件,建立采购记录;各门店应当建立并留存日常进货记录。

(三)检查食品库房管理

食品库房是餐饮服务单位把控食品源头,防止不符合食品安全要求的食品及原料进入食品加工过程的一个关键环节,在重大活动期间应当加强管理和监督。认真落实以下四个环节:

(1)检查入库查验制度。(2)检查食品存放规范。(3)检查库内食品管理。(4)检查库房日常管理。

四、食品加工过程控制的监督检查

(一)严格检查冷荤间等专间的卫生管理

餐饮单位冷荤间等专间,是餐饮服务食品安全的关键环节和关键控制点,因此也是餐饮食品加工过程食品安全控制的重中之重,必须依法加强管理和监督检查,严厉查处在专间内的违法行为。

(1)大型以上餐饮单位冷荤间要有预进间并设二次洗手、更衣设施。其他餐饮单位冷荤间可不设预进间,但必须有更衣、洗手消毒设施。专间内必须使用独立空调,定期清洗室内机空气过滤网,室内温度不得超过25℃。

(2)冷荤间等专间必须落实五专(专人、专室、专工具、专消毒、专冷藏)制度,非专间人员不得进入冷荤凉菜加工间,不得在专间内从事与凉菜加工无关的活动,专间内不得存放与加工制作冷荤凉菜无关的物品。

(3)冷荤间每餐或每次使用前在无人工作时,进行不低于30分钟的室内空气和操作台的紫外线消毒,强度应大于70uw/cm^2(微瓦每平方厘米)。操作人员进入冷荤间,必须二次更衣,穿鞋套,双手洗净消毒,切配食品时应戴口罩;出冷荤间前在预进间内先脱掉二更工作服,更换上一更工作服。

(4)应精选(少出下脚料)供加工凉菜用的蔬菜、水果等食品原料内,未经清洗处理的蔬菜、水果等食品原料及除食品小包装以外的包装(纸箱、木箱等)不得进入冷荤凉菜间。蔬菜、水果类须在室外择好洗净再进入冷荤间浸泡消毒,冲净后,方可加工;在切配带包装的食品前,须先将食品包装清洗洁净后再开启使用,防止污染食品。禁止在冷荤间加工生食海产品。

(二)严格检查食品操作间卫生

食品操作间内的地面、墙壁、灶台、排风扇、厨柜等设施、设备要清洁卫生、干净,不得有卫生死角;制冰机、冰箱冰柜等设备要运转正常,及时清洗消毒,没有微生物滋生;冰箱冰柜定期除霜,符合应当有的温度;操作间内配备体积适当的带盖垃圾桶,及时清理垃圾,定期进行清洗消毒;防蝇防鼠设施齐全,操作间内没有蚊蝇老鼠。

（三）严格检查防止食品污染措施

餐饮单位内的食品生品、半成品、熟品的概念要清楚，不得混淆；食品处理区内的清洁区、污染区、半污染的界限要清晰，人流物流走向严格遵循既定布局流程；各类冷藏设施内和各功能间的食品加工区，必须有明显的生品、半成品、熟品的标识，严禁将生品、半成品、熟品乱放混放；盛放食品及原料的容器、包装箱等必须符合食品级包装、容器的卫生要求；操作间人员加工烹饪过程中必须严防交叉触摸生品、半成品、熟品；菜板、刀具必须生熟分类专用，不得混用滥用，严防生熟品交叉污染；食品处理区内不得存放个人物品和与食品加工处理无关的物品，严禁有毒有害或者妨碍食品安全的物品。

五、餐饮具清洗消毒的监督检查

餐饮具清洗消毒也是餐饮食品安全管理中的关键环节之一，在重大活动期间，食品安全监督主体应当加强对餐饮具清洗消毒过程的监督检查，保证餐饮具清洗消毒到位，防止因餐饮具不规范导致的食品污染。餐饮单位内餐饮具洗涤消毒池须严格专用，明确标识洗涤池、消毒池、清洗池。根据不同的消毒方式，严格遵守相应的餐饮具、工用具、容器清洗消毒的程序。

（一）检查热力消毒程序

对餐饮具进行热力消毒的，应当至少设有两个水池，遵守去残渣、洗涤剂洗刷、净水冲洗、热力消毒的清洗消毒程序，其中煮沸、蒸汽消毒要保持在 100℃，并且保持在 10 分钟以上；红外线消毒一般应当控制温度在 120℃以上，保持 10 分钟以上；洗碗机消毒一般应当控制水温在 85℃以上，冲洗消毒保持在 40 秒以上。消毒后的餐饮具感官检查须光、洁、涩、干。

（二）检查药物消毒程序

对餐饮具进行药物消毒的，应当至少设有三个水池，遵循去残渣、洗涤剂洗刷、药物消毒、净水冲洗的清洗消毒程序。其中消毒水池内壁有水面高度标志线，池中预先放自来水达标志高度后，再向水中加入规定容积的消毒药剂，使有效氯浓度达到 250ppm，餐饮具消毒时间维持在 5 分钟以上，取出后以净水冲洗表面。清洗消毒后的餐饮具，感官检查应当洁净、无异味。

（三）检查餐饮具保洁存放

餐饮单位要严格遵守餐饮具用后洗净、用前消毒原则；已消毒与未消毒餐饮具必须严格分开存放，贮存柜须明显标注已消毒或者未消毒标识；消毒后餐饮具须放入密闭保洁柜中储存，分类摆放、整洁有序，餐具保洁柜要定期清洗，保持洁净，柜内不得放置杂物及个人用品。

(四)检查清洗消毒药械

洗碗机保持洁净,热力洗消用水、气达到规定温度;设备上的温度显示或清洗消毒剂自动添加装置保持正常无故障;洗碗机、洗消池用后保持洁净,无残渣,台面、地面清洁无污垢;使用的洗涤剂、消毒剂应符合《食品工具、设备用洗涤剂卫生标准》(GB 14930.1)、《食品工具、设备用洗涤消毒剂卫生标准》(GB 14930.2)的规定;洗涤剂、消毒剂应存放在专用的设施内(避免潮湿、热源等)。

(五)检查集中清洗消毒的餐饮具

餐饮单位使用集中消毒企业提供的餐饮具,应当查验,索取并留存有餐饮具集中消毒企业盖章的营业执照复印件、能够证明其符合相应卫生和条件的书面证明、该批餐饮具出厂时检验合格的有关证明、检验报告书或者加盖公章的相关复印件;餐饮具的包装应当符合卫生行政部门的有关规定,清洗消毒后的餐饮具应当符合卫生标准。

六、食品安全管理制度的监督检查

(一)检查从业人员个人卫生管理

餐饮服务单位内从业人员管理是保证餐饮食品安全的重要环节,是预防餐饮服务食品安全风险的重要因素,是保证食品安全的基础。因此,在重大活动期间,举办城市食品安全主体需要加强对餐饮服务单位从业人员个人卫生管理的监督检查。

1.检查从业人员健康上岗

餐饮单位从业人员应每年进行健康体检,并取得健康合格证明,随时备查;餐饮单位应当每天进行健康晨检,发现有发烧、腹泻、手部外伤等疾病的员工,应要求其暂时离岗;患有痢疾、伤寒、病毒性肝炎、活动性肺结核、化脓性或者渗出性皮肤病等有碍食品安全的疾病的人员,不得从事接触餐饮食品的制售工作。

2.检查从业人员培训和卫生意识

餐饮服务单位招聘厨师和其他从业人员,应当按照面试→体检→培训→持健康证明和培训合格证书上岗的顺序;未取得健康证明不得违法上岗;应开展从业人员定期培训,冷荤、洗消等重要岗位人员应强化培训,使从业人员了解食品安全知识,具有食品安全意识。

3.检查从业人员个人卫生

从业人员要严格遵守食品安全操作规范,注意个人卫生,保证手部清洁,及时洗手消毒;穿清洁工作服,规范戴发帽,专间操作按规定戴口罩、手套,进出污染区域按规定更衣;禁止佩戴戒指、耳环、项链等首饰。

(二)检查食品添加剂使用管理

餐饮单位使用食品添加剂应当依法实行“五专”管理即:专店定点采购,建立专用台账，设置专柜贮存，使用专用工具称量，配置专人使用把关；严格按照相应食品安全标准规定、产品说明书标注的使用范围及使用量制售菜品，严禁超范围、超量使用食品添加剂加工制售食品；禁止在菜品加工过程中添加使用人工合成色素及防腐剂，严禁在食品中添加非食用物质；对使用添加剂加工制作的食品按照规定进行备案和公示。

（三）检查48小时留样制度管理

餐饮服务单位应当按照规定进行食品留样，并做好留样记录和样品标记。第一，留样品种应包括所有加工制作的食品成品，每份样品必须标注品名、加工时间、加工人员、留样时间。第二，采集和保管留样须设专人负责，配备经过消毒的专用取样工具和存放样品的专用冷藏箱。第三，留样样品采集后应及时存放在0～4℃之间的冷藏条件下，保存48小时以上，不得冷冻保存。第四，应当设置专用留样冰箱，保持冰箱内清洁卫生，不得混放其他食品，并标注存样专用标识。第五，一旦发生食物中毒或疑似食物中毒事故，应及时提供留样样品，配合调查处理工作。

（四）检查各项管理制度

在重大活动期间，食品安全监督主体要监督检查餐饮服务单位是否建立健全并执行各项食品安全制度，是否建立食品安全管理责任制和内部检查考评制度，是否有专职或兼职食品安全管理员，是否进行经常性自律检查，落实第一责任人的责任。检查餐饮单位是否制定了本单位的《食品安全应急预案》，是否开展必要的应急演练和培训，是否能够做好突发事件的内部应急处置，等。

七、开展监督抽检和现场快速检测

在重大活动运行期间，举办城市的食品安全监督主体，在强化监督检查，查处违法行为的同时，还要有针对性地加强对餐饮服务食品安全的监督抽检和现场快速检测，运用技术手段及时发现和消除食品安全隐患问题。

（一）源头食品的食品安全检测

重点对敏感食品品种和安全问题进行检测。对肉与肉制品、乳制品、食用油、水产品等进行监督抽检。还可以通过现场快速检测技术，检测筛查肉与肉制品的瘦肉精、食用油的酸价、过氧化值，冷冻水产品的甲醛，熟肉制品的亚硝酸盐，蔬菜、水果的农药残留，等，发现问题及时进行实验室检测，及时消除食品安全隐患。

（二）食品加工过程控制的食品安全检测

重点通过现场快速检测技术，对食品加工环境卫生、冷荤间等食品加工专间紫外线灯的强度、室内温度、冰箱冰柜温度进行现场快速检测；对食品工具、台面、工作人员手的表面洁净度进行现场快速检测；对凉菜、裱花蛋糕、切配水果、现制冰块、鲜榨果汁等进行细菌总数的现场快速检测；对烹饪菜品进行中心温度的现场快速检测等，及时纠正违规问题，消除食品安全隐患。

（三）餐饮具清洗消毒环节的现场检测

在餐饮具清洗消毒环节，可以运用现场快速检测技术，对用于餐饮具消毒的消毒液进行余氯浓度是否符合要求的现场快速检测；对洗碗机温度是否达标进行检测；对清洗消毒后的餐饮具、集中清洗消毒单位提供的餐饮具，进行消毒效果表面洁净度的现场快速检测。

（四）对从业人员卫生的现场检测

在卫生管理环节，可以利用现场快速检测技术，对关键岗位从业人员手的表面洁净度进行检测，检验工作人员手的清洗消毒是否到位；可以对从业人员的体温进行现场快速测量；还可以对工作人员戴的手套是否符合卫生要求进行快速检测；等等。

第四编

场馆运行现场监督保障

第十八章　重大活动场馆运行食品安全与卫生监督保障概述

第一节　场馆运行监督保障的概念

一、场馆运行的含义

场馆运行最简单的解释是:特定场馆围绕一定功能或者活动,遵循一定规律有秩序的运转,是经营主体为在场馆内活动的群体提供服务或者场馆经营管理和服务运作的过程。也可以理解为某一项活动围绕自身目标,在特定场馆按照自身规律有秩序的运转过程。当然,这种理解还是一种简单的、直观的解释,并没有反映场馆运行的全部。

场馆运行的概念最早出现在2000年悉尼奥运会。2008年北京奥运会引进和应用了场馆运行的概念和模式,并将场馆运行定位为"有效保障场馆组织竞赛活动的管理服务过程"。

二、重大活动场馆范围

明确重大活动的范围,有助于确定监督保障的任务和目标。场馆运行概念的原意仅指各类体育赛事的竞赛场所,我们从重大活动监督保障实践的角度认为,场馆运行作为一种管理和服务理念,应当对场馆的范围做更宽泛一些的界定。第一,场馆运行的理念不仅适用于体育赛事,还应当引入各类重大活动服务保障,因为所有重大活动,都有一个需要按照规律和秩序运作的问题;第二,活动场馆不仅仅局限于核心活动的场所,还应当拓展到专门为活动参与者提供住宿、就餐、临时生活服务的场所,因为这些场所是保证核心活动有序进行且不可分割的组成部分。我们就是基于这样的理念就本章问题进行讨论。

三、场馆运行食品安全与卫生监督保障

(一)场馆运行公共卫生体系

在2000年悉尼奥运会上创建的场馆运行理念和模式,实际上就是将奥运会

运行保障的各系统，在场馆中以赛事运行为核心整合起来，在竞赛场馆形成有机协调的统一整体，各系统在统一的协调指挥下，为赛事项目能按照计划有条不紊地顺利进行，提供服务和保障，形成科学有效的场馆化管理机制模式。重大活动场馆运行服务保障工作，应当是全面的，能够涵盖活动中涉及的方方面面不允许有任何疏漏的，但是又必须是一个统一的整体，在统一指挥调度下运转。公共卫生是重大活动场馆运行服务保障体系中的一个十分重要的子系统。重大活动场馆运行公共卫生系统包括医疗服务保障、食品安全保障、公共场所卫生保障、生活饮用水卫生保障、传染病预防控制保障和突发事件的卫生应急等。在重大活动场馆中，应当根据重大活动的规模、特点和公共卫生需求，组建统一的专业工作团队，分专业落实公共卫生保障工作任务。

（二）场馆运行食品安全监督保障

重大活动场馆运行食品安全保障是举办城市食品安全监督保障的主体，根据重大活动规模、特点和食品供应需求，按照场馆运行系统的统一安排，组建场馆运行食品安全监督保障团队，针对重大活动核心活动场所、住宿场所、就餐场所，以及与食品安全有关的各项活动，进行的食品安全监督检测活动。重大活动场馆运行食品安全监督保障，应当是一个比较全面的食品安全监督保障活动。不仅包括对场馆内餐饮食品加工和供餐活动的监督检测，对场馆外向场馆内供应快餐的食品安全监督检测；还包括对场馆内提供茶歇食品、饮料等的食品安全监督检测，对场馆内向观众售卖食品、饮料等的食品安全监督检测，对重大活动现场展销食品的食品安全监督监测等。

（三）场馆运行卫生监督保障

重大活动场馆运行卫生监督保障是在重大活动期间，举办城市卫生监督主体根据重大活动的规模、特点、公共卫生风险因素、重大活动使用场馆的卫生状况等，按照重大活动场馆运行体系的统一安排和保障工作要求，组建重大活动场馆运行卫生监督保障团队，对重大活动使用的核心活动场馆、集中住宿场馆、训练准备场馆、集体就餐场所等的室内环境和饮用水卫生状况、传染病防控措施的落实情况等事项，进行卫生监督监测和卫生风险控制，保障重大活动运行中公共卫生安全的专项活动。重大活动场馆运行卫生监督保障服务，一般包括对各类场所室内空气质量等环境卫生的监督监控，对场所二次供水、供水末梢、管道直饮水、涉及饮水安全产品等的监督，对场所落实传染病防控措施，消除病媒生物等的监督监控，也可以包括对医疗站、医疗点、急救点等处依法执业，消毒隔离，医疗废物处置等的监督监控。

第二节　场馆运行食品安全与卫生监督保障的特点和分类

一、场馆运行食品安全与卫生监督保障的特点

（一）现场性

现场性是讲场馆运行监督保障工作岗位和重心在“现场”，从空间角度讲就是零距离监控，从时间角度讲就是同步监控。现场监督监控是场馆运行食品安全与卫生监督保障的一个比较突出的特点。要求食品安全与卫生监督保障主体组建一支专门的场馆运行监督保障团队，进驻重大活动运行场馆，在重大活动核心活动运作现场、集体就餐与供餐服现场、活动参与者集体住宿的现场，随时随地进行相关的监督和监测。在现场对卫生风险进行监督监控，是重大活动食品安全与卫生监督保障的一种特定模式和机制，场馆运行的食品安全与卫生监督保障活动，需要围绕重大活动的运行过程，紧紧把握重大活动的关键环节、各项服务的关键环节，在最前沿，零距离地对场馆环境卫生、饮水卫生和食品安全，进行实地、实物和应时的监督察看、实验检测和卫生风险控制。

（二）应急性

应急性是场馆运行食品安全与卫生监督保障的一个特点，也是监督保障中的一项原则。重大活动场馆运行食品安全与卫生监督保障，不是常态的食品安全与卫生监督执法活动，工作的标准和要求是超常规的，因此，在实施过程中需要采取一些超常规的手段和程序。场馆运行监督保障团队，需要独立完成相应环节的监督保障工作，及时解决可能出现的各类问题。一是决不能因为问题处理不当导致食品安全或者其他公共卫生风险的发生；二是不能因为循规蹈矩，研究讨论，逐级请示等影响重大活动按照计划运行。这就需要现场监督人员迅速做出判断，当即做出果断处理，对不能排除风险可能的事项或者物品，采取现场应急处置或者专门监控措施；最大限度地控制风险，最大限度地防止健康损害，最大限度地保证重大活动顺利进行：这就是行政管理中的应急性原则。当然，在采取应急处置措施时，必须要有一定的事实根据，必须将损失控制在一定范围内，必须有利于保障重大活动顺利进行。

（三）专业性

专业性就是讲重大活动场馆运行食品安全与卫生监督保障要采取技术手段，要突出食品安全和公共卫生的技术特征，对不同的监督保障点位，要采取不同的专业技术手段。因此，需要在场馆中承担监督保障责任的人员要掌握相应

的专业知识和技能，遵守食品安全和公共卫生的科学规律，才能够及时发现隐患，控制住风险。没有专业知识和技术能力，就不能很好地完成食品安全与卫生监督保障任务。在具体监督保障措施上，不仅要靠监督人员的感官目测，进行现场监督检查和监控，而且需要随时随地进行样本抽查检测，运用专业知识评判监督检查所见和检验检测结果，做出综合性判断。

（四）服务性

服务性是讲场馆运行监督保障的主要任务是服务。就是要以自己的劳动和付出去满足接受服务者的需要，使接受服务者受益。与城市运行监督保障相比较，场馆运行监督保障是对重大活动近距离的、更直接的服务。场馆运行监督保障的服务性，就是指监督保障必须从属于、服务于重大活动，要以重大活动需求为任务，以重大活动要求为标准。在进行场馆运行监督保障时，必须以保障重大活动参与者的健康为中心，以满足重大活动活动需求为任务，以保障重大活动的卫生安全为目标，最大限度地控制和消除食品安全和公共卫生风险隐患，满足重大活动场馆运行需求，适应重大活动运行的调整和变化。紧紧围绕重大活动的运行计划，按照重大活动运行时间节点、运作方式、具体地点以及为重大活动提供有关服务的具体安排，组织进行场馆运行监督保障工作。

（五）整体性

重大活动场馆运行监督保障整体性包含多重含义。第一，场馆运行的整体性。场馆运行食品安全与卫生监督保障，是重大活动场馆运行保障服务的一部分，要保持与场馆运行各项保障服务的整体性，就必须融入场馆运行的整体中，要站在场馆运行的整体和大局上协调好与各相关系统的联系，做好食品安全与卫生监督保障服务。第二，公共卫生专业的整体性。场馆运行中食品安全与卫生监督保障是一个多专业的综合保障体系。食品安全、公共场所卫生、饮用水卫生、传染病防治、病媒生物预防等要相互衔接，保持整体性，发挥整体效能。同时，还要与医疗服务保障相互衔接，相互支持配合。第三，监督保障手段的整体性。场馆运行食品安全与卫生监督保障是一项综合性工作，不能仅靠监督检查，也不能仅靠技术检测。需要采取多种手段、多种方法，发挥专业技术整体效能。例如风险评估分析、现场快速检测、现场监督察看等多种手段并用。第四，社会效果的整体性。公共卫生和食品安全是非常敏感的社会问题。场馆运行食品安全与卫生监督保障不仅要考虑专业和技术问题，还要考虑社会和政治问题，对一个简单问题的处理，要考虑到是否会对重大活动造成影响以及活动参与者的感受，考虑到是否会产生社会误解，是否会造成政治影响等。

（六）核心性

场馆运行服务保障是重大活动监督保障的核心和关键。举办城市的城市运行保障、外围保障等都要以场馆运行保障为核心，为重大活动场馆运行提供服务。因此，场馆运行的食品安全与卫生监督保障也是重大活动食品安全与卫生监督保障的核心。场馆外围的监督保障工作要围绕场馆运行监督保障需求运转，场馆运行监督保障可以指挥和调度城市运行的监督保障工作，对城市运行监督保障提出相应的工作要求，并与城市运行监督保障工作衔接。城市运行的食品安全与卫生监督保障工作要按照场馆运行监督保障需求，开展和调整监督保障重点和内容，要为落实好场馆运行监督保障工作，提供有效的服务。

二、场馆运行食品安全与卫生监督保障的分类

场馆运行食品安全与卫生监督保障可以按照不同方法进行分类，不同方法可以做出不同分类，目的一是为更好地管理和规范，二是为了更好地研究提升。

（一）按照时间关系分类

按照监督保障与重大活动时间关系，可以将监督保障工作分为重大活动运行前的监督保障和重大活动运行中的监督保障，或者分为重大活动筹备期的监督保障和重大活动期间的监督保障。

1. 重大活动运行前的监督保障

围绕重大活动筹备工作开展的有关监督保障工作包括四个方面：一是监督保障主体为落实监督保障任务，进行自身的组织和技术准备，例如组建团队，进行培训，开展演练；二是对重大活动拟使用的场馆进行监督检查，开展卫生风险评估，督促指导场馆提升改造；三是对新建场馆项目进行预防性卫生监督指导；四是对重大活动场馆内的筹备工作实施监督保障。

2. 重大活动运行期的监督保障

是指在重大活动启动后，围绕重大活动各项活动运转开展的监督保障工作，一般情况下场馆运行监督保障团队要进驻场馆，对场馆运行中的食品安全、公共场所卫生、生活饮用水卫生等进行现场监督检测和全程风险监控。

（二）按照空间关系分类

空间关系就是区域、地点、位置和场所等关系，按照监督保障工作与重大活动空间关系，将重大活动监督保障分为重大活动核心场馆监督保障，重大活动集中住宿场所监督保障，重大活动就餐场所监督保障，重大活动专项活动场所监督保障。

1. 重大活动核心场馆监督保障

一般是指监督保障主体对重大活动核心运行场所的监督保障活动。例如对体育赛事赛场、会议论坛活动会场、演出活动剧场、展销活动会展中心等实施的监督保障。

2. 重大活动集中住宿场所监督保障

一般指是监督保障主体对负责接待活动代表的宾馆酒店、运动员村、大学生公寓等的监督保障活动。对这些地方的监督保障，一般是综合性的监督保障，包括：客房、游泳池、洗浴中心、咖啡厅、理发店等公共场所的卫生监督；二次供水、管道直饮水、供水末梢的卫生监督；传染病防控措施的卫生监督；餐饮食品安全、小型食品售卖的食品安全监督；等。

3. 重大活动就餐场所监督保障

是指监督保障主体对重大活动参与者集体用餐的饭店、餐厅等的监督保障活动。对就餐场所的监督保障，包括餐饮服务食品安全的监督保障，餐厅的卫生监督保障，等。

4. 重大活动专项活动场所监督保障

是指监督保障主体对重大活动单项活动场所的监督保障活动。单项或专项活动场所是指在重大活动规定动作或者核心活动之外，承办单位组织重大活动参与者参加的其他附属活动项目时需要使用的有关场所。

（三）按照监督专业特点分类

所谓专业特点一般是指食品安全与卫生监督保障，涉及食品安全和卫生监督专业类别。按照食品安全与卫生监督保障专业类别可以分为食品安全监督保障、公共场所卫生监督保障、生活饮用水卫生监督保障、传染病防控监督保障、病媒生物防控保障。

1. 食品安全监督保障

是指监督保障主体依法对场馆运行涉及的食品安全的监督保障。包括：对集中活动场馆、集体住宿场馆等餐饮服务食品安全监督监测和风险监控；对活动场馆内向活动参与者提供饮品、食品的安全监督和监测；对场馆内进行食品展卖活动的食品安全监督、监测、指导等的风险控制活动。

2. 公共场所卫生监督保障

监督保障主体依法对场馆运行涉及的各类公共场所的卫生监督和监测，包括：对住宿、游泳、洗浴、理发、休闲等场所环境卫生的监督和监测；对场馆内集中空调通风系统卫生、室内空气质量、客人公共用品用具卫生、公共设施卫生等卫生监督、监测和指导等的风险控制活动。

3. 生活饮用水卫生监督保障

监督保障主体依法对重大活动场馆运行中涉及的生活饮用水的监督和监测，其中包括：对二次供水设施设备和管理情况、供水末梢卫生状况、涉及饮用水的安全产品、管道直饮水卫生和饮用水水质等的卫生监督、监测和指导等的风险控制活动。

4.传染病防治监督保障

监督保障主体依法对重大活动场馆运行中相关传染病防控措施落实情况的卫生监督和检测，包括：对场馆医疗站（点）消毒的各类制度落实情况、医疗废物处置情况、疫情报告情况的监督和检测；还包括对活动举办方、服务提供方等落实消毒工作、传染病患者、疑似传染病人、来自疫区的人员卫生管理要求的情况，以及使用消毒用品等的卫生监督、监测和指导。

（四）按照法律关系主体分类

按照监督保障服务对象可以分为：对重大活动参加者的监督保障服务；对重要医疗保健对象的保障服务；对观摩活动人员的监督保障服务；对重大活动接待单位的监督保障；等等。

1.重大活动主要参加者的监督保障服务

监督保障主体对不同活动的参加群体，提供各项不同的监督保障服务，参加者例如：体育赛事主要参加者包括参赛运动员、裁判员、相关组织官员等；会议论坛活动主要是会议代表、出席活动有关领导等；文艺演出主要是演职人员；等等。监督保障主体围绕上述人员活动开展的监督保障工作，称为对重大活动主要参加者的监督保障服务。

2.重要医疗保健对象的监督保障服务

重要医疗保健对象的监督保障服务是监督保障主体对按照国家规定享受专门医疗保健服务的高级领导、专家，外国首脑等特定群体，提供的监督保障服务。医疗保健对象的范围、服务内容、标准，国家有关部门有明确规定，监督保障主体应当按照国家有关保健工作规范，实施监督保障服务。

3.观摩活动人员的监督保障服务

重大活动观众来源非常复杂：可能是有组织地进行集体观摩，也可能是自行参加重大活动观摩；有些观众来自于国外或者举办城市之外。不同活动对观众也会提供不同服务，监督保障主体须根据具体情况选择适当监督保障方式。

4.重大活动接待单位的监督保障

重大活动接待单位的监督保障是监督保障主体对接待重大活动参加人员进行集体住宿、就餐、休闲、娱乐、参观、旅游等活动的各类公共场所、餐饮服务提供者和有关单位等进行的监督保障工作。

（五）按照法律关系客体分类

就是按照食品安全与卫生监督指向的对象分类。按照法律关系客体，可以将监督保障分为对相关单位服务行为的监督保障；对重大活动场馆运行中重大活动行为的监督保障服务；对场馆运行涉及相关产品的监督保障等。

1. 服务行为的监督保障

主要指监督保障主体对重大活动场馆、集体住宿场所、集体就餐场所、其他有关活动场所在提供公共服务时，其行为是否符合卫生规范要求进行监督检查和检测，保障各类服务行为符合卫生标准和规范要求，不会导致出现客人健康损害的风险。

2. 活动行为的监督保障

指监督保障主体对重大活动主办方、承办方组织的各种集体活动行为给以的食品安全、公共卫生的指导和服务。

3. 相关产品的监督保障

主要是监督保障主体对在重大活动中或者为重大活动提供的服务中，食用或者使用的各类产品的卫生监督和监测，例如对消毒产品卫生的监督监测、对化妆品的监督监测、对生活饮用水的监督监测、对食品安全的监督监测、对涉及饮用水安全产品卫生的监督监测等。

第三节　场馆运行食品安全与卫生监督保障原则和任务

一、场馆运行食品安全与卫生监督保障工作原则

重大活动场馆运行食品安全与卫生监督保障工作原则，是指导场馆内监督保障人员实施食品安全与卫生监督保障工作的准则和基本要求。场馆运行监督保障是食品安全与卫生监督保障的核心，应当遵循监督保障整体工作的共同原则。是需要与场馆运行规律相匹配的特殊原则。这些原则，是在总原则统领下的具体原则或者是总原则要求的具体化，总原则在场馆运行操作层面的具体体现，是场馆运行监督保障人员应当遵循的工作准则。虽然有些内容定位为原则，还不那么严谨，或者还有些牵强，但是对做好场馆运行监督保障工作来说非常重要。

（一）以重大活动为中心

在重大活动监督保障中，监督保障工作从属于、服从于、服务于重大活动，不仅是对所有保障工作的基本要求，也是场馆运行食品安全与卫生监督保障必须遵循的一项原则要求。这个原则要求的基本内容必须紧紧围绕重大活动运转开展工作，必须以重大活动需求作为监督保障工作的任务和要求。重大活动在哪个场所开展，就要对哪个场所监督监测到位；重大活动人员吃什么食品，就要对什么食品监控到位；重大活动人员什么时间活动、什么时间就餐，就要在什么时

间监督保障到位；等等。也就是说，监督保障工作必须以重大活动及其需求为中心，不能以监督保障人员意志为中心，监督保障者思维要随着重大活动的变化和要求运转和调整，监督保障目标要以重大活动及其参与者受益，保证重大活动按照计划有序运转为标准制定。

（二）现场应急处置

就是一切随着现场的变化而变化，根据现场的变化做出应急处理。2000年悉尼奥运会创立“场馆化”运行机制，就是要将奥运赛事涉及的问题，全部在场馆内迅速地解决，保证赛事活动顺利运转。场馆运行中的食品安全与卫生监督保障工作，应当遵循现场应急处置的原则：第一，在监督保障中要根据场馆运行具体情况，对各类食品安全和公共卫生问题迅速做出处理，把所有问题消化在场馆和现场；第二，对场馆运行中出现的食品安全和公共卫生问题，不可能按照常规方式解决，需要立即采取某些超出正常工作程序的行动，既要避免风险事故发生，还要保证重大活动顺利进行；第三，在启动场馆运行监督保障时，监督保障主体应当授权场馆运行团队行使应急处置的职能，在出现问题或者难以确定隐患时，为保证重大活动食品和卫生安全，可以按照行政应急原则，做出可能使服务提供者蒙受损失的现场应急处理。

（三）监督监控与监测监控相结合

监督监控就是通过监督保障人员通过监督检查、现场察看、感官判定等方式对现场有关行为过程、有关物品感官性状、有关环境卫生状况等进行动态监控；监测监控就是通过采样进行实验室检测、现场快速检测的方法对有关行为效果、有关物品质量和卫生、有关环境卫生质量等进行行为结果、环境和物品卫生状况的监控，主要目的是保证各种行为过程的规范性，预防行为过程中导致的人为污染。这是预防控制食品安全和公共卫生风险因素最基本的传统方式。监测监控的主要目的，是通过科学的、客观的监测数据，判断行为的结果、环境和物品的卫生现状，这是现代有说服力的判定方式。两种方式都不是万能的，都各有其优势和缺陷：监测因为有数据，科学性和说服力强，但是采样有一定的局限性，不可能把控住整个行为过程；监督监控虽然没有数据，似乎不够客观和科学，但是能够把控住行为的过程，消除各种人为的风险因素。因此，在场馆运行监督保障中，场馆运行监督保障团队，应当将两种监控方式有机结合互为补充，互为验证来做好监督保障工作，也只有将监督监控与监测监控整合为一体，才是完整的食品安全与卫生监督保障。

（四）全程监督监测监控

全程监督监测监控主要突出在一个“全”上，应当包括全面和全过程两个含义。场馆运行监督保障只有遵循全程监控的原则，才能够真正发挥食品安全和卫生监督保障的功能和作用,实现预防控制风险保证重大活动顺利进行的目标。第一,在场馆运行监督保障时,场馆运行监督保障团队应当对相关场馆驻点监督,实行24小时全天候、全时段的监督监控;第二,在场馆运行监督保障中,要对重大活动所有动作、场馆中涉及的所有食品安全和公共卫生事项,进行全面监督监控;第三,在场馆运行监督保障中,要对公共场所卫生、生活饮用水卫生、食品安全等领域,进行从起始环节到终末环节,从行为过程到最终结果的全过程监督监控;第四,对一切与食品安全或者公共卫生密切相关的行为,要从准备动作、实施过程、行为终结、行为结果进行全过程监督监控。

(五)关键环节重点监控

关键环节是指能够关联事物前后左右,对事物有某些决定作用的最重要部分或者点位。这些重点环节和关键控制点,就是场馆运行监督保障监控的关键环节和部位。场馆运行监督保障团队对这些关键环节,在全程监控基础上,作为重点,采取更加严格的监督监测监控措施,用重拳、重力做好保障。在重点环节和关键点位要盯紧,把严,一丝不苟,不放过任何一个细节,紧紧把握住每一个关键监控点,确保关键控制点上的行为过程符合规范要求,确保关键控制点的限量值在规定控制范围内,这是场馆运行现场监督保障的基本原则和模式。

(六)行为监控与物品监控相结合

是指对重大活动场馆中各类行为过程进行监控,例如对餐饮食品加工过程、服务人员清洁客房过程、进行相关物品的消毒过程等的监督监控。所谓物品监控就是对食品、公共用品用具、饮用水等质量和卫生状况的监控。行为监控与物品监控相结合:一是在场馆运行监督保障中,要严格监督监控重大活动服务提供方,对服务过程中与食品安全和公共卫生有关的各类行为过程,对从业人员的操作规范性一步一步地进行监督监控;二是对场馆服务中提供方的食品安全和公共卫生管理行为、从业人员个人卫生行为和习惯,对从业人员健康状况进行监督监控;三是对风险性大的重点食品品种、生活饮用水水质卫生、公共场所室内卫生质量、公共用品用具等进行直接监督监控,还要适时运用现场快速检测方法,及时对重点食品进行风险筛查,对饮用水水质、室内空气质量、公共用品用具进行检测判定。

二、场馆运行食品安全与卫生监督保障重点任务

场馆运行食品安全与卫生监督保障就是通过对重大活动核心场馆、住宿场馆、训练场馆、就餐场馆的监督监控,对食品和相关产品的监督监控,对各项与食品安全和公共卫生有关活动的监督监控,保证场馆运行中食品安全和公共卫生安全的监督保障活动。监督保障重点措施包括开展前期风险评估,督促整改提

升，活动运行期现场监督检测，突发事件应急处置，等。

（一）开展全面风险评估

开展风险评估是做好场馆运行食品安全与卫生监督保障工作的基础，也是监督保障工作的重点措施之一。进行场馆运行的食品安全和公共卫生风险评估，包括两大部分：第一，是举办城市整体食品安全风险评估和公共卫生风险评估，通过评估分析评价举办城市整体食品安全和公共卫生水平，分析判定主要食品安全风险、各类公共卫生风险和突出的风险因素，提出整体风险预防控制措施；第二，食品安全与卫生监督主体，以独立场馆为单位，对每一个拟使用的食品安全和公共卫生风险场馆逐一进行风险评估，包括重大活动核心场馆、拟签约住宿场馆、拟提供餐饮服务场馆、集体用餐供餐企业等，分析评价每一个场馆食品安全和公共卫生状况、风险因素、可能出现风险的概率和程度，提出有针对性的预防控制措施，作为前期提升改造和活动运行期现场监督监控重要的基础根据。

（二）强化新建项目卫生审查指导

在重大活动筹备阶段，根据重大活动规模要求，举办城市需进行相关的场馆建设，新建一批供重大活动使用的重要场馆，特别是在承办重大国际体育赛事活动时，举办城市要适应重大体育赛事规模、项目等，新建一些比赛场馆、住宿场馆和配套设施，这就是场馆建设。这是举办好重大活动，特别是保障重大活动场馆运行的基础条件。因此，举办城市的食品安全与卫生监督主体要依法介入建设项目管理，强化对场馆新建项目卫生的审查和指导，依法开展预防性卫生监督，做好项目设计的卫生评价审查，参加建设项目的竣工验收，要特别加强对项目建设过程的监督检查和卫生指导，保证建设项目选址、主体建筑、附属设施、内部布局、卫生设施设备等符合卫生标准和规范。

（三）督促指导场馆提升改造

重大活动场馆运行食品安全与卫生监督保障中的提升改造，是重大活动场馆建设的重要组成部分，也是办好一次重大活动的基础。在重大活动筹备阶段，举办城市在进行重大活动场馆建设中，除了部分场馆新建项目外，更多的是在原场馆基础上改造设施设备，完善服务功能，提高管理水平，满足重大活动运转需求。这个阶段，食品安全与卫生监督主体要把握时机，前期介入，协调政府有关部门将食品安全和公共卫生的提升改造要求，纳入到场馆建设总体规划，借力推动食品安全和公共卫生的提升改造。要结合重大活动特点、风险评估结果、场馆食品安全和公共卫生状况，对每一个场馆提出有针对性的提升改造意见，督促指导各有关场馆对原有建筑、布局、设施设备，以及场馆卫生管理制度机制等，进行全面的修改，变更，完善，提高，使之达到最佳状态。

（四）进驻场馆进行现场监督监控

重大活动期间，食品安全与卫生监督保障主体要组建场馆运行监督保障团队进驻重大活动场馆，建立健全场馆运行监督保障制度机制和指挥系统，按照关键环节、高风险点位重点监控和全程现场监督监控与全程现场快速检测监控相结合的机制，分别对重大活动核心场馆、集体住宿场馆、集体用餐场所等重大活动场馆，进行现场食品安全与公共卫生风险监控。场馆监督团队在现场监督监控中，要科学安排调度，坚持现场实地定人定岗监控，坚持全程监控与重点监控结合：一要严控重大活动关键环节和重要时段；二要严控重点食品，严控产品质量安全和采购、加工、食用、使用过程；三要严控场馆环境卫生、空气质量、饮用水卫生和传染病；四要严控集体用餐和供餐环节；五要严格场馆食品安全和卫生制度，规范场馆运行中的卫生行为，严防各类突发卫生事件。确保重大活动顺利进行，不发生食品安全和公共卫生问题。

（五）开展全面现场监测

在重大活动场馆运行食品安全与卫生监督保障中，除在现场采取定人定岗、人盯人全程监督监控措施外，还要对场馆内食品安全和公共卫生采取实验室检验或者现场快速检测方法，对食品安全和公共卫生状况，有针对性地进行监测。第一，在重大活动启动前，场馆运行监督保障团队要安排对场馆中室内空气质量、集中空调通风系统、生活饮用水、公共用品用具、食品安全等的状况进行全面检验检测和评价；第二，在重大活动运行期，要确定相关内容监测点位，采取定时或者不定时方式，对场馆运行中食品安全和公共卫生状况进行检验监测，及时发现排除风险隐患。对公共场所要重点监测室内空气质量、微小气候、公共用品用具卫生和游泳池水质；对生活饮用水要重点监测二次供水、管道直饮水、供水末梢水质中的感官性状、微生物指标、消毒指标、理化指标；对食品安全要重点监测食品源头污染、加工过程污染、加工环境和用具污染等状况。并与现场监督监控措施紧密结合，相互衔接，有效预防和控制食品安全和公共卫生风险。

（六）全力做好突发事件卫生应急

在重大活动场馆运行食品安全与卫生监督保障中，要始终将预防和处置突发公共卫生事件，做好食品安全和卫生监督应急作为至关重要的监督保障措施，立足于预防控制不发生影响重大活动的健康损害事件，做好各项卫生应急准备工作。要针对重大活动的特点制定各类突发事件的应急处置预案，开展应急培训和演练，一旦发生突发公共卫生事件或者其他突发事件，要迅速反应启动应急处置预案，采取有效措施，最大限度地控制风险损失，消除不利影响，最大限度地保障重大活动场馆运行不受影响。

第四节　场馆运行食品安全与卫生监督保障组织实施要点

一、含义和特点

重大活动场馆运行监督保障组织实施是对重大活动场馆运行食品安全与卫生监督保障的指挥、管理和执行的活动，是重大活动食品安全与卫生监督保障主体，在重大活动场馆运行系统中，按照重大活动公共卫生目标、食品安全与卫生监督保障整体方案对重大活动场馆运行监督保障工作进行具体策划、组织、管理和实施的过程。场馆运行监督保障组织实施内容包括设计保障方案和预案，评估场馆风险，确定监督保障重点和责任，组建场馆运行监督保障团队，建立保障工作机制，落实监督保障任务等多个环节，每个环节的不同工作重点、时间节点和考核目标，需要决策和管理层面的科学安排。

场馆运行监督保障组织实施是重大活动场馆运行管理体系的重要组成部分，也是重大活动整体食品安全与卫生监督保障组织实施的核心内容。做好场馆运行监督保障组织实施，首先就要正确选择和认识工作的定位。第一，食品安全与卫生监督保障组织实施，是从属于重大活动场馆运行整体管理的专业性子系统，必须与重大活动场馆运行管理同步组织实施，必须服从于、服务于重大活动场馆运行的大局，要与重大活动场馆运行各项工作相衔接，不能脱离场馆运行整体。第二，重大活动场馆运行组织实施，是重大活动食品安全与卫生监督保障组织实施的核心部分，必须树立场馆运行的核心地位和权威，保证整体监督保障组织实施，以场馆运行监督保障需求为核心，组织好对场馆运行的各类保障支持系统，场馆外围工作全力为场馆运行监督保障工作服务，根据场馆运行监督保障需要组织好城市运行保障工作。第三，场馆运行监督保障工作要保持一定的统一性和整体性，在重大活动中场馆往往不止一个，各个场馆多有一定范围内的独立性，但是组织实施任务要有统一标准、统一规范、统一指挥，要设计好，落实好整体工作衔接，保证各场馆在统一原则下，相对独立地运行。

二、场馆运行监督保障组织实施的工作要求

监督保障主体在场馆运行的组织实施中，要坚持贯彻落实重大活动场馆运行的统一原则和要求，坚持重大活动食品安全与卫生监督保障科学的规律和特点，贯彻落实重大活动场馆运行食品安全与卫生监督保障的基本工作原则，做好方案和预案设计，建立衔接配合机制，健全规范标准体系，统一指挥协调调度，组

织好场馆运行监督保障工作。

(一)贯彻预防为主方针

在组织实施工作中,要以全面贯彻预防为主方针,立足于将各种风险隐患消灭在重大活动预防阶段。第一,在筹备阶段,重大活动监督保障指挥管理层要加强与筹备领导机构有关部门的联系,及时收集和掌握与重大活动有关的信息,提前介入相关场馆的建设和改造工作,做好建设项目预防性卫生审查和指导;第二,要强化对预防性食品安全和公共卫生的风险评估,做好风险识别分析,查找各类风险隐患,强化对相关场馆的提升改造督促指导,完善场馆食品安全和卫生管理制度,消除各类风险因素,为重大活动运行期场馆监督保障打好基础;第三,要针对重大活动及场馆运行特点,结合风险评估结果,预先制定各类工作预案、问题处置预案、突发事件应急预案,保障在发生相关问题和事件时,能够在场馆内得到迅速处理;第四,在重大活动场馆运行全面启动前,要对重大活动服务提供单位管理层、重要岗位从业人员等,有针对性地进行食品安全和公共卫生法律法规、相关知识培训教育,提高餐饮服务、公共场所等单位从业人员食品安全与公共卫生意识,主动落实第一责任人的责任,依法依规,遵循规范标准,规范服务行为,保证食品安全和公共卫生,防范风险事件;第五,根据重大活动规模和特点,对为重大活动提供餐饮服务、公共场所服务的关键岗位人员进行应急性健康体检,排查从业人员中的患者和病原携带者。

(二)做好调研和方案设计

食品安全与卫生监督保障主体,在组织实施重大活动场馆运行监督保障中,要强化监督保障工作的前期调研和保障工作方案的设计。第一,监督保障主体在接到任务后,要认真组织开展前期调查研究,准确把握重大活动规模、参与群体、活动内容、时间节点、运行规律、重要规则和与公共卫生的有关要求,了解就餐方式、就餐时间、场馆内的重要活动、参与群体特殊生活及休闲习惯,掌握各类使用场馆的具体情况和卫生状况等;第二,要在调查研究基础上,组织专门班子设计针对性强的监督保障工作方案、预案,在方案中明确工作目标、组织机构、相关制度机制,明确各岗位职责任务、工作重点、关键环节、问题处理预案、工作时间节点等内容。方案稿出来后,要组织认真研究论证,保证设计出的方案具有前瞻性、全面性、针对性、操作性和执行性等。

(三)统一规范管理

监督保障主体在组织实施重大活动场馆运行监督保障时,要贯彻场馆运行的统一原则。第一要确定场馆运行统一工作目标和考核标准,每个环节监督保障工作都要按照统一标准进行工作;第二要制定统一的监督保障工作规范和要求,无论重大活动场馆有多少,都要按照统一的监督保障规范,落实具体的监督保障工作；第三要建立统一指挥机构和机制，强化对场馆运行监督保障的统一指挥和调度，要使每个环节和每个具体团队都按照统一指挥落实工作职责；第四，要强调场馆运行监督保障工作与整体场馆运行的统一性，强化监督保障工作与其他保障服务的有效衔接。

（四）强化培训演练，做好思想动员

重大活动场馆运行监督保障，是食品安全与卫生监督保障的核心，也是直接服务于重大活动、参加活动群体的监督保障工作，监督保障是否到位，工作是否细心，是否发生问题，会直接影响到重大活动顺利进行，也会影响到举办城市的整体形象。因此，场馆运行监督保障人员不仅要有较强的专业和技术能力，而且需要每个现场监督员具有较强的政治意识、全局观念和高度负责的精神。监督保障主体在组织实施重大活动监督保障时，必须做好思想动员，使每个监督员都能正确地认识保障工作的政治意义，以高度政治责任心投入工作。同时，要强化专业培训，统一规范标准，提升技术能力，加强工作和应急演练，预先进行各环节衔接磨合，保证在具体监督保障运行期间科学高效地开展工作。

（五）强化现场监督监控措施

重大活动场馆运行监督保障特点，一是监督保障工作的现场性，管理层在设计工作方案，进行工作部署安排，调配团队人员中要强化对现场监督监控环节的工作，通过现场监督检查，及时发现和纠正场馆运行中各项活动、各项服务、各种行为和过程中的风险隐患，预防和控制行为过程中的污染因素。同时要坚持现场监督监控和现场监测监控的有机结合，处理好现场监督和检验检测关系，不能片面强调终末质量检测，忽略现场风险监控。要以现场监督监控为监督保障措施，以现场快速检测作为技术支持系统，现场快速检测要为现场监督监控提供服务，最大限度地发挥现场监督保障团队成员的主观能动性，加强对各种行为过程的监控，防止出现人为性食品安全和公共卫生风险隐患。

（六）强化工作衔接配合

在重大活动场馆运行监督保障的组织实施中，要通过建立和执行相关制度和机制，强化各方面的工作衔接和配合，保持监督保障工作的一致性。第一，要建立与重大活动组织协调机构、活动运行机构的衔接配合机制，确定联系人、联系方法，加强信息互通，保证监督保障工作与重大活动场馆运行的一致性、衔接性；第二，要建立监督保障工作与其他监督保障服务体系的衔接机制，加强与治安安全保障、安全生产保障、交通运输保障、后勤服务保障等场馆运行体系的工作联系，加强监督保障中的工作配合；第三，要建立与重大活动服务接待单位的衔接机制，建立专门联系人制度，加强服务信息沟通，加强服务过程的卫生指导，强化监督意见的落实，做好服务与监督保障直接有机衔接和配合；第四，要建立监督保障体系内各监督保障团队与各专业监督保障工作，现场监督团队与现场快速检测团队，场馆运行监督保障团队与城市运行监督保障团队，场馆运行监督保障团队与监督保障协调机构之间的衔接与配合机制，建立监督保障与医疗服务保障的协调配合机制，保证公共卫生保障工作的整体性和衔接性。

三、场馆运行监督保障的组织机构

（一）含义

重大活动场馆运行食品安全与卫生监督保障的组织机构，是监督保障主体为实施重大活动场馆运行监督保障任务，根据重大活动特点和监督保障实际，建立的场馆运行监督保障组织机构和运作系统。建立监督保障工作组织机构是组织实施场馆运行监督保障任务的基础性工作。没有一个科学的组织体系和工作团队，就不能圆满地完成监督保障任务。场馆运行监督保障组织机构包括两大部分：一是设在场馆外的组织领导、协调调度和支持保障组织体系；二是场馆内的监督保障团队。

（二）基本要求

场馆运行监督保障组织机构的组建应当做到六个有利于：第一，要有利于以场馆运行监督保障为中心，使城市运行监督保障、辖区监督执法和保障管理系统，为场馆运行监督保障保驾护航，提供服务；第二，要有利于监督保障工作的统一领导和指挥，并与职责分工、分级、分岗位责任制有机结合；第三，要有利于统一标准、统一规范，保证食品安全和卫生监督保障目标的实现；第四，要有利于依法科学实施监督保障、现场监督监控与现场快速检测监控有机结合；第五，要有利于发挥场馆运行团队的主观能动性，确保问题迅速解决在现场，团队组织精干、层次简捷、工作高质高效；第六，要有利于与重大活动运行的惯例衔接，符合重大活动场馆运行规律。

（三）场馆外的组织机构

在重大活动监督保障中，食品安全与卫生监督保障主体，一般应当在场馆外设置三个层面的组织机构：一是领导指挥机构，包括领导小组、监督保障领导小组专门工作组、领导小组办事机构、技术专家委员会等，负责监督保障的决策，指挥，协调调度和解决重大技术问题；二是领导小组下综合协调机构，包括协调组、信息组、应急组、联络组、后勤保障组、巡查指导组等；三是城市运行监督保障团队、应急团队、监督保障预备队。场馆外组织机构的基本任务是为重大活动场馆运行监督保障提供有效的支持和保障，保证场馆运行监督保障与城市运行监督保障的相关服务工作、有关部门和单位有效地衔接。

（四）场馆运行监督保障团队

场馆运行监督保障团队是监督保障组织机构的核心组织，是场馆运行监督保障工作的组织基础。根据重大活动场馆运行规律和有关重大活动的场馆运行惯例，不同的重大活动对场馆监督保障团队设置有不同的要求，总体上应包括以下几个层面：

1.场馆运行公共卫生负责人

公共卫生负责人是场馆运行公共卫生保障的现场指挥员，根据重大活动的规模大小和管理要求，场馆公共卫生负责人可以由一个人担任，也可以设立一个指挥机构，由卫生保障各专业负责人共同组成一个领导小组或者公共卫生指挥部，统一调度场馆运行中的公共卫生工作。

2.医疗服务保障团队

场馆运行医疗服务保障团队一般由医疗负责人(不同的活动也有相应的不同称谓，例如奥运会将医疗保障负责人称之为“医疗经理”，也有活动称之为“医疗主任”)、场馆医务人员、院前急救人员组成。一般情况下，在重大活动核心场馆应当设置医疗站或者医疗点、体育赛事或者人群众多的大型活动场地应设置院前急救站和急救车；在重大活动参加者集体住宿的宾馆、酒店，也应根据需要设置医疗站或者医务室，驻点医务人员，提供24小时医疗服务。医疗保障团队的医务人员的临床专业类别，应当根据重大活动的特点和需求安排。一般情况下体育赛事活动和容易发生创伤性健康损害的活动，应安排临床外科医护人员驻点服务；其他活动多安排内科系统医务人员驻点保障。医疗服务保障团队的主要任务是，负责重大活动参与者的一般疾病诊断、治疗和现场处置，对重症病人院前急救和转运。对特需医疗保健对象，医疗保障工作应按照国家有关规定安排执行。

3.传染病和病媒生物防控团队

场馆运行传染病和病媒生物防控团队主要由疾病预防控制机构负责消毒、预防接种、流行病调查、突发事件应急等的专业卫生技术人员组成。主要任务是按照传染病防控预案，针对传染病防控特点和需求，在卫生计生部门和场馆内公共卫生负责人领导下，负责重要场所病媒生物的杀灭、必要的预防接种、传染病患者和健康携带者的筛查。指导场馆单位、负责人落实传染病预防控制措施。

4.食品安全监督保障团队

场馆运行食品安全监督保障团队由场馆运行食品安全监督人员和监测人员组成，主要任务是在食品安全监督保障部门、场馆运行公共卫生负责人、食品安全负责人领导下，负责重大活动的核心活动场馆、集体住宿场馆内餐饮服务、现场售卖食品、贵宾房间和休息间小食品等的食品安全监督监测，对食品安全风险进行预防控制。

有些重大活动在场馆运行系统内设置餐饮经理或者主任、负责人等，例如奥运会在场馆运行体系专设餐饮经理一职。餐饮主任主要职责是保证餐饮供应，也包括保证食品供应安全问题。食品安全监督保障团队的责任是食品安全监管，应当与场馆餐饮经理和餐饮部建立良好的工作衔接与协作关系，共同保障场馆运行中的食品安全。

5.卫生监督保障团队

场馆运行卫生监督保障团队是场馆运行公共卫生监督保障的主体力量，一般情况下，由公共场所卫生监督、生活饮用水卫生监督、传染病防治监督、医疗服务监督三支或者四支监督保障团队组成。在场馆运行公共卫生负责人领导下，负责场馆运行公共场所卫生、生活饮用水卫生、预防控制传染病措施落实等的监督检查和监测。

(1)公共场所卫生监督保障小组。主要负责场馆内室内空气质量、集中通风系统、客人用品用具、从业人员个人卫生与健康的监督监控。同时，根据重大活动场馆的具体情况，负责对游泳场馆、美容美发、休闲娱乐、交际交流、文化活动等场馆的卫生监督和监测。

(2)生活饮用水卫生监督保障小组。主要负责重大活动场馆二次供水、管道直饮水、涉及饮用水安全产品、场馆内供水末梢、餐饮服务用水等的卫生监督和监测，对场馆内生活饮用水水质卫生进行检验检测等。

(3)医疗执业和传染病防治监督保障小组。主要负责对场馆运行医疗服务站(点)的服务行为、消毒隔离、医疗废物处置、一次性医疗用品等进行监督和检测；对传染病报告等制度的执行情况等进行监督检查；对重大活动举办方、承办方、服务提供单位等落实传染病预防控制有关要求的情况进行监督检查。

6.现场快速检测团队

场馆运行卫生监督现场快速检测团队由监督保障主体抽调检测技术较强的卫生监督员组成。一般 2～3 人为一个小组，负责一个或者两个场馆的现场快速检测工作。主要配合各监督保障团队，负责对场馆运行中食品安全进行监测筛查，对公共场所室内空气质量、微小气候、公共用品用具进行现场检测，对生活饮用水水质进行监测等。为场馆运行现场基础监督保障提供技术支持和评价依据。

(五)场馆运行监督保障团队运行管理

场馆运行监督保障团队在组织和运行管理上要条块结合。在一个具体场馆内，各专业监督保障团队要相互链接形成具体场馆内监督保障的一个整体板块；各个具体场馆专业监督保障团队，以专业分工连接起来成为场馆运行监督保障的一个专业线条。第一，强化系统的整体性。场馆运行卫生保障团队虽然分成若干具体专业团队，各有明确分工。但是，各专业都是场馆运行公共卫生体系的一个分支,是紧密联系的一个整体,需要强化全系统的统一领导和内部衔接配合。第二,强化各专业纵向整体性。公共卫生体系的专业性、科学性和法律性非常强,因此专业分工非常细,需要分成若干相对独立的专业,分别落实监督保障任务,每一个专业监督保障团队,在纵向上需要有统一标准和专业规范,应当加强专业线条整体指挥调度和管理。第三,强化具体场馆的整体性。重大活动一般要分解成若干个场馆,每个场馆又是相对独立的运行系统,每个具体场馆内各专业卫生保障团队需要相互衔接配合,形成一个小的综合卫生保障整体,在每个具体场馆运行中发挥整体保障功能。

四、场馆运行监督保障的工作机制

重大活动场馆运行食品安全与卫生监督保障的工作机制是监督保障主体在场馆运行监督保障中采取的具体专业措施;既包含了场馆运行监督保障具体方式和手段、步骤和程序,也包含了场馆运行监督保障专业规则和标准。

(一)风险评估机制

风险评估机制是对场馆运行食品安全和公共卫生风险预先进行识别、分析、评价,全面排查风险隐患的工作机制。主要针对重大活动场馆,通过风险评估→督促整改→再评估→再整改→终末评估这样一个过程,发现识别风险隐患,督促整改提升,使场馆在重大活动启动前将各类卫生风险因素降到最低。在重大活动场馆运行启动后,紧紧把控住高风险环节,做好监督保障工作。

(二)整改提升机制

整改提升机制是与预防性风险评估相衔接的一项工作机制,主要是在风险评估过程中、每次风险评估后,针对识别发现的风险因素,督促场馆经营者落实第一责任人责任,进行有针对性的整改提升,通过两轮整改提升,使场馆食品安全和公共卫生管理硬件、软件水平达到最佳状态,各类风险因素降到最低。

(三)培训教育机制

教育培训机制是重大活动监督保障的一项常规工作制度,在场馆运行正式启动前,监督保障主体采取措施,督促场馆经营者组织相关人员接受食品安全和公共卫生法律法规、规范标准和有关知识的专门培训,在相关从业人员中,强化食品安全和公共卫生意识,提高规范从业行为,规范操作过程和防范食品安全、公共卫生风险的自觉性。

(四)场馆自律承诺机制

场馆自律承诺机制是贯彻相关卫生法律法规,落实第一责任人制度的重要措施。场馆运行启动前,监督保障主体要求有关服务单位,就严格遵守《食品卫生法》《传染病防治法》等法律法规、有关标准规范、有关管理制度等,进行自律承诺。强化相关单位负责人的法律意识、责任意识,强化自律管理,防范风险事件。

(五)全程现场监督监控机制

全程现场监督是重大活动场馆运行食品安全与卫生监督保障最传统、最基本的工作方法。全程监督要突出现场、全程和人盯人的监督监控,突出对操作程序和是否规范的监督监控。对重大活动场馆和涉及的公共卫生行为进行全过程现场监督;对高风险环节从操作准备、个人卫生、操作过程等进行全程现场监督监控。

(六)全程现场快速检测机制

要求将现场快速检测应用到监督保障全过程,包括:前期风险识别评价和运行期现场监督保障;将现场快速检测应用到各项监督保障专业;将现场快速检测应用到现场监督保障的每一个环节。并将全程现场快速检测监控与全程现场监督监控有机结合,形成全新、科学的监督保障机制和模式。

(七)关键环节高风险点位重点监控机制

关键环节是影响食品安全与卫生监督保障的关键;高风险点位是风险评估发现的存在高风险因素的点位,也是健康危害的关键控制点。重点监控就是在全程现场监督的基础上,采取强化的监督保障措施。对这些点位上的每一个步骤,每一个动作,采取人盯人的现场监督监控和现场快速检测监控的措施。

(八)备案审查机制

这是重大活动场馆运行监督保障的一项特殊制度,要求场馆内相关服务单位,对有关事项预先向监督主体备案,由监督保障机构进行评价审查。例如餐饮食品使用食品添加剂要备案,经监督保障主体审查核准后方可使用;供餐食谱菜谱要备案,经监督保障主体审查,认为没有风险方可作为供餐依据;服务方案预案要备案,场馆服务单位,应当制定食品安全和公共卫生工作方案、预案,并向监督保障主体备案,以备监督保障工作的衔接;临时从业人员要备案;场馆服务单位,临时借入、调入或者招录的从业人员,应当向监督保障主体备案,经健康状况审查合格方可上岗。

(九)应急处置机制

在重大活动场馆运行食品安全与卫生监督保障中,应当建立健全应急处置制度和机制,主要包括:突发公共卫生事件应急处置机制,其他突发事件卫生监督应急处置机制,现场应急处置机制,等。保证在异常状态的超常规运行,并授权驻点监督保障人员,在监督保障现场对可疑的食品安全和公共卫生问题,采取应急处理的职责。

五、场馆运行监督保障的实施步骤

这是指监督保障主体在组织实施场馆运行监督保障中的方式、步骤、顺序、时间和程序。场馆运行监督保障实施步骤应当与重大活动筹备和运行步骤相适应，与重大活动时间节点相衔接。一般情况下分为筹备期工作、临近期或者团队进驻期工作、场馆运行期工作和团队撤离总结期工作四个时间节点。

（一）重大活动筹备期工作

重大活动一定要有一个筹备阶段，称之为重大活动的筹备期。筹备期限多长为妥，从什么时间开始好，没有统一规定和惯例，重大活动规模越大，规格越高，社会越关注，对举办城市要求越严格，筹备工作开始时间就越早。筹备期原则上不能算作场馆运行，属于场馆建设和运行准备，是场馆运行的基础工作，筹备期工作越完善，场馆运行就越顺畅。在筹备期，监督保障主体需要组织开展八个方面的准备工作：

第一，开展前期调研。主要任务是了解重大活动规模、特点和主体状况，研究场馆运行规律、需求、惯例和规则。必要时可以组织外出考察学习经验。

第二，进行初步工作策划。主要任务是依法依规分析研究，策划工作方案；进行监督保障工作立项，建立活动筹办机构联系方式，设计工作方案框架。

第三，搭建组织构架。主要任务是建立监督保障领导指挥机构，设计场馆运行团队框架，并确定主管部门、领导和责任人，明确综合协调机构等，并负责协调筹备期工作。

第四，开展预防性卫生监督。主要任务是组织对举办城市新建、改建的场馆项目，进行卫生审查、建设中的卫生监督、竣工卫生的审查验收。

第五，开展风险识别评估。主要任务是对拟使用场馆进行监督检查，进行场馆食品安全和卫生风险识别评估，收集信息进行传染病流行风险预警评估、突发公共卫生事件风险评估，结合风险评估制定应急预案。

第六，组织开展提升改造。主要任务是在初次卫生风险评估基础上，对拟使用场馆提出提升改造方案，督促相关场馆进行食品安全、公共场所卫生、生活饮用水卫生等的改造提升。

第七，开展专业培训演练。主要任务是组织制定场馆运行监督保障规范，研究工作方案、预案，编制监督保障技术手册；组织涉及的重大活动规则、特点、惯例、涉外纪律等的培训，组织重大活动运行的监督保障实战演练。

第八，组织物资筹。主要任务是根据初步设定的监督保障方案，进行各种物资的采购，设备仪器的调试和标定，开展进一步实战演练。

（二）临近（团队进驻）期工作

临近期是指接近重大活动开始的一段时间。这个时间在场馆运行监督保障中，也可以界定为监督保障团队进驻场馆阶段，也就是场馆团队到位与重大活动正式开始间的空档期。在重大活动开始前多长时间为临近期或者为场馆运行团队进驻场馆时间，没有统一规定。一般情况下，临近期要比团队进驻期时间更长一些，根据监督保障实践经验，重大活动规模和影响越大，临近期时间就越长，场馆运行团队进驻场馆也就越早。对场馆运行而言，团队进驻阶段是监督保障团队进驻场馆后，在场馆内进行最后准备的阶段，主要工作任务包括：

第一，人员物品全部就位。按照领导指挥机构要求，所有监督保障人员、仪器设备、检测试剂、相关用品用具要全部到位，并进行最后检查、调试等，保证能够随时进入正常运行状态。

第二，进行全面监督检查。监督保障团队要最后一次比照风险评估结果，对场馆内的相关单位食品安全和公共卫生，进行全面监督检查，检查范围要全面、细致，不漏掉任何一个细节。对相关物品、环境等卫生状况，进行一次最佳状态线性现场快速检测，并做好检查监测记录。

第三，明确岗位职责分工。团队进入场馆内，要按照工作方案预案要求，在现场核实监督保障点位，进行人员与岗位对接。现场明确各岗位职责分工和衔接方式，进行工作布点等。

第四，熟悉现场进行对接。这个阶段也是工作的预先磨合期，监督保障团队要尽快熟悉现场情况，进一步核准活动日程和有关服务内容、相关时间表路线图，确定管理相对方的责任人、联系人和工作对接方式，确定需要监督的物品、行为进出路线和时间等，与相关监督保障对象进行工作磨合交流。

第五，运行前审查衔接。监督保障团队要按照工作方案和预案，结合前期准备情况，对监督保障相关内容进行最后审查和衔接。例如对场馆供餐食品的食谱、使用的添加剂等进行最后审核，确定风险监控重点；对食品进货、预加工时间、地点进行对接；对相关用品用具、场所，从业人员健康等进行复核。

第六，开展强化培训。监督保障团队要按照方案预案和相关规范要求，对场馆内的餐饮服务、公共场所、生活饮用水、食品售卖管理人员、有关岗位工作人员等，进行一次食品安全和公共卫生知识的现场教育培训，使各类相关工作人员的食品安全和卫生意识达到最佳状态。

第七，进行实战演练。监督保障团队在进驻场馆，完成上述相关工作的同时，要联合相关监督保障对象，组织进行监督保障工作现场实战演练，检验每个环节的工作状态、熟练程度、衔接情况，使各项工作的衔接配合达到最佳状态。

（三）重大活动场馆运行期工作

场馆运行监督保障的运行期，从第一位重大活动参与者入住宾馆时开始，到最后一位参加者离开时结束。这个阶段是场馆运行的核心阶段，食品安全与卫生监督保障体系，应当全部运转起来，全力以赴支持保障场馆运行监督保障工作，监督保障团队应按照岗位职责，聚精会神全力落实监督保障工作。在这个阶段监督保障主体，要全面启动相关工作机制开展工作。例如：启动全程监督监控机制。场馆运行监督保障团队，抓住驻点单位餐饮食品、公共场所卫生、生活饮用水卫生等关键环节和关键控制点，进行全过程监督监控，做好监督监控记录，发现问题和隐患立即在现场解决。启动全程现场快速检测机制。场馆运行现场快速检测团队，与驻点监督员密切配合，结合实际开展重点监控食品、食品加工过程、食品用具消毒、公共场所空气质量、客人用品、游泳池水质、生活饮用水感官性状、化学因子等的快速检测，并做好检测记录，发现问题立即配合驻点监督员做出判断和处理。启动巡查督导机制。监督保障主体，组织督导巡查小组，对各场馆运行监督保障工作落实情况进行督导检查，协助解决疑难专业问题，协调相关工作关系，处理脱岗违规等问题。启动例会和信息报告制度。监督保障主体和场馆运行团队，按照组织指挥体系，每日召集例会，各岗位、各场馆汇报当日工作，现场研究解决问题。传达上级有关指示和工作部署，通报工作信息。对工作中的问题及时进行报告。

（四）团队撤离总结阶段工作

场馆运行监督保障团队撤离期是指重大活动场馆运行结束到团队撤出场馆的时间阶段。场馆运行团队撤离期同样没有明确时间界定，具体撤离时间应当由重大活动场馆运行指挥机构决定。在这一时间段，场馆团队的主要任务是：进行相关物资设备和仪器的收集、归纳和整理；进行团队工作总结，总结工作经验和做法，发现问题和不足；整理团队工作记录和文件，建立场馆运行监督保障档案；监督保障人员和相关仪器设备等按期移出场馆。

第十九章 重大活动场馆运行餐饮食品安全现场监督保障

第一节 概 述

一、相关概念

（一）重大活动食品安全监督保障

重大活动食品安全监督保障就是食品安全监督主体在法定职责范围内，依据食品安全法律法规和规范标准，对重大活动中的食品安全风险进行预防控制，实施专门保护和支持的专项执法活动。简而言之，重大活动食品安全监督保障，是食品安全监督主体依法实施，针对重大活动特点、内容、需要采取的食品安全监管的措施，是以保障重大活动食品安全为目标，强化性的专项监督的执法活动。至少涉及两个方面：一是重大活动的饮食安全问题；二是举办城市的食品安全总体环境问题。这两个方面问题是相互联系的整体，食品安全总体环境是基础，如果举办城市的食品安全环境很好，重大活动饮食安全风险就小，反之压力就较大。食品安全总体环境监督保障，通常称之为城市运行食品安全监督保障；重大活动饮食安全监督保障，重点是重大活动场馆运行中餐饮食品安全监督保障，这也是本章研究的重点。

（二）餐饮食品安全监督保障

重大活动餐饮食品安全监督保障，是餐饮食品安全监管主体，在其法定职责范围内，为保障重大活动食品安全，针对重大活动规模、需求、特点等，对承担重大活动餐饮服务的单位及其餐饮服务全过程进行的专项监督执法活动，是整体食品安全监督保障的一部分。整体食品安全监督保障包括食品从田间到餐桌，整个食物链条整体的监督保障；餐饮食品安全监督保障仅仅是这个链条的一个环节，这个环节是最后关口，是整体保障的重中之重。一项重大活动的食品安全监督保障，包括两个相互联系的监督保障系统：一个是重大活动场馆运行中餐饮食品安全监督保障；另一个是重大活动城市运行中食品安全（包括餐饮食品安全）监督保障。如果说，城市运行食品安全监督保障是综合、间接的食品安全监督保障，那么，场馆运行餐饮食品安全监督保障就是直接、具体的食品安全监督保障。

（三）餐饮食品安全现场监督保障

这一监督保障一般可以理解为：食品安全监督保障主体在餐饮食品加工场所，对餐饮食品加工过程采取的监督保障措施；也可以理解为监督保障主体，在重大活动餐饮服务单位，对餐饮服务食品安全风险具体的监督监控。对重大活动餐饮食品安全进行现场监督监控，是重大活动的场馆运行食品安全监督保障的具体方法和模式；是食品安全监督保障主体，针对重大活动核心活动场馆，活动参与者集中住宿场馆、集体就餐活动，采取的食品安全监控措施；是食品安全监督保障主体为保障重大活动的餐饮食品安全，紧紧围绕重大活动用餐和供餐环节食品安全，在餐饮食品加工和供餐现场采取的监督和监控措施。

食品安全现场监督保障，虽然看起来使人有些费解，但是其内在的含义是要突出“现场”两字，强调场馆运行食品安全监督保障要在最前沿，零距离、实地、实时地进行监督察看和风险控制。餐饮食品安全现场监督保障，虽然仅是食品安全监督保障中的一个环节，但这个环节是最后关卡，把不住就要出问题。餐饮食品安全现场监督保障过程，是一个较复杂的系统工程，涉及场馆运行的方方面面，需要从方案设计、培训演练、风险评估、改造提升、快速检测、现场监督等等方面，一步一个脚印，一环扣着一环地整体推进实施。

二、餐饮食品安全现场监督保障的特点

重大活动餐饮食品安全现场监督保障，不仅具备一般食品安全监督保障活动的特点，还需要突出场馆运行现场监督保障的特点。

（一）现场性

现场性是重大活动餐饮食品安全现场监督保障的一个突出特点。特殊工作内容，就要采取特别方式、模式实施，突出在现场进行监督保障活动就是一项特殊的要求。执行监督保障任务的监督主体，在对重大活动实施餐饮食品安全监督保障时，必须深入实际，深入现场，对餐饮食品加工的全过程进行监督。不能一般化地监督检查，一般化地督促指导，不能走马观花似的进行巡查。

（二）专业性

这是重大活动餐饮食品安全现场监督保障的技术特征。需要承担监督保障任务的人员具备相应的专业知识和专业技能。对现场的监督保障活动，要能够看出门道，发现隐患，控制风险。没有一定的专业知识和能力，就无法完成或者不能很好地完成餐饮食品安全的现场监督保障任务。负责重大活动餐饮食品安全现场监督保障的人员，不仅需要熟悉食品安全法律法规，还要熟悉相关标准规

范，熟悉重点食品营养卫生，熟悉相关食品加工工艺要求，熟悉相关食品安全风险。

（三）直观性

餐饮食品安全现场监督保障，由于现场作业特性，现场监督保障人员直接面对餐饮食品加工从业人员，直接对其操作行为规范性进行监督，因此，现场监督保障与其他监督保障工作相比，具有突出的直观性特点。这种监督保障，不是对相关信息的收集和分析，也不是对检测结果的分析判断，而是一种在现场人盯人地监督监控。这种现场监督保障方式，是食品安全监督最为传统的监督方式。餐饮食品从业人员操作过程，毫无保留地暴露在现场监督员的监控之下，一个细小的不良习惯、不规范动作，都能够被及时发现，都要及时依法纠正。这就需要现场监督保障人员，具备较高专业水平和责任心，更需要食品从业人员有较好的食品安全卫生素养。这种直观的监督保障方式，对食品安全风险监控的作用和效果，任何现代化工作手段都不能对其取而代之。但现场快速检测技术引入食品安全监督保障后，一部分在现场进行食品安全监督保障的人员，对现场快速检测产生了依赖心理，忽略了现场监督监控措施的落实，这是一种危险的倾向。

（四）综合性

综合性包含多重含义。首先，重大活动餐饮食品安全现场监督保障是一项综合性工作，不是简单的监督检查，需要综合各方面的影响因素；处理监督保障中遇到的问题，需要站在活动全局的角度；分析现场监督的事项和事件，必须坚持整体的观念和思维方式，协调好多方面的工作关系。第二，重大活动餐饮食品安全的现场监督保障，从方法学上，需要采取多种手段、多种方法；综合落实监督保障工作，需要风险评估分析、现场快速检测、现场监督察看等多种手段并用。第三，餐饮食品安全现场监督保障，需要与城市运行监督保障、生活饮用水卫生监督保障、公共场所卫生监督保障‘传染病防控卫生监督保障紧密结合协同开展工作。第四，重大活动餐饮食品安全现场监督保障，不仅要考虑专业问题、技术问题、食品安全问题，还要考虑政治问题；对一个简单问题的处理，也要考虑处理结果可能对重大活动的影响、重大活动参与者的感受，是否会产生社会误解，是否会造成政治影响等。

（五）全程性

全程性是指餐饮食品安全现场监督保障现场，不仅是餐饮食品加工过程中某一个环节、某一个点位的现场，还是整个食品加工过程各环节组合的现场，包括了食品及原料采购、库房储存、粗加工、烹调加工、主食加工、凉菜加工、配餐摆台、运输转送、餐饮具消毒等各个环节的现场。进行餐饮食品安全现场监督保障必须坚持食品加工全程监督监控，必须保持从进货一直到餐桌监督监控的衔接性、连续性，中断了任何一个环节都有可能导致整个监督保障工作失败。因此，重大活动餐饮食品安全监督保障应当实行监督员24小时驻点保障制度，对餐饮食品加工所有环节实行全程监督监控与全程现场快速检测监控相结合的现场监督保障机制模式。

（六）应急性

应急性既是重大活动餐饮食品安全现场监督保障的一个特点，也是现场监督保障的一项原则。重大活动食品安全监督保障，是在特定环境下，为了实现特定目的而实施的特定的监督执法活动。这种活动是在非常规状态下，按照非常规程序、非常规手段进行的活动。在现场监督保障实践中，现场监督员未必很多，相关部门、相关机构的负责人未必在场。但是，这样或那样的问题会不断出现，而且在重大活动中也不会有更多的时间分析研究问题，这就需要现场监督人员迅速做出判断，当即做出果断处理，迅速解决问题，不可能按照常规方式和程序进行处理。这就是行政管理法的应急性原则。要求现场监督保障人员，具有较强专业判断能力，有较强行政处置能力，能够果断地应急处理突发问题。

三、餐饮食品安全现场监督保障的分类

重大活动食品安全现场监督保障种类，也可以称之为现场监督保障范围，或者现场监督保障工作项目。因为需要归纳和讨论，需要以文字方式表达，对重大活动食品安全现场监督保障，主要还是以监督行为特征或者落脚点进行分类，按照不同角度或切入点做不同的分类。

（一）按照监督监控对象分类

是指按照现场监督保障人员具体监督监控对象的种类进行的分类，可以分为三类：

1. 对食品加工过程现场监督保障

是指现场监督保障人员在餐饮食品加工场所，对食品加工过程、食品安全风险采取的监督监控制措施，包括对食品烹调过程、凉菜制作过程、配餐过程、餐饮具清洗消毒过程的监督，保障食品加工过程的规范。

2. 对从业人员行为现场监督保障

是指现场监督保障人员在餐饮食品加工现场，对餐饮食品从业人员个人行为采取的监督控制措施。包括对从业人员操作的规范性、个人卫生行为习惯、洗手更衣等各种可能影响食品安全卫生行为的监督检查和督促规范，监督保障从业人员行为的规范。

3. 对重点食品及原料现场监督保障

是指现场监督保障人员在餐饮食品加工现场对食品及原料采取的监督监控

措施。既包括监督检查,也包括现场快速检测。但由于现场具体条件有限,监督保障人员不可能对所有食品及原料都检查到位。因此,需要科学安排,将风险性较大的食品及原料,例如将肉与肉制品、冷加工的食品、库房食品及原料、准备加工的食品及原料、加工后的食品等列为重点监督检查对象,有针对性地进行监督监控。

(二)按照被监控的食品加工环节分类

是指根据现场监督保障人员监督时所在岗位,或者监督保障人员实施监督监控措施时所针对的餐饮服务过程的环节进行分类,可以分为六类:

1.对食品及原料采购和入库环节的现场监督保障

现场监督保障人员对餐饮单位及其从业人员进行食品采购和入库管理的规范性,进行的监督检查和食品安全风险监控。

2.对食品及原料粗加工过程的现场监督保障

现场监督保障人员对餐饮服务单位,为检查其对食品原料进行粗加工的过程是否符合规范要求而进行的监督检查和食品安全风险监控。

3.对食品烹调和主食制作过程的现场监督保障

现场监督保障人员对餐饮服务单位及其从业人员、菜品烹调、主食制作过程的规范性和加工后食品的安全性的监督监控。

4.对冷制作食品的现场监督保障

现场监督保障人员对餐饮服务单位、冷加工食品制作环节规范性的监督监控。对冷加工食品包括凉菜、生食海鲜、裱花蛋糕、水果切配、鲜榨果汁等的制作过程和制成品安全性进行的监控

5.对餐饮具清洗消毒的监督保障

现场监督保障人员对餐饮服务单位、餐饮具、容器、工具等清洗消毒过程的规范性和消毒效果、保洁措施等进行的监督监控。

6.对从业人员健康状况的监督保障

现场监督保障人员对餐饮服务单位直接与食品接触从业人员的健康状况,进行的监督检查和风险监控措施。

(三)按照餐饮单位的供餐方式分类

是指根据为重大活动供餐的不同形式或者加工方式,对监督保障行为进行的分类。根据重大活动食品安全监督保障工作实践,按照餐饮单位对重大活动的供餐方式可以将监督保障分为四类:

1.对现场制作食品的现场监督保障

现场监督保障人员从餐饮服务单位到重大活动现场,或者餐饮单位外的其他场所,对现场食品加工和供餐活动进行的监督监控。

2. 对集体用餐配送的现场监督保障

监督保障主体对承担重大活动集体用餐配送服务的餐饮单位进行的食品安全现场监督保障。

3. 对自助餐的就餐现场监督保障

对向重大活动参与者提供自助式餐饮服务的食品加工和配餐过程的规范性进行的食品安全监督监控。

4. 对集体宴会就餐的现场监督保障

对向重大活动参与者集体提供宴会餐饮服务的规范性进行的食品安全监督监控。

（四）按照与重大活动运行时间关系分类

按照时间关系可以将重大活动分为重大活动运行前、重大活动运行期的现场监督保障：

1. 重大活动运行前的现场监督保障

是指在重大活动尚未正式启动和运行前，对餐饮服务提供单位采取的现场监督措施。

2. 重大活动运行期的现场监督保障

是指在重大活动正式运行期间，对餐饮服务单位根据重大活动现场情况采取的监督员驻点监督保障、关键环节或监督巡查的监督保障。

第二节　餐饮食品安全现场监督保障的原则

一、含义

这里的原则是指食品安全监督主体及其工作人员，在进行重大活动食品安全现场监督保障时的工作准则。这些原则包括依法行政原则、法定原则（例如预防为主、科学管理、属地负责、分级监督等）、专业性原则（例如保护健康、风险控制、应急处理、尊重医学科学规律等）。这些原则在前面章节中已经交代，不再重复赘述。

现场监督保障作为保障工作的一个重要环节，是监督保障工作具体实施的一个点位，应当遵循其特定的原则。现场监督保障中的具体原则，是在总原则统领下的具体原则或者是总原则要求的具体化，总原则在操作层面的具体体现。因此，也是现场监督保障人员在现场执行监督保障任务时应当遵循的工作准则。这些准则是指导监督保障主体做好重大活动餐饮食品安全现场监督保障重要工作的要求，虽然定位原则还不那么严谨，或者似乎还有些牵强，但是对做好现场监督保障工作非常重要。

二、现场监督保障的工作原则要求

根据重大活动食品安全监督保障的实践，在遵循上述相关原则基础上，还需要坚持以下几个具体要求：

（一）坚持风险评估结果与现场实际相结合

这一原则包括两方面含义。一是在进行重大活动监督保障时，监督保障主体必须事先进行规范性食品安全风险评估，按照风险评估结果确定的食品安全风险等级、关键环节、风险控制措施实施监督保障行为，有目标、有重点、有计划地进行风险监控。如果没有风险评估结果指导，现场监督保障就会缺失重点和目标，就会增加盲目性。二是现场监督保障要实事求是，要在风险评估结果指导下，高度重视现场实际情况。风险评估的结果出来后，往往成为书面规定，是静态的纸质文件，但为重大活动提供的各项服务，特别是餐饮食品的加工过程、供餐过程、就餐过程都是动态的，相关环境和人员条件等也都在动态变化中。因此，监督保障主体及工作人员，在现场监督保障工作中，绝不能以不变应万变，需要随着监督保障对象的动态变化，有针对性地进行调整。如果在现场监督保障中没有这种动态调整，就会形成单纯依赖，无法及时发现和控制食品安全危害。所以，在重大活动食品安全现场监督保障中，现场监督保障人员必须把遵循风险评估结果与现场动态变化有机结合起来，及时发现和消除各种可能出现的食品安全风险。

（二）坚持过程监控与重点食品监控相结合

这个原则包括三个方面：一是在重大活动食品安全现场监督保障中，需要严格监督监控餐饮服务单位食品加工过程的每一个环节，如食品及原料采购进库、食品粗加工、烹调食品制作、冷加工食品制作、食品转送、餐饮具消毒等环节，按照其加工时间节点，对从业人员操作规范性一步一步地进行监督监控；二是对风险性大的重点食品进行直接监督监控，要从进货到加工使用，进行认真地查看食品及原料的感官性状，检查定性食品外包装，排查感官性状、外包装等不符合食品安全要求的食品及原料；三是适时运用现场快速检测方法，及时筛查问题食品，对加工后冷食品要监控微生物污染水平，对烹调食品要监控中心温度等。三者不可偏废，否则有可能发生食品安全风险。

（三）坚持重点环节监控与全程监督监控相结合

坚持这一相结合：一是在重大活动食品安全现场监督保障时，要按照风险管理和 HACCP 原理，对重点环节和关键控制点实施重点监控措施，对重点环节和关键点位要盯紧，把严，一丝不苟，不放过任何一个细节，紧紧把握住每一个关键监控点，确保关键控制点的限量值在规定的控制范围内，这是现场监督保障的基本模式和要求；二是在现场监督保障时，监督保障主体应当根据重大活动特点和需求实施监督，实施监督员 24 小时驻点监督保障制度，驻点监督员不仅要落实重点环节关键控制点的监控措施，还要对餐饮服务单位餐饮服务过程进行全程监督监控，使为重大活动提供餐饮服务的各个环节全部在监督保障人员的监控范围之内，确保其餐饮服务的全部活动符合食品安全法律法规和规范标准。重点环节监控、关键控制点监控、全程监督监控，这三者必须紧紧连在一起有机结合，并分别采取有针对性的监督监控措施。不把握重点环节和关键控制的监控，现场监督保障就会失去重心，抓不住重点；忽略了食品安全全程监督，可能就会出现漏洞和空白。因此，现场监督保障人员，必须科学安排时间节点，紧扣餐饮服务实施过程，既要把握住重点环节和关键控制点，也不放弃全过程的监督监控。

（四）坚持监督监控与现场检测监控相结合

这里的监督监控是指传统意义上的监督方式和手段，即在重大活动监督保障中人盯人的监督检查方式，用眼观察，用手触摸，凭借感官的感觉，评价食品从业人员在食品加工过程中的操作规范性，根据食品感官性状判断食品质量，及时发现食品安全风险隐患。现场快速检测就是利用简单便捷的仪器设备或者试剂，对食品、环境、相关的用具等进行检验，根据检测结果评价食品质量和相关卫生状况，及时发现食品安全隐患问题。现场监督检查和现场快速检测，两者之间有着不可替代的作用，现场监督优势在于能够及时发现过程中的食品安全隐患问题；现场快速检测优势在于能够及时发现食品终末质量问题。现场快速检测被引进重大活动后，在监督保障人员中出现了过分依赖现场快速检测，忽略现场监督作用的现象，这是一种不好的倾向，很容易出现偏颇，影响监督保障效果，甚至因为对食品加工过程的监督不力，发生食品安全隐患问题，或者发生食品二次污染。因此，食品安全现场监督保障人员，必须将现场监督监控与快速检测监控有机结合起来，发挥最大的监督保障效能，最大限度地发现风险隐患，保障重大活动的餐饮食品安全。

（五）坚持严格监督与督促企业自律相结合

坚持严格的监督保障措施，严肃处理和纠正各种违法违规问题，保证餐饮食品加工过程符合餐饮食品安全操作规范规定，保障重大活动食品安全，是食品安全监管主体义不容辞的监督执法责任。但是，要保障食品安全，关键是企业要落实第一责任人的责任，加强自律管理，自我加强食品安全风险控制。在重大活动食品安全现场监督保障中，现场监督保障人员，不仅要严格监督监控，预防控制食品安全风险，还要利用一切机会，加强对餐饮单位负责人和从业员的教育培训，提高他们的食品安全意识，使其充分了解相关食品安全风险，督促相关人员自觉遵守食品安全法律法规和食品安全操作规范，自觉纠正不规范行为，预防控制食品安全风险的发生，杜绝食品安全风险事件。

三、餐饮食品安全现场监督的重点

对一次具体重大活动场馆运行餐饮食品安全的监督保障，应当把控好以下十个重点环节：

（一）严把前期风险评估和整改提升环节

在重大活动开始前，重大活动举办城市的食品安全监管主体，应当结合重大活动的筹备工作，对重大活动拟使用场所、集体用餐单位等，进行三次食品安全风险评估，查找风险隐患问题。根据风险评估结果，督促指导餐饮单位进行提升改造，在重大活动临近期要使场馆食品安全信誉度达到 A 级水平。

（二）严把食品原料和进货环节

无论是督促指导提升改造还是运行阶段的现场监督保障，食品安全监督保障团队，都要紧紧把握食品供货源头，强化场馆供餐单位食品及原料采购索证、索票、台账和食品溯源制度。场馆运行正式启动前，强化监督检查，对风险食品进行品种登记备案，进行重点食品及原料抽检。场馆运行启动后，进行现场监督检查和现场快速检测，从源头上保障食品安全。

（三）严把从业人员卫生和健康环节

在重大活动场馆运行启动前，就要强化对场馆餐饮服务人员的食品安全培训教育，培养良好卫生习惯，强化从业人员健康监控；在场馆运行前夕，要对重大活动场馆餐饮服务人员，进行一次应急性健康检查或者进行一次规范性的大便检验，排查患者和病菌携带者；在场馆运行启动后，要监督场馆每日对食品从业人员进行的健康晨检和健康状况动态跟踪，不符合健康要求的不得上岗。必要时场馆运行监督保障人员可以对食品从业人员进行体温抽检。

（四）严把餐饮具消毒环节

场馆运行食品安全监督保障团队要在重大活动筹备期的食品安全提升改造中，强力推动实行热力消毒措施，场馆内餐饮服务单位，原则上不允许对餐饮具采取化学消毒方式消毒，对餐饮具消毒不符合要求的单位，依法严肃查处，督促指导其限期整改；重大活动场馆运行启动后，要对餐饮具消毒过程及效果实施监控，监督消毒过程，现场快速检测消毒效果。

（五）严把凉菜制作环节

场馆运行监督保障团队，要在重大活动场馆运行启动前，强化现场监督检查，开展风险评估，排查风险隐患，监督指导场馆餐饮单位进行提升整改，严格执行凉菜制售“五专”制度，使其软硬件均达到卫生规范要求，坚决取缔无凉菜制作专间、无凉菜制售资质制售冷荤菜的违法行为；在重大活动运行期间，要严格的进行人盯人的现场监控措施和现场快速检测监控措施。

（六）严格排除交叉污染环节

重大活动场馆运行监督保障团队，要在场馆运行启动前，强化对从业人员卫生知识、食品安全法规标准知识的培训，对餐饮食品加工过程的现场进行全面监督检查，督促指导餐饮单位整改提升，健全卫生管理制度；严格规范食品加工流程，杜绝生熟交叉污染现象；活动期间实施严格监督监控，不得出现生熟食品混放、人员混岗、加工流程交叉等可能导致食品污染的行为。

（七）严把禁止使用有毒有害原料环节

重大活动场馆运行监督保障团队，要在场馆运行启动前、重大活动运行过程中，严格检查食品库房、操作间存放的食品、原料、食品添加剂和各类物品，发现有毒有害物品立即监督销毁；严禁滥用亚硝酸盐；严禁使用非法原料；严禁违法使用食品添加剂。

（八）严把食品添加剂使用环节

场馆运行监督保证团队，要督促指导场馆内餐饮服务单位严格执行一个承诺（餐饮单位对不滥用食品添加剂做出承诺）、两个备案（对需使用的食品添加剂进行备案，对使用食品添加剂的菜品及用量进行备案）、食品添加剂“五项专管”等制度。餐饮单位拟使用食品添加剂，必须在场馆运行前向监督机构备案，未经备案的在重大活动期间禁止使用。

（九）严把食品留样环节

场馆运行监督检查团队要监督指导场馆餐饮服务单位，遵守48小时食品留样制度，对向重大活动提供的各类餐饮食品，都要在加工完成后按规范要求留取不低于100克的样品，冷藏保留48小时，并进行留样登记。

（十）把好重点食品现场快速检测环节

场馆运行监督保障团队，要在餐饮食品加工各个环节对食品进行现场快速检测监控，重点监测冷荤菜、蔬菜、水果、水产品、餐饮具、加工环境、肉与肉制品等和其他能够快速检测的内容。

第三节　重大活动运行前的现场监督保障措施

一、概述

（一）含义

重大活动运行前的现场监督保障，是监督保障主体在重大活动尚未正式启动时，提前介入餐饮单位的服务准备，结合重大活动需求和餐饮单位现场实际，采取的预防性监督措施。这是重大活动餐饮食品安全监督保障的重要环节。

（二）主要任务

重大活动运行前的监督保障，主要工作任务有三个：第一，发现风险隐患，督促指导整改提升；第二，进行食品安全风险评估，识别风险，查找原因，制定控制措施；第三，熟悉人员、环境、流程，确定关键控制点和监控工作位置，为活动运行期监督保障奠定基础。

（三）监督的重点环节

活动运行前预防性监督检查的重点环节包括：餐饮服务单位资质能力现场审核、食品安全管理制度和预案的现场审核、餐饮食品加工条件的现场监督、食品从业人员健康管理的现场监督、预备菜谱的监督审核等五个方面。

二、餐饮服务单位资质能力的现场审核监督

在重大活动运行前，餐饮食品安全监管主体，首先要认真监督审核餐饮服务提供单位的餐饮服务资质、餐饮服务范围、供餐能力等方面的基本条件。对不符合餐饮服务食品安全条件的单位，或者其餐饮服务范围和能力等与重大活动就餐需求不相适应的单位，应当及时向重大活动承办单位提出意见建议，并督促重大活动承办方依法更换服务单位。为重大活动提供餐饮食品安全服务的餐饮单位的基本条件：

（一）具有法定的餐饮服务资格

承接单位不仅要取得《餐饮服务许可证》，还要具备重大活动需要服务的经营项目、审核准许的可接待或者配送数量。

（二）具有较高的食品安全信誉度

在实施餐饮食品安全量化分级管理的地区，为重大活动提供餐饮服务的单位，应当取得省级食品安全监管部门认可的餐饮服务食品安全监督管理量化分级 A 级资格。没有实施餐饮食品安全量化分级管理的地区，应当按照食品安全量化分级管理的标准和规范进行全面检查评价，经评价该单位应具备与 A 级标准相当的条件。

（三）具有较强的餐饮服务能力和条件

承接餐饮服务的单位还要具备相应的能力和条件，特别是具备在特定时间、空间和环境内应急、应变和临时调整的硬件和软件能力。至少应当符合下列要求：第一，要具备保证供餐数量的食品加工设施设备；第二，要具备加工需要的场所和空间条件；第三，具备在规定时间内完成规定数量、质量供餐的能力；第四，具有足够数量的食品从业人员和厨师；第四，具有与供餐数量相匹配的转送或者

运输条件等；第五，还要有为重大活动提供餐饮服务的相关经验。

（四）具有较完善的食品安全管理系统

第一，有完善的管理制度，各项工作岗位职责明确，各岗位、各环节有专人管理把关；

第二，按照规定配备专职食品安全管理人员，并建立有重大活动餐饮服务食品安全管理系统；

第三，管理者和从业人员经过食品安全培训，有较强的食品安全意识，有完善的内部食品安全工作规范意识；

第四，内部指挥调度畅通，有良好的内部工作环境和协作氛围，没有领导与从业人员之间的矛盾纠纷，没有人员管理和心理上的不安全风险因素；

第五，制定有重大活动食品安全管理方案、食品安全事故或者风险应急预案，发生风险意外能够迅速及时应对处理。

三、餐饮食品加工场所条件的现场监督检查

在重大活动运行前，卫生监督主体要对拟向重大活动提供餐饮服务的单位，按照餐饮服务食品安全操作规范，进行对餐饮食品加工场所条件的现场监督检查。对不符合餐饮食品安全操作规范要求的，要督促指导餐饮单位进行整改提升，使之在重大活动运行前达到餐饮服务食品安全操作规范的要求；没有条件或时间进行整改提升的，要研究提出足以保证食品安全的补救措施。对于存在严重食品安全隐患的，要及时通报重大活动举办单位，建议更换重大活动的餐饮服务单位。

（一）监督检查食品处理区面积与供餐需求的适应性

按照餐饮服务食品安全操作规范要求，监督检查食品处理区及各专间的面积是否与就餐场所面积、供应最大就餐人数、加工和供应品种及数量相适应，是否符合《餐饮服务食品安全操作规范》和《餐饮服务提供者场所布局要求》的要求。

（二）监督检查食品加工区布局和流程是否符合要求

监督检查食品处理区是否远离污染源，是否设置在室内，是否按照原料进入、原料加工、半成品加工、成品供应的流程合理布局，是否能防止在存放、操作中产生交叉污染；食品加工处理流程是否为生进、熟出的单一流向；原料通道及入口，成品通道及出口，使用后的餐饮具回收通道及入口，是否分开设置；食品处理区是否分别设置专用粗加工场所，烹饪、餐用具清洗消毒场所，原料和半成品贮存场所，切配及备餐场所；粗加工区是否分别设置动物性食品、植物性食品、水产品的清洗水池，是否有清洁工具的专用清洗水池，水池数量或容量是否与加工

食品的数量相适应;等。

(三)监督检查食品加工区设施是否符合要求

监督检查地面与排水,墙壁与门窗,屋顶与天花板等是否符合要求。例如地面、墙壁、天花板材料须无毒、无异味、不透水、不易积垢、耐腐蚀且平整、无裂缝,易于清洗、防滑;排水沟有坡度,保持通畅,便于清洗,有可拆卸的盖板,排水的流向由高清洁操作区流向低清洁操作区,能够防止污水逆流和有害动物侵入;墙壁有 1.5 米以上、浅色、不吸水、易清洗和耐用材料制成的墙裙,门、窗应严密,有防蝇设施;天花板离地面 2.5 米以上,有适当坡度;等。监督检查食品处理区内供水、清洗、消毒、保洁、防尘、防鼠、防虫害、通风排烟、采光照明、废弃物暂时存放、食品工具和容器等设施设备是否符合规范要求,是否与食品加工和供餐数量相适应。

(四)监督各类专间是否符合规范要求

现场监督保障人员应当重点监督检查制作凉菜等的专间,查看专间是否是独立隔间,是否有预进间,是否有专用工具容器清洗消毒设施和空气消毒设施、专用冷藏设施、独立空调设施,专间温度是否在 25℃ 以下;紫外线灯功率是否在 1.5W 以上,悬挂位置是否在距离地面 2 米以内,强度是否大于 $70\mu W/cm^2$;专间窗户是否封闭,食品传送窗口是否可开闭;专间的面积是否与就餐场所面积和供应就餐人数相适应。

四、从业人员健康管理的现场监督保障措施

在重大活动启动前,对从业人员的预防性监督措施,主要是健康状况检查、不良卫生习惯检查,并针对检查结果开展法律法规和食品安全知识的培训教育。

(一)监督检查从业人员健康状况

检查餐饮服务单位是否建立了从业人员健康管理制度,在岗从业人员是否在上岗前已经取得了健康证明,健康证明是否在有效期内。患有痢疾、伤寒、病毒性肝炎等消化道传染病的人员,以及患有活动性肺结核、化脓性或者渗出性皮肤病等有碍食品安全的疾病的人员,是否依法调离直接接触食品的岗位。

(二)督促餐饮单位从业人员进行临时健康检查

对餐饮服务单位食品从业人员、临时借调人员、院校实习学生等进行临时健康检查,临时健康检查条件不具备时,应当组织从业人员进行临时大便检验,排除携带致病微生物的人员。凡是健康检查不合格,或者临时出现外伤情况的人员、健康状况不确定的人员,一律调离直接接触食品的岗位。

(三)监督检查从业人员卫生习惯

通过各种形式观察,检查从业人员是否有良好的卫生习惯。例如进行操作

时是否穿戴清洁的工作衣帽，头发是否外露，是否留长指甲，涂指甲油，佩带饰物，在专间内操作是否戴口罩；接触直接入口食品时是否按规定和规范洗手消毒，加工食品时是否有不良习惯；进入专间时，是否更换专用工作衣帽并佩戴口罩，操作前是否严格进行双手清洗消毒，有无将私人物品带入食品处理区，是否在食品处理区内吸烟；等等。根据监督检查的情况，督促整改，开展培训。

五、重大活动餐饮供餐食谱的监督审核

（一）概念

是指食品安全监督主体对餐饮服务单位设计的供餐食谱进行的食品安全性审核。原国家卫生部颁布的《重大活动食品卫生监督规范》、国家食品药品监管总局颁布的《重大活动餐饮服务食品安全监督管理规范》，都曾对重大活动报送和审查供餐食谱做出明确规定。食药总局的“监督管理规范”第十五条和第二十五条规定，“餐饮服务提供者应当制定重大活动食谱，并经餐饮服务食品安全监管部门审核”“餐饮服务食品安全监管部门应当对重大活动餐饮服务提供者提供的食谱进行审定”。对供餐食谱的审查，是重大活动食品安全保障的重要环节，也是监督保障主体的一项法定职责。向重大活动食品安全保障主体报送供餐食谱，经审核同意后使用，是重大活动餐饮服务单位的义务。

（二）食谱审查的功能和意义

食品安全监督保障主体，对重大活动供餐食谱进行审查的主要功能和意义：

1. 发现和消除风险因素

通过对食谱审查和安全性评估，及时发现拟供餐食品中可能存在的食品安全风险，对其中风险程度和概率高的食品，容易导致食品污染或者食物中毒的食品，禁止在重大活动中加工食用，预防发生健康损害事件。

2. 研究针对性监督保障措施

通过对食谱审查和评估，掌握重大活动供餐情况，加工程序，重点食品、食品添加剂的使用等，并以此作为依据，制定运行期的监督保障方案、预案，确定重点环节和关键控制点，有针对性、有计划地实施现场的监督和检测措施，为在重大活动运行实施现场监督保障，预防和控制食品安全风险奠定良好基础。

（三）食谱审查重点

重点是把握审查评估，严格排查各类风险性食品，对风险概率极高的食品要禁止加工和食用。

1. 审查有无禁止食用的食品

排查国家明令禁止使用的食品及原料，还要排查地方卫生计生行政部门、疾病预防控制机构因防病需要，规定或者建议临时禁用或者慎用的食品。

2.审查有无含毒素的食品

重点排查加工不当会导致健康危害的,含有或者可能含有生物毒素的蔬菜、水产品。

3.审查有无含微生物的食品

排查在加工过程中容易遭到污染的食品,或者食品加工后易于致病微生物生长繁殖的食品,例如蛋白质含量较高的凉菜,此类食品应当慎用、少用或者不用。

4.审查有无超范围、超能力加工的食品

排查与餐饮单位餐饮服务范围不一致,与加工能力不配备的食品,对超出许可范围加工食品、超出供餐能力加工食品的,应当要求其撤换。

5.审查食品添加剂使用是否规范

排查食品添加剂使用不规范食品,餐饮单位在报审重大活动供餐食谱时,应当提供拟使用食品添加剂的信息,经审查使用非食用物质的,使用食品添加剂不符合标准或规范的食品,应当责令改正或者禁止提供。

6.审查食品加工工艺是否规范

排查因加工程序带来的食品安全风险。对特殊或者特色食品,餐饮服务单位应当提供食品加工工艺,在工艺中有食品污染环节或者非法添加可能的,应当责令改正或者禁止食用。

第四节　重点食品及原料现场监督保障要点

一、食品及原料采购入库的现场监督保障

(一)概述

对食品及原料的采购入库环节的监督保障,是餐饮食品安全现场监督保障和风险控制的核心之一,在重大活动运行期要实行24小时驻点监督保障,重点把好四个环节:第一,严格把住食品采购索证索票和登记台账关;第二,严格把控食品及原料库房的基本卫生条件关;第三,严格把控入库查验和库房管理制度规范关;第四,严格把控住重点食品的质量和污染指标检测筛查关。

(二)现场监督保障的重点

重点监督保障措施主要包括:一是现场监督检查重点内容;二是现场监督保障重点措施。

1.查对进货食品票证

严格检查重大活动供餐食品及原料的进货凭证,特别是畜禽产品、奶制品、

食用油、肉与肉制品等敏感食品必须票证齐全，票证不全的一律不得使用。

2.查对食品进货查验登记台账

重点核对重点食品的名称、规格、数量、生产批号、保质期、进货日期、供货者名称及联系方式等内容，核对其是否记录详实，是否具备可追溯性，凡是不符合要求的一律不得使用。

3.全面监督检查普通库房管理状况

重点检查食品和非食品是否分库存放并符合要求；不同食品是否设有标识；通风、防潮设施是否良好；有无变质和过期食品等。发现违规食品及原料应立即封存处理。

4.监督检查冷冻、冷藏库房管理状况

重点检查食品冷藏、冷冻温度是否控制在标准范围内；原料、半成品、成品是否严格分开；植物性、动物性及水产品是否分类摆放；等等。

（三）特别监督保障措施

对特别重大活动，或者对保障工作有特殊要求的监督保障任务，监督保障主体应当对食品及原料采购入库环节采取特殊的现场监督保障措施。

1.实行食品定点采购制度

监督保障主体应当根据重大活动的需求、当地食品生产经营企业的实际情况，遴选定点供货企业，餐饮服务单位应当到定点企业采购食品及原料。

2.实行专库专用制度

监督保障主体应当监督指导餐饮服务单位，设置重大活动食品专用库房，单独存放供重大活动餐饮使用的食品及原料。并可以对原存放有食品及原料库房，在必要时，采取临时查封措施。

3.实行点对点应时监督查验制度

监督保障主体根据工作需要，可以对餐饮单位食品进货实行应时监督查验制度。即监督保障主体对供货商实行驻点监督，监督查验重大活动服务单位供货情况，并记录填单；餐饮单位进货时，驻点监督员监督查验进货产品，核对发货监督记录等，进行必要的现场快速检测筛查。未经驻点监督员监督查验的食品及原料，不得进入专用库房，禁止用于重大活动供餐使用。

4.对赞助企业提供的食品进行监督

监督保障主体应当对赞助企业提供的食品及原料进行监督，例如查验赞助企业的《食品生产许可证》《食品流通许可证》，赞助食品的检验合格证明，必要时应当驻点监督其生产加工过程，对所供食品进行监督抽检。发现不符合食品安全法律法规或者规范标准的，应当通报重大活动主办单位，禁止食用或者使用。

二、肉与肉制品的现场监督检查

（一）肉与肉制品的主要危害和风险

鲜（冻）畜肉的食品安全问题主要有：肉品腐败变质、冻畜肉的油脂腐败；肉中的兽药、农药和违禁药物残留；环境污染物的污染；混有甲状腺组织的肉、患病牲畜的肉和注水肉等。

（二）现场监督检查方法

监督保障主体驻点监督人员要严格对肉与肉制品的现场监督检查：一是生鲜肉必须从定点屠宰企业进货，禁止使用非定点企业提供的生鲜肉类；二是通过感官检查肉品新鲜度，排查感官性状不符合食品安全要求的肉品。

1. 排查病死猪肉

健康猪放血刀口粗糙、切面外翻、周围有血液浸润，脂肪呈白色或浅白色，肉切面光泽、无液体，淋巴结呈粉红色，血管中残留血极少；病死猪的放血刀线平滑、无血液浸润，脂肪呈粉红色，肉切面呈暗紫色，有液体，淋巴结呈灰紫色，血管内残留血呈紫红色，有气泡等。

2. 观察肉的新鲜度

新鲜猪肉表面有一层微干的外膜，呈淡红色，有光泽，切断面稍湿、不粘手，肉汁透明，肉气味正常，肉面无黏液感，手指压凹陷后立即复原；次鲜猪肉的表面呈暗灰色，无光泽，切断面色泽稍差，有黏性，肉汁混浊，表面能嗅到轻微氨味、酸味或酸霉味；变质猪肉表面和深层均有血腥味、尿臊味、腐败味及异香味，指压后凹陷不能复原，有明显黏液感。

3. 排查含“瘦肉精”的肉类

含有盐酸克仑特罗的猪肉特别鲜红、光亮，瘦肉纤维比较疏松，时有少量“汗水”渗出肉面，但肉眼较难识别。主要为猪肉、猪肝、猪肺等。

4. 检查熟肉制品

一是熟肉制品必须由定点企业供货；二是严防亚硝酸盐超标的熟肉制品。亚硝酸盐俗称“硝”或“硭硝”，是一种白色粉末状食品添加剂，在生产加工肉制品时用作发色剂，使生产的肉制品发红。超标熟肉制品颜色异常红亮，应当高度关注，必要时进行现场快速检测。

（三）现场快速检测筛查

监督保障主体应当根据重大活动保障需求，结合监督保障工作具体情况，运用现场快速检测技术筛查“瘦肉精”“注水肉”“参假肉”“亚硝酸盐超标肉制品”等。对可疑肉与肉制品应当暂时封存，送实验室检查验证。

三、水产品的现场监督检查

（一）一般要求

鱼类和水产品主要含有水分、蛋白质、脂肪、矿物质、酶和维生素。其中蛋白质含量较高，含有人体必须的八种氨基酸。在重大活动监督保障中，监督主体应当按照《鲜、冻动物性水产品卫生标准》，对相关水产品进行现场监督检查，排查风险性水产品。泥螺、河蟹、淡水贝类必须鲜活，定型包装的水产品，包装与标签必须符合标准要求。

（二）监督检查水产品

现场监督保障人员应当严格检查水产品食品安全状况：一是各类水产品必须从定点企业或者正规供货渠道采购；二是供重大活动使用的水产品，应当专门采购、专门存放；三是根据情况在现场检查水产品感官性状，排查腐败变质或者被有毒有害物质污染的水产品。例如：排查变质的冻鱼。变质鱼类眼球不饱满，体表欠光泽，解冻后肌肉弹性差，肌纤维不清晰，闻之有臭味。贮存过久脂肪变质、鱼头有褐色斑点，腹部变黄，说明不可食用。严格监控贮藏条件：水产品及少脂鱼应当在－23℃至－18℃之间贮藏，多脂鱼应当在－29℃以下贮藏，红色肌肉鱼应当在－60℃低温贮藏，并避免任何温度波动。

（三）现场快速检测筛查

重大活动现场监督保障中应当根据具体情况，运用现场快速检测技术对水产品污染情况进行筛查，排查含有危害物质的水产品。一般情况下对鲜活水产品，重点检测鱼药残留；对冷冻水产品，重点检测防腐剂。

四、粮食类食品的现场监督措施

粮食类食品主要是面粉、大米和其他杂粮。重大活动时场馆内使用的各类粮食食品，必须从定点企业或者当地正规生产企业、流通企业进货，并使用定型包装的粮食类食品，禁止使用散装的粮食类食品。现场食品安全监督保障人员，可以根据实际情况进行现场监督检查。

（一）现场监督检查面粉

面粉包括：标准粉、精白粉。标准粉色灰白，精白粉色洁白；呈粉末状，无杂质，用手捏无粗粒感，具有正常的香甜气味。

1.视觉检验。取少量面粉对着光线观察，正常面粉呈白色或微黄、无杂色，不正常的面粉呈灰白色或深黄色，发暗，色泽不均匀。

2.嗅觉检验。正常面粉具有面粉固有的清香味。如发酸，有苦味、霉味、哈喇味或其他异味，则属不合格面粉。

3.味觉检验。手捏一点干面粉放在嘴里，如果有牙碜现象，说明含沙量高；如果味道发酸，说明酸度过高。

4.触觉检验。手抓面粉稍用劲捏，若呈粉末状，无颗粒感，松开不结块，说明水分含量适中；若手捏后，易成团，结块，发粘，说明含水分较高，易发热，发霉和变质。

(二)现场监督检查大米

大米主要指：早籼米、晚籼米、早粳米、晚粳米、糯米等。优质大米一般应米粒饱满，洁净，有光泽，纵沟较浅，掰开米粒其断面呈半透明白色，闻之有清新气味，蒸熟后米粒油亮，有嚼劲，气味喷香；劣质大米一般为米粒不充实，瘦小，纵沟较深，无光泽，掰开米粒其断面残留褐色或灰白色；发霉的米粒多呈绿色、黄色、灰褐色、赤褐色，且光泽差，组织疏松，有霉味或其它异味，吃起来口味淡，粗糙，粘度也小。

(三)现场监督检查小米

一般情况小米呈鲜艳自然黄色，光泽圆润，手轻捏时，手上不会染上黄色。若用姜黄或地板黄等色素染过的小米，在用手轻捏时会在手上染上黄色，或把少量小米放入杯中加入少量水，摇晃后静置，若水变黄即可说明该小米染过色，应当禁止在重大活动中食用。

五、食用植物油的现场监督

食用油属于风险较大的一类食品，也是社会各方面关注的热点问题。因此，在重大活动场馆运行餐饮食品安全监督保障中，应当将食用植物油作为重点监控的食品和原料。

(一)食用油脂的种类

食用油脂一般分为植物油脂和动物油脂。我国食用植物油分为4个等级，即二级油、一级油、高级烹调油、色拉油。普通芝麻油(香油)、花生油、大豆油、菜籽油、葵花籽油等属于二级油和一级油，大多是散装；高级烹调油和色拉油属高级食用油，都有定型包装，色泽透明，无腥辣气味和异味，加温时油烟极少。

(二)食用植物油的主要风险因素

食用植物油潜伏的风险，主要包括两个方面：一是不法分子通过各种渠道，将低价劣质油、工业用油、“地沟油”混入餐饮消费环节，导致消费者健康受损害；二是不法油脂生产经营者在食用油脂中掺假，甚至掺入矿物油，由于白油透明、无色无味，掺入食用油方法简单，不易察觉，导致消费者食用后健康受损害。

(三)食用油的现场监督检查

在重大活动餐饮食品安全现场监督保障中，对植物油使用现场监督监控应当重点把控四个方面：一是要严格把控进货的渠道，一般应当实行定点采购供应制度；二是严格要求餐饮单位使用定型包装的食用油，严禁使用散装食用油；三是禁止反复多次重复使用食用油；四是根据情况进行现场监督和现场快速检测。感官性状检查：优质食用油油质清澈透明，具有固有的气味和滋味，无异味；劣质食用油色泽深暗、欠清亮、不透明、混浊甚至有悬浮物等。必要时还要排查掺假花生油、掺假小磨香油等情况。

（四）现场快速检测筛查

现场监督保障人员应当根据餐饮食品加工情况，对使用中的食用油，进行酸价、过氧化值和矿物油指标等项目的现场快速检测，对不合格食用油进行排查。

六、重点蔬菜水果的现场监督

在重大活动中，蔬菜和水果是食用量较大的一类食品，蔬菜多作为餐饮食品的原料，需经热加工后供食用，水果多为生吃食品。蔬菜和水果从田间直接进入餐饮单位，各方面的污染情况应当引起高度的关注，一旦发生问题往往涉及面较大，是重大活动食品安全监督保障的重点之一。对一些特别重大活动或者体育赛事（例如奥运会），举办城市会建立定点种养殖基地，负责蔬菜和水果的供应，极大减轻了场馆运行食品安全监督保障的压力。

（一）现场监督检查措施

在重大活动场馆运行餐饮食品安全监督保障中，对蔬菜水果的现场监督，应当把控好五个环节：一是严格把控蔬菜水果的进货渠道，对建立定点种养殖基地的，应当严格控制在定点基地采购，严禁使用非定点单位提供的蔬菜水果，没有建立定点种养殖基地的，应当从定点供货商进货；二是严格监控蔬菜水果的新鲜程度，认真检查蔬菜水果是否有生虫、腐烂变质、泥沙和异物等，防止腐烂变质的蔬菜进入场馆餐饮单位；三是严格监控蔬菜水果中的农药残留，防止严重污染的蔬菜水果被食用；四是严格控制蔬菜水果的清洗加工过程，防止清洗加工不当带来的危害；五是严格监控含有生物毒素的蔬菜，一般情况下应当禁止在重大活动中，集体食用含有生物毒素或者污染风险极大的菜品。

（二）现场快速检测监控

在重大活动场馆运行餐饮食品安全监督保障中，对蔬菜水果进行现场快速检测筛查，是一项重要的监督保障措施，有着非常重要的意义。现场快速检测根据监督保障主体实际能力，可以重点进行两个方面的现场快速检测：一是食品酸度，鉴别蔬菜水果成熟程度和新鲜度；二是进行农药残留的定性和定量检测，排查蔬菜水果中农药污染问题。对严重污染的禁止使用，对轻度污染的可以根据情况指导餐饮单位进行处理，处理后经复检合格方可用于食品加工。

七、食品添加剂及使用的现场监督

食品添加剂使用是一个非常敏感的问题，也是容易导致食品污染的重要环节，方方面面都须非常关注。在重大活动食品安全监督保障中，应当作为场馆运行餐饮食品安全监督保障的重点。在监督保障实践中，对食品添加剂的使用，要严格把控四个重要的环节，做好现场监督保障工作。

（一）严格监控落实管理制度

一是严格执行自律承诺制度，餐饮服务单位必须对不滥用食品添加剂做出承诺；二是严格执行备案制度，餐饮服务单位在为重大活动提供的服务中拟使用食品添加剂时，必须对需使用的食品添加剂进行备案，对使用食品添加剂的菜品及用量进行备案，未经备案的在重大活动期间禁止使用；三是严格落实食品添加剂"五专"制度，专店采购添加剂，专柜存放添加剂，专人保管添加剂，专用量具称配添加剂，专用台账记录添加剂。

（二）严格备案审查制度

食品安全监督保障主体应当组织专家，对餐饮单位备案的食品添加剂备案事项进行审查，审查拟使用的食品添加剂品种是否属于国家有关部门公布的食品添加剂，生产企业是否符合有关要求；食品添加剂拟使用的范围、使用剂量、使用方法等是否符合《食品添加剂使用卫生标准》的规定。凡是不符合有关标准、规范和要求，或者使用中存在食品安全风险的，一律不准使用。

（三）严格监督检查包装标识

使用的食品添加剂包装或产品说明书上必须按照规定标识品名、产地、厂名、卫生许可证号、规格，配方或者主要成分，生产日期，批号或者代号，保质期限，使用范围与使用量、使用方法等，及在标识上明确标示"食品添加剂"字样；进口食品添加剂必须标注中文标识。食品添加剂有适用禁忌与安全注意事项的，应当有警示标识。

（四）严格禁止非法使用行为

现场监督保障时，现场监督保障人员，要严格监督餐饮单位对食品添加剂的使用过程，严禁添加使用非食用物质；严禁超范围、超剂量使用食品添加剂；严禁未经备案审查擅自使用食品添加剂。

第五节　餐饮食品加工过程现场监督保障要点

餐饮食品加工过程是指从食品及原料粗加工到制作成成品供消费者使用的食品处理过程，包括食品及原料粗加工、主食加工、菜品烹调、凉菜制作、水果切配、分餐等环节。食品加工过程是食品安全监督保障最后一个环节，也是监督保障重点环节。主要任务是防止对食品加工处理不到位，不能清除食品及原料中可能存在的危害因素；或者对食品加工过程不规范，各种人为因素导致食品被污染。因此，餐饮食品处理区应按照原料进入、原料处理、半成品加工、成品供应流程的顺序合理布局，餐饮食品加工处理流程宜为生进、熟出的单一流向，并应防止在存放、操作中产生交叉污染。成品通道、出口与原料通道、入口，成品通道、出口与使用后餐具回收通道、入口均应分开设置。食品处理区房顶无塌灰，墙壁无油污和瓷砖脱落，地面无水迹和死角，排水沟无积水和垃圾堆存。在食品加工过程中，现场监督保障人员应当按照 HACCP 原理，把控住食品加工的重点环节和关键控制点，做好食品加工过程的现场监督。

一、食品粗加工现场监督保障要点

食品粗加工是指将食品及原料进行挑选，整理，解冻，清洗，剔除不食部分的加工过程，也包括对经过粗加工的食品进行进一步洗、切、拼配等的食品加工处理过程。食品粗加工过程监督保障重点是防止粗加工不当，导致新的微生物或者有害物质污染，或者导致原有微生物大量繁殖。

（一）监督监控分类清洗加工

现场监督保障人员应当监督检查食品粗加工场所是否按照规范要求配齐各种设施：是否分别设置动物性食品和植物性食品的清洗水池；是否独立设置水产品清洗水池；水池数量或容量是否与加工食品的数量相适应；是否设置专用清洁工具清洗水池，其位置是否能够防止污染食品及有利于其清洗使用；各类水池是否明显标识标明用途；各类设施是否能够使用；等等。在操作过程中，要监督从业人员按照规定程序和规范，正确使用相应设施，对食品及原料进行分类挑选、整理、解冻、清洗和切配。

（二）监督监控操作的规范性

从业人员要在加工前认真检查待加工食品，发现有腐败变质迹象或者其他感官性状异常的不得加工使用；食品原料要在使用前洗净，对动物性食品原料、植物性食品原料、水产品原料应分池清洗，在使用禽蛋前应对外壳进行清洗，必要时进行消毒；对易腐烂变质食品，应当在粗加工后及时使用或进行冷藏，防止造成二次污染。

（三）监督监控重点污染环节

监督监控水产品是否严格分开加工；是否对禽蛋外壳进行清洗，对破损严重的是否进行消毒；对土豆是否先清洗后去皮，是否剔除芽儿；切配好的半成品是否与原料严格分开，并按照植物、动物、水产品等分类存放；食品容器是否违规直接放置于地面；各类工具、容器是否清洁干净，按规定分类使用；各种原料清洗是否到位；等等。

（四）做好现场快速检测

粗加工环节现场快速检测应当与食品进货阶段现场检测相结合，可以不进行重复性检测。必要时进行农药残留、有毒重金属、甲醛、亚硝酸盐等的现场快速检测，防止未经检测或者清洗不到位等导致的危害；必要时也可以对食品容器、工具等进行洁净度现场快速检测。

二、熟食品加工过程现场监督保障要点

熟食品加工主要包括菜品烹饪、主食加工、面点制作等环节。熟食品加工主要是通过加热处理过程消除食品中的致病微生物，使食品变得安全。熟食加工是预防食物中毒重点环节之一，如果加工不规范、控制不到位，可能导致由致病微生物、生物毒素、有害化学物质引起的食物中毒事故。必须按照餐饮食品安全操作规范，进行严格的监督监控。

（一）监督监控加工投料

从业人员在烹饪前应认真检查待加工食品，发现有腐败变质或者其他感官性状异常的不得进行烹饪加工；不得将回收后的食品经加工后再次供食用；用于烹饪、主食加工、面点加工的调料、辅料、食品添加剂等必须符合食品安全要求；调味料盛放器皿宜每天清洁，使用后随即加盖或苫盖，不得与地面或污垢接触；未用完的点心馅料、半成品应冷藏或冷冻，并在规定存放期限内使用。

（二）监督监控食品加工深度

各类熟制加工食品应烧熟煮透，加工时的食品中心温度不得低于70℃。在重大活动中，西餐方式加工的牛排、煎蛋不能达到加热温度，一般不予提供，因特殊情况必须提供时，必须严格保证肉品新鲜程度和操作规范；对使用前的鸡蛋必须进行严格清洗消毒处理；菜品用的围边、盘花应保证清洁新鲜、无腐败变质，不得回收后再使用。

（三）严格监控食品存放

加工后成品与半成品、原料必须严格分开存放；需要冷藏的熟食品应尽快冷却后再冷藏，冷却应在清洁操作区进行，并标注加工时间，应在2小时内将熟食品降至20℃，再在4小时内降至4℃，未经冷却或者冷却不到位的不得冷藏。奶油类原料应冷藏存放。水分含量较高的含奶、蛋点心应在高于60℃或低于10℃的条件下贮存。

（四）现场快速检测监控

熟食品的现场快速检测应当与现场监督紧密结合。重点检测熟食品中心温

度是否能够达到 70℃以上，要特别重点关注大块畜禽肉、带骨肉、整只禽类和爆炒类食品；检测冷藏食品是否冷却到规定的温度。还可以检测盛放食品容器、工具、餐饮具表面洁净度等。

三、冷加工食品过程现场监督保障要点

冷加工食品包括凉菜配制、裱花操作、水果切配、鲜榨果蔬汁、生食海产品等食品加工环节。凉菜配制是将加热或者消毒后的食品，再经手工制作，无需加热直接食用的菜品；裱花是将制作好的蛋糕坯用蛋白或者奶油进行裱花；鲜榨果蔬汁也称饮料鲜榨，是将新鲜果蔬榨成汁状，直接供人饮用的新鲜饮料；生食海产品是将鱼类、贝类等海产品切成片状，不经加热直接食用的西餐菜品。这类食品在加工过程中，与操作人员的手、工具、容器等密切接触，污染机会很大，使用前又不再进行加热，很容易导致致病微生物污染或者繁殖，是风险性极高的食品，必须作为重中之重环节进行重点监控。

冷加工食品的现场监督，是食品安全监督保障中的一个关键环节，必须严格把控细节，实行人盯人的监督监控，严格把控食品操作中每一个细小环节，采取监督监控与现场快速检测监控相结合的方式进行监控，防止各种因素的食品污染。

（一）严格监控专间设置

制作冷加工食品必须设置面积与就餐场所面积和供应就餐人数相适应的独立专间，专间内设专用工具、容器、清洗消毒设施、空气消毒设施、独立空调设施等。专间入口处应设置有洗手、消毒、更衣设施的通过式预进间，凉菜间、裱花间应设有专用冷藏设施，专间内紫外线等必须达到相应的波长和照射强度。室内温度不得超过 25℃。

（二）严格监控落实“五专”制度

专间内由专人负责加工制作，其他人员不得擅自进入专间，专间内的各类设备、工具、容器必须专用，用前必须进行消毒，用后应洗净并保持清洁；专间每餐或每次使用前必须进行空气和操作台消毒，使用紫外线灯消毒的，应在无人工作时开启 30 分钟以上。

（三）严格把控进专间的食品

供配制凉菜用的蔬菜、水果等食品原料未经清洗处理干净不得带入凉菜间。定型小包装食品要在包装进行清洁处理后进入专间。禁止非凉菜制作食品或者未经清洁处理的食品进入专间。配制凉菜的辅料、调料，应当符合食品安全要求，并应当更换为新鲜产品。

（四）严格监控操作人员卫生

操作人员进入专间必须进行二次更衣，更换专用工作衣帽并佩戴口罩，操作

前应严格进行双手清洗消毒,操作中应适时消毒。不得穿戴专间工作衣帽从事与专间内操作无关的工作。

(五)严格监控操作程序和规范

操作人员在加工前应认真检查待加工食品,发现有腐败变质或者其他感官性状异常的,不得进行加工;用于加工的生食海产品应符合相关食品安全要求;用于饮料现榨和水果拼盘制作的蔬菜、水果应新鲜,未经清洗处理干净的不得使用;用于制作现榨饮料、食用冰等食品的水,应为通过符合相关规定的净水设备处理后或煮沸冷却后的饮用水。

(六)严格监控食品存放

制作好的凉菜应当当餐用完。确需存放的应当存放在专用冰箱中冷藏或冷冻,食用前加热的应当达到加热要求;蛋糕胚应在专用冰箱中冷藏,裱浆和经清洗消毒的新鲜水果应当天加工、当天使用,植脂奶油裱花蛋糕储藏温度在 3±2℃,其他蛋白裱花蛋糕储藏温度不得超过 20℃;生食海产品应当放置在密闭容器内冷藏保存,或者放置在食用冰中保存并用保鲜膜分隔,放置在食用冰中保存的,加工后至食用的间隔时间不得超过 1 小时。

(七)强化现场快速检测监控

在重大活动监督保障中,应当强化对冷制作食品的现场快速检测监控。同时应当采取前期监测、过程监测、终末监测相结合的方式进行监控。在加工操作前,应当重点检测食品、原料、调料的微生物总数,结合前一环节的检测结果,检测甲醛、亚硝酸盐等;检测专间内温度和操作台、相关容器、工具的表面洁净度;检测冰箱的温度、紫外线的照度;检测操作人员手的清洗消毒效果;成品制成后重点检测菜品的微生物状况,不符合控制要求的不得提供食用。

四、集体用餐配送食品现场监督要点

重大活动集体用餐(快餐盒饭)配送,是指向重大活动现场有关人员配送快餐盒饭的餐饮服务。一般由重大活动承办方统一向集体用餐配送企业订购快餐盒饭,由供餐企业加工为成品后,按照规定时间送至活动现场(代表驻地、工作人驻地或者其他场所)统一分发给有关人员食用。配送集体用餐是重大活动中一项重要的餐饮服务,也是餐饮食品安全监督保障的一个重要环节。集体用餐配送的供餐形式,与其他就餐方式相比较,由于就餐人数和供餐环节较多,食品安全风险也较大。

(一)严格审查供餐能力

第一,必须具有与供餐品种、数量相适应的资质和加工能力;

第二,必须达到食品安全量化分级管理 A 级水平;

第三，具备能够保证餐饮食品安全的专门运输条件；

第四，距用餐场所的距离和路途适当，能够保证在规定的时间和食品温度内送达；

第五，有严格的管理制度、足够的工作人员和较强的食品安全意识。

（二）严格监督落实食品安全制度

监督供餐单位严格落实食品安全和卫生制度。严禁健康状况不确定的人员上岗；严格控制食品及原料来源，严格索证索票及台账的记录和查验，确保食品源头的食品安全，严防购入不合格食品；严格加工场所的卫生制度，严格操作人员的个人卫生；等。

（三）严格控制供餐品种

正式供餐前要严格审查食菜谱，一般应当坚持以深度热加工食品为主，严禁供应冷加工食品，慎供爆炒类食品，禁止供应容易发生微生物污染或者存在生物性食物中毒风险的食品。

（四）严格监督监控食品加工过程

按餐饮食品安全操作规范规定，严格监督监控餐饮食品加工过程，确保食品加工过程符合规范，确保加工后和分发时的食品中心温度达到 70℃ 以上，要严格监督监控加工场所环境卫生和操作人员卫生，消除一切可能的食品污染因素。

（五）监督监控分餐过程

食品分餐间必须符合食品安全操作规范规定的专间标准。盛装、分送集体用餐容器必须符合食品安全要求，且不得直接放置于地面，容器表面应标明加工单位、生产日期及时间、保质期，必要时，标注保存条件和食用方法。严格监控分餐、分装过程的卫生，防止在分餐过程中导致食品安全风险和食品的交叉污染。

（六）严格监控食品存放和配送过程

集体用餐配送的食品必须在 10℃ 以下或 60℃ 以上的条件下贮存和运输，运输车辆应配备符合条件的冷藏或加热保温设备或装置，运输过程中食品的中心温度保持在 10℃ 以下或 60℃ 以上；运输车辆应保持清洁，每次运输食品前应进行清洗消毒，在运输装卸过程中保持清洁，防止食品在运输过程中受到污染。

（七）严格监督监控食用时间

缩短各环节占用的时间，包括食品开始加工时间不能过早，熟食运输时间不能过长，食用者用餐时间不能拖长等。加工现场监督人员要与食用现场监督人员，进行加工时间、分装、起运时间和中心温度等的交接。集体用餐的食品烧熟后一般应当在 2 小时内食用，保持在 60℃ 以上的应当在烧熟后 4 小时内食用。超过安全时限的必须停止食用。烧熟后的食品在 10℃ 以下冷藏的，可在 24 小时内食用，但食用现场必须有加热条件，经加热达到中心温度 70℃ 以上才可食用。

(八)加强现场快速检测

在食品加工现场,应按要求、环节进行现场快速检测,加工时间较长的应当定时对相关环节卫生状况进行监测。食品到达食用现场应当进行食品中心温度抽样检测,中心温度不能保持在40℃以上的,一般不应当供集体食用。

五、活动现场加工食品现场监督要点

现场加工食品的监督保障是保障工作重中之重的环节,必须全力做好以下监督监控工作:

(一)严格审查资质能力

一要具备大型餐饮服务的资质;

二要具备食品安全量化分级A级水平;

三要具有与供餐需求相适应的加工能力和冷、热链转运,储存条件;

四要有畅通指挥机制和食品安全管理制度;

五要有与供餐需求相适应的厨师和服务团队。

(二)做好前期工作衔接

清楚掌握现场食品加工每个细节,对各类食品采购进货、汤汁前期准备、前期粗加工、主副食品等的加工时间和地点,餐饮具清洗消毒、食品起运、现场加工的时间等按照衔接工作环节和时间节点,制定有针对性的方案,对每个环节逐一进行监督和现场快速检测。

(三)严格监控运输环节

一是必须使用专用食品运输车并专车专用,严禁一般车辆运送食品及用具;

二是车辆必须清洁消毒,未经清洁消毒的不得运送食品;

三是食品分类装运,防止交叉污染;

四是严把冷加工食品冷运、热食热运的温度;

五是严把食品交接环节,必要时监督员应当随车监督。

(四)严格监控现场卫生

要严格检查加工现场的卫生条件,监督责任方应清除现场无关物品,对环境进行清洁和消毒处理,消除外环境可能会对食品污染的相关因素;尽最大可能使现场布局合理、清洁卫生、设施齐全。用于食品原料、半成品、成品的工具、用具和容器,须有明显的区分标识,存放区域应分开设置。接触食品的设备、工具、容器、包装材料等须符合餐饮食品安全标准或要求。不得用有色垃圾袋、非食品包装用纸包装存放食品。一般不得加工需要在专间内加工的食品,加工直接入口的散装食品应有专用的防蝇防尘设施。

（五）严格监控食品加工过程

一般要对加工现场按照以下五个环节进行人盯人的监督监控：

第一，严格监控冷加工食品的加工、分餐、配送环节，现场不具备进行食品冷加工条件的，应控制在冷加工食品运输车内进行加工；

第二，监控一般食品加工环节，严格控制中心温度和加工规范；

第三，严格监控加工后食品分餐配送与摆台环节，尽量缩短摆台与就餐间隔时间，预防不规范行为或者不良习惯污染食品；

第四，监督监控自助餐食品加热、定时更换，微波炉加热温度必须在 60℃以上，食品必须按时更换，防止用餐时间过长菜品未及时更换带来的风险；

第五，监督监控自助餐取餐和客人用餐环节，预防服务人员或者就餐者不良习惯污染食品，或者环境或意外情况导致食品污染。

（六）强化现场检测措施

食品安全监督保障主体要加强现场快速检测，一般食品检测工作要在食品及半成品到达现场前做好各种检测工作，在现场加工供餐时重点做好微生物和洁净度指标的现场快速检测。各类食品工具、操作人员的手，以及现场加工的环境等要在启动加工时进行洁净度的监测，冷加工食品要进行微生物检测，熟食要做好中心温度检测。

六、餐饮具清洗消毒过程现场监督

餐饮具清洗消毒是指对使用后的餐饮具进行清洗和消毒的过程，这是餐饮服务中的一个重要环节。

（一）监督检查设施设备及运转情况

保证其处于正常运转状态并满足清洗消毒数量需求；监督检查消毒剂是否符合卫生要求，清洗消毒流程是否规范，相关设施和标识是否规范，消毒效果是否达标；监督检查餐饮具保洁设施是否齐全，保洁存放是否规范等。发现问题及时纠正，监督整改到位。

（二）监督监控清洗消毒过程

检查设施设备是否能够正常运转，温度是否符合要求，消毒剂是否符合标准，使用方法和浓度是否合格；监督清洗消毒过程是否规范，严格规范清洗消毒和保洁行为，禁止不遵守餐饮具、工用具、容器洗刷消毒程序的行为，禁止消毒后餐饮具与未消毒餐饮具、其他杂物、个人用品等混放，严禁将未经清洗消毒或者清洗消毒不合格的餐饮具用于盛放直接入口食品或者向客人提供使用；禁止重复使用一次性使用的餐饮具。

（三）监督集中清洗消毒的规范性

应当检查集中消毒餐饮具加工单位是否符合相关卫生标准和规范，包装是否完整,有关信息是否清楚,等。必要时,应当请卫生部门协助对清洗消毒单位进行现场监督。

(四)强化餐饮具的现场检测

随时检查洗消后餐饮具在感官上是否光、洁、涩、干等。对洗消后餐饮具表面洁净度、消毒设备运转温度、消毒剂浓度等进行现场快速检测,发现问题及时查明原因,督促整改。

第二十章 重大活动场馆运行饮用水卫生现场监督保障

第一节 概 述

一、相关概念

（一）重大活动场馆运行

重大活动场馆运行是一个综合性概念，包括重大活动在场馆运行中涉及的所有事项。就是将重大活动场馆作为一个相对独立的整体，通过一定的组织机构、管理机制和科学的管理活动，使场馆内的环节在统一指挥下，有效保障重大活动在场馆或者场所内，按照既定的计划、目标顺利进行运转的管理过程。

（二）场馆运行公共卫生系统

场馆运行公共卫生系统包括医疗服务、食品安全、环境卫生、饮水卫生、传染病防控、病媒生物防控等，主要任务是通过有效的公共卫生措施和监督执法活动，保障场馆内所有人的健康不受危害。按照国际惯例，一般将公共卫生保障分为五个部分：一是场馆内医疗服务保障，二是场馆内食品安全保障，三是场馆内传染病防控保障，四是场馆内病媒生物防控保障，五是场馆内公共场所卫生和生活饮用水卫生监督保障。我们在这里讨论的公共卫生保障，主要是指场馆内的公共场所卫生、生活饮用水卫生和传染病防控的监督和监测。

（三）场馆运行公共卫生现场监督保障

场馆进行公共卫生现场监督保障是指卫生监督主体在重大活动场馆内进行的各类现场卫生监督和监测活动，包括：对室内场所空气质量、公共用品用具的监督监测，对二次供水、管道直饮水等供水设施及水质的监督监测，对场所内落实传染病防控措施、病媒生物防控措施等的监督监测。也包括对现场医疗和急救站（点）等处是否依法执业，消毒隔离，医疗废物处置等的监督监测等。

二、场馆运行卫生监督保障的地位和作用

重大活动场馆运行卫生监督保障是公共卫生体系的重要组成部分，是一项

基础性保障工作，是做好各项卫生保障工作的基础和前提。公共场所的卫生、生活饮用水的卫生、病媒生物防控、传染病防控等方面工作一旦发生问题，一是影响食品安全，导致产生食品安全风险，二是导致传染性疾病传播，甚至会发生流行病爆发事件，三导致物理、化学等各种因素对人体健康产生危害的事件。做好这方面监督保障工作需要监督者与保障对象的共同努力，监督者需要在重大活动幕后做大量细致的工作。许多工作往往是默默无闻、鲜为人知的，工作人员与重大活动参加者接触得不多或者不频繁，很多人也并不了解卫生部门在这方面做的工作，人们对卫生监督保障的重视程度与卫生监督在重大活动保障中的重要程度有很大差距。

在多年重大活动监督保障中，卫生部门通过综合监督服务的方式统一落实食品安全和卫生的监督保障任务。人们误认为卫生部门在场馆内的公共卫生保障工作就是餐饮食品安全的监督保障，这是因为人们对其他卫生保障的重视和理解不够。实际上，在重大活动中环境卫生、生活饮用水卫生、传染病防控措施等对重大活动至关重要，且两者关系密切，其风险和保障重要性不亚于食品安全问题，可能带来的健康危害问题甚至比食品安全带来的风险还要严重，影响还要大。因此，重大活动必须高度重视公共场所卫生的监督保障工作。

三、公共卫生现场监督保障的特点和要求

重大活动场馆运行公共卫生现场监督保障，是重大活动卫生监督保障的核心工作，也是重大活动场馆运行体系的重要组成部分，不仅具备一般卫生监督保障的工作特点，还具备重大活动场馆运行保障的特点，本章结合卫生监督保障实际略做陈述。

（一）坚持现场监督监控

坚持现场监督监控，是重大活动场馆运行卫生监督保障的一个突出特点。场馆运行卫生监督保障团队，必须在重大活动的核心活动现场、集体就餐与供餐服务现场、活动参与者集体住宿的现场，随时随地进行卫生监督和监测。保障团队需要围绕重大活动运行过程，紧紧把握重大活动关键环节、各项服务关键环节，在最前沿，零距离地对场馆环境卫生、饮水卫生和传染病防控情况等进行实地、实物和适时地监督察看、实验检测和卫生风险控制。

（二）坚持现场应急

重大活动场馆运行卫生监督保障需要采用超常规的程序和方法实施，场馆卫生监督保障团队对待场馆运行中发现的各类卫生问题，必须在现场做出果断处理。遇到有卫生风险可能的公共场所和生活饮用水问题，必须按照应急处置原则，在现场做出应急处置或者采取专门监控措施，最大限度地控制环境卫生、生活饮用水卫生的风险，最大限度地预防和控制健康危害，保证重大活动顺利进行。

（三）坚持专业规范

场馆运行公共卫生监督保障团队必须是一支专业知识和技能都非常强的监督保障队伍，其成员的专业技术能力，能够满足公共卫生监督保障任务需要。在具体监督保障措施上，监督人员不仅要靠感官目测进行现场监督检查，而且需要随时随地进行室内空气质量、公共用品用具卫生、饮用水水质等的抽查检测，并运用专业知识及时做出判断。

（四）坚持服务重大活动

场馆卫生监督保障团队必须坚持服务重大活动的理念和原则，努力做到：第一，落实监督保障工作要有服务意识，坚持服务理念；第二，场馆卫生监督保障工作，必须以重大活动的环节、时间、地点、需求为中心，以保障重大活动正常运行为宗旨；第三，要保障卫生监督的对象，为重大活动提供最佳服务。

场馆运行卫生监督保障工作必须从属于、服从于、服务于重大活动，无论是公共场所的卫生、生活饮用水卫生，还是其他公共卫生事项的监督，必须以保障参与者的健康为中心，以满足重大活动活动的需求为任务，以保障重大活动的卫生安全为目标，及时控制和消除生活饮用水卫生、公共场所卫生等的风险隐患。按照重大活动运行的时间节点、具体地点、运作方式以及为重大活动提供有关服务的具体安排，组织进行场馆运行监督保障工作。

（五）坚持整体效能

重大活动场馆运行卫生监督保障工作是各个专业相互衔接的一个整体工作，整个场馆运行也是一个完整的体系，两者需要融合在一起，才能发挥整体的保障功能。第一，要融于公共卫生的整体性。场馆运行公共卫生保障是一个多专业综合保障体系，要保持公共场所卫生、饮用水卫生、传染病防治、病媒生物防控、食品安全等专业的整体性，发挥整体效能。同时，还要与医疗服务保障相互衔接，相互支持配合。第二，要融于场馆运行的整体性。场馆运行卫生监督保障，必须融入场馆运行整体，站在场馆运行的整体和大局上，加强与各相关系统的联系，做好卫生监督保障服务。第三，要整体落实监督保障措施。场馆运行卫生监督保障，不能仅靠监督检查，也不能仅靠技术检测。需要采取多种手段、多种方法，发挥专业技术的整体效能。第四，要关注整体的社会效果。公共卫生安全是非常敏感的社会问题，场馆运行卫生监督保障，不仅要考虑专业和技术问题，还要考虑社会和政治影响问题。

四、场馆运行公共卫生现场监督保障的范围

重大活动场馆运行公共卫生现场监督保障的范围，主要包括四个方面的内容：一是对各类场馆公共场所的卫生状况进行监督检测，二是对各类场馆内的二

次供水、管道直饮水、现制现售饮用水的卫生状况进行卫生监督和检测,三是对各类场馆中病媒生物防控措施的落实情况等进行监督监测,四是对各类场馆落实传染病防控措施的情况进行监督检查和指导等。

（一）场馆内公共场所卫生监督监测

场馆内公共场所卫生监督保障是监督保障主体依据《公共场所卫生管理条例》和相关卫生标准、规范,对场馆运行所涉及的各类公共场所进行的卫生监督和监测。包括对住宿、游泳、洗浴、理发、休闲等场所环境卫生的监督和检测,对场馆内集中空调通风系统的卫生、室内空气质量、客人公共用品用具卫生、公共设施卫生等进行的卫生监督、监测和指导等风险控制活动。具体还可以分为对重大活动核心活动场所的卫生监督保障,对重大活动集体住宿场所的卫生监督保障,对集体就餐场所卫生的监督保障,对集中空调通风系统的监督保障等等。不同重大活动根据活动内容和使用场馆不同,监督保障重点也有所区别。

（二）场馆内生活饮用水卫生监督监测

场馆内生活饮用水卫生监督保障是监督保障主体依据《传染病防治法》《生活饮用水卫生监督办法》《生活饮用水卫生标准》等,对重大活动场馆运行中涉及的生活饮用水的监督和监测。包括:对场馆内二次供水设施设备和管理的情况、供水末梢卫生状况、涉及饮用水卫生安全产品、管道直饮水卫生等和饮用水水质等的卫生监督、监测和指导等。

（三）场馆内病媒生物预防控制措施监督

重大活动场馆运行病媒生物预防控制措施的监督,是卫生监督保障主体依据《爱国卫生工作条例》《传染病防治法》等法律法规,对重大活动使用的各类场馆,对鼠、蚊、蝇、蟑等主要病媒生物控制措施的情况落实进行监督监测。有效控制场馆内老鼠、蚊子、苍蝇和蟑螂,是预防虫媒传染病和肠道传染病的重要措施,也可以直接纳入传染病防治卫生监督保障一并实施。主要任务是监督检查病媒生物杀灭措施情况、相关病媒生物密度状况,对病媒生物杀灭工作进行指导,对病媒生物突发事件应急处置等。

（四）场馆内传染病防控措施监督和监测

场馆内传染病防控措施监督和监测是监督保障主体依据《传染病防治法》《艾滋病防治条例》《突发公共卫生事件应急条例》等法律法规,对重大活动场馆运行中相关传染病防控措施落实情况的卫生监督和检测。包括对场馆医疗站(点)消毒各类制度落实情况、医疗废物处置情况、疫情报告情况的监督和检测;还包括对活动举办方、服务提供方等,落实消毒工作、传染病患者、疑似传染病人、来自疫区的人员的卫生管理要求;以及对使用的消毒用品等的卫生监督、监测和指导。

第二节　场馆运行饮用水卫生现场监督保障概述

一、概念和特点

（一）场馆运行饮用水卫生现场监督保障概念

场馆运行饮用水卫生现场监督保障是指重大活动举办城市的卫生监督主体，根据统一的安排部署，组织场馆运行卫生监督保障团队，进驻重大活动的核心活动场馆、重大活动集体住宿的宾馆饭店等，并在场馆现场对这些场馆内的饮用水供应进行卫生监督和监测的执法活动。通过在现场对供水设施、卫生管理、环境条件等进行监督检查，对供水的水质进行卫生监测，及时发现和清除违法违规的行为和卫生安全隐患，迅速处理饮用水卫生问题，防范因饮用水污染造成的健康危害事件，保证重大活动的饮用水卫生安全。

（二）场馆运行饮用水卫生现场监督保障的特点

场馆运行饮用水卫生现场监督保障既有场馆运行现场卫生监督保障的共同特点，又有较为突出特点。

1. 实时性

实时性就是保障工作随时随地进行，不分特定的时空环境，这是现场监督突出特点之一。“实时”二字即体现保障工作的实时性，包括现场实时监督检测水质，现场实时可能发现污染因素以及发现问题要实时进行现场处理。水在流动并随时都处在变化中，现场卫生监督监测需要随着水的变化而变化，根据供水、用水特点的变化而变化，在不同的时空条件下，人们进行监督和监测，综合分析饮用水卫生状况。

2. 复杂性

复杂性是讲饮用水管理主体、卫生影响因素、供水方式都是复杂的，用水习惯是多样的，一旦发生饮用水卫生安全事件，由此导致的连锁反应也是复杂的。饮用水卫生风险因素多种多样，随时都在变化中，场馆运行启动前的卫生监督和评价仅能够代表过去，在重大活动场馆运行阶段，可能由于人员、设施、供水环境、用水量在短时间内的骤变，影响供水水质的改变。影响饮用水卫生因素很多，因此，现场监督也要使用多种手段和措施，需要与相关的监督和管理系统衔接配合，需要从多种角度分析饮用水卫生安全问题，处理饮用水卫生安全问题不能简单化，要综合考虑处理后可能对公众和社会带来的其他影响。

3. 风险性

水是维持生命的第一需要，人对水的需求比任何物质都重要，人对水的需求量也最大，饮用水一旦发生问题将难以估测后果。因此，无论如何，饮用水都是一个需要控制风险的关键环节。现场卫生监督保障是重大活动运行饮用水卫生安全的最后一道屏障，相比于城市运行和重大活动运行前的监督监测，具有更大的风险性，一旦工作出现纰漏，就会造成难以弥补的损失。

二、场馆运行饮用水卫生现场监督保障的范围

界定饮用水现场监督的范围，一般从两个方面考虑：一是场馆的供水方式，二是场馆饮用水卫生监督的内容。

（一）饮用水供水方式

重大活动场馆的供水方式一般有市政供水、二次供水、分质供水、自备水源供水。其中排在首位的是二次供水，即场馆对市政供水进行储存，然后再通过内部管网供应到场馆各处；排在第二位的是分质供水，即场馆取市政供水进行深加工，再通过管道供应直接饮用水；排在第三位的是自备水源供水（也称自建设施供水），即场馆有自备水源，取水用自建设施进行加工后供给场馆各处，这种供水在大城市场馆中较为少见，但也有一些宾馆饭店取地下温泉水供客人生活使用，这需要进行严格监控。无论是哪一类供水方式，都不能忽视对供水末梢卫生的监督。

（二）饮用水卫生监督内容

卫生监督除检查供水方式外，场馆内使用的涉及饮用水卫生安全的产品、供水末梢卫生、供水设施设备、供水设施周边环境卫生、从业人员个人卫生、饮用水水质等都在现场卫生监督范围之内。

三、场馆运行饮用水卫生现场监督保障的原则

场馆运行饮用水卫生现场监督保障的原则主要包括四个方面：

（一）依法科学监督

严格按照国家相关法律法规的要求，结合生活饮用水现场卫生监督保障的工作特点，依法依规，科学合理，认真负责地开展相关工作。

（二）全面与重点结合

在对场馆各单位进行全面检查和分析评估的基础上，根据结果，有的放矢地针对风险项目进行分析，突出重点，开展监督工作。

（三）常态与动态结合

在对接待单位或被监管对象进行全面监督检查的同时，利用实验室检测、现场快速检测等手段对水质卫生状况进行动态监测，实时掌握水质卫生状况。

（四）现场应急处置

在现场监督保障中，场馆运行卫生监督团队要高度警惕突发饮用水污染事

件或可能导致饮用水污染事件发生的风险因素，发现风险隐患要立即采取现场控制措施，防止形成健康危害事件。发生突发事件要立即报告，迅速启动应急预案，控制和减少损失。

四、饮用水卫生现场监督保障的重点

现场监督保障重点，从总体上讲，主要是要做好前期风险评估、整改提升工作和做好运行期现场监督保障工作。重大活动场馆运行饮用水卫生现场监督保障与其他场馆运行公共卫生监督保障相同，需要分为场馆运行启动前和启动后现场监督保障工作两个部分，不同阶段有不同的监督保障重点。

（一）场馆运行启动前饮用水卫生监督要点

在重大活动场馆正式启动前，城市卫生监督保障主体需要进入重大活动场馆，做好卫生风险评估和前期准备工作，督促场馆经营管理者进行整改提升，主要内容如下。

1.进行饮用水卫生风险评估

场馆运行监督保障团队要按照统一部署和职责分工对场馆供水系统进行全方位“体检”，采集水样回实验室检测或者在现场快速检测，进行风险评估，查找风险因素。

2.督促指导提升改造

场馆运行监督保障团队，要及时将风险评估结果反馈给相关单位，并提出卫生监督意见，督促指导相关单位建立健全饮用水卫生管理制度，落实饮用水卫生安全岗位责任制，改进供水设施设备，改善周边环境卫生，制定饮用水污染事件应急预案，消除各类卫生隐患。并设置卫生管理员，负责饮用水卫生自律检查，配合卫生监督保障团队开展生活饮用水现场监督检查和水质抽检。

3.与场馆单位建立联系机制

监督保障团队要加强与场馆有关单位的沟通，准确了解重大活动内容、特点等基础信息和供水设施设备情况。明确接待单位职责，如：建立领导责任制及分工负责的组织管理体系，健全和完善相关工作规范和卫生管理制度，建立和完善从业人员的工作责任制；严格按规定的工作规范和卫生要求做好各项工作，严格执行饮用水卫生技术标准和卫生规范，保证饮用水水质符合卫生标准等；建立重大活动运行期间的沟通协调机制。

4.开展饮用水卫生安全教育

重大活动场馆运行启动前，监督保障团队要对场馆内各单位负责人、卫生管理员和重要岗位从业人员进行传染病防治、饮用水卫生等法律法规和卫生知识方面的培训教育，提高有关从业人员的饮用水卫生意识，让他们自觉履行饮用水卫生安全管理责任。对高风险岗位上的从业人员，要进行应急性健康检查，将患有指定疾病的人员依法调离有关岗位。

（二）场馆运行期饮用水卫生监督重点

在重大活动场馆运行启动后，卫生监督保障的重点工作主要内容：

1.严格把控供水资质

场馆内的供水活动，必须符合卫生要求，取得相应的卫生许可证。

2.严格把控二次供水卫生

二次供水是对市政供水储存后进行再次供水，具有较大的卫生风险性，必须强化卫生监督监控，保证卫生制度落实，保证环境卫生，严防污染。

3.严格把控与供水相关的设施设备

必须保障各种设施设备符合卫生要求，保持良好运转状态。同时，还要监控与饮用水接触的各类产品。

4.严格把控与饮用水接触人员的健康

对不符合健康要求的人员，必须进行严格监督并及时将其调离风险岗位。

5.严控落实卫生管理制度

要随时监督检查卫生制度落实情况，保证各项卫生规章制度落实到位，防止各种人为因素的污染。

6.严格把控水质监测

卫生监督主体应当在重大活动场馆设置饮用水现场快速检测点，对生活饮用水水质进行检测监控。

第三节　二次供水与供水末梢卫生的现场监督

一、概念

（一）场馆二次供水

二次供水是指集中式供水在入户之前经再度储存、加压和消毒（或深度）处理，通过管道或容器输送给用户的供水方式。重大活动要使用的宾馆饭店、会展中心、体育中心等单位，一般都属于现代化建筑，根据城市供水水压和用户使用需要等，多数配有二次供水设施，是重大活动场馆运行中的主要供水方式。由于二次供水延长了输水过程，增加了输水时间，涉及储存、消毒过程，加大了水质污染风险。二次供水管理和水质是否符合卫生要求，是重大活动场馆运行饮用水监督保障的重点环节。

（二）供水末梢

供水末梢是指城市集中式供水、二次供水、分质供水的饮用水，通过管网系统输送至用户后，用户直接取水的位置。供水末梢包括集中式供水末梢、二次供水末梢、分质供水末梢以及自建供水设施末梢等等。供水末梢作为饮用水进入人体的最后一个环节，其水质卫生安全的重要性不言而喻。尤其是在重大活动中，不同地区、不同国家的人群，由于生活习惯和饮水习惯不同，可能需要活动举办方准备多种不同形式的饮用水，这就造成了供水方式的多样性，间接增加了饮用水卫生安全的风险因素。场馆内供水末梢还包括各类公共场所设置的取水点，例如宾饭店的客房用水、餐饮服务用水、洗涤用水、游泳用水、洗浴用水等等。

二、场馆运行前二次供水的提升改造

场馆运行监督保障团队需要根据场馆卫生风险评估结果，督促指导相关场馆经营管理者对二次供水卫生管理进行提升改造，使场馆二次供水卫生达到最佳状态，重点包括：

（一）改善环境卫生

督促指导场馆经营管理者对二次供水设施周边进行卫生清整，保证二次供水设施周围环境整洁，清除蓄水池、储水箱周围杂物、垃圾、污水管线等污染源等。

（二）检修设施设备

督促经营者对二次供水设施进行检查和修理，保证设施设备正常运转。要求专用储水箱、蓄水池不渗漏，并加盖上锁，水箱材质和内壁涂料无毒无害，溢水管和泄水管不得与下水管道直接连通，管道不得与非饮用水管道连接，不得与大便口（槽）、小便斗等直接连接等。

（三）核准卫生资质

二次供水单位应依法取得二次供水卫生许可证，许可证与供水方式、范围，须和卫生设施许可审查内容一致，使用的涉水产品须有卫生许可批件，使用的消毒剂、清洁剂和有关仪器需符合要求。

（四）健全卫生管理制度

健全卫生管理、饮用水卫生安全岗位责任、饮用水污染应急预案、供水设备日常自检等制度，并配备卫生管理员。没有制度的要立即进行补充，已有制度的要结合实际进行修改完善，并健全考评和监督机制，保证制度落实。

（五）落实卫生管理要求

严格按照卫生标准和规范进行二次供水管理，按规定对二次供水设施进行清洗消毒，对水质进行检测，对从业人员进行卫生法规和知识培训，组织从业人员进行健康检查，依法将患病人员调离供水、管水岗位等。

三、场馆运行期二次供水卫生现场监督要点

在重大活动场馆运行启动后，场馆运行监督保障团队要紧紧抓住饮用水卫生的关键环节，强化对二次供水饮用水卫生的监督监控，有效预防二次供水饮用水的污染和健康危害。

（一）严格监控供水卫生资质

场馆必须持有二次供水卫生许可证，并在有效期内；供水方式、范围和卫生设施，必须与卫生审查的内容一致，不得擅自变更；供水活动不得超出卫生许可的范围；供水系统使用的涉水产品必须具有卫生许可批件。

（二）严格监控周边环境卫生

二次供水设施必须有专用房间，房间须符合卫生要求，周围必须清洁干净，有良好排水条件，不得堆放杂物；蓄水池周围10m不得有渗水坑，不得堆放垃圾等；水箱周围2m不得有污水管线和污染物等。

（三）严格监控相关设备运转

供水设施须正常运转，专用水箱或水池不得渗漏，内壁材料等符合卫生要求，入孔处加盖上锁；水箱底盘排水良好，水箱溢水管、泄水管不得与下水管道直接连通，二次供水设施不得与市政供水管道直接连通，不得与非饮用水管道或者污染源直接连接。

（四）严格监控卫生制度落实

按规定设置卫生管理员，履行卫生自律职责；必须建立健全卫生制度、卫生岗位责任制、饮用水污染应急预案；从业人员必须持有健康合格证明，相关病人必须按规定调离岗位；每日必须有设备自检记录、水质检测报告、供水设施全面清洗消毒记录等。

（五）每日进行水质现场监测

卫生监督保障团队须每日对二次供水水质进行检验监测。监测频率至少为用水高峰和低峰时段各一次；取水点一般设在供水设备出水口、输水管网近远端、重点用户（餐饮厨房）处等。重点监测微生物和消毒剂指标，如微生物总数、余氯、总氯等；感官性状指标，如浑浊度、色度、pH等；部分理化指标，如总铁、硫酸盐、亚硝酸盐、氨氮、氯化物、硝酸盐、硫化物、总硬度等。

四、场馆运行供水末梢卫生现场监督要点

供水末梢现场卫生监督监测：一是要通过对供水末梢的监督监测，分析发现供水过程，特别是管网系统可能存在的风险隐患；二是要预防饮用水在最后的环节被污染，导致健康危害。场馆内的供水末梢，应当包括场馆内所有可以取水的

水龙头。

(一)监控供水末梢设备和周边卫生

供水末梢设施(水龙头、现制现售饮水机、净水器、饮水机等),应当正常运转,保证出水水质符合要求。设施周边应当保持良好卫生环境,不能有可能导致饮用水污染的物品。

(二)监控设置警示标识

要提供中水、地矿水、市政供水、分质供水的,必须在末梢设备处设置与供水用途一致的明显标识和说明;仅提供市政供水的,应当在取水处设置非直接饮用水警示标志。

(三)对供水末梢水质进行监测

卫生监督主体应当在场馆各类供水最近端、最远端和中间区域,分别设置水质监测点,选择每天用水高峰时段和低峰时段进行1～2次水质现场快速检测。重点监测水中微生物、消毒、感官性状和部分化学因子的限量值指标。其中微生物和消毒指标可选择监测微生物总数、余氯、总氯等,感官性状可选择监测浑浊度、色度、pH、肉眼可见物等,理化因子可选择监测总铁、硫酸盐、亚硝酸盐、氨氮、氯化物、硝酸盐、硫化物、总硬度等。

第四节　场馆运行分质供水卫生现场监督要点

一、分质供水概念

分质供水也称管道直饮水。是指以自来水为原水,把自来水中的生活用水和直接饮用水分开,另设管网再进一步加工净化处理直接饮用水,使水质达到洁净、健康的标准,直通每个用户供人们直接饮用。也是指利用过滤、吸附、氧化、消毒等装置对需要改善水质的供水做进一步的净化处理,通过独立封闭的循环管道输送供用户直接饮用的水。按照《生活饮用水卫生标准》(GB 5749—2006)规定,管道直饮水属于集中式供水,应当依法取得卫生许可证,接受卫生监督监测,未经卫生许可不得开展分质供水活动。

近年来,伴随人民生活水平的提高,供水形式的发展和变化,一些公共场所开始设置分质供水系统,并逐渐应用于重大活动,分质供水扮演了越来越重要的角色。如2010年上海世博会期间,园区内大量设置直饮水系统,为广大游客提供了便利。

二、场馆运行前分质供水卫生的提升改造

监督保障团队要根据场馆卫生风险评估结果,督促指导对设有分质供水场

馆的分质供水进行卫生整改，使分质供水卫生达到最佳状态。

（一）检查清理环境卫生

清除供水设施周围的垃圾、粪便、废渣、粉尘等污染源并检查相邻房间的污水或中水处理设施，保持良好卫生环境。

（二）检查完善配套设施

完善制水、更衣、检验、材料贮存与操作控制等房间配套设施。保证制水间独立封闭，地面、墙壁、天花板、门窗符合卫生要求，防蚊蝇、防鼠、防虫、机械通风、空气消毒等设施设备正常运转。

（三）检查完善工艺和管网

保证净化和消毒设备完好，水处理工艺、设备与进水水质、出水标准适应，输水管道不得直接与自来水相连，保证管网循环、净化消毒、分质供水、空气过滤、水满保护、成品贮水箱等符合卫生要求。保证水处理材料定期更换，供水管网定期清洗消毒。

（四）核准卫生资质管理

依法取得卫生许可证，供水方式、卫生设施、供水范围与许可审查资料一致，供水系统涉水产品有卫生许可批件，供管水人员有健康合格证明且经过卫生知识培训。

（五）检查完善卫生管理

建立健全卫生管理制度、饮水卫生岗位责任制，制定饮用水污染应急预案，配备专职卫生管理员，落实从业人员健康、卫生培训和职业禁忌人员调离制度，落实供水设备日常自检、记录制度和水质定期检测制度。

三、场馆运行期分质供水卫生现场监督要点

分质供水卫生现场监督保障，应当重点监控以下环节。

（一）严格监控卫生资质

场馆分质供水必须取得卫生许可证，许可证必须在有效期内，供水方式、卫生设施、供水范围必须与卫生许可审查材料一致。供水系统使用涉水产品必须有卫生许可批件或有资质单位出具的检验合格报告。

（二）严格监控环境卫生

分质供水设施周围环境必须保持清洁整齐，不得堆放垃圾、粪便、废渣，不得有渗水厕所、粉尘、工业废气、放射污染因素；相邻房间不得有中水、污水处理设施，不得有垃圾、污染物堆放。对存在各种污染因素的，场馆运行卫生监督团队要在现场监督责任单位立即清理，防止因供水设施周边环境问题，影响饮用水卫生安全。

（三）严格监控设施和布局

制水、更衣、检验、材料贮存与操作管理等专用设施齐全。制水间必须独立封闭，面积适当，建筑完整，装饰符合卫生要求，排水、防蚊蝇、防鼠、防虫、机械通风、空气消毒等设施必须符合卫生规范要求。

（四）严格监控设备和管网

水处理工艺配置必须合理，净化和消毒设备必须正常运转，输水管道不得直接与市政供水系统相连。管网系统必须符合卫生要求，成品贮水箱必须完全封闭，空气过滤和水满保护装置必须完整，溢流管必须有空气隔断装置。水处理材料必须定期更换，且有更换记录。供水管网必须定期清洗消毒，且有清洗消毒记录。

（五）严格监控卫生管理和从业者健康

场馆分质供水从业人员必须按规定接受健康检查，经过卫生知识培训，取得健康合格证明，直接从事供、管水的人员不得擅自更换，患有相关疾病的人员必须立即调离相应的岗位。场馆分质供水，必须设专门卫生管理机构或人员，必须备有卫生管理制度、卫生岗位责任制、饮用水污染应急预案，供水设备必须每日自检和记录。

（六）严格监控分质供水水质

要严格监控管道直饮水水质的变化，分质供水出水水质必须符合《生活饮用水卫生标准》（GB 5749—2006）或《饮用净水水质标准》（CJ 94—2005）的水质要求。场馆运行卫生监督保障团队，应当在场馆内选择设置水质监测点，每天进行2次以上的感官性状和微生物指标检测，例如细菌总数、浑浊度、色度、pH 值、肉眼可见物、臭和味等指标。对水质异常等情况，应当立即采取控制措施，查找原因，严防出现损害健康的风险，避免危害再次发生。

第二十一章　重大活动场馆运行公共场所卫生现场监督保障

第一节　概　述

一、概念和特点

（一）场馆运行公共场所卫生现场监督的概念

重大活动场馆运行公共场所卫生现场监督保障是卫生监督保障的主体，是依据相关法律法规和卫生规范、标准，对属于《公共场所卫生管理条例》规制范围的场所和事项进行的监督和监测。主要包括住宿场所、游泳场所、洗浴场所、理发场所、休闲场所等环境卫生的监督和检测，场馆内集中空调通风系统的卫生、室内空气质量、客人公共用品用具卫生、公共设施卫生等的卫生监督、监测和指导等风险控制活动。主要目标是为重大活动提供一个良好的环境卫生条件，保障重大活动参与者不因环境卫生危害健康。

（二）公共场所卫生现场监督保障的特点

现场监督的特点除了具有重大活动场馆运行食品安全与卫生监督保障的现场性、应急性、专业性、服务性、整体性、核心性等共同特点外，还有一些自身的特点，包括以下几方面：

1.综合性

场馆运行公共场所卫生现场监督不是对一类或者一种公共场所的现场监督，往往是对一组公共场所的现场监督。因为一个重大活动的场馆，无论是重大活动核心活动场馆，还是重大活动集体住宿场馆，其中所包含的公共服务多是综合性的，往往是有几种公共场所业态形式同时存在，需要场馆运行团队以综合方式，做好各类业态公共场所的现场监督。

2.交叉性

场馆运行公共场所卫生现场监督在环节上、点位上和内容上，有许多与食品安全监督、生活饮用水卫生监督、传染病防治监督、病媒生物控制监督等相互重叠和交叉的地方。主要是因为场馆运行中的公共场所，是作为一个封闭的整体存在，一个公共场所需要给客人提供多种服务，而每一项服务都会涉及一项社会管理功能，就会发生行政管理法律关系。各种相近的行政管理关系同时集中到一个点上时，就会发生重叠和交叉。如对重大活动集中就餐场所现场的卫生监督会与食品安全监督相交叉，对用水现场监督会与饮用水卫生监督相交叉，对设施设备的监督会与病媒生物防控、传染病防治监督相交叉。

3.衔接性

首先，场馆运行时公共场所虽然是一个整体，但是现场卫生监督时，不可能是“大兵团作战”，也不可能让现场监督员成为“三头六臂”、“千手观音”，只能是按点位进行监督，也可以按照线条方式或布块方式检查。这些点、块和线条需要有机地衔接，既不能重复也不能单独监督，需要形成有机的链条，发挥整体功能。其次，在公共场所这个整体中，涉及到的食品安全监督、生活饮用水监督、病媒生物防控监督等，这些同属于场馆运行公共卫生系统的监督保障，虽然专业有所区别，但是其内涵有紧密的联系。场馆运行监督保障团队，需要将这些监督工作有机地衔接到一起。

4.从属性

公共场所卫生现场监督不是简单孤立的存在，而是重大活动场馆运行体系的一部分，从属于服务场馆运行的整体，为重大活动做好公共卫生服务。除此之外，公共场所卫生管理，还是控制预防传染病传播的重要措施，是预防控制传染病流行的重要途径。从理论上讲，公共场所卫生管理是传染病预防控制的具体化，应当从属于传染病防治法的范畴，对公共场所进行卫生监督也是执行《中华人民共和国传染病防治法》的具体工作。所以场馆运行公共场所卫生现场监督措施，不仅要依据《公共场所卫生管理条例》(1987 年 4 月 1 日国务院发布)，还要依据《中华人民共和国传染病防治法》，落实传染病防治整体工作要求，做好传染病防控措施落实情况的现场卫生监督检查和卫生监测。

二、公共场所卫生现场监督保障范围

现场监督范围是场馆运行卫生监督保障团队，在场馆内经公共场所卫生监督检测的责任区域和工作任务。可以从两个方面考虑：

(一)按照现场监督的空间界定

从空间角度或者从管理相对人角度考虑。现场卫生监督范围主要包括四类：第一类是重大活动核心活动场馆的卫生监督监测，如体育赛事的体育场馆、游泳场馆等，大型论坛或者会议活动的礼堂、会议室、报告厅等，演艺活动的影剧院、歌舞厅、音乐厅等，会展活动的展览馆、美术馆、会展中心等；第二类是重大活动集体住宿场馆及附属服务设施的卫生监督监测，如重大活动代表、宾客入住的宾馆客房，宾馆内的美容美发室、娱乐休闲厅、桑拿洗浴、游泳池、咖啡厅等；第三类是重大活动集体就餐场所的卫生监督监测，就餐场所的公共场所卫生一般不涉及食品安全问题，主要指就餐场所的环境卫生状况的监督，在大型活动中主要监督住宿宾馆等大型餐厅的卫生等；第四类是重大活动参与者集体外出活动时乘坐的交通工具卫生监督监测等。

（二）按照现场监督的内容界定

从监督监测具体内容考虑，现场卫生监督内容主要包括四类：

第一类是室内环境卫生状况的监督检测，如各类场馆室内的空气质量、微小气候、采光照明、噪音等；

第二类是供客人使用的公共用品用具卫生的监督检测，如供客人使用的餐饮具、浴巾手巾、布草软片、睡衣拖鞋、理发工具、洗漱用品、化妆品等；

第三类是卫生设施设备的卫生监督检测，如场馆集中空调通风系统、独立设置的空调机、卫生间的卫生设施、清洗消毒设施、防蝇防鼠设施等；

第四类是水质卫生的监督检测，如游泳池的水质、洗浴池的水质、供客人生活使用水的水质等。

三、场馆运行启动前场馆卫生的提升改造

举办一次重大活动，搞好场馆建设是基础，保证场馆正常运行是关键。重大活动场馆卫生提升改造是在重大活动筹备阶段，各类场馆在卫生监督保障主体的督促指导下，对场馆原有建筑、布局、设施设备和卫生管理制度等，进行全面的整改，完善，提高，使之达到最佳状态的活动。督促指导场馆做好运行前的卫生提升改造，是重大活动场馆运行卫生监督保障的重要内容，对有效实施运行期的卫生监督保障措施，实现卫生监督保障目标，具有非常重要的意义。卫生监督保障主体，应当根据卫生风险评估的结果，针对每个场馆的实际情况，提出卫生提升改造的指导意见，督促指导相关单位落实提升改造任务。

（一）完善场馆建筑布局

主要任务包括：改造场馆内部不合理的结构，完善防噪、防震、防潮功能，改善重点部位的空间、照明等，配齐功能房间和设施；按照有关卫生规范，调整设施布局和流程，消除可能导致交互感染和健康危害的因素；同时，通过城市规划建设，改善场馆外环境卫生条件，清除污染源、有毒有害物质的排放和产生严重噪音的源头等，通过提升改造使场馆的选址、布局、设施、内外环境满足场馆卫生学要求。

（二）完善场馆卫生设施

主要任务包括：完善公共用品用具的消毒间，使内部的墙面、地面、顶棚，上

水下水等符合卫生要求，并配齐消毒设施、消毒剂、消毒器械，完善消毒后物品的保洁设施等，满足公用品用具清洗消毒和保洁的卫生要求；改善公共卫生间，完善通风、防蝇、清洗消毒设施，使卫生间及蹲位的数量等与服务人群相适应；完善盥洗房间和设施，使地面、墙面、脸盆等符合卫生要求；完善场馆防蚊、防蝇、防蟑螂、防鼠害的设施，保证室内外无蚊蝇滋生场所，无蚊、蝇、蟑螂等病媒昆虫；完善垃圾污物收集处理措施，配齐垃圾收集、贮存、外运、处理和防止垃圾污物污染环境的配套设施设备；等。

（三）改善集中空调通风系统卫生

主要任务包括：督促场馆改造集中空调通风系统中的不合理部分，例如规范通风口、过滤网等新风补充系统设置，改善冷凝塔等消毒装置，改善进风口周边环境卫生，消除环境污染因素；督促场馆安排专业队伍，对集中空调通风系统进行全面的清洗消毒，接受卫生监测和评价，已经做过清洗消毒的，可以在关键环节采取强化消毒措施，使集中空调通风系统卫生状况达到最佳状态。

（四）健全卫生管理制度

主要任务包括：督促指导场馆经营者，按照《公共场所卫生管理条例》《公共场所卫生管理条例实施细则》的规定，建立健全卫生管理制度和内部卫生管理组织，配备专、兼职卫生管理员，进行经常性自查，并配合卫生监督机构实施监督；落实从业人员健康体检和每日晨检制度；建立公共用品用具消毒保洁和储备制度；健全卫生岗位责任制，制定突发事件应急处置预案，开展应急演练；同时完善卫生管理档案，详细记载卫生管理组织、制度，场馆空气质量监测，从业人员体检和培训，空调系统清洗消毒等有关情况。

（五）改善场所环境卫生质量

主要任务包括：全面整治场馆室内环境卫生，消除危害物质释放源，使室内空气中的甲醛、一氧化碳、二氧化碳、可吸入颗粒、微生物含量等达到卫生标准；使场馆自然通风或者机械通风效果良好，室内的微小气候，如温度、湿度、气流和新风量等符合卫生要求；改善场馆照明和防噪条件，使场所室内有良好的自然光照和人工照明，没有噪音危害；保证店容店貌整洁、美观，地面无果皮、痰迹和垃圾等。

（六）提升从业人员卫生意识

主要任务包括：督促指导场馆经营者，对场馆卫生管理人员、从业人员进行卫生法律法规、规范标准、卫生知识、传染病防治知识、公共场所卫生要求等的培训教育，全面提升场馆从业人员的卫生意识和素质；使场馆服务人员树立良好的卫生意识，培养良好的个人卫生习惯，自觉约束行为，保证服务中的卫生。

（七）规范从业人员服务行为

主要任务包括：督促指导场馆建立健全服务各环节的卫生操作规范、程序和考核标准;规范个人卫生行为习惯,例如着装美观大方、清洁干净,按照规定配戴口罩、手套,防治疾病传播;规范服务操作行为,例如按规定进行室内通风、环境清理,客房床单、被套、枕套达到卫生要求,各类清洁布按规定分类专用,不交叉污染;规范公共用品用具清洗消毒行为,保证消毒液浓度、消毒时间,清洗消毒步骤、清洗消毒频次等符合卫生要求;等等。

三、公共场所卫生现场监督保障重点

场馆运行公共场所卫生现场监督保障重点,需要综合考虑场所风险评估结果、重大活动规模、场馆活动情况、场所卫生状况等选定。对一次重大活动具体的监督保障,应当在全面监督检测的基础上,重点把握以下环节:

(一)严把预防性卫生监督环节

卫生监督保障主体需结合重大活动特点,依据《公共场所卫生管理条例》规定,制定专门的卫生许可政策,作为重大活动公共场所预防性监督的依据和指南。在重大活动场馆运行启动前,做好场馆新建、改建、扩建项目的预防性卫生监督和指导,使相应场馆的设计、选址布局、卫生设施设备,以及工程建设符合国家相关的卫生标准和规范。并严格按照法律法规规定的条件和要求,审核发放相应的卫生许可证书,杜绝未经卫生审查许可审查合格的公共场所作为重大活动场馆。

(二)严把风险评估和整改提升环节

重大活动场馆运行卫生监督保障任务确定后,场馆运行卫生监督保障团队,要按照职责分工,对已经建成或者正在营业的拟使用场馆,依据《公共场所卫生管理条例》《公共场所卫生管理条例实施细则》和相关场馆的卫生标准等,进行二至三轮的全面卫生监督检测和风险评估,每进行一次风险评估,就督促指导场馆经营者针对发现的风险因素进行一次整改提升。通过风险评估和整改提升,使场馆环境卫生状况在场馆运行前夕达到最佳状态,其中具有高度卫生风险的控制点,不应超过所有控制点的10%,并将其作为场馆运行过程中现场卫生监督监控的重中之重。

(三)严把集中空调通风系统卫生环节

在重大活动启动前,要对场馆集中空调通风系统进行一次系统的卫生评价,对评价不合格或者临近卫生标准限值的,要进行全面系统的清洗消毒。

(四)严把从业人员健康管理环节

重大活动场馆运行现场监督保障要严格监控从业人员健康状况:一是在场馆运行启动前,对其进行卫生知识培训和健康教育,二是必要时,可以对重点岗位从业人员进行一次应急性的健康检查;三是场馆运行期间,每日对其进行健康

晨检。

（五）严格把控公共用品清洗消毒环节

场馆运行团队要严格监督检查各类场所对公共用品的清洗消毒和保洁情况，必要时通过实验室检测或者现场快速检测方式对公共用品用具的消毒效果进行检测。在重大活动运行期间，要对公共用品用具的卫生状况进行重点卫生监督检查和现场快速检测监控。

（六）严把客房卫生环节

要严格对重大活动参与者集体住宿的宾馆、饭店、客房等进行卫生监督检测，每天抽查客房空气质量、布草软片卫生、客用公共用品用具卫生状况、卫生间及布草间卫生等，根据情况进行现场快速检测。

（七）严把游泳场所卫生环节

在重大活动场馆运行现场监督保障中，要加强对场馆内游泳场所的现场监督。场馆运行监督保障团队驻点后，应当每天抽查游泳场所服务人员的健康状况，监督检查有关制度的落实情况，监督检查游泳池、浸脚池、更衣间和相关用品的卫生状况，对游泳池水、浸脚池水等进行余氯、pH 值、温度、细菌总数、尿素等指标的现场快速检测监控。

（八）严把美容美发场所卫生环节

场馆运行监督保障团队，应当每天检查场馆内的美容美发服务，抽查服务人员健康状况、公共用品用具、工具卫生状况和消毒等卫生制度的落实情况等。根据情况实施现场快速检测。

（九）严把娱乐场所卫生环节

休闲娱乐场所是健康危害风险较突出的场所。场馆运行监督保障团队，应当每天检查娱乐场所卫生制度的落实，监督检查服务人员健康状况、环境卫生状况、提供的食品卫生状况、餐饮具和杯具卫生状况及消毒效果等，根据情况进行现场快速检测。

（十）严把洗浴场所卫生环节

场馆运行监督保障团队应当每天检查卫生管理制度、传染病防控措施的落实情况，抽查洗浴服务人员健康状况、公共用具清洗消毒、浴池水的卫生、餐饮具清洗消毒，卫生警示标识设置等情况，根据情况进行现场快速检测。

第二节　重大活动核心活动场馆卫生现场监督保障

一、核心活动场馆的概念和卫生学特点

（一）重大活动核心场馆概念

重大活动核心场馆，是指重大活动的中心活动场馆，即群体性规定动作实施的场所或者重大活动核心项目的运行场所等。核心活动场馆也是重大活动场馆运行监督保障的核心。

（二）重大活动核心活动场馆卫生学特点

重大活动核心场馆多是密闭式建筑物，又是重大活动人员最集中的场馆，从卫生学的角度，考虑到活动的规模、参与人群、场馆卫生设施、室内空气质量，以及场馆管理能力等各方面因素，发生重大活动核心场馆的健康危害和风险因素的问题比较突出。可能发生的健康危害：因人员密切接触导致病原体污染或传染性疾病的传播，特别是呼吸道传染病的传播；装修材料导致室内空气中含有毒有害成分；室内环境不舒适导致健康危害；客人用品用具不卫生导致的健康危害。主要风险因素包括：人员密集、健康状况复杂、接触频繁导致风险；场馆内环境因素，如基础设计、装饰材料、通风条件等导致风险；设施设备不符合要求或者非正常运转，集中空调通风系统不达标等导致卫生风险；内部管理不善，有关卫生制度不落实等导致卫生风险；等。重大活动公共场所的现场监督保障，要紧紧抓住上述关键环节，进行全程卫生监督和现场快速检测监控，有效防范损害健康事件的发生。

二、重大活动运行前核心场馆现场卫生监督要点

重大活动运行前核心场馆现场卫生监督要点主要围绕新建场馆预防性卫生监督指导，旧场馆提升改造督促指导等开展以下工作：

（一）开展预防性监督

对新建场馆设计进行卫生审查，提出卫生指导意见；对在建场馆项目进行卫生指导；对场馆竣工项目进行卫生及卫生防护措施审查；对集中空调通风系统进行监测和评价；依法审核卫生许可证书。

（二）组织开展卫生风险评估

通过全面监督检查，开展卫生风险评估，查找卫生风险隐患，指导场馆经营者、管理者，对场馆进行卫生改造提升，对集中空调风系统进行清洗消毒，消除各种可能存在的风险隐患。

（三）督促建立和完善卫生制度

督促指导场馆经营者、管理者，建立健全场馆卫生管理制度，落实卫生岗位责任制，制定重大活动公共卫生应急预案，对从业人员进行卫生知识培训和健康检查，将患病人员调离直接与宾客接触的岗位。

（四）进行工作对接，明确岗位责任

重大活动场馆运行正式启动前，场馆运行监督保障团队，要与重大活动举办方、场馆内有关单位进行工作对接，了解重大活动运行规则、主要程序和步骤，了解场馆内相关卫生设施使用需求，熟悉了解现场情况，明确各岗位工作责任，做好各环节的无缝对接，开展运行演练。

三、重大活动运行期核心场馆卫生现场监督要点

不同的重大活动会使用不同的场馆，对场馆又有不同的运行规则和运行要求，因此，重大活动核心活动场馆公共场所卫生现场监督必须根据重大活动及其使用场馆的具体情况，确定和调整具体工作内容和重点。核心场馆卫生现场监督工作与重大活动其他卫生监督保障工作相比较，从属性、服务性、整体性要求更突出，必须与场馆运行各系统保持紧密联系，同步协调开展好卫生监督保障工作，在整体场馆运行中最大限度地发挥卫生监督的积极作用，有效防范公共卫生健康危害事件的发生，为重大活动顺利进行保驾护航。

（一）监控卫生资质和日常管理

检查场馆卫生许可证是否在有效期内，经营范围是否在卫生许可的范围内。检查监控场馆是否按照规定建立健全卫生管理制度和档案，是否制定了重大活动卫生应急预案，是否按规定设置卫生管理员，负责日常卫生管理和检查，并配合卫生监督部门工作。

（二）监控服务人员健康管理

检查场馆内与客人接触的人员是否依法持有健康合格证明，必要时，督促场馆在活动运行前组织一次应急性健康检查。在活动运行期督促场馆每天进行晨检，发现患有传染性疾病的人员立即将其调离直接与客人接触的岗位。卫生监督保障团队指导和协助场馆对从业人员进行卫生知识培训。

（三）监控场馆室内空气质量

卫生监督保障团队每天对室内空气质量和舒适度进行现场快速检测。重点监测甲醛、一氧化碳、二氧化碳、温度、湿度、新风量等。督促场馆每天按照规定对室内环境进行消毒，并保证场馆室内空气质量、微小气候、照明、噪音等符合卫生标准和规范的规定。

（四）监控卫生设施设备

卫生监督保障团队每天要检查场馆通风换气、防蚊、防蝇、防鼠、清洁消毒、

物品保洁、卫生间、盥洗间、垃圾污物收集等设施设备是否完好，是否按规定使用，是否按规定清洗消毒，通风换气，清运垃圾等。

（五）监控客人用品用具卫生

监督保障团队要严格监控场馆内供客人使用的用品用具是否按照规定进行清洗消毒和保洁，检查消毒过程是否规范，清洗消毒效果是否达到卫生标准要求。每天抽取样品进行消毒效果的现场快速检测。

（六）监控集中空调通风系统卫生

场馆中的集中空调通风系统应当在场馆运行启动前进行清洗消毒和卫生评价，符合卫生要求方可使用。场馆运行启动后，重点监控集中空调通风系统是否保持正常运转，特别是通风口、过滤网等新风补充系统设置是否正常，检查进风口周边环境卫生，预防环境污染因素带来的危害。

第三节　重大活动集体住宿场所卫生现场监督保障

一、概念和范围

重大活动集体住宿场所，主要是指重大活动参与者（包括国家领导、外国首脑、特邀贵宾、参会代表、参赛运动员、裁判员、组委会成员等）集体住宿的宾馆饭店，有些重大活动称之为接待宾馆饭店、签约酒店、指定酒店、接待单位等。体育赛事根据入住人员称之为运动员酒店、团部酒店、媒体酒店，特别重大的体育赛事还会单独建设运动员村；等等。重大活动参与者集体住宿场所，是否纳入场馆运行范围，在实际操作中还有一些争议。其原因是 2000 年悉尼奥运会提出场馆运行的概念时，主要是从赛事运行的角度考虑，以此对场馆运行范围的界定，主要指体育赛事运行的场馆，并不包括运动员住宿的场馆。但是，我们在重大活动监督保障的实践中要综合考虑相关因素，例如有些活动主要在住宿场馆内完成，必须形成统一的场馆运行保障机制，有些活动虽然不在住宿场馆，但是如果住宿场馆安排不好也会影响到活动场馆的正常运作，所以集体住宿场所也需要纳入场馆运行统一管理。从卫生监督保障实施角度，对集体住宿核心场所，应当采取相同的监督员 24 小时驻点保障机制。2008 年北京奥运期间奥运村、接待酒店、签约酒店都是按照场馆运行进行监督保障的。因此，集体住宿场馆应当纳入场馆运行范围。

二、住宿场所卫生监督保障特点

重大活动集体住宿场所卫生监督保障最突出的特点有两个方面：一是综合

性，二是较高风险性。

（一）场馆功能的综合性

集体住宿的场馆是重大活动的一个小社会，相当于重大活动参与者集中生活的一个社区，应有尽有。因此，这类场馆内除住宿场所（客房服务）外，还包括多种综合性服务功能，例如美容美发、休闲娱乐、桑拿洗浴、咖啡茶座、游泳场所、综合商场、中西餐厅等等，基本能够满足参与者短期生活的需要。

（二）监督保障工作的综合性

对重大活动集体住宿场馆的卫生监督保障，应当是一个综合性的监督保障。既包括各类公共场所的综合保障，也包括生活饮用水、传染病防治、病媒生物防控等公共卫生的综合监督保障，还包括餐饮食品安全、销售食品安全和公共卫生的综合监督保障等等。

（三）集体住宿场馆的风险性

由于重大活动集体住宿场馆服务功能的综合性，使场馆成为一个多业态的公共服务场所，每一个业态的服务功能，多有其特定的卫生风险和导致风险的因素，这些风险因素集中到一起，相互影响和作用，增大了风险的概率和可能的风险程度，由此集体住宿场馆的卫生监督保障成为重大活动卫生监督保障的重中之重。

（四）保障中的综合性和专业性

卫生监督保障，既可以综合性实施，也可以分专业实施。在食品安全监管体制调整前，卫生部门在重大活动集体住宿场馆监督保障中，一般组织一个宾馆为一个保障团队，采取食品安全与公共卫生大综合的方式落实监督保障工作。在卫生监督保障实践中，卫生部门根据不同的活动特点、不同的场馆需求和特定的风险因素，采取相应的监督保障策略，一般情况下采取综合性卫生监督保障方式。在特殊情况下，如存在重大传染病风险时，就需要组织专门的传染病防治监督保障团队等等。

三、客房服务现场卫生监督要点

客房服务是重大活动集体住宿场馆的核心服务内容，也是重大活动运行期间对重大活动集体住宿场馆现场监督保障的重点。

（一）监督检查卫生资质

集体住宿场馆必须依法取得住宿业公共场所卫生许可证，这是公共场所符合住宿基本卫生条件的标志。卫生许可证必须按期校验更新，在场馆内悬挂公示，公共场所不得未经许可超范围提供客房服务。

（二）监督监控公共用品用具卫生

现场卫生监督保障人员应当随时监督检查消毒间是否有杂物，消毒设施是否正常运转，消毒药械是否符合规定，是否有配比容器，消毒浓度是否合格，消毒程序是否符合要求，清洗消毒后的客用杯具是否还有污迹。保洁措施是否符合要求，是否存在二次污染或交叉污染隐患。监督检查客用化妆品标签标识是否符合要求，索证索票是否齐全，客用化妆品是否违规自行灌装等等。

（三）监督监控贮藏间和布草间卫生

专间内清洁物品与污染物品必须分类码放，防止物品在存放等过程中发生交叉污染；客房服务的各类公共用品用具备品的存量必须达到床位数量的3倍以上，防止因存量不足导致清洗消毒不到位。

（四）监督监控服务操作规范

客房服务中的操作卫生规范与否，是保证客房卫生预防健康危害的重要环节，也是现场监督监控的重点。监督服务员在客用卫生间使用的清洁布，必须按规定明显区分用途，按标识规定的用途使用，不得交叉使用或者因其他行为导致污染；清洗消毒后的洗漱池、浴盆、恭桶不得有污迹；客房公共用品用具、棉织品、卧具必须按规定更换，清洗，消毒，客用毛毯、棉（羽绒）被、枕芯至少3个月清洗消毒一次，清洗消毒后的客用棉织品上不得有毛发、污迹。

（五）监督监控集中空调通风系统卫生

在场馆运行正式启动前，必须确保住宿场馆依法对集中空调通风系统按规定进行清洗消毒，并经卫生评价合格。场馆运行启动后重点监控机械通风装置过滤网及进、出风口是否出现积尘，检查户外进风口周边是否有垃圾、有毒有害物质等污染因素。

（六）监督监控防虫防鼠措施

住宿场馆必须按规定采取防蚊、防蝇、防蟑螂、防鼠措施，有经常性的杀灭制度，营业区内不得有蚊、蝇、蟑螂、老鼠和滋生环境。按照规定设置垃圾收集、贮存、外运、处理和防止垃圾污物污染环境的配套设施设备，服务中产生的垃圾必须日产日清。

（七）监督监控落实卫生制度

客房服务必须健全卫生管理制度并悬挂上墙，配备专兼职卫生管理员，制定卫生应急预案并设专人负责；从业人员必须定期进行卫生知识、卫生法律法规的培训，每年进行健康检查并取得健康证明，重大活动时每日进行晨检，患有规定疾病的人员应及时调离相关岗位。

（八）进行现场快速检测监控

现场监督保障团队可以重点开展三个方面的现场快速检测，进行动态监控：第一，监测室内空气质量，重点检测一氧化碳、二氧化碳和甲醛含量是否在卫生标准限量范围内，根据需要检测苯、甲苯、二甲苯、PM_{10}等有害物质的浓度；第二，监测室内微小气候，主要检测室内温度、湿度、风速、噪声、照度等是否符合卫生要求；第三，监测公用具消毒效果，重点检测杯饮具的表面洁净度、消毒液的浓度是否符合要求。

四、美容美发服务现场卫生监督要点

美容美发服务与客人近距离密切接触，需要反复使用理发美容用品用具，管理不善极易造成疾病的传播，或者导致其他健康危害。是重大活动集体住宿场馆具有较大卫生风险的区域和服务，需要重点进行卫生监督和监控，预防传染病传播或者其他健康危害。

（一）监督监控卫生资质和管理

住宿场馆提供美容美发服务，必须依法取得美容美发类卫生许可证，并按期进行校验更换，不得违规、超范围经营或者从事创伤性美容服务。理发营业面积不得小于10平米，美容服务应当有不小于30平米的单独工作间，建立健全卫生管理制度，配备专兼职卫生管理员。

（二）监督落实消毒隔离制度

工作人员操作时须穿清洁干净的工作服，美容前双手必须清洗消毒，操作时应戴口罩；脸巾应当一客一换一消毒，理发用的大小围布要经常清洗更换；理发、烫发、染发的毛巾及刀具应分开使用，理发工具采用无臭氧紫线消毒，毛巾采用热力消毒；清洗消毒后的工具应分类存放，不得检出致病微生物。为患皮肤病顾客服务必须使用专用工具。

（三）监督服务人员卫生

服务人员必须持有健康证明，经过卫生知识培训，熟悉有关传染病预防知识，患有指定疾病的服务人员应立即调离直接为客人服务的岗位。重大活动期间要对美容美发人员进行健康晨检，发现患者应及时调离。

（四）监督化妆品卫生

为客人服务使用的化妆品必须符合相应的卫生标准和规范，依法提供卫生许可批件，化妆品标签标识要符合卫生要求，采购化妆品索证索票资料要齐全，客用化妆品不得违规自行灌装。

（五）开展现场快速检测

根据美容美发服务实际情况，重点监测美容美发场所室内空气质量和微小气候，例如一氧化碳、二氧化碳、甲醛含量，室内温度、湿度、噪声、照度等；监测公用具消毒效果，例如杯饮具、用具的洁净度，消毒液的浓度等，必要时送实验室检测大肠菌群和金黄色葡萄球菌。

五、洗浴场馆卫生现场监督要点

洗浴服务也是重大活动集体住宿场馆的一个存在较高卫生风险的环节，应当列为重大活动集体住宿场馆现场监督的重点之一。对住宿场馆的洗浴服务在现场卫生监督中，可以重点把控住以下环节：

(一)监督监控卫生资质和管理制度

住宿场馆没有取得洗浴类卫生许可证的，不得设置洗浴场所提供洗浴服务；不得超出卫生许可范围提供服务。必须健全洗浴卫生管理制度，配备专兼职卫生管理员，配备卫生应急预案，建立卫生管理档案。

(二)监督监控浴池水卫生

住宿场馆洗浴服务必须设置浴池水补充净化消毒设施，营业中池水循环过滤设备必须正常运转，浴池水不得浑浊不洁，并按规定进行水质自测。

(三)监督监控公共用具卫生

洗浴服务必须设专用消毒间，保证消毒设施运转正常，并有拖鞋专用消毒设施。公共用品消毒程序、操作过程、保洁措施等须符合卫生要求，消毒后无毛发、污迹，无二次污染或交叉污染隐患。公共用品用具、棉织品、卧具、拖鞋须一客一换，一次性使用的物品不得重复使用。

(四)监督监控防病和附属卫生设施

洗浴服务必须设置禁止性病、皮肤病人等传染病患者及精神病、酗酒者入浴标识。保持机械通风装置运转正常，卫生间设置独立通风设施，防蚊、防蝇、防蟑螂、防鼠措施健全，营业区无蚊、蝇、蟑螂、老鼠等的滋生环境，室内环境整洁、安静等。

(五)监督监控从业人员卫生

从业人员必须持有健康证明，经过卫生知识培训，了解清洗消毒、防病知识。对从业人员每天进行晨检，发现患有规定疾病的人员应及时调离相关岗位。

(六)开展现场快速检测重点

重点监测三方面卫生：室内环境卫生，例如一氧化碳、二氧化碳、温度、适度、新风量、照度等；浴池水卫生，例如浴池水的浊度、余氯含量、温度、尿素等；公用品卫生，例如表面洁净度，消毒剂浓度等。

第四节　游泳场馆卫生现场监督保障

一、概念

游泳场所是指能够满足人们进行游泳健身、训练、比赛、娱乐等项目活动的室内外水面(域)及其设施设备。包括游泳池、游泳场、游泳馆、跳水馆等。在重大活动场馆运行中,游泳场馆可能是重大体育赛事的一个核心场馆,也可能是重大活动集体住所场馆内的一项附属服务设施。

二、场馆运行启动前的改造提升

卫生监督保障主体和场馆运行监督保障团队,应当在场馆运行启动前对游泳场馆进行全面的卫生风险评估,查找卫生风险隐患,指导场馆经营者对游泳场馆进行卫生提升改造,严格审查卫生资质条件。核准卫生许可证后,游泳馆应全面提高自身卫生管理水平。

(一)检查完善卫生安全设施

游泳池池壁、池底应当光洁、不渗水,呈浅颜色;池外走道不滑并易于冲刷,走道外缘设排水沟,污水排入下水道;室内游泳池采光系数不低于 1/4,水面照度不低于 80lx;儿童涉水池不得与成人游泳池连通。

(二)检查完善净水消毒设施

按规定设置符合卫生标准要求的水质净化、池水消毒、水温调节等设施设备;通往游泳池的走道中间应当设置强淋设施和强制通过式浸脚消毒池(池长不小于 2 米,宽度应与走道相同,深度 20 厘米);浸脚消毒池水的余氯含量应保持在 5～10mg/L,并每 4 小时更换一次;儿童涉水池应当有连续供水系统,新水中余氯浓度应保持在 0.3～0.5mg/L。

(三)完善配套卫生设施

分别设置男女更衣室、淋浴室和厕所等;淋浴室每 30～40 人设一个淋浴喷头;卫生间应设独立的机械排风系统,女厕所每 40 人设一个便池,男厕所每 60 人设一个大便池和两个小便池;设置医务室并配备一定数量的医务人员、救护人员和必要设备、药品。

(四)检查完善卫生制度

建立卫生管理组织,配备专兼职卫生管理员;公示卫生许可证件,禁止超出许可范围经营;落实从业人员体检制度,从业人员持有效健康合格证,坚持晨检、患病及时调离制度;落实卫生自查制度,进行经常性卫生检查,建立自查自检纪录;建立卫生管理档案,详细记载从业人员体检培训、客用公共用品用具索证、清洗消毒记录和卫生监督监测等情况;制定突发事件应急处置预案,定期排查隐患,开展应急演练。

(五)检查规范日常卫生

游泳场所通道、更衣室、淋浴室、厕所应保持清洁无异味并定期消毒;开放时间内应每日定时补充新水,保证池水水质良好;禁止出租游泳衣裤;严禁患有肝炎、心脏病、皮肤癣疹(包括脚癣)、重症沙眼、急性结膜炎、中耳炎、肠道传染病、精神病等的患者和酗酒者进入人工游泳池游泳。

三、场馆运行期现场卫生监督要点

在游泳场馆现场卫生监督中,要根据卫生风险评估的结果、游泳场馆卫生风险特征等因素,重点监督监控泳池水、公共用品、人员健康等重要环节,消除传染病的传播风险因素。

(一)严格监控池水净化消毒

池水循环过滤设备是否保持正常运转,是否按规定对池水水质进行检测并有详细记录。水面照度能否达到 80lx 以上,池水是否清亮透明,等等。

(二)严格监控落实防污染措施

是否按规定开启强制淋浴设施,强制通过式浸脚消毒池水是否按规定每 4 小时更换一次,余氯含量是否达到 5～10/L 的标准;是否按规定设置皮肤病、性病患者禁止游泳的警示标志;是否按规定配备了传染病检查员;是否有违规出租游泳衣裤的行为。

(三)严格监控公共用品卫生

公用衣柜、拖鞋、浴巾、毛巾等公共用品用具是否按规定彻底清洗消毒,消毒过程是否符合卫生规范要求,是否有不经消毒重复使用的行为,公共用品用具贮藏间是否堆放杂物。

(四)监督检查卫生状况

室内游泳馆是否按规定设置机械通风设备,机械通风运转是否正常,机械通风装置过滤口及送回风口有无积尘;泳池及其附属设施——男女更衣室、浴淋室、厕所是否保持清洁卫生,公共卫生间是否有独立的通风口。

(五)监督从业人员卫生

从业人员是否持有健康证明,是否经过卫生知识培训,是否了解清洗消毒知识和程序,对从业人员是否每日进行晨检,发现患病人员是否及时调离相关岗位。

(六)开展现场快速检测

通过现场快速检严格监控四个环节:一是水质消毒效果,检测池水余氯含量、微生物总数等;二是水质净度效果,检测池水浑浊度、尿素含量、水温度、pH 值等;三是保洁消毒状况,检测浸脚消毒池消毒剂浓度、有关用品消毒液配比浓度等;四是室内空气质量状况,检测照度、湿度、噪音,一氧化碳、二氧化碳含量等。

第二十二章　重大活动场馆运行传染病防治的现场监督保障

第一节　概　述

一、相关含义

（一）重大活动传染病防治卫生监督保障含义

重大活动传染病防治卫生监督保障，是卫生监督保障主体在重大活动期间依法开展的具有针对性的专项卫生监督执法活动。卫生监督主体根据重点传染病防治工作要求，针对重大活动特点、重点传染病流行特征和风险，对重大活动有关各单位进行监督检查。督促各相关单位和个人遵守传染病防治法律法规，履行传染病防治法规定义务，认真贯彻落实传染病防治规章制度，特别是卫生部门针对重大活动提出的传染病防控措施，履行好传染病预防控制和救治责任，保障在重大活动期间不发生重大传染病流行的状况。在实践中还可以分为：重大活动城市运行传染病防治监督保障，重大活动场馆运行传染病防治监督保障。

（二）城市运行传染病防治卫生监督保障

卫生监督保障主体，按照重大活动城市运行传染病预防控制规划和方案，针对重大活动特点和重点传染病流行特点，对城市运行中各相关单位、相关组织落实传染病预防措施的情况进行监督检查，查处违法。重点是对疾病预防控制机构、医疗机构、采供血机构等免疫接种、消毒隔离、疫情报告、消毒管理、医疗废物处置等法规、制度和规范的落实情况的监督检测，对公共场所、供水单位、餐饮单位等落实传染病控制措施的情况进行监督和监测，保障在城市管理的基础上落实传染病预防控制措施，为重大活动创造良好的公共卫生环境。

（三）场馆运行传染病防治卫生监督保障

卫生监督主体在重大活动核心场馆、住宿场所内开展有针对性的专项卫生监督活动。在此期间，卫生监督保障主体根据重大活动场馆运行（重点场所）传染病防治方案，针对重大活动运行规则、重大传染病预防控制要求，依法对重大活动场馆运行中各相关传染病防控措施的落实情况进行卫生监督监测，保证各项传染病的防治措施和卫生要求在场馆内得到落实。监督检测范围:对重大活动场馆医疗站(点)消毒隔离制度落实情况的监督监测,医疗废物处置情况、疫情报告情况的监督监测;对重大活动举办方、承办方和有关服务提供方落实环境、物品消毒要求的情况,对传染病患者、疑似传染病人、来自疫区的人员进行卫生管理的情况,对使用的消毒用品和公共用品卫生等情况进行的卫生监督、监测和指导。

二、传染病防治卫生监督保障特点

传染病防治监督保障的主要特点是系统性、社会性、整体性和综合性。

(一)传染病防治监督保障的系统性

传染病防控是一项复杂的系统工程,传染病防治工作涉及的范围很广,影响因素很多,需要全社会共同参与,采取综合性治理防范措施。重大活动传染病防治监督保障也需要综合性、系统性地开展工作,需要全社会特别是重大活动参与主体的共同参与,多方协作配合,需要对各个防控环节进行有效地监督,对各种影响因素进行有效地控制,形成立体化、系统性监督保障措施的合力。因此,重大活动传染病防治保障工作,不是一个部门一个单位可以独立完成的,需要重大活动的有关部门和单位共同参与、落实责任。

(二)传染病防治监督保障的社会性

城市运行的传染病防治监督保障需要各部门和基层政府组织积极参与,相互配合。不仅需要出入境卫生检疫部门落实好入境人员卫生检疫工作,农业部门做好有关动物防疫工作,爱国卫生组织做好病媒生物防控工作,医疗卫生机构做好日常传染病监测工作,卫生监督机构做好公共场所、生活饮用水卫生监督工作,环保、水务、城建、食药、教育等部门履行好相应的管理和监督职责,还需要每个公民共同参与履行相应的义务,积极支持配合专业部门做好工作。

(三)场馆内传染病防治监督保障的整体性

整体性是系统性的一个方面,是讲具体操作层面的系统性、联系性和衔接性。传染病防治监督保障需要与场馆内进行保障的各相关方面、相关环节紧密衔接:需要出入境卫生检疫部门及时通报入境人员检疫情况,场馆医疗站(点)做好参会人员疾病监测、疫情报告、消毒隔离等工作;需要场馆经营者在场馆内按照爱卫工作要求,落实鼠、蚊、蝇、蟑的消杀灭工作;需要场馆经营者按照卫生部门要求落实公共场所、生活饮用水的卫生管理等工作;需要卫生监督团队依法对环境卫生、生活饮用水卫生等进行监督监测,对医疗站(点)疫情报告、消毒隔离等进行监督检查。通过各环节措施的有效落实,有机衔接,相互促进和补强,达到预防传染病暴发流行的目标。

（四）场馆公共卫生工作的综合性

场馆公共卫生工作是一个整体，需要场馆公共卫生人员一专多能。在重大活动中卫生部门不可能向场馆派驻过多的公共卫生人员。因此，场馆运行的卫生监督保障团队，在一般情况下会扮演多重角色，既要承担卫生监督的保障任务，又要承担传染病防控的技术指导、监督检查、参与流行病学调查等任务，还要承当对病媒生物防控的指导和检查任务。医疗站（点）的医务人员也要担当一部分公共卫生人员的工作，对重点传染病进行监测、调查等。在实施传染病防治卫生监督保障时，卫生监督团队不但要对相关单位和个人进行监督检查，而且要加强与监督对象的信息沟通、交流，加强与相关团队的协调沟通，联动落实保障工作。

第二节　场馆运行传染病防治现场监督重点

一、场馆运行前传染病防治现场监督重点

（一）开展卫生风险评估

场馆运行的传染病卫生风险评估包括两部分：

1.举办城市整体的传染病风险评估

对社会影响特别大的重大活动，举办城市要按照传染病风险控制要求，对举办城市进行全面的传染病流行风险评估、评价。通过评估分析评价举办城市传染病防治能力和水平，分析判定主要的传染病风险因素，提出整体预防控制措施。

2.重大活动场馆运行的传染病风险评估

在举办城市整体传染病风险评估的基础上，对重大活动的核心活动场馆、重大活动参与者集体住宿的场馆、为重大活动提供餐饮服务的场馆等，结合公共场所卫生、生活饮用水卫生、食品安全等风险评估结果，同步进行传染病防治的风险评估。通过全面监督检查、现场检验检测、集体讨论分析和评价，查找出每一个场馆内存在的传染病传播风险因素，可能出现风险的概率，预防控制的关键环节等，提出有针对性的预防控制措施，作为重大活动运行期现场监督监控的重要基础和根据。

（二）制定相关标准和规范

卫生监督保障主体要组织或者会同有关机构，根据举办城市重大活动传染病风险评估结果和每一个重要场馆的传染病传播风险评估结果，依据《中华人民共和国传染病防治法》《中华人民共和国传染病防治法实施办法》等法律法规和

相关的卫生标准规范，结合重大活动场馆运行的特点，组织制定重大活动场馆医疗站(点)、门诊部和院前急救、转运等的传染病防治工作规范和标准；制定重大活动核心活动场馆、集体住宿宾馆饭店、集体就餐场所等传染病防控工作的卫生要求和规范；制定重大活动场馆运行传染病防治卫生监督监测工作规范；制定重大传染病暴发流行应急预案等。通过规范、标准和预案，明确各有关方面和单位在传染病管理、监测、疫情报告、应急处置等环节的具体要求、工作责任和评价标准，作为重大活动场馆运行启动后的工作依据。

(三)开展传染病防治知识培训

卫生监督保障主体要按照传染病防治工作方案、预案，各相关单位的传染病防治工作规范和标准，会同疾病预防控制机构，督促和组织相关单位开展场馆运行传染病防治管理的知识培训。

1.强化场馆中医疗卫生人员的专业培训

对场馆医疗站(点)、门诊部、场馆医务室的医务人员和公共卫生、食品安全监督保障人员等，重点进行传染病业务知识、传染病管理法律法规、传染病防治方案和预案、医疗站(点)重大活动传染病防治工作规范和公共卫生突发事件应急等内容的强化培训和教育。通过强化培训进一步提高医疗保障水平，确保重大活动场馆运行中，各类医疗卫生人员正确履行法定义务，落实传染病防控措施。

2.对场馆管理和从业人员进行培训教育

卫生监督保障主体要督促场馆经营管理者，组织对重大活动核心活动场馆、集体住宿场馆、集体就餐场馆等单位的负责人、卫生管理员、重点岗位的从业人员等，进行传染病防治法律法规、传染病防治知识、重大活动场馆传染病管理卫生要求等的培训教育。通过培训教育使场馆运行的有关单位和人员，明确工作职责、义务，了解重大活动时传染病风险和预防控制要求，自觉遵守法律法规和规范标准，自觉履行应尽的义务和责任，积极配合卫生部门和场馆卫生监督保障团队做好监督监测，预防控制传染病流行风险。

(四)指导建立制度，督促整改提升

场馆运行监督保障团队，要进入每一个场馆，指导在场馆内服务的医疗站(点)和重大活动核心活动场馆、集体住宿场馆、集体就餐场馆等单位，按照相应的传染病防治和管理工作规范、卫生要求和应当承担的责任等，制定相应的工作制度，落实岗位责任制，将相关工作落实到人；制定本单位的传染病管理工作流程，确定时间节点、工作方案、应急处置预案等，作为重大活动运行期的工作指南。同时，根据对各场馆的传染病防治风险评估结果，指导各相关单位有针对性地进行全面整改提升，消除各种可能的风险因素和隐患，使场馆内的传染病预防控制工作达到最佳状态。

（五）组织开展模拟演练

场馆运行卫生监督保障团队要与疾病预防控制机构、医疗机构、场馆医疗站（点）、重大活动场馆、集体住宿场馆和相关单位，进行反复的工作对接，进行场馆运行工作衔接配合的演练，进行重大活动场馆运行传染病监测、疫情报告、疑似患者医学观察、病人转运、终末消毒以及传染病突发事件应急处置的实战演练，使各方面的工作衔接、监督检查、风险控制、相互配合、应急处置等达到最佳运行状态，所有的相关工作人员达到最佳的状态。

二、场馆运行期传染病防治现场监督重点环节

所谓场馆运行期传染病防治现场监督保障，就是在重大活动开始后或者场馆运行启动后，卫生监督保障团队驻扎进现场需要开展的工作。根据实践经验，重大活动场馆运行期传染病防治现场监督保障，应当紧紧抓住10个关键环节。

（一）严控制度落实

卫生监督保障主体要严格把控传染病管理制度的落实环节，确保场馆运行中的各个单位、各项集体活动等，必须按照传染病法律法规、规范标准和针对本次活动制定的各项制度要求执行。

（二）严控消毒隔离环节

卫生监督保障主体要严格把控消毒隔离措施落实环节。提别是在有明显的传染病流行风险时，各医疗站点、住宿场馆、就餐场馆、活动场馆必须落实消毒隔离措施，严防各种途径的交互感染。

（三）严控症状监控环节

在传染病防治监督保障中，卫生监督保障主体要严格把控重点疾病和症状监控环节。监督医疗站（点）和各相关场馆单位，认真落实对重点传染病及其症状、体征进行监控的措施，严肃处理各类违规行为，一旦发现可疑病员立即按照预案处置。

（四）严控疫情报告环节

在运行监督保障中，卫生监督保障主体要严格把控传染病疫情报告环节，加强监督检查，督促医务人员和场馆内的有关人员，依法履行传染病报告责任和义务，发现传染病病人、疑似传染病病人立即按照规定报告，及时处理。对违反规定的有关人员要进行严肃处理。

（五）严控消毒管理环节

卫生监督保障主体要监督场馆内各单位，严格落实对各类用品、工具、室内环境的常规消毒措施，特别是要强化卫生部门针对重大活动和传染病风险提出

的应急消毒措施的落实，确保常规消毒规范落实，应急消毒到位。

（六）严控医疗废物处置环节

在运行监督保障中，卫生监督保障主体要严格把控医疗站（点）的医疗废物处置环节。严格规范和监督各医疗服务站点对医疗废弃物的管理和临时处置，建立规范管理制度和医疗废弃物日清转运制度，保证医疗废弃物日清日结，防止医疗废物产生的污染。

（七）严控病媒生物防控环节

在卫生监督保障中，卫生监督保障主体要严格把控病媒生物防控环节，监督各场馆落实爱国卫生要求，做好病媒生物消杀和环境卫生清整工作，及时清理各类垃圾、污水污物。监督相关机构规范进行消杀灭活动，确保达到卫生要求。

（八）严控饮食饮水卫生安全环节

重大活动场馆运行传染病防治现场监督保障要与食品安全监督、生活饮用水卫生现场监督紧密衔接，相互配合，及时通报信息，有针对性地加强，预防与传染病密切相关的食品安全和生活饮用水卫生监督。

（九）严控环境卫生环节

重大活动场馆传染病防治现场监督保障，要与公共场所卫生的现场监督紧密衔接配合，有针对性地强化与重点传染病预防控制紧密相关的公共场所室内环境卫生、空气质量、集中空调通风系统卫生的现场监督，强化游泳场馆、洗浴场馆、美容美发场馆等卫生风险场所的现场监督等。

（十）严控突发事件应急处置环节

卫生监督保障主体要强化对各相关单位应急预案的监督和指导，加强相关责任的落实，强化信息沟通，对传染病风险做到早发现，早报告，迅速依法科学处置。

对关键环节和工作重点，做好重大活动场馆运行传染病防治的现场监督保障至关重要。在监督保障实践中，监督保障主体和场馆监督保障团队，要根据场馆医疗服务站（点）、重大活动运行场馆、重大活动参与者集中住宿场所等不同的特点和要求，结合实际分别采取有针对性的监督保障措施。

第三节　场馆运行期重点场所现场监督要点

一、场馆医疗站（点）现场监督要点

场馆运行卫生监督保障团队，要依据《中华人民共和国传染病防治法》《中华人民共和国传染病防治法实施办法》和重大活动传染病防治方案、传染病流行应

急预案、重大活动场馆运行卫生监督保障方案的要求，结合场馆运行的具体情况，对设在重大活动核心活动场馆、集体住宿场馆等处的医疗站（点）或者门诊部等，进行传染病防治的现场监督检查和指导。

（一）监控传染病管理制度落实情况

医疗站（点）是否建立传染病管理岗位责任制，各项工作职责是否明确，卫生制度是否齐全，是否有专人负责传染病管理，医疗站（点）的医务人员对相关制度是否熟悉。

（二）监控传染病登记报告制度落实情况

医疗站（点）是否按照规定设立门诊登记薄，是否按要求进行重点疾病的监测，对就诊人员是否进行了详细询问和记录。发现患有发热、腹泻、皮疹、黄疸等症状体征的人员，或者其他有传染病的患者是否进行了认真记录，是否按规定向场馆内的公共卫生人员或者卫生监督人员报告。

（三）监控消毒隔离制度落实情况

医疗站（点）是否建立了消毒隔离制度，相关医疗器械、器具的消毒灭菌过程是否符合卫生规范的要求，备用清洁医疗器械包是否已经过期，用于注射、采血、穿刺的医疗器具是否一用一灭菌。

（四）监控医疗用品管理情况

使用的一次性医疗用品、消毒药械是否符合国家有关规定，是否有相关卫生许可批件，包装标识是否符合要求，是否违规重复使用一次性医疗用品，用后的一次性医疗用品是否按规定销毁。

（五）监控医疗废物处置管理情况

医疗废弃物是否进行分类、收集、暂存，医疗废物专用包装物或者容器是否符合要求，是否有明显的警示标志和警示说明，医疗废弃物是否按照统一的规定进行转运、处置和登记，医疗废弃物是否放置在指定的医疗废物暂存处。

（六）监测消毒工作效果

场馆运行卫生监督保障团队，可以根据监督检查情况和传染病防治工作需要，对场馆医疗站（点）的医疗器械、医疗器具和消毒产品等进行采样，通过实验室检测或者现场快速检测的方法，检验器具消毒灭菌效果。

二、重大活动运行场馆现场监督要点

在重大活动传染病防治监督保障中，场馆运行卫生监督保障团队，应当按照传染病防控方案和卫生监督保障方案的要求，加强监督检查和监控。

（一）检查督促落实传染病管理制度

场馆是否按照规定建立了卫生防病岗位责任制，是否有一名场馆领导专门负责卫生防病工作;是否设置专人负责卫生防病管理,落实卫生防病措施,协助配合卫生监督和疾病预防控制机构进行监督监测,落实卫生部门指导意见和整改要求。

(二)监控传染病疫情报告工作

场馆是否制定传染病防控应急预案,是否安排专人负责传染病疫情报告,场馆各区域是否都有传染病疫情报告责任、义务人;是否按规定进行传染病零报告,发现传染病患者或疑似传染病人、患有重点监测病症的人员是否按规定进行报告。

(三)监控落实传染源排查措施的情况

是否安排场馆服务人员密切关注责任区内重大活动参与者的健康情况;是否将发现的发热、皮疹、腹泻、咳嗽、黄疸、腮腺肿大等患者及时向单位领导、卫生防病管理员、卫生监督人员报告,报告项目是否齐全等。

(四)监控落实消毒工作情况

场馆是否对活动场所的公共环境、物品等卫生管理情况进行自查;是否按照防病部门要求每日对地面、门把手、扶梯扶手及电梯等物体进行表面消毒,是否对公用餐饮具进行了规范的清洗消毒,有无消毒工作记录;场馆消毒使用的消毒药械是否符合规定,是否具有相关许可批件。同时,可以通过现场快速检测,监控消毒效果。

(五)监控病媒生物防控工作

活动场馆是否按照卫生、疾控、监督部门的要求,采取了灭鼠、灭蟑和消灭蚊蝇滋生地的措施;室内外是否存在蚊蝇滋生物,垃圾是否违规裸露存放,门帘纱窗是否完整,垃圾是否日产日清;灭鼠、灭蚊、灭蟑、灭蝇等是否达到标准要求。

(六)检查应急措施落实情况

场馆是否按照规定设置了供客人消毒的设备、容器、消毒药械等,是否按照规定对重点区域、场所和物品进行了强化消毒措施,是否按规定设置了相应的体温检测设备,是否按规定对客人进行了卫生宣传,对物品和环境等的消毒药械是否符合规定,配置的消毒液浓度是否符合要求等。

三、重大活动集体住宿场所现场监督要点

重大活动集体住宿场所,是指接待重大活动的宾馆饭店。对宾馆饭店的现场监督检查和卫生监测,应当按照传染病防控预案的要求,紧紧抓住现场监督保障的10个关键环节,与公共场所、生活饮用水等的现场卫生监督检测紧密衔接,同步落实监督保障工作。

(一)检查督促落实宾客入住登记制度

宾馆接待处是否按规定详细询问,登记入住宾客的基本情况——来自何地、

入住时间、入住房间等，登记内容是否真实、完整、可追溯。

（二）检查督促落实传染病管理制度

是否按规定建立卫生防病岗位责任制，是否有场所领导负责卫生防病工作；是否设置卫生管理员，负责落实卫生防病措施，协助配合卫生监督机构进行监督检测，落实卫生指导意见和整改要求；宾馆医务室人员是否履行了疫情报告责任等，宾馆各楼层是否都有担任疫情义务报告的人；等等。

（三）检查宾客健康监测工作

宾馆饭店是否按规定要求服务人员观察住宿客人健康状况；服务员是否每日按照规定渠道报告观察情况，发现有发热、腹泻、皮疹、黄疸等病症客人，宾馆是否及时向驻点公共卫生监督人员进行报告；对疑似患者是否详实查明了姓名、性别、年龄、原住地、入住日期等基本情况。

（四）检查协助对可疑病人处理情况

是否按照疾病控制机构要求协助对患者进行流行病学调查，是否按照疾病预防控制人员要求对相关患者进行隔离，隔离条件是否符合要求，是否采取了相应防护措施；是否按照规定和防护病人员的指导意见，对疑似病人居住房间进行了彻底消毒处理，消毒处理是否符合卫生要求。

（五）检查病媒生物防控工作

接待宾馆饭店是否按照爱卫部门要求采取了灭鼠、灭蟑和消灭蚊蝇滋生地的措施；室内外是否存在蚊蝇滋生物，垃圾是否违规裸露存放，门帘纱窗是否完整，垃圾是否日产日清；灭鼠、灭蚊、灭蟑、灭蝇等是否达到规定的标准。

（六）检查应急措施落实情况

是否按照规定设置了供客人消毒的设备、容器、消毒药械等，是否按照规定对重点区域、场所和物品进行了强化消毒措施，是否按规定设置相应体温检测设备；是否按规定对客人进行了卫生宣传；消毒药械是否符合规定，配置的消毒液浓度是否符合要求等。

（七）监督检查室内环境卫生

房间通风状况是否良好，机械通风系统是否定期清洁消毒；公共用品用具、床单位、卫生间等是否按规定清洁消毒并符合卫生要求；是否按规定摆放了相关的卫生和健康温馨提示牌；等等。检查集中空调通风系统卫生状况，是否进行了清洗消毒，是否按规定采取了临时卫生措施。

（八）监督检查附属设施卫生状况

重点检查休闲娱乐、美容美发、桑拿洗浴、游泳池等处，是否落实了传染病控制措施，例如游泳池和桑拿洗浴等，是否按规定设置禁止患有传染性皮肤病和性病者游泳、洗浴的标志。池水是否更换消毒，水质是否符合卫生标准；美容美发是否按规定配备皮肤病顾客专用理发工具箱，用后是否及时进行消毒处理等。

（九）监督检查食品卫生安全

与食品安全联动检查餐饮服务资质，检查食品加工过程的规范性——是否生熟分开，清洁污染分开，不同种类食品分开，餐饮具是否消毒，检查工作人员个人卫生习惯，从业人员健康状况，各功能专间是否使用卫生防护设施；等等。

（十）监督检查饮用水卫生

与卫生监督联动重点监督检测宾馆二次供水水质，管道直饮水的卫生管理、设施设备等情况，监督检测供水末梢水质状况等。

第五编

现场快速检测

第二十三章　重大活动食品安全与卫生监督保障现场快速检测概述

第一节　卫生监督现场快速检测概念与特点

一、现场快速检测

现场快速检测可以从动态和静态两个方面理解：动态下的现场快速检测就是以最快的方式在现场进行检验并出具检验结果的活动；在静态现场的快速检测是所有可以进行现场快速检测的实验、方法和项目的总和。现场快速检测的第一个关键词是“现场”，这是相对于实验室而言的，就是发生事件或者行动的地点及其现况，或者说是发生事件、行动的特定时空环境，包括事件发生的地点、动作实施的地点及其状况，如生产加工现场、经营销售现场、各类活动现场、发生事故或者事件现场、工作情况、学习情况、住宿情况、休闲现场等等；第二个关键词是“快速”，是相对一般或者缓慢而言的，即相对于传统、常规标准检验而言，完成一项检验占用的单位时间短，进程速度快、便捷迅速，有专家认为30分钟内做出检验结果的就是快速检验，十几分钟做出检验结果的就是最佳的快速检测；第三个关键词“检测”，即检验和测量，是相对于一般手段而言，现场目测从大的概念上讲也是一种检测，在这里作为一个专用名词、特定检查手段，原则上不能包括人为目测方式。检测必须使用某种特定方法，包括化学方法、物理方法、仪器方法等，实验检查，测量测试某些特定物体，包括气体、液体、固体等的特定性能指标，对物体或者环境是否符合相关要求做出判定或者评价。现场快速检测的三个关键词，缺少任何一个都不能称之为“现场快速检测”。现场快速检测，在不同领域的管理和监督中都有所应用。

二、卫生监督现场快速检测

2014年9月国家卫生计生委颁布的《卫生监督现场快速检测通用技术指南》将卫生监督现场快速检测定义为“卫生监督人员在卫生监督工作现场，通过物理、化学、生物学等检测方法，对场所、设施、健康相关产品、从业人员等进行卫生学检测，并在较短时间内获得检测数据和结果的检测活动”。具体的讲就是，卫生监督主体在卫生监督执法过程中，卫生监督员在监督执法的现场，例如公共场所、医疗机构、供水企业、学校等单位和发生突发卫生事件的场所等现场，使用简便的仪器设备，较简单的化学方法、物理方法、生物学方法，对食品、生活饮用水、公共场所的空气、用品用具、手术器械、有关场所的环境等，依据相关的标准和规范，进行实验或者测试，并当场出具体结果，及时排查发现潜在的危害因子、风险隐患，并以实验或者测试的结果，作为重要的检验依据或参考数据，对相关物体、环境等的质量和卫生状况做出判定，或者根据实验或者测试的结果对可疑物体进行采样，送有资质的检验机构进一步进行实验室检验的执法活动。

三、现场快速检测的特点

现场快速检测作为一项卫生监督执法的现场应用技术，有着与实验室检测不同的特点。

（一）现场应用

现场应用是卫生监督现场快速检测首要的特点，也是卫生监督现场快速检测一个突出的优势。现场快速检测应用性特点主要包含：

1.技术条件适宜

现场快速检测应用的实验和测量技术，无论是化学性的、物理性的，还是生物性的，无论是试剂方法，还是单纯仪器、简单试纸的方法，都是能够带到现场使用，并在现场进行操作的技术。因此，现场快速检测的具体方法应当是相对稳定的，是有较强环境适应性的实验和测试方法。稳定性较差或者对环境条件如温度、湿度、洁净度等要求非常严格的方法一般不适合用现场快速检测。

2.时空环境真实

现场快速检测是在特定的时间、空间和现况下，进行的实验和测量。这样的检测，既没有脱离特定的时间，也没有脱离特定的空间，也不会对现场做任何预先处理，是在一个完全真实的环境内进行的检测。能够真实地反映现场在常规状态下，或者事件发生状态下，相关物体、环境的质量和卫生状态，能够真实、及时反映相关卫生和安全问题。假如，卫生监督员对现场内的相关物体、环境因素等用一定的方式进行采样，然后再送到实验室去进行检测，这就不能说是现场快速检测，充其量也只是一个实验室快速检测。

（二）操作简便

这是一个非常重要的一个特征，也是现场快速检测技术，能够被那些非实验专业化的普通卫生监督员在监督执法中应用的基础。主要体现在以下方面。

1.实验前期准备较简单

绝大多数现场快速检测技术和项目,使用的试剂较少,多数试剂已经按照实验调配成了定型试剂、套装试剂盒等,比较容易保存,有效期也较长;有的快速检测属于仪器直报数据式的检测,如公共场所空气质量的检测、紫外线灯有效照度的检测等;有的快速检测属于试纸比色法的检测;等等。因此,在实验前一般无需进行复杂的准备,只要携带相关配套物品,到现场即可实施实验。

2.采集和处理样品比较简单

在现场快速检测中,需要对有关物品采样检测时,无需对样品进行专门的保存、运输,检验时对样品的要求也不像实验室检验那样严格,多数样品只需简单的处理,即可进行实验检测。

3.实验数据判定简单

在现场快速检测中,自动化的程度较高。大部分实验检测或者测量测试,其实验或者测量结果都是由仪器直接报出数据;部分仅需要进行简单的定制化标准化处理;少部分是以比色法方式判定结果;还有相当一部分属于定性的现场检测,无须做数据处理;等等。

4.仪器携带和操作方便

在现场快速检测中,绝大部分仪器设备,属于小型的仪器,体积不大,便于携带,操作简单,开机即可使用。各种仪器对环境条件的要求比较宽泛,占用的空间不大,无需对实验场所做特别的准备等。如果仪器设备体积很大,操作程序复杂,环境条件需求严格,就不属于适用于现场快速检测的仪器和方法。

(三)快速高效

报告结果快、效率高,是现场快速检测一个很重要的特点。几乎所有的现场快速检测项目,都能够在30分钟内出具检测结果。大部分检测项目在十几分钟甚至几分钟内,即可得出检测的结果。大大地缩短了检验的周期,也缩短了卫生监督执法的周期,特别是在突发事件应急处置和重大活动保障中,使卫生监督主体及其卫生监督员,能够在最短的时间内,对相关物体、环境的卫生安全状况或者有关公共卫生事件的原因做出初步判断,迅速采取卫生监督措施进行处理,迅速有效控制风险,处理事件,减少损失。极大地提高了卫生监督执法的效率和效果。

(四)低成本高效益

成本低、效益好,是现场快速检测的优势。卫生监督执法的实践证明,现场快速检测可以用较少的投入获得较大的执法效果。这也是其具有长久生命力,并能够被越来越多地应用于卫生监督实践的一个重要基础。

1.检测的经济成本低

现场快速检测与实验室检测相比较，不需要投入太多的资金进行实验室建设，也不需要太多的高精尖设备，而且现场快速检测使用的实验材料、试剂等消耗品的实际耗资也比较小，有些实验的成本仅需几元、十几元或者几十元，检验成本很低，还能够协助监督执法人员及时发现和纠正问题。

2.可以降低执法总成本

由于相关检测、监测与监督执法工作可同时进行。一方面，在一定程度上降低了总人力的投入，节省没有必要的实验室检验费用；另一方面，在某些健康相关产品的监督检测工作中，可以应用现场快速检测技术对样本进行筛查筛选，对可疑样本集中送实验室检验，有利于及时发现问题隐患，以较少的投入检测更多的样品，提高实验室对问题物品的发现率。虽然监督机构增加了一部分现场快速检测的投入，但是监督执法的总体成本大幅度下降。

（五）缺少统一规范

现场快速检测是一种专门业务技术，各种检测手段、方法，都具有相应的科学基础和参考的规范标准。但是由于这门技术还比较年轻，在卫生监督的具体应用中也有一些争议或者不够统一。因此，在还没有更多的规范标准时，很多检测方法是在卫生监督执法实践中，一边应用，一边验证调整，逐步得到完善的。直到2014年9月国家卫生计生委才颁布了《卫生监督现场快速检测通用技术指南》作为推荐性行业标准。现场快速检测，作为一个科学性很强的监督执法现场技术手段，在使用中其特异性是否强，灵敏度是否高，稳定性是否好等越来越被关注，成为专家学者深入研究的课题。进行现场快速检测，需要严格遵守相关的标准规范、操作规程，要经常与实验室检测比对，进行质量控制，才能不断提高现场快速检测的科学性、规范性。

第二节　卫生监督现场快速检测的性质

一、现场快速检测的技术性质

现场快速检测的技术性质，简单地讲：首先它是一种实验、一种检测，是按照特定方法、特定规范对特定物体进行的检验检测；其次它是对传统实验检测理论和方法的革新和发展，也是对实验室检验检测方法的重要补充。现场快速检测是从实验室检验检测技术中剥离出来的现场检测适宜技术。现场快速检测，毫无争议地被认为是一项检验技术，是一种特殊实验检测类型，从这一点上讲，现场快速检测与实验室检测的性质是一致的。两者都是运用物理方法、化学反应方法、生物学方法、免疫学方法等对健康相关产品、公共环境、生活饮用水、相关的设施等按照规定的标准规范，进行检验检测，判定是否符合卫生标准、规范的要求，查找危害因素或者危害因子。两者主要的区别是，现场快速检测将众多实验测试，由实验室内搬到了实验室外，搬到了卫生监督执法的现场，将复杂的实验转化为可以简单操作的实验。在实践意义上，现场快速检测是对实验室检测的补充，弥补了实验室检测的某些不足和缺陷，解决了实验室检测难以解决的某些问题。

（一）现场快速检测应当具有较强的灵敏度

作为技术性实验检测，现场快速检测需要一定的实验灵敏度，就是具有与危害因子相适应的检出能力，具备相关检测对象规制标准、规范要求的检测底限，灵敏度越高，检测下限越低，对危害因子的发现能力就越强，就越适合卫生监督执法的需求。

（二）现场快速检测应当具有较强的稳定性

现场快速检测作为一种实验技术，就要具备适合现场应用的实验稳定性，就是检测方法对各种环境条件的干扰因素要有较强的适应能力，做出的检测结果要相对稳定，能够多次重复再现。只要按照规定的条件、规定的操作规程进行检测，任何人在任何地点对相同的检测标的物，都能获得基本相同的检测结果。

（三）现场快速检测应当具有较强的特异性

作为实验检测就要有相应的针对性或者特异性，一个好的检测方法应当对检测标的物具有很强的针对性，能够排除其他物质对监测结果的干扰，这样才能避免错检率，才能避免假阳性。但是，现场检测技术还是一门年轻的技术，不能对它求全责备。就重大活动监督保障而言，对现场快速检测方法的灵敏度和特异性要求，从实践角度考虑，首先需要强调对危害因子的敏感度，在敏感度基础上，强调它的特异性，也就可以容忍现场快速检测可能有一些假阳性结果，不能容忍出现假阴性的结果。因为在重大活动监督保障的现场，我们需要应急处置，需要最大限度地保障卫生和安全，需要把可能的风险和隐患最大限度地找出来，并控制住，消灭一切可能出现的风险事件和损失，所以灵敏度是首先考虑的因素。当然，最理想的是灵敏度高，特异性也强。

二、现场快速检测的法律性质

由于现场快速检测是卫生监督执法的一项技术手段，是卫生监督执法主体及其监督人员在监督执法现场应用的专门技术，现场快速检测结果要被监督执法人员用作对被监督检查的产品、场所、环境等危害因素、卫生状况判定的一种参数，由此我们研究现场快速检测的法律性质，可以从三个方面理解：

(一)法定的监督执法手段

现场快速检测是食品安全监督和卫生监督执法的一项技术手段,相关卫生法律法规和规章从不同角度明确了它的地位和作用。依据相关法律、法规规定,卫生监督机构、食品安全监督机构应当将现场快速检测作为监督执法中重要的技术手段,及时发现和排查危害因子和风险隐患。

(二)有条件的执法证据

有条件的执法证据就是现场快速检测的结果,可以作为卫生监督执法中的证据,作为对相关事项进行行政处理的检测依据,但是必须符合法律规定的条件。按照证据学的要求,现场快速检测结果作为执法中的证据应当具备合法性、客观性、关联性等证据要素。对现场快速检测结果而言,客观性和关联性不应存在问题,关键是合法性如何处理。根据《计量法》和《计量法实施细则》的规定:对社会提供公证数据的产品质量检验机构必须经(省)级以上人民政府计量行政部门对基计量检定。《实验室和检查机构资质认定管理办法》规定:为行政机关做出的行政决定提供具有证明作用的数据和结果的,应当通过资质认定。按照这些规定,经过计量认证和资质认证后,检测的结果才具有证据的合法性。据了解,一些省市卫生监督机构的部分现场快速检测项目,通过了计量认证和资质认证,这些通过认证审查,取得认证证书的现场快速检测方法和项目,就具备了出证的法定资质,可以作为卫生监督的证据使用。

(三)法定的筛查手段

按照《食品安全法实施条例》等法规规章的规定,现场快速检测结果,可以作为对食品等进行危害性检测筛查的依据,对可疑的食品等,送法定实验室进行实验室检测确认后,可以作为执法的检测依据。在卫生监督执法中,大量的现场快速检测结果,主要是用于对影响卫生、安全的危害因子、因素和风险隐患的发现和筛查,一般不能直接作为对管理相对人做出行政处罚或者处理的检测依据。

三、现场快速检测的应急性

(一)应急是行政法治管理中的特别原则

行政应急措施是指在特殊的紧急情况下,出于国家安全、社会公共利益的需要,行政机关可以采取没有明确法律依据的或与通常状态下的法律规定相抵触的措施。它是现代行政法治原则的重要内容,是合法性原则的例外。但是,采取行政应急措施,必须掌握确实的证据,必须有一定的技术支持,必须把握一定的限度,事后必须完善相关程序。

(二)现场快速检测是卫生监督应急的技术支持

卫生监督往往会面对许多突如其来的紧急情况,如卫生突发事件、危及公众健康和生命的紧急卫生情况。为保障公民健康和社会稳定，卫生监督主体必须快速行动，采取紧急措施，包括在异常紧急的情况下可以采取某些法律依据尚不完备甚至与法律规定相悖的措施，这种措施应当视为有效的行为。在发生与公众健康密切相关的紧急情况下，现场快速检测往往发挥着不可替代的作用，其检测结果可以在尚无实验室报告的情况下，作为卫生监督采取应激性措施的检测依据。

（三）现场快速检测具有应急判断效能

在发生群体性健康事件中，通过现场快速检测可以迅速发现饮用水中有关微生物、感官性状、化学物理指标严重超标，虽然这些检测可能尚未通过计量认证，但是卫生监督主体可以采取紧急暂停饮用措施，再进一步进行实验室检测验证；快速检测发现场所一氧化碳、甲醛等有害物质严重超标，监督主体可以采取撤离场所内的人员，进行通风等紧急措施；特别是在重大活动中，通过现场快速检测中发现风险隐患问题，可以在实验室尚无结果的情况下，暂停相关食品的食用，相关饮用水的饮用，暂停相关场所、物品等的使用或者指导和督促相关单位，按照相关要求进行应急性处理；或者对相关产品物品采取消毒等措施。

但是，在以现场快速检测结果作为应急处理检测依据时，必须把握适当性，把可能的损失控制在最小的范围内，对相关产品和物品不能直接采取毁灭性的措施，对管理相对人不能直接做出行政处罚。实验室监测结果报告出具后，应当及时以实验室检测结果为检测依据做出处理。

第三节 卫生监督现场快速检测分类

主要有快速检测方法分类、快速检测应用范围分类、快速检测对象或者标的物分类等。仅列举下列分类。

一、按照检测方法分类

快速检测实验方法或者实验原理可以分为化学方法、一般物理方法、气相色谱法、化学反应法、电化学法、分光光度法、免疫层析法、生物荧光检测法等现场快速检测。

（一）一般物理方法

一般的物理检测法是比较简单和成熟的检测方法，卫生监督员容易熟练操作，主要是利用仪器设备对相关产品、场所环境等进行表面温度、中心温度、湿度、噪声、风速、距离、紫外线照度、放射物质等的检测。

（二）气相色谱法

气相色谱是一种物理分离方法。利用被测物质在不同两相间分配系数（溶解度)的微小差异,这些物质在两相间进行反复多次的分配,使不同组分得到分离,通过相的检测器进行定性和定量分析,例如对一氧化碳、二氧化碳、甲醛等有害物质的检测。

(三)化学反应方法

主要是通过样品中有关危害因子与试剂产生化学反应,产生有色物质,通过比色使检测者获得检测的结果,也称之为化学比色方法。这是一种较为传统的检测方法,操作起来比较方便,有些甚至可以不使用仪器设备即可进行检测,例如用于对亚硝酸盐、甲醛、余氯等的检测。

(四)电化学方法

通过电极或传感器电位变化测量相关物质或者危害因子的浓度。主要用于有毒有害物的检测,是卫生监督现场检测中使用较多的检测方法,如用于一氧化碳、pH、电导率等的检测。

(五)分光光度法

通过测定某些物质或者危害因子在特定的波长处或一定波长内光的吸收度,对该物质或者危害因子进行定性或定量分析。也称吸收光谱法。水质分析中大部分理化指标都可以使用此种方法。

(六)免疫层析方法

主要用于食品安全方面的快速检测,比较常用的就是免疫金标记技术。如对瘦肉精的检测,免疫层析的灵敏度相当于酶联免疫试剂盒,8～10 分钟即可判定结果,操作方便。

(七)生物荧光检测法

利用微生物细胞裂解时会放出腺苷三磷酸(ATP),使用荧光虫素后,ATP 与荧光虫素结合可以释放出能量,发出荧光,光的强度代表 ATP 含量,从而推断出细菌菌落总数。可用于对表面洁净度,菌落总数等的检测。

二、按照检测结果分类

按照监测结果的方式,可以分为定量检测、定性检测等。

(一)定性性检测

现场快速检测方法,仅能对是否存在某种有毒有害物进行检测,不能评判其具体的含量,检测的结果表述为阳性或者阴性。

(二)限量性检测

现场快速检测方法,仅对某种物质是否达到规定的标准值,或者某种有毒有害物、有害成分是否超过规定限值标准进行检测,检测结果表述为合格或者不合格。

(三)半定量性检测

现场快速检测方法,仅能在检测中计算出检测标的物的大约含量,不能确切计算其准确数据，检测的结果表述为合格或者不合格。

（四）定量性检测

能够准确地检出标的物的具体含量，计算出具体数值，检测结果表述为检测出的具体数值。目前，卫生监督现场快速检测中对多数理化指标都可以做到定量检测。

三、按照检测标的物分类

按照快速检测标的物或者检测目的，可以将现场快速检测分为：微生物检测、化学污染检测、消毒状况检测、室内空气质量检测等等。

（一）微生物污染指标检测

主要是用于评价食品、饮用水、相关用品、医院手术器械、场所环境等微生物污染的现场快速检测。最常见的是使用生物荧光检测法检测细菌总数和洁净度。

（二）化学污染因子检测

主要是用于评价食品、饮用水等是否被有害化学物污染的现场快速检测。如对食品、生活饮用水中亚硝酸盐、甲醛、农药残留、瘦肉精、重金属等的检测。

（三）清洗消毒状况检测

主要用于评价食品、饮用水、室内环境等的消毒状况和效果的现场快速检测。例如对紫外线等照射强度、消毒液浓度、余氯、洁净度等的监测。

（四）室内空气质量检测

主要是用于评价有关场所室内环境状况的现场快速检测。例如对室内甲醛、一氧化碳、二氧化碳、PM2.5、PM10、可吸入颗粒等的检测。

（五）饮用水理化指标检测

主要是用于评价出厂水、二次供水、末梢水、分质供水卫生状况的现场快速检测。例如对水中总铁、硫酸盐、亚硝酸盐、氨氮、氯化物、硝酸盐、硫化物、总硬度等理化指标的检测。

（六）有毒物质检测

主要是在重大活动监督保障中、突发事件应急处置中，用于对食品、饮用水是否被剧毒物质污染进行筛查的现场快速检测。如对毒鼠强、氰化物、重金属砷、汞等的现场快速检测。

（七）其他可以在现场进行快速检测的项目

除上述现场快速检测外，还有部分现场快速检测没有做具体分类和列举，例如放射性物质检测，距离、温度、湿度、噪音检测等。

四、按照应用范围分类

按照与卫生监督执法的关联性，在执法实践中具体应用业务工作范围可以分为公共场所卫生现场快速检测，生活饮用水卫生现场快速检测，学校卫生监督现场快速检测，传染病防治监督现场快速检测，食品安全监督的现场快速检测等。

（一）公共场所卫生现场快速检测

卫生监督主体在依法实施对公共场所卫生监督执法，或者对重大活动实施卫生监督保障时，依据相关公共场所卫生标准和规范，对公共场所卫生涉及的空气质量、水质、相关物品卫生状况等进行评价的现场快速检测。一般有四类：

1. 空气质量检测

对客房和其他公众活动场所的室内空气质量进行现场快速检测，如一氧化碳、二氧化碳、甲醛、苯、甲苯、二甲苯、PM 10等有害物质浓度的检测。

2. 室内微小气候检测

对室内的微小气候和舒适度的现场快速检测，如室内的温度、湿度、风速、噪声、照度等的检测。

3. 公共用品消毒效果检测

对客用公共卫生用品消毒及消毒效果的现场快速检测，如杯饮具表面洁净度、消毒剂浓度等的检测。

4. 游泳场所水质卫生检测

对游泳场所卫生要求的现场快速检测，如游泳池水的微生物总数、余氯、pH、水温度、浑浊度、尿素、浸脚消毒剂浓度等的检测。

（二）生活饮用水卫生现场快速检测

卫生监督主体在执法中，为评价饮用水水质卫生，在现场依据《生活饮用水卫生标准》开展的快速检测，主要检测出厂水、二次供水、末梢水或者分质供水的水质卫生状况和预防某些因素导致水污染的指标，检测指标一般包括三类：

1. 微生物和消毒指标检测

对反应水中的微生物和消毒剂状况的卫生指标进行现场快速检测验证，如对水中微生物总数、余氯、总氯含量的检测。

2. 水质感官性状指标检测

对反应水感官性状的卫生指标进行现场快速检测验证，如对水的浑浊度、色度、pH 等卫生指标的检测验证。

3. 水质化学指标检测

对水中化学物质状况卫生指标进行现场快速检测，如总铁、硫酸盐、亚硝酸盐、氨氮、氯化物、硝酸盐、硫化物、总硬度等的检测。

（三）学校卫生监督现场快速检测

卫生监督主体在依法对学校进行卫生监督时，依据学校卫生监督规范、相关卫生标准等，为评价学校卫生状况进行的现场快速检测，包括四类：

1. 教室空气质量检测

对学校教室室内空气质量进行现场快速检测，如一氧化碳、二氧化碳、甲醛、苯、甲苯、二甲苯、PM 10等有害物质浓度的检测。

2. 教室舒适度检测

对室内微小气候和舒适度的现场快速检测，如室内的温度、湿度、风速、噪声、照度等的检测。

3. 教学用品卫生检测

对教学用具、教室布局等卫生状况的现场快速检测，如黑板色度、课座椅高度及比例、教室面积、座位与黑板距离等的检测。

4. 相关卫生指标检测

对学校内附属设施及饮用水等卫生状况的现场快速检测，如饮用水水质和浴室、学生宿舍、体育场馆、图书馆等处卫生指标的检测。

（四）传染病防治监督现场快速检测

卫生监督主体在依法进行传染病防治措施落实情况的监督检查时，为评价相关单位有关卫生状况进行的现场快速检测，除了饮用水水质卫生、公共场所卫生检测外，还包括：

1. 微生物及洁净度检测

医疗机构相关环节落实消毒隔离措施，如手术器械、医务人员的手、病人相关用品的洁净度、消毒剂的质量、消毒液的浓度、紫外线的照度的检测。

2. 消毒效果检测

相关单位落实消毒卫生的要求，包括与传染病控制有关的单位消毒设施、消毒剂质量的检测，室内环境、物品、器具等消毒效果，卫生状况等的检测。

（五）食品安全监督现场快速检测

食品安全监督主体在依法对食品生产经营单位进行监督检查时，或者在对重大活动食品安全监督保障、食品安全事件应急处置时进行的现场快速检测。主要项目包括四类：

1. 有害物质检测

预防食品及原料在生产、储存、转运等过程被污染后进入服务环节，进行的检测筛查，如对蔬菜、水果农药残留，生肉及内脏中“瘦肉精”，牛羊肉中“掺假肉”

的检测，对水发产品进行甲醛等检测，对定型包装食品亚硝酸盐残留量的现场快速检测。

2. 污染因素检测

为预防食品在餐饮环节加工过程中被污染进行的检测筛查，如对自加工熟肉制品亚硝酸盐残留量，煎炸油酸价、过氧化值，冷荤菜品微生物总数，烹调热菜中心温度的现场快速检测等。

3. 食品加工环境监测

对加工场所环境、工具用具、餐饮具等卫生安全状况进行的现场快速检测，如对冷荤间温度、湿度，操作人员的手，食品用工具刀墩及操作台面，有关设备，冰箱内壁和餐饮具表面洁净度，紫外线灯辐射强度，消毒液有效浓度等进行检测。

4. 有毒物质检测

对食品中有毒物质的检测筛查，如毒鼠强、重金属砷、汞、氰化物等的现场快速检测。

第四节　现场快速检测在重大活动监督保障中的应用

一、卫生监督现场快速检测的发展

我国卫生监督现场快速检测技术应用历史还比较短，从研究、认识，到逐步在重大活动卫生监督保障中推广应用，并向日常卫生监督执法各领域扩展使用，总共不足30年时间。从新中国卫生监督制度的建立，到卫生监督应用现场快速检测技术，大约经历了三个阶段。

（一）传统卫生监测阶段

自有了卫生监督制度就有了卫生监测工作，卫生监测是卫生监督的一个重要手段。传统的卫生监测包括实验室检测和现场检测两部分。应用现场检测技术的卫生监督工作，主要有职业卫生、放射卫生和部分环境卫生专业，如职业病危害作业场所的卫生检测、放射场所卫生防护检测、公共场所空气质量检测等。但这还不是现代意义上的卫生监督现场快速检测工作。一方面，这些场所的部分检测项目只能在现场实施，这是进行现场检测的前提；另一方面，现场检测作为实验室检测的一部分，没有与实验室检测剥离，现场检测由有关专业机构与职业卫生、放射卫生、环境卫生的实验室检测同步进行，并出具检测报告，并不是监督执法人员的行为。另外在2000年前，我国卫生监督体制是卫生防疫与卫生监督一体化，卫生监督与卫生监测一体化，监督执法与执法技术服务一体化。因此，无论是实验室检测，还是现场检测，都统称为卫生监督监测，或者称为卫生监督与卫生监测。在上个世纪80年代前，我国在公共卫生领域的法律法规寥寥无几，卫生监督执法地位尚未确立，从防病角度出发，卫生监测是卫生监督的主要任务之一。在这个阶段，人们对现场快速检测技术应用还不认识，或者说还不理解，还有各种各样的意见，现场快速检测还没有得到关注和重视。

（二）快速检测研究推广阶段

20世纪80年代，我国卫生法制建设高速发展，先后颁布了一系列公共卫生领域的法律法规和规范标准。人民群众的健康需求和对健康权益的保护意识不断提升，食品、饮用水和公共场所等领域的卫生安全问题越来越受到关注。对此类卫生隐患问题应用快速检测识别技术逐步得到有关方面重视，到80年代后期，在军队系统首先提出了配备现场快速检测装备的问题，军队卫生系统开始了现场快速检测技术的专项课题研究。

这个阶段的重大活动卫生保障工作较早地应用了快速检测技术。在初始阶段的重大活动卫生保障中，快速检测主要用于排查食品中的有毒物质，防止人为投毒事件，由检测机构或者监督员采样后，送实验室检验快速出具检测报告（这种快速检测还属于实验室快速检测的范畴）。其它食品卫生问题，主要靠监督人员在现场进行监督检查实施保障工作。到20世纪90年代初，现场快速检测技术才逐步在重大活动卫生保障中被使用。特别是1995年在北京召开的世界妇女大会的卫生保障，负责落实公共卫生监督保障卫生的防疫机构，全部配备了食品卫生检测箱，全面实施了食品卫生理化检测，卫生监督现场快速检测逐步得到认同和重视。

（三）建设发展阶段

2000年实施卫生监督体制改革后，卫生监督与卫生防疫工作剥离，组建了国家、省、市、县四级卫生监督机构，专职承担卫生监督执法工作。卫生监督现场快速检测建设被列入重要日程。2005年原国家卫生部在《关于卫生监督体系建设的若干规定》（卫生部第39号令）首次以法律规范形式明确“各级卫生监督机构应当……承担卫生监督的现场检测……工作”。之后，又在《卫生监督机构建设指导意见》中，对卫生监督现场快速检测设备配置标准做出规定。2006年在《重大活动食品卫生监督规范》中，再次将实施“现场食品卫生快速检测”列为重大活动食品卫生监督保障的重要工作，确定了卫生监督现场快速检测的法定地位。2014年国家卫生计生委又颁布了《卫生监督现场快速检测通用技术指南》，现场快速检测有了自己的行业标准。卫生监督现场快速检测技术得到快速发展，在重大活动卫生监督保障中越来越多地被运用，由初期的食品卫生监测为主，发展到公共场所、生活饮用水、消毒管理、传染病防治等多专业现场快速检测；由单一的现场检测箱，发展到仪器、试剂，化学、物理、免疫、气相、生物化学等多种方法并用的检测箱；检测的项目也由几项、十几项发展到几十项、上百项；由初期筛查性、参考性检测，发展到经过计量认证的法定性检测等等，成为重大活动卫生监督保障重要的不可或缺的保障措施。并逐步由主要用于重大活动卫生监督保障，向日常监督执法工作领域扩展应用，得到各方面的广泛认同。

二、现场快速检测在重大活动监督保障中的功能作用

现场快速检测技术在卫生监督领域的应用，首先从重大活动卫生监督保障开始，并通过重大活动卫生监督保障的实践，逐步完善和发展壮大，成为卫生监督执法不可缺少的重要技术手段和措施。不仅在重大活动监督保障中，也在日常卫生监督执法中发挥着越来越大的作用。

现场快速检测在重大活动中的功能和作用，很多学者和卫生监督的同道们从不同角度都有过很深入的研究，观点和说法也有所不同，可谓是仁者见仁、智者见智。笔者总结工作实践、现场快速检测具体应用实践，认为在重大活动监督保障中，现场快速检测的功能和作用主要有以下方面：

（一）前期卫生风险评估的技术手段

按照监督保障工作规范要求，在重大活动正式开始前，监督保障主体需要组织开展对重大活动接待单位的食品安全和公共卫生风险评估，排查卫生安全风险隐患。进行风险评估，不仅需要历史记录，现场检查结果，还需要现场重要点位的实验检测结果。在引进现场快速检测技术前，卫生监督主体获得现场检测数据非常困难。一是进行实验室检测周期太长，多数监督保障任务没有这样长的前期准备时间，往往检测结果出来重大活动已经结束，现场快速检测解决了周期问题。二是检测经费困难。由服务单位承担经费不符合法治要求，受管理相对人的抵触；重大活动主办承办方无此项经费安排，认为监督部门多此一举，故弄玄虚；监督主体自行工作，经费又十分困难；等等。三是实验室能力有限，检测人员、检测项目都难以满足要求，引进现场快速检测技术后，这些问题迎刃而解。风险评估中除个别项目，大量的检测数据可以依靠现场快速检测获得，卫生风险评估的科学性、针对性、指导性等也得到提高，现场快速检测成为重大活动前期卫生风险评估的重要技术手段。

（二）预防源头污染食品进入服务环节的筛查方法

源头食品安全监控非常重要。在实行食品安全分段监管时期，对重大活动食品安全的监督保障，除北京奥运会外，绝大多数重大活动，都没有实现真正的食物供应链条全程食品安全监督保障，这些主要保障措施是卫生、食药监部门对餐饮环节的风险控制。即使统一实现了食品安全监管体制，重大活动食品安全

监督保障着力点也在餐饮这个环节。在餐饮环节监督保障中，首先要把住食品源头，防止污染食品进入服务环节，导致风险发生。在没有引进现场快速检测时期，监督保障人员主要靠检查索证索票资料、入库检查记录、供货方相关资质等，很难真正把住关口和填补漏洞。引进现场快速检测技术后，监督保障人员对进货食品及原料，开始进行快速检测筛查，如对蔬菜、水果农药残留的检测，对生肉及内脏中“瘦肉精”、牛羊肉中“掺假肉”的检测，对水发产品进行甲醛等检测，对定型包装食品亚硝酸盐残留量的现场快速检测等，及时发现和纠正了很多风险隐患问题，真正做到了把住食品及原料进货关口的作用。现场快速检测成为预防源头污染食品进入服务环节的筛查方法。

（三）监控服务过程关键控制点的技术方式

关键控制点控制是 HACCP 的核心之一，找出显著危害，找准关键控制点，确定科学控制措施，实施有效监控，是 HACCP 系统的重要原则和实施路径。明确了关键控制点后就要确定关键限值，在具体监督保障中对关键环节、高风险点位进行重点监控。应用 HACCP 管理系统不能仅用一般监督检查的方式，必须有相应的技术措施作保证。监控关键控制点需要对关键限值进行评判，就必须运用相应的技术方式，现场快速检测是最便捷的技术手段。如通过现场快速检测监控食品及原料入库环节，监控设施设备正常运转状态，监控关键控制点位消毒效果，监控饮用水水质状态，监控环境空气质量，监控关键点控制效果等等，没有现场快速检测作为技术支撑，实施 HACCP 管理方式进行监督保障就是空话。因此，在监督保障中有效地应用现场快速检测技术，是在重大活动保障中实行 HACCP 管理，有效监控关键控制点的技术基础。

（四）评价服务卫生规范性的量化工具

监督监控就是监督保障人员监督相关单位和人员遵守法律法规、规范标准。这是监督保障主体在重大活动监督保障中的基本任务之一，但由于人力资源有限，每个监督员精力也有限，不可能 24 小时只在一个环节上监督服务操作是否规范，即使全程监督了，那么相应操作是否达到标准要求效果，也需要一个科学评价和衡量的工具。通过应用现场快速检测技术，监督员可以检测加工后的凉菜是否被污染，清洗消毒后的餐具是否达到洁净要求，加工后的食品中心温度是否达标，各种工具是否洁净等等，科学、有效地评判相关人员操作的卫生规范性和实际效果。

（五）查找卫生安全风险隐患的技术措施

重大活动监督保障在应用现场快速检测技术前，监督保障工作多以监督员巡视察看、督促指导的方式进行。通过监督员的监督检查，发现问题隐患，纠正违法违规行为。引进现场快速检测技术后，监督保障人员在监督检查的同时，将现场快速检测作为一项技术措施，随时对生活饮用水、餐饮食品、室内环境和各类相关物品，进行现场快速检测，通过对现场快速检测结果的分析，帮助监督保障人员，及时发现重大活动中，相关服务单位、相关食品、物品、室内环境等存在的不符合卫生标准和规范的隐患问题。并结合监督检查情况，研究分析出导致隐患问题发生的风险因素，及时采取有效的整改措施，有效防止风险发生。

三、现场快速检测在重大活动监督保障中的意义

（一）有利于提升监督保障的科学性

现场快速检测技术在重大活动监督保障中的应用：一是使监督保障主体对重大活动的监督保障方法和模式，从单纯的用眼观察，用手触摸，凭借感官自我感受，转变为使用仪器、设备进行现场检测，用检测数据和结果说话；由单纯的主观意念的判断，转变为以客观的检测结果和对现场状况的综合分析；二是以现场检测结果，作为评价现场食品、物品、环境卫生状况的重要凭据，使评价更加客观、准确，避免了失误，使结果更加科学。现场快速检测不仅使监督保障工作在方法和模式上产生了飞跃，而且在监督保障效果上也产生了飞跃。监督保障工作方法由感性经验型，转变为理性科学型，监督保障工作的权威性、科学性得到提高。

（二）有利于监督保障的针对性和准确性

现场快速检测技术在重大活动监督保障中应用后，使监督保障主体能够及时发现风险隐患问题，及时找出风险隐患的源头，及时辨别出哪些食品、物品、环境符合标准规范，哪些环节不符合标准，存在隐患。因而能够及时地采取有针对性的监督措施予以纠正，将现场快速检结果与监督保障工作的经验相结合，指导重大活动监督保障实践，最大限度地克服了监督保障工作的盲目性，提高了针对性、准确性，使各项具体监督措施有的放矢，人力物力调配重点突出，具体目标更加明确，监督保障的效果更好。

（三）有效地提高监督保障效率和质量

现场快速检测技术在重大活动监督保障中应用后，监督保障工作的效率和质量得到大幅度提升。一是传统监督保障方式，即现场监督保障人员发现问题主要依靠监督巡查中的眼看、手摸、鼻闻、嘴尝等原始的主观监督方法，不仅不适应现代管理要求，也缺乏客观性的科学依据，特别是在对一些似是而非的临界点判定时，在合格与不合格、符合与不符合、放行或控制的把握上，难以下决断，甚至会产生争议，影响了工作效率和质量，也会使管理对对方监督主体监督保障行为产生怀疑；二是有了现场快速检测后，能够迅速地得出检测结果，使现场监督员增加了信心，能够果断做出决定，同时还避免了由于主观上判断失误带来的意外损失后果；三是由于现场快速检测能够迅速快捷发现问题，找出原因，能够帮

助监督主体及时将卫生风险消灭在萌芽状态，为纠正卫生风险隐患，控制损失赢得了宝贵的时间，有效地提高了监督保障工作的效率和质量。

（四）有效地降低监督保障成本

现场快速检测技术在重大活动监督保障中应用后，有效地降低了监督保障工作的成本。一是在没有引进现场快速检测技术前，很多项目需要进行实验室检测，而实验室检测费用较高，使监督保障成本加大，重大活动承办者或者管理者总是感觉得不偿失，甚至对监督保障措施产生抵触情绪；应用现场快速检测技术后，一些需要实验室检测的项目，先用现场快速检测筛查，减少了实验室检测的项目数量，还有一些检测能直接运用现场快速检测结果代替，大幅度地减少了监督保障的经费支出。二是由于现场快速检测的应用，避免了一些及时发现的问题，没有必要的损失，同时，也克服了为保障卫生安全，因主观判断不确切导致的浪费或者意外损失。

（五）有利于提高权威和树立形象

现场快速检测技术在重大活动监督保障中应用后，一定程度上提高了监督保障的权威性，树立了监督队伍的良好形象。一是应用现场快速检测，体现了监督保障的技术性和科学性，增加了管理相对方管理者对监督保障主体的信任程度，提高了配合监督保障的自觉性、主动性；二是应用现场快速检测结果，对食品、物品和环境等的卫生安全状况做出了判断，提高了监督保障的权威性，监督保障主体提出的处理措施和意见，重大活动参考单位和个人相对心悦诚服，能够积极认真地纠正和落实；三是在重大活动监督保障中应用现场快速检测技术，体现了监督主体依法科学实施监督保障，体现了依法行政、文明执法、科学规范、服务社会的良好准则，能够获得重大活动参与单位和个人的理解支持，有利于树立监督执法队伍良好的社会形象。

四、现场快速检测在重大活动监督保障中的应用原则

（一）应用范围的选择

要依法、科学选择适用范围。对重大活动涉及的食品安全和公共卫生领域，要实行全程监督监控和现场快速检测监控相结合的监督保障模式。选择应用范围的方法：

1.根据现场监督保障需求选择

要与监督监控紧密结合，起到相互印证、相互支持、相得益彰的作用，不能相互脱节，更不能相互矛盾。

2.根据现场快速检测优势选择

在现场快速检测应用范围的基础上，注重选择既能够使现场快速检测优势最大化，又能够反映活动中保障重点的专业领域和环节。

3.根据关键控制环节和关键控制点位选择

要尽可能满足全程监控、把控关键环节的要求，科学选择现场快速检测的范围。如：食品安全重点把控食品、原料入库，热菜成品，冷加工环境和过程，消毒状态、效果等；生活饮用水重点把控二次供水设施、水箱水和末梢水水质等；公共场所重点把控室内空气质量、客用品卫生状况、游泳池水质等方面。

(二)检验项目的选择

对现场快速检测项目选择要遵循科学和实际相结合的原则，不能盲目的有什么检测能力，就检测什么项目，要有针对性、代表性，以较小投入发挥最大效果。

1.选择技术性能好的项目

要尽可能选择灵敏度高、稳定性好、特异性强的现场快速检测项目，在重大活动监督保障中应用，在存在假阴性或者假阳性的项目时，应当首选可能存在假阳性的项目，保证现场快速检测的效果，发挥筛查把关的作用。

2.选择成本较低的项目

要尽可能选择成本较低、操作较简便、出检测结果快的现场快速检测项目，尽可能降低监督保障的成本支出。

3.选择适用范围大的项目

要尽可能选择应用范围较广的检测项目，一个项目可以在较多领域应用，有利于减少工作量，便于仪器实际的携带。

4.选择社会热点项目

要注重选择排查社会关注焦点问题的检测项目，在重大活动中通过现场快速检测排查焦点隐患，提高社会对食品安全和卫生监督执法的信任程度。

5.选择针对性强的项目

要注重选择与重大活动的特点、规模、特殊需要和气候环境等相适应的检测项目，如体育赛事要选择排查兴奋剂因素的检测项目，夏季注重选择微生物和消毒状况的检测项目等。

6.选择全程监控项目

选择现场快速检测项目的数量、种类，要能够满足全程监督保障要求。

(三)检测环节与点位的选择

对现场快速检测重点环节和点位的选择，应当与前述的全程监督监控与全程现场快速检测相结合的监督保障模式相适应。

1.根据关键控制点选择

在服务全过程的关键控制点位上选择现场快速检测点。

2.根据风险程度选择

在高风险环节和高风险点位上设置现场快速检测点。

3. 根据特殊需要选择

要在有特殊需要的环节和点位上，设置现场快速检测点。

4. 参照 HACCP 原理选择

要按照风险管理和 HACCP 原理，在前期卫生风险评估的技术上，根据风险评估报告的关键环节、关键控制点和高风险点位，合理设置现场快速检测点。

5. 根据监督保障实践经验选择

对有些服务环节，无论风险评估中是否被确定为关键环节，都要根据实际情况设置现场快速检测点位。如对食品及原料的进货环节现场、冷加工食品现场、游泳场所、二次供水、会议室和客房等部位都要设置现场快速检测点。

（四）检测点控制限量值的确定

控制限量值，是指在现场快速检测点位上，对检测物的判定标准或者控制限值，不是现场快速检测对检测物的检出限值。科学确定现场快速检测点位、现场快速检测项目的限量值，是做好现场快速检测工作，最大限度发挥现场快速检测作用的关键点之一。有明确的限量值控制标准有利于现场快速检测结果的运用，能够有效防止个别地方出现为了检测而检测的不良倾向。确定控制限值主要应充分考虑以下相关因素：

1. 根据标准规范确定

对部分现场检测项目，相关的标准或者规范有明确规定的，应当遵循标准或规范规定，但是应当考虑现场快速检测方法是否属于标准检测方法或者接近标准检测方法，如果与标准检测方法有明显差别的，应当根据情况进行验证后确定。

2. 根据风险评估结果确定

在前期对相关单位进行食品安全或者公共卫生风险评估，并按照 HACCP 原理确定风险环节、关键控制点和相关点位的控制限值的，应当根据风险评估确定对相应点位的控制限量值。

3. 根据实际排查相关干扰因素

在确定控制限量值时，应当充分研究相关快速检测原理、实际检出限，充分考虑可能对检测准确性有影响的因素，与实验室同类检测的比对验证情况等，确定每一点位的控制限值。

（五）检测时机与频次的选择

检测时机，即在什么时间、什么地点或者在相关活动具体哪个阶段进行检测；检测频次就是进行现场快速检测的次数，即在单位时段内对相关检测对象进行几次检测。

1. 对检测时机应当综合分析统筹兼顾

确定检测时机，应当充分考虑检测的目的、现场实际情况、相关活动的节点，以把控关键控制点为基础，结合现场监督监控要求，具体研究确定。如进行风险评估时，应当与对现场监督检查同步开展检测；对冷加工食品进行监控时，应当选择在准备阶段对人员、环境、工具、主辅料卫生状况进行现场检测评价；现场加工过程中，应以现场监督监控为主，加工完成一个品种检测一个品种；对游泳场馆应当分别在比赛前和比赛间歇进行检测；等等。

2.对监测的频率应当结合变化情况确定

确定频次应当动态考虑与重大活动相关的各种情况变化，按照相关活动规律，对关键控制点的监控，检测物的稳定程度等，确定对某一对象的检测频次。对静态下或者稳定无变化的监控对象，监测频次可以少一些；处于动态，不断变化，缺乏稳定性的检测对象，频率应当大一些。如对生活饮用水检测，一般选择每天在静态下和用量最大情况下各检测一次；对食品安全检测应当根据餐饮服务供餐频次，实行每餐必检或者每一个加工过程检测一次；对食品及原料可以每新进一批货，检测一次；对住宿场所室内空气质量，可以在使用前检测一次，没有隐患问题的，使用中可以适当抽检；对相关设备设施的运行状态，属于稳定性很强的，一般活动前检测一次即可，稳定性差的应当随时检测；等。

（六）快速检测结果的使用

关于检测结果的应用，应当视具体情况决定，不能一概而论。现场监督保障人员应当根据检测物、检测项目具体情况决定。由于大部分现场快速检测属于没有经过计量认证的检测项目，检测结果主要作为对隐患问题的筛查依据。因此，当现场检测结果报出后，对检测结果表示为存在问题的，现场监督员应当进行必要的复检验证，避免出现假阳性而导致损失。现场监督员运用具体检测结果处理问题时，可以分情况采取不同方法：

第一，对可以采取补救措施的，应当责令相关单位采取措施，如加热处理，重新清洗消毒，立即进行通风等，在严格监控处理后使用或者食用。

第二，对不能采取补救措施的，采取应急性临时控制措施，如暂时停止使用、食用，对问题物品可以封样送实验室复检的，立即送实验室复检，根据复检结果进行处理。

第三，对检测发现存在问题隐患，但可以在严密监控下使用，且无其他补救措施，重大活动又必须使用的，可以说明风险情况，采取严密监控措施使用。

第四，对检测发现问题隐患的被检测物，在实验室检测报告出具前，不得做出毁灭性或者毁损性处理。如果当时单位自愿进行毁损处理的，可以撤回实验室检测申请。

第五，监督保障主体不能仅依据现场快速检测结果，对管理相对人做出实体性行政处罚。

第二十四章　重大活动食品安全监督保障现场快速检测

第一节　概　述

一、含义

（一）食品安全现场快速检测

食品安全现场快速检测的概念，从静态角度讲：是指能够在食品生产经营现场，对食品及相关物品、环境等进行检验检测，并在现场快速（一般为30分钟内）出具检测结果的一种检验技术。从动态方面讲：是指食品安全监管主体或者食品生产经营主体运用现场快速检测技术，在食品生产经营现场对食品加工原料，食品加工过程，食品加工环境以及食品运输、贮存环境等进行检验及时发现食品安全问题和风险隐患的活动。

（二）重大活动监督保障现场快速检测

是指食品安全监督保障主体为实现重大活动监督保障目标，在重大活动食品安全监督保障的现场，运用较成熟的食品安全现场快速检测技术，对为重大活动提供餐饮服务等的食品加工原料，食品加工过程，食品加工环境以及食品运输、贮存环境等进行抽查检测，在现场快速出具检测报告，及时掌握食品加工过程的卫生安全情况，通过现场快速检测对各环节的关键控制点进行风险筛查和监控，及时纠正食品安全风险隐患，保证重大活动食品安全的监督保障活动。

二、食品安全现场快速检测的特点

（一）样品前处理简便

食品安全现场快速检测，仅需对采样食品或原材料进行简单的分解、稀释、过滤、加热等处理，简便易行，对操作人员的技术要求较低。

（二）仪器设备便于携带

食品安全现场快速检测采用便携式仪器和试剂盒，试剂盒大多为一次性小包装，一盒试剂即可实现批量检测。

（三）检测环境条件要求不高

食品安全现场快速检测除微生物检测外，无论试剂存储还是现场操作均可在普通室内条件下进行，对温度、湿度的要求不高。

（四）检测项目和方法多样

食品安全现场快速检测项目涵盖了常见的理化指标、重金属指标、毒物指标和微生物指标，且每种指标的检测方法不止一种，方便操作人员根据检测能力选择。

（五）检测结果准确、灵敏度高

快检方法多采用国内外先进成熟的技术手段，如化学比色法、免疫法、基因芯片和生物传感器等，结果的准确性和灵敏度大大满足了风险筛查的要求。

三、食品安全现场快速检测的分类

可以按照检测内容或者靶体进行分类，也可以按照现场快速检测具体应用或者使用环节进行分类，还可以按照检测方法进行分类，不同分类方法可以分为不同种类：按照检测内容可以分为微生物检测、物理性检测、化学性检测、有毒物质排查检测等，按照检测结果可分为定性检测、定量监测和半定量检测等等。从实践的角度出发，按照食品安全现场快速检测在不同环节的具体应用进行分类，可具体分为：食品源头污染现场检测、食品加工过程现场检测、食品加工环境检测和食品运输贮存环境现场检测等等。这样分类方法，主要是为了重大活动监督保障应用方便并与现场监督监控有机衔接。

四、现场快速检测在食品安全监督保障中的意义

现场快速检测简捷、灵敏的优势，实现了根据现场检测结果及时采取现场控制措施，真正起到了预防和控制食品污染、食物中毒事故发生的作用。现场快速检测从原料开始，到食品端上餐桌为止，划分成若干个主要环节分别进行检测，实现了风险的准确定位，使预防控制措施做到有的放矢，提高了效果和效率。也使重大活动的食品安全监督保障更加科学。

五、重大活动监督保障中现场快速检测项目的选择

（一）项目遴选原则

正确选择检测项目是开展现场快速检测的关键环节，对于充分发挥现场快速检测优势，有效地控制食品安全风险，实现监督保障目标，具有非常重要的意义。选择食品安全现场快速检测项目，要把握好四个原则：一要遵循科学规律，有鲜明的针对性和目的性，不能为了检测而检测；二要结合实际，结合监督保障主体能力

选择较成熟、有把握的技术或者项目，结合保障现场分段检测特点，减少重复；三要重点突出，要根据具体保障任务和食品安全需求，选择现场快速检测项目，重点把握关键环节，控制突出风险隐患，不能胡子眉毛一把抓；四要科学摆布，前期检查评估项目要全，中期监控要把握关键，项目要少，目标要准，时间要快。

（二）应用重点

应用分为两个阶段：第一阶段是重大活动筹备阶段，食品安全监督机构开展全面检查和风险评估时，要运用现场快速检测技术；第二阶段是重大活动运行阶段，食品安全监督保障主体进行现场监督保障时，要运用现场快速检测技术。在重大活动筹备期，开展风险评估过程中的风险检测项目应做到“广泛”，目的在于充分评估风险，不遗漏任何隐患，为采取针对性整改措施提供充分时间，以保障活动运行过程中的食品安全。重大活动开始运行后，现场快速检测项目应当抓住两个重点：一是要与现场监督监控环节紧密结合、相互衔接，二是要抓“关键”控制点和关键控制限值。对于属于食品安全高风险的关键环节和关键控制点，要确定关键限值进行重点指标的重点检测，如进货时检测食品原材料是否存在污染，食品加工前要检测加工环境洁净状况，成品凉菜要检测微生物指标等，目的是在食品入口前的有限时间里严控风险，消除风险因素。而对于一些非关键环节和非关键指标，可根据重大活动时程的长短、食品加工过程、使用的频率等进行定期检测，如加工食品使用的饮用水，冷荤制作等专间的紫外线灯管辐射照度等，都可以定时检测。

第二节　监控食品源头污染现场快速检测

一、概述

（一）含义

食品源头污染一般指食品在种养殖环节、生产加工环节形成的污染。在重大活动食品安全监督保障中，监督保障的重点一般多在餐饮服务环节。因此，在餐饮服务环节实施食品安全监督保障时的食品源头污染，不仅指食品原料本身生产过程中的污染，如蔬菜喷洒农药，喂养家畜添加“瘦肉精”等药物对食品原料产生的污染，还泛指食品及原料在进入餐饮服务环节前所有环节导致的污染，这些污染是餐饮单位购买食品原料之前就存在的。

监控食品源头污染的含义，准确表述是监控食品及原料在进入餐饮环节前是否有污染情况。为此，主要选择一些关键的，社会关注的热点或焦点的食品污染指标，作为对加工餐饮食品的原料、辅料、调料等的现场检测项目，筛查在进入餐饮环节前已经被污染的食品及原料。

（二）应用范围与作用

由于食品源头污染不是餐饮单位所为，因此餐饮单位购置食品及原料后，必须采取措施保证食品及原料在进货时的质量后，食品及原料才能在餐饮食品加工时使用。虽然法律法规规定了餐饮单位使用的食品及原料必须从有资质的单位购买，必须详细记录购买台账，向供应商索证索票，进行食品及原料的入库检验等。但是，这些规定主要还是一个溯源性的规定，是一个程序的规范，餐饮单位没有能力保障购进食品及原料实质性的安全问题。因此，在食品及原料进货环节进行监控食品污染状况检测非常重要。

这一环节现场快速检测应用范围主要包括：餐饮企业购进的蔬菜、水果、生肉、水产品和半成品（如酱制品、火腿等）。这些食品原料通常存放在冷库或粗加工间。

作用和意义：通过现场快速检测，及时发现食品源头污染，防止被污染食品原料进入餐饮单位，可以从根本上杜绝食品安全隐患。

（三）检测时机、频次

对于食品源头污染现场快速检测应在进货后进行，通常餐饮单位成批进货，对同一批次的每种原料采两个平行样本进行检测，期间重新进货或补货后也应进行检测。

（四）控制限值与结果应用

蔬菜、水果农药残留，生肉及内脏中“瘦肉精”、牛羊肉中“掺假肉”、水发产品中甲醛这类物质的判定，均为不得检出，即有害物质含量低于现场快速检测方法的检出限；对于定型包装食品亚硝酸盐残留量的判定，详见各指标操作方法。

二、农药残留测定

（一）概念

农药残留是农药使用后一个时期内没有被分解而残留于生物体、收获物、土壤、水体、大气中的微量农药原体、有毒代谢物、降解物和杂质的总称。农药残留问题是随着农药大量生产和广泛使用而产生的。到目前为止，世界上化学农药年产量近 200 万吨，约有 1000 种人工合成化合物被用作杀虫剂、杀菌剂、杀藻剂、除虫剂、落叶剂等农药。这些农药大量使用，造成严重的农药污染问题，对人体健康形成严重威胁。

（二）适用范围

农药残留检测主要适用于绿叶蔬菜，也可用来检测苹果、梨、杨梅等水果。

（三）检测方法

速测卡法（纸片法）。便携式农药残留速测仪是根据国家标准方法（GB/T

5009.199—2003)速测卡法(纸片法)而专门设计的仪器。农药速测卡是用对农药高度敏感的胆碱酯酶和显色剂做成的酶试纸，可以快速检测蔬菜中有机磷和氨基甲酸酯这两类用量较大、毒性较高的杀虫剂的残留情况。本法抗干扰性强，操作简便，产品容易贮存，携带方便，是现场检测的最佳方法。主要用于果、蔬、茶、粮食、水及土壤中有机磷和氨基甲酸酯类农药的快速检测，特别适用于酒店、餐馆、食堂、家庭对果、蔬、茶加工前的安全检测。

(四)检测范围

表18　农残速测卡对几种常用农药的最低检测限　　(单位 mg/kg)

甲胺磷	马拉硫磷	水胺硫磷	对硫磷	氧化乐果	久效磷	乙酰甲胺磷
1.7	2.0	3.1	1.7	2.3	2.5	3.5
敌敌畏	乐果	敌百虫	呋喃丹	西维因	好年冬	
0.3	1.3	0.3	0.5	2.5	1.0	

注:以上是由原国家卫生部食品卫生监督检验所和北京市产品质量监督检验所等七个单位用气相色谱法对比试验和验证得出数据的统计表。

(五)操作步骤

采用速测卡法(纸片法)进行农药残留的检测，应当按照下列步骤分步进行。(1)开机:按住面板上的“开/关”键约2s，仪器开机(开机后，再次按此键可关机);按“模式”键切换至“温度”，当温度达到40℃时，仪器发出一声提示音，预热完成，可以开始测试。(2)装片:将速测卡撕去盖膜后对折再展开，插入至压纸条下的各通道加热板上(注意红色药片一端在上方，白色药片一端在下方)，检查速测卡放置位置是否正确，速测卡中间的虚线应与压条对齐，不要歪斜。(3)取样:选择有代表性的蔬菜或瓜果皮，擦去表面泥土，剪成1cm左右见方碎片，取5g放入带盖瓶中，加入10mL纯净水或缓冲溶液，振荡50次(有条件用户可配备超声波清洗器搅拌)，静置2min以上。每批最好做9个检样，同时做一个纯净水或缓冲液的空白对照。每剪完一个样品，剪刀要洗净后方可处理另一个样品，以免产生交叉污染。(4)加样:用移液器取80μL样品液加到白色药片上。如果检测是在采样现场或条件简陋的情况下进行，可直接在待检蔬菜叶尖部位滴2～3滴洗脱液，用另一片菜叶尖部在滴液处轻轻摩擦，使蔬菜表面的残留农药充分溶入洗脱液中。然后滴一滴在白色药片上。(5)测试:按“启动”键，反应倒计时10min(“反应”指示符亮)。当听到仪器发出急促蜂鸣提示音时关闭上盖，显色开始倒计时3min(“显色”指示符亮);待仪器发出缓和的蜂鸣提示音时，打开仪器上盖，进行结果判定。

(六)结果判定

与空白对照卡比较，白色药片不变色或略有浅蓝色均为阳性结果，不变蓝为强阳性结果，说明农药残留量较高，显浅蓝色为弱阳性结果，说明农药残留量相对较低。白色药片变为天蓝色或与空白对照卡相同，为阴性结果。

当出现阳性或弱阳性结果时，必须立即停止使用该水果或蔬菜。对于叶菜类蔬菜应剥去外皮，洗净后重新检测农药残留，合格后方可使用；对于水果和非叶菜类蔬菜，应使用流动水仔细清洗浸泡并轻轻揉搓，洗去表皮农药，重新检测合格后方可使用。

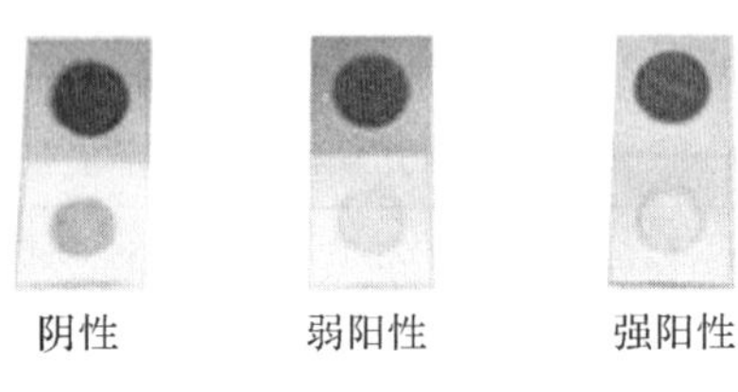

图 2　速测卡

(七)注意事项

使用速测卡法(纸片法)进行农药残留的现场快速检测，应当注意排除以下干扰因素。

1. 排除假阳性

干扰如葱、蒜、萝卜、韭菜、芹菜、香菜、茭白、蘑菇及番茄汁液中，含有对酶有影响的植物次生物质，容易产生假阳性。处理这类样品时，可采取整株(体)蔬菜浸提或采用表面测定法。对一些含叶绿素较高的蔬菜，也可采取整株(体)蔬菜浸提的方法，减少色素的干扰。

2. 排除温度干扰

如当温度条件低于 37℃时，酶反应的速度随之放慢，药片加液后放置反应的时间应相对延长，延长时间的确定，应以空白对照卡用手指(体温)捏 3min 时可以变蓝为参照，即可往下操作。注意样品放置的时间应与空白对照卡放置的时间一致才有可比性。空白对照卡不变色的原因：一是药片表面缓冲溶液加的少，预反应后的药片表面不够湿润；二是温度太低，需进行适当的保温。

3. 排除环境等的影响

速测卡对农药非常敏感，测定时如果附近有喷洒农药或使用卫生杀虫剂，以及操作者和器具沾有微量农药，都会造成对照和测定药片不变蓝；红色药片与白色药片叠合反应的时间以 3min 为准，3min 后蓝色会逐渐加深，24h 后颜色会逐渐褪去。速测卡要在阴凉、干燥、避光条件下保存，有条件者放于 4℃冷藏最佳。速测卡保质期为一年，开封后最好在三天内用完，如一次用不完可存放在干燥器中，一周内用完。

三、瘦肉精类药物测定

（一）相关概念

目前，对瘦肉精统一的认识是指具有β-肾上腺素激动剂功能的一类药物，作用如同运动员使用的兴奋剂，可以加快心率，分解脂肪和糖元，增粗肌纤维，增加血液流速。用瘦肉精喂养生猪、牛、羊等家畜，可提高瘦肉率，但人食用含瘦肉精过量的肉品，会出现心率过速、心悸、肌肉震颤等心血管系统和神经系统的不良反应，严重危害人体健康。2011 年曝光的肉制品瘦肉精事件，是建国以来最大规模的非法使用瘦肉精案例。常用的瘦肉精类药物除毒性较大的盐酸克伦特罗外，还有莱克多巴胺、沙丁胺醇等。

（1）盐酸克伦特罗（Clenbuterol），为β-肾上腺素激动剂的一种，毒性较大，早已被国家明令禁止使用在饲料或喂养牲畜的食品中。

（2）莱克多巴胺，临床上普遍用于支气管哮喘的治疗。当药量为治疗量的5～10 倍时，可使猪、牛、羊和家禽等多种动物体内的脂肪分解，增加酮体瘦肉率，对猪的作用尤为明显，但对人体却存在着安全隐患，目前已被禁止用作治疗人支气管哮喘药，且禁止使用在饲料或喂养牲畜的食品中。

（3）沙丁胺醇又名舒喘灵，为一种兴奋剂。是目前瘦肉精类药物中唯一可以在药店合法购买的平喘药，用于治疗支气管炎、哮喘、支气管痉挛等。不法分子将其用于生猪饲料中，其刺激生猪生长瘦肉的作用，对人体存在安全隐患。

（二）检测方法

目前主要使用胶体金免疫法。瘦肉精类药物现场快速检测卡是基于胶体金免疫层析技术，将检测液加入到速测卡上的样品孔，检测液中的瘦肉精类药物与试纸卡上的抗体结合形成复合物。若浓度低于灵敏度值，则会逐渐凝集成一条可见的 T 线；若浓度高于灵敏度值，则不会形成可见的 T 线而形成可见的 C 线。

（三）操作步骤

使用胶体金免疫法进行廋肉精监测，应当按照下列步骤进行：

1. 样品处理

瘦肉精类药物在动物肌肉、内脏富集，采样时，主要采集上述部位样品，避免采集肥肉、肉筋和肉皮。肉及内脏样本（包括精肉、肝脏、肺脏和肾脏）应立即检测或收集在塑料袋中送检。若不能及时检测，样本在 2～8℃冷藏可保存 24 小时，－20℃冷冻可保存 1 周，冷冻时禁忌反复冻融。

2. 测定步骤

第一，测试前将未开封的检测卡恢复至室温；第二，将肉及内脏样本剪碎，装入到 1.5mL 的离心管中，盖紧管盖；第三，于 90℃以上加热（建议水浴）10～

15min，取出；第四，从原包装铝箔袋中取出检测卡，即开即用（在一小时内使用），将检测卡平放，用塑料吸管垂直滴加1滴无气泡冷却样本渗出液（约20～30μL）于加样孔，30s后再加入展开液2～3滴（约60～80μL）。

（四）结果判断

使用胶体金免疫法进行廋肉精检测，按照下列程序进行结果判定：

（1）反应10～15min观察结果，检测肉及内脏样本渗出液的盐酸克伦特罗阈值为3ng/mL，莱克多巴胺阈值为5ng/mL，沙丁胺醇阈值为5ng/mL，20min后判断结果无效。

（2）检测区出现红色条带为阴性，判定合格（含量小于该种类瘦肉精阈值），反之为阳性（含量大于该种类瘦肉精阈值），判定不合格。

（3）当出现阳性样品时，必须重复测量，以确定是否为假阳性。重复测量结果依然为阳性的，立即停止使用该批次肉类，将阳性样品送实验室检测。实验室检测未检出瘦肉精的，该批次肉类可以继续使用；实验室检测确定含有瘦肉精的，该批次肉类继续停止使用且就地封存，并通报农业管理部门、公安部门，对产品源头进行相应控制。

（五）注意事项

使用胶体金免疫法进行廋肉精检测，应当排除干扰因素：

（1）速测卡为一次性产品，需在4～30℃阴凉干燥处保存，不可冷冻，不可阳光直射，必须于启封1h内在室温环境内一次性使用；

（2）脂肪会导致产生假阳性结果，取样时应当弃去肉眼可见的脂肪部分；

（3）使用沙丁胺醇速测卡检测5ng/mL以上时，盐酸克伦特罗会呈阳性反应，对沙丁胺醇呈阳性的样品，应进行盐酸克伦特罗检测；

（4）速测卡为筛选试剂，任何可疑结果请用其他方法做进一步确认；

（5）请勿使用非配套的稀释液。

四、掺假肉测定

（一）相关概念

掺假肉是近年一些不良商贩谋取非法利润的手段，通常使用价格较低的肉类冒充价格较高的肉类。最多的是使用猪肉、鸭肉掺杂在羊肉片或羊肉卷中，甚至使用饲养的狐狸、貂等皮毛动物肉类充当羊肉然后以羊肉的价格出售，谋取利润，此类手段属于以次充好的不法行为；更有甚者使用老鼠、流浪猫等动物肉充当羊肉，不仅欺骗消费者，在羊肉中掺杂猪肉的行为还会亵渎穆斯林的宗教信仰，掺杂老鼠、流浪猫等动物肉更有可能造成食品安全事故，严重危及消费者身体健康，故对于此类行为必须严惩！

掺假肉的不法行为不仅在我国出现，国外也屡见不鲜，2013 年瑞典某著名食品公司提供的牛肉在英国和爱尔兰超市相继发现混有马肉成分，经过对瑞典和英国超市在售的 18 个牛肉样品进行检测，发现 11 个样品掺杂有马肉，且马肉成分比例在 60%～100%之间，成为向来以严格著称的欧洲食品市场的一大丑闻。

（二）检测方法

目前主要使用胶体金免疫层析法，以夹心原理检测样本中的猪肉/鸭肉/马肉（使用不同的试剂，但方法相同）成分。若样品中含有猪肉/鸭肉/马肉成分，则显示 T 线，不含上述成分则不显示 T 线。

（三）操作步骤

使用胶体金免疫层析法，检测掺假肉，应当按照下列步骤进行操作：

（1）取 25g 瘦肉样品绞碎成肉泥，用取样勺取 0.1g 肉泥于 2mL 离心管中，加水至 2mL，剧烈振荡摇匀，静止片刻。

（2）取上清液 3 滴，加入反应孔中。待反应孔中的固体试剂完全溶解（或加样后等待 2min），用滴管吹吸反应孔中的混合液 3 次，将试纸条白色一端插入反应孔中，计时 10min。10min 后观察试纸条，1h 内读取结果。

（四）结果判定

使用胶体金免疫层析法进行掺加肉检测，按照下列方法进行结果判定：

（1）T 线条带颜色深于 C 线条带，判定为阳性，即样品中含有猪肉/鸭肉/马肉成分。

（2）T 线不显色或 T 线条带颜色浅于 C 线条带，判定为阴性，即样品中未检出猪肉/鸭肉/马肉成分。

（3）T 线显色且 C 线不显色，对样品进行 5 倍稀释再做检测。

（4）T 线与 C 线均不显色，检测卡失效。

（五）注意事项

（1）试纸条和反应孔均为一次性使用，不能重复使用；

（2）不同批号、不同类型的分组不能混用；

（3）检测样品只能是生肉，不可检测熟肉制品；

（4）取样时需尽量减少脂肪的掺入；如果瘦肉样品数量有限（如牛、羊肉卷），应尽可能在不同部位取样，以防止漏检；

（5）检测时不可用手接触试纸白色一端的膜面。

五、水发产品甲醛测定

（一）甲醛的危害

甲醛化学式为 HCHO，是一种无色，有强烈刺激性气味的气体。易溶于水、醇和醚。甲醛在常温下是气态，易溶于水和乙醇，通常以水溶液形式出现，35～40％的甲醛水溶液叫做福尔马林。甲醛有致敏和致突变作用，对生殖细胞和受孕都会产生危害，一些不法商贩利用甲醛防腐功能，用经过稀释的福尔马林溶液来浸泡水产品，以保持其外观良好，这是法律法规绝对不允许的。

（二）甲醛检测的卫生学意义

为了达到水产品蛋白质不变性、防腐、增白效果，近年来一些不法商贩在一些水产品中使用甲醛，如海参、蹄筋、干笋、赤贝、鱿鱼、海虾、虾仁、冷冻面鱼等。为了减少甲醛对人体的危害，及时发现含有甲醛的食品是非常必要的。

（三）检验原理

指利用甲醛在碱性条件下与间苯三酚发生缩合反应生成橘红色化合物的特性，比色定量检测甲醛含量。此方法操作简便、干扰物影响小，常用试剂检出下限为 2mg/L。但甲醛与间苯三酚生成物颜色不稳定，测定结果偏差较大，只适用于甲醛定性分析。此法多用于水发食品中对甲醛的测定。

（四）操作步骤

甲醛检测主要分为两个步骤：

(1)样品处理。对于有颜色的样品，可取同等量的液体做对照液观察，对于深色溶液可以用活性炭脱色后进行实验。对于固体样品，称取 5g 切碎或研碎，加入 10mL 蒸馏水浸泡 10min。

(2)样品检测。取浸泡液滴入比色管 1mL 处，盖好盖子振摇至试剂溶解，必要时用手轻弹检测管底部直至试剂溶解。静止 10min，肉眼观察结果。

（五）结果判定

如溶液呈橙红色表明甲醛含量高（强阳性），呈现浅红色并很快消失表示甲醛含量低（弱阳性），不显色表示样品不含甲醛（阴性）。

六、定型包装食品亚硝酸盐残留量测定

（一）亚硝酸盐的危害

亚硝酸盐是一种白色不透明的化工产品，形状极似食盐。在食品加工中用作防腐剂和增色剂，可保持肉的红色，利于风味形成，也可抑制肉毒杆菌生长。亚硝酸盐进入人体能使血液中正常携氧低铁血红蛋白氧化成高铁血红蛋白，因而失去携氧能力而引起组织缺氧。亚硝酸盐是剧毒物质，成人摄入 0.2～0.5g

即可引起中毒，3g 即可致死。

（二）定型包装食品亚硝酸盐检测的意义

亚硝酸盐属于食品添加剂中的护色剂，能使肉制品呈现鲜艳的红色。在使用过程中，我国规定允许添加硝酸钠（钾）和亚硝酸钠（钾），硝酸钠和亚硝酸钠在肉类腌制过程中往往是混合使用，但有些定型包装食品生产企业操作不当或过量使用亚硝酸盐，则会造成该食品亚硝酸盐残留量超标，影响消费者身体健康。

（三）检测方法

检测亚硝酸盐一般使用速测比色法。

1. 检测原理

在酸性条件下，食品中的亚硝酸盐与磺酸类重氮化试剂重氮化后，再与盐酸萘乙二胺发生偶合反应，生成紫红色化合物；按照国标 GB/T 5009.33—2010 做成的速测管，与标准色卡比较定量。

2. 操作步骤

第一步制作样品，取粉碎均匀的样品（主要为火腿、酱肉、腌肉等）1.0g 或 1.0mL～10mL 于比色管中，加蒸馏水或去离子水（纯净水）至刻度，充分震摇后放置；第二步样品试剂混合，取上清液（或过滤或离心得到的上清液）1.0mL 加入到检测管中，盖上盖，将试剂摇溶；第三步判定数值，放置 10 分钟后与标准色板对比，该色板上的数值乘以 10 即为样品中亚硝酸盐的含量 mg/kg（以 $NaNO_2$ 计）。如果测试结果超出色板上的最高值，可定量稀释后测定，并在计算结果时乘以稀释倍数，结果即为样品中亚硝酸盐的含量。

（四）结果判定

表 19　《食品添加剂使用卫生标准》中亚硝酸盐残留量限值

食品名称	以亚硝酸钠计，残留量（mg/kg）	食品名称	以亚硝酸钠计，残留量（mg/kg）
腌腊肉制品类（如咸肉、腊肉、板鸭、中式火腿、腊肠）	≤30	酱卤肉制品类	≤30
熏、烧、烤肉类	≤30	油炸肉类	≤30
西式火腿（熏烤、烟熏、蒸煮火腿）类	≤70	肉灌肠类	≤30
发酵肉制品类	≤30	肉罐头类	≤50

由于亚硝酸盐毒性与致癌性关系较大，现场快速检测亚硝酸盐残留量超过标准的食品必须停止使用并就地封存，送实验室检测，实验室检测确定亚硝酸盐残留量超标的定型包装食品应溯源至生产单位，由相关部门对其采取行政控制措施。

（五）注意事项

生活饮用水中常有微量的亚硝酸盐，不能作为测定用稀释液和萃取液，应使用纯净水或蒸馏水；若显色后颜色很深且有沉淀产生或很快褪色变为浅黄色，说明样品中亚硝酸盐含量很高，须加大稀释倍数重新测定。

第三节　监控食品加工过程污染现场快速检测

一、概述

（一）相关含义

食品加工过程是餐饮服务食品安全控制的关键环节。食品加工过程污染是指食品在加工过程中被污染。这个过程包括食品及原料从库房领出进入粗加工环节一直到成品摆上餐桌的整个过程。食品在从原料变为成品的加工工序过程中受到污染，如食品原料、初级农产品等在清洗、切配、保存过程中受到污染，熟肉制品被切生肉的刀造成的污染，热菜制作过程中非法使用食品添加剂或非食用物质产生的污染，食品加工不到位、热度不够、生熟交叉等形成的污染，这些污染都是餐饮单位在对食品原料加工的过程中产生的。监控食品加工过程污染的现场快速检测，就是通过现场快速检测手段，监控食品在加工过程中是否被污染的风险监控措施。

（二）应用范围与作用

餐饮单位购置食品原料后，在保证食品源头安全的前提下，餐饮单位必须保证加工过程符合食品安全操作规范、卫生要求，只有严格把控加工过程的质量关，才能确保食品安全。传统监督办法只能通过监督人员的观察发现是否存在问题，应用现场快速检测后，可以通过客观的指标评价卫生安全状况。

1.应用范围

现场快速检测可以应用于食品加工的全过程，任何一个环节都有可能通过现场快速检测进行评价，但是，在工作实践中我们主要针对风险较大的几个环节进行监控。如：自加工熟肉制品亚硝酸盐残留量，煎炸油的酸价、过氧化值，冷荤菜品微生物总数，烹调热菜的中心温度等指标，这些指标都是在加工完成后立即检测，配合食品加工过程的监督，评价食品加工过程的卫生状况。

2.作用和意义

食品加工过程是餐饮单位直接操作和控制的过程，也是食品安全隐患高发的点位，在重大活动保障中，对食品加工过程进行监督和检测，是重大活动食品安全监督保障的重点工作之一，监督和检测的有机结合，相互补短堵漏，有效地监控了食品加工过程的风险因素，对于预防重大活动食品安全风险有着重大意义。

（三）检测的时机与频次

现场快速检测，科学地选择检测时机是一个非常重要的环节，时机早了、晚了都不能很好地发挥作用。有些同志认为，对于食品加工过程污染的现场快速检测，只要是在加工后、用餐前进行检测符合要求，加工完成后检测合格，就可以判定食品基本安全，可以上桌食用，检测不合格，应立即查找原因，对于已经上桌的食品，应尽快撤回，不能继续食用。在实践中很多事情并不是我们想象或者设计得那样顺其自然，必须结合实际情况具体分析。有的食品需要在加工前进行检测，有的需要在加工过程中进行检测，有的需要在加工后用餐前进行检测。不能僵死、一概而论，需要结合实际情况安排。如对凉菜制作，有些同志认为应当在加工后进行检测，合格后才允许供餐，但是在实践过程中，并不是这样的。对于凉菜制作，我们要控制时间，还要控制菜品加工后的洁净度，两者往往存在矛盾。在很多情况下，凉菜上了桌我们还没检测完，检测结果出来时凉菜已经吃完了，很尴尬。所以，必须选择好监测时机和方式。在实践中，一般在凉菜加工前对加工环境、食品工具用具、工作人员手（套）、主料、辅料全部检测合格，加工过程中再由监督员全程监督监控加工过程，中途做适当的抽检性检测，这就较好地解决了问题。再如：所有食品工具容器、加工环境等都要在加工开始前进行检测；中心温度要在菜出锅时即行检测，不能等菜上了桌再检测，等等。重大活动食品安全监督保障的现场快速检测，在选择上说到底是要高度关注过程的监控，适当进行终末质量检测。

（四）控制限值与结果应用。

自加工熟肉制品亚硝酸盐残留量，煎炸油的酸价、过氧化值，冷荤菜品微生物总数，烹调热菜的中心温度等的检测指标的判定，详见第五节各指标操作方法。

二、自制熟肉制品亚硝酸盐残留量测定

（一）自制熟肉制品亚硝酸盐检测意义

有些餐饮单位在自制酱卤肉、烤肉、酱牛肉、烤乳猪、烤羊排等熟肉制品中添加使用亚硝酸盐；有些餐饮单位为了使烹调的肉类更鲜艳，使用亚硝酸盐腌制肉类。以上过程，尤其是自制食品中超量使用亚硝酸盐，搅拌不均匀等问题会导致肉制品整体或局部亚硝酸盐残留量超标，故监督员如发现肉类食品色泽鲜红，对其进行亚硝酸盐现场快速检测是非常必要的。

（二）检测方法

1. 检测原理

在酸性条件下，食品中亚硝酸盐与磺酸类重氮化试剂重氮化后，再与盐酸萘

乙二胺发生偶合反应，生成紫红色化合物。按照国标 GB/T 5009.33－2010 做成的速测管，与标准色卡比较定量。

2.操作步骤

检测食品中的亚硝酸盐一般需要五个步骤：第一步取粉碎均匀的自制酱卤肉、烤肉样品 1.0g 或 1.0mL～10mL 于比色管中，加蒸馏水或去离子水（纯净水）至刻度处，充分振摇后放置；第二步取上清液（或过滤或离心得到的上清液）1.0mL 加入到检测管中，盖上盖，将试剂摇溶；第三步 10 分钟后与标准色板对比，该色板上的数值乘以 10 即为样品中亚硝酸盐的含量 mg/kg（以 $NaNO_2$ 计）；第四步如果测试结果超出色板上的最高值，可定量稀释后测定，并在计算结果时乘以稀释倍数，结果即为样品中亚硝酸盐的含量。

（三）结果判定

表 20 《食品添加剂使用标准》中亚硝酸盐残留量限值

食品名称	以亚硝酸钠计，残留量（mg/kg）	食品名称	以亚硝酸钠计，残留量（mg/kg）
腌腊肉制品类（如咸肉、腊肉、板鸭、中式火腿、腊肠）	≤30	酱卤肉制品类	≤30
熏、烧、烤肉类	≤30	油炸肉类	≤30
西式火腿（熏烤、烟熏、蒸煮火腿）类	≤70	肉灌肠类	≤30

由于亚硝酸盐毒性与致癌性关系较大，现场快速检测亚硝酸盐残留量超过标准的食品必须停止使用并就地封存，送实验室检测，立即销毁实验室检测确定亚硝酸盐残留量超标的自制熟肉制品。

（四）注意事项（略）

三、煎炸油、食用油的酸价、过氧化值检测测定

（一）检测意义

长期使用不予更换的油会产生有害物质，进而对人体造成健康危害，医学研究的结果显示，长期反复使用煎炸油会对人体造成明显伤害，如发育障碍，易患肠炎，并造成肝、心、肾肿大以及脂肪肝病变等。

虽然大型宾馆饭店管理规范，并不使用臭名昭著的“地沟油”，但是煎炸油长期反复使用的现象依然存在，故对煎炸油酸价、过氧化值进行检测十分必要。监督员如果发现厨房内有颜色较深（经多次使用的油颜色会变深）的疑似煎炸油，则需要采样进行检测。

(二)检测方法

在重大活动食品安全监督保障中，现场快速检测食用油的酸价、过氧化值，可以使用试纸法。检测范围，酸价：0～5.0(KOH)mg/g，过氧化值：0～0.60g/100g。

1.检测原理

酸价检测原理是利用食用油酸败产生的游离脂肪酸与试纸上的药剂发生显色反应，酸败程度越大，游离脂肪酸就越多，试纸颜色也就越浅，以试纸颜色变化显示出酸败的程度。过氧化值检测原理是利用食用油氧化所产生的过氧化物与试纸上的药剂发生显色反应，氧化程度越大，产生的过氧化物就越多，试纸颜色也就越深，以试纸颜色变化显示出酸败的程度。

2.检测步骤

第一步采样，用清洁、干燥容器取样品油约5mL，并使样品温度调整至25±℃后再测试；第二步检测样品，将试纸浸入油样中并开始计时，1～2秒后取出，从试纸条侧面将多余的油样用吸水纸吸出，将试纸的测试部分一面向上平放；第三步进行比色，90秒后，将试纸显色块的颜色与瓶身比色表中标准色块的颜色进行对比，判定检测结果，反应块与标准色块颜色相同或相近的即是样本的检测值，反应块颜色在两标准色块之间的，则取两者中间值。

(三)结果判定

表21 食用植物油酸价、过氧化值标准(GB 2716—2005)

项 目	指 标
酸价(KOH)(mg/g)	≤3
过氧化值(g/100g)	≤0.25

若新开封的食用油酸价、过氧化值超标，则必须立即停止使用该批次的食用油，现场封存样品送实验室检测酸价、过氧化值、总极性物质、苯并芘、黄曲霉毒素等指标。检测合格后，可以继续使用；检测不合格，需要根据检测结果判断样品是否为“地沟油”，报公安、质监等机关。使用中煎炸油酸价、过氧化值超标应立即停止使用并更换检测合格的新油。

(四)注意事项

(1)每次测试前应先准备好待测油样，再取试纸，取出的试纸立即使用，不要用手直接接触试纸显色块部分。

(2)油样采集时，应将待测的食用油搅拌均匀，确保取样具有代表性。

(3)不要使用已过有效期限的试纸，酸价试纸上如有红色痕迹，过氧化值试纸上如有灰色痕迹或其他变色，说明试纸已经被污染或失效，也不能使用。

(4)本办法的试纸应在4～30℃的干燥、避光环境下保存，未经开封的试纸保存期为18个月,已经开封的试纸,必须在30天内用完,过期作废。

四、冷荤菜品微生物总数测定

(一)食品微生物定义

食品微生物是与食品有关的微生物的总称,包括三大类。其一是通过它的作用,可生产出各种饮料、酒、醋、酱油、味精、馒头和面包等发酵食品的常见的乳酸杆菌和一些霉菌。乳酸菌产生的乳酸有抑制其他有害细菌生长的作用,而青霉菌产生的青霉素是一种天然的抗生素,同样可以抑制细菌的生长。其二是引起食品变质败坏的微生物,主要是自然状态下各种促进食品氧化或腐败变质的真菌和细菌,也是我们在食品生产和加工中需要尽力消灭的一类微生物。其三是食源性病原微生物,即在食品生产加工过程中,因人为因素而进入食品造成人或动物食物中毒或食源性疾病的病原微生物。常见的如金黄色葡萄球菌、链球菌、沙门氏菌、志贺氏菌、大肠菌群等,更有高致病性或传染性的肉毒杆菌、霍乱弧菌等。

(二)食品微生物与食品安全事故

医学上一般将微生物分为三大类,即细菌、真菌、病毒。被微生物污染的食品中含有大量的微生物病原体以及其代谢产生的各种毒素,可以直接造成人体的感染。或由于致病性微生物代谢过程中产生的毒素导致人体出现疾病征候群,在食品安全事故中比较常见的是消化道疾病,如腹痛、腹泻、呕吐及由于肠胃剧烈收缩导致肠粘膜损伤造成激发感染,出现脓、血便等。

在日常餐饮服务生产经营过程中,真菌(主要是霉菌)和病毒引起的污染并不多见。霉菌繁殖速度快,能长出让肉眼辨认的菌丝(霉斑),释放有霉味的气体,被污染的食品感官上容易分辨并可对其做出及时处理;病毒在日常环境中存活时间短,经清洗或长时间暴露在空气中会死亡;大多数生物性食源性疾病是由细菌性污染造成的,主要为革兰阳性球菌和革兰阴性杆菌。如海产品保鲜和加温不善,造成嗜盐菌甚至霍乱弧菌的繁殖;操作人员手及刀具餐具的消毒不彻底,造成大肠菌群、李斯特菌和金黄色葡萄球菌的污染。

(三)菌落总数测定的卫生学意义

测定食品相关物品、环境微生物总数的意义,主要表现在:第一,能判定食品被细菌污染的程度及卫生质量;第二,能及时反映食品加工过程是否符合卫生要求,为被检食品卫生学评价提供依据;第三,我们通常认为,菌落总数的多少在一定程度上标志着食品卫生质量的优劣。细菌性食物中毒事故的发生,往往与食品中致病菌的数量成正比,致病菌数量越多,所产生的毒素也就越多,对胃肠粘膜的损伤也就越大,出现食品安全事故的几率也就越高。

（四）菌落总数测定的适用范围

菌落总数测定的适用范围很广，在很多环节都可以使用菌落总数测定，但是适用的重点部位是凉菜间（冷荤间），顾名思义是加工凉菜或冷荤菜的地方。中式凉菜（冷荤菜）需要加工、冷凉、冷藏，手捏、改刀、摆盘等步骤；西式或其它凉菜需要改刀、搅拌、装盘、冷藏等步骤，这些都不经再次加热就直接食用。根据多年食物中毒事故发生情况的统计数据显示，细菌性食物中毒事故约60%是由于凉菜受到致病性微生物的污染，故凉菜食品安全风险系数大，容易造成食品安全事故。根据笔者的经验，对冷荤间硬件条件和加工菜品的检测是大型活动食品安全保障中最为重要的一部分，其关键控制点可分为半成品储存有无生熟交叉，食品工具、用具、容器的消毒状况，操作人员的健康状况和洗手消毒情况，室内温度和空气消毒状况等等。

（五）检测仪器及方法

Biotech BT-112D荧光检测仪。ATP生物荧光检测法测定的原理是利用荧光素酶在镁离子、ATP、氧的参与下，催化荧光素氧化脱羧，产生激活态的氧化荧光素，产生560nm的荧光。在裂解液的作用下，细菌裂解后释放的ATP参与上述酶促反应，用荧光检测仪可定量测定发光值，此发光值与ATP含量成线性关系，进而反映活体细菌的量。具体操作步骤包括：

第一步样品前处理。按照国标要求，以无菌操作将检样25g(mL)剪碎放于含有225mL灭菌生理盐水或其他稀释液灭菌玻璃瓶内（瓶内预置适当数量的玻璃珠）或灭菌乳钵内，充分振摇或研磨做成1∶10的均匀稀释液后将混悬液倒入过滤消化袋中或用无菌滤纸过滤悬浮颗粒物。

第二步试剂准备。打开ATP Reagent HS（黄色瓶盖上没有点的）的旋盖，除掉橡胶塞。用干净的钳子去除橡胶塞，以防止用手所造成的污染。打开装有Diluent B（黄色瓶盖上有点的）小瓶的旋盖。把Diluent B中的液体倒入ATP Reagent HS的小瓶中，然后再倒回Diluent的小瓶中，需要避光冷藏（都是黄颜色瓶）。把全部Cell Lysing Reagent（红色瓶盖内装液体）加入到ATP Eliminating Reagent（红色瓶盖内装固体）的小瓶中进行调配。配好后的ATP Eliminating Reagent可以在冰箱中冷藏保存一周或在冷冻的条件下保存更长的时间（都是红颜色瓶）。Extracrant B/S（白颜色瓶盖）和ATP Standard（蓝颜色瓶盖）可以即开即用。

第三步调配检测。以无菌注射器取10mL固体样品稀释后的水样，连接好孔径为5μm的无菌滤器和孔径为0.45μm的无菌滤器过滤，将滤液废弃后，打2管空气排空滤器内液体，盖好滤器底部密封盖。(1)用移液器将调配好的50μL体细胞消除剂（红色瓶盖）加入到孔径为0.45μm的滤器的滤膜上，静置10分钟；(2)取 50μL 准备好的微生物细胞裂解剂(白色瓶盖)于加完 ATP 消除剂静置 10 分钟后的滤膜上；(3)用移液器取 400μL 调配好的荧光素试剂(黄色瓶盖)加入到孔径为 0.45μm 的滤器中，打开仪器检测舱盖，将检测试管放入设备中，按"↵"键测得 M1；(4)取出孔径为 0.45μm 的滤器，加入 10μL ATP 标准品(蓝色瓶盖)，重新放入仪器检测，按"↵"键测得 M2；(5)显示屏分 3 行分别显示 M1、M2、M1，读取最后一行的 M1 值，以 cfu/g(mL)表示。

第四步分析结果。固态样品经过稀释后检测的读数为直接结果，不需稀释的液体样品(如生活饮用水)的结果为读数除以 10；当固体样品稀释液浑浊难以过滤时，可以减小取样量，如取 2mL 样品则结果需乘以 5，取 5mL 样品则结果需乘以 2。

(六)操作注意事项

(1)检测人员一定要佩戴无粉、无菌手套及一次性口罩、帽子。

(2)注意无菌操作，严格按规定采样。

(3)每次用完后，必须将仪器的各部分做适当的清洁，以免下次使用时遭到交叉感染。

(4)所有试剂应在恢复到室温后再进行试验操作。

(5)为了使工作台面不受感染，最好在消毒柜内操作，在现场无消毒柜时，用一块消毒好的桌布盖在桌面上，或用医用酒精擦拭桌面多次。

(6)此仪器需要使用的耗材为微量加样器(400μL、50μL、10μL 及配套吸头)、采样套装等。10μL 加样器必须选择剂量准确的产品，吸取后将吸头靠于瓶口，抹掉吸头外面粘附的液体，标准溶液(蓝色瓶)加入量小于 10μL 则会造成结果偏大，反之偏小。试管务必使用原厂产品，以免透光度等指标与仪器不匹配造成结果不准确

(7)虽然盒装吸头及采样套装出厂前均进行过消毒处理，但为保证实验的准确性，上述耗材最好在使用前放在消毒柜用紫外线灯消毒过夜。

(8)取每个样品或试剂时，用消毒的吸管尖。为了保证消毒性，移液器未用前不要套上吸管尖。要训练操作人员从深容器中吸取样品，不使取样器和容器受到污染。

(七)干扰因素

ATP 生物荧光检测法的主要干扰因素包括：样品中的油、奶油等，木耳等真菌类中的孢子和细小颗粒，绿叶菜、水果中的色素。应当在检测或者判定检测结果时给予关注。

（八）微生物指标的标准规定

表 22　《非发酵豆制品及面筋卫生标准》(GB 2711—2003)微生物指标

项　目		指　标	
		散　装	定型包装
菌落总数/(cfu/g)	≤	100000	750
大肠菌群/(MPN/100g)	≤	150	40
致病菌(沙门氏菌、金黄色葡萄球菌、志贺氏菌)		不得检出	

表 23　《熟肉制品卫生标准》(GB 2726—2005)微生物指标

项　目		指　标
菌落总数/(cfu/g)		
烧烤肉、肴肉、肉灌肠	≤	50000
酱卤肉	≤	80000
熏煮火腿、其他熟肉制品	≤	30000
肉松、油酥肉松、肉松粉	≤	30000
肉干、肉脯、肉糜脯、其他肉干制品	≤	10000
大肠菌群/(MPN/100g)		
肉灌肠	≤	30
烧烤肉、熏煮火腿、其他熟肉制品	≤	90
肴肉、酱卤肉	≤	150
肉松、油酥肉松、肉松粉	≤	40
肉干、肉脯、肉糜脯、其他肉干制品	≤	30
致病菌(沙门氏菌、金黄色葡萄球菌、志贺氏菌)		不得检出

冷荤菜属于加工过程中没有加热环节但直接入口的食品，目前尚没有国家标准，根据上述食品的国家标准规定，结合日常积累的快速检测经验，采用对肉类冷荤菜 60000 cfu/g，豆制品和素菜凉拌菜 80000 cfu/g 的限量值。

发酵类凉菜一般不进行微生物 ATP 的测定，如泡菜、自制酸奶。对于检测结果超标样品，应督促餐饮服务经营者对其进行加热，加热可以有效杀灭冷荤食品中的微生物，加热后恢复至室温即可上桌食用。

五、烹调热菜的中心温度测定

（一）相关概念

中心温度是餐饮食品加工深度和熟化的标识，也是食品中致病微生物被杀灭的一个热力标准。按照餐饮服务食品安全操作规范的规定，在食品的熟制过程中，食品熟透的检测标准是中心温度达到 70℃ 以上，否则就没有熟透，食物中的微生物就没有被杀灭。因此，进行中心温度检测是餐饮食品烹调和主食加工的主要快速检测方法和限值之一。

（二）适用范围

主要适用于烹饪过程中各种熟食的加工，特别是块状、汤类和爆炒类食品等的加工深度检测，一般食品制作加工过程中会随时进行测量，主要的检测时机应当把握在食品出锅时。

（三）检测仪器

中心温度计是用来测量食物中心温度的特殊温度计，对中心温度的测量可以反映出食物烧熟煮透的程度，从而防止由食物加热不彻底造成的食品安全事故。中心温度计的主要部件为热敏电阻和显示器，热敏电阻安装在由导热性好的金属材料制作的探针内，将探针插入食物内部，从而通过电流变化在显示屏上显示出温度。

（四）操作步骤

第一步打开中心温度计开关，查看电量是否充足；第二步取下探针保护套，用医用酒精棉球擦拭探针，晾干；第三步将探针插入块状或糖类食品中一半到三分之二长度位置，待显示屏数字稳定后读数，对于液体样品（如汤、羹或波菲炉水温），可直接将探头深入液体中测量。

（五）结果判定

食品中心温度必须在70℃以上，低于70℃则判定为不合格；供应食品的热温度，如波菲炉、保温箱、水浴锅温度，不得低于60℃，最好在70℃以上，低于60℃则判定为不合格。

（六）注意事项

每次使用后都要用餐巾纸擦干净，并用医用酒精棉球消毒，对于有素斋或回民餐的宴会时，更需要避免污染，最好有回民餐及素斋专用的中心温度计。

第四节　监控食品加工环境污染的现场快速检测

一、概述

（一）相关含义

所谓食品加工环境，是指进行食品加工时的场所内外环境条件。不仅包括食品加工的场所，也包括食品加工的工具容器；不仅包括物品，也包括空气湿度、温度、微小气候等，还包括工作人员的手、手套、口罩、工作服等等；不仅包括餐饮食品加工的环境，也包括就餐的环境、运输的环境、储存的环境、售卖的环境等等众多方面。在食品加工、贮存、运输、销售、直接食用的整个过程中，每一个环节都可能受到生物性污染，危害人体健康。食品在加工环境过程中所受到的污染主要包括两个方面：一方面，生物性污染，包括细菌、真菌等；另一方面，化学性污染，如“毒鼠强”、氟乙酰胺等。

食品加工环境污染监控的现场快速检测，是指运用食品安全和公共卫生现场快速检测技术，针对可能造成食品污染的各个环境影响因素，在现场进行快速的定量、半定量或者定性的检测，及时发现和纠正食品生产经营过程内外环境对食品可能造成污染的风险因素，预防控制来自于食品外部的污染因素，最大限度地保障餐饮食品安全。

(二)应用的范围与作用

环境因素现场快速检测项目主要包括以下方面：

1.冷荤间温度检测

细菌等微生物繁殖需要适宜的温度。细菌生长的温度极限为－7℃和90℃，分为嗜冷菌、嗜温菌和嗜热菌。致病菌均为嗜温菌，最适温度为人体的体温，即37℃，故实验室一般采用37℃培养细菌。低温下大多致病病原菌不生长。冷荤间作为冷荤菜加工地点，环境温度必须保持在较低水平，如果温度过高，则会造成冷荤菜微生物生长，进而增加食品安全隐患，故测定冷荤间环境温度对预防食物中毒有重大意义。

2.各类环境表面洁净度检测

各类食品加工环境物体表面洁净程度，能够充分反映每个环境卫生状况好坏和卫生管理水平。环境卫生条件对加工食品安全性有直接的影响作用，甚至起到决定性作用。根据笔者的经验，在凉菜的制作过程中，只要控制好刀、墩(砧板)、工作人员的手和食品容器的表面洁净度，则成品冷荤菜、凉菜中的细菌总数就能得到很好的控制。

3.紫外线灯辐射强度检测

中式餐饮凉菜间大多设在不与外界自然空气相通的角落，通风较差，可造成室内空气中微生物大量生长繁殖。故冷荤间必须安装紫外线灭菌灯且紫外线要达到一定辐射强度，杀灭空气中微生物，减少空气中及物体表面的细菌繁殖。但是，紫外线灯的质量和辐射强度差异很大，在需要紫外线消毒环境中安装了不合格的紫外线灯，不仅达不到消毒作用，而且还会带来相应的食品安全隐患问题。进行紫外线灯辐射强度检测能够有效地进行监控，预防由于紫外线消毒不到位带来的食品安全问题。

4.有效氯浓度检测

主要是指对需要进行消毒的环境或者物品，进行含氯消毒剂消毒时，对有效氯浓度的现场检测。定性地说，有效氯就是指含氯化合物中所含有的氧化态氯，氧化态氯与细菌接触，发生氧化还原反应将其杀灭，从而达到消毒目的。所以很多餐饮单位使用氯消毒剂进行餐饮具的消毒，而消毒效果与有效氯浓度呈正比，故需要对消毒液有效氯浓度进行检测，以防止有效氯的浓度不够，达不到消毒效果的情况，也要防止消毒液含氯浓度过高对人体健康造成影响。切实保障消毒效果，避免由此引发的食品安全问题。

5.鼠药的快速检测

鼠药是杀灭啮齿类动物（主要是鼠类）的药物，通常有剧毒。餐饮单位或宾馆酒店的仓库中通常会使用各种防鼠灭鼠措施，使用鼠药是其中一种，但鼠药的投放需要注意不能污染食品和日常生活用品。故需要对食品原料进行鼠药检测，防止误食中毒。主要检测大米、小米、奶粉、糖等常温储存的食品原料和怀疑被污染的水、鲜奶等液体样品。目前应用的鼠药主要有“毒鼠强”及氟乙酰胺。

监督员在监督检查过程中，要留意鼠药的检查，如果发现鼠药并怀疑可能污染某种食品，必须进行检测。

（三）现场检测的时机与频次

根据笔者多次大型活动保障经验，食品加工环境污染监控的现场快速检测可遵循以下时机与频次。

(1)在重大活动的筹备阶段或者重大活动正式启动前，对提供餐饮的酒店、饭店、食堂等场所的食品加工环境进行风险评估。风险评估可分多次进行，且首次应遵循“广覆盖”的原则，对各个加工环节都应进行检测。对检测不合格的指标予以记录，且提出整改措施，并在后续风险评估中重点进行检测。

(2)在重大活动正式启动后，食品安全监督保障主体，要结合现场监督保障的实际情况，有针对性地对食品可能产生污染的环节进行重点检测。一般情况下，紫外线辐照强度、有效氯浓度、鼠药的测定、冰箱的温度、热力洗碗机的温度等应每天都进行检测，食品加工环境的表面洁净度、冷荤间温度等，在每餐的食品加工过程正式启动前都要认真进行现场检测。

(3)在现场卫生监督过程中，对可能产生污染的各个环节，如在临时更换紫外线杀菌灯，新配消毒液，进行餐饮具清洗消毒后等情形下，都应当根据具体情况随时进行现场检测，保障食品安全。

二、冷荤专间温度检测

（一）检测仪器

目前，用于检测食品加工环境（食品加工专间、库房、冰箱等）温度的检测仪器，一般多为德图(testo)435-2 多功能测量仪。

（二）采样要求

检测食品冷荤专间温度时，应当根据冷荤间面积，平均每 $5m^2$ 设一个测量点进行温度检测。

（三）温度检测操作步骤

第一步开机。连接温湿度探头，按启动键开机，仪器识别探头显示数值后等待15s，按中间键进入菜单。

第二步选择平均值(Mean)。按中间键进入平均值(Mean)后选择时间计算(timed)，按键确认时间后进入下一步。

第三步检测。屏幕显示开始(Start)后，将探头放置于测点位置，选择开始(Start)计时，屏幕显示结束(End)时，选择结束(End)后，屏幕上方显示的℃值即为该测点1min内的温度均值，现实的"%"值即为该测点1min内的相对湿度均值。

（四）注意事项

需要更换探头时必须先关闭主机；检测时应将探头远离身体，防止自身体温对检测结果产生影响。

（五）控制限值与结果应用

对食品加工冷荤专间的温度检测，平均每 $5m^2$ 设一个测量点。求各测量点温度平均值，平均值不得高于25℃。如果平均值高于25℃即为不合格。对其他需要进行温度检测的环境如冷库、冰箱、食品储存间、分餐间、波菲炉等，按照相应标准规范进行判定，不符合相应温度要求的，即为不合格。不合格的应当查明原因迅速调整，使温度达到规定的要求。

三、表面洁净度检测

进行食品加工环境表面洁净度检测，目前主要采取ATP荧光法检测的方法。ATP荧光法检测物体表面洁净度，是一种简便易行的方法。物体表面的洁净程度能够充分反映每个单位卫生状况好坏和卫生管理水平。根据笔者的经验，在凉菜的制作过程中，只要控制好刀、墩(砧板)、工作人员的手和食品容器的表面洁净度，则成品冷荤菜、凉菜中的细菌总数就能得到很好地控制。

（一）检测试剂

主要使用Hygiena UltrasnapTM ATP采样器(一体化检测试剂)进行检测。操作方法非常简单，易于掌握。

（二）操作步骤

第一步，打开ATP仪电源，仪器进入1分钟倒计时自检状态；第二步，取出专用棉拭子，将湿润的棉拭子在待测物体表面涂抹约 $100cm^2$，不足 $100cm^2$ 的物体(如筷子、勺、咖啡杯等)则采集全部表面,对于操作人员的手,则涂抹整个手掌和各手指的曲面、侧面;第三步,将棉拭子放回试管并旋紧;第四步,将试管接头处折断,充分挤压试管帽端的液体使其进入棉拭子所在下端;第五步,握住检测管,上下振荡约15次使试剂与棉拭子上的物质充分反应;第六步,将检测管插入自检完毕后的ATP仪,并合上仓盖,按"OK"按钮进行检测;第七步,15s后,仪器自动显示检测结果,取出检测管测量下一个样品或关闭电源结束测量。

(三)检测注意事项

第一,检测人员一定要佩戴无粉、无菌手套及一次性口罩、帽子。第二,注意无菌操作,严格按规定采样。第三,检测时必须两人在现场,一人采样,一人操作仪器及记录实验数据。第四,采样时不能触摸棉拭子,以防污染。第五,Ultrasnap试剂要在2℃～8℃之间冷藏避光储存,有效期12个月。使用时从冰箱中取出,检测之前需放置10分钟左右,使其恢复到室温状态。第六,Ultrasnap棉拭子折断后,需在1分钟内检测完毕。如采样后不能及时检测,不要折断试管速流阀,并在2小时内尽快检测。检测完成后要将试剂取出,并妥善处理。

(四)控制限值与结果应用

检测范围应包括熟食菜墩(砧板)、熟食刀具、餐饮具、切配熟食的台面、熟食冰箱内壁和切配熟食从业人员的手等。结果≥100RLU(100cm^2物体表面或单手),判定不合格;结果在30～100RLU(100cm^2物体表面或单手)之间判定为可疑;结果≤30RLU(100cm^2物体表面或单手),判定为合格。

经检测不合格的,监督餐饮单位和从业人员对不合格的物品进行重新消毒清洗,然后重新进行检测,直至检测结果合格。

四、紫外线灯辐射强度检测

(一)检测原理

紫外辐照计法,紫外辐照计使用专用的盲管紫外线传感器技术,不受可见光和其它波长杂紫外光的干扰,真正反映灯管的实际辐射强度,不受阳光灯光等其它射线干扰,测量精度高、性能稳定。

(二)检测操作步骤

第一步,将相应"UV254"探头插入读数单元的插孔内,打开探头盖,并将探头光敏面置于距紫外线灯正下方垂直1米的位置待测;第二步,将"电源"键按下,然后根据测量需要按下"UV254"键;第三步,开启紫外线灯5min以上(紫外线灯工作稳定),待仪器读数稳定后,记录窗口上显示的数字;第四步,如欲将测量数据锁定,可按下"锁定"键;第五步,如果显示窗口的左端只显示"1"表明辐照度过载(按下更大量程因子的键测量);第六步,将仪器读数乘以量程因子与校正因子，即为最终结果（单位：μW/cm²，微瓦/平方厘米）。

（三）检测注意事项

第一，注意仪器的最佳使用环境条件：温度 20±10℃，湿度＜60%RH。第二，“UV254”和“UV297”两键切勿同时按下。第三，不能在未按下量程键前按下“保持”键，读完应将“保持”键抬起，恢复到采样状态。测量完毕将电源键抬起（关）。第四，“电源”“保持”两个键为自锁键，“UV254”“UV297”两个键为互锁键，四个量程键为互锁键。第五，当液晶屏左上方出现“LOBAT”字样或“←”符号时，应更换机内电池。第六，操作人员应当做好自身防护，一般应当戴上紫外线防护的眼镜。

（四）控制限值与结果应用

使用中的普通 30W 紫外线灯管辐照强度应当≥70μW/cm²，对检测结果不合格的，应当暂停相关场所的使用，迅速更换合格的紫外线灯，并按照要求对相关环境进行消毒处理后启动该场所的使用。

五、有效氯浓度检测

（一）检测仪器

对有效氯的现场检测方法很多，有比色方法、化学方法、试纸方法等等。但是目前较多使用 KRK RC-3Z 仪器的方法进行检测，测定范围是：0～300mg/L。

（二）检测操作步骤

第一步，在比色皿中放入蒸馏水或去离子水 5mL，盖上橡胶盖。比色皿的“◎”与橡胶盖上的“▼”对准。第二步，除去比色皿内的气泡，擦去外侧的脏物及水滴。第三步，将比色皿放入比色仓，橡胶盖的“▲”与仪器的“▼”对准。第四步，按“ZERO”键，显示待机时间“———”，3 秒钟之后显示“CAL”及零校正值“0.00”（“CAL”及零校正值“0.00”显示 5 秒钟后自动断电）。第五步，在比色皿中加入检测试剂，取 5mL 水样加入比色皿。第六步，比色皿的“◎”与橡胶盖上的“▼”对准，盖好盖子摇动 10s，使试剂和水样充分反应。第七步，除去比色皿内的气泡，擦净比色皿外的脏污及水滴。第八步，将橡胶盖的“▲”与仪器的“▼”对准，将比色皿装入比色仓。第九步，按“MEAS”键，显示待机时间“———”，约 3 秒钟后读数显示保留时间（Hold），5 秒钟后电源自动关闭。

（三）注意事项

第一，比色皿内外壁、调零用蒸馏水被污染时，屏幕会显示“CAL”“ERR”，需要清除污染物后重新进行调零。第二，零校正时，在“CAL”“0.00”显示消失前，不要取下比色皿。第三，零校正点一次校正即被记忆，不需每次校正，检测前将装有调零用蒸馏水的比色皿放入比色仓，用“MEAS”键确认零点的变动（按

“MEAS”键后读数为“0”）。如果零点有变动，按“ZERO”键进行零校正。第四，如果样品浓度超出仪器量程，仪器闪动フルスケール值（Full Scale 值：超量值），可将水样浓度稀释后再进行测定。第五，试剂的添加操作：先放入试剂再添加检测水，如果先放入检测水有可能产生误差。第六，操作过程需避免调零用蒸馏水、检测试剂或水样进入比色仓。

（四）控制限值与结果应用

依据《食（饮）具消毒卫生标准》（GB 14934—1994）要求，有效氯浓度不得低于 250mg/L（250ppm），作用 5min 以上。当消毒液有效氯浓度过低或消毒时间过低时，均会造成消毒效果不彻底，引发食品安全隐患。如果检测过程中发现有效氯浓度不合格，监督员需要指导从业者配制新的消毒液，如一种消毒剂每克含有效氯 400mg，需要配制 10L 消毒液，则需要称取至少 6.25g 该消毒剂加入 10L 水中。消毒剂配制过程中，浓度可高不可低，对于重大活动，可以适当提高消毒剂有效氯浓度标准，以保证活动的食品安全。此外，水温也会直接影响消毒效果，水温低于 16℃时不利于消毒剂发挥效果，但水温过高（超过 30℃），会造成消毒剂成分的加速分解，不利于保持有效氯浓度。

六、鼠药的快速检测

鼠药检测常用的主要两类：一类是毒鼠强的检测，一类是氟乙酰胺的检测。两种鼠药检测方法各有不同。

（一）毒鼠强的快速检测

1. 样品处理

不同的样品应当采取不同的方法进行处理。第一，对饮用水等无色溶液等液体样品的处理：取 1～3mL 样品于 10mL 比色管中，直接加入 5mL 试剂 A（强酸溶液，谨慎操作）进行样品测定；第二，对牛奶、豆浆等液体样品的处理：取 1～3mL 样品于 10mL 比色管中，加入 5mL 乙酸乙酯（自备），上下振摇 50 次以上，静置后取上清液备用，必要时用滤纸过滤；第三，对固体样品（粮食、面粉、毒饵等）的处理，取 1～3g 样品放入 10mL 比色管中，加入 5mL 乙酸乙酯，充分振摇，静置后用滤纸过滤，如果滤液浑浊，必须换新滤纸重新过滤；第四，对半固体样品（呕吐物、胃内容物、剩余饭菜等）的处理：取 1～3g 样品放入 10mL 比色管中，加入 5mL 乙酸乙酯，充分振摇，静置后用滤纸过滤，如果滤液浑浊，必须换新滤纸重新过滤。

2. 测定步骤

对毒鼠强的现场快速检测一般分为两步进行：第一步处理样品。取样品处理后的上清液或滤液 2mL 以上于 10mL 比色管中，在 85℃±5℃的水浴中加热使乙酸乙酯挥发。第二步进行检测。恢复至室温后，在试管中加入2滴试剂B，加入5mL试剂A(强酸溶液，谨慎操作)，轻轻摇动后，将试管放回水浴中，加热3～5min取出，观察颜色变化。有条件的在进行毒鼠强现场快速检测时，应当同时进行空白样品和阳性对照试验。

3.结果判定

阳性反应为淡紫红色到深紫红色，阴性为试剂本色。阳性即为不合格，必须禁止使用并立即销毁。

(二)氟乙酰胺的检测

氟乙酰胺(FCH2CONH2)，又称敌蚜胺、1080，也称“一扫光”，剧毒杀鼠药，易引起二次中毒，我国禁用。氟乙酰胺在干燥条件下比较稳定，易溶于水，在中性和酸性水溶液中可水解成氟乙酸，在碱性水溶液中可水解成氟乙酸钠释放出氨。

1.样品处理

不同的样品应当按照不同的要求进行处理：(1)无色液体，可直接测定；(2)有颜色的液体，可加少量活性炭或中性氧化铝振摇脱色，待过滤后测定；(3)对固体样品，应当研碎后取2～5g加3倍于样品重的蒸馏水或纯净水，对半流体样品取2～5g加等量于样品重的蒸馏水或纯净水，振摇提取，过滤，将滤液煮沸浓缩至1mL左右测定。中毒残留物或胃内容物样品处理时，可适当加大取样量。

2.检测操作步骤

对氟乙酰胺现场快速检测操作分为两步进行：第一步，取待检液1mL左右于试管中，加入10滴试剂A，加入5滴试剂B，置沸水中水浴5min；第二步，取出试管恢复至室温，加9～10滴试剂C(调节pH值为3～5)后，加3～10滴试剂D，观察颜色变化。

对氟乙酰胺进行现场快速检测时，应当进行空白对照试验，阴性结果为浅黄或黄色，有些空白对照呈黄棕色絮状沉淀，静置后上层液变成无色或仅呈浅黄色。

3.检测结果判定

阳性结果为粉红或紫红色，尤其在滴加试剂D之后液面上更为明显；阳性即为不合格，必须禁止使用并立即销毁。

4.注意事项

(1)试剂A和试剂C有强腐蚀性，应避免与皮肤粘膜接触，防止误入眼中。(2)试剂D溶液时如产生红棕色沉淀，影响结果判定，造成假阳性结果。若pH值太低(酸度过高)，加入试剂D溶液后氟乙酰胺显色不明显或不显色，易造成假阴性结果。pH值可用试剂A和试剂C反向调整。(3)空白对照试验，是取与检样相同(不含氟乙酰胺)的物质与检样同时操作,以便于观察对比。对于呕吐物、胃内容物等样品,应加阳性对照试验。(4)本方法不适于血液和组织器官样品的测定。(5)氟乙酰胺的检测尚无国家标准分析方法,若发现阳性样品,应采用气相或液相色谱进行鉴定。(6)试剂D放置时间长时会有少量沉淀产生,应摇匀后使用。

(三)控制限值与结果应用

监督员在监督检查过程中,要留意鼠药检查,如果发现鼠药并怀疑可能污染某种食品,必须进行检测。鼠药阳性反应即为不合格,必须禁止使用并立即销毁,并应追查可能的来源,防止再次发生鼠药污染。

第二十五章　重大活动公共场所卫生监督保障的现场快速检测

第一节　概　述

一、相关含义

(一)公共场所卫生现场快速检测

公共场所卫生监督现场快速检测的概念,也要从静态和动态两个方面理解,或者说具有静态和动态两个方面的含义。静态地讲:公共场所卫生监督现场快速检测是能够在各类公共场所经营的现场,对公共场所的相关物品、环境等进行检验,并在现场快速(30分钟内)出具检测结果的一种卫生监督检验技术。动态地讲:公共场所卫生监督现场快速检测,是指卫生监督主体运用现场快速检测技术,在公共场所卫生监督执法的现场对公共场所相关环境、物品是否符合卫生标准、规范和要求进行快速检验检测,并在现场做出判定的卫生监督监测活动。

(二)重大活动公共场所卫生监督保障现场快速检测

是指卫生监督保障主体为实现重大活动监督保障目标,在重大活动公共场所卫生监督保障的现场,运用较成熟的卫生监督现场快速检测技术,对为重大活动提供服务的公共场所的环境物理因素、化学因素、公共用品用具等进行的全面检测,在现场快速出具检测报告,判断其是否符合卫生标准,及时判定相关公共场所的卫生状况,通过现场快速检测对公共场所各环节的关键控制点进行风险筛查和监控,及时纠正卫生风险隐患,保障重大活动公共卫生安全,保护重大活动参与者健康的卫生监督保障活动。

二、公共场所现场快速检测的特点

对公共场所的现场快速检测技术是逐渐发展起来的,虽然属于快速检测,但是技术比较成熟,应用非常广泛,与其他卫生监督现场快速检测比较有一定的优势和特点。

(一)采样与检测一体化进行,简捷高效

公共场所卫生现场快速检测起步较早,发展较快,技术比较成熟,目前使用的现场检测仪器大多是采样与检测一体机，并可根据需要设置采样时间和采样间隔，既可以读取瞬时值，也可以读取平均值，满足现场监督工作的不同需求。

（二）检测方法依据国家标准，准确可靠

现场检测是公共场所卫生检测的主要手段和方式，现场快速检测技术发展快、技术成熟，目前较广泛使用的公共场所卫生现场快速检测仪器设备，大部分是根据国家标准检测方法原理设计，采用国际计量单位，使用灵敏度、准确度和重复性良好，更好地为卫生监督执法提供科学依据。

（三）公共场所种类多样，科学采样布点是关键

《公共场所管理条例》中规定了 7 类 28 种公共场所，根据《公共场所卫生检验方法》(GB/T 18204.6—2013)第 6 部分，《卫生监测技术规范》对各种公共场所的检测时机、频率、采样位置和样品数量，做了明确规定，依法科学采样布点是保证检测结果准确的关键之一。

三、公共场所现场快速检测的种类

公共场所卫生现场快速检测可以按照场所、检测性质分类，还可以按照具体的检测项目分类。根据不同的分类方法，可以分为多个不同的种类。

（一）按照场所特点分类

按照场所特点进行分类可以将公共场所卫生现场快速检测分为住宿场所、体育场所、游泳场所、娱乐场所、购物场所等卫生现场的快速检测。

（二）按照检测性质分类

按照现场快速检测的标的物，可以将公共场所卫生现场快速检测分为环境物理因素、化学污染物、微生物指标、公共用品用具表面洁净度的现场快速检测，还可以分为空气质量、室内舒适度、水质卫生、相关物体、客用公共物品的现场快速检测等等。

（三）按照检测项目分类

按照影响室内空气质量的各种因素还可以做更细致的分类。如根据影响室内空气质量的物理因素可以具体分为：空气温度、相对湿度、风速、新风量、噪声、照度、游泳池水水温、水浑浊度、pH 值等的现场快速检测；根据影响室内空气质量的物理因素、化学污染因素可以具体分为：空气中二氧化碳、一氧化碳、甲醛、氨等指标的现场快速检测；根据微生物污染因素可以具体分为：空气中微生物、使用的饮用水微生物、公共用品用具表面洁净度、集中空调通风系统微生物污染状况等的现场快速检测。在具体的重大活动公共场所卫生监督保障中，需要根据重大活动的特点、需求、卫生风险状态等，依据《公共场所卫生管理条例》《公共场所卫生标准》和既往监督检测结果，确定不同种类公共场所的现场快速检测指标。

四、现场快速检测在公共场所卫生监督保障中的意义

在重大活动公共场所卫生监督保障中，科学地运用现场快速检测技术，对于卫生监督主体落实好重大活动卫生监督保障任务，实现卫生监督保障的目标有十分重要的意义。现场快速检测能及时对公共场卫生状况做出科学评价，检验公共场所卫生管理的规范性和实际效果，及时掌握公共场所卫生状况，迅速在现场筛查，发现相关公共卫生风险因素，科学指导卫生监督主体和公共场所经营者，采取有效措施消除和控制各类风险因素，保证公共场所符合相关卫生标准和规范，预防和控制健康危害风险，保护人民群众身体健康。

五、重大活动中现场快速检测的项目选择

科学地选择现场快速检测项目，使现场快速检测发挥最大的作用：一要控制关键控制点，二要控制高风险，三要结合实际需要，四要符合风险控制原理，五要突出重点。在具体项目的选择上，前期检查评估项目要全，中期监控要把握关键，项目要少、目标要准、时间要快。

一般情况下，公共场所卫生现场快速检测在重大活动监督保障应用时同样分为两个阶段：第一，在重大活动筹备阶段监督保障主体要开展必要的卫生风险评估，需要现场快速检测技术作为支持；第二，在重大活动运行阶段卫生监督保障主体要进行现场监督保障，需要现场快速检测技术对相关风险因素进行监控和评价。在筹备阶段的卫生风险评估，选择检测项目应相对多一点，为充分评估风险，有针对性地提出整改措施提供依据。重大活动开始运行后，一是要与现场监督监控布点相互衔接，二是要抓关键控制环节和项目。重点对存在风险和不稳定因素的公共场所卫生指标进行现场快速检测监控，如反映通风换气状况的二氧化碳，反映空气污染状况的甲醛，反映消毒效果的表面洁净度等指标。

第二节　监控室内空气质量的现场快速检测

一、相关概念

（一）室内空气质量

指室内在标准条件下空气的纯净度。特定的公共场所室内环境在一定时间内，能够反应室内空气中所含有的各项可检测物是否符合环境健康和适宜居住的标准要求。评价指标主要包括物理、化学和微生物指标等三个方面。国家在颁布的各类公共场所卫生标准中，对公共场所室内空气质量都明确规定了相应

的物理、化学和微生物指标或者参数。

（二）室内空气质量检测

在正常状态下，室内空气质量污染指标检测主要针对因室内装饰装修、家具添置、有害物质过量释放等因素，导致室内环境污染指数超标情况，从而进行分析、检验，根据检测结果值判断室内各项污染物质的浓度，并采取有针对性的预防控制措施。针对重大活动参与者需要集体住宿、集体活动等特点，客房、会场、展馆就应当作为现场快速检测重点。通过现场快速检测仪器和设备对空气质量进行检测，可以有效降低因参加重大活动及活动中交流造成疾病传播的几率，防止公共卫生事件的发生。

二、检测的范围与作用

公共场所室内空气质量的现场快速检测项目适用对各类公共场所室内卫生的监控。现场快速检测项目主要有两类：一类是反映客房、会场、歌厅、体育馆等各类公共场所室内的空气质量的检测项目，主要是通过检测室内空气中的化学因子限值指标进行，如一氧化碳、二氧化碳、甲醛、PM10 等有害物质的浓度等检测；第二类是反应各类公共场所室内环境的微小气候和舒适度的项目，主要是通过检测室内空气中物理性限值指标进行评判，如室内温度、湿度、风速等检测。

三、现场快速检测的时机与频次

检测时机的选择对室内环境健康评价结果与应用有一定的影响，选择好时机可以帮助我们准确、及时地发现相关检测指数的变化，并可以通过有关数值变化发现健康隐患问题，指导卫生监督保障团队科学做好监督保障工作和卫生指导。

（一）场所运行状态下的检测时机选择

空气现场快速检测要根据检测目的选择时机，在重大活动筹备阶段开展卫生风险评估时，对室内空气质量检测的时机应当考虑室内通风前、通风中和通风后，在公共场所使用前、使用中和使用后的单位时间段内进行检测。通过检测发现不同条件下室内空气质量指标的变化，再根据具体情况确定一个重大活动运行阶段的定期检测时机。

（二）公共场所环境变化时的检测选择

在重大活动正式运行中，按照常规卫生监督保障规范，应当对接待重大活动公共场所组织 3 轮卫生风险评估。在卫生风险评估时，我们要根据公共场所是否近期进行过内部装饰、整修，是否接待过重大活动等具体情况确定选取检测时机和项目。如对于接待过多次重大活动的酒店，又没有进行过装修、改建、扩建等工程，选择的检测项目、检测时机就比较灵活，一般只需检测一氧化碳、二氧化碳、温湿度、风速、可吸入颗粒物等常规检测指标即可。如果是新改扩建的接待宾馆酒店，则必须对环境空气质量指标进行彻底检测，主要危害指标为甲醛。在三轮风险评价过程中，如果第一轮评价发现甲醛浓度超标，则需要督促被监管单位开窗通风，使用空气净化设备等方式去除甲醛；第二轮风险评价主要考察甲醛浓度降低程度，以确保第三轮风险评价甲醛浓度达标；如果第三轮风险评价甲醛浓度依然超标，则应当考虑是否使用问题。

四、控制限值与检测结果的应用

（一）一氧化碳

公共场所一氧化碳限值，按照《旅店业卫生标准》(GB 9663—1996)规定，详见表24：

表24 公共场所一氧化碳限值

场所名称	CO标准(mg/m^3)
3～5星级饭店、宾馆	不超过5
1～2星级饭店、宾馆和非星级带空调的饭店、宾馆	不超过5

对于一氧化碳浓度超标的公共场所，卫生监督员除需要督促公共场所经营者做好控烟工作外，还需指导其做好通风换气工作，掌握换气时间。检查送新风系统进风口位置，一般送新风系统进风口都设置在远离公路和污染源的方位，在送新风系统工作正常的情况下，尽量多地将室外洁净空气送入室内，以降低室内一氧化碳浓度。

（二）二氧化碳

公共场所二氧化碳限值按照《旅店业卫生标准》(GB 9663—1996)、《体育馆卫生标准》(GB 9668—1996)、《图书馆、博物馆、美术馆、展览馆卫生标准》(GB 9669—1996)规定，详见如表25：

表25 公共场所二氧化碳限值

场所名称	CO_2标准(%)
3～5星级饭店、宾馆	不超过0.07
1～2星级饭店、宾馆和非星级带空调的饭店、宾馆	不超过0.10
普通旅店招待所	不超过0.10
游泳馆	不超过0.15
体育馆	不超过0.15
图书馆、博物馆、美术馆	不超过0.10
展览馆	不超过0.15

对二氧化碳浓度超标的公共场所，卫生监督员需要指导经营者做好通风换气工作，掌握换气时间。检查送新风系统进风口位置，一般送新风系统进风口都设置在远离公路和污染源的方位，在送新风系统工作正常的情况下，尽量多地将室外洁净空气送入室内，或通过室内种植绿植等方式降低室内二氧化碳浓度。

（三）甲醛

按照《旅店业卫生标准》(GB 9663—1996)规定：室内甲醛浓度应≤0.12mg/m^3，超过该限值即为不合格。

由于大多星级宾馆装修较为豪华，装修材料用量大，容易造成甲醛超标。甲醛本身具有致癌性和刺激性，当甲醛浓度超标时，监督员需要通过更多的方式督促并指导公共场所经营者使用有效手段来降低室内甲醛浓度。比如在重大活动召开前，对公共场所卫生状况进行风险评估，第一轮风险评估如果甲醛浓度超标，则需要保持通风换气来降低其浓度，通过一段时间的通风换气，如果第二轮风险评估过程中甲醛浓度依然较高，则提醒公共场所经营者要通过空气净化器、光触媒等手段去除甲醛。

（四）PM10

按照《旅店业卫生标准》(GB 9663—1996)、《体育馆卫生标准》(GB 9668—1996)、《图书馆、博物馆、美术馆、展览馆卫生标准》(GB 9669—1996)要求：

表 26　公共场所 PM10 限值

场所名称	PM10 标准(mg/m^3)
3～5 星级饭店、宾馆	不超过 0.15
1～2 星级饭店、宾馆和非星级带空调的饭店、宾馆	不超过 0.15
普通旅店招待所	不超过 0.20
体育馆	不超过 0.25
图书馆、博物馆、美术馆	不超过 0.15
展览馆	不超过 0.25

（五）温湿度

按照《旅店业卫生标准》(GB 9663—1996)、《体育馆卫生标准》(GB 9668—1996)、《图书馆、博物馆、美术馆、展览馆卫生标准》(GB 9669—1996)要求：

表 27　公共场所温湿度限值

场所名称	温度(℃)	相对湿度(%)
3～5 星级饭店、宾馆	冬季＞20 夏季＜26	40～65

续　表

场所名称	温度(℃)	相对湿度(%)
1～2星级饭店、宾馆和非星级带空调的饭店、宾馆	冬季＞20 夏季＜28	—
普通旅店招待所	冬季＞16	—
体育馆	采暖地区冬季≥16	40～80
图书馆、博物馆、美术馆	有空调装置 18～28 无空调装置的采暖地区冬季≥16	45～65
展览馆	有空调装置 18～28 无空调装置的采暖地区冬季≥16	有中央空调装置 40～80

(六)风速

按照《旅店业卫生标准》(GB 9663—1996)、《体育馆卫生标准》(GB 9668—1996)、《图书馆、博物馆、美术馆、展览馆卫生标准》(GB 9669—1996)的规定：

表 28　公共场所风速标准

场所名称	风速标准(m/s)
3～5星级饭店、宾馆	≤0.30
1～2星级饭店、宾馆和非星级带空调的饭店、宾馆	
体育馆	≤0.50
图书馆、博物馆、美术馆、展览馆	≤0.50

五、各项指标的检测方法

(一)一氧化碳检测

卫生监督主体对公共场所室内一氧化碳浓度进行现场快速检测，多采用GXH-3011A1型便携式红外线气体分析器进行测定。

1. 检测原理

GXH-3011A1型气体分析器，量程 $0\sim50.0\times10^{-6}$ ppm，检测下限0.1ppm，分辨率0.1ppm。该仪器按照国家卫生标准《公共场所空气中一氧化碳测定方法》(GB/T 18204.23—2000)中的不分光红外线气体分析法设计，利用被测气体对红外线的选择性吸收原理进行检测，因仪器携带移动电池非常适合用于现场快速检测。如果使用外接电源，按照国家计量检定规程JJG 635—2011的要求进行检定，可以作为实验室仪器使用。

2. 操作步骤

第一步打开仪器，调零。按照说明打开仪器，将仪器侧面板上的圆行切换阀旋钮拧到“调零”位置，选择“参数设置”，进入后选择“零点校准”。此时表头读数应在零点附近，如差距大可调节零点电位器，使其读数在“0.0”附近，待读数稳定后按“调零”键，仪器将自动保存零点初值。第二步进行测量。将仪器侧面板上的切换阀旋拧到“测量”位置。选择“一般测量”，进入后选择“开始测量”。屏幕显示CO浓度10.0×10^{-6}，按“确定”进入下一步。将取样探头拉出，用皮管将取样器与入口“IN”相接，便可将被测环境中的气体抽入仪器内，从显示器上能直接读得CO的浓度值。

3. 注意事项

(1)在测量第二个样品时，不需要再回零，重新选择开始测量即可，直接测量第二个数据。工作1小时后，进行回零检查，如零点变化较大，进行零点校对。(2)本仪器使用环境温度为5～40℃，相对湿度≤90%。应当注意排除周围环境腐蚀性气体、机械震动和电磁的干扰。

(二)二氧化碳检测

卫生监督机构对公共场所室内二氧化碳进行现场快速检测，多使用GXH-3010E1型便携式红外线气体分析器。GXH-3010E1型便气体分析器量程0～0.500%，检测下限0.001%，分辨率0.001%。检测原理、检测方法与操作步骤，与使用GXH-3011A1型气体分析器进行一氧化碳检测相同。

(三)甲醛检测

目前进行公共场所室内空气质量甲醛指标现场快速检测，卫生监督机构多采用电化学传感器法进行检测，一般使用PPM 400ST电化学传感器。该传感器检测量程0～80ppm，检测下限0.001ppm（$0.001mg/m^3$，检测分辨率0.001ppm（$0.001mg/m^3$）。

1. 操作步骤

使用PPM 400ST传感器检测甲醛主要有4个步骤。第一步开启仪器。按“On/Off”键开启电源，屏幕显示“－－－－－”并闪烁3秒钟，随后显示“0.000”提示可以进行检测。第二步采气。摘下进样口保护罩，在屏幕显示“0.000”的情况下按一下“Sample”键，屏幕将闪烁显示“Run（运行）”，此时听到气泵采气声，采气约需2秒钟。第三步检测。采气完成后，仪器自动进入检测状态。大约60秒后，屏幕即以PPM为单位显示甲醛的浓度值。第四步读数。按住“▲”键，仪器将出现“alt＝”，并显示“mg/m^3”为单位的甲醛浓度值。

2. 注意事项

(1)传感器自动清洗。进行下次检测之前，需关机待其自动清除残留甲醛，读数越高清洗时间越长，未完成清洗取样泵不工作。(2)含酚物质等干扰。在含酚环境中检测甲醛，须在采样口安装酚醛过滤器，除去样品中的酚醛。其他气态化学物如甲醇、乙醇、乙醛等也会产生交叉干扰。(3)仪器背景读数。由于传感器高灵敏度以及室内环境中甲醛的广泛存在，经常会产生一个不超过 0.03ppm 的背景读数，甚至在一个不含甲醛或其他污染物的空气中亦如此。

(四)PM10 检测

卫生监督机构对公共场所室内空气质量 PM10 浓度进行现场快速检测，多使用 TSI 8531 激光粉尘仪。

1. 操作步骤

采用 TSI 8531 激光粉尘仪检测 PM10 分三步。第一步启动仪器。将 10μm 切割器(PM10)连接到仪器，确认连接紧密后，开启电源等待自检。第二步零点标定。仪器自检后将过滤膜连接于进样口，点击“Start”按钮开始标定(时间 1min)，零点标定完成后，屏幕显示“Zero Cal Complete”。第三步进行测定。断开过滤膜，点击“Setup”，选择“Start”开始采样，仪器默认采样时间为 1min，采样后屏幕显示 AVG 值，该值即为 1min 内 PM10 浓度的平均值。

2. 注意事项

TSI 8531 粉尘仪属于含有激光发生器的仪器，但正常使用情况下激光不会对人体产生影响。TSI 8531 粉尘仪属于精密仪器，需要严格按照使用说明操作，切勿擅自拆解，防止激光对人体产生损害。

(五)温湿度测定

卫生监督机构对公共场所进行空气质量温湿度的现场快速检测，多使用 Testo435-2 多功能测量仪。

1. 设定测点

检测室内温湿度需科学设置监测点位，简称测点。第一，测点数量根据室内面积确定，一般不足 50 平米设 1 个，50～200 平米设 2 个测点，200 平米以上设 3～5 个。第二，测点位置应当均匀规范。1 个测点应设在中央位置，2 个测点的应设在对称点上，3 个测点的应设对角线四等分的 3 个等分点上，5 个测点的按梅花布点，其他按均匀布点原则布置。第三，测点距离应当科学。测点距地面高度 1m～1.5m，距墙壁不小于 0.5m，室内空气温度测点还应距离热源不小于 0.5m。

2. 操作步骤

第一步开机。连接温湿度探头，按启动键开机，仪器识别探头显示数值后等待 15s，按中间键进入菜单。第二步选择平均值(Mean)。按中间键进入平均值(Mean)后选择时间计算(timed)，按键确认时间后进入下一步。第三步检测。

屏幕显示开始(Start)后,将探头放置于测点位置,选择开始(Start)计时,屏幕显示结束(End)时,选择结束(End)后,屏幕上方显示的℃值即为该测点1min内的温度均值,现实的“%”值即为该测点1min内的相对湿度均值。

3.注意事项

更换探头必须先关闭主机;检测时需要保证探头远离检测人员身体、口鼻或其他热源,并防止阳光直射。

(六)风速测定

现场快速检测室内空气质量的风速指标,目前多采用Testo435-2多功能测量仪。

1.设定测点

测定室内风速的设点数量、位置和距离,与测定温湿度的设点要求基本一致。$50m^2$以下在中央位置设1个点,50～200平米对称设2个点,200平米以上布3～5点,布3点时各点在对角线四等分点上,布5点时按梅花分布,其他按均匀原则布点。测点距地面1m～1.5m,距墙壁不小于0.5m。

2.操作步骤

测定室内风速的步骤与测定温湿度基本一致。第一步打开仪器。连接风速探头,拔下保护罩,按启动键开机,仪器识别探头后等待15s,按键进入菜单。第二步选择平均值。按键选择平均值(Mean),进入平均值菜单后,选择时间计算(timed)。第三步测定。屏幕左下角显示开始(Start)后,将探头迎风面对准来风方向放置于测点,确定仪器开始计时,屏幕左下角开始(Start)变为结束(End)后,按键选择结束(End),屏幕上方显示的m/s值,即为该测点1min内的风速均值。

3.注意事项

同温湿度检测。

第三节　与客人用品用具卫生有关的现场快速检测

一、相关概念

(一)公共用品用具

公共用品用具,是指在公共场所中专供客人反复使用,或者公共场所从业人员直接用于为客人服务的各种设施、设备、工具、用具等,包括住宿业的床上用品、杯饮具、洗漱用品、卫生洁具,美容美发用品用具,娱乐体育等场所供客人使用的器具等。

(二)公共用品用具卫生

按照《公共场所卫生管理条例实施细则》的规定,公共场所经营者提供给顾客使用的用品用具应当保证卫生安全,可以反复使用的用品用具应当一客一换,按照有关卫生标准和要求清洗、消毒、保洁。禁止重复使用一次性用品用具。2001年国家曾颁布《公共场所用品卫生标准》(2010年废止),该标准以预防与公共场所卫生有关的传染病为目标,规定了公共场所使用的杯具类、布草类、洁具类、鞋类、美肤美发美甲工具类、与皮肤接触的其它用品等六大类用品用具的卫生标准,规定了上述物品外观、细菌总数、大肠菌群、金黄色葡萄球菌、霉菌等的标准值。总体上讲,公共场所用品用具卫生要求,主要是三个方面的要求,一是清洁,二是消毒,三是无致病微生物和有害物质污染。与客人用品用具有关的现场快速检测,主要是针对上述有关用品用具是否有微生物污染,消毒工作是否规范和到位等进行的现场快速检测。

二、检测的范围与频次

(一)检测范围与作用

需要应用现场快速检测手段进行监控的公共场所用品用具,主要是各类杯饮具,如客房、场馆、会议室、休息室、咖啡厅、茶馆等处的茶杯、咖啡杯、酒杯、饮水杯、水壶、漱口杯、场馆饮水杯等物品,其次是美容美发美肤美甲的工具和其他客人密切接触的用品。现场快速检测的主要项目:第一,通过主观目测检查公共用品的外观是否符合卫生要求;第二,通过荧光法检测菌落总数、表面洁净度;第三,通过测定消毒液的有效氯浓度、酒精浓度、紫外线照度等检测公共用品用具的消毒过程和效果。通过现场快速检测监控公共场所客人用品用具的卫生质量,为卫生监督提供技术支持,防止因公共用品用具不符合卫生要求导致疾病传播。

(二)检测时机、频次

对现场快速检测的具体时机和检测频次等没有专门的规定,需要结合场馆运行现场监督保障工作实际,以及重大活动对公共用品使用特点的具体情况决定。一是在重大活动筹备阶段,卫生监督保障主体应当通过现场快速检测,对相关单位公共用品用具消毒效果、卫生状况和管理现状做出评估,发现风险隐患,指导相关单位进行整改;二是在重大活动开始运行后、客人入住前,监督保障主体应当对接待单位客房、会议室、公共活动场所的杯饮具等公共用品进行抽查性的现场快速检测;三是在重要活动场馆每批次杯饮具消毒后、使用前,都应当随机抽取杯饮具进行现场快速检测,检验实际效果;四是在重大活动场馆运行的卫生监督保障中,现场卫生监督员应当每天对杯饮具等相关公共用品消毒液进行有效氯浓度或者乙醇浓度的现场检测。

三、检测操作方法

（一）杯饮具表面洁净度

表面洁净度主要采取ATP荧光法进行检测。ATP荧光法检测物体表面洁净度，是一种简便易行的方法。物体表面的洁净程度能够充分反映卫生状况和卫生管理水平。现场快速检测物体表面洁净度主要使用HygienaUltrasnapT-MATP采样器（一体化检测试剂）进行检测。操作方法非常简单，易于掌握。

1.操作方法

进行表面洁净度检测大约需要四个步骤。第一步启动仪器。开启启动键，仪器进行1分钟自检。第二步进行采样。取出专用棉拭子，在待测物体表面涂抹约100cm^2，不足100cm^{2}的物体则采集全部表面（对公共场所杯饮具，不仅要涂抹内壁全部表面，还要涂抹自杯口向下3cm范围的外壁）。第三步加入试剂。将棉拭子放回试管并旋紧，将试管接头处折断，充分挤压试管帽端的液体使其进入棉拭子所在下端，握住检测管，上下振荡15次使试剂与棉拭子上的物质充分反应。第四步进行检测。将检测管插入自检完毕后的ATP仪，并合上仓盖，按“OK”按钮进行检测。约15s后，仪器自动显示检测结果。

2.注意事项

第一，严格无菌操作。检测人员佩戴无粉、无菌手套及一次性口罩、帽子，严格按规范采样，采样时不能触摸棉拭子，防止污染；第二，按时限检测。Ultrasnap棉拭子折断后，需在1min内检测完毕（如采样后不能及时检测，不要折断试管的速流阀，并在2h内尽快检测）。建议检测时两人在现场，一人采样，一人操作仪器及记录实验数据。第三，严格控制温度。Ultrasnap试剂要在2℃～8℃之间冷藏避光储存，有效期12个月。使用时从冰箱中取出，放置10min恢复到室温状态。

（二）有效氯浓度检测

对有效氯的现场检测方法很多，有比色方法、化学方法、试纸方法等等。目前卫生监督机构较多使用KRK RC-3Z仪器的方法进行检测，测定范围0～300mg/L。

1.操作步骤

第一步进行零校正。在比色皿中放入蒸馏水或去离子水5mL，对准位置盖好橡胶盖；除去比色皿内气泡，擦去外侧脏物及水滴；将比色皿放入比色仓对准位置；按“ZERO”键，3s后屏幕显示“CAL”及零校正值“0.00”，待显示消失后取出比色皿。第二步进行检测。在比色皿中加入检测试剂后，取5mL水样加入比色皿；对准位置盖好盖子摇动10s，使试剂和水样充分反应；除去比色皿内气泡，擦净比色皿外脏物及水滴，将比色皿装入比色仓；按“MEAS”键，约3s后屏幕显示读数及保留时间(Hold)，5s后电源自动关闭。

2.注意事项

(1)调零用蒸馏水不得污染比色皿内外壁，否则需清除污染物后重新进行调零。(2)零校正点一次校正即被记忆，不需每次校正。检测前将装有调零用蒸馏水的比色皿放入比色仓，用“MEAS”键确认，如零点有变动，按“ZERO”键进行零校正。(3)如样品浓度超出仪器量程，仪器闪动フルスケール值(Full Scale值)，可将水样稀释后再进行测定。(4)检测时须先放入试剂后再添加检测水，否则可能产生误差。(5)操作中蒸馏水、检测试剂或水样不得进入比色仓。

四、相关控制限值的判定与应用

对公共场所公共用品用具，卫生标准有明确规定的，应当依据卫生标准规定的标准限值做出判定；卫生标准没有明确规定限制的，参考有关卫生相关、相近卫生标准，结合实践经验做出判定。

(一)表面洁净度的判定

物体表面洁净度是物体表面菌落总数的另一种表达方式，检测的原理与菌落总数检测原理相同。因此，对检测结果的判定可以参照物体表面菌落总数的限值，并结合实践经验对公共场所公共用品用具的表面洁净度进行判定。如检测结果为每100cm² 物体表面≥100RLU时，可以判定为不合格；检测结果为每100cm² 物体表面在30～100RLU之间可以判定为可疑；检测结果为每100cm² 物体表面≤30RLU可以判定为合格。对判定不合格的，现场卫生监督员应当监督相关人员对不合格的对象重新消毒清洗，然后进行重新检测，直至检测结果合格。

(二)有效氯浓度

对含氯消毒液的有效浓度，不同的消毒对象有不同的要求，有国家卫生标准应当按照国家标准进行检测和判定。没有国家标准，根据科学实验结果，明确了相关配比要求的，也可以作为参考值。对公共场所内杯饮具进行清洗消毒，应当按照国家卫生标准《食(饮)具消毒卫生标准》(GB 14934—1994)进行检测和结果判定，有效氯浓度不得低于250mg/L(250ppm)，作用5min以上。

当消毒液有效氯浓度过低或消毒时间过短时，均会造成消毒效果不彻底。通过现场快速检测发现有效氯浓度不合格的，现场卫生监督员要监督指导单位进行整改，规范配制消毒液。在重大活动中，可以适当提高消毒剂有效氯浓度标准，以保证消毒效果。此外，水温也会直接影响消毒效果。水温低于16℃时，不利于消毒剂发挥效果；如果水温超过30℃，会加速消毒剂成分的分解，不利于保持有效氯浓度。

第四节　与游泳场所卫生有关的现场快速检测

一、相关概念

（一）游泳场所

游泳场所是指能够满足人们进行游泳健身、训练、比赛、娱乐等项活动的室内外水面（域）及其设施设备。包括有游泳池、游泳场、游泳馆、跳水馆等。一般讲游泳场所包括两类：天然游泳场所和人工建造游泳场所。人工建造游泳场所又分为室外游泳场所和室内游泳馆。游泳场馆是较为特殊的一类公共场所，与其他公共场所相比，人员密度大，相互接触密切，病原菌可以通过水池水传播，具有较大的健康风险因素。现场监督保障工作不仅要保证内环境的卫生，更要保证水质的卫生。

（二）游泳场所卫生标准和要求

国家历来重视游泳场馆的卫生管理，1996年颁布的《游泳场所卫生标准》（GB 9667—1996），规定了人工和天然游泳场所水质标准值、游泳馆室内空气质量标准值和相关卫生要求。其中人工游泳场所水质标准值包括水温、pH值、浑浊度、尿素、余氯、细菌总数、大肠菌群和有害物质的标准值。游泳馆室内空气质量标准值包括室温、相对湿度、风速、二氧化碳、细菌数等的标准值。2007年卫生部又颁布了《游泳场所卫生规范》，对游泳场所卫生要求、卫生管理等做了详细规定。

（三）游泳场所卫生监督现场快速检测

游泳场所卫生监督现场快速检测，是指卫生监督机构及其监督人员，在对游泳场所进行卫生监督检查时，运用现场快速检测技术，对《游泳场所卫生标准》《游泳场所卫生规范》规定的相关卫生标准限值和卫生要求指标，进行现场快速检测，根据检测结果对游泳场馆卫生状况做出科学判定的卫生监督执法活动。

（四）重大活动游泳场所卫生监督保障现场快速检测

重大活动游泳场所卫生监督保障现场快速检测，是指在重大活动卫生监督保障中，卫生监督保障主体对重大活动使用的游泳场馆，运用现场快速检测技术，进行的卫生状况的监控。随着经济、社会的发展，我国区域性大型公共活动数量逐年增多，规模不断扩大。重大活动接待宾馆的游泳场所对公众开放，特别是在重大体育赛事活动中，游泳场所还会成为重大活动的核心场馆。游泳场馆卫生安全状况至关重要，一旦卫生管理不善，导致群体性健康危害的风险极大。因此，在重大活动卫生监督保障中，对游泳场馆卫生的现场检测监控越来越被重视。

二、检测的范围、时机和频次

(一)检测的范围

依据《游泳场所卫生标准》《游泳场所卫生规范》的规定，对游泳场所进行卫生监督现场快速检测的范围可以涵盖绝大部分卫生标准限值，包括游泳池水温度、pH、微生物总数、浑浊度、余氯、尿素以及浸脚池余氯等。必要时还可以检测室内的空气质量指标、相关公共用品的卫生指标。

(二)检测时机和频次

在日常卫生监督和重大活动中，对游泳场馆卫生现场快速检测的时机和频次，没有明确的法律规定，根据笔者多次进行大型活动保障的经验，认为游泳场馆卫生现场快速检测的时机与频次，可以遵循以下要求：

1.重大活动启动前卫生风险评估

在大型活动正式开始前，对游泳池水以及浸脚池水进行的风险评估可分多次进行，首次评估指标应遵循“广覆盖”原则，对检测不合格指标予以记录，并提出整改措施，并在后续风险评估中重点进行检测。

2.重大活动期间动态监控

在重大活动运行期间要有针对性地对相关指标进行重点检测。每场活动开放前、开放时均应对池水 pH 值、温度、余氯、浑浊度、尿素、浸脚池余氯等检测指标进行检测，其中对浸脚池余氯应进行重点检测。

三、控制限值和结果应用

(一)pH 与温度

按照《游泳场所卫生标准》(GB 9667—1996)相关要求，游泳池水 pH 值应为 6.5～8.5，游泳水温度应为 22～26℃。当游泳池水 pH 超标时，只能通过补充新水或更换池水的方法来降低 pH。pH 值还会受到水质微生物总数和余氯浓度的影响，通常来说，余氯浓度降低会造成微生物总数超标，微生物的繁殖会使 pH 值也降低，这种情况下，补充新水时就要综合考虑消毒剂的使用，但最有效最安全的方式，还是更换池水，如果可能，还需清洗池壁和池底。

(二)细菌总数

根据《公共场所卫生标准》，严禁患有肝炎、心脏病、皮肤癣疹(包括脚癣)、重症沙眼、急性结膜炎、中耳炎、肠道传染病等的患者进入人工游泳池游泳。该标准还规定游泳水菌落总数不得超过1000cfu/mL，检测游泳水微生物总数是评价及控制水质卫生状况，防止传染病传播的重要手段。

当游泳水微生物总数超标时，同时需要检测余氯浓度。如果余氯浓度过高，则提示经营者清洁游泳池内壁并更换新水；若余氯浓度过低，则需要先添加消毒剂，待余氯浓度合格后再进行检测，若不合格则提示经营者清洁游泳池内壁并更换新水。

（三）浑浊度

按照《游泳场所卫生标准》（GB 9667—1996）相关要求，游泳池水浑浊度≤5NTU，当游泳水浑浊度超标的情况下，往往还需检测pH，根据pH、微生物总数、余氯浓度等指标检测结果，综合考虑方案。游泳池一般都安装有过滤装置，但过滤并不能从根本上解决问题，通常只能通过补充新水和更换池水等途径降低浑浊度。与pH超标的解决方法相同，最有效最安全的方式，还是更换池水，如果可能，还需清洗池壁和池底。

（四）尿素

按照《游泳场所卫生标准》（GB 9667—1996）要求，游泳水尿素≤3.5mg/L。尿素超标时一般反映游泳池水陈旧，没有按规定要求及时更换游泳池水，或者具有污染情况，现场卫生监督员必须督促游泳场所经营者更换新水。

（五）游泳池水余氯和浸脚池余氯

按照《游泳场所卫生标准》（GB 9667—1996）规定，游泳池水中余氯含量应保持在0.3mg/L～0.5 mg/L，浸脚消毒池水的余氯含量应保持在5 mg/L～10 mg/L。当游泳池水、浸脚池水余氯浓度低于标准值时，水质污染的风险很大，现场卫生监督员必须督促指导游泳场所经营者立即规范添加消毒剂，保持游泳水余氯含量；如果余氯浓度超过标准限值，则需向泳池或浸脚池中加入清水，稀释消毒剂含量，防止造成对游泳者的健康损害。

四、检测操作方法

（一）微生物总数检测

卫生监督机构及其卫生监督员主要采取生物荧光检测法，对游泳池水质细菌总数进行现场快速检测。此类现场快速检测仪器较多，但是检测步骤大致相同。我们以Biotech BT-112D为例进行简要介绍。

1.仪器和样品准备

准备好仪器Biotech BT-112D、微量加样器（400μL、50μL、10μL及配套吸头）、采样套装和其他预先消毒好的辅助工具。按照无菌方法要求，规范采集预检游泳池水250L作为检测水样。

2. 检测试剂准备

第一步打开 ATP Reagent HS 的旋盖，用无菌钳子除掉橡胶塞，打开装有 Diluent B 小瓶的旋盖，把 Diluent B 中的液体倒入 ATP Reagent HS 小瓶，然后再倒回 Diluent 小瓶中避光冷藏；第二步把全部 Cell Lysing Reagent 加入到 ATP Eliminating Reagent（红色瓶盖内装固体）小瓶中进行调配。配好后的 ATP Eliminating Reagent 可以在冰箱中冷藏保存一周或在冷冻的条件下保存更长的时间。Extracrant B/S 和 ATP Standard 可以即开即用。

3. 样品检测

饮用水样品的检测约需 3 个步骤。第一步过滤水样。用无菌注射器取 10mL 水样，连接好孔径为 5μm 的无菌滤器和孔径为 0.45μm 的无菌滤器过滤，将滤液废弃后，打 2 管空气排空滤器内液体，盖好滤器底部密封盖。第二步加入细胞消除剂。用移液器将 50μL 调配好的体细胞消除剂，加入到孔径为 0.45μm 的滤器的滤膜上，静置 10min，取 50μL 准备好的微生物细胞裂解剂加于静置 10min 后的滤膜上。第三步进行检测。用移液器取 400μL 调配好的荧光素试剂加入到孔径为 0.45μm 的滤器中，打开仪器检测舱盖，将检测试管放入设备中，按键测得 M1；取出孔径为 0.45μm 的滤器，加入 10μL ATP 标准品，重新放入仪器检测，按键测得 M2；屏幕分 3 行分别显示 M1、M2、M1，读取最后一行的 M1 值，以 cfu/g(mL)表示，将此值除以 10 的得数作为检测结果。

4. 注意事项

(1)无菌操作。检测人员应当佩戴无粉、无菌手套及一次性口罩、帽子，严格规范采样，在消毒柜内检测操作。如现场无消毒柜，应当用消毒好的桌布覆盖桌面，或者用医用酒精对桌面进行消毒灭菌；每次用完须清洁仪器，防止下次使用交叉污染。(2)准确操作。加样器剂量必须准确，吸取后将吸头靠于瓶口，抹掉吸头外面粘附的液体，标准溶液加入量小于或者大于 10μL 均会出现偏差，试管应当使用原厂配套产品，否则透光度等不匹配会造成误差。(3)预先消毒。各类耗材在使用前放在消毒柜用紫外线灯消毒过夜，吸取每个样品或试剂，都须使用经消毒的吸管尖，并从深容器中吸取样品，不使取样器和容器受到污染。冷藏试剂须恢复到室温后再进行试验操作。

(二)游泳水余氯测定

卫生监督机构对游泳池水余氯标准值进行现场快速检测，目前主要采用分光光度法进行检测，一般使用哈希 DR2800 可见/紫外分光光度计。检测前准备好 10mL 比色杯 1 对、烧杯/量筒、蒸馏水、剪刀、试剂 21056—69 试剂粉包，采集游泳池水 100mL 作为水样。

1.操作步骤

使用上述仪器进行操作，步骤较为简单：第一步开机，仪器进入语言选择界面，选择“中文”，然后进入自我检测，选择存储程序80号，确定测量波长；第二步调零，在一个比色杯中加入10mL水样做空白，擦干空白比色杯外壁后，将比色杯插入比色池中，灌装线朝右，按“零”调零；第三步余氯测定，在另一个比色杯中加入10mL水样，加入1包21056-69试剂粉包，均匀混合20s后试剂完全溶解；第四步擦干样品比色杯外壁后，将比色杯插入比色池中，灌装线朝右，按“读数”，结果是以mg/L为单位的余氯浓度，计算出水和回水位置两个样品的余氯浓度平均值，作为判定结果。

3.注意事项

检测时一定要盖好舱盖，避免外界光源对结果的干扰；切勿用毛刷、碱性清洗液等清洗比色杯；比色杯使用时最好每次都用硅油涂抹其外壁，取放比色杯时应避免污染透光面；软布要保持干净，每月清洗一次；测量时不要将仪器拿在手中，应将仪器放置在稳定的平面上。

（三）游泳水pH及温度测定

pH是反映游泳水水质的重要指标，pH值过高或过低都会直接刺激皮肤和粘膜，造成游泳者体感不适。且pH随着游泳水使用时间的增加而不断变化，水质呈酸性时有利于微生物生长，而很多微生物生长过程中又产生酸性物质，故检测游泳水pH也是对水质状况的一种评估。

1.操作步骤

卫生监督机构多使用便携式pH计检测，操作步骤比较简单，具体分为三步。第一步开机。使用纯净水冲洗pH电极，再使用样品水冲洗pH电极。第二步调整温度。测定前将水样瓶浸入游泳池中1～2 min，待瓶温与水温相同后再予测定。第三步测定PH数值。测定时避开直射日光或热源，轻轻搅动后放置5min以上，待读数稳定后即可读出水样的pH值和温度。可以按“HOLD”键锁定当前测量值。检测完毕后，用纯净水冲洗电极，擦干后盖上电极保护套。

2.注意事项

每测定完一个样品，都要用去离子水冲洗电极探头并用滤纸吸干；电极应浸泡于电极浸泡液中；测量结束后要关闭仪器，将仪器电池取出。

（四）游泳池水浑浊度检测

浑浊度是评价游泳水水质的重要指标，游泳水中的悬浮物一般是泥土、沙砾和人体表皮等物质。游泳池水的浑浊度与水中悬浮物质的含量、大小、形状及折射系数等有关。对游泳池水质进行浑浊度的现场快速检测，卫生监督机构一般使用哈希（HACH）2100P便携式浊度仪。

检测操作步骤:第一步采样,用清洁容器收集池水样品,将样品约 15mL 加入样品池中,小心拿住样品池上部,旋紧样品池盖;第二步清洁样品池,用不起毛软布擦拭样品池外壁,除去水滴和手指印,滴加一小滴硅油,用油布擦拭,使整个表面均匀分布一层硅油;第三步开机,将仪器放在平坦稳定的板面上按开机键,将样品池放入样品池盒,按要求对准方向后,盖上盖板;第四步检测,按"RANGE"键,确定手动或自动选择模式,建议在仪器自动选择范围内进行检测,按"SIGNAL AVG"键选择合适的信号平均模式(所谓信号平均模式是指仪器显示平均 10 次测试的结果,如果不选择信号平均模式,仪器大约在 10 秒钟报告最后一次测试结果),最后按"READ"键,屏幕上显示以 NTU 为单位的浑浊度数值。

(五)游泳水尿素浓度测定

尿素与其他物质不同,不能通过化学或者物理方法去除,尿素浓度是反映游泳池水是否按照规定更换的一项硬性指标,尿素浓度超标,必须更换新水。现场快速检测游泳池水的尿素指标,一般采取比色法。

检测前准备好水浴锅、尿素速测管和 AB 试剂,然后分三步进行检测操作:第一步向含有 A 试剂的速测管中加入约 1mL 水样,再加入 5 滴 B 试剂液;第二步加热,将试剂摇溶后放入水浴锅水浴(或放入 80～90℃的热水中),5min 钟后将速测管取出;第三步比色,取出速测管后,在 2min 内放在比色卡上与色阶比对,找出速测管粗端颜色与色卡上相同或相近的色阶,并将该色阶显示的数值作为检测数值。

第二十六章　重大活动饮用水卫生监督保障的现场快速检测

第一节　概　述

一、相关概念

（一）生活饮用水现场快速检测

生活饮用水现场快速检测，是在生活饮用水各类供水现场，对供水企业出厂水、二次供水、末梢水，农村小型集中供水、自备水源供水等生活饮用水的微生物指标、化学指标、物理指标等进行监测，并在现场快速（30分钟内）出具检测结果的一种饮用水卫生检验技术。这种检测技术，不仅为卫生监督机构在饮用水卫生监督中广泛应用，也是供水企业和单位进行卫生管理的重要手段。

（二）生活饮用水卫生监督现场快速检测

这也是卫生监督现场的快速检测的重要组成部分，是卫生监督主体运用现场快速检测技术，在饮用水卫生监督执法现场对供水企业出厂水、二次供水、末梢水、农村小型集中供水、自备水源供水等生活饮用水的微生物指标、化学指标、物理指标等进行检测，在现场判定饮用水是否符合国家《生活饮用水卫生标准》的卫生监督检测活动。

（三）重大活动饮用水卫生监督保障现场快速检测

是指卫生监督保障主体在重大活动保障工作中，运用现场快速检测技术，对重点供水企业出厂水和重大活动接待单位的二次供水、末梢水饮用水中的重点微生物指标、物理指标、化学指标进行现场检验检测，现场判断饮用水水质是否符合饮用水卫生标准，进行饮用水卫生风险监控的活动。

二、饮用水现场快速检测特点

（一）现场采样现场检测，简捷高效

饮用水现场快速检测仪器实现了多参数整合，一台仪器可检测几十项指标，且保证了灵敏度和重复性，可以根据供水实际和监督目的选择性地开展检测工作，大大缩短了依靠实验室检测的时间，同时也可以避免送样过程中样本被污染和样本降解，挥发等问题，提高了检测效率和准确度。

（二）依据标准方法，以定量检测为主，准确度高

饮用水现场检测仪器根据国际国内标准实验方法设计，配制成单样次检测试剂包，减小了重复添加试剂的错误概率，减少了辅助实验用具的使用，便于携带至现场，实现了现场检测的定量化，较以往定性方法准确度大大提高。

三、饮用水现场快速检测种类

饮用水现场快速检测的项目涵盖了《生活饮用水卫生标准》中规定的大部分指标，除放射性等特殊指标尚无快速检测技术外，绝大部分理化指标都可以做现场快速检测。包括微生物指标中细菌总数（ATP 荧光检测法）、毒理学、感官性状和一般化学指标、消毒剂指标。非常规指标中氨氮、亚硝酸盐含量等也是饮用水检测的重点指标。根据不同项目可以做多种分类：如根据监测供水环节可以分为出厂水检测、二次供水检测、末梢水检测、自备水源水检测、管道直饮水检测等；根据其检测的部位可以分为客房供水末梢检测、餐饮用水检测；其他生活用水检测等；根据检测性质可以分为微生物检测、化学检测、物理检测等；还可以根据检测方法分为仪器法检测、试剂法检测；等等。

四、饮用水现场快速检测安全意义

运用饮用水现场检测的作用和意义主要在于帮助重大活动监督保障主体在卫生监督保障现场，监控生活饮用水水质，通过饮用水水质的动态变化，快速评价饮用水供水单位和使用单位供水设施设备卫生状况，及时筛查发现可能存在的饮用水卫生风险，防范各种因素导致饮用水污染对重大活动参与者产生健康危害，为在重大活动中采取有针对性的卫生监督干预措施提供科学依据，防控水源性的群体健康风险，保障人民群众和重大活动参与者的身体健康。

五、重大活动中现场快速检测时机与项目选择

（一）选择的一般原则

卫生监督保障主体应当结合供水、用水情况，重大活动特点和接待单位具体情况等，依法科学选择饮用水现场快速检测项目和现场检测点位，使饮用水现场快速检测发挥最大作用。一是对检测点位的选择，要坚持供水企业出厂水检测与监督保障现场末梢水检测相结合，二次供水储水水质检测与末梢水水质检测相结合，远端末梢水检测与近端末梢水检测相结合，餐饮用水检测与一般生活用水检测相结合。二是在检测时机的选择上，要坚持用水高峰期检测与用水低峰

期检测相结合，高风险时段检测与一般时段检测相结合，特殊活动期检测与常规检测相结合。三是在具体项目选择上要突出监控关键指标、监控高风险指标、监控重点指标，前期检查评估项目要全，中期监控要把握关键，项目要少、目标要准、时间要快。

（二）选择的具体要求

第一，在重大活动开始前的风险评估时，饮用水现场检测项目应当尽可能全面，监测点位布局应当尽可能涵盖所有关键控制点，不遗漏任何可能的风险隐患，并通过水质检测结果，充分评估饮用水水质状况、供水设施设备和饮用水卫生管理现状风险，为采取针对性整改措施提供充分时间，以保障在重大活动运行期间供水设施设备和饮用水水质达到最佳状态，保障重大活动期间饮用水卫生安全。

第二，在重大活动启动后，需要抓住关键项目和关键控制点位，根据供水方式和对水的饮用、使用特点，对于容易发生风险的关键环节进行重点指标的重点检测。在检测的点位和环节上的选择上，高度关注管道直饮水、餐饮用水、制冰用水等环节；在检测项目的选择上，有针对性地选择反映微生物指标和消毒效果的余氯、总氯、细菌总数等，选择反映水箱及管网卫生状况的铁、锌、pH 值、浑浊度、氨氮、亚硝酸盐等，必要时还要选择防控意外污染的毒物指标如砷、汞和农药等。

第二节　饮用水感官性状指标现场快速检测

一、概述

（一）概念

饮用水感观性状判断是指通过人的视觉、味觉等感觉器官进行目测、鼻嗅、口尝的直接判断，或者借助仪器判断水质外在表现指标，比如颜色、气味、浑浊度等。饮用水感官性状不良的水，会使人产生厌恶和不安全感。如生活饮用水卫生标准规定，饮用水色度不应超过 15 度，也就是说，一般饮用者不易察觉水有颜色，而且饮用水也应无异常的气味和味道，水呈透明状，不浑浊，也无用肉眼可以看到的异物。如果发现饮用水出现浑浊，有颜色或异常味道，那就表示水被污染，应立即停止饮用，并依法进行调查和处理。其他和饮用水感官性状有关的化学指标包括总硬度、铁、锰、铜、锌、挥发酚类、阴离子合成洗涤剂、硫酸盐、氯化物和溶解性总固体。这些指标都能影响水的外观、臭和味，因此相关部门规定了最高允许限值。

(二)感官性状指标

《生活饮用水卫生标准》规定的饮用水感官性状指标主要以下几个方面。

(1)色度。色度是由溶解物质及不溶解性悬浮物产生的颜色。水的色度是对天然水或处理后的各种水进行颜色定量测定时的指标。

(2)浑浊度。由于水中含有悬浮及胶体状态的颗粒,使得原本无色、无味、透明的水产生浑浊现象,其浑浊的程度称为浑浊度。浑浊度是指水中悬浮物对光线透过时所产生的阻碍程度。水中悬浮物一般是泥土,沙砾,微细的有机物和无机物,浮游生物,微生物,胶体物质等。水的浊度不仅与水中悬浮物质含量有关,而且与它们的大小、形状及折射系数等有关。

(3)臭和味。被污染的水体往往具有不正常的气味,用鼻闻到的称为臭,口尝到的称为味。

(4)肉眼可见物。肉眼可见物主要指水中存在的,能以肉眼观察到的颗粒或其他悬浮物质。主要来源于土壤冲刷、生活及工业垃圾污染。含铁高的地下水暴露于空气中,水中的二价铁易氧化形成沉淀。水处理不当也会造成水中絮凝物的残留。有机物污染严重的水体中藻类会大量繁殖。

(5)酸碱度。酸碱度是以 pH 值来表示的。pH 值是氢离子浓度倒数的对数。pH 为 7 时为中性,大于 7 时为碱性,小于 7 时为酸性。

(三)感官性状异常

自来水感官性状异常的水质其异常情况很复杂,涉及到很多的水质项目。饮用水感官性状异常主要表现在三个方面。一是异常颜色。水质符合饮用水卫生标准的自来水应当透明,无任何颜色。常见的颜色异常包括红水、黑水等,更多的异常现象是混合颜色水,辨不出明显属于哪一种颜色,表现为类似的棕黄色,灰黑色等。水的颜色是给人的最直接的感觉,人们对颜色异常极为敏感,极易引起用户的不满。二是异常臭和味。水质符合生活饮用水卫生标准的自来水应该无臭无味,没有任何气味。发生水质污染情况时,或者有其他干扰因素时,饮用水可产生特别的气味。臭和味常见的有金属味、腐败气味、药品味。三是异常肉眼可见物。主要是金属剥离物,细小的沙砾等物混在自来水中从水龙头流出。多反映为管道老化、水龙头老化等管壁、龙头过滤网不洁等情况,或者供水流量短期突然变化,导致陈旧管壁附着物质脱落混入水中流出等情况。

(四)检测应用的范围

水质感官性状指标检测,适用于各类集中式供水、二次供水、小型集中式供水,以及分散式供水生活饮用水。水质感官性状检测与评价,是根据各项相关水质指标的检测结果来阐明水质感官性状是否符合卫生标准。随着生活水平的提高,人们对生活饮用水水质的要求也越来越高。从水源取水开始,经过自来水厂的净化处理，再输入管网进入用户家中，在这个过程中，水会发生复杂的物理化学变化。自来水有时并不如我们预期的那么清澈，那么可口。一些单纯的水质感官性状的异常，虽然不像病毒理学指标异常那样对人们生活和生产带来那样大的危害，但却是饮用、使用者最为敏感的指标，往往比其他指标更易引起用户的关注和抱怨，也常困扰着供水工作者们。通过饮用水感官性状的卫生评价，评估生活饮用水是否被污染以及污染的来源、性质和程度，从而判断其对人体健康可能产生的危害，指导相关责任主体和卫生监督保障主体采取有针对性的防控措施保障饮用水卫生安全。

二、指标控制限值与结果应用

对饮用水水质感官性状指标的检测结果，应当以《生活饮用水卫生标准》为依据，依法科学分析评判做出结论，指导卫生监督保障工作。

（一）色度限值与结果应用

饮用水水质标准规定色度不应大于 15 铂钴色度单位，对农村小型集中供水放宽至 20 度，主要是考虑不应引起居民感官上的不快。天然水经常显示出浅黄、浅褐或黄绿等不同的颜色。产生颜色的原因是由溶于水的腐殖质、有机物、有色金属或其他无机物质造成的。另外，当水体受到工业废水的污染时也会呈现不同的颜色。这些颜色分为真色与表色。真色是由于水中溶解性物质引起的，是除去水中悬浮物的颜色。而表色是没有除去水中悬浮物时产生的颜色。这些颜色的定量程度就是色度，色度是评价水感官质量的重要指标。一般讲，水中带色物质本身没有明显的健康危害，水的色度在卫生意义上不是很大，但是饮用水的颜色变化，会给人带来心理上的恐惧。

（二）浊度限值与结果应用

浑浊度是反映天然水和饮用水的物理性状的一项指标，用以表示水的清澈或浑浊程度，是衡量水质良好程度的重要指标之一。天然水的浑浊度是由于水中含有泥沙、粘土、细微的有机物、无机物、可溶性带色有机物、浮游生物和其它微生物等细微的悬浮物所造成的。这些悬浮物质能吸附细菌和病毒，所以浑浊度低，有利于水的消毒，对确保饮水卫生安全非常重要。因此，具备完善技术条件的集中式供水，应力求供给浑浊度尽可能低的水。因为出厂水浑浊度越低，越有利于加氯消毒后的水减少臭和味，有助于防止微生物重新繁殖，在整个配水系统中保持低的浑浊度，有利于适量余氯的存在。

《生活饮用水卫生标准》规定的生活饮用水浑浊度标准限值为＜1NTU，在有特殊水源与净水技术条件限制时，经政府批准可以放宽为 3NTU，农村小型供水放宽至＜5NTU。当水的浑浊度为 10NTU 时，人就会感到水质浑浊。低浑浊度对去除水中可能存在的某些化学物质、细菌、病毒，提高消毒效果有积极作用。

（三）臭与味限值与结果应用

水中臭与味的来源可能与水生植物或微生物繁殖、衰亡，有机物腐败分解，溶解气体 H_2S，溶解矿物盐，混入泥土、工业废水中的杂质，饮用水消毒过程中的余氯等有关。不同物质有着不同的气味。湖沼水因藻类繁生或有机物产生鱼腥及霉烂气味。浑浊河水有泥土涩味，温泉水有硫酸味，地下水有 H_2S 气味。含溶解氧或有机物较多的带甜味，含 NaCl 的有咸味，含 $MgSO_4$、Na_2SO_4 的有苦味，含 $CuSO_4$ 的有甜味等等。人的感官分辨臭与味，不可避免带有主观性。目前对臭与味尚无完全客观的标准和检测的仪器。臭和味的强度等级见下表。

表 29　臭和味的强度等级

强度等级	程　度	说　明
0	无	无任何臭和味
1	极弱	一般饮用者观察难，敏感者可以发觉
2	弱	一般饮用者刚能察觉
3	明显	能明显察觉，不加处理不宜饮用
4	强	有很显著的臭味，不宜饮用
5	很强	有强烈的恶臭或异味，不能饮用

（四）肉眼可见物限值和结果应用

肉眼可见物主要来源于土壤冲刷、生活及工业垃圾污染。含铁高的地下水暴露于空气中，水中的二价铁易氧化形成沉淀。水处理不当也会造成水中絮凝物的残留。为保证健康及饮用水的可接受性，我国《生活饮用水卫生标准》规定，饮用水不应含有沉淀物，肉眼可见的水生生物及令人厌恶的物质，即不得含有肉眼可见物。肉眼可见物超标会给人一种嫌恶的感觉。水中含有肉眼可见物会影响饮用水的外观，表明水中可能存在有害物质或生物的过多繁殖。

（五）酸碱度（pH）限值与结果应用

《生活饮用水卫生标准》对 pH 值的要求制定主要是考虑到对管道的影响，pH 值过高或过低会腐蚀管道，而 pH 值对人体健康的影响没有太大的直接关系。世界卫生组织还没有基于健康的 pH 准值。当然水中 pH 值越接近血液 pH 值，即 7.35～7.45 越好。但是在人类进化中，从饮用天然水、井水到近一百年来的自来水，pH 值均在 6.5～8.5 之间。因此，只要在这个范围内，人体对其都具有较强的 pH 值缓冲及调剂能力。pH 是最重要的水化学检测指标之一，因为许多水处理过程与 pH 有关。澄清和消毒工艺过程应控制 pH 值，使效果达到最佳化。另外，配水系统也必须控制 pH 值，使腐蚀性降至最小程度。

（六）检测时机、频次

卫生监督主体可以每季度或者每月对感官性状进行一次卫生检测。发生水质异常气味、异常颜色等情况或者饮用水污染事件时，立即进行动态检测，分析原因。在重大活动监督保障中，应当在重大活动启动前进行两次检测和风险评估；在重大活动运行期间，应当动态检测生活饮用水感官性状指标；一般情况下至少需要在每日的供水高峰时段和供水低峰时段各检测一次；遇有特殊用水情况，供水量短时间内急剧变化情况，水质异常变化情况时，要随时进行动态监测。

三、各项指标的操作方法

（一）色度检测

在卫生监督执法中，卫生监督机构对生活饮用水的色度指标的现场快速检测，多使用仪器法进行检测。

1. 检测准备

建议使用的仪器：便携式分光光度计（如哈希的 DR2800）。检测范围：15～500units。使用耗材：10mL 比色杯 1 对、烧杯、量筒、纯净水、剪刀等，无需任何检测试剂。饮用水样品准备：预检水样一般应在 250mL 以上。

2. 检测程序

第一步开机自检（若仪器进入语言选择界面，选择“中文”）。仪器进行自我检测，选择存储程序 125 号，确定测量波长。第二步调零。在一只比色杯中加入 10mL 纯净水做空白，擦干空白比色杯外壁后将其插入比色池中，灌装线朝右；按键调零，屏幕显示 0.00units。第三步检测。在另一只比色杯中加入 10mL 水样（无需加入试剂）；擦干比色杯外壁后将其插入比色池中，灌装线朝右，读取屏幕显示的数字，即为该水样的色度检测结果（铂钴色度单位）。

3. 注意事项

(1)检测时一定要盖好舱盖，避免外界光源对结果的干扰。(2)切勿用毛刷、碱性清洗液等清洗比色杯。(3)比色杯取放时应避免污染，使用前用硅油涂抹外壁；专用软布要保持干净，经常清洗。(4)测量时不要将仪器拿在手中。

（二）浑浊度检测

在卫生监督执法中，卫生监督机构对生活饮用水的浊度指标进行现场快速检测，可以使用仪器法进行检测，也可以使用比色法进行检测。

1. 仪器检测法

采取仪器法现场检测饮用水浊度指标，多使用 HACH2100P 浊度仪，该浊度仪检测范围 0～1000NTU，无须试剂，需预先采集预检水样 250mL。检测操作分为四个步骤。第一步加入样品，用清洁容器收集池水样品，将样品约 15mL

加入样品池中，小心拿住样品池上部，旋紧样品池盖。第二步清洁样品池，用不起毛软布擦拭样品池外壁，除去水滴和手指印。滴加一小滴硅油，用油布擦拭，使整个表面均匀分布一层硅油。第三步开机，将仪器放在平坦稳定的板面上按键开机，将样品池放入样品池盒，按要求对准方向后，盖上盖板。第四步检测，按"RANGE"键，确定手动或自动选择模式，建议在仪器自动选择范围内进行检测，按"SIGNAL AVG"键选择合适的信号平均模式(所谓信号平均模式是指仪器显示平均10次测试的检测数值结果，如果不选择信号平均模式，仪器大约在10秒钟报告最后一次测试结果)，最后按"READ"键，仪器开始读数，屏幕上数据稳定时显示以NTU为单位的浑浊度数值。

2. 目视比色法检测

第一步做好检测准备，配置标准混悬液系列，取6只10ml比浊管，分别滴入摇匀后的浑浊度为400度(NTU)的标准混悬液0、1、2、3、4、5滴，加入纯净水至刻度处，摇匀后即得浑浊度为0、2、4、6、8、10度(NTU)的标准混悬液。第二步进行水样测定，取一个与标准系列相同的10ml比浊管，加入待测水样至刻度处，与标准混悬液系列同时摇匀后，从右侧面观察，进行比较。

(三)臭和味检测

目前对嗅和味的现场快速检测，主要依靠检测人员的器官感觉进行判定。

1. 臭的判定

取水样于容器中，经振摇后嗅其臭味，臭的性质可描述为沼泽臭、泥土臭、粪便臭、鱼腥臭和化学药品臭等。臭的强度可按六级记录。

2. 味的判定

取少量水放入口中，品尝味道(不要咽下，水样尝味只限于在水样没有被污染和肯定无毒的情况下进行)。味道可描述为味、甜、咸、苦、酸、涩等。味的强度与臭相同，可按六级记录。

(四)肉眼可见物检测

主要采取视觉直观的方法进行检测判定。将水样灌入透明容器中，摇匀，在光线明亮处迎光直接观察，记录水中有无沉淀、悬浮等异物。

(五)酸碱度(pH)值检测

对饮用水酸碱度的现场快速检测，根据情况可以使用电极法，也可以使用试纸法进行检测。

1. 电极法

将电极完全浸入被测水样中，待数字稳定后记录pH值的读数。

2. 试纸法(pH试纸)

取pH试纸一条，将一端浸入被测水样中，半秒后取出与标准色板比较，记录 pH 值。

第三节 饮用水微生物及消毒剂指标现场快速检测

一、生活饮用水微生物指标检测

(一)概念

生活饮用水中微生物指标,是生活饮用水卫生标准中最重要的指标之一。饮用水微生物污染的来源主要包括土壤,以及人类、动物的排泄物等,饮用水一旦被致病微生物污染,即可导致某些肠道传染病传播。一般情况下选择有代表性的一种或一类微生物作为指示菌,通过对指示菌的检测,来了解水体是否受到过微生物污染,是否有肠道病原微生物存在的可能。《生活饮用水卫生标准》规定的微生物指标,包括总大肠菌群、耐热大肠菌群、大肠埃希菌、菌落总数等。生活饮用水的常规卫生检测,主要通过检测水中菌落总数和总大肠菌群,来评价水中的微生物指标限值是否符合标准要求。

菌落总数是指 1mL 水样在营养琼脂培养基中,于 37℃ 经 24h 培养后,所生长的细菌菌落的总数。它作为一般性污染的指标,可以评价被检样品的微生物污染程度和安全性高低。水样菌落总数越多,说明被微生物污染程度越严重,病原微生物存在的可能性就越大,但不能说明污染的来源。

总大肠菌群是指一群需氧及兼性厌氧的,37℃生长时能使乳糖发酵的,在 24h 内产酸产气的革兰氏阴性无芽胞杆菌。它是粪便污染的指标,水样中总大肠菌群数的含量,表明水被粪便污染的程度,而且间接地表明有肠道致病菌存在的可能。

(二)检测范围和作用

《生活饮用水卫生标准》(GB 5749—2006)规定,生活饮用水菌落总数不得超过 100cfu/mL,不得检出总大肠杆菌和耐热大肠杆菌。根据现场快速检测的定义和卫生监督的现有技术能力,卫生监督现场快速检测,只能在现场检测菌落总数这项微生物指标,其他指标还需通过实验室检验解决。虽然现场快速检测仅能检测出菌落总数,但是菌落总数是反映饮水卫生质量的一个重要指标,能够帮助卫生监督主体及时发现和排查生活饮用水的污染风险隐患,在早期采取必要的紧急控制和处理措施。因此,在重大活动卫生监督保障中,当现场快速检测发现饮用水细菌总数严重超标时,卫生监督保障主体应当结合其他指标的现场快速检测结果,现场监督检查的具体情况等迅速做出初步判断,采取必要的应急处置措施,并立即对饮用水进行实验室的微生物“快速”检验。

生活饮用水菌落总数的卫生监督现场快速检测,可以用于对集中供水企业出厂水、接待单位二次供水和供水末梢的卫生监控。在实践中，一些建成时间比较长、设备陈旧的宾馆酒店或其他公共场所，如果供水系统没有进行更换，多数的二次供水水箱及输水管道内壁都会有藻类或者其他有机物形成，这些物质给微生物生长提供了温床，供水水箱及输水管道内壁清洗消毒一旦不到位，就会造成微生物超标，影响人体健康。因此，在重大活动卫生监督保障中，相关单位进行饮用水微生物指标的现场快速检测，能够通过卫生评价及时发现有关单位供水系统可能存在的隐患，预防和控制生活饮用水污染导致的公共卫生风险。

（三）检测时机、频次

在重大活动卫生监督保障中，对生活饮用水微生物指标现场快速检测，分为重大活动启动前检测和重大活动运行中检测。在重大活动启动前检测主要是对接待单位供水系统卫生评价；在重大活动运行期检测主要是对水质卫生安全进行动态监控。重大活动启动前检测的次数，要根据评价结果和整改需求进行检测，问题越大，检测的次数就越多；在重大活动的运行期的动态监控，要结合重大活动规模、影响程度、气候、环境条件、相关单位管理水平和能力等综合考虑检测频率。如特别重大的活动处于高温或者多雨季节等情况，每日应至少检测 3 次，一般情况下每天应至少检测一次。检测结果超出《生活饮用水卫生标准》规定的限值时，应立即将重复检测和多点检测进行比较，并增加检测频次和点位；出现水质变化和可能导致水质变化情形时，应根据需要适当增加检测频次。

（四）控制限制与结果应用

按照《生活饮用水卫生标准》的规定，总大肠菌群（MPN/100mL 或 CFU/100mL）不得检出，耐热大肠菌群（MPN/100mL 或 CFU/100mL）不得检出，大肠埃希氏菌（MPN/100mL 或 CFU/100mL）不得检出，菌落总数（CFU/100mL）$\leqslant 100$。水质微生物指标的现场快速检测结果，出现低位超标现象时，应当进行复检和多点取样检测比较，无论结果如何都要高度警惕，适当加大现场检测频率。连续超标或者严重超标的，应迅速组织相关人员查明原因，采取有效措施，防止健康危害事件。

（五）操作方法

生活饮用水菌落（微生物）总数的现场快速检测，目前主要采取生物荧光检测法进行检测。进行此类检测的现场快速检测仪器较多，但是检测步骤大致相同。我们以 Biotech BT-112D 为例进行简要介绍。

1. 仪器和样品准备

准备好仪器 Biotech BT-112D、微量加样器（400μL、50μL、10μL 及配套吸头）、采样套装和其他预先消毒好的辅助工具；按照无菌方法要求，规范采集预检饮用水水样 250mL 备用。

2.检测试剂准备

第一步打开 ATP Reagent HS(黄色瓶盖上没有点的)的旋盖,用无菌钳子除掉橡胶塞。第二步打开装有 Diluent B(黄色瓶盖上有点的)小瓶的旋盖,把 Diluent B 中的液体倒入 ATP Reagent HS 的小瓶中,然后再倒回 Diluent 的小瓶中,避光冷藏(都是黄颜色瓶)。第三步把全部 Cell Lysing Reagent(红色瓶盖内装液体)加入到 ATP Eliminating Reagent(红色瓶盖内装固体)的小瓶中进行调配。配好后的 ATP Eliminating Reagent 可以在冰箱中冷藏保存一周或在冷冻的条件下保存更长的时间。Extracrant B/S(白颜色瓶盖)和 ATP Standard (蓝颜色瓶盖)可以即开即用。

3.样品检测

饮用水样品的检测约需 3 个步骤。第一步过滤水样。用无菌注射器取 10mL 水样,连接好孔径为 5μm 的无菌滤器和孔径为 0.45μm 的无菌滤器过滤,将滤液废弃后,打 2 管空气排空滤器内液体,盖好滤器底部密封盖。第二步加入细胞消除剂。用移液器将 50μL 调配好的体细胞消除剂,加入到孔径为 0.45μm 的滤器的滤膜上,静置 10min;取 50μL 准备好的微生物细胞裂解剂加于静置 10min 后的滤膜上。第三步进行检测。用移液器取 400μL 调配好的荧光素试剂加入到孔径为 0.45μm 的滤器中,打开仪器检测舱盖,将检测试管放入设备中,按键测得 M1;取出孔径为 0.45μm 的滤器,加入 10μL ATP 标准品,重新放入仪器检测,按键测得 M2;屏幕分 3 行分别显示 M1、M2、M1,读取最后一行的 M1 值,以 cfu/g(mL)表示,将此值除以 10 的得数作为检测结果。

4.注意事项

(1)无菌操作。检测人员应当佩戴无粉、无菌手套及一次性口罩、帽子;严格规范采样。在消毒柜内检测操作。如现场无消毒柜,应当用消毒好的桌布覆盖桌面,或者用医用酒精对桌面进行消毒灭菌;每次用完须清洁仪器,防止下次使用交叉污染。(2)准确操作。加样器剂量必须准确,吸取后将吸头靠于瓶口,抹掉吸头外面粘附的液体,标准溶液加入量小于或者大于 10μL 均会出现偏差;试管应当使用原厂配套产品,否则透光度等不匹配会造成误差。(3)预先消毒。各类耗材在使用前放在消毒柜用紫外线灯消毒过夜;吸取每个样品或试剂,都须使用经消毒的吸管尖,并从深容器中吸取样品,不使取样器和容器受到污染。冷藏试剂须恢复到室温后再进行试验操作。

5.检测结果判定

按照《生活饮用水卫生标准》(GB 5749—2006)的要求:生活饮用水菌落总数≤100cfu/mL,小型集中供水和分散式供水菌落总数≤500cfu/mL。当菌落总数超标时,首先排除采样过程中的污染,其次需要进行其他消毒剂指标的测定,综合判断水质状况。

二、饮用水消毒剂常规指标检测

(一)概念

消毒剂是杀灭生活饮用水中微生物的化学处理剂。生活饮用水中的消毒剂常规指标主要包括游离余氯、有效氯、氯胺、二氧化氯、臭氧、氯酸盐等指标。余氯是指氯投入水中后,除了与水中细菌、微生物、有机物、无机物等作用消耗一部分氯量外,还剩下了一部分氯量,这部分氯量就叫做余氯。《生活饮用水卫生标准》(GB 5749—2006)中所指的余氯实际上为游离性余氯,游离余氯是指 OCl^+、$HOCl$、Cl_2 等具有较强的杀菌效果物质,但不稳定。与游离性余氯相对应的化合性余氯,如 NH_2Cl、$NHCl_2$、$NHCl_3$,化学性质稳定,能够起到长期杀菌作用,游离性余氯与化合性余氯之和为总余氯,即《生活饮用水卫生标准》(GB 5749—2006)中所指的总氯。

(二)检测范围和作用

末梢管网水中细菌的存在数量与其余氯、总氯浓度成反比,故测定自来水中的余氯、总氯含量,可以作为衡量对水消毒的效果和预示管网水再次受污染的信号。对于管网较长,有死水端和设备陈旧的情况尤为如此。所以,余氯是保证氯的持续杀菌能力,防止外来污染的一个重要指标。余氯、总氯虽然属于消毒剂指标,但浓度也不是越高越好,生活饮用水余氯浓度过高也会对人体健康产生危害。例如高浓度的氯刺激性很强,对呼吸系统有伤害;高浓度的氯还易与水中有机物反应,生成氯仿、四氯化碳等致癌物,对人体产生危害。现场快速检测主要通过检测水中余氯和总氯的含量,判断生活饮用水的消毒效果。主要目的是防止因消毒不到位使生活饮用水被微生物污染,导致介水传染性疾病发生,同时也要防止过量消毒剂对健康造成危害。

(三)检测时机、频次

生活饮用水消毒指标的检测时机、频次与微生物的检测要求相同,在取水样前应当至少放水 15 分钟,同时观察放水处是否有污染源。

(四)控制限值与结果应用

表 30 《生活饮用水卫生标准》(GB 5749—2006)对生活饮用水消毒剂常规指标

消毒剂名称	与水接触时间	出厂水中限值	出厂水中余量	管网末梢水中余氯
氯气及游离氯制剂(游离氯,mg/L)	至少 30min	4	≥0.3	≥0.05
一氯胺(总氯,mg/L)	至少 120min	3	≥0.5	≥0.05

续 表

消毒剂名称	与水接触时间	出厂水中限值	出厂水中余量	管网末梢水中余氯
臭氧(O_3,mg/L)	至少 12min	0.3	0.02	如加氯,总氯≥0.05
二氧化氯(CLO_2,mg/L)	至少 30min	0.8	≥0.1	≥0.02

(五)操作方法

目前主要采用分光光度法进行检测。卫生监督系统多使用哈希 DR2800 可见/紫外分光光度计。采样要求同前述章节所述。

1.主要操作步骤

使用上述仪器进行操作,步骤较为简单。第一步开机,仪器进入语言选择界面,选择"中文",然后进入自我检测。第二步选择存储程序 80 号,确定测量波长。第三步在一个比色杯中加入 10mL 水样做空白。第四步将擦干的空白比色杯插入比色池中,灌装线朝右,按"零"调零。第五步加入试剂,检测余氯时,在另一个比色杯中加入 10mL 水样,加入 1 包 21056-69 试剂粉包,混匀 20s;检测总氯时在另一个比色杯中加入 10mL 水样,加入 1 包 21057-69 试剂粉包混匀,计时 3 分钟;将擦干的样品比色杯插入比色池中,灌装线朝右,按"读数"。结果是以 mg/L 为单位的余氯、总氯浓度。

2.结果判定

按照《生活饮用水卫生标准》(GB 5749—2006)规定:氯气及游离氯制剂(余氯)管网末梢水≥0.05mg/L;出厂水≥0.5mg/L,限值 4.0mg/L;总氯(一氯胺)管网末梢水≥0.05mg/L;出厂水≥0.3mg/L,限值 3.0mg/L。

3.注意事项

DR2800 为精密仪器,需严格按照说明书操作;余氯、总氯样品采集不能使用塑料容器;使用后的比色瓶、移液管等需要清洗干净,废弃的试剂等需按照环保要求处理;此仪器可以在户外使用,但应注意保护。

第四节 饮用水毒理和化学指标的现场快速检测

一、饮用水毒理指标的现场快速检测

(一)概述

生活饮用水毒理指标,是饮用水中对人体有毒有害化学物质的最高限量指标。是指那些较小剂量进入机体就能干扰机体正常的生化过程或生理功能的有毒有害物质,是在生活饮用水中最高含量的限值指标。我国《生活饮用水卫生标

准》中规定了74项毒理指标(包括有机化合物53项,无机化合物21项),其中常规毒理检测16项。常规检测项目中包括砷、镉铬(六价)、铅、汞、硒、氰化物、氟化物、硝酸盐、三氯甲烷、四氯化碳、溴酸盐、甲醛、亚氯酸盐、氯酸盐等。

对生活饮用水中毒理指标卫生监督现场快速检测最常用的是对硝酸盐、亚硝酸盐和氨氮的现场快速检测。在特别重大活动时,也可以选择对砷、甲醛、氰化物等进行现场快速检测,但操作较为复杂,所需时间较长。

(二)硝酸盐与亚硝酸盐检测

1.概念和意义

硝酸盐与亚硝酸盐属于有毒物质,在《生活饮用水卫生标准》中被列为毒理指标。硝酸盐(NO^{3-})与亚硝酸盐(NO^{2-})分别是硝酸(HNO^{3})和亚硝酸(HNO^{2})的酸根,它们作为环境污染物而广泛地存在于自然界中。环境中硝酸盐与亚硝酸盐的污染来源很多。如人工化肥中的硝酸铵、硝酸钙、硝酸钾、硝酸钠和尿素等;生活污水、生活垃圾与人畜粪便;工厂排出的含氨废弃物,经过生物化学转换后均形成硝酸盐进入环境中;燃烧石油类燃料、煤炭、天然气,可产生大量氮氧化气体,经降水淋溶后可形成硝酸盐降落到地面和水中;一些不法分子在食品加工中的非法添加;等。二次供水水箱温度过高,会使亚硝酸盐含量升高。含有大量硝酸盐与亚硝酸盐的饮用水或者食品进入人体后,亚硝酸盐可使人直接中毒,硝酸盐在人体内也可被还原为亚硝酸盐。亚硝酸盐能使血液中正常携氧的低铁血红蛋白氧化成高铁血红蛋白,因失去携氧能力而引起组织缺氧。亚硝酸盐是剧毒物质,成人摄入0.2～0.5g即可引起中毒,3g即可致死。

2.检测方法

生活饮用水中的硝酸盐与亚硝酸盐指标的现场快速检测,卫生监督机构多使用DR2800便携式分光光度计。基本检测步骤分为四步。第一步仪器、试剂、耗材准备和水样采集等同前所述。第二步开机选择“中文”操作界面,仪器进入自我检测,选择存储程序371号(进行硝酸盐检测时选择存储程序355号),确定测量波长。第三步在一个比色杯中加入10mL水样做空白,擦干空白比色杯外壁后将比色杯插入比色池中,灌装线朝右,按“零”调零。第四步在另一个比色杯中加入10mL水样,加入1小包21057-69试剂粉混匀,计时20分钟(进行硝酸盐检测时需要振动一分钟,计时5分钟)。擦干样品比色杯外壁后将比色杯插入比色池中,灌装线朝右,按“读数”。结果是以mg/L为单位的亚硝酸盐或硝酸盐浓度。

3.结果判定

依据《生活饮用水卫生标准》(GB 5749—2006)规定:生活饮用水中的亚硝酸盐浓度＜1mg/L;生活饮用水中的硝酸盐浓度＜10mg/L,农村小型集中式供水或者分散式集中供水中的硝酸盐浓度<20mg/L。

(三)氨氮的现场快速检测

1.概念

自然地表水体和地下水体中氨氮来源主要以硝酸盐氮(NO_3^-)为主,氨以游离氨(NH_3)和铵离子(NH_4^+)的形式存在。非离子氨是引起水生生物毒害的主要因素,挥发出来的氨气也会腐蚀皮肤和粘膜。氨气同时有刺激性气味,吸入则会引起流泪、恶心呕吐和其他不适症状。而氨离子相对基本无毒。国家标准Ⅲ类地面水规定,非离子氨的浓度≤0.02mg/L。氨氮是水体中主要耗氧污染物,故国家对生活饮用水中氨氮含量有明确限制。

2.检测方法

卫生监督机构多使用DR2800便携式分光光度计,仪器、试剂、耗材准备和水样采集等同前所述。基本检测的步骤分为三步。第一步开机自检。开启仪器,选择中文操作界面,启动仪器自我检测,选择存储程序385号,确定测量波长。第二步配置对比液。在一个比色杯中加入10mL蒸馏水做空白,在另一个比色杯中加入10mL水样。分别在样品和空白中比色杯中加入1包26531-99粉包试剂,摇晃比色杯至试剂完全溶解,计时3分钟;在空白和样品比色杯中分别加入1包26532-99粉包试剂,摇晃比色杯至试剂溶解,计时15分钟(如果样品中含有氨氮,溶液会变成绿色)。第三步调零检测。擦干空白比色杯外壁后将比色杯插入比色池中,灌装线朝右;按"零"调零。擦干样品比色杯外壁后将比色杯插入比色池中,灌装线朝右,按"读数"。结果是以mg/L为单位的氨氮浓度。

3.结果判定

按照《生活饮用水卫生标准》(GB 5749—2006)规定,生活饮用水中氨氮<0.5mg/L。

(四)砷、汞的现场快速检测

砷和汞属于生活饮用水的常规水质指标项目,在特别重大活动的卫生监督保障中,一般要求每日进行检测监控。在重大活动卫生监督保障中,卫生监督机构如果对生活饮用水的砷和汞指标进行现场快速检测监控,一般是采取经典的"雷因须氏法"进行基本定性实验。

1.实验原理

实验原理是在酸性条件下,砷化物或汞化物与金属铜作用产生反应,砷化物使铜的表面变成灰色或黑色,汞化物使铜的表面变成银白色。方法灵敏度:砷1ppm,汞20ppm。呈阳性反应时,表示样品中可能含有砷或汞,应当立即进行实室鉴定,并采取必要的应急控制措施。

2.检测步骤

(1)准备实验器材:微型分体水浴锅上的电热板,三角烧瓶(也可用酒精灯、支架和蒸发皿），铜片，砷、汞试剂，分析纯盐酸等。（2）调配样液。取水样 25mL 放入三角烧瓶，加盐酸 5mL，加氯化亚锡晶粒约 0.5g。（3）加热反应。将三角烧瓶放在电热板上，调节温控使样液微沸约 10min（驱除硫化物干扰），加入 2 片铜片，保持微沸约 20min。随时补加热水，保持体积不变。

3.结果判定

如果加热 30min 后铜片表面未发生变色，可否定砷，汞的存在，检测结果为阴性。如铜片变色，可按下表推测样品中可能存在的化合物，并可采取相应措施加以处理。保留阳性样品，有条件时分别加以确证。

表 31　铜片变色情况与金属毒物对照表

铜片变色情况	可能存在的有毒有害物质
灰色或黑色	砷化物
灰紫色	锑化物
灰黑色	铋化物
银白色	汞化物
灰白色	银化物
黑色	硫化物、亚硫酸盐

4.注意事项

（1）选择使用与电热板接触面积较大的烧瓶，温控调到样液微沸即可，避免高温。（2）反应过程中，应时刻注意铜片变化，如铜片已明显变黑时，应停止加热，否则当砷含量高时，长时间煮沸会使沉积物脱落。（3）盐酸浓度以 2～8% 为宜，过低反应不能进行，过高会导致砷、汞的挥发损失。

二、一般化学指标的现场快速检测

生活饮用水化学指标是指《生活饮用水卫生标准》规定饮用水中相关化学物质的限量值。利用化学、生物化学反应及物理化学原理测定水质指标，称为化学指标。《生活饮用水卫生标准》(GB 5749—2006)的 106 项指标中，包含感官性状和一般化学指标 20 项，在重大活动卫生监督保障中，现场快速检测的主要化学指标包括铁、氨氮、氯化物、硝酸盐、硫化物、总硬度等。在重大活动卫生监督保障中，对生活饮用水化学指标现场快速检测时机、频次、范围等，与前述感官性状指标、微生物指标检测基本一致，不再进行赘述。

（一）总铁指标检测

1.概念和意义

铁是人体必需的微量元素，人体内铁的总量约 4～5g，是血红蛋白重要组成部分，人全身都需要它，这种矿物质存在于向肌肉供给氧气的红细胞中。除此之外，它还是许多酶和免疫系统化合物的成分，人体从食物中摄取所需的大部分铁，并小心控制着铁含量。铁对人体的功能表现为参与氧的运输和储存；是红细胞中血红蛋白运输氧气的载体。铁是血红蛋白成分重要组成部分，与氧结合，运输到身体每一个部分，为供人们呼吸氧化提供能量、营养；人体内的肌红蛋白存在于肌肉之中，含有亚铁血红素，与氧结合，形成肌肉中的“氧库”。体内铁含量增加，会使铁在人体内贮存过多，因而可引起铁在体内潜在的有害作用。体内铁贮存过多与多种疾病，如心脏疾病、肝脏疾病、糖尿病且与某些肿瘤的形成有关。

2. 检测方法

对饮用水进行总铁指标现场快速检测，目前多使用哈希 DR2800 可见/紫外分光光度计进行操作。准备工作、水样采集等同前节所述。基本操作步骤分三步。第一步开机自检，选择中文操作界面，启动仪器自我检测，选择存储程序 265 号，确定测量波长。第二步空白调零，在一个比色杯中加入 10mL 水样做空白，擦干空白比色杯外壁后将比色杯插入比色池中，灌装线朝右，按“零”调零。第三步样品检测，在另一个比色杯中加入 10mL 水样，加入 1 小包 21057-69 试剂粉混匀，计时 3 分钟。擦干样品比色杯外壁后将比色杯插入比色池中，灌装线朝右，按“读数”键。屏幕显示以 mg/L 为单位的总铁浓度。

3. 结果判定

按照《生活饮用水卫生标准》(GB 5749—2006)要求，总铁<0.3mg/L。

(二)硫酸盐指标检测

1. 概念

硫酸盐是生活饮用水中一种常见的污染物，地表水和地下水中的硫酸盐主要来源于岩石土壤中矿物成分的风化和溶淋，金属硫化物氧化也会使硫酸盐含量增大。

2. 基本检测方法

检测饮用水中硫酸盐指标，目前多采用哈希 DR2800 可见/紫外分光光度计进行检测。准备工作、水样采集等，同前节所述。主要步骤为三步。第一步开机自检，开启仪器选择中文操作界面，启动仪器自我检测，选择存储程序 680 号，确定测量波长。第二步空白调零，在一个比色杯中加入 10mL 水样做空白，擦干空白比色杯外壁后将比色杯插入比色池中，灌装线朝右，按“零”调零。第三步样品检测。在另一个比色杯中加入 10mL 水样，加入 1 小包 21057-69 试剂粉混匀，计时 3 分钟。擦干样品比色杯外壁后将比色杯插入比色池中，灌装线朝右，按键读数，屏幕显示以 mg/L 为单位的硫酸盐浓度。

3. 结果判定

按照《生活饮用水卫生标准》(GB 5749—2006)规定，硫酸盐的限量指标为：

城镇集中式供水的生活饮用水＜250mg/L，农村小型集中式供水＜300mg/L。

（三）氯化物检测

1．概念

氯化物是影响水质口感的重要指标，主要成分是氯化钠（食盐的主要成分）及氯化钾，水质口感咸涩，多是由于氯化物引起。

2．基本检测方法

目前多采用哈希（HACH）数字滴定器进行检测，准备工作、水样采集等同前节所述。主要步骤包括：第一步选择滴定，检查仪器哈希（HACH）数字滴定器，选择编号 14397-01 滴定管，在滴定管前端插入干净的导管，并连接到数字滴定器上；第二步滴定器归零，挤出导管中的空气，并将滴定器上数字归零，用量筒量取水样 50mL，移到 250mL 的锥形瓶中，加蒸馏水至 100mL；第三步样品检测，加入 1 包 1057-66 试剂摇匀，溶液呈黄色（少量不溶解不影响检测结果），将导管的顶端浸没于溶液中，一边摇晃，一边滴加 14397-01 滴定管试剂（AgNO3 溶液），溶液由黄色转变为红褐色，记录数字。滴定器读数×1.0＝样品浓度（mg/L Cl^-）。

3．结果判定

按照《生活饮用水卫生标准》（GB 5749—2006）规定，集中供水的生活饮用水中氯化物＜250mg/L，农村小型集中式供水和分散式供水＜300mg/L。

4．注意事项

（1）导管装入滴定筒尾端时，插紧即可，不要太深，不能超过颈部；（2）测定前应向下用力推动活塞按钮将导管中空气排出，导管中充满滴定筒的试剂时，计数器必须归零；（3）滴定过程中导管应浸没于溶液，一边摇晃，一边通过计数旋钮滴加试剂，出现沉淀物不影响检测；（4）结果判定时要注意各项指标的颜色变化，注意临界点的判断。

（四）硫化物检测

1．概念

硫化物占地壳总质量的 0.15%，其中绝大部分为铁的硫化物。硫化物大多有颜色，地下水通常含有硫化物，其中一部分是在厌氧条件下，由于细菌的作用，使硫酸盐还原或由含硫有机物的分解而产生的。

2．基本检测方法

对饮用水进行硫化物指标的现场快速检测。目前，多使用哈希 DR2800 可见/紫外分光光度计进行操作，准备工作、水样采集等同前节所述。基本操作规程为三步。第一步开机自检，开启仪器，选择中文界面，启动仪器自我检测，选择存储程序 690 号，确定测量波长。第二步配置对比液，选择一个比色杯加入

10mL 水样做样品，另一个比色杯中加入 10mL 蒸馏水做空白，在两只比色杯中分别用带刻度的滴管加入 0.5mL1816-32 试剂充分混匀，然后再加入 0.5mL1817-32 试剂充分混匀，计时 5 分钟，空白液呈粉红色，样品如有硫化物，则颜色转为浅蓝色。第三步进行检测，擦干空白比色杯外壁，将其插入比色池中，灌装线朝右，按键调零。擦干样品比色杯外壁，将其插入比色池中，灌装线朝右，按键读数，屏幕显示以 μg/L 为单位的硫化物浓度。

3.结果判定

依据《生活饮用水卫生标准》(GB 5749—2006)要求：生活饮用水中硫化物浓度<0.02mg/L。

(五)总硬度测定

1.概念

指水中钙、镁离子的总浓度，其中包括碳酸盐硬度(即通过加热能以碳酸盐形式沉淀下来的钙、镁离子，故又称暂时硬度)和非碳酸盐硬度(即加热后不能沉淀下来的那部分钙、镁离子，又称永久硬度)。硬度大不仅影响饮用水口感，也会造成水壶、杯饮具形成水垢。

2.基本检测方法

检测饮用水中总硬度指标，目前多采用哈希(HACH)数字滴定器进行检测。准备工作、水样采集等同前节所述，主要步骤包括三步。第一步选择试剂。检查仪器哈希(HACH)数字滴定器，选择编号 14399-01 滴定管试剂，在滴定筒前端插入干净的导管，并连接到数字滴定器上；挤出导管中的空气，并将滴定器上的数字归零。第二步配置检测样品。用量筒量取 100mL 水样，移到 250mL 的锥形瓶中，加入 2mL424-32 液体试剂摇匀；再加入 1 包 851-99 粉末摇匀。第三步检测样品。将导管的顶端浸没于溶液中，一边摇晃，一边滴加 14399-01 的滴定管试剂，溶液由红色转变为蓝色时，记录数字。滴定器读数×1.0=样品浓度(mg/L$CaCO^3$)。

3.结果判定

依据《生活饮用水卫生标准》规定，生活饮用水总硬度<450mg/L，小型集中式供水总硬度<550mg/L。

4.注意事项

(1)导管装入滴定筒的尾端时，插紧即可，不要太深或者超过颈部；(2)开始测定前应向下用力推动活塞按钮将导管中的空气排出，使导管中充满滴定筒的试剂；(3)接近终点时，需要慢慢滴加，不能过快；(4)测定前计数器必须归零；(5)滴定过程中应将导管浸没于溶液中，一边摇晃，一边通过计数旋钮滴加试剂；(6)结果判定时要注意各项指标的颜色变化，注意临界点的判断。

参考文献

[1] 吴宗其. 卫生法学[M]. 北京:法律出版社,2010.
[2] 赵同刚. 卫生法[M]. 北京:人民卫生出版社,2008.
[3] 达庆东,戴金增. 卫生监督[M]. 上海:复旦大学出版社,2003.
[4] 郭延安. 风险管理[M]. 北京:清华大学出版社,2010.
[5] 于鲁明. 北京 2008 年奥运会残奥会场馆公共卫生保障(政策篇)[M]. 北京:人民卫生出版社,2009.
[6] 于鲁明. 北京 2008 年奥运会残奥会场馆公共卫生保障(城市篇)[M]. 北京:人民卫生出版社,2009.
[7] 于鲁明. 北京 2008 年奥运会残奥会场馆公共卫生保障(启示篇)[M]. 北京:人民卫生出版社,2009.
[8] 卫生部. 卫生监督员系列培训教材(各相关分册)[M]. 北京:法律出版社,2007.
[9] 鲁勇. 场馆运行论[M]. 北京:北京出版社,2010.
[10] 王陇德. 卫生应急工作手册[M]. 北京:人民卫生出版社,2005.
[11] 毛群安. 卫生应急风险沟通[M]. 北京:人民卫生出版社,2013.
[12] 冯子健. 传染病突发事件处置[M]. 北京:人民卫生出版社,2013.
[13] 王林等. 食品安全快速检测技术手册[M]. 北京:化学工业出版社,2008.
[14] 师邱毅,纪其雄,许莉勇. 食品安全快速检测技术及应用[M]. 北京:化学工业出版社,2010.
[15] 黄飞. 重大活动卫生保障工作手册[M]. 广州:中山大学出版社,2009.
[16] 李凌雁,王绍鑫,周艳琴. 论卫生监督现场快速检测进展及发展趋势[J]. 中国卫生监督杂志,2010,17(2).
[17] 李凌雁,王绍鑫,周艳琴. 卫生监督现场快速检测能力评估指标研究[J]. 中国卫生监督杂志,2012,19(5):431－434.
[18] 杨跃进. HACCP 系统在重大活动食品卫生保障工作中的应用[J]. 公共卫生与预防医学,2010,21(4):110－111.
[19] 张伟,时福礼,陆宇. 关于做好重大活动中宾馆饭店外卖送餐卫生监督保障工作探讨[J]. 中国卫生监督杂志,2009,16(3):273－276.
[20] 王友水,蒋小平. HACCP 在餐饮业重大活动食品卫生保障工作中的应用研究[J]. 实用预防医学,2009,16(5):1471－1474.